FLUENT 19.0 流场分析从入门到精通

胡仁喜　康士廷　等编著

机 械 工 业 出 版 社

本书全面介绍了 FLUENT 19.0 流场分析的各种功能和基本操作方法。全书共分为 12 章，分别介绍了流体力学基础、GAMBIT 基础知识、FLUENT 基础知识、Tecplot 软件简介、二维流动和传热的数值模拟、三维流动和传热的数值模拟、湍流模型模拟、多相流模型模拟、滑移网格模型模拟、动网格模型模拟、组分传输与气体燃烧的模拟和 UDF 使用简介等知识。

全书实例丰富，讲解精辟。随书网盘包含全书所有实例的源文件和操作过程的讲解视频，可以帮助读者方便地学习本书。

本书适合用作科研院所流体力学研究人员、流体力学相关专业研究生及流体力学相关专业本科高年级学生的自学指导书或参考用书。

图书在版编目（CIP）数据

FLUENT 19.0 流场分析从入门到精通/胡仁喜等编著. —北京：机械工业出版社, 2020.1
ISBN 978-7-111-66062-0

Ⅰ.①F… Ⅱ.①胡… Ⅲ.①流体力学－工程力学－计算机仿真－应用软件 Ⅳ.①TB126-39

中国版本图书馆 CIP 数据核字(2020)第 123646 号

机械工业出版社（北京市百万庄大街 22 号 邮政编码 100037）
策划编辑：曲彩云 责任编辑：曲彩云
责任校对：刘秀华 责任印制：郜 敏
北京中兴印刷有限公司印刷
2020 年 8 月第 1 版第 1 次印刷
184mm×260mm · 26.5 印张 · 658 千字
标准书号：ISBN 978-7-111-66062-0
定价：99.00 元

电话服务 网络服务
客服电话：010-88361066 机 工 官 网：www.cmpbook.com
010-88379833 机 工 官 博：weibo.com/cmp1952
010-68326294 金 书 网：www.golden-book.com
封底无防伪标均为盗版 机工教育服务网：www.cmpedu.com

前　言

计算流体力学（Computational Fluid Dynamics，CFD）是从20世纪60年代起伴随计算机技术迅速崛起的一门新型独立学科。它建立在流体动力学以及数值计算方法的基础上，以研究物理问题为目的，通过计算机数值计算和图像显示方法，在时间和空间上定量地描述流场数值解。

经过半个世纪的迅猛发展，各种CFD通用性软件包陆续出现，成为解决各种流体流动与传热问题的强有力的工具，并作为商业软件为工业界广泛接受。如今CFD技术早已超越了传统的流体机械与流体工程等应用范畴，CFD软件也随着其性能日趋完善以及应用范围的不断扩大，而成功应用于航空、航运、海洋、环境、水利、食品、化工、核能、冶金、建筑等各种科学技术领域。

试验研究、理论分析方法和数值模拟是研究流体运动规律的三种基本方法，它们的发展是相互依赖、相互促进的。计算流体力学的兴起促进了流体力学的发展，改变了流体力学研究工作的状况。很多原来认为很难解决的问题，如超声速、高超声速钝体绕流、分离流以及湍流等问题，都有了不同程度的发展，而且将为流体力学研究工作提供新的前景。

计算流体力学的兴起促进了试验研究和理论分析方法的发展，为简化流动模型的创建提供了更多的依据，使很多分析方法得到了发展和完善。更重要的是计算流体力学采用它独有的、新的研究方法——数值模拟方法，研究流体运动的基本物理特性，其特点如下：

1）给出流体运动区域内的离散解，而不是解析解，这区别于一般理论分析方法。

2）它的发展与计算机技术的发展直接相关。这是因为可以模拟的流体运动的复杂程度、解决问题的广度，都与计算机速度、内存容量等直接相关。

3）若物理问题的数学提法（包括数学方程及其相应的边界条件）是正确的，则可在较广泛的流动参数（如马赫数、雷诺数、气体性质、模型尺度等）范围内研究流体力学问题，且能给出流场参数的定量结果。

以上这些是风洞试验和理论分析难以做到的。然而，要创建正确的数学方程还必须与试验研究相结合。另外，严格的稳定性分析、误差估计和收敛性理论的发展还跟不上数值模拟的进展，所以在计算流体力学中，仍必须依靠一些较简单的、线性化的、与原问题有密切关系的模型方程的严格数学分析，给出所求解问题数值解的理论依据。依靠数值试验、地面试验和物理特性分析，验证计算方法的可靠性，从而进一步改进计算方法。

FLUENT是通用CFD软件包，从1975年在谢菲尔德大学开发出Tempest（FLUENT的原形）到1988年FLUENT Inc.成立，再到2006年被ANSYS公司收购，其间FLUENT收购了同领域竞争的FDI公司和POLYFLOW公司，使其功能不断得到扩充和发展。

FLUENT用来模拟从不可压缩到高度可压缩范围内的复杂流动。由于采用了多种求解方法和多重网格加速收敛技术，因而FLUENT能达到最佳的收敛速度和求解精度。灵活的非结构化网格和基于解的自适应网格技术及成熟的物理模型，使FLUENT在转捩与湍流、传热与相变、化学反应与燃烧、多相流、旋转机械、动/变形网格、噪声、材料加工、燃料电池等方面有广泛应用。

FLUENT的软件设计基于CFD软件群的思想，从用户需求角度出发。针对各种复杂流动的物理现象，FLUENT软件采用不同的离散格式和数值方法，以期在特定的领域内使计算速度、稳定性和精度等方面达到最佳组合，从而高效率地解决各个领域的复杂流动计算问题。基于上述思想，FLUENT开发了适用于各个领域的流动模拟软件，这些软件能够模拟流体流动、传热介质、化学反应和其他复杂的物理现象，软件之间采用了统一的网格生成技术及共同的图形界面，而各软件之间的区别仅在于应用的工业背景不同，因此大大方便了用户。

FLUENT同传统的CFD计算方法相比，具有以下优点：

1）稳定性好。FLUENT经过大量算例考核，同试验符合较好。

2）适用范围广。FLUENT含有多种传热燃烧模型及多相流模型，可应用于从可压到不可压、从低速到高超声速、从单相流到多相流、化学反应、燃烧、气固混合等几乎所有与流体相关的领域

3）精度提高。可达二阶精度。

本书全面介绍了FLUENT 19.0流场分析的各种功能和基本操作方法。全书共分为12章，分别介绍了流体力学基础、GAMBIT基础知识、FLUENT基础知识、Tecplot软件简介、二维流动和传热的数值模拟、三维流动和传热的数值模拟、湍流模型模拟、多相流模型模拟、滑移网格模型模拟、动网格模型模拟、组分传输与气体燃烧的模拟和UDF使用简介等知识。

全书实例丰富，讲解精辟。随书电子资料包含全书所有实例的源文件和操作过程的讲解视频，可以帮助读者方便地学习本书。读者可以登录百度网盘下载，链接：https://pan.baidu.com/s/1A5CzxVfCxdj0c5DgqmZTWw 密码：cg6y（读者如果没有百度网盘，需要先注册一个才能下载）。

本书主要由胡仁喜和康士廷编写。参加编写的还有李鹏、周冰、董伟、李瑞、王敏、张俊生、王玮、孟培、王艳池、阳平华、袁涛、闫聪聪、王培合、路纯红、王义发、王玉秋、杨雪静、卢园、王渊峰、王兵学、张日晶、万金环。由于编者水平有限，书中难免有不妥、疏漏之处，竭诚欢迎广大读者加入学习交流QQ群（540685255）或登录网站www.sjzswsw.com或发电子邮件到编者信箱714491436@qq.com，对本书提出批评和建议，以便做进一步修改和补充。

编　者

目 录

第1章

流体力学基础

流体力学是力学的一个重要分支，也是理论性很强的一门学科，涉及很多复杂的理论和公式。本章重点介绍流体力学和流体运动的基本概念，以及流体流动和传热的基本控制方程、边界层的基本理论。通过本章的学习，让读者掌握流体流动和传热的基本控制方程，为后面学习软件操作打下理论基础。

- 流体基本性质概述
- 描述流体运动的基本控制方程

1.1 流体力学基本概念

本节简要介绍流体的连续介质模型、基本性质以及研究流体运动的方法。

1.1.1 连续介质模型

气体与液体都属于流体。从微观角度讲，无论是气体还是液体，分子间都存在间隙，同时由于分子的随机运动，导致流体的质量不但在空间上分布不连续，而且在任意空间点上流体物理量相对时间也不连续。但是从宏观的角度考虑，流体的结构和运动又表现出明显的连续性与确定性，而流体力学研究的正是流体的宏观运动，在流体力学中，正是用宏观流体模型来代替微观有空隙的分子结构。1753 年，欧拉首先采用“连续介质”作为宏观流体模型，将流体看成是由无限多流体质点所组成的稠密而无间隙的连续介质，这个模型称为连续介质模型。

流体的密度定义为

$$\rho = \frac{m}{V} \tag{1-1}$$

式中，ρ 为流体密度；m 为流体质量；V 表示质量为 m 的流体所占的体积。

对于非均质流体，流体中任一点的密度定义为

$$\rho = \lim_{\Delta v \to \Delta v_0} \frac{\Delta m}{\Delta v} \tag{1-2}$$

式中，Δv 是设想的一个最小体积，在 Δv 内包含足够多的分子，使得密度的统计平均值（$\Delta m/\Delta v$）有确切的意义；Δv_0 是流体质点的体积，所以连续介质中某一点的流体密度实质上是流体质点的密度，同样，连续介质中某一点的流体速度，是指在某瞬时质心在该点的流体质点的质心速度。不仅如此，对于空间任意点的流体物理量都是指位于该点的流体质点的物理量。

1.1.2 流体的基本性质

1．流体的压缩性

流体体积会随着作用于其上的压强的增大而减小，这一特性称为流体的压缩性，通常用压缩系数 β 来度量。它具体定义为：在一定温度下，升高单位压强时流体体积的相对缩小量，即

$$\beta = \frac{1}{\rho}\frac{\mathrm{d}\rho}{\mathrm{d}p} \tag{1-3}$$

当密度为常数时，流体为不可压缩流体，否则为可压缩流体。纯液体的压缩性很差，

通常情况下可以认为液体的体积和密度是不变的。对于气体，其密度随压强的变化与热力过程有关。

2．流体的膨胀性

流体体积会随温度的升高而增大，这一特性称为流体的膨胀性，通常用膨胀系数 α 度量。它具体定义为：在压强不变的情况下，温度每上升 1℃流体体积的相对增大量，即

$$\alpha = -\frac{1}{\rho}\frac{d\rho}{dT} \tag{1-4}$$

一般来说，液体的膨胀系数都很小，通常情况下工程中不考虑液体膨胀性。

3．流体的黏性

在做相对运动的两流体层的接触面上，存在一对等值且反向的力阻碍两相邻流体层的相对运动，流体的这种性质叫作流体的黏性，由黏性产生的作用力叫作黏性阻力或内摩擦力。黏性阻力产生的物理原因是由于分子不规则运动的动量交换和分子间吸引力。根据牛顿内摩擦定律，两层流体间切应力的表达式为

$$\tau = \mu\frac{dV}{dy} \tag{1-5}$$

式中，τ 为切应力；μ 为动力粘度，与流体种类和温度有关；dV/dy 为垂直于两层流体接触面上的速度梯度。我们把符合牛顿内摩擦定律的流体称为牛顿流体。

粘度受温度的影响很大，当温度升高时，液体的粘度减小，黏性下降，而气体的粘度增大，黏性增加。在压强不是很高的情况下，粘度受压强的影响很小，只有当压强很高（如几十个兆帕）时，才需要考虑压强对粘度的影响。

当流体的黏性较小（如空气和水的黏性都很小），运动的相对速度也不大时，所产生的黏性应力比起其他类型的力（如惯性力）可忽略不计。此时，我们可以近似地把流体看成是无黏性的，称为无粘流体，也叫作理想流体；而对于需要考虑黏性的流体，则称为黏性流体。

4．流体的导热性

当流体内部或流体与其他介质之间存在温度差时，温度高的地方与温度低的地方之间会发生热量传递。热量传递有热传导、热对流、热辐射 3 种形式。当流体在管内高速流动时，在紧贴壁面的位置会形成层流底层，液体在该处的流速很低，几乎可以认为是零，所以与壁面进行的热量传递形式主要是热传导，而层流以外的区域的热量传递形式主要是热对流。单位时间内通过单位面积由热传导所传递的热量可按傅里叶导热定律确定：

$$q = -\lambda\frac{\partial T}{\partial n} \tag{1-6}$$

式中，n 为面积的法线方向；$\partial T/\partial n$ 为沿 n 方向的温度梯度；λ 为热导率；负号“-”表示热量传递方向与温度梯度方向相反。

通常情况下，流体与固体壁面间的对流传热量可用下式表达：

$$q = h\left(T_1 - T_2\right) \tag{1-7}$$

式中，h 为表面传热系数，与流体的物性、流动状态等因素有关，主要是由实验数据得出的经验公式来确定。

1.1.3 作用在流体上的力

作用在流体上的力可分为质量力与表面力两类。所谓质量力（或称体积力）是指作用在体积 V 内每一液体质量（或体积）上的非接触力，其大小与流体质量成正比。重力、惯性力、电磁力都属于质量力。所谓表面力是指作用在所取流体体积表面 S 上的力，它是由与这块流体相接触的流体或物体的直接作用而产生的。

在流体表面围绕 M 点选取一微元面积，作用在其上的表面力用 ΔF_s 表示，将 ΔF_s 分解为垂直于微元表面的法向力 ΔF_n 和平行于微元表面的切向力 ΔF_t。在静止流体或运动的理想流体中，表面力只存在垂直于表面上的法向力 ΔF_n，这时，作用在 M 点周围单位面积上的法向力就定义为 M 点上的流体静压强，即

$$P = \lim_{\Delta S \to \Delta S_0} \frac{\Delta \vec{F}_n}{\Delta S} \tag{1-8}$$

式中，ΔS_0 是和流体质点的体积具有相比拟尺度的微小面积。

静压强又常称为静压，流体静压强具有如下两个重要特性：

流体静压强的方向总是和作用面相垂直，并且指向作用面。

在静止流体或运动理想流体中，某一点静压强的大小与所取作用面的方位无关。

对于理想流体流动，流体质点只受法向力，没有切向力。对于黏性流体流动，流体质点所受作用力既有法向力，也有切向力。单位面积上所受到的切向力称为切应力。对于一元流动，切向力由牛顿内摩擦定律求出；对于多元流动，切向力由广义牛顿内摩擦定律求得。

1.1.4 流动分析基础

在研究流体运动时有两种不同的方法：拉格朗日法和欧拉法。拉格朗日法是从分析流体各个质点的运动入手，来研究整个流体的运动。欧拉法是从分析流体所占据的空间中各固定点处的流体运动入手，来研究整个流体的运动。

在任意空间点上，流体质点的全部流动参数，如速度、压强、密度等都不随时间的变化而改变，这种流动称为定常流动；若流体质点的全部或部分流动参数随时间的变化而改变，则称为非定常流动。

人们常用迹线或流线的概念来描述流场。迹线是任何一个流体质点在流场中的运动轨迹，它是某一流体质点在一段时间内所经过的路径，是同一流体质点不同时刻所在位置的连线；流线是某一瞬时各流体质点的运动方向线，在该曲线上各点的速度矢量相切于这条曲线。在定常流动中，流动与时间无关，流线不随时间的改变而改变，流体质点沿着流线运动，流线与迹线重合。对于非定常流动，迹线与流线是不同的。

1.2 流体运动的基本概念

1．层流流动与湍流流动

当流体在圆管中流动时，如果管中流体是一层一层流动的，各层间互不干扰，互不相混，这样的流动状态称为层流流动。当流速逐渐增大时，流体质点除了沿管轴向运动外，还有垂直于管轴向方向的横向流动，即层流流动已被打破，完全处于无规则的乱流状态，这种流动状态称为湍流或湍流流动。我们把流动状态发生变化（如从层流到湍流）时的流速称为临界速度。

大量试验数据与相似理论证实，流动状态不是取决于临界速度，而是由综合反映管道尺寸、流体物理属性、流动速度的组合量——雷诺数来决定的。

雷诺数 Re 定义为

$$Re=\frac{\rho ud}{\mu} \tag{1-9}$$

式中，ρ 为流体密度；u 为平均流速；d 为管道直径；μ 为动力粘度。

由层流转变到湍流时所对应的雷诺数称为上临界雷诺数，用 Re'_{cr} 表示；由湍流转变到层流所对应的雷诺数称为下临界雷诺数，用 Re_{cr} 表示。通过比较实际流动的雷诺数 Re 与临界雷诺数，就可确定黏性流体的流动状态。

当 $Re<Re_{cr}$ 时，流动为层流状态。

当 $Re>Re'_{cr}$ 时，流动为湍流状态。

当 $Re_{cr}<Re<Re'_{cr}$ 时，流动可能为层流流动，也可能为湍流流动。

在工程应用中，取 Re_{cr}=2000。当 Re<2000 时，流动为层流流动；当 Re>2000 时，可认为流动为湍流流动。

实际上，雷诺数反映了惯性力与黏性力之比，雷诺数越小，表明流体黏性力对流体的作用较大，能够削弱引起湍流流动的扰动，保持层流状态；雷诺数越大，表明惯性力对流体的作用更明显，易使流体质点发生湍流流动。

2．有旋流动与无旋流动

有旋流动是指流场中各处的旋度（流体微团的旋转角速度）不等于零的流动。无旋流动是指流场中各处的旋度都为零的流动。流体质点的旋度是一个矢量，用 ω 表示，其表达式为

$$\omega=\frac{1}{2}\begin{vmatrix} i & j & k \\ \frac{\partial}{\partial x} & \frac{\partial}{\partial y} & \frac{\partial}{\partial z} \\ u & v & w \end{vmatrix} \tag{1-10}$$

若 $\omega=0$，流动为无旋流动，否则为有旋流动。

流体运动是有旋流动还是无旋流动，取决于流体微团是否有旋转运动，与流体微团的运动轨迹无关。流体流动中，如果考虑黏性，由于存在摩擦力，这时流动为有旋流动；如果黏性可以忽略，而流体本身又是无旋流，如均匀流，这时流动为无旋流动。例如，均匀气流流过平板，在紧靠壁面的附面层内，需要考虑黏性影响，因此，附面层内为有旋流动，附面层外的流动，黏性可以忽略，为无旋流动。

3．声速与马赫数

声速是指微弱扰动波在流体介质中的传播速度，它是流体可压缩性的标志，对于确定可压缩流的特性和规律起着重要作用。声速表达式的微分形式为

$$c=\sqrt{\frac{\mathrm{d}p}{\mathrm{d}\rho}} \tag{1-11}$$

声速在气体中传播时，由于在微弱扰动的传播过程中，气流的压强、密度和温度的变化都是无限小量，若忽略黏性作用，整个过程接近可逆过程，同时该过程进行得很迅速，又接近一个绝热过程，所以微弱扰动的传播可以认为是一个等熵的过程。对于完全气体，声速又可表示为

$$c=\sqrt{kRT} \tag{1-12}$$

式中，k 为比热比；R 为气体常数。

上述公式只能用来计算微弱扰动的传播速度。对于强扰动，如激波、爆炸波等，其传播速度比声速大，并随波的强度增大而加快。

流场中某点处气体流速 V 与当地声速 c 之比为该点处气流的马赫数，用公式表示如下

$$Ma=\frac{V}{c} \tag{1-13}$$

马赫数表示气体宏观运动的动能与气体内部分子无规则运动的动能（即内能）之比。当 $Ma\leq0.3$ 时，密度的变化可以忽略；当 $Ma>0.3$ 时，就必须考虑气流压缩性的影响，因此，马赫数是研究高速流动的重要参数，是划分高速流动类型的标准。当 $Ma>1$ 时，为超声速流动；当 $Ma<1$ 时，为亚声速流动；当 $Ma=0.8\sim1.2$ 时，为跨声速流动。超声速流动与亚声速流动的规律是有本质的区别，跨声速流动兼有超声速与亚声速流动的某些特点，是更复杂的流动。

4．膨胀波与激波

膨胀波与激波是超声速气流特有的重要现象，超声速气流在加速时要产生膨胀波，减速时会出现激波。

当超声速气流流经由微小外折角所引起的马赫波时，气流加速，压强和密度下降，这种马赫波就是膨胀波。超声速气流沿外凸壁流动的基本微分方程如下

$$\frac{\mathrm{d}V}{V}=-\frac{\mathrm{d}\theta}{\sqrt{Ma^2-1}} \tag{1-14}$$

当超声速气流绕物体流动时，在流场中往往出现强压缩波，即激波。气流经过激波后，其压强、温度和密度均突然升高，速度则突然下降。超声速气流被压缩时一般都会产生激波，按照激波的形状，可分为以下3类：

（1）正激波：气流方向与波面垂直。

（2）斜激波：气流方向与波面不垂直。例如，当超声速气流流过楔形物体时，在物体前缘往往产生斜激波。

（3）曲线激波：波形为曲线形。

设激波前的气流速度、压强、温度、密度和马赫数分别为 v_1、p_1、T_1、ρ_1、Ma_1，经过激波后变为 v_2、p_2、T_2、ρ_2 和 Ma_2，则激波前后气流应满足以下方程。

连续性方程

$$\rho_1 v_1=\rho_2 v_2 \tag{1-15}$$

动量方程：

$$p_1-p_2=\rho_1 v_1^2-\rho_2 v_2^2 \tag{1-16}$$

能量方程（绝热）：

$$\frac{v_1^2}{2}+\frac{k}{k-1}\times\frac{p_1}{\rho_1}=\frac{v_2^2}{2}+\frac{k}{k-1}\times\frac{p_2}{\rho_2} \tag{1-17}$$

状态方程：

$$\frac{p_1}{\rho_1 T_1}=\frac{p_2}{\rho_2 T_2} \tag{1-18}$$

据此，可得出激波前后参数的关系：

$$\frac{p_2}{p_1}=\frac{2k}{k+1}Ma^2-\frac{k-1}{k+1} \tag{1-19}$$

$$\frac{v_2}{v_1}=\frac{k-1}{k+1}+\frac{2}{(k+1)Ma^2} \tag{1-20}$$

$$\frac{\rho_2}{\rho_1}=\frac{\frac{k+1}{k-1}Ma^2}{\frac{2}{k-1}+Ma^2} \tag{1-21}$$

$$\frac{T_2}{T_1}=\left(\frac{2kMa_1^2-k+1}{k+1}\right)\times\left(\frac{2+(k-1)Ma_1^2}{(k+1)Ma_1^2}\right) \tag{1-22}$$

$$\frac{Ma_2^2}{Ma_1^2}=\frac{Ma_1^{-2}+\frac{k-1}{2}}{Ma_1^2-\frac{k-1}{2}} \tag{1-23}$$

1.3 流体流动及传热的基本控制方程

流体流动要受到物理守恒定律的支配，即流动要满足质量守恒方程、动量守恒方程和能量守恒方程。本节将给出求解多维流体运动与传热的方程组。

1. 物质导数

把流场中的物理量看成是空间和时间的函数

$$T=T(x,y,z,t)\text{，}\quad p=p(x,y,z,t)\text{，}\quad v=v(x,y,z,t)$$

研究各物理量对时间的变化率，例如，速度分量 u 对时间 t 的变化率有

$$\frac{\mathrm{d}u}{\mathrm{d}t}=\frac{\partial u}{\partial t}+\frac{\partial u}{\partial x}\frac{\mathrm{d}x}{\mathrm{d}t}+\frac{\partial u}{\partial y}\frac{\mathrm{d}y}{\mathrm{d}t}+\frac{\partial u}{\partial z}\frac{\mathrm{d}z}{\mathrm{d}t}=\frac{\partial u}{\partial t}+u\frac{\partial u}{\partial x}+v\frac{\partial u}{\partial y}+w\frac{\partial u}{\partial z} \tag{1-24}$$

式中，u、v、w 分别为速度沿 x、y、z 方向的速度矢量。

将上式中的 u 用 N 替换，代表任意物理量，得到任意物理量 N 对时间 t 的变化率

$$\frac{\mathrm{d}N}{\mathrm{d}t}=\frac{\partial N}{\partial t}+u\frac{\partial N}{\partial x}+v\frac{\partial N}{\partial y}+w\frac{\partial N}{\partial z} \tag{1-25}$$

这就是任意物理量 N 的物质导数，也称为质点导数。

2．质量守恒方程（连续性方程）

任何流动问题都要满足质量守恒方程，即连续性方程。其定律表述为：在流场中任取一个封闭区域，此区域称为控制体，其表面称为控制面，单位时间内从控制面流进和流出控制体的流体质量之差，等于单位时间该控制体质量增量，其积分形式为

$$\frac{\partial}{\partial t}\iiint_{V}\rho\,\mathrm{d}x\,\mathrm{d}y\,\mathrm{d}z+\iint\rho\,\mathrm{d}A=0 \tag{1-26}$$

式中，V 表示控制体；A 表示控制面。第一项表示控制体内部质量的增量，第二项表示通过控制面的净通量。

式（1-26）在直角坐标系中的微分形式如下

$$\frac{\partial\rho}{\partial t}+\frac{\partial(\rho u)}{\partial x}+\frac{\partial(\rho v)}{\partial y}+\frac{\partial(\rho w)}{\partial z}=0 \tag{1-27}$$

连续性方程的适用范围没有限制，无论是可压缩或不可压缩流体，黏性或无黏性流体，定常或非定常流动都可适用。

对于定常流动，密度 ρ 不随时间的变化而变化，式（1-27）变为

$$\frac{\partial(\rho u)}{\partial x}+\frac{\partial(\rho v)}{\partial y}+\frac{\partial(\rho w)}{\partial z}=0 \tag{1-28}$$

对于定常不可压缩流动，密度 ρ 为常数，式（1-27）变为

$$\frac{\partial u}{\partial x}+\frac{\partial v}{\partial y}+\frac{\partial w}{\partial z}=0 \tag{1-29}$$

3．动量守恒方程（N-S 方程）

动量守恒方程也是任何流动系统都必须满足的基本定律。其定律表述为：任何控制微元中流体动量对时间的变化率等于外界作用在微元上各种力之和，用数学式表示为

$$\delta_F=\delta_m\frac{\mathrm{d}v}{\mathrm{d}t} \tag{1-30}$$

由流体的黏性本构方程得到直角坐标系下的动量守恒方程，即 N-S 方程

$$\rho\frac{\mathrm{d}u}{\mathrm{d}t}=\rho F_x-\frac{\partial p}{\partial x}+\frac{\partial}{\partial x}\left(\mu\frac{\partial u}{\partial x}\right)+\frac{\partial}{\partial y}\left(\mu\frac{\partial u}{\partial y}\right)+\frac{\partial}{\partial z}\left(\mu\frac{\partial u}{\partial z}\right)+\frac{\partial}{\partial x}\left[\frac{\mu}{3}\left(\frac{\partial u}{\partial x}+\frac{\partial v}{\partial y}+\frac{\partial w}{\partial z}\right)\right]$$

$$\rho\frac{\mathrm{d}v}{\mathrm{d}t}=\rho F_y-\frac{\partial p}{\partial y}+\frac{\partial}{\partial x}\left(\mu\frac{\partial v}{\partial x}\right)+\frac{\partial}{\partial y}\left(\mu\frac{\partial v}{\partial y}\right)+\frac{\partial}{\partial z}\left(\mu\frac{\partial v}{\partial z}\right)+\frac{\partial}{\partial y}\left[\frac{\mu}{3}\left(\frac{\partial u}{\partial x}+\frac{\partial v}{\partial y}+\frac{\partial w}{\partial z}\right)\right] \tag{1-31}$$

$$\rho\frac{\mathrm{d}w}{\mathrm{d}t}=\rho F_z-\frac{\partial p}{\partial z}+\frac{\partial}{\partial x}\left(\mu\frac{\partial w}{\partial x}\right)+\frac{\partial}{\partial y}\left(\mu\frac{\partial w}{\partial y}\right)+\frac{\partial}{\partial z}\left(\mu\frac{\partial w}{\partial z}\right)+\frac{\partial}{\partial z}\left[\frac{\mu}{3}\left(\frac{\partial u}{\partial x}+\frac{\partial v}{\partial y}+\frac{\partial w}{\partial z}\right)\right]$$

对于不可压缩常粘度的流体，则式（1-31）可简化为

$$\rho\left(\frac{\partial u}{\partial t}+u\frac{\partial u}{\partial x}+v\frac{\partial u}{\partial y}+w\frac{\partial u}{\partial z}\right)=\rho F_x-\frac{\partial \rho}{\partial x}+\mu\left(\frac{\partial^2 u}{\partial x^2}+\frac{\partial^2 u}{\partial y^2}+\frac{\partial^2 u}{\partial z^2}\right)$$

$$\rho\left(\frac{\partial v}{\partial t}+u\frac{\partial v}{\partial x}+v\frac{\partial v}{\partial y}+w\frac{\partial v}{\partial z}\right)=\rho F_y-\frac{\partial \rho}{\partial y}+\mu\left(\frac{\partial^2 v}{\partial x^2}+\frac{\partial^2 v}{\partial y^2}+\frac{\partial^2 v}{\partial z^2}\right) \tag{1-32}$$

$$\rho\left(\frac{\partial w}{\partial t}+u\frac{\partial w}{\partial x}+v\frac{\partial w}{\partial y}+w\frac{\partial w}{\partial z}\right)=\rho F_z-\frac{\partial \rho}{\partial z}+\mu\left(\frac{\partial^2 w}{\partial x^2}+\frac{\partial^2 w}{\partial y^2}+\frac{\partial^2 w}{\partial z^2}\right)$$

在不考虑流体黏性的情况下，则由式（1-31）可得出欧拉方程如下

$$\frac{\mathrm{d}u}{\mathrm{d}t}=\frac{\partial u}{\partial t}+u\frac{\partial u}{\partial x}+v\frac{\partial u}{\partial y}+w\frac{\partial u}{\partial z}=F_x-\frac{\partial \rho}{\rho\partial x}$$

$$\frac{\mathrm{d}v}{\mathrm{d}t}=\frac{\partial v}{\partial t}+u\frac{\partial v}{\partial x}+v\frac{\partial v}{\partial y}+w\frac{\partial v}{\partial z}=F_y-\frac{\partial \rho}{\rho\partial y} \tag{1-33}$$

$$\frac{\mathrm{d}w}{\mathrm{d}t}=\frac{\partial w}{\partial t}+u\frac{\partial w}{\partial x}+v\frac{\partial w}{\partial y}+w\frac{\partial w}{\partial z}=F_z-\frac{\partial \rho}{\rho\partial z}$$

N-S 方程比较准确地描述了实际的流动，黏性流体的流动分析可归结为对此方程的求解。N-S 方程有 3 个分式，加上不可压缩流体连续性方程式，共 4 个方程，有 4 个未知数 u、v、w 和 p，方程组是封闭的，加上适当的边界条件和初始条件原则上可以求解。但由于 N-S 方程存在非线性项，求一般解析解非常困难，只有在边界条件比较简单的情况下，才能求得解析解。

4．能量方程与导热方程

描述固体内部温度分布的控制方程为导热方程，直角坐标系下三维非稳态导热微分方程的一般形式为

$$\rho c\frac{\partial t}{\partial \tau}=\frac{\partial}{\partial x}\left(\lambda\frac{\partial t}{\partial x}\right)+\frac{\partial}{\partial y}\left(\lambda\frac{\partial t}{\partial y}\right)+\frac{\partial}{\partial z}\left(\lambda\frac{\partial t}{\partial z}\right)+\Phi \tag{1-34}$$

式中， τ、ρ、c、Φ 和 t 分别为微元体的温度、密度、比热容、单位时间单位体积的内热源生成热和时间； λ 为导热系数。如果将导热系数看作常数，在无内热源且稳态的情况下，式（1-34）可简化为拉普拉斯（Laplace）方程：

$$\frac{\partial^2 t}{\partial x^2}+\frac{\partial^2 t}{\partial y^2}+\frac{\partial^2 t}{\partial y^2}=0 \tag{1-35}$$

用来求解对流换热的能量方程为

$$\frac{\partial t}{\partial \tau}+u\frac{\partial t}{\partial x}+v\frac{\partial t}{\partial y}+w\frac{\partial t}{\partial z}=\alpha\frac{\partial^2 t}{\partial x^2}+\frac{\partial^2 t}{\partial y^2}+\frac{\partial^2 t}{\partial y^2} \tag{1-36}$$

式中，$\alpha=\lambda/\rho cp$，称为热扩散率；u、v、w 为流体速度的各个分量，对于固体介质 $u=v=w=0$，

这时能量方程（1-36）即为求解固体内部温度场的导热方程。

1.4 边界层理论

1. 边界层概念及特征

黏性较小的流体绕流物体时，黏性的影响仅限于贴近物面的薄层内，在这薄层之外，黏性的影响可以忽略。而在这个薄层内，形成一个从固体壁面速度为零到外流速度的速度梯度区，普朗特把这一薄层称为边界层。

边界层厚度 δ 的定义：如果以 V_0表示外部无粘流速度，则通常把各个截面上速度达到 V_x=0. 99V=或 V_x=0. 995V_0值的所有点的连线定义为边界层外边界，而从外边界到物面的垂直距离定义为边界层厚度。

2. 附面层微分方程

普朗特根据在大雷诺数下边界层非常薄的前提，对黏性流体运动方程做了简化，得到了被人们称为普朗特边界层微分方程。根据附面层概念对黏性流动的基本方程的每一项进行数量级的估计，忽略掉数量级较小的量，这样在保证一定精度的情况下使方程得到简化，得出适用于附面层的基本方程。

（1）层流附面层方程

$$\begin{aligned}&\frac{\partial V_x}{\partial x}+\frac{\partial V_y}{\partial y}=0\\&V_x\frac{\partial V_x}{\partial y}+V_y\frac{\partial V_y}{\partial y}=-\frac{1}{\rho}\frac{\partial p}{\partial x}+\nu\frac{\partial^2 V}{\partial y^2}\\&\frac{\partial p}{\partial y}=0\end{aligned} \tag{1-37}$$

式（1-37）是平壁面二维附面层方程，适用于平板及楔形物体，其求解的边界条件如下。

在物面上 $y=0$ 处，满足无滑移条件，$V_x=0$，$V_y=0$。

在附面层外边界 $y=\delta$ 处，$V_x=V_0(x)$。$V_0(x)$ 是附面层外部边界上无粘流的速度，它由无黏流场求解中获得，在计算附面层流动时，为已知参数。

（2）湍流附面层方程

$$\begin{aligned} &\frac{\partial \overline{V}_x}{\partial x}+\frac{\partial \overline{V}_y}{\partial y}=0 \\ &\overline{V}_x\frac{\partial \overline{V}_x}{\partial x}+\overline{V}_y\frac{\partial \overline{V}_x}{\partial y}=-\frac{1}{\rho}\frac{\mathrm{d}p}{\mathrm{d}x}+\nu\frac{\partial^2 \overline{V}_x}{\partial y^2}-\frac{\partial}{\partial y}\overline{V'_x V'_y} \end{aligned} \tag{1-38}$$

对于附面层方程，在 Re 很高时才有足够的精度，在 Re 不比 1 大许多的情况下，附面层方程是不适用的。

第 2 章

GAMBIT 基础知识

网格的生成是一个漫长又复杂的过程,经常需要经过大量的实验才能完成。因此,出现了许多商业化的专用网格生成软件,如 GAMBIT、TGrid、GeoMesh、preBFC 和 ICEMCFD 等。这些软件的使用方法大同小异,且各软件之间往往能够共享所生成的网格文件。

本章主要介绍 GAMBIT 软件的基本知识和使用步骤,包括几何建模、划分网格以及边界定义等操作,并通过实例分析帮助读者清晰地掌握 GAMBIT 的建模与生成网格,为导入 FLUENT 软件以及绘制复杂网格图形打下基础。

- CFD 软件概述
- FLUENT 软件包概述
- GAMBIT 的操作步骤

2.1 CFD软件概述

1. CFD软件概述

第1章讲述了一些经典流体动力学的基础知识。由于传统流体动力学的控制方程在大多数情况下无法得出其解析解，所以在解决复杂工程实际问题时受到了很多限制。随着计算机技术的发展，一种新的求解流体动力学的方法——CFD（Computational Fluid Dynamics）得到了发展。

CFD的基本思想可以归结为：把原来在时间域及空间域上连续的物理量的场（如速度场和压力场），用有限个离散点上的变量值的集合来代替，通过一定的原则和方式创建起关于这些离散点上场变量之间关系的代数方程组，然后求解代数方程组获得场变量的近似值。

CFD软件是专门用来进行流场分析、流场计算、流场预测的软件。通过CFD软件，可以分析并且显示发生在流场中的现象，在比较短的时间内，能预测性能，并通过改变各种参数，达到最佳设计效果。

CFD的数值模拟能使我们更加深刻地理解问题产生的机理，为实验提供指导，节省实验所需的人力、物力和时间，并对实验结果的整理和规律的得出起到很好的指导作用。

随着计算机硬件和软件技术的发展和数值计算方法的日趋成熟，出现了基于现有流动理论的商用CFD软件。商用CFD软件使许多不擅长CFD的其他专业研究人员能够轻松地进行流动数值计算，从而把研究人员从编制复杂、重复性的程序中解放出来，将更多的精力投入到考虑所计算的流动问题的物理本质、问题的提法、边界（初值）条件、计算结果的合理解释等重要方面，这样最大地发挥了商用CFD软件开发人员和其他专业研究人员各自的智力优势，为解决实际工程问题提供了条件。

2. CFD软件计算的特点

在研究流体动力学问题时，除了少数流动，传统的理论计算几乎不可能得到解析解，大大限制了其运用的范围。实验研究虽然得到的结果能够直接反映物理现象，但实验往往受到模型尺寸、测量精度、人身安全、实验经费和周期等限制。所以CFD软件的运用，克服了上述两种方法的缺点。通过CFD软件的计算得到数值解，不会受到实验条件的种种限制，能够很好地指导实验研究，并且还可以模拟实验中只能接近而无法达到的理想条件。

当然，由于CFD方法是一种离散近似的计算方法，其计算精度受到物理模型、网格情况、计算方法、边界条件等影响，同时CFD计算常需要高配置的计算机，这也是CFD计算的局限性。

在现实研究中，我们应该把传统理论分析、实验分析和CFD软件分析三者有机地结合起来，取长补短，为我们的研究服务。

3. CFD软件中离散方式的分类

CFD的数值解法有很多分支，这些方法之间的区别主要在于对控制方程的离散方式。根据离散原理的不同，CFD大体上可以分为有限差分法（FDM）、有限元法（FEM）和有限体积法（FVM）。

1）有限差分法是计算机数值模拟最早采用的方法，至今仍被广泛运用。该方法将求解域划分为差分网格，用有限个网格节点代替连续的求解域。有限差分法是以 Taylor 级数展开的方法，把控制方程中的导数用网格节点上的函数值的差商代替，从而创建以网格节点上的值为未知数的代数方程组。该方法是一种直接将微分问题变为代数问题的近似数值解法，数学概念直观，表达简单，是发展较早且比较成熟的数值方法。从有限差分格式的精度来划分，有一阶格式、二阶格式和高阶格式；从差分的空间形式来考虑，可分为中心格式和逆风格式；考虑时间因子的影响，差分格式还可分为显格式、隐格式、显隐交替格式等。目前常见的差分格式，主要是上述几种形式的组合，不同的组合构成不同的差分格式。差分方法主要适用于有结构网格，网格的步长一般根据实际情况和柯朗稳定条件来决定。

2）有限元法的基础是变分原理和加权余量法，其基本求解思想是把计算域划分为有限个互不重叠的单元，在每个单元内，选择一些合适的节点作为求解函数的插值点，将微分方程中的变量改写成由各变量或其导数的节点值与所选用的插值函数组成的线性表达式，借助于变分原理或加权余量法，将微分方程离散求解。采用不同的权函数和插值函数形式，便构成不同的有限元方法。有限元法最早应用于结构力学，后来随着计算机的发展慢慢用于流体力学的数值模拟。在有限元法中，把计算域离散剖分为有限个互不重叠且相互连接的单元，在每个单元内选择基函数，用单元基函数的线性组合来逼近单元中的真解，整个计算域上总体的基函数可以看作由每个单元基函数组成，而整个计算域内的解可以看作是由所有单元上的近似解构成。

3）有限体积法的基本思路易于理解，并能得出直接的物理解释。离散方程的物理意义，就是因变量在有限大小的控制体积中的守恒原理，如同微分方程表示因变量在无限小的控制体积中的守恒原理一样。有限体积法得出的离散方程，要求因变量的积分守恒对任意一组控制体积都得到满足，在整个计算区域，自然也就得到满足，这是有限体积法吸引人的优点。

有一些离散方法，如有限差分法，仅当网格极其细密时，离散方程才满足积分守恒；而有限体积法即使在粗网格情况下，也显示出准确的积分守恒。就离散方法而言，有限体积法可视为有限单元法和有限差分法的中间物，有限单元法必须假定值符合网格点之间的变化规律（即插值函数），并将其作为近似解；有限差分法只考虑网格点上的数值而不考虑其在网格点之间如何变化；有限体积法只寻求节点值，这与有限差分法相类似，但有限体积法在寻求控制体积的积分时，必须假定值在网格节点之间的分布，这又与有限单元法相类似。在有限体积法中，插值函数只用于计算控制体积的积分，得出离散方程后，便可忘掉插值函数；如果需要的话，可以对微分方程中不同的项采取不同的插值函数。

目前大多数的 CFD 软件都是采用有限体积法，本文中所介绍的 FLUENT 软件就是基于该方法对连续的控制方程进行离散的。读者如果对于有限体积法的离散方法感兴趣，可查阅相关书籍。

4. 常用的商用 CFD 软件

过去为了完成 CFD 的计算，用户都是针对自己要解决的问题，编写一些小程序。但由于 CFD 的复杂性和多样性，使得各自的程序缺乏通用性，而 CFD 本身又具有其鲜明的系统性和规律性，因此，比较适合制成通用的商用软件。现在流行的商用 CFD 软件，除了本书要重点介绍的 FLUENT，还有 Phoenics、STAR-CD、CFX、FIDAP、POLYFLOW、Mixsim 等。现将这些软件简要介绍如下。

（1）Phoenics　Phoenics 是英国 CHAM 公司开发的模拟传热、流动、反应、燃烧过程的通用 CFD 软件，是世界上第一套 CFD 商用软件，有 30 多年的历史。网格系统包括直角、圆柱、曲面（非正交和运动网格，但在其 VR 环境中不可以）、多重网格、精密网格。可以对三维稳态或非稳态的可压缩流或不可压缩流进行模拟，包括非牛顿流和多孔介质中的流动，并且可以考虑黏度、密度、温度变化的影响。在流体模型上面，Phoenics 内置了 22 种适用于各种雷诺数场合的湍流模型，包括雷诺应力模型、多流体湍流模型和通量模型及 k-ε 模型的各种变异，共计 21 个湍流模型、8 个多相流模型、10 多个差分格式。

Phoenics 的 VR（虚拟现实）彩色图形界面菜单系统是这几个 CFD 软件中前处理最方便的一个，可以直接读入三维软件创建的模型（需转换成 STL 格式），使复杂几何体的生成更为方便，而且其边界条件的定义也极为简单，并且会自动生成网格。Phoenics 自带了 1000 多个例题与验证题，附有完整的可读可改的输入文件，其中就有 CHAM 公司做的一个 PDC 钻头的流场分析。Phoenics 的开放性很好，提供对软件现有模型进行修改、增加新模型的功能和接口，可以用 FORTRAN 语言进行二次开发。其缺点是网格比较单一、粗糙，针对复杂曲面或曲率小的网格不能细分，即不能在 VR 环境里采用贴体网格；VR 的后处理也不是很好，要进行更高级的分析则要采用命令格式进行，在易用性上比其他软件要差一些。

（2）STAR-CD　STAR-CD 的创始人之一 Gosman 与 Phoenics 的创始人 Spalding 都是英国伦敦大学同一教研室的教授，STAR 是 Simulation of Turbulent Flow in Arbitrary Region 的缩写，CD 是 Computational Dynamics 的缩写。STAR-CD 是基于有限体积法的通用流体计算软件，在网格生成方面，采用非结构化网格，单元体可为六面体、四面体、三角形界面的棱柱、金字塔形的锥体以及六种形状的多面体，还有与 CAD、CAE 软件（如 ANSYS、I-DEAS、NASTRAN、PATRAN、ICEMCFD、GRIDGEN 等）的接口，这使 STAR-CD 在适应复杂区域方面有特别的优势。

STAR-CD 能处理移动网格，用于多级透平的计算，在差分格式方面，纳入了一阶 UpWIND，二阶 UpWIND、CDS、QUICK 以及一阶 UpWIND 与 CDS 或 QUICK 的混合格式，在压力耦合方面采用 SIMPLE、PISO 以及称为 SIMPLO 的算法。在湍流模型方面，有标准 k-ε、重整化群 k-ε、k-ε 两层等模型，可计算稳态流、非稳态流、牛顿流、非牛顿流、多孔介质流、亚声速流、超声速流、多项流等问题。STAR-CD 的强项在汽车工业方面，常用于分析汽车发动机内的流动和传热。

（3）CFX　CFX 是由英国 AEA 公司开发的一种实用流体工程分析工具，用于模拟流体流动、传热、多相流、化学反应、燃烧问题。其优势在于处理流动物理现象简单而几何形状复杂的问题，适用于直角/柱面/旋转坐标系、稳态/非稳态流动、瞬态/滑移网格、不可压缩/弱可压缩/可压缩流、浮力流、多相流、非牛顿流体、化学反应、燃烧、NOx 生成、辐射、多孔介质及混合传热过程。

CFX 采用有限元法，能有效、精确地表达复杂几何形状，任意连接模块即可构造所需的几何图形。在每一个模块内，网格的生成可以确保迅速、可靠地进行，这种多块式网格允许扩展和变形，例如，计算气缸中活塞的运动和自由表面的运动。滑动网格功能允许网格的各部分相对滑动或旋转，这种功能可以用于计算牙轮钻头与井壁间流体的相互作用问题。

CFX 引进了各种公认的湍流模型，如低雷诺数 k-ε 模型、重整化群 k-ε 模型、代数雷诺应力模型、微分雷诺应力模型、微分雷诺通量模型等。CFX 的多相流模型可用于分析工业生产中出现的各种流动，包括单体颗粒运动模型、连续相及分散相的多相流模型和自由表面的流动模型。

CFX 在旋转机械 CFD 计算方面具有很强的功能。它可用于不可压缩流体、亚/临/超声速流体的流动，采用具有壁面函数的 k-ε 模型、两层模型和 Kato.Launder 模型等湍流模型，传热包括对流传热、固体导热、表面对表面辐射、Gibbs 辐射模型、多孔介质传热等。化学反应模型包括涡旋破碎模型、具有动力学控制复杂正/逆反应模型、Flamelet 模型、NO_x和炭黑生成模型、拉格朗日跟踪模型、反应颗粒模型和多组分流体模型。

CFX.TurboGrid 是一个用于快速生成旋转机械 CFD 网格的交互式生成工具，很容易用来生成有效且高质量的网格。

（4）FIDAP　FIDAP 是基于有限元方法的通用 CFD 求解器，是专门解决科学及工程上有关流体力学传质及传热等问题的分析软件，是全球第一套在 CFD 领域使用有限元法的软件，其应用的范围有一般流体的流场、自由表面的问题、湍流、非牛顿流流场、热传、化学反应等。FIDAP 本身含有完整的前后处理系统及流场数值分析系统，对整个研究的程序，数据输入与输出的协调及应用均极有效率。

（5）POLYFLOW　POLYFLOW 是针对黏弹性流动的专用 CFD 求解器，它用有限元法对聚合物加工进行仿真，主要应用于塑料射出成型机、挤型机和吹瓶机的模具设计。

（6）Mixsim　Mixsim 是针对搅拌混合问题的专用 CFD 软件，是一个专业化的前处理器，可创建搅拌槽及混合槽的几何模型，不需要一般计算流体力学软件的冗长学习过程。它的人机接口界面和组件数据库，可以让工程师直接设定或挑选搅拌槽大小、底部形状、折流板的配置、叶轮的型式等。

关于 FLUENT 软件包，将在下面的章节中详细介绍。

2.2 FLUENT 软件包概述

1. FLUENT 的运用领域

FLUENT 软件是目前市场上最流行的 CFD 软件，它在美国的市场占有率高达 60%，它具有丰富的物理模型、先进的数值计算方法和强大的后处理功能，所以得到广泛的应用。其应用领域可以从机翼空气流动到熔炉燃烧，从鼓泡塔到玻璃制造，从血液流动到半导体生产，从洁净室到污水处理设备的设计，另外还扩展了在旋转机械、气动噪声、内燃机、多相流系统等领域的应用。

FLUENT 可以计算的流动类型如下：

◆任意复杂外形的二维/三维流动。

◆可压缩、不可压缩流。

◆定常、非定常流。

◆无黏流、层流和湍流。

◆牛顿流、非牛顿流体流动。

◆对流传热，包括自然对流和强迫对流。

◆热传导和对流传热相耦合的传热计算。

◆辐射传热计算。

◆惯性（静止）坐标、非惯性（旋转）坐标下的流场计算。

◆多层次移动参考系问题,包括动网格界面和计算动子/静子相互干扰问题的混合面等。

◆化学组元混合与反应计算，包括燃烧模型和表面凝结反应模型。

◆源项体积任意变化的计算，源项类型包括热源、质量源、动量源、湍流源、化学组分源项等形式。

◆颗粒、水滴、气泡等弥散相的轨迹计算，包括弥散相与连续项相耦合的计算。

◆多孔介质流动计算。

◆用一维模型计算风扇和换热器的性能。

◆两相流，包括带空穴流动计算。

◆复杂表面问题中带自由面流动的计算。

简而言之，FLUENT 适用于各种复杂外形的可压缩和不可压缩流动计算。

2. FLUENT 软件包的基本构成

用 FLUENT 软件包求解问题的过程，一般都要用到三大部分软件：前处理软件、求解器、后处理软件。

1）前处理软件的主要功能是创建所要求解模型的几何结构，并对几何结构进行网格划分，其主要软件包括 GAMBIT、TGrid、prePDF、GeoMesh 等。GAMBIT 用于网格的生成，是 FLUENT 自行研发的前处理器，可生成供 FLUENT 直接使用的网格模型，是具有超强组合建构模型能力的专用前处理器。TGrid 用于从现有的边界网格生成体网格，GAMBIT 可将生成的网格传送给 TGrid，由 TGrid 作进一步处理。prePDF、GeoMesh 是 FLUENT 在引入 GAMBIT 之前所使用的前处理器，现在 prePDF 主要用于对某些燃烧问题进行模拟，GeoMesh 已基本被 GAMBIT 取代。另外，FLUENT 还提供了各类 CAD/CAE 软件包与 GAMBIT 的接口，这样就大大增强了前处理器对复杂模型的建模能力。

2）求解器是流体计算的核心，所有计算在此完成。FLUENT 求解器主要功能是导入前处理器生成的网格模型、提供计算的物理模型、确定材料的特性、施加边界条件、完成计算和后处理。

3）在进行流体计算后，我们需要从各个方面观察流体计算的结果，这就要用到后处理软件。FLUENT 求解器本身就附带比较强大的后处理功能，可以进行一些图像显示、录像、生成计算报告的处理。此外，用户还可以借助专业的后处理软件 Tecplot 进行后处理，它不仅可以绘制函数曲线、二维图形，还可以进行三维面绘图和三维体绘图，并提供了多种图形格式，同时界面友好、易学易用。

上述几种软件之间的关系如图 2-1 所示。

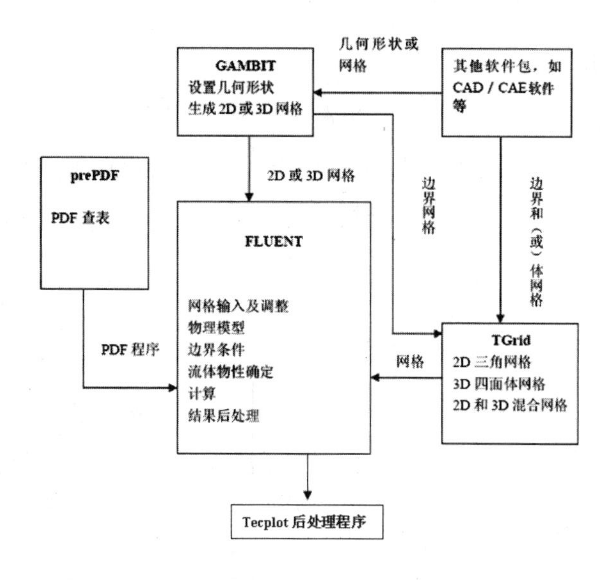

图 2-1　FLUENT 软件包之间的关系图

3．FLUENT 求解计划

当遇到一个需要用 FLUENT 求解的新问题时，我们需要按照一定的思路对所要求解的问题进行分析，制订求解方案。其求解思路一般包括以下几步：

（1）决定计算目标　确定通过 FLUENT 计算需要获得什么样的结果，怎样使用这些结果，需要什么样的模型精度。

（2）选择计算模型　对要模拟的整个物理模型系统进行抽象概括和简化，确定出计算域包括哪些区域，在模型计算域的边界上使用什么样的边界条件，模型按二维还是三维构造，什么样的拓扑结构最适合于该问题。

（3）选择物理模型　在 FLUENT 中每一种具体的物理模型都有具体规定的设置，所以要求我们在计算之前就要考虑好选择什么样的物理模型。如湍流模型，是稳态还是非稳态，是否考虑有能量的交换，是否考虑可压缩性等。

（4）决定求解过程　确定该问题是否可以利用求解器现有的公式和算法直接求解，是否需要增加其他的参数，是否可以更改一些参数设置加速计算的收敛等。

在分析完以上的问题之后，我们就对该问题的 FLUENT 计算有了整体的判断，这样就能较正确地开始 FLUENT 计算了。

2.3 计算网络

在前面的章节，我们已经提到计算流体力学的本质就是对控制方程在所规定的区域上进行点离散或区域离散，从而转变为在各网格节点或子区域上定义的代数方程组，最后用线性代数的方法迭代求解。网格生成技术是离散技术中的一个关键步骤，网格质量对 FLUENT 计算精度和计算效率有直接的影响。对于复杂问题的 FLUENT 计算，划分网格是一个极为耗时又容易出错的步骤，有时要占到整个软件使用时间的 80%。因此，我们有必要对网格生成技术给以足够的关注。

2.3.1 网格类型

1．网格单元的分类

单元是构成网格的基本元素。在二维（2D）空间中，可以使用的单元有三角形和四边形单元，在三维（3D）空间中，可以使用的是四面体、六面体、棱锥和楔形单元，其形式如图 2-2 所示。

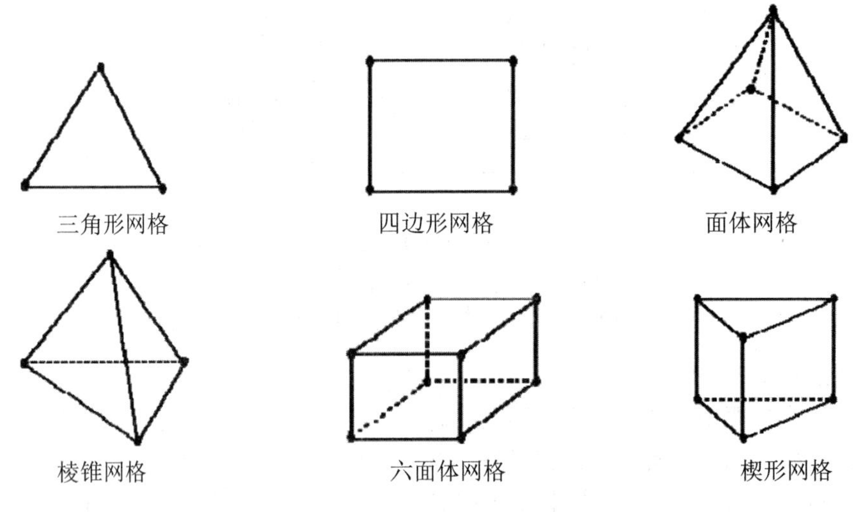

图 2-2 网格单元的类型

2．网格类型

计算网格按网格节点之间的邻近关系可分为结构网格、非结构网格和混合网格。

结构网格的网格节点之间的邻近关系是有序且规则的，除了边界点外，内部网格节点都有相同的邻近网格数，其单元是二维的四边形和三维的六面体。采用结构网格的优点是可以方便准确地处理边界条件，计算精度高，并且可以采用许多高效隐式算法和多重网格法，计算效率也较高；其缺点是对复杂外形的网格生成较难，甚至难以实现，即使生成多块结构网格，块与块之间的界面处理也十分复杂，因而在使用上受到限制。结构网格的类型如图 2-3 和图 2-4 所示。

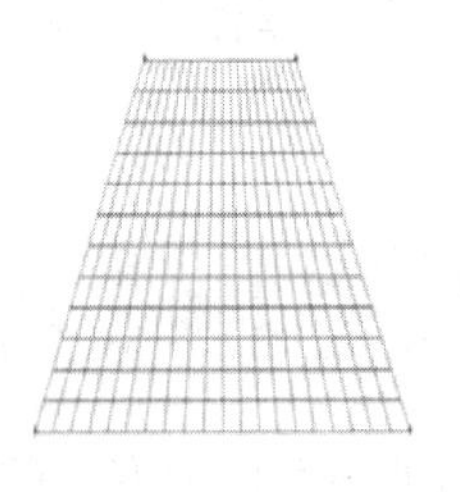

图 2-3 二维结构网格

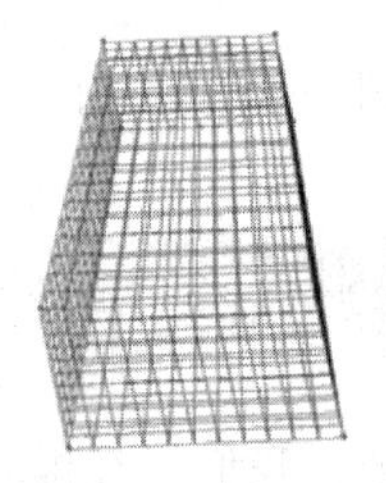

图 2-4 三维结构网格

为了方便地进行数值模拟绕复杂外形的流动，20 世纪 80 年代末人们提出了采用非结构网格的技术手段，而且 FLUENT 采用非结构网格使它对处理复杂问题具有很强的适应性。所谓非结构网格就是指这种网格单元和节点彼此没有固定的规律可循，其节点分布完全是任意的。其基本思想基于这样的假设：任何空间区域都可以被四面体（三维）或三角形（二维）单元填满，即任何空间区域都可以被以四面体或三角形为单元的网格所划分。非结构网格能够方便地生成复杂外形的网格，能够通过流场中的大梯度区域自适应来提高对间断（如激波）的分辨率，并且使得基于非结构网格的网格分区以及并行计算比结构网格更加直接。但是在同等网格数量的情况下，非结构网格比结构网格所需的内存容量更大、计算周期更长，而且同样的区域可能需要更多的网格数。此外，在采用完全非结构网格时，因为网格分布各向同性，会给计算结果的精度带来一定的损失，同时对于黏流计算而言，还会导致边界层附近的流动分辨率低。单元有二维的三角形、四边形，三维的四面体、六面体、三棱柱体、金字塔等多种形状。非结构网格的类型如图2-5和图2-6所示。

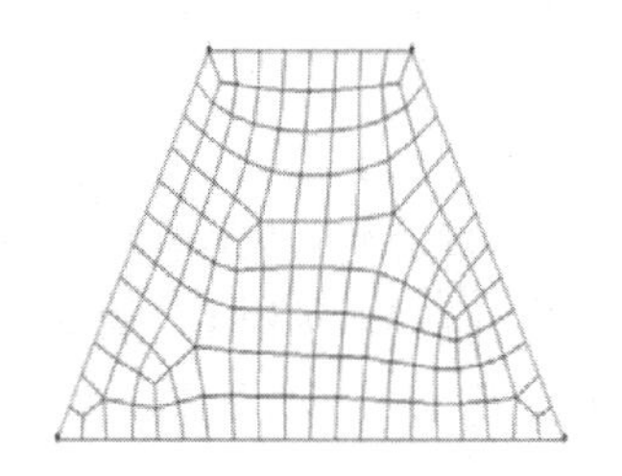

图 2-5　二维非结构网格

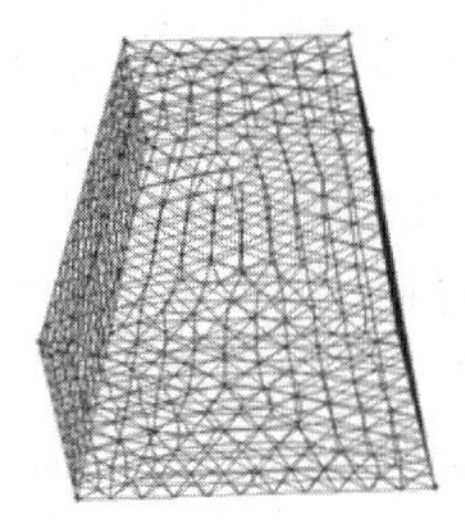

图 2-6　三维非结构网格

如前所述，结构网格和非结构网格各有优缺点，那如何将这二者的优势结合起来，同时克服各自的不足呢？混合网格技术应运而生，并越来越受到重视，混合网格的类型如图2-7所示。

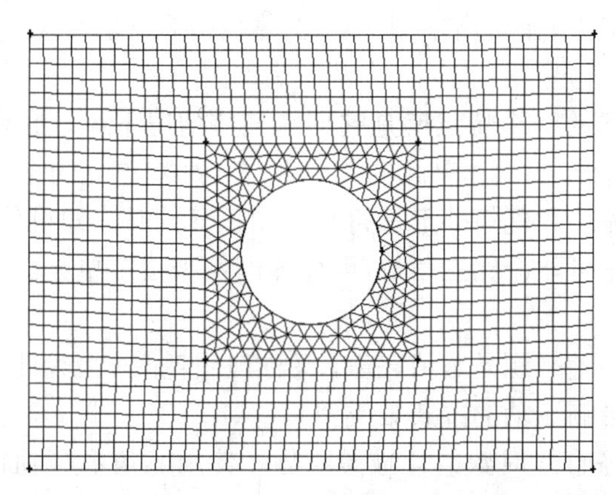

图 2-7　混合网格

3. 多连域的 O 形和 C 形网格

网格区域分为单连域和多连域两类。所谓单连域是指求解区域边界线内不包含非求解区域；而多连域则是求解区域边界线内包含非求解区域。所有的绕流问题都是多连域问题，典型的有圆柱绕流、机翼绕流、透平机械中叶片的绕流等。对于多连域网格，有 O 形和 C 形两种。O 形网格像一个变形的圆，一圈一圈地围绕着实体；C 形网格像一个变形的 C 字，围绕在实体外面。两者分别如图2-8和图2-9所示。

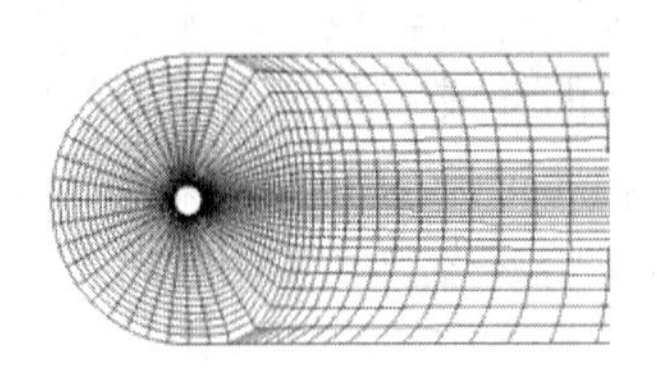

图 2-8　O 形网格

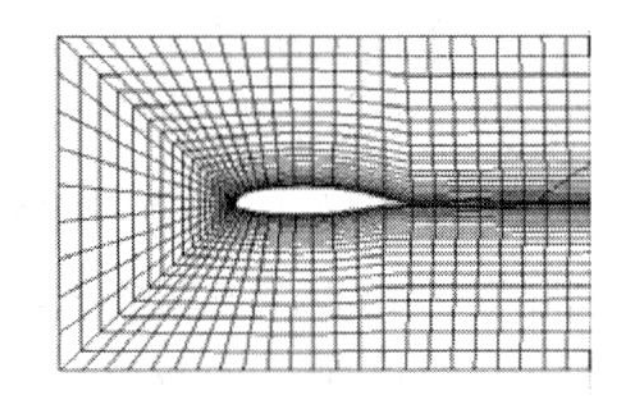

图 2-9　C 形网格

2.3.2　网格类型的选择

对于网格类型的选择依赖于具体的问题。在选择网格类型时，应该考虑下列问题：初始化的时间、计算的花费和数值的耗散。

1. 初始化的时间

很多实际问题具有复杂几何外形，对于这些问题采用结构网格或块结构网格可能要花费大量的时间，甚至根本无法得到结构网格。复杂几何外形初始化时间的限制刺激了人们在非结构网格中使用三角形网格和四面体网格。如果几何外形并不复杂，则两种方法所耗费的时间没有明显差别。

2. 计算的花费

当几何外形太复杂或者流动的长度尺度太大时，三角形网格和四面体网格所生成的单元会比等量的包含四边形网格和六面体网格的单元少得多。这是因为三角形网格和四面体网格允许单元聚集在流域的所选区域内，而四边形网格和六面体网格会在不需要加密的地方产生单元。非结构的四边形网格和六面体网格为一般复杂外形提供了许多三角形/四面体网格所没有的单元。

四边形和六边形单元的一个特点就是它们在某些情况下可以允许有比三角形/四面体单元更大的比率。三角形/四面体单元的大比率总会影响单元的歪斜。因此，如有相对简单的几何外形，而且流动和几何外形很符合（如长管）时，即可使用大比率的四边形和六边形单元，这种网格可能会比三角形/四面体网格少很多单元。

3. 数值的耗散

多维条件下主要的误差来源是数值耗散，又称虚假耗散（因为耗散并不是真实现象，而是它和真实耗散系数影响流动的方式很类似）。

当流动和网格成一条直线时数值耗散最明显，使用三角形/四面体网格流动永远不会和网格成一条直线，而如果几何外形不是很复杂时，四边形网格和六面体网格可能就会出现流动和网格成一条线的情况。所以只有在简单的流动（如长管流动）中，才可以使用四边形/六面体网格来减少数值耗散，而且在这种情况下使用四边形/六面体网格有很多优点，与三角形/四面体网格相比可以用更少的单元得到更好的解。

2.3.3　网格质量

网格质量对计算精度和稳定性有很大的影响。网格质量包括节点分布、光滑性以及单元的形状等。

1．节点分布

连续性区域被离散化使流动的特征解（剪切层、分离区域、激波、边界层和混合区域）与网格上节点的密度和分布直接相关。在很多情况下，关键区域的弱解反倒成了流动的主要特征。例如，由逆压梯度造成的分离流强烈地依靠边界层上游分离点的解。边界层解（即网格近壁面间距）在计算壁面切应力和热导率的精度时有重要意义，这一结论在层流流动中尤其准确，网格接近壁面需要满足：

$$y_p\sqrt{\frac{u_\infty}{vx}} \leqslant 1 \tag{2-1}$$

式中，y_p 为从临近单元中心到壁面的距离；u_∞为自由流速度；v 为流体的动力黏度；x 为从边界层起始点开始沿壁面的距离。

网格的分辨率对于湍流也十分重要。由于平均流动和湍流的强烈作用，湍流的数值计算结果往往比层流更容易受到网格的影响。在近壁面区域，不同的近壁面模型需要不同的网格分辨率。

一般来说，无流动通道应该用少于 5 个单元来描述，大多数情况需要更多的单元来完全解决。大梯度区域如剪切层或者混合区域，网格必须被精细化以保证相邻单元的变量变化足够小。但是要提前确定流动特征的位置很困难，而且在复杂三维流动中，网格要受到 CPU 时间和计算机资源的限制，在求解运行和后处理时，若网格精度提高，则 CPU 时间和内存量也会随之增加。

2．光滑性

临近单元体积的快速变化会导致大的截断误差。截断误差是指控制方程偏导数和离散估计之间的差值。FLUENT 可以改变单元体积或者网格体积梯度来精化网格从而提高网格的光滑性。

3．单元的形状

单元的形状能明显影响数值解的精度，包括单元的歪斜和比率。单元的歪斜可以定义为该单元和具有同等体积的等边单元外形之间的差别。单元的歪斜太大会降低解的精度和稳定性。四边形网格最好的单元就是顶角为 90°，三角形网格最好的单元就是顶角为 60°。比率是表征单元拉伸的度量，对于各向异性流动，较大的比率可以用较少的单元产生较为精确的结果，但是一般避免比率大于 5∶1。

4．流动流场相关性

分辨率、光滑性、单元的形状对于解的精度和稳定性的影响强烈依赖于所模拟的流场。例如，在流动开始的区域可以有过度歪斜的网格，但是在具有大流动梯度的区域内，过度歪斜的网格可能会使整个计算无功而返。由于大梯度区域是无法预知的，所以我们只能尽量使整个流域具有高质量的网格。所谓高质量网格就是指密度高、光滑性好、单元歪斜小的网格。

2.4 GAMBIT 功能简介

在前面的章节已经提到过，FLUENT 有专门的前处理划分网格的软件，其中 GAMBIT

前处理软件以其强大的功能、灵活易用的网格划分工具和快速的更新性质，在目前所有的 CFD 前处理软件中，稳居上游。本节将对 GAMBIT 的特点和基本操作做简单的介绍。

2.4.1 GAMBIT 的特点

GAMBIT 的主要功能包括构造几何模型、划分网格和指定边界三个方面。其中，划分网格是其最主要的功能，它最终生成包含边界信息的网格文件。GAMBIT 主要有以下一些特点：

1．完全非结构化的网格能力

GAMBIT 之所以被认为是商用 CFD 软件最优秀的前置处理器，完全得益于其突出的非结构化的网格生成能力。GAMBIT 能够针对极其复杂的几何外形生成三维四面体、六面体的非结构化网格及混合网格，且有数十种网格生成方法，生成网格过程又具有很强的自动化能力，因而大大减少了用户的工作量。

2．强大的几何建模能力和丰富的 CAD 接口

GAMBIT 包含全面的几何建模能力，即可以在 GAMBIT 内直接创建点、线、面、体的几何模型，只要模型不太复杂，一般可以直接在 GAMBIT 中完成几何建模。但对于复杂的几何模型，尤其是复杂的三维模型，GAMBIT 可以从 Pro/E、UG、I-DEAS、CATIA、SolidWorks、ANSYS、PATRAN 等主流的 CAD/CAE 系统中导入几何和网格。GAMBIT 与 CAD 软件之间的直接接口和强大的布尔运算能力为创建复杂的几何模型提供了极大的方便。

3．混合网格与附面层内的网格功能

GAMBIT 提供了对复杂几何模型生成边界层内网格的重要功能（边界层是流动变化最为剧烈的区域，因而边界层网格对计算的精度有很大影响），而且边界层内的贴体网格能很好地与主流区域的网格自动衔接，大大提高了网格的质量。另外，GAMBIT 能将四面体、六面体、三棱柱体和金字塔形网格自动混合起来，这对复杂几何外形来说尤为重要。

4．网格检查

GAMBIT 拥有多种简捷的网格检查技术，使用户能快捷地检查已生成的网格质量。该模块可以对网格单元的体积、扭曲率、长细比等影响收敛和稳定的参数进行报告。用户可以直观而方便地定位质量较差的网格单元从而进一步优化网格。

2.4.2 GAMBIT 的基本操作步骤

对于一个给定的 CFD 问题，用 GAMBIT 生成网格文件，需要三个步骤，即构造几何模型、划分网格、指定边界类型和区域类型。

1．构造几何模型

此环节既可利用 GAMBIT 提供的功能直接完成，也可以在其他 CAD 软件中生成几何模型后，导入至 GAMBIT 中。在 GAMBIT 中创建几何模型，一般分成二维和三维两类。对于二维模型的创建一般要遵循从点到线，再从线到面的原则；三维建模与二维建模的思路有较大的区别，三维建模更像搭积木，由不同的三维造型基本要素拼凑而成，因此在建模过程中更多地用到了布尔运算。

2．划分网格

此环节需要输入一系列参数，如单元类型、网格类型及有关选项等，这是生成网格过程中最关键的环节。对于简单的 CFD 问题，这个过程只是单击几次鼠标，而对于复杂的问题，特别是三维问题，就需要精心策划、细心实施。

3. 指定边界类型和区域类型

CFD 求解器定义了多种不同的边界，如壁面边界、入口边界、出口边界、对称边界等，因此在 GAMBIT 中需要先指定所使用的求解器名称，然后指定网格模型中的各边界类型。如果模型中包含多个区域，如同时有流体区域和固体区域，或者是静止区域和动坐标系区域，则必须指定区域的类型和边界。

2.4.3 GAMBIT 的启动界面

安装 GAMBIT 后，双击 GAMBIT 的图标，弹出如图 2-10 的所示的“Gambit Startup”对话框。

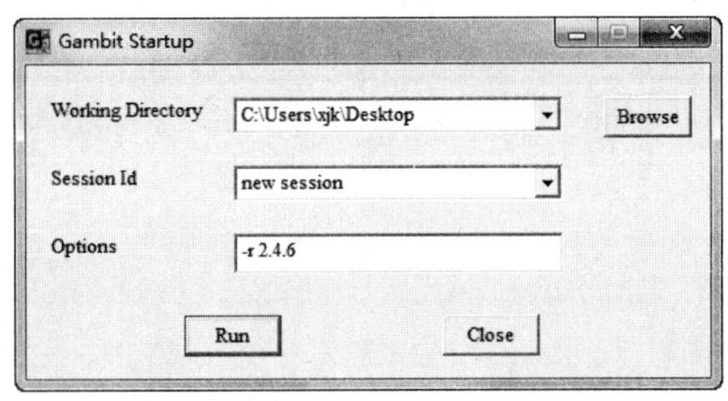

图 2-10 “Gambit Startup”对话框

其中，“Working Directory”下拉列表框用于显示 GAMBIT 所要启动的文件所在的文件夹，用户可以单击右边的“Browse”按钮，选择该文件夹；“Session Id”下拉列表框用于选择所要启动文件的名称，用户可以选择已经存在的文件，也可以创建新文件(new session)。单击“Run”按钮，完成 GAMBIT 的启动。

当启动 GAMBIT 时，将生成一个模型“片段”，其包括与 GAMBIT 模型相关的所有操作。GAMBIT 通过 3 个数据文件——“id.jou”“id.trn”“id.dbs”（id 代表片段文件名），记录沿片段操作的步骤以及模型现在的状态。GAMBIT 生成的数据文件见表 2-1。

表 2-1 GAMBIT 生成的数据文件

名 称	标 题	格 式	内 容
jou	日志	文本	片段中的几何体、网格、区域和选择菜单栏中工具命令的连续列表
trn	文本	文本	片段中 GAMBIT transcript 窗口中的一系列信息
dbs	数据库	二进制	包括几何体、网格、展示、默认以及与模型有关的日志消息的二进制数据库

除上面 3 个数据文件之外，GAMBIT 还生成一个“锁定”文件，命名为“id.lok”。这个锁定文件的目的是把当前 GAMBIT 片段的过程数据锁住，以使数据文件不能被任何并行的 GAMBIT 片段访问或修改。

【提示】

当 GAMBIT 程序没有正常关闭时，"id.lok"文件不会被自动删除，当再次启动 GAMBIT 程序时，必须先手动删除"id.lok"文件。

2.4.4　GAMBIT 的用户操作界面

本节将介绍一些 GAMBIT 的基本操作界面。对于详细的 GAMBIT 操作，将在以后的章节中通过实例来介绍。

启动 GAMBIT 后，弹出用户操作界面 GUI，如图 2-11 所示。GUI 包括 8 部分，每个部分都为生成或网格化模型的一个单独目的服务。

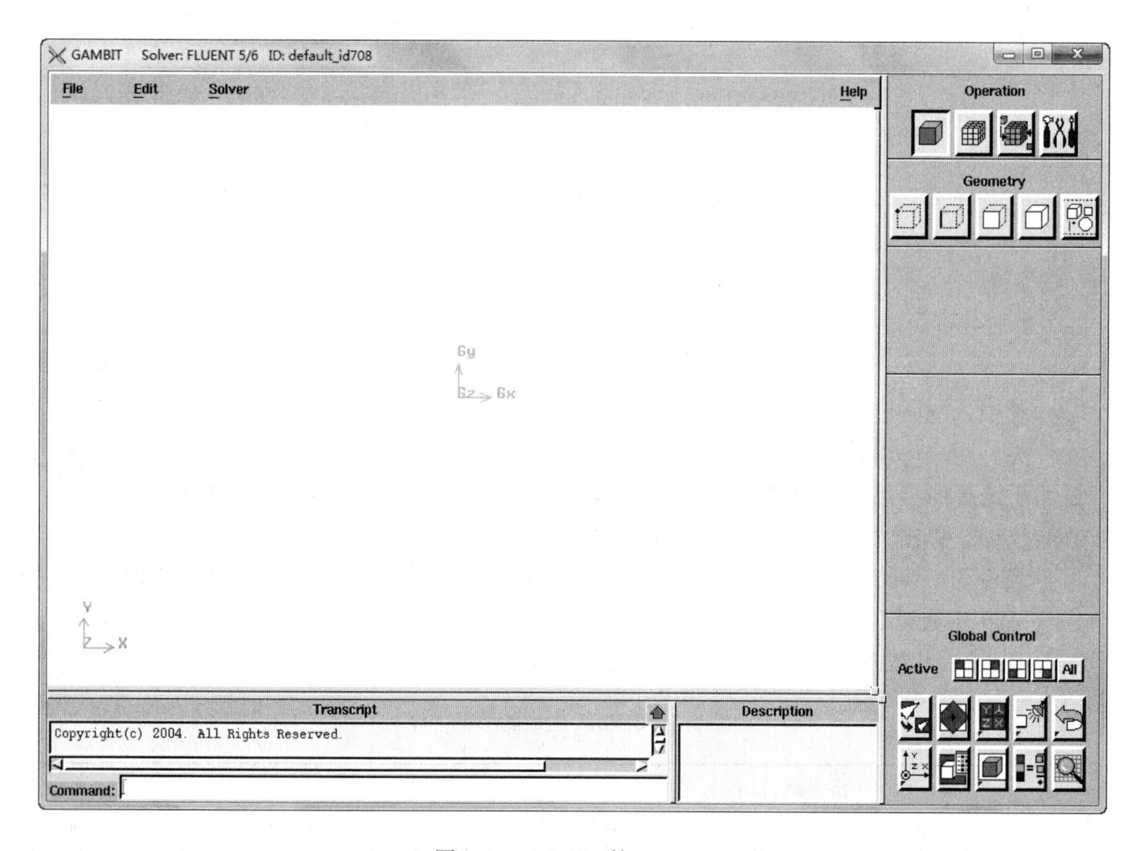

图 2-11　GAMBIT 的 GUI

1. 显示区

显示区在 GUI 的左上部，其默认的布局轮廓占用了屏幕的大部分，该区域用于显示几何模型及生成的网格图。如果需要，可以将显示区分为 4 个独立的四分体，其中的任一个、两个或四个可以同时被展示。每个四分体都是从一个方向上显示当前模型，用户可以定制其中的一个四分体来显示当前模型最清晰的视图。默认的设置只展现了四分体模型中的 Z 向视图。

【提示】

在显示区中，按住鼠标左键并拖动显示区右下方的或者右击显示区的边框，就能够选择不同方向的四分体视图；按住鼠标左键并在显示区内拖动，可以实现模型的旋转；按住鼠标中键并在显示区内拖动，可以实现模型的移动；按住鼠标右键并在显示区内拖动，可以实现模型的缩放；同时按<Ctrl>键和鼠标左键，在显示区拖出一个矩形框，则在矩形框中的部分模型将放大到整个显示区；同时按<Shift>键和鼠标左键，表示在显示区加亮显示实体并把该实体加入到当前有效的挑选列表中；同时按<Shift>键和鼠标中键，从挑选列表中除去当前加亮显示项。

2. 菜单栏

菜单栏位于 GUI 的顶部，显示区的正上方，如图 2-11 所示，包括 File、Edit、Solver 和 Help 4 个菜单，各个菜单的功能见表 2-2。

表 2-2 GAMBIT 的菜单

菜 单 项 目	操 作
File	生成、打开或保存 GAMBIT 片段；打印绘图；编辑/运行日志文件；清空日志文件；输入或输出模型数据；退出程序
Edit	编辑片段标题；连接一个文本编辑器；编辑模型参数和程序默认
Solver	指定一个计算求解器
Help	连接局域网浏览并打开 GAMBIT 在线帮助文件

3. “GAMBIT”工具条

“GAMBIT”工具条如图 2-12 所示，位于 GUI 的右上部。在“GAMBIT”工具条中，命令按钮按它们在生成模型整体方案中的级别和作用来分类，可分为 3 个层次。

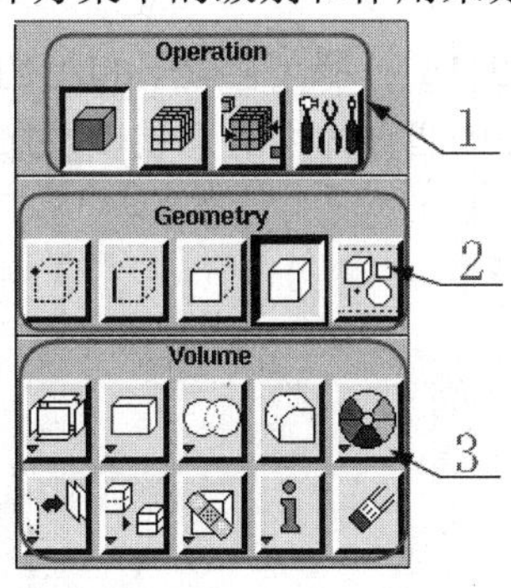

图 2-12 “GAMBIT”工具条

第 1 层次为“Operation”命令组，包括 4 个命令按钮，GAMBIT 的大部分命令都是通过这 4 个按钮发出的，它们的功能见表 2-3。

当单击“Operation”命令组中的一个命令按钮后，GAMBIT 会打开相应的第 2 层次的“Geometry”命令组，再单击第 2 层次的命令组中的一个命令按钮，就会弹出第 3 层次的“Volume”命令组。

表 2-3 “Operation”命令组按钮

图　标	按 钮 名	功　能
	Geometry	生成并细化模型几何体
	Mesh	生成并细化网格
	Zones	指定边界层和连续介质区域类型
	Tools	建模过程中用到的工具

【提示】

如果某个命令按钮的左下方有一个朝下的小箭头时，右击该按钮，会出现多种功能的选择，用户可以根据要求，选择需要的功能。

4. 窗口区域

单击第 3 层次命令组中的任意一个命令按钮时，GAMBIT 会弹出一个相关的对话框，这些对话框用来指定与创建模型和网格化操作相关的参数、设定边界层类型、生成及控制 GAMBIT 坐标系和网格。图 2-13 所示为“Move/Copy Edges”对话框。通过上述的命令按钮和窗口区域，GAMBIT 基本能够完成模型创建、网格划分和边界指定的工作。对于按钮和窗口的具体操作，将在以后章节的实例中详细说明。

【提示】

在窗口中，白色凹下去的矩形框区域，称之为文本框，文本框用来输入各种资料。只需单击文本框来激活它，即可输入资料。一个文本框和一个位于文本框右边的选择按钮组成列表框。在该框中单击鼠标左键，矩形区域就会变成黄色，此时可以单击右边的选择按钮或者按<Shift>键+鼠标左键，把所要选取的目标加入到挑选列表中。

5. Global Control 控制区

Global Control 控制区如图 2-14 所示，它位于 GUI 的右下角，用于控制显示区的排版和操作、指定被展示模型在任一四分体中的形状以及撤销一些 GAMBIT 操作。

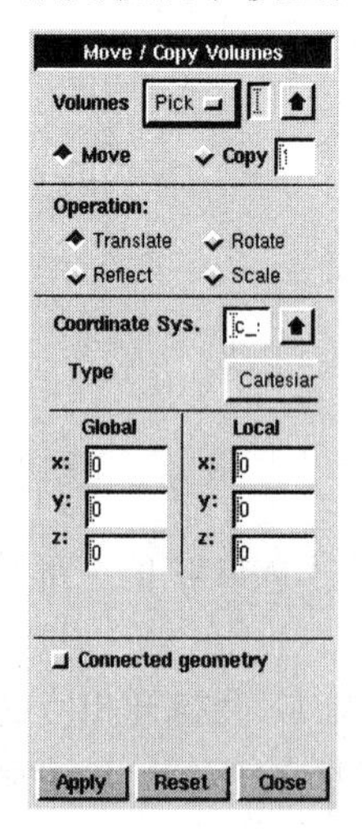

图 2-13 “Move/Copy Edges”对话框

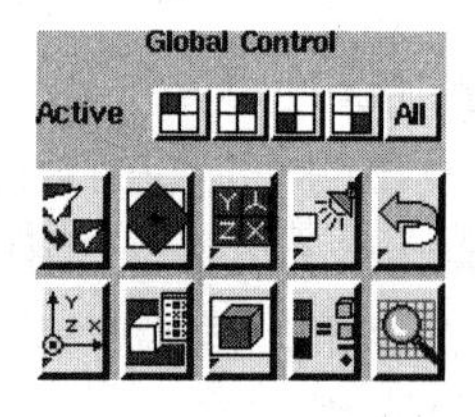

图 2-14 “Global Control”控制区

Global Control 控制区包括 15 个命令按钮。上面 5 个命令按钮称为象限命令按钮，用来确定任一或所有图形窗口象限中模型显示的变化。命令按钮从左到右依次对应左上象限、右上象限、左下象限、右下象限和所有 4 个象限。每一个象限命令按钮都可以使对应的象限在启用和禁止状态来回切换。启用的象限在相应的命令按钮上以红色显示，禁止的象限以灰色显示。要使一个禁止的象限启用或者启用的象限禁止，单击相应的象限命令按钮即可。要启用所有的象限，单击“All”按钮。

Global Control 控制区下面 10 个命令按钮允许用户在任何一个独立的四分体展示时控制显示区或模型的表现及撤销 GAMBIT 操作。各个命令按钮的功能见表 2-4。

表 2-4 Global Control 控制区按钮

图 标	命 令	功 能
	Fit to Window	缩放图形显示比例，以匹配激活象限的尺寸
	Select Pivot	指定依靠鼠标移动模型的枢轴位置
	Select Preset Configura tion	安排图形窗口以表现六个预置的外形之一
Text label	Modify Lights ; Annotate; Specify Label Type	指定模型上灯光的方向和亮度；允许在图形的显示上加箭头、线条和文本；借助“Specify Display Attributes”对话框 指定显示标签的类型
	Undo ; Redo	撤销最近选择菜单栏中的 GAMBIT 操作；重新选择菜单栏中最近撤销的 GAMBIT 操作
	Orient Model	在所有激活的象限中应用预置的模型方位，根据一个指定的面或者向量确定模型的方位，并且把与当前方位有关的命令存储到日志文件中
	Specify Display Attributes	指定图形显示的表征
	Render Model	指定模型是否以线框图、阴影图或者透视图显示
	Specify Color Mode	允许对激活图形窗口象限中显示的直线、曲线和点在两种定义的颜色模式之间来回切换
	Examine Mesh	可以显示存在的网格，并且定制网格显示的特点

6.“Description”窗口

“Description”窗口如图 2-15 所示，位于 GUI 的底部，“Description”窗口的作用是展示不同 GUI 元件，包括窗框、区域、窗口和命令按钮的语句。

在“Description”窗口中显示的语句描述了鼠标当前指向处 GUI 的组成。当在屏幕上移动鼠标时，GAMBIT 会根据鼠标当前的指向更新“Description”窗口语句。

Description

DESCRIPTION WINDOW- Displays a message describing the GUI component at the current mouse cursor position.

图 2-15 “Description”窗口

7.“Transcript”窗口和“Command”文本框

“Transcript”窗口位于 GUI 的左下部。“Command”文本框在“Transcript”窗口的正下方，如图 2-16 所示。

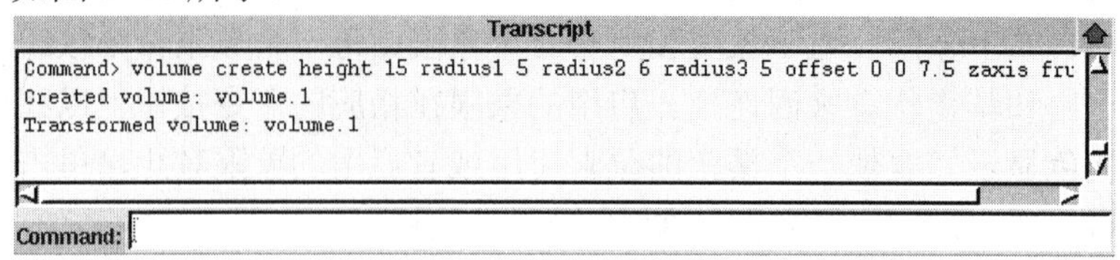

图 2-16 “Transcript”窗口和“Command”文本框

“Transcript”窗口的作用是展示选择菜单栏中的命令和在当前模型片段中 GAMBIT 展示的语句。“Command”文本框允许通过键盘输入来执行 GAMBIT 建模和网格化操作。

【提示】

Command 还给出了得到隐藏菜单的方法，这些隐藏菜单可以把“Transcript”窗口命令复制到“Command”文本框中，并在当前日志文件中插入暂停命令。

2.5 GAMBIT 的操作步骤

GAMBIT 生成网格文件通常有三步：建立几何模型、划分网格以及定义边界。下面对这三步进行详细的介绍。

2.5.1 建立几何模型

1. 绘制点

单击“Geometry” → “Vertex” → “Create Vertex”按钮，弹出“Create Real Vertex”面板，如图 2-17 所示。在其中输入点的三维坐标，单击“Apply”按钮即可在视图窗口中生成相应的点。

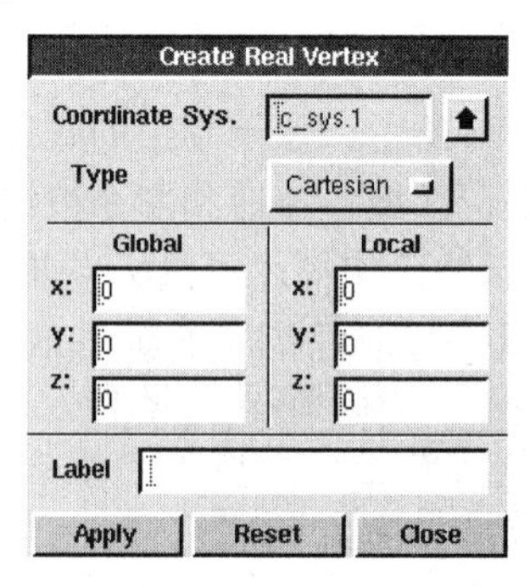

图 2-17 “Create Real Vertex”面板

点的生成形式有 7 种，右击“Create Vertex”按钮，在其列表中可查看点的不同生成方式，如图 2-18 所示。

2. 绘制线

单击“Geometry” → “Edge” → “Create Edge” 按钮，弹出“Create Straight Edge”面板，在其中选取需要连接成直线的两点，单击“Apply”按钮就会在选择的两点之间建立一条直线。除了直线外，还有其他类型线的生成方式，右击“Create Edge” 按钮，即弹出线的生成方式列表，如图 2-19 所示：

图 2-18　点的生成方式列表

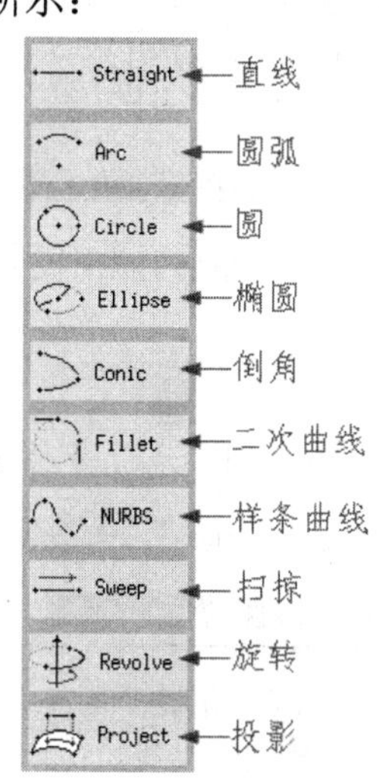

图 2-19　线的生成方式列表

3．绘制面

单击“Geometry” →“ Face” → “Form Face” 按钮，弹出“Create Face From Wireframe”面板，选取需要围成面的线段，单击“Apply”按钮即生成面。右击“Form Face” 按钮，弹出其他面的生成方式列表，如图 2-20 所示。

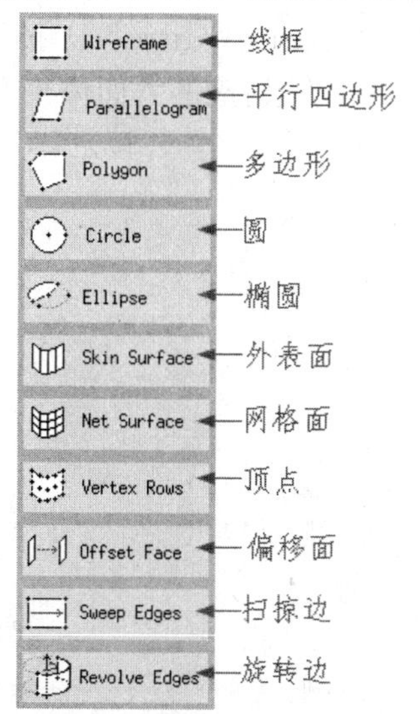

图 2-20　面的生成方式列表

除了点 → 线 → 面或点 → 面的生成方法之外，还可以直接绘制面，单击“Create Face” 按钮，弹出矩形生成面板，如图 2-21 所示，在宽、高输入栏中输入数值即可生成相应的矩形。右击“Create Face” 按钮，弹出面的样式列表，还可以生成圆和椭圆，如图 2-22 所示。

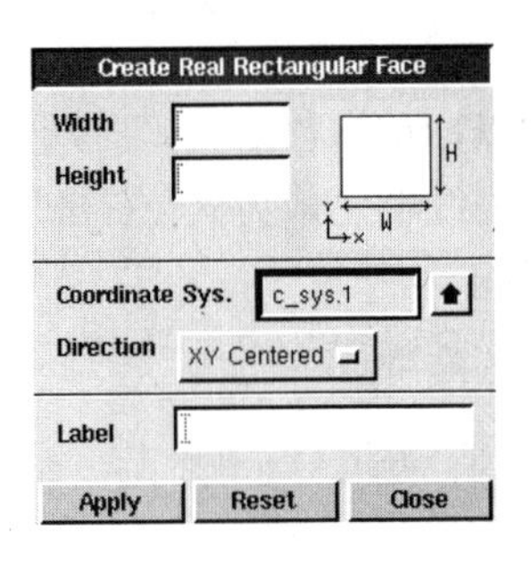

图 2-21 矩形生成面板

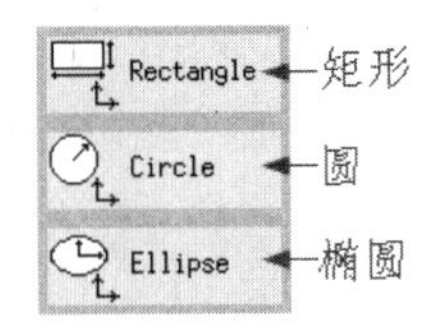

图 2-22 面的样式列表

4. 绘制体

单击“Geometry” → “Volume” → “Form Volume” 按钮，在弹出的如图 2-23 所示的“Stitch Faces”面板中选取需要结合的面，单击“Apply”按钮，即生成体。右击“Form Volume” 按钮，可弹出其他体的生成方式列表，如图 2-24 所示。

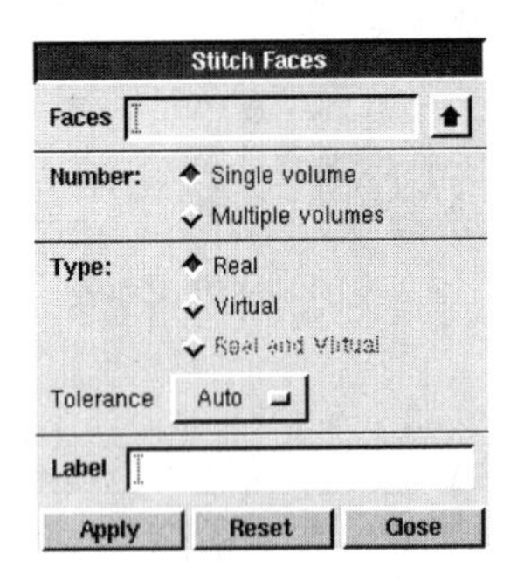

图 2-23 “Stitch Faces”面板

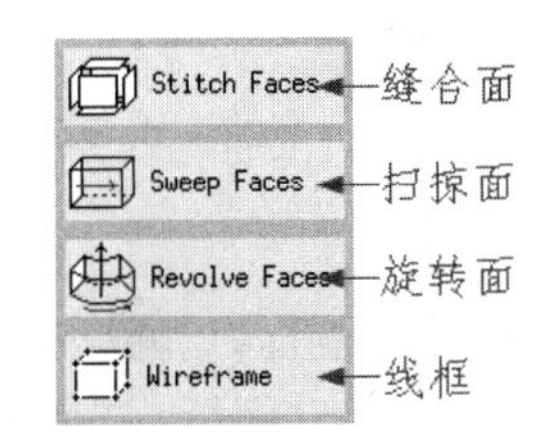

图 2-24 体的生成方式列表

如果想直接绘制体，可以单击“Create Volume” 按钮，在弹出的如图 2-25 所示的六面体生成面板中输入长、宽、高生成对应的六面体。右击“Create Volume” 按钮，可以弹出实体样式列表，从其中选择圆柱体、棱主体、棱锥体、台体、球体等，如图 2-26 所示。

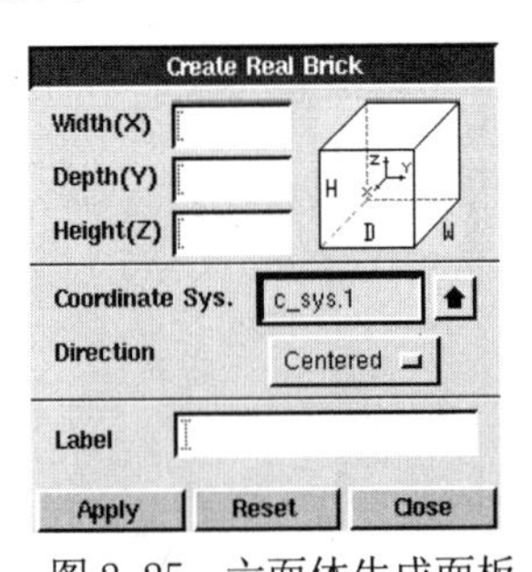

图 2-25 六面体生成面板

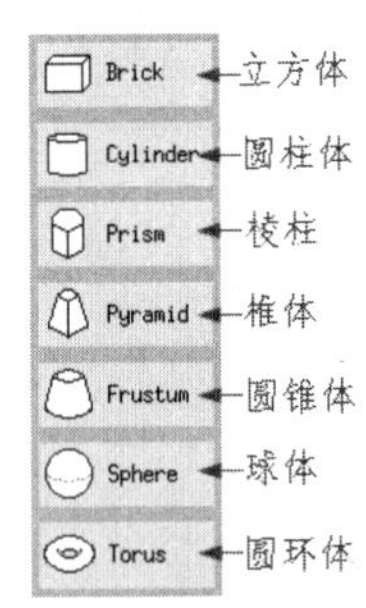

图 2-26 实体样式列表

5. 其他常用操作

除了基本的点、线、面、体建模操作命令外，还有一些常用的操作命令。比如：

“Move/Copy” ：移动/复制命令，可以选取需要移动的或者复制的点、线、面、体，通过平移、旋转、映射等方法完成对目标模型的移动或复制。

“Boolean Operation” Unite、 Subtract、 Intersect：布尔运算，在面或体的建模过程中取并集、交集或者用一个面（一个体）减去另一个面（体）。

“Split/Merge/Collapse Faces”：面切割、融合，将面缩成边。

“Split/Merge Volumes”：体切割和融合。

“Connect/Disconnect” Connect、Disconnect：把重合的点、线、面合并或解除合并连接状态。

“Modify Color/Label”：对点、线、面、体的色彩或标签进行自行配置。

“Delete”：删除错误或无用的模型。

2.5.2 划分网格

生成几何模型以后，接着要对网格进行划分。通过执行操作面板上的 Mesh 按钮，即可完成对网格的划分。具体的有对边界层网格划分、线网格划分、面网格划分以及体网格划分。

1. 边界层网格划分

由于流体具有黏性，精度要求较高时需要对计算网格进行特殊处理，即对边界网格进行划分。近壁面黏性效应明显以及流场参数变化梯度较大的区域都应该进行边界层网格划分。单击“Mesh” →“ Boundary Layer”按钮，弹出如图 2-27 所示的“Create Boundary Layer”面板，在“First row”（第一个网格点距边界的距离）、“Growth factor”（网格的比例因子）、“Rows”（边界层网格点数）以及“Depth”（边界层厚度）四组参数中任意输入三组。“Transition pattern ”提供了 4 种不同的边界层划分形式（1:1、4:2、3:1 和 5:1）。

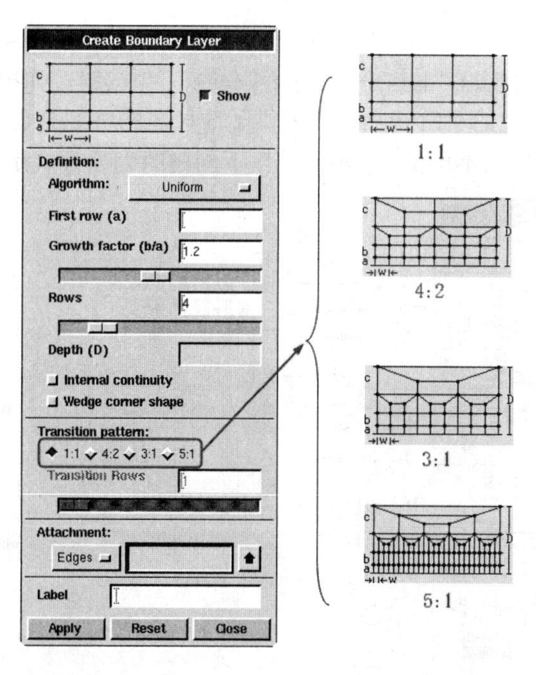

图 2-27 “Create Boundary Layer”面板

2. 线网格的划分

单击“Mesh”→“Edge”→“Mesh Edges”按钮，弹出“Mesh Edges”面板，选择一条或多条需要划分的线段，在“Ratio”栏中输入比例因子，可以单调递增或单调递减，默认值为 1，即均匀分布。若同时选中“Double sided”，则需要输入两个比例因子，划分出来的网格就会呈现中间密两端疏或者中间疏两端密的形式。如图 2-28 所示。实际划分时，通常可给予尺寸（Interval size）或段数（Interval count）将线段分段。若需要在已经划分好的线段上重新划分网格，需要将“Remove old mesh”选中，从而删除先前划分好的网格。

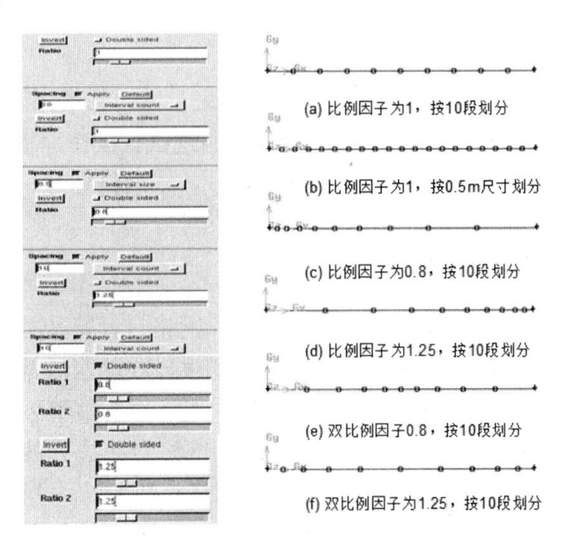

图 2-28　不同方法划分出的线网格

3．面网格的划分

单击“Mesh”→“Face”→“Mesh Faces”按钮，弹出如图 2-29 所示的“Mesh Faces”面板，其中的“Elements”提供了 3 种面网格划分类型，“Type”提供了 5 种网格划分的方法。但在不同的“Elements”下网格的划分方式是不同的，见表 2-5。

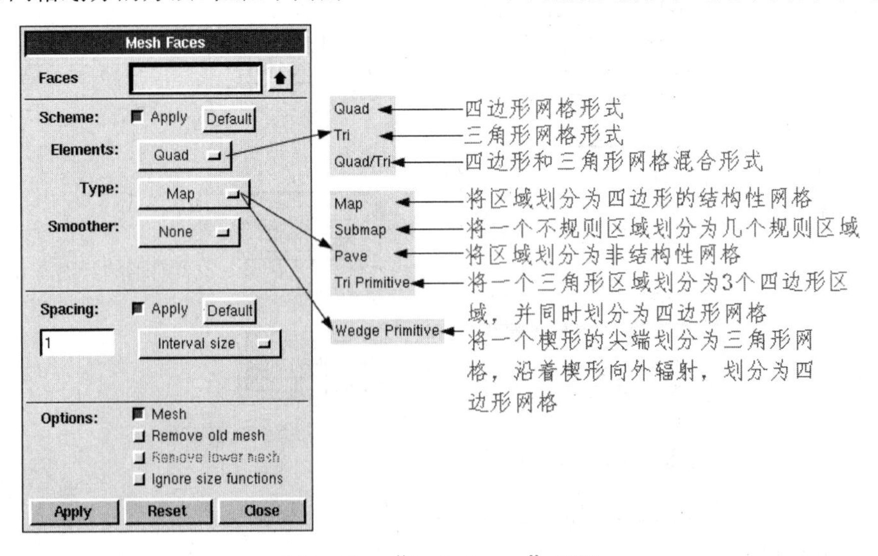

图 2-29　“Mesh Faces”面板

表 2-5　不同网格类型下的面网格划分

类型	划分类型			
Quad	Map	Submap	Pave	Tri Primitive
Tri	Pave			
Quad/Tri	Map	Pave	Wedge Primitive	

4. 体网格的划分

与面网格的划分相似，单击“Mesh” → “ Volume” → “Mesh Volumes” 按钮，弹出如图 2-30 所示的“Mesh Volumes”面板，其中的“Elements”提供了 3 种体网格划分类型，“Type”提供了 6 种网格划分的方法。但在不同的“Elements”下网格的划分方式是不同的，见表 2-6。

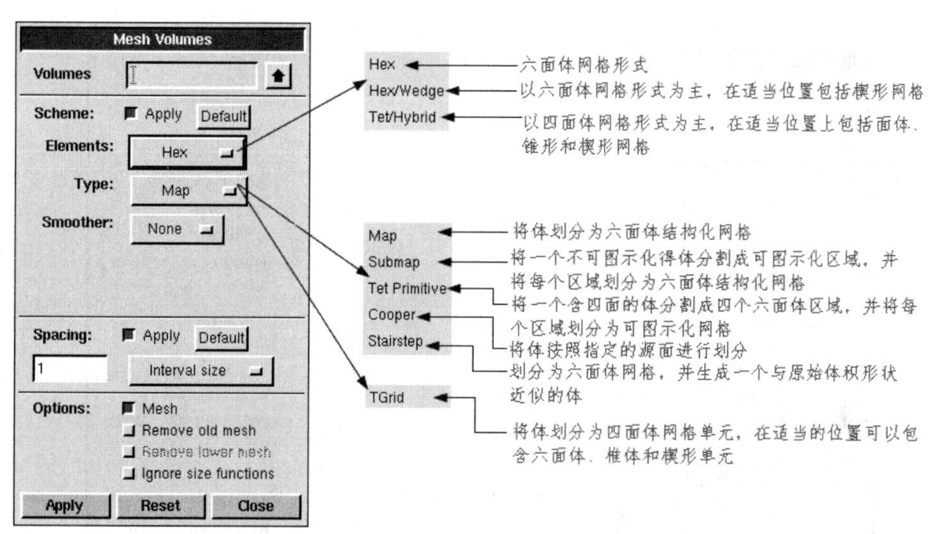

图 2-30　“Mesh Volumes”面板

表 2-6　不同网格类型下的体网格化分

类型	划分类型				
Hex	Map	Submap	Tet Primitive	Cooper	Stairstep
Hex/Wedeg	Cooper				
Tet/Hybrid	TGrid				

2.5.3　定义边界

在完成建模和网格化分之后，GAMBIT 还需要对模型进行边界定义。单击“Zones”

按钮，弹出的边界定义工具面板上，其中有两个功能按钮：定义边界类型以及定义介质类型,如图 2-31 所示。

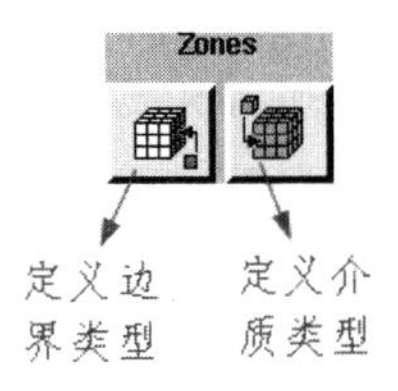

图 2-31 功能按钮

1. 边界类型的定义

单击“Zones” → “Specify Boundary Types” 按钮，弹出如图 2-32 所示的“Specify Boundary Types”面板，在“Type”中提供了 22 种流动进、出口类型，如图 2-33 所示，可以选择需要定义边界类型的线、面或组进行定义。下面介绍几组常见的边界类型。

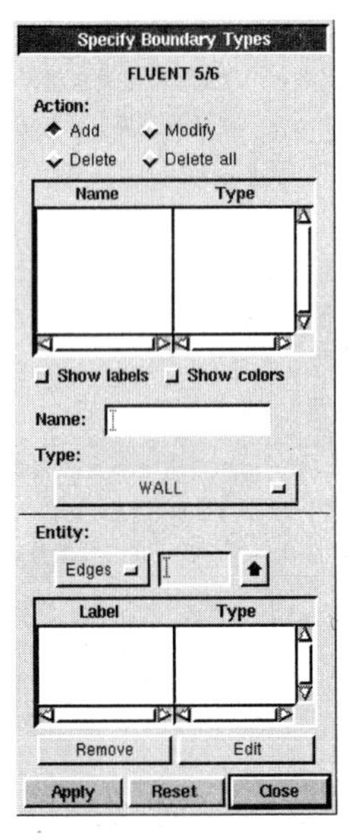

图 2-32 “Specify Boundary Types”面板

WALL
AXIS
EXHAUST_FAN
FAN
INLET_VENT
INTAKE_FAN
INTERFACE
INTERIOR
INTERNAL
MASS_FLOW_INLET
OUTFLOW
OUTLET_VENT
PERIODIC
POROUS_JUMP
PRESSURE_FAR_FIELD
PRESSURE_INLET
PRESSURE_OUTLET
RADIATOR
RECIRCULATION_INLET
RECIRCULATION_OUTLET
SYMMETRY
VELOCITY_INLET

图 2-33 边界类型列表

- WALL：壁面边界，通常用于限制流体和固体区域，在 FLUENT 中可以用来定义为静止、运动、滑移或热边界。
- VELOCITY_INLET：速度入口边界，该类型定义后可在 FLUENT 中输入流动入口速度值和标量。
- MASS_FLOW_INLET：质量流动入口边界，该类型定义后可在 FLUENT 中输入具体的质量流速，通常适用于可压缩液体。
- PRESSURE_INLET：压力入口边界，该类型定义后可在 FLUENT 中输入入口边界的总压、静压等标量。
- OUTFLOW：出口流动边界，用于模拟未知出口速度或压力情况，假定除了压力之外的所有流动变量正法向梯度为 0，不可用于定义可压缩流动的边界。

- PRESSURE_OUTLET：压力出口边界，该类型定义后可在 FLUENT 中输入具体的出口静压值，当有回流时，使用压力出口边界代替 OUTFLOW 边界通常更容易得到收敛。
- SYMMETRY：对称边界，用于研究对象具有镜像特征的状况。
- AXIS：轴边界，必须使用在几何模型的中线处。
- INTAKE_FAN：进气扇边界，用来模拟外部进气扇，FLUENT 中需要给定压降、流动方向，周围环境的总压以及总温。
- EXHAUST_FAN：排气扇边界，用来模拟外部排风扇，FLUENT 中需要给定压力跳跃以及周围环境的静压。
- INLET_VENT：进风口边界，用来模拟进风口，FLUENT 中需要给定损失系数、流动方向、周围环境的总压以及总温。
- OUTLET_VENT：通风口边界，用来模拟通风口，FLUENT 中需要给定损失系数、周围环境的静压和静温。

在“Specify Boundary Types”面板中的 Show labels Show colors 可以查询定义好的边界，避免错误定义和重复定义，从而提高定义边界的效率。

2. 介质类型的定义

单击“Zones” →“Specify Continuum Types” 按钮，弹出“Specify Continuum Types”面板，如图 2-34 所示。对于固体和液体并存的模型，需要定义不同区域的介质类型。面板中的“Type”选项提供了固体（Solid）和流体（Fluid）两种类型。选择需要定义类型的面、体或组等区域，可以进行定义、添加、删除、修改、命名或者标示、显示色彩等操作。

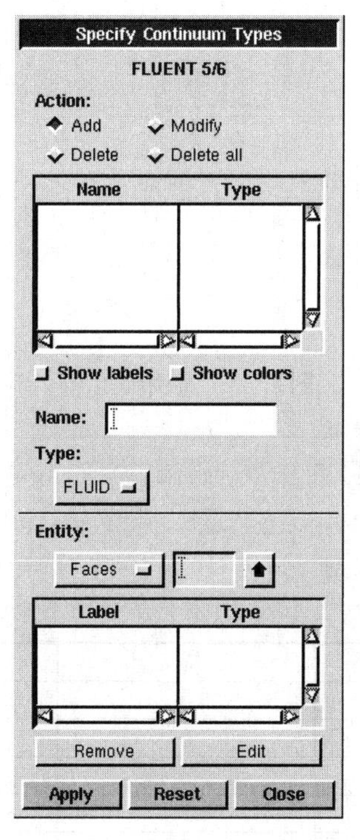

图 2-34 “Specify Continuum Types”面板

2.5.4 GAMBIT 与其他软件的联用

简单的三维模型可以直接在 GAMBIT 中建立，但是复杂的几何体就需要借助其他 CAD/CAE 系统软件。GAMBIT 允许从 ANSYS、SolidWorks、Patran、UG、I-DEAS、CATIA 等导入几何体和网格。下面简单介绍一下 AutoCAD 与 GAMBIT 的联用。

将 AutoCAD 绘制好的图形导入 GAMBIT，需要有以下几个步骤：

1）在 CAD 中完成模型的绘制。

2）执行“File” →“ Export”，选择类型为 ACIS（*.sat），输入文件名。

3）在打开的 GAMBIT 中执行“File” →“Import” →“ACIS”，输入文件名或者从“Browse”中选取。

2.6 GAMBIT 应用实例

2.6.1 二维搅拌模型与网格划分

1. 实例概述

图 2-35 所示为搅拌模型，其中外部圆筒的半径为 50cm，搅拌桨长 20cm，为半圆状，每两个搅拌桨之间角度为 120°。

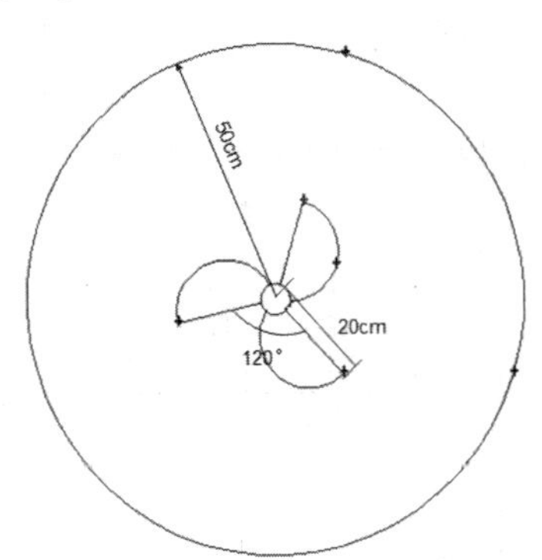

图 2-35 实例模型

2. 在 GAMBIT 中建立模型

1）启动 GAMBIT，选择工作目录 D:\Gambit working。

2）单击“Geometry” →“Vertex” →“Create Real Vertex”，在“Create Real Vertex”面板中根据表 2-7 建立点，如图 2-36 所示。

表 2-7 各点坐标

X	Y	Z
0	0	0
5	0	0
0	5	0
0	2	0
1	1	0

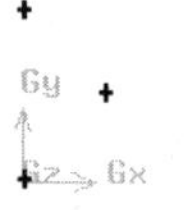

图 2-36 创建的点

3）创建外部圆和搅拌桨的圆弧。先连接外部圆，单击“Geometry”→“Edge”→“Create Full Circle”按钮，弹出如图 2-37 所示的“Create Full Circle”面板，“Method”选择，按<Shift>键，在“Vertices”中的“Center”选项框中选择中心点，在“End-Points”选项框中选择外圆上的两个点，单击“Apply”按钮生成外面的圆，如图 2-38 所示。

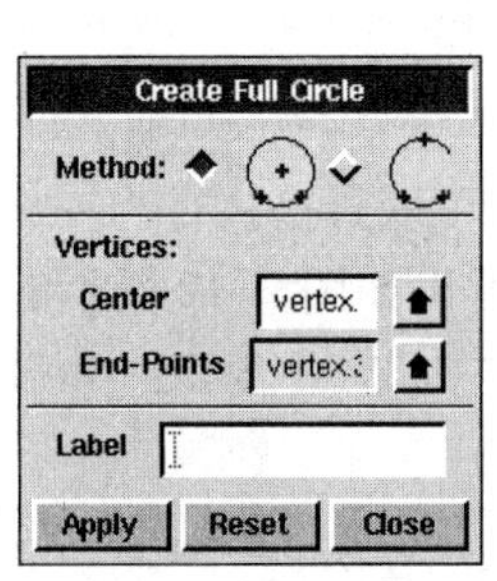

图 2-37 “Create Full Circle”面板

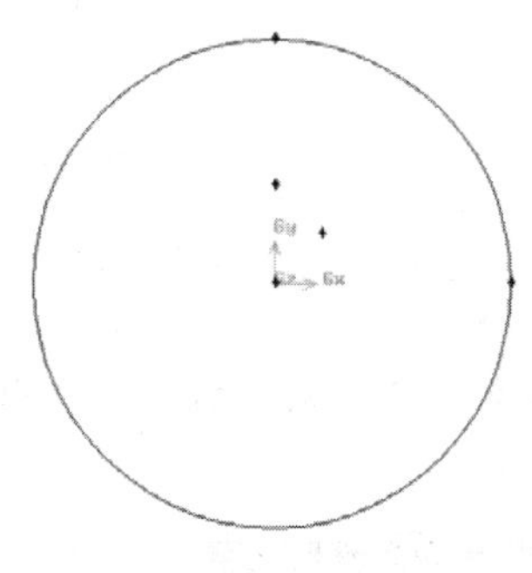

图 2-38 外部圆线

4）创建搅拌桨，单击“Geometry”→“Edge”→“Create Straight Edge”按钮，按住<Shift>键，在“Vertices”选项框中选择需竖直方向上的两个点，单击“Apply”按钮，生成线。单击“Geometry”→“ Edge”→“Create Circular Arc”按钮，弹出如图 2-39 所示的“Create Circular Arc”面板，“Method”中选择，在“Vertices”选项框中选择搅拌桨上的三个点，注意选择方向会影响画出的弧的方向，单击“Apply”按钮生成弧，如图 2-40 所示。

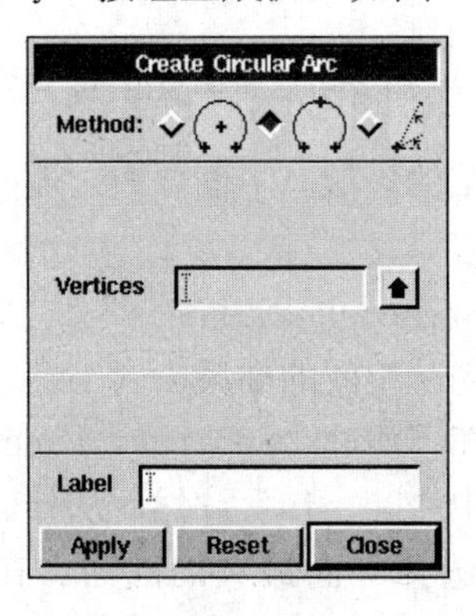

图 2-39 “Create Circular Arc”面板

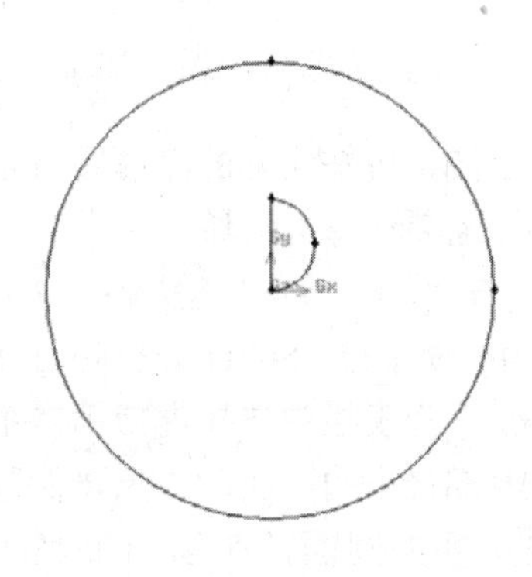

图 2-40 绘制弧线

5）创建面。单击“Geometry” →“Face” →“Create face from Wiref rame” 按钮，在“Create face from Wireframe”面板的“Edges”黄色输入栏中选取所需要围成面的线段，单击“Apply”按钮生成一个外圆面以及一个搅拌桨面。下面对生成的搅拌桨面进行复制从而生成另外两个搅拌桨面。单击“Face”面板上的“Move/Copy Faces” 按钮 按钮，弹出“Move/Copy Faces”面板，在“Faces”选框中选择生成的搅拌桨面，选择“Copy”，在后面的文本框中填写 2，意思是要复制两个搅拌桨面。在“Operation”中选择“Rotate”，在“Angle”选择框中填写 120°，其他选项保持默认值，单击“Apply”按钮，即生成另外的两个搅拌桨面，如图 2-41 所示。

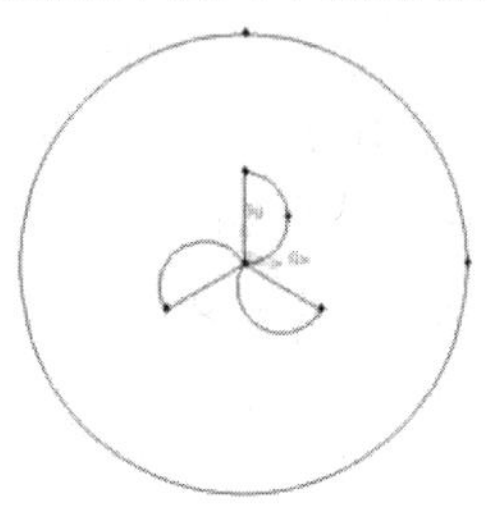

图 2-41 平面模型（1）

6）需要创建搅拌桨中心小圆面以及所在区域的圆面。可以直接执行“Geometry” →“Face” →“Create Real Circular Face” 命令，弹出如图 2-42 所示的“Create Real Circular Face”面板，输入半径分别为“2.3”和“0.3”，单击“Apply”按钮，如图 2-43 所示。

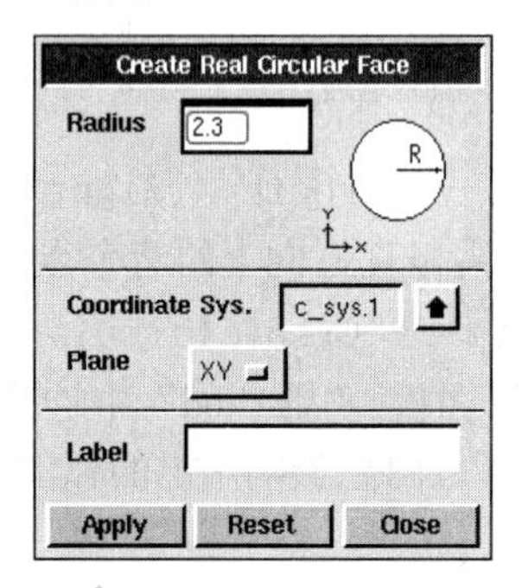

图 2-42 “Create Real Circular Face”面板

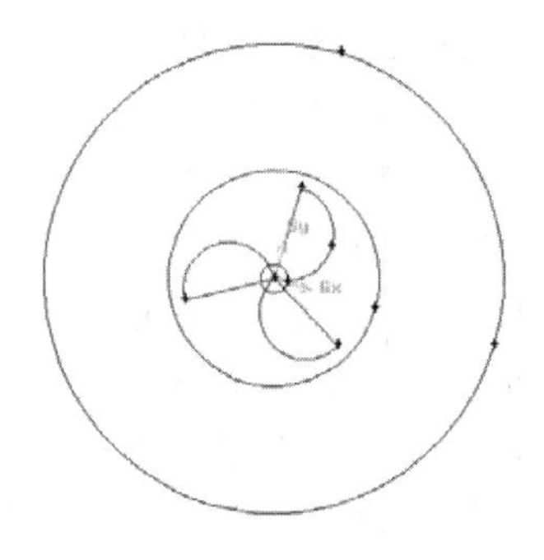

图 2-43 平面模型（2）

综合上图，可知实际的流体区域是除去扇形搅拌桨的区域。下面要通过面的布尔运算得到实际需要计算的区域。

7）执行“Geometry” →“Face” →“Subtract Real Faces” 命令，打开如图 2-44 所示的“Subtract Real Faces”面板，先从中间的面减去内小圆面，在第一个“Face”列表栏中选择内部第二个较大的圆面，在下面的“Subtract Faces”列表栏中选择内部最小的圆面，注意要保留内圆面，即选中“Retain”；然后从外面最大的圆面减去中间的圆面，在第一个“Face”列表栏中选择外面最大的圆面，在下面的“Subtract Faces”列表栏中选择内部第二个较大的的圆面，注意要保留内圆面，即选中“Retain”；接着从内圆面中减去搅拌桨面，在第一个“Face”列表栏中选择内部第二个较大的的圆面，在下面的“Subtract Faces”列表栏中选择三个搅拌桨面和内部最小的圆面，取消选中“Retain”，单击“Apply”按钮；最后采用同样的方法减去最小的内圆，这样一来就得到一个圆环面以及除去搅拌桨面后剩下的面，如图 2-45 所示。

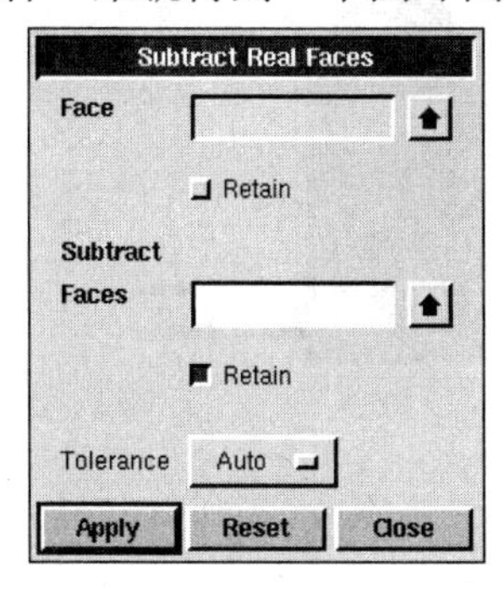

图 2-44 “Subtract Real Faces”面板

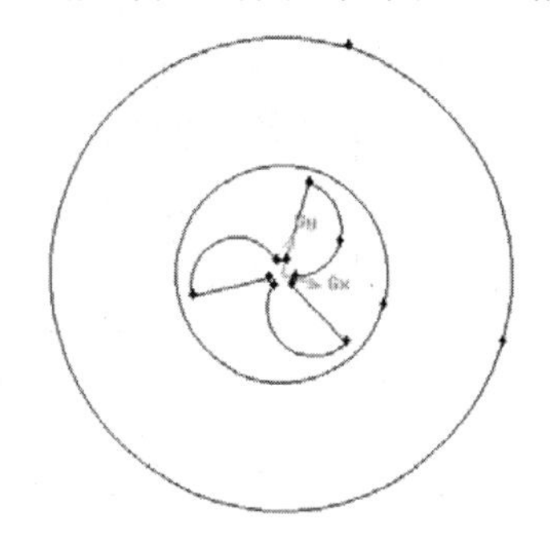

图 2-45 计算区域面

3. 网格的划分

单击“Mesh” → “Face” → “Mesh Faces” 按钮，在“Mesh Faces”面板的“Faces”黄色输入框中选择外圆环面，采用“Interval Size”的方式，填写 0.1，单击“Apply”按钮。再选择内圆剩下的面，采用“Interval Size”的方式，填写 0.1，单击“Apply”按钮，最后得到计算几何区域的面网格，如图 2-46 所示。

4. 边界定义

1）单击“Zones” →“Specify Contimuum Types” 按钮，在“Specify Contimuum Types”面板中的“Type”列表框中选择“FLUID”，“Entity”中选择“Faces”，先选择外圆环面，名称为“fluid1”，如图 2-47 所示，单击“Apply”按钮；同理选择圆内面，名称为“fluid2”。

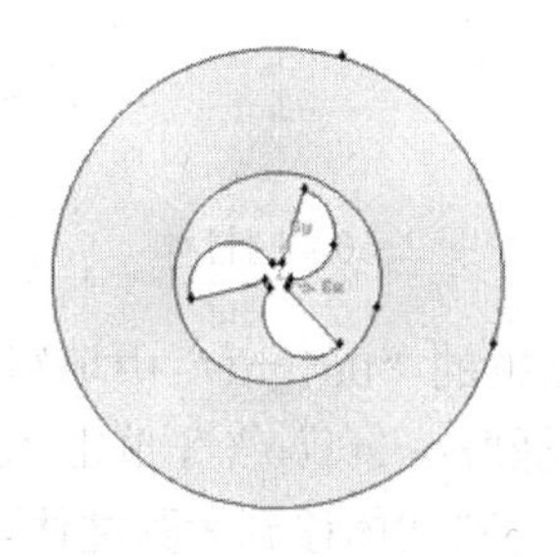

图 2-46 计算几何区域网格的划分

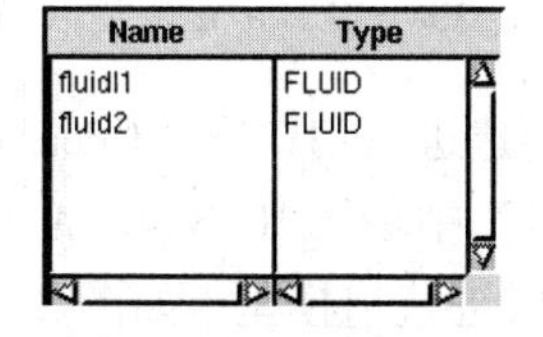

图 2-47 “Specify Contimuum Types”面板

2）执行“File” → “Export” → “Mesh”命令，在文件名中输入“Model1.msh”，并选中“Export 2-D（X-Y）Mesh”，确定输出二维模型网络文件。

2.6.2 二维轴对称喷嘴模型与网格划分

1. 实例概述

如图 2-48 所示，根据参考数据建立 GAMBIT 模型并对其进行网格划分。

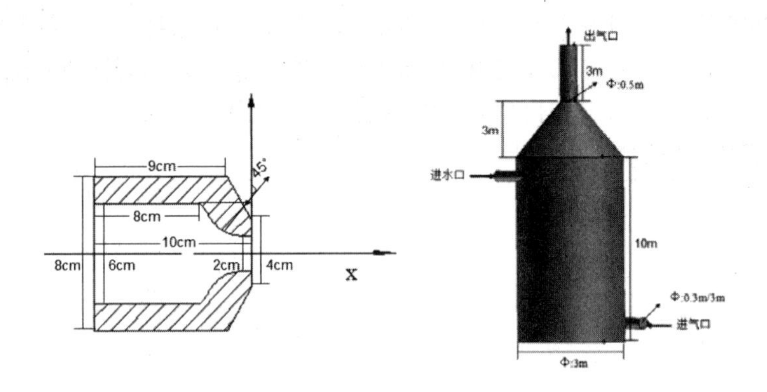

图 2-48　吸收塔实例模型

2. 在 GAMBIT 中建立模型

1）启动 GAMBIT，选择工作目录 D:\Gambit working。

2）直接创建体，执行“Geometry” →“Volume” →“Create Real Cylinder” 命令，弹出如图 2-49 所示的“Create Real Cylinder”对话框。在“Height”中填写 10，“Radius1”中填写 3，单击“Apply”按钮，即得到三维实体图，如图 2-50 所示，按住鼠标左键就可以转动角度观察三维视图。

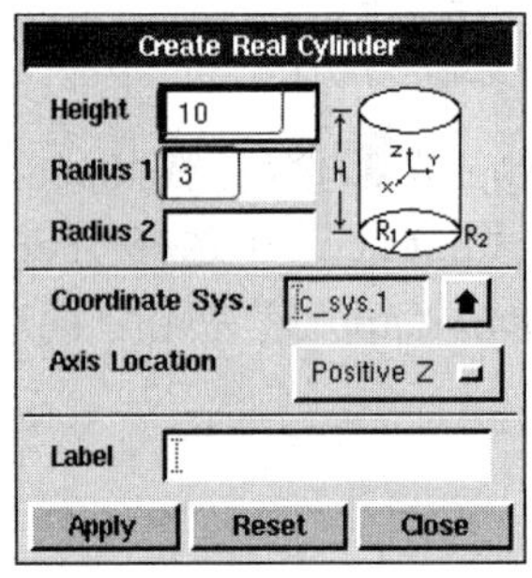

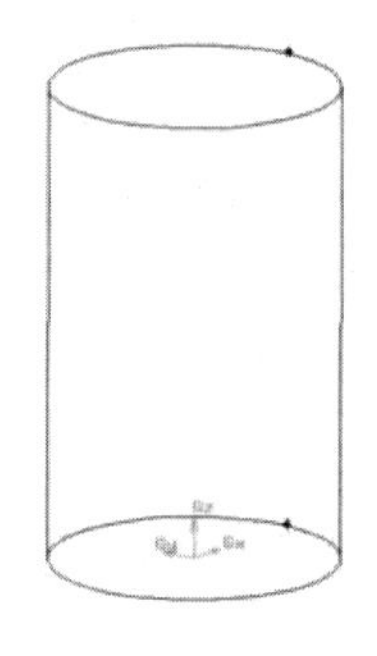

图 2-49　“Create Real Cylinder”对话框　　　　图 2-50　圆柱体

3）创建进气口，在“Create Real Cylinder”对话框的“Height”中填写“3”，“Radius1”中填写“0.3”，“Axis Location”列表中选择“Positive X”，单击“Apply”按钮，生成进气口模型，如图 2-51 所示。然后将生成的小圆柱体移到大圆柱体表面，执行“Move/Copy Volumes”命令，选择小圆柱体，选择“Move”选项，移动至（0，2.7，1），单击“Apply”按钮，小圆柱即移动到大圆柱边缘。

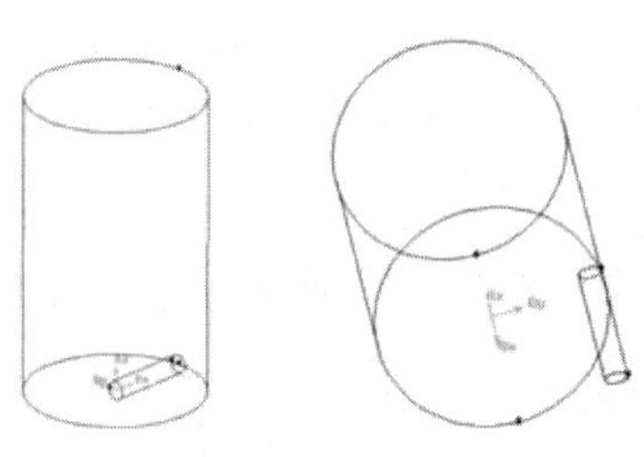

图 2-51　进气口模型

4）创建塔上部的进水口，执行“Move/Copy Volumes”命令，选择小圆柱体，选择“Copy”命令，在“Operation”中选择“Rotate”选项，在“Angle”中填写 180，其他选项保持默认值，单击“Apply”按钮，即生成进水口。然后根据进气口移动的方法处理进水口，在“Global”中填写（0，0，8），单击“Apply”按钮，即完成对进水口的创建，如图 2-52 所示。

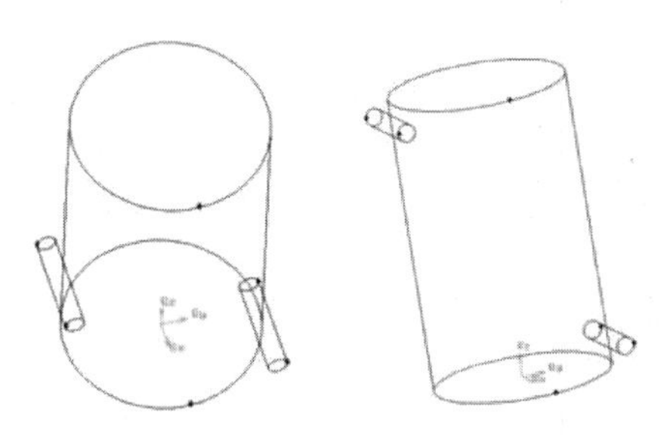

图 2-52 进水口模型

5）合并生成的几何体，执行“Unite Real Volumes”命令，弹出如图 2-53 所示的“Unite Real Volumes”对话框，在“Volumes”中选择所有的“Volumes”，单击“Apply”按钮，即将这三个几何体合并成一个几何体，如图 2-54 所示。

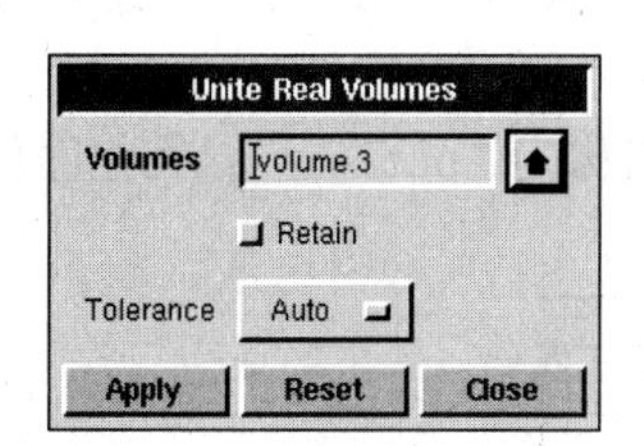

图 2-53 “Unite Real Volumes”对话框

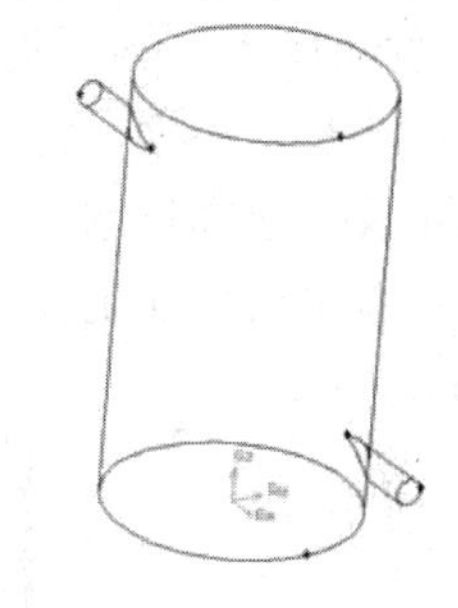

图 2-54 合并后的几何体

6）创建吸收塔塔顶，执行“Geometry”→“Volume”→“Create Real Frustum”命令，“Height”填写 3，“Radius1”填写 3，“Radius3”填写 0.5，单击“Apply”按钮，生成圆台型塔顶。然后移动至大圆柱的顶部，坐标为（0,0,10），如图 2-55 所示。排气口的创建与进气口的方法相同，要注意的是“Axis Location”要改成“Positive Z”，最后移动其至圆台顶端。

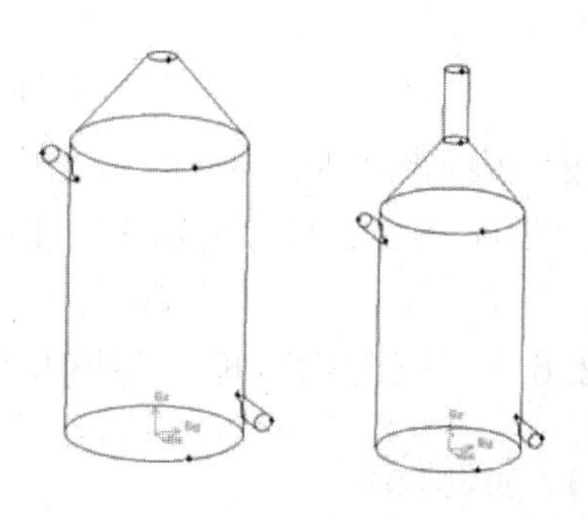

图 2-55 塔顶及出气口的创建

7）同上合并生成的几何体。

3. 网格的划分

单击“Mesh”→“Volume”→“Mesh Volumes”按钮，在“Mesh Volumes”面板的“Volumes”黄色输入框中选择生成的体，“Type”选择“TGrid”，采用“Interval size”的方式，填写“0.5”，如图 2-56 所示，单击“Apply”按钮，生成体网格，如图 2-57 所示。

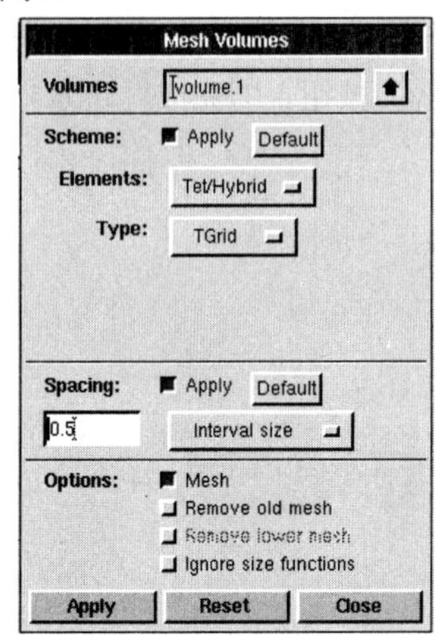

图 2-56 “Mesh Volumes”面板

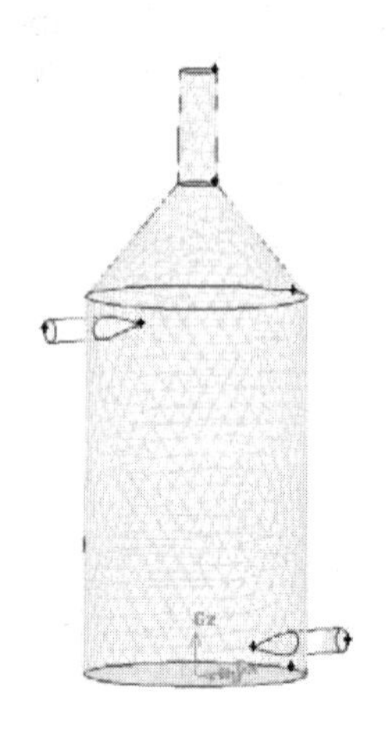

图 2-57 几何体网格的划分

4. 边界定义

1）单击“Zones” →“Specify Boundary Types” 按钮，在“Specify Boundary Types”面板中选择“Type”类型为“VELOCITY_INLET”，在“Entity”选项框中选择“Faces”，选择进气口面，将其定义为速度入口（VELOCITY_INLET），名称为 inlet-1，如图 2-58 所示；选择进水口面，将其定义为速度入口（VELOCITY_INLET），名称为“inlet-2”；将出气口面定义为出口（OUTFLOW），名称为“outlet”；其他面保持默认值，均为 WALL。

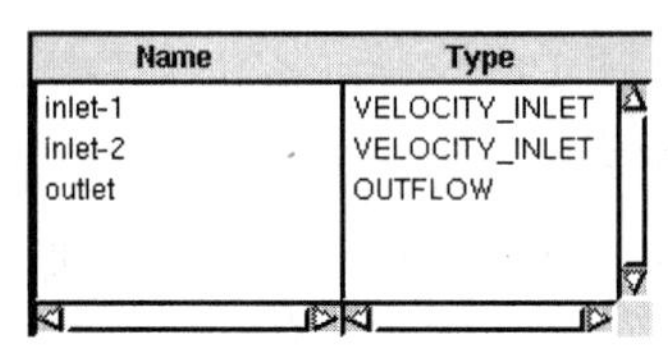

Name	Type
inlet-1	VELOCITY_INLET
inlet-2	VELOCITY_INLET
outlet	OUTFLOW

图 2-58 “Specify Boundary Types”面板

2）执行“File” →“Export” →“Mesh”命令，在文件名中输入“Model2.msh”，不选“Export 2-D（X-Y）Mesh”，确定输出三维模型网络文件。

2.6.3 三管相贯模型与网格划分

1. 实例概述

在生产中经常遇到三根相通的管子连在一起分流的情况。本例模拟了一个三通管的三维模型并对其进行网格划分和边界定义。已知每根管道直径为 60cm，长 1m，水从顶部管道以 1m/s 的速度流入，分别从下部的两个口流出，如图 2-59 所示。

2. 在 GAMBIT 中建立模型

1）启动 GAMBIT，选择工作目录 D:\Gambit working。

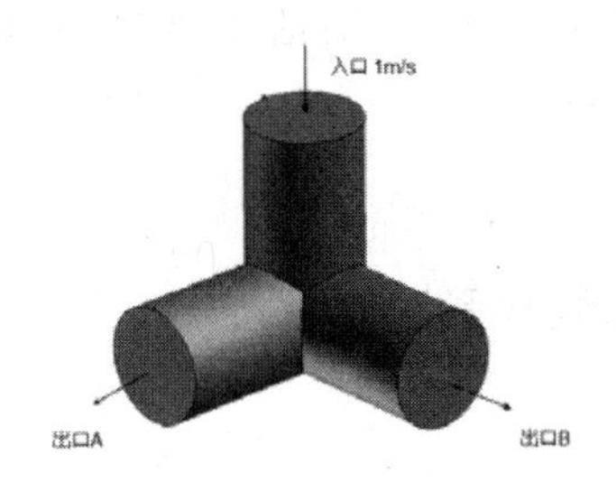

图 2-59　三通管实例模型

2)直接创建体,执行“Geometry” →“Volume” →“Create Real Cylinder” 命令,弹出如图 2-60 所示的 “Create Real Cylinder” 对话框。在“Height” 中填写“10”, “Radius1” 中填写 “3” , 单击 “Apply” 按钮, 即得到三维实体图, 如图 2-61 所示, 按住鼠标左键就可以转动角度观察三维视图。

3) 同理, 创建另外两个圆柱体, 其他数据保持不变, 只是在 “Axis Location” 列表中选择“Positive X” 和 “Positive Y” , 单击 “Apply” 按钮, 生成另外两个圆柱体, 如图 2-62 所示。

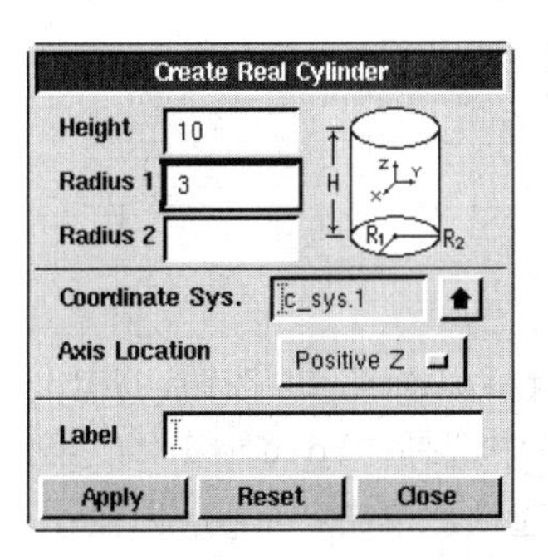

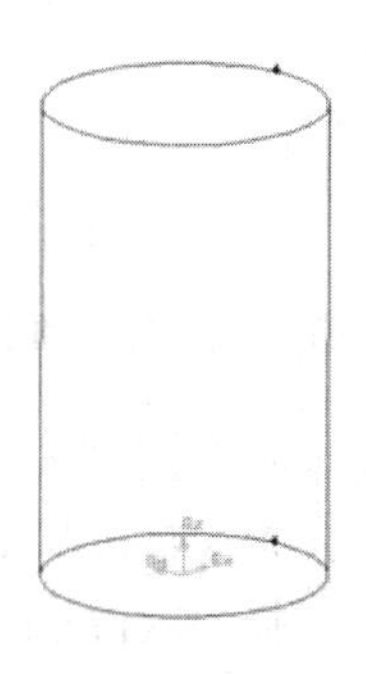

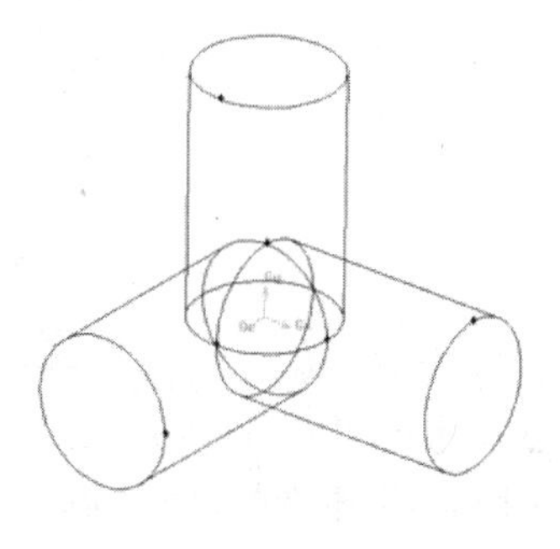

图 2-60 “Create Real Cylinder” 对话框　　图 2-61　圆柱体　　图 2-62　基本圆柱模型

4) 单击 “Geometry” → “Volume” → “Create Real Sphere” 按钮, 弹出如图 2-63 所示的 “Create Real Sphere” 对话框, 在 “Radius” 中输入 “3” , 单击 “Apply” 按钮, 生成 3 个圆柱相交的球体, 如图 2-64 所示。

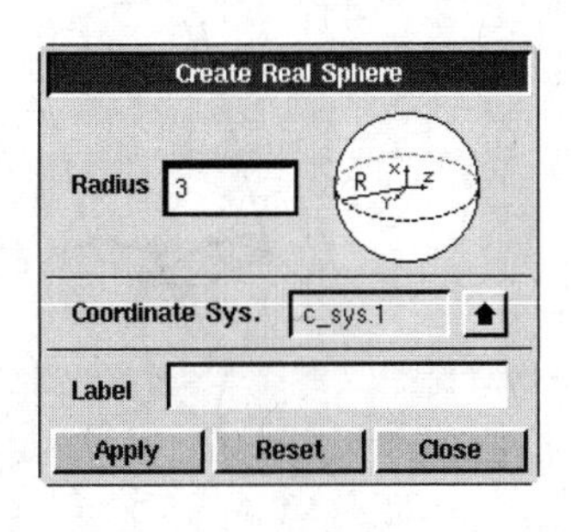

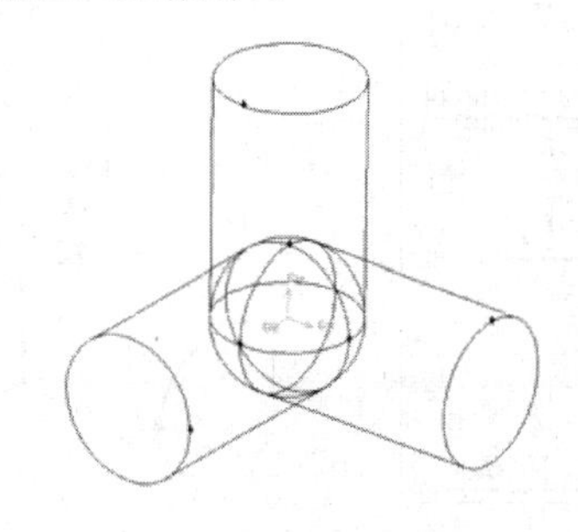

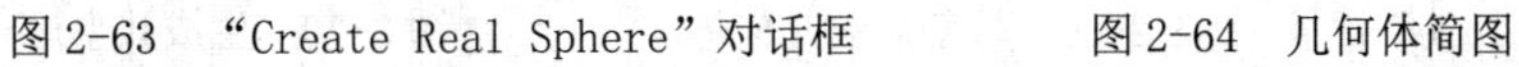

图 2-63　“Create Real Sphere” 对话框　　图 2-64　几何体简图

5) 单击 “Geometry” → “Volume” → “Unite Real Volumes” 按钮, 打

开如图 2-65 所示的“Unite Real Volumes”对话框，选择所有的几何体，单击“Apply”按钮，合成一个几何体，如图 2-66 所示。

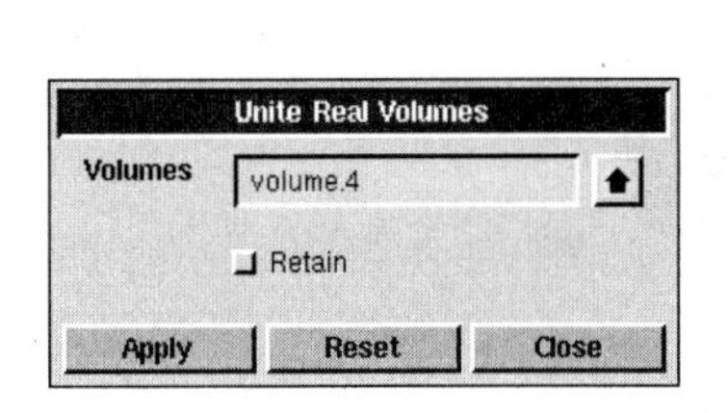

图 2-65 “Unite Real Volumes”对话框

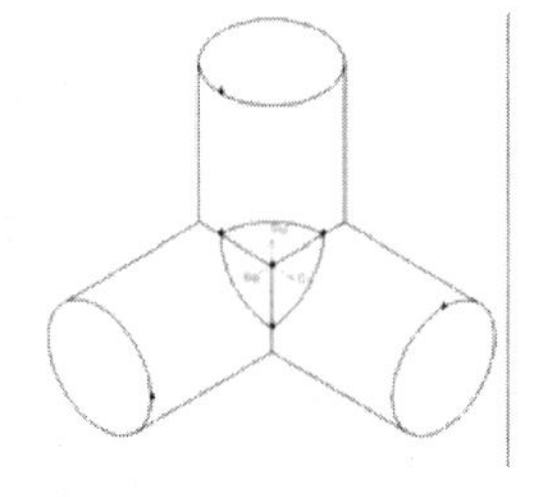

图 2-66 合并后的几何体

6）单击“Geometry” → “Volume” → “Create Volume” 按钮，创建一个边长为 5 的立方体，然后将立方体移动，移动坐标为（-2.5，-2.5，-2.5）用来分割 1/8 球体，如图 2-67 所示。

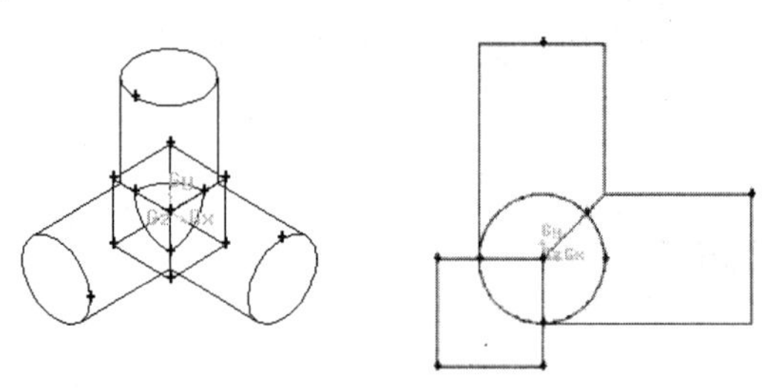

图 2-67 几何体三维视图

7）单击“Geometry” → “Volume” → “Split Volume” 按钮，弹出如图 2-68 所示的“Split Volume”面板，在上面的“Volume”中选择“Volume 1”，第二个“Volumes”中选择“Volume 2”，并选择“Connected”选项，单击“Apply”按钮，生成 1/8 球体和三相管体，如图 2-69 所示。

8）单击“Geometry” → “Edge” → “Create Straight Edge” 按钮，在“Create Straight Edge”面板中选择中心点和三个柱体相交的顶点，单击“Apply”按钮，生成共享边，如图 2-70 所示。

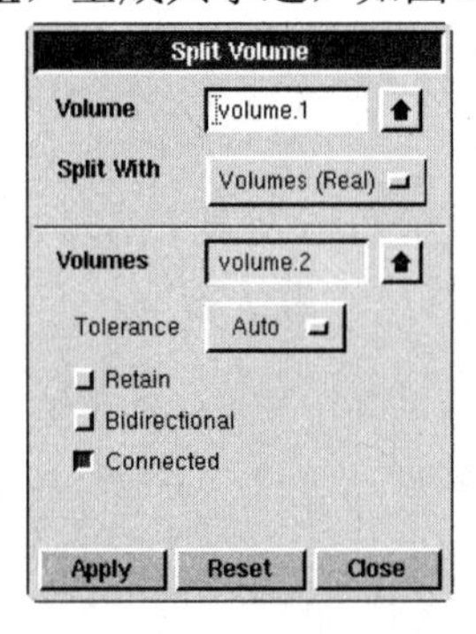

图 2-68 “Split Volume”面板

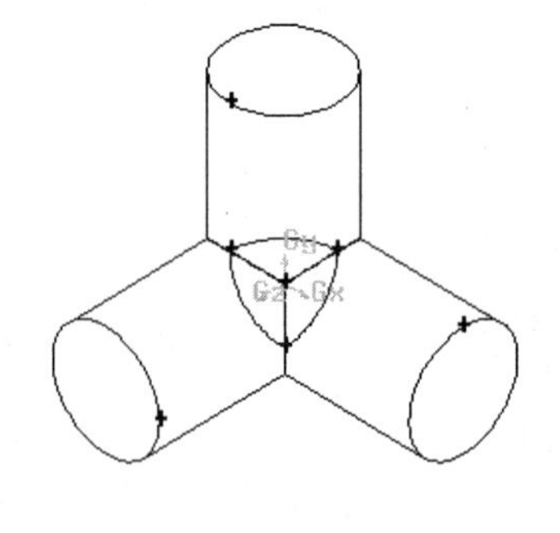

图 2-69 分割后的几何体

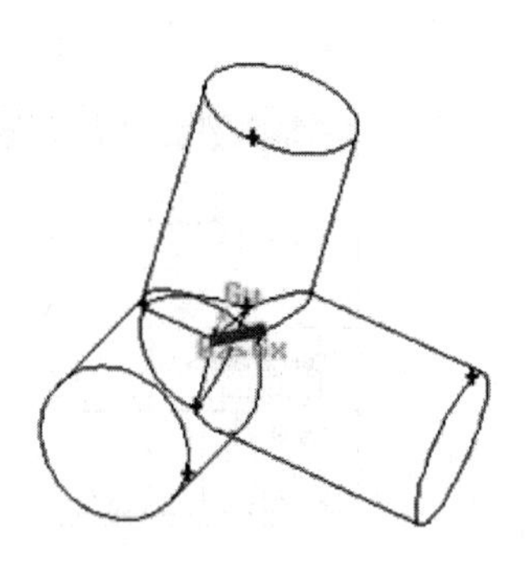

图 2-70 生成共享边

9）单击“Geometry” → “Face” → “Create face from Wireframe” 按

钮，在“Create face from Wireframe”面板的Edges黄色输入栏中选取刚生成的边以及与该线段围成一个平面的曲线和另一条线段，单击“Apply”按钮，生成一个相交面。同理，生成另两个相交面，如图2-71所示。

10）单击“Geometry” → “Volume” → “Split Volume” 按钮，选择三相管体（Volume 1），在“Split With”下选择Face(Real)，“Face”中选择刚创建的三个面中的一个。单击“Connected”按钮，单击“Apply”按钮，即生成一个与1/8球体相连的圆柱体，同理用生成的另外两个面做相同的操作，最后生成3个与1/8球体相连的圆柱体，如图2-72所示。

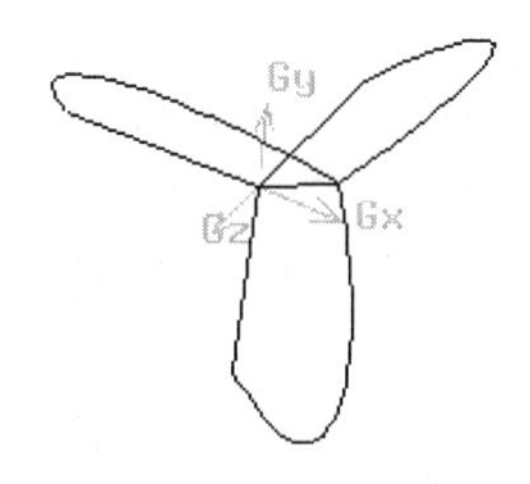

图2-71　三个相交面

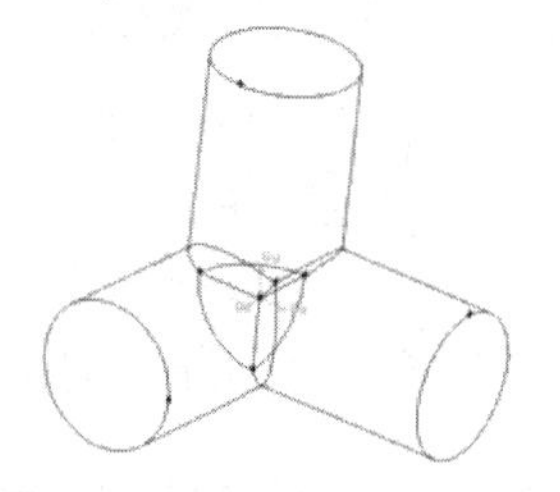

图2-72　3个与1/8球体相连的圆柱体

3. 网格的划分

考虑到水流近壁面的黏性效应，首先需要绘制边界层网络。具体操作步骤如下：

1）单击“Mesh” → “Boundary Layer” → “Create Boundary Layer” 按钮，弹出“Create Boundary Layer”面板，在“Edges”黄色输入框中选取1/8球体与柱体相交的三条边，视图中该线会出现一个红色的箭头，代表着边界层生成的方向（该方向应冲向圆心，如没有，需要单击<Shift>+鼠标中键改变方向）。然后选取1:1的边界层生成方式，并设置“First Row”为“0. 1m”，“Growth Factor”为“1.4”，“Rows”为“4”层。最后，单击“Apply”按钮即完成对边界层网格的绘制。按照同样的方式生成三管相交面的边界网格，如图2-73所示。

2）单击“Mesh” → “Volume” → “Mesh Volume” 按钮，选择1/8球体，保持默认值，单击“Apply”按钮，即生成球体的体网格，如图2-74所示。

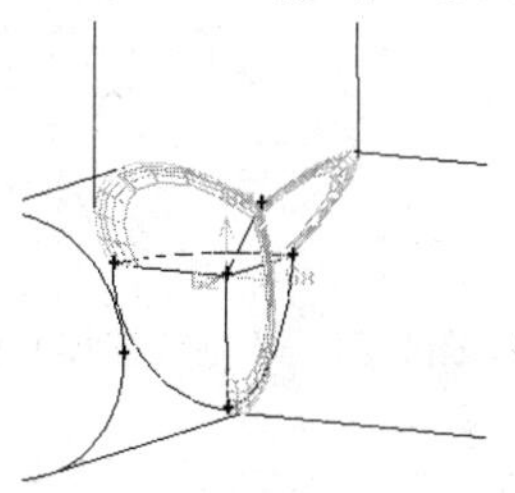

图2-73　三管相交面的边界网格

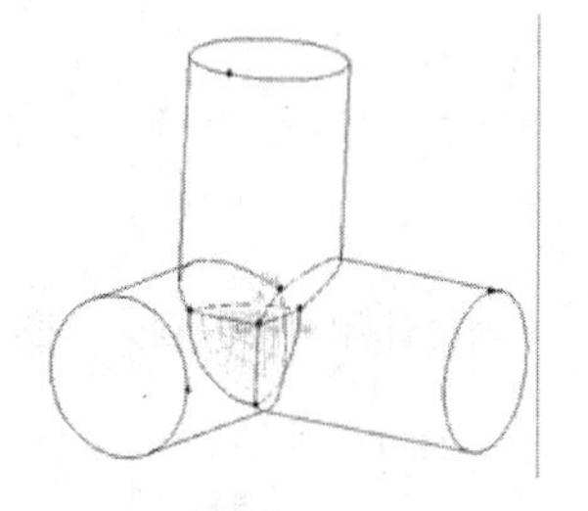

图2-74　球体的体网格

3)对柱体进行网格划分。对Y轴方向的柱体采用Cooper的划分方式。单击“Mesh” → “Face” → “Set Face Vertex Type” 按钮，弹出“Set Face Vertex Type”面板，如图2-75所示。在“Face”中选择Y轴柱体壁面，“Vertices”选择三柱交点，单击“Apply”按钮，该交点就由“E”变为“S”，即顶点被设置成Side，如图2-76所示。

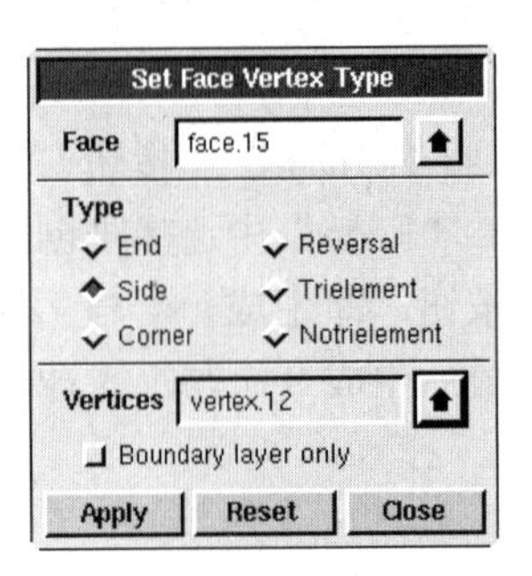

图 2-75 "Set Face Vertex Type" 面板

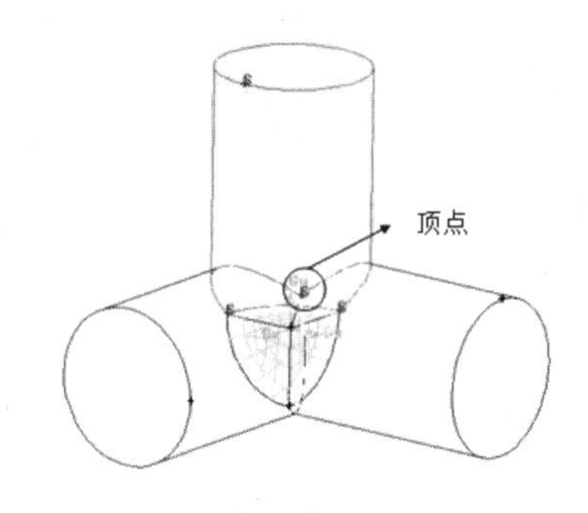

图 2-76 顶点被设置成 Side 的几何体

4）单击 "Mesh" → " Volume" → " Mesh Volume" 按钮，选中 Y 轴方向柱体，选择 "Hex" 和 "Cooper" 的划分方式，其他保持默认值，单击 "Apply" 按钮，即完成对该柱体的体网格划分，如图 2-77 所示。

5）对 Z 轴方向的柱体进行网格划分。单击 "Mesh" → "Face" → "Mesh Faces" 按钮，打开 "Mesh Faces" 面板，选择 Z 轴方向柱体壁面，采用 Quad 和 Submap 的面网格划分方式，单击"Apply" 按钮。然后单击"Mesh" →"Volume" →"Mesh Volume" 按钮，选中 Z 轴方向柱体，选择 Hex 和 Cooper 的划分方式，其他保持默认值，单击 "Apply" 按钮，即完成对该柱体的体网格划分，如图 2-78 所示。

6）对 X 轴方向上柱体网格的划分。单击 "Mesh" → "Volume" → "Mesh Volume" 按钮，选中 X 轴方向柱体，选择 "Hex" 和 "Cooper" 的划分方式，手动选择该柱体两端的共 4 个面作为源面，单击 "Apply" 按钮，完成对 X 轴方向上柱体体网格的划分，如图 2-79 所示。

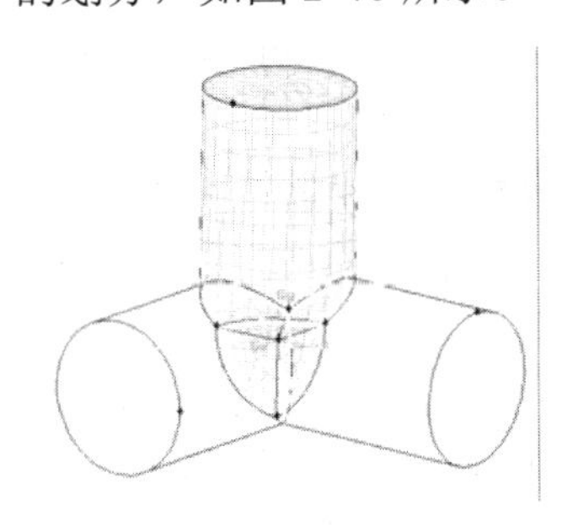

图 2-77 Y 轴柱体体网格的划分

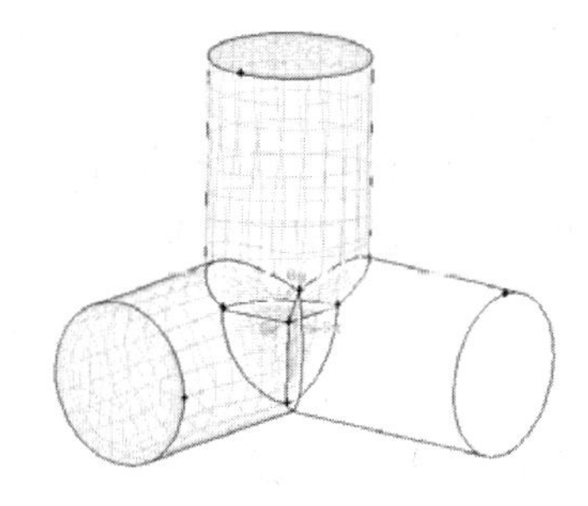

图 2-78 Z 轴柱体体网格的划分

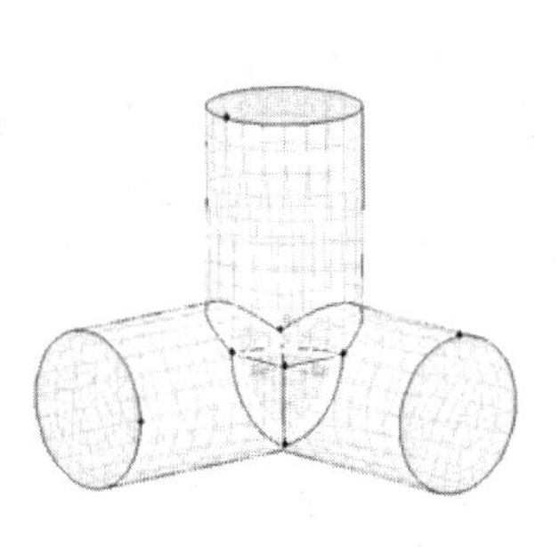

图 2-79 X 轴柱体体网格的划分

4. 边界定义

1）单击 "Zones" →"Specify Boundary Types" 按钮，在 "Specify Boundary Types" 面板中的 "Entity" 选项框中选择 "Faces"，选择 Z 轴方向柱体入口面定义为速度入口（VELOCITY_INLET），名称为 "in"；选择 Y 轴柱体出口面定义为 OUTFLOW，名称为"out-1"，如图 2-80 所示；将 X 轴柱体出口面定义为出口(OUTFLOW)，名称为"out-2"；其他面保持默认值，均为 "WALL"。

2）执行 "File" → "Export" → "Mesh" 命令，在文件名中输入 "Model3.msh"，

不选“Export 2-D（X-Y）Mesh”，确定输出三维模型网络文件。

Name	Type
in	VELOCITY_INLET
out-1	OUTFLOW
out-2	OUTFLOW

图 2-80　“Specify Boundary Types”面板

2.6.4　三维 V 型管道模型与网格划分

1．实例概述

如图 2-81 所示的三维 V 型管道，其宽为 1cm，高为 1cm，两个管道之间夹角为 45°，管道长 10cm，水流从左口流入，速度为 0.1m/s

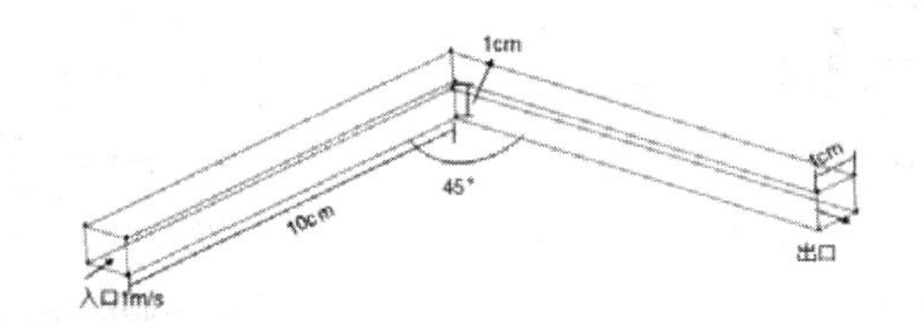

图 2-81　实例模型

2．在 GAMBIT 中建立模型

1）启动 GAMBIT，选择工作目录 D:\Gambit working。

2）单击“Geometry”→“Vertex”→“Create Real Vertex”按钮，在“Create Real Vertex”面板中根据表 2-8 建立点。

表 2-8　各点坐标

X	Y	Z
0	0	0
-10	10	0
-9	11	0
10	10	0
9	11	0
0	2	0

3）接着创建线，单击“Geometry”→“ Edge”→“ Create Straight Edge”按钮，按住“Shift”按键，再左击上步创建的点，或者在“Vertices”选框中选择需要的两个点，单击“Apply”按钮，如图 2-82 所示。

4）单击“Geometry”→“Face”→“Create face from Wireframe”按钮，在“Create face from Wireframe”面板的“Edges”黄色输入栏中选取所需要围成面的线段，单击“Apply”按钮生成几何平面。

5）接着创建体，单击“Geometry”→“Volume”→“Sweep Faces”按

钮，弹出如图 2-83 所示的“Sweep Faces”面板。在“Faces”选项栏中选中生成的面，路径“Path”选择为“Vector”，单击“Define”按钮，弹出如图 2-84 所示的“Vector Definition”面板，选择“Magnitude”，并填写“1”，单击“Apply”按钮。即得到三维实体图，如图 2-85 所示，按住鼠标左键就可以转动角度观察三维视图。

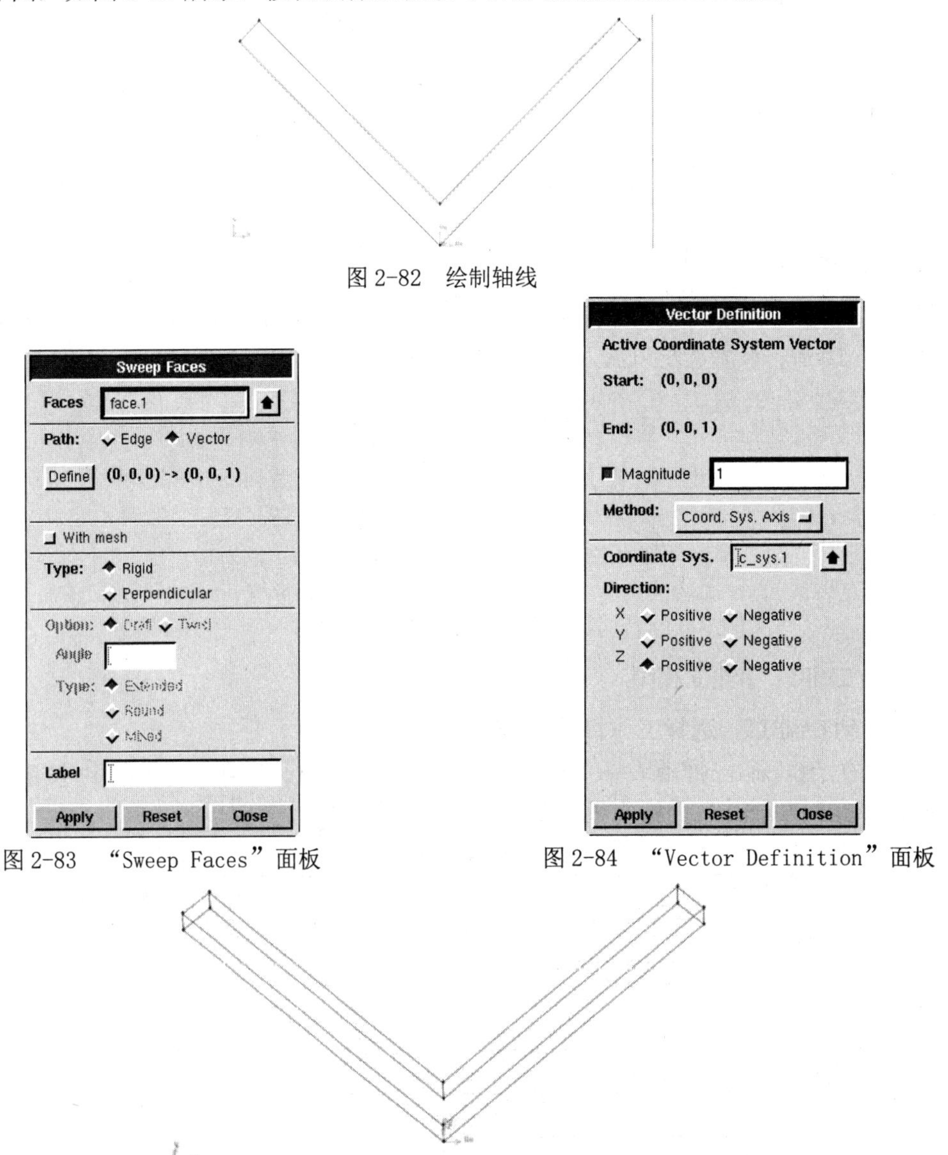

图 2-82　绘制轴线

图 2-83　“Sweep Faces”面板

图 2-84　“Vector Definition”面板

图 2-85　三维几何体

3．网格的划分

1）单击“Mesh”→“ Face”→“Mesh Faces”按钮，在“Mesh Faces”面板的“Faces”黄色输入框中选择入口面，采用“Interval Count”的方式将其分为“20”份，如图 2-86 所示。

2）单击“Mesh”→“Volume”→“Mesh Volume”按钮，在“Mesh Volume”面板的“Volume”黄色输入框中选择整个体，其他选项保持默认值，如图 2-87 所示，单击“Apply”按钮，得到体网格的划分，如图 2-88 所示。

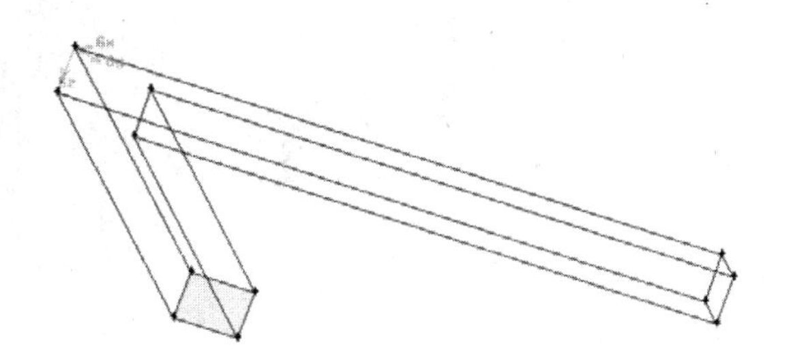

图 2-86 入口面网格的划分

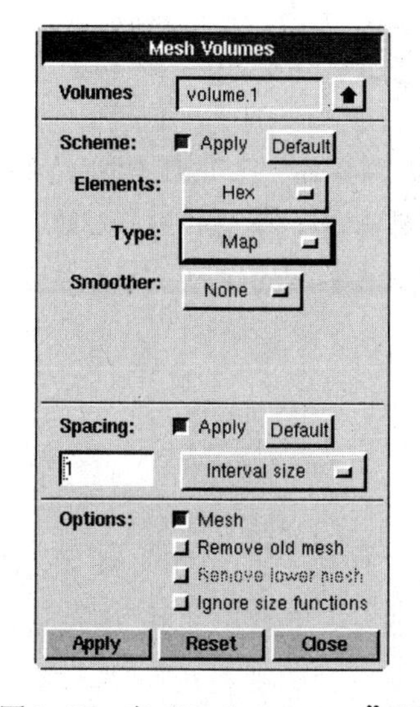

图 2-87 在“Mesh Volumes”面板

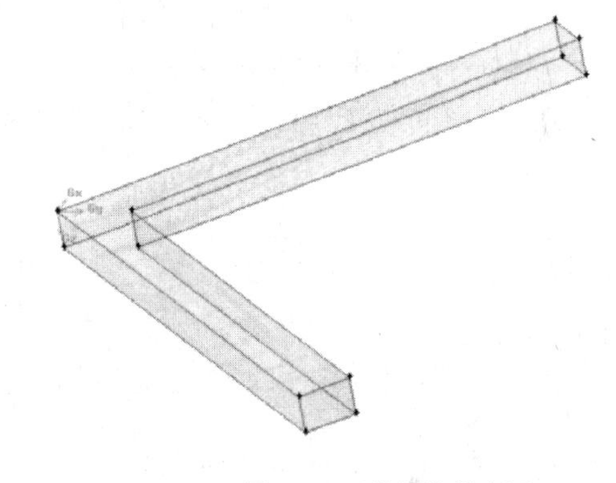

图 2-88 体网格的划分

4. 边界定义

1）单击“Zones” →“Specify Boundary Types” 按钮，在“Specify Boundary Types”面板中的“Entity”选项框中选择“Faces”，选择入口面定义为速度入口(VELOCITY_INLET)，名称为“inlet”；将出口面定义为出口(OUTFLOW)，名称为“outlet”；其他面保持默认值，均默认为“WALL”。如图 2-89 所示。

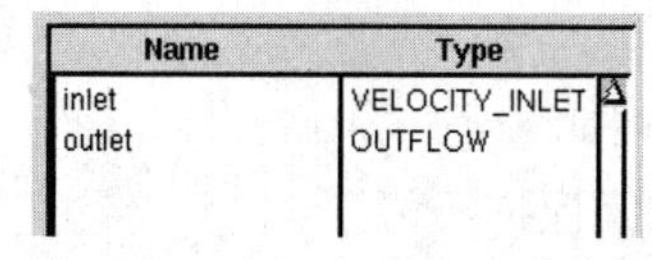

Name	Type
inlet	VELOCITY_INLET
outlet	OUTFLOW

图 2-89 “Specify Boundary Types”面板

2）执行“File” →“Export” →“Mesh”命令，在文件名中输入“Model4.msh”，不选“Export 2-D (X-Y) Mesh”，确定输出的为三维模型网络文件。

第3章

FLUENT 基础知识

本章主要介绍了 FLUENT 软件的基本操作。FLUENT 软件的用法主要分为网格的导入与检查、求解器与计算模型的选择、边界条件的设置、求解计算等几大环节。通过本章的学习，可为读者使用 FLUENT 软件解决问题奠定基础。

- FLUENT 19.0 求解器功能简介
- 三维机头温度场的数值模拟实例

3.1 FLUENT 19.0 的操作界面

FLUENT 的操作界面有两种：图形界面（GUI）和文本界面（TUI），包括下拉菜单，对话框和对话框还包括文本命令行的界面。

3.1.1 FLUENT 19.0 启动界面

双击 FLUENT 图标，进入 FLUENT 19.0 启动界面，弹出如图 3-1 所示的“Fluent Launcher”对话框。在启动界面中，用户可以选择维度数（2D 或 3D），以及其他选项（例如单精度或双精度计算）。

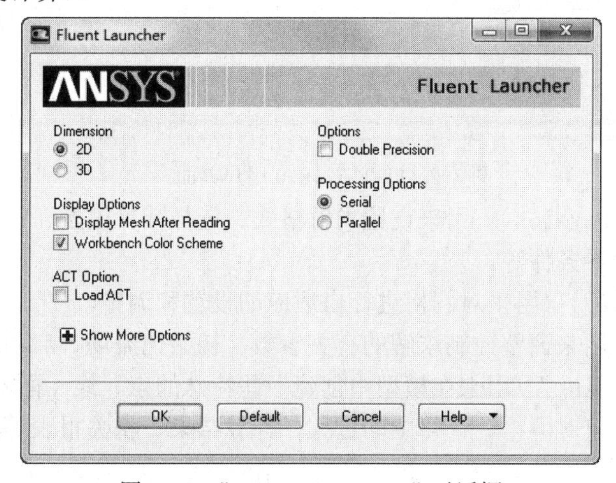

图 3-1 “Fluent Launcher”对话框

单精度求解器速度快，占用内存少，一般选择单精度的求解器即可满足需要。但是对于某些例子使用双精度更合适，如几何图形长度尺度相差太多（细长管道），描述节点坐标时单精度网格计算就不合适；再如几何图形是由很多层小直径管道包围而成（汽车的集管），平均压力不大，但是局部区域压力却可能很大（因为只能设定一个全局参考压力位置），此时采用双精度解算器来计算压差就很有必要了。

3.1.2 FLUENT 19.0 图形用户界面

启动 FLUENT 后，将出现类似图 3-2 所示的图形用户界面。刚启动时，FLUENT 的图形用户界面包含功能区、工具栏、导航面板、任务面板、控制台、对话框及图形窗口几部分。用户可以单击窗口功能区的命令，弹出新的对话框，通过这些对话框进行命令、数据和表达式的输入来进行设定。

功能区中共有 9 个菜单，各菜单功能如下：

◆ “File” 用来导入或导出文件、保存分析结果。

◆ “Setting Up Domain” 用来对网格模型进行检查、修改。

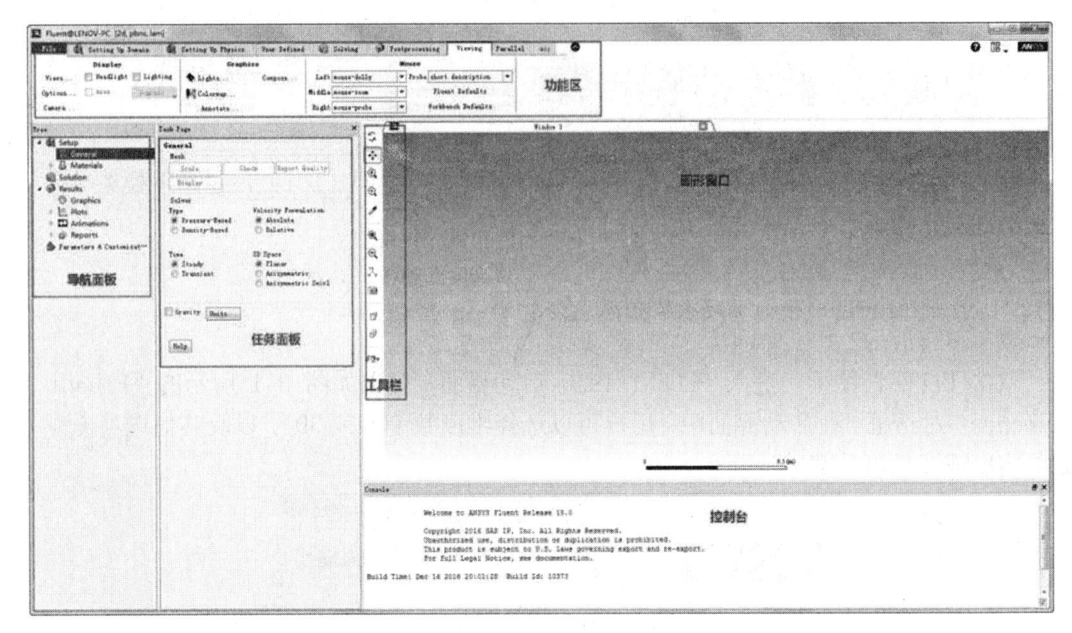

图 3-2　FLUENT 19.0 用户界面

◆ “Setting Up Physics” 用来设置求解格式、选择计算模型、设置运行环境、设置材料特性、设置边界条件等。

◆ “User Defined” 用来对网格进行自适应的设置和调整。

◆ “Solving” 用来调整控制求解的有关参数、初始化流场、启动求解过程。

◆ “Postprocessing” 用来在模型中创建一些特殊的点、线、面或区域。

◆ “Viewing” 可对网格、计算中间过程、计算结果、相关报表等信息进行显示和查询。

◆ “Parallel” 用来设置并行计算。

◆ “Design” 可处理结果数据。

3.1.3　FLUENT 19.0 文本用户界面及 Scheme 表达式

文本用户界面(TUI)由名为 Scheme 的 Lisp 专业语言编写而成。熟悉 Scheme 的用户能够使用界面的解释功能来创建自定义命令。用户可以借助 FLUENT 的控制台窗口界面输入各种命令、数据和表达式。

文本菜单系统为程序下的程序界面提供了分级界面。因为它是文本的，所以可以用标准菜单的工具进行操作：输入的命令可以保存在文件中，也可以用文本编辑器修改，或是读入需要执行的命令。因为文本菜单系统与 Scheme 扩展语言紧密结合，所以可直接形成程序来进行复杂的控制或自定义函数。

菜单系统结构和 UNIX 操作系统的目录树很相似。第一次进入 FLUENT，是在根菜单下，菜单的提示符只是一个简单的补字符：“>”。要生成子菜单和命令的列表只需键入回车，如图 3-3 所示：

与之相似，进入子菜单，只需键入菜单名字或其简写就可以，提示符也会相应改变为当前菜单的名字：

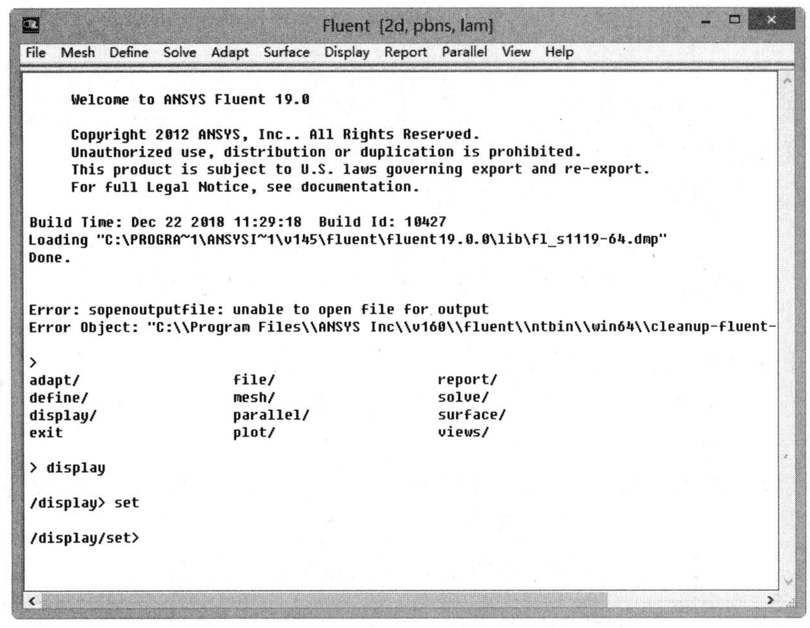

图 3-3 FLUENT 对话框

```
> display
/display> set
/display/set>
```

要回到上一级菜单只需在命令提示中键入 q 或者 quit：

```
/display/set> q 按 Enter 键
/display>
```

可以键入菜单全路经名直接进入到另一菜单：

```
/display> /file
/display//file>
```

在上一例中，控制直接从/display 转到/file 而不结束根菜单，因此，当从/file 菜单退出时，控制会直接退回到/display：

```
/display//file> q
/display>
```

而且，如果直接执行一个命令而不结束路径上的任何菜单，控制会仍然回到调用命令时的菜单：

```
/display> /file start-journal jrnl
Input journal opened on file "jrnl".
/display>
```

在命令提示符下，用户除了可以输入 FLUENT 命令之外，还可以输入由 Scheme 函数组成的具有复杂功能的 Scheme 表达式。

Scheme 的表达式的写法有些特别，表达式用括号括起来。括号里面的第一个出现的是函数名或者操作符，其他是参数。Scheme 的这种表达式写法可以叫作前置式。下面是一些 Scheme 的表达式的例子以及其对应的 C 语言的写法：

```
Scheme C
------------------------------------------------------------------
(+ 2 3 4) (2 + 3 + 4)
(< low x high) ((low < x) && (x < high))
(+ (* 2 3) (* 4 5)) ((2 * 3) + (4 * 5))
(f x y) f(x, y)
(define (sq x) (* x x)) int sq(int x) { return (x * x) }
```

3.1.4 FLUENT 19.0 文件读写

1．可读写的文件

可以通过单击菜单栏“File”菜单中的有关命令进行文件的读写，经常读写的文件见表 3-1。

表 3-1 FLUENT 19.0 读写的文件

文 件 类 型	创建文件的程序	功 能 简 介
Mesh（网格文件）	GAMBIT、TMesh、GeoMesh、preBFC	包含几何结构和网格信息
Third.Party Mesh（第三方网格文件）	ANSYS、PATRAN、I-DEAS、NASTRAN 等	包含几何结构和网格信息
Case（案例文件）	FLUENT	包含几何结构、网格信息、边界条件、解的参数、用户界面、图形环境等信息
Data（数据文件）	FLUENT	包含每个网格单元流场值以及收敛的历史记录

网格文件是由 GAMBIT、TMesh、GeoMesh、preBFC 或者第三方 CAD 软件包生成的。从 FLUENT 的角度来看，网格文件只是 Case 文件的子集，网格文件包含所有节点的坐标系以及节点之间的连通性信息。连通性信息告诉我们节点如何与其他的面或单元连接，以及面的区域类型及数量（如 wall.1、pressure.inlet.5、symmetry.2）。网格文件不包括任何边界条件、流动参数或者解的参数。

FLUENT 能够处理大量具有不同结构的网格拓扑结构，因此我们有很多产生网格的工具，如 GAMBIT、TMesh、GeoMesh、preBFC、ICEMCFD、I-DEAS、NASTRAN、PATRAN、ARIES、ANSYS 以及其他的前处理器，或者使用 FLUENT/UNS、RAMPANT 以及 FLUENT 4 Case 文件中包含的网格，也可以准备多个网格文件，然后把它们结合在一起创建一个网格。FLUENT 可读入的网格文件见表 3-2。

有些情况下，要从多个网格文件中读取信息，然后生成合并的网格。对于一些复杂的形状来说，在生成网格时，分块制作并单独保存各自的网格文件，效率可能会高一些。读入多重网格的步骤如下：

1）在网格生成器中生成整个区域的网格，将每个单元区域保存成一个网格文件。

2）如果要输入的一个或多个网格是结构网格，首先要使用转换器 fl42seg 转换为 FLUENT 能识别的格式。

表 3-2 FLUENT 19.0 可读入的网格文件

网格文件	导 入 方 式	说 明
GAMBIT	单击“File”下拉菜单栏中的“Read”→Case”命令	直接生成网格文件
TMesh	单击“File”下拉菜单栏中的“Read”→Case”命令	直接生成网格文件
GeoMesh	单击“File”下拉菜单栏中的“Read”→Case”命令	要完成三维四面体网格的创建，必须把三角形网格读入到 TMesh 中，然后产生体网格。其他的网格都可以直接读入到 FLUENT 中
preBFC	结构网格：单击“File”下拉菜单栏中的“Import”→“pre BFC Structured Mesh”命令 非结构网格：单击“File”下拉菜单栏中的“Read”→“Case”命令	可以用 preBFC 产生两种 FLUENT 所使用的不同类型的网格：结构四边形/六面体网格和非结构三角形/四面体网格 非结构网格的网格文件保存为 RAMPANT 格式，因为目前的 FLUENT 格式和 RAMPANT 格式相同。所产生的网格会包含三角元
ICEMCFD	单击“File”下拉菜单栏中的“Read”→“Case”命令	ICEMCFD 可以创建 FLUENT 4 格式的结构网格和 RAMPANT 格式的非结构网格。读入三角形/四面体 ICEMCFD 体网格，需要光滑和交换网格以提高其质量
I-DEAS Universal、NASTRAN、PATRAN、ARIES、ANSYS 等第三类网格文件	3 种方式选择	有 3 种转换方法使 FLUENT 读入第三类网格文件 1）第三类网格文件生成的表面或体网格文件，它们读入到 TMesh 中，然后在 TMesh 中完成网格的生成 2）单击“File”下拉菜单栏中的“Import”命令将网格读入 FLUENT 中 3）用格式转换器 fe2ra 将第三类文件转换为 FLUENT 格式，转换之后的文件可以单击“File”下拉菜单栏中的“Read”→“Case”命令读入网格
FLUENT/UNS 和 RAMPANT Case	单击“File”下拉菜单栏中的“Read”→“Case”命令	导入 FLUENT/UNS 网格文件后，FLUENT 只允许使用分离求解器；导入 RAMPANT 网格文件后，FLUENT 只允许使用耦合显示求解器
FLUENT 4 Case	单击“File”下拉菜单栏中的“Import”→“FLUENT 4 Case”命令	FLUENT 4 可能会在预测压力边界条件方面与目前的 FLUENT 版本不同，这时需要检查转换信息看是否需要修改边界类型，如果要手动转换，可用“tfilter fl42seg input.filename output.filename”命令。转换后通过单击“File”下拉菜单栏中的“Read”→“Case”命令将文件读入到 FLUENT 中
FIDAP 7 Neutral	单击“File”下拉菜单栏中的“Import”→“FIDAP7”命令	如果要手动转换，可以使用“tfilter fe2ram [dimension] .tFIDAP7 input.file output.file”命令，其中方括号内容是可以选择的.d2，表示二维文件，默认为三维。转换后通过单击“File”下拉菜单栏中的“Read”→“Case”命令将文件读入到 FLUENT 中

3）在启动解算器之前要用 TMesh 或者 tmerge 转换器将网格合并成一个网格文件。使用 TMesh 方法更为方便，但是 tmerge 转换器允许在合并之前旋转、标度或平移网格。

◆使用 TMesh 合并网格，首先将所有的网格文件读入到 TMesh 中，TMesh 自动合并网格，并保存合并后的网格文件。

◆使用 tmerge 转换器，首先输入 tfilter tmerge3d（三维网格）或者 tfilter tmerge2d（二维网格），在指定的提示栏中，指定输入网格的文件名（分离网格文件）和保存为完整网格的输出文件名。每个输入网格，可以指定标度因子、平移距离和旋转角度。

```
> Reading "F:\gambit文件\smooth seal modify.msh"...
  191196 nodes.
   24860 mixed wall faces, zone  4.
    1130 mixed wall faces, zone  5.
    2260 mixed pressure-outlet faces, zone  6.
    1130 mixed pressure-inlet faces, zone  7.
   13560 mixed wall faces, zone  8.
  487030 mixed interior faces, zone 10.
   22600 hexahedral cells, zone  2.
  146900 hexahedral cells, zone  3.

Building...
     grid,
Note: Separating wall zone 4 into zones 4 and 1.
      wall -> wall (4) and wall:001 (1)
Note: Separating interior zone 10 into zones 10 and 9.
      default-interior -> default-interior (10) and default-interior:009 (9)
Note: Separating interior zone 10 into zones 10 and 11.
      default-interior -> default-interior (10) and default-interior:011 (11)
     materials,
     interface,
     domains,
     zones,
        default-interior:011
        default-interior:009
        wall:001
        default-interior
        moving
        pressure_inlet.2
        pressure_outlet.3
        moving-1
        wall
        moving_fulid
        state_fulid
     shell conduction zones,
Done.
```

图 3-4　FLUENT 19.0 读入网格后的信息

2. 读入 Mesh 网格

读入 Mesh 网格后，在 FLUENT 19.0 主窗口会显示许多信息。图 3-4 显示了一个三维模型网格读入后显示的信息，其中包括有多少个节点、多少个面、多少个网格、多少个区域等信息。在最后显示“Done”，说明读入网格成功。

3.2 FLUENT 19.0 操作介绍

本节将对 FLUENT 软件包的核心部分——FLUENT 19.0 求解器进行简单的介绍。对于一些具体的复杂操作，将在以后的章节中通过实例来介绍。

3.2.1　FLUENT 19.0 对网格的基本操作

读入网格后，FLUENT 19.0 还提供了一些针对网格的操作，如检查、修改、标度网格、平移网格、光顺网格与交换单元面等。现介绍一些常用到的基本操作。

1. 检查网格

（1）网格检查信息　将网格读入到 FLUENT 19.0 后，在设定问题前需要通过单击“Setting Up Domain”功能区“Mesh”面板中的“Check”按钮✔，来检查网格的正确性。每次进行检查时，都会显示出许多信息，如图 3-5 所示。

```
Grid Check

 Domain Extents:
   x-coordinate: min (m) = -5.000000e-002, max (m) = 5.000000e-002
   y-coordinate: min (m) = -5.000000e-002, max (m) = 5.000000e-002
   z-coordinate: min (m) = 0.000000e+000, max (m) = 6.500001e-002
 Volume statistics:
   minimum volume (m3): 1.125280e-012
   maximum volume (m3): 1.498619e-009
     total volume (m3): 2.579195e-005
 Face area statistics:
   minimum face area (m2): 3.105414e-009
   maximum face area (m2): 2.173380e-006
 Checking number of nodes per cell.
 Checking number of faces per cell.
 Checking thread pointers.
 Checking number of cells per face.
 Checking face cells.
 Checking bridge faces.
 Checking right-handed cells.
 Checking face handedness.
 Checking element type consistency.
 Checking boundary types:
 Checking face pairs.
 Checking periodic boundaries.
 Checking node count.
 Checking nosolve cell count.
 Checking nosolve face count.
 Checking face children.
 Checking cell children.
 Checking storage.
Done.
```

图 3-5　检查网格显示信息

信息中首先显示了区域范围，列出了 X、Y 和 Z 坐标的最大值和最小值，单位是 m。其次是体积和面的统计，包括最大值和最小值，当出现体积为负时，表示一个或多个单元有不正确的连接，可以用“Iso.Value Adaption”命令确定负体积单元，并在图形窗口中察看它们，进行下一步之前这些负体积必须消除。再次是检查拓扑信息，先检查每个单元的面和节点数，再对每个区域的旋转方向进行检测，区域应该包含所有右手旋向的面，通常有负体积的网格都是左手旋向。最后是检验单元类型的相容性。

在完成以上所有工作后，如果没有出现问题，将在信息最下方显示“Done”，表示网格可以用来计算。

（2）网格统计报告

1）单击“Setting Up Domain”功能区“Mesh”面板中“Info”下拉菜单中的“Size”命令，输出节点数、表面数、单元数以及网格的分区数。

2）单击“Setting Up Domain”功能区“Mesh”面板中“Info”下拉菜单中的“Zones”命令，输出不同区域内有多少节点和表面。

3）单击“Setting Up Domain”功能区“Mesh”面板中“Info”下拉菜单中的“Memory Usage”命令，输出内存的使用和分配情况。

4）单击“Setting Up Domain”功能区“Mesh”面板中“Info”下拉菜单中的“Partitions”命令，输出单元数、表面数、界面数和与每一划分相邻的划分数。

2. 修改网格

网格被读入后，对网格的修改有标度和平移网格、合并和分离区域、创建或切开周期性边界。还可以在区域内记录单元以减少带宽，并可以对网格进行光滑和交换处理。另外，并行处理时还可以分割网格。

【提示】

任何时候修改网格，都应该保存一个新的 Case 文件和数据文件（如果有的话），如果还想读入旧的 Data 文件，也要把旧的 Case 文件保留，因为旧的数据无法在新的 Case 文件中使用。

3. 标度网格

FLUENT 19.0 读入网格时假定网格的长度单位是 m，如果创建网格时使用的是其他长度单位，必须对网格进行标度，修改网格单位。单击单击“Setting Up Domain”功能区“Mesh”面板中的“Scale”按钮 Scale...，弹出“Scale Mesh”对话框，分别如图 3-6～图 3-8 所示。

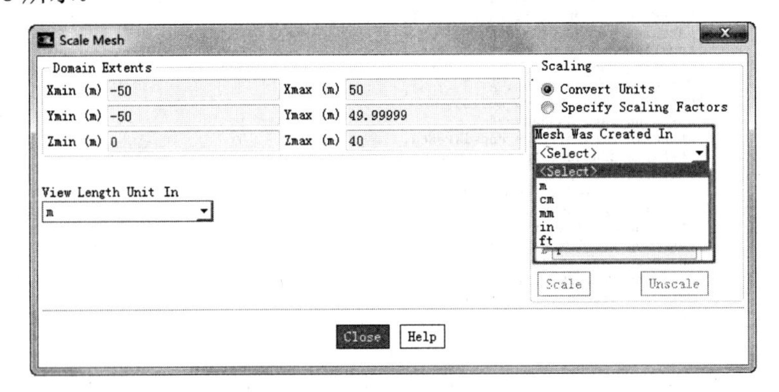

图 3-6 “Scale Mesh”对话框 1

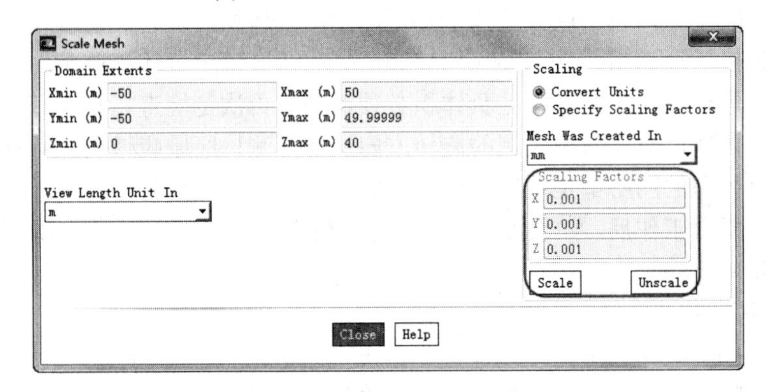

图 3-7 “Scale Mesh”对话框 2

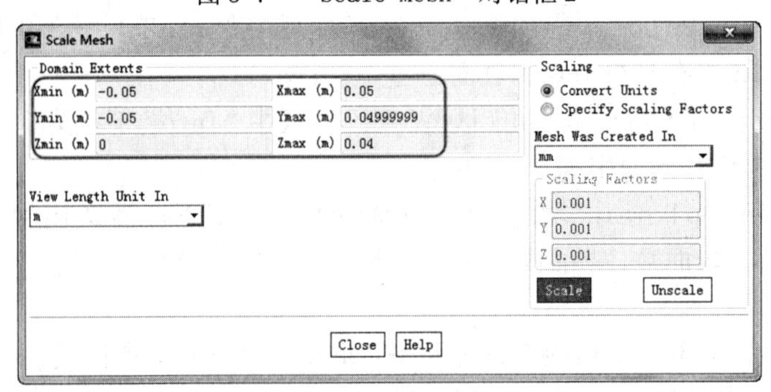

图 3-8 “Scale Mesh”对话框 3

使用标度网格面板的步骤如下：

1）在“Unit Conversion”下拉列表框中选择适当的单位，标度因子会自动取值（如0.0254m/in或者0.3048m/ft）。如果所用的单位不在列表中，可以手动输入标度因子（如m/yd的因子）。单击“Scale”按钮，区域范围会自动乘以标度因子，从而按比例改变区域的大小，如图3-6、图3-7所示。

2）虽然已经按比例改变了区域大小，但是单位还是没有变化。如果想使用下拉列表框中的单位，单击“Scale”按钮，此时区域的单位将被改变，如图3-8所示。

若使用了错误的标度因子、不小心单击了两次标度按钮或者想重新标度，可以单击“UnScale”按钮，该按钮与“Scale”按钮作用相反（在创建的网格中选择“m”选项并且单击“Scale”按钮将不会重新标度网格）。

4．平移网格

单击“Setting Up Domain”功能区“Mesh”面板中“Transform”下拉菜单中的“Translate”命令，可对这个网格进行平移，平移的距离在“Translation Offsets”文本框中输入，单击“Translate”按钮就完成操作。

3.2.2 FLUENT 19.0 基本计算模型

完成对网格的操作后，就要确定所要模拟的问题选用什么样的计算模型。选用计算模型需要考虑以下几个方面：

- ◆是否与时间相关，即是稳态问题还是瞬态问题。
- ◆是否考虑传热，是否考虑能量方程。
- ◆是无粘、层流还是湍流流动，考虑用什么样的湍流模型。
- ◆考虑工作环境，是否要考虑重力的影响。
- ◆是可压流动还是不可压流动。
- ◆是运用静坐标系还是动坐标系。
- ◆是否要考虑多相流，是否要考虑相变。
- ◆是否存在化学反应。

对于具体的问题，我们在设置其计算模型前都要有大致的估计，选择一种最符合实际情况的计算模型来进行计算。

3.2.3 FLUENT 19.0 求解器选择

在FLUENT 19.0的模型设定中，首先要确定的就是所用的求解器类型。在FLUENT 19.0“Tree” 任务面板中双击“导航面板”中的“General”命令，弹出“General”任务面板，任务面板内含有求解器选项的设置，如图3-9所示。

1．基于压力求解器与基于密度求解器

FLUENT 19.0 提供了两种求解器类型：基于压力的求解器和基于密度的求解器。基于压力的求解器对应于分离式求解器，而基于密度的求解器对应于耦合式求解器。现对两种求解器适用的场合进行比较，对于两种求解器各自的求解程序，读者可查阅FLUENT

19.0 用户手册，这里不再详述。

图 3-9 “General”任务面板

基于压力的求解器主要用于不可压流动和微可压流动，而基于密度的求解器用于高速的可压流动。FLUENT 19.0 默认使用基于压力的求解器，但是对于高速可压流动，由强体积力（如浮力或旋转力）导致的强耦合流动，或者在非常精细的网格上求解流动，需要考虑基于密度的求解器。

对于有些计算模型，FLUENT 19.0 不能使用基于密度的求解器，此时只能选择基于压力的求解器，例如，多相流模型中的 VOF、Mixture 和欧拉 Euler 模型，燃烧模型中的 PDF、预混合燃烧、部分混合燃烧模型等。

2. 隐式求解与显示求解

无论是基于压力求解器还是基于密度求解器，都要将离散非线性控制方程线化为每个计算单元中相关变量的方程组，然后用线化方程组的解来更新流场。控制方程的线化形式可能包括关于相关变量的隐式或显式形式。

1）隐式　对于给定变量，单元内的未知值用邻近单元的已知和未知值计算得出，因此，每个未知值会在不止一个方程中出现，这些方程必须同时解来得出未知量。

2）显式　对于给定变量，每个单元内的未知量用只包含已知量的关系式计算得到，因此，未知量只在一个方程中出现，而且每个单元内未知量的方程只需解一次即可得出未知量的值。

在基于压力的求解器中，只采用隐式求解方法，而基于密度的求解器可选择采用隐式求解或显式求解。耦合隐式的基于密度求解器耦合了流动和能量方程，常常能很快地收敛，但其所需内存大约是基于压力求解器的 1.5～2 倍。当选择基于密度求解器时，如果计算机的内存不够大，可采用显式方法求解，它比隐式求解需要的内存少，但收敛性会差一些。

3. 求解器其他选项的设置

1）在“Solver”对话框中，除了设置求解器类型外，还有其他选项的设置。

2）在“Space”选项组中，选择计算模型的空间几何特征。当开始界面选择“2D”

模型启动时，在“Space”选项组中有 3 个选项：“2D”表示二维空间，“Axisymmetric”表示轴对称，“Axisymmetric Swirl”表示轴对称回转；当开始界面选择“3D”模型启动时，在“Space”选项组中只有“3D”选项。

3）在“Time”选项组中，选择计算模型的时间特征。当选择“Steady”时，表示稳态模型；当选择“Transient”时，表示瞬态模型。

4）在“Velocity Formulation”选项组中，选择计算模型的速度特征。当选择“Absolute”时，表示用绝对速度求解；当选择“Relative”时，表示用相对速度求解。注意，“Relative”只能在基于密度的求解器中使用。

3.2.4 选择 FLUENT 19.0 的运行环境

在 FLUENT 19.0 功能区中单击“Setting Up Physics”功能区“Solver”面板中的“Operating Conditions”命令，弹出“Operating Conditions”对话框，如图 3-10 所示。在 FLUENT 19.0 运行环境的设置中，需要设置计算参考压力和重力两个选项。

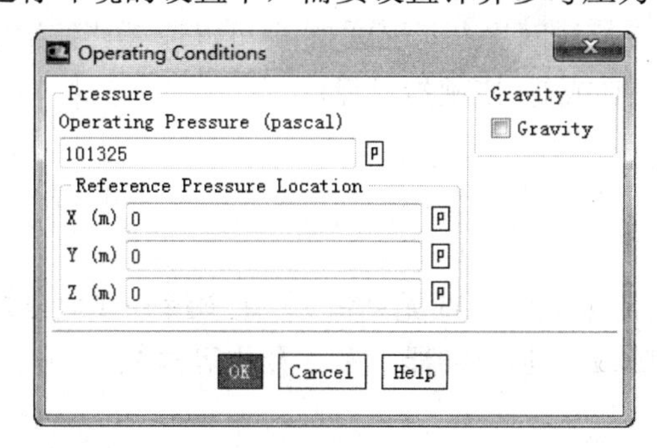

图 3-10 “Operating Conditions”对话框

1. 选择操作压力

FLUENT 19.0 通过从绝对压力中减去操作压力得到相对压力值，即绝对压力是操作压力和相对压力之和。用户所指定的所有压力以及 FLUENT 19.0 所报告和计算的压力都是相对压力。

操作压力对于不可压理想气体流动来说是十分重要的，它直接决定了不可压理想气体定律所计算出来的密度。

操作压力在低马赫数可压流动中具有十分重要的意义，它在避免截断误差问题中扮演了重要的角色。

对于高马赫数可压流动，操作压力的意义不是很明显，在这种情况下，压力的变化比低马赫数可压流动中压力的变化大得多，因此截断误差不会产生什么实际问题，也就不真正需要使用相对压力，对于这种计算，使用绝对压力通常会更方便。因为 FLUENT 总是使用相对压力，所以用户可以简单地设定操作压力为零，而使相对压力和绝对压力相等。如果不设置操作压力的大小，则默认为标准大气压，即 101325Pa。

对于不包括任何压力边界的不可压流动，FLUENT 会在每次迭代之后调节标准压力场以避免其浮动。在完全的压力场中减去单元内的压力值，从而保证参考压力位置的标准压力总为零。如果包含了压力条件，就不需要调节了，参考压力位置也就可以忽略了。

参考压力位置默认为单元的中心或者接近点（0,0,0）。有时用户可能想要移动参考压力位置，也许要将它定位于绝对压力已知的点处（如将计算结果和实验数据比较），要改变位置，只需在操作压力面板中输入参考压力位置的新坐标值（X,Y,Z）即可。

2. 设置重力

如果计算的问题需要考虑重力的影响，则需在“Operating Conditions”对话框中勾选“Gravity”复选框，同时在 X、Y、Z 三个方向上指定重力加速度的分量值。默认情况下，是不计重力影响的。

3.3 FLUENT 19.0 求解器功能简介

3.3.1 FLUENT 19.0 求解步骤

对于一个已经画好网格的几何模型，进行 FLUENT 计算一般要经过以下步骤：

◆确定几何形状，生成计算网格（用 GAMBIT 也可以读入其他指定程序生成的网格）。

◆启动求解器，选择 2D 或 3D 来模拟计算。

◆导入网格。

◆检查网格。

◆选择求解器。

◆选择计算模型：层流或湍流（或无粘流）、化学组分或化学反应、传热模型等。确定其他需要的模型，如风扇、热交换器、多孔介质等模型。

◆确定材料物性。

◆指定边界条件。

◆条件计算控制参数。

◆流场初始化。

◆计算。

◆检查结果。

◆保存结果、进行后处理等。

3.3.2 FLUENT 19.0 的材料定义

在 FLUENT 19.0 中，要求为每个参与计算的区域指定一种材料，设定材料属性是模型设定中的重要一步，其关系到能否精确模拟实际问题的情况。用户可从 FLUENT 19.0 中复制一些常用材料的数据，也可以自定义材料的属性。用户可以设定材料属性为不变量，也可以设定其满足一些方程的变化规律。

在 FLUENT 19.0 功能区中单击“Setting Up Physics”功能区“Materials”面板中的“Create/Edit”按钮，弹出“Create/Edit Materials”对话框，如图 3-11 所示。

1. 材料的属性

在“Create/Edit Materials”对话框中，允许输入材料的各种属性值，这些属性值和所涉及的问题相关。可设置的材料属性如下所示：

◆密度或相对分子质量。

◆粘度。

◆比热容。

◆热导率。

◆质量扩散系数。

◆标准状态焓。

◆分子运动论中的各个参数。

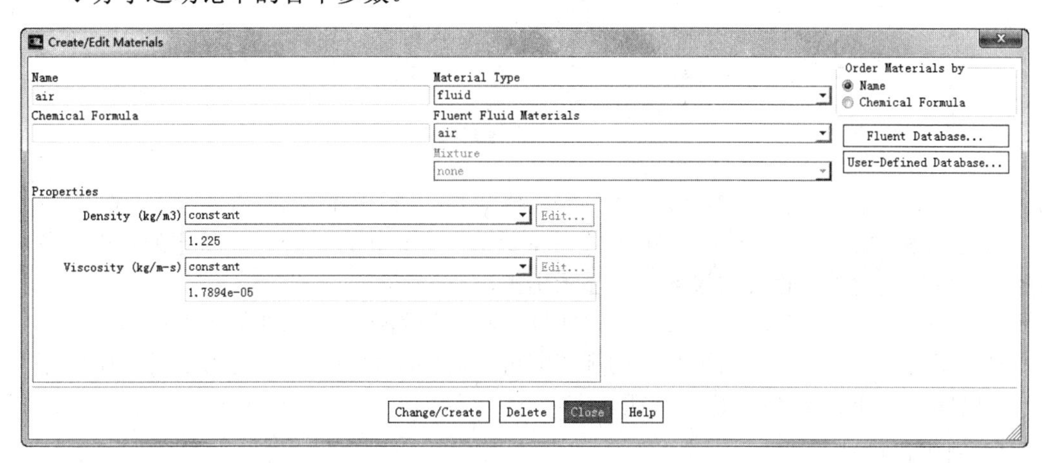

图 3-11 “Create/Edit Materials”对话框

对于固体材料，我们只需要定义密度、热导率和比热容（若模拟的是半透明介质，则需要定义辐射性质）。对于热导率可以指定为常值，也可以指定为温度的函数或者自定义函数；对于比热容可以指定为常值或者温度的函数；对于密度可以指定为常值。

如果使用基于压力的求解器，除非是在模拟非定常流或者运动的固体区域，否则对于固体材料我们不需定义其密度和比热容。对于定常流来说固体材料列表中也会出现比热容一项，但是该项值只用于焓的后处理程序中，计算时并不需要它。

2. 复制已有材料资料

在“Create/Edit Materials”对话框中，单击“Fluent Database”按钮，弹出“Fluent Database Materials”对话框，如图 3-12 所示。

在“Material Type”下拉列表框中可以选择“fluid”或“solid”选项，来决定是复制流体材料还是固体材料，在“Fluent Fluid Materials”列表框中选择材料名称，可以从“Order Materials by”选项组中点选“Name”或者“Chemical Formula”单选项，设置材料排列的顺序。当选中一种材料后，在“Properties”列表中会显示此材料的属性，单击“Copy”按钮，复制选中的材料。

3. 修改已复制材料的属性

使用材料面板最常做的就是修改材料属性，修改步骤如下：

1）在“Create/Edit Materials”对话框的“Material Type”下拉列表框中选择材料类型（流体、固体等）。

2）在“Fluent Fluid Materials”或“Fluent Solid Materials”下拉列表框中选

择要修改属性的材料。

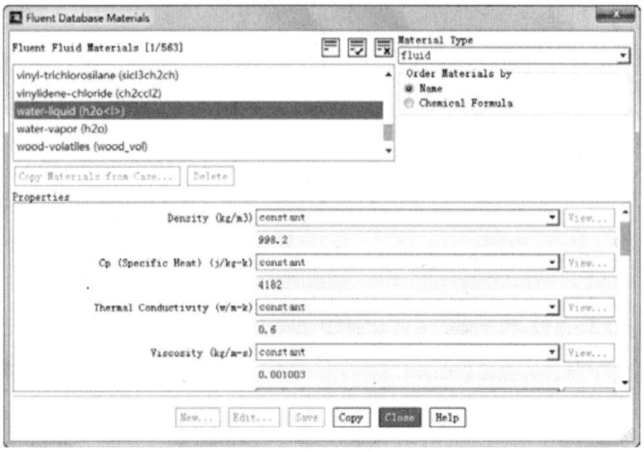

图 3-12 “Fluent Database Materials”对话框

3）修改相关属性。对于有些属性，除了常数值之外还可以选择一些特定的函数，当选择某一函数类型后，相关的参数就会显示出来。

4）单击“Change/Create”按钮，将所选择材料的属性改变为新的属性。

要改变别的材料属性只需重复上述步骤即可。需要注意的是在改变每个材料属性之后一定要单击“Change/Create”按钮。

4. 创建新材料

如果数据库中没有所要使用的材料，用户可以简单地为当前列表创建材料，其操作步骤如下：

1）在“Create/Edit Materials”对话框的“Material Type”下拉列表框中选择材料类型（流体、固体等），在流体、固体或其他材料中选什么材料都没关系。

2）在“Name”文本框中输入材料名称。

3）在属性区域设定材料属性，属性太多可以用滚动条。

4）单击“Change/Create”按钮，会弹出对话框询问是否覆盖原来的属性，单击“No”按钮，保留原来的材料并将新的材料加到列表中。此时会要求用户输入新材料的分子式，如果已知，输入分子式并单击“OK”按钮，否则保留空白并单击“OK”按钮，此时材料面板会更新，并在流体材料（固体材料等）列表中显示出新材料的名称和分子式。

5. 删除材料

如果有些材料不想使用了，用户可以删除它们，其操作步骤如下：

1）在“Create/Edit Materials”对话框的“Material Type”下拉列表框中选择材料类型（流体、固体等）。

2）在“FLUENT Fluid Materials”或“Fluent Solid Materials”下拉列表框中选择要删除的材料（列表名称与在第一步中选择的材料类型相同）。

3）单击“Delete”按钮。

【提示】

在当前表中删除材料对全局数据库中的材料没有影响。

3.3.3 FLUENT 19.0 的湍流模型

湍流是一种高度复杂的三维非稳态、带旋转的不规则流动。湍流中流体的各个物理参数，如速度、压力、温度等都随时间与空间发生随机变化。

从物理机理上说，可以把湍流看成由各种不同尺度的涡旋叠合而成，这些涡旋的大小及旋转方向分布是随机的。

大尺度的涡主要由流动的边界条件所决定，其尺度可与流场的大小相比拟，是引起低频脉动的原因；小尺度的涡主要由粘性力决定，其尺寸可能只有流场尺度的千分之一，是引发高频脉动的原因。

大尺度的涡破裂后形成小尺度的涡，较小尺度的涡破裂后形成更小的涡。大尺度的涡从主流获得能量，通过涡间的转化将能量传给小尺度的涡，最后由于粘性作用，小尺度的涡不断消失，机械能就转化（即耗散）为流体的热能。同时，由于边界作用、扰动及速度梯度的影响，新的涡又不断产生，这就构成了湍流运动。可见，湍流的一个重要特点是物理量的脉动，非稳态的 N-S 方程对湍流运动仍是适用的。

湍流流动是自然界常见的流动现象，在多数工程问题中流体的流动大多处于湍流状态，湍流特性在工程运用中占有重要的地位，因此，能否精确地模拟湍流流动成为能否精确模拟流动问题的关键。但由于湍流问题本身非常复杂，属于一种高度非线性的复杂流动，直到现在还有许多问题没有解决。

1．湍流流动的数值模拟分类

（1）直接模拟（DNS） 用三维非稳态 N-S 方程对湍流进行直接数值计算。要对高度复杂的湍流进行直接的计算，必须采用很小的时间和空间步长，才能分析出详细的空间结构及变化剧烈的时间特性，这样，计算量很大，对计算机的要求也很高。

（2）大涡模拟（LES） 按湍流的机理，湍流的脉动及混合主要由大尺度的涡造成。大尺度的涡高度非线性，其相互作用把能量传给小尺度的涡，小尺度的涡几乎是各向同性的，它们起到能量耗散的作用。只用非稳态 N-S 方程模拟大涡，不直接计算小涡，而将小涡对大涡的影响通过近似的模型来考虑，这种影响称为亚格子 Reynolds 应力。大涡模拟对计算机的要求仍比较高，但比直接模拟要低得多。

（3）Reynolds 平均法 将非稳态 N-S 方程对时间作平均，即把湍流运动看成两个流动的叠加，一是时间平均流动，二是瞬时脉动流动。于是在所得的时均 N-S 方程中包含了脉动量乘积的时均值等未知量，称为 Reynolds 应力，即上标表示脉动量。方程中包括 6 个未知量，显然方程的个数小于未知量的个数，要让方程封闭，必须作出假设。

按照假设的不同，Reynolds 平均法又可以分为涡粘模型（湍流粘度）及 Reynolds 应力模型。

1）涡粘模型（湍流粘度）基于 Boussinesq 假设，将湍流脉动所造成的附加应力（Reynolds 应力）同层流运动应力与时均的应变率关联起来，这一假设并无物理基础，且采用各向同性的湍流动力粘度来计算湍流应力，难于考虑旋转流动和表面曲率变化的影响，但以此为基础的湍流模型目前在工程计算中应用最广泛。

2）Reynolds 应力模型不引入 Boussinesq 假设，而是直接求解 Reynolds 应力，对此再引入偏微分方程。在创建两个脉动值乘积的时均值方程的过程中，会引入 3 个脉动值乘积的时均值，为了封闭，还必须创建微分方程。在创建 3 个脉动值乘积的时均值方程的过程中，又会引入 4 个脉动值乘积的时均值，这在理论上形成一个不封闭的困难。该模型在 4 个脉动值乘积这一层次上，加了一个涡量脉动平方平均值的方程式，从而使 Reynolds 应力方程封闭。这是一个 17 方程模型，因而对计算机的要求较高，但它克服了涡粘模型的一些缺点，可能是目前最有发展前途的湍流模型。

出于计算量的考虑，将 Reynolds 应力及热力密度用代数方程而不是微分方程来求解，这样可以大大减小计算量，这就是代数应力模型（ASM）。

湍流的数值模拟方法总结如图 3-13 所示。

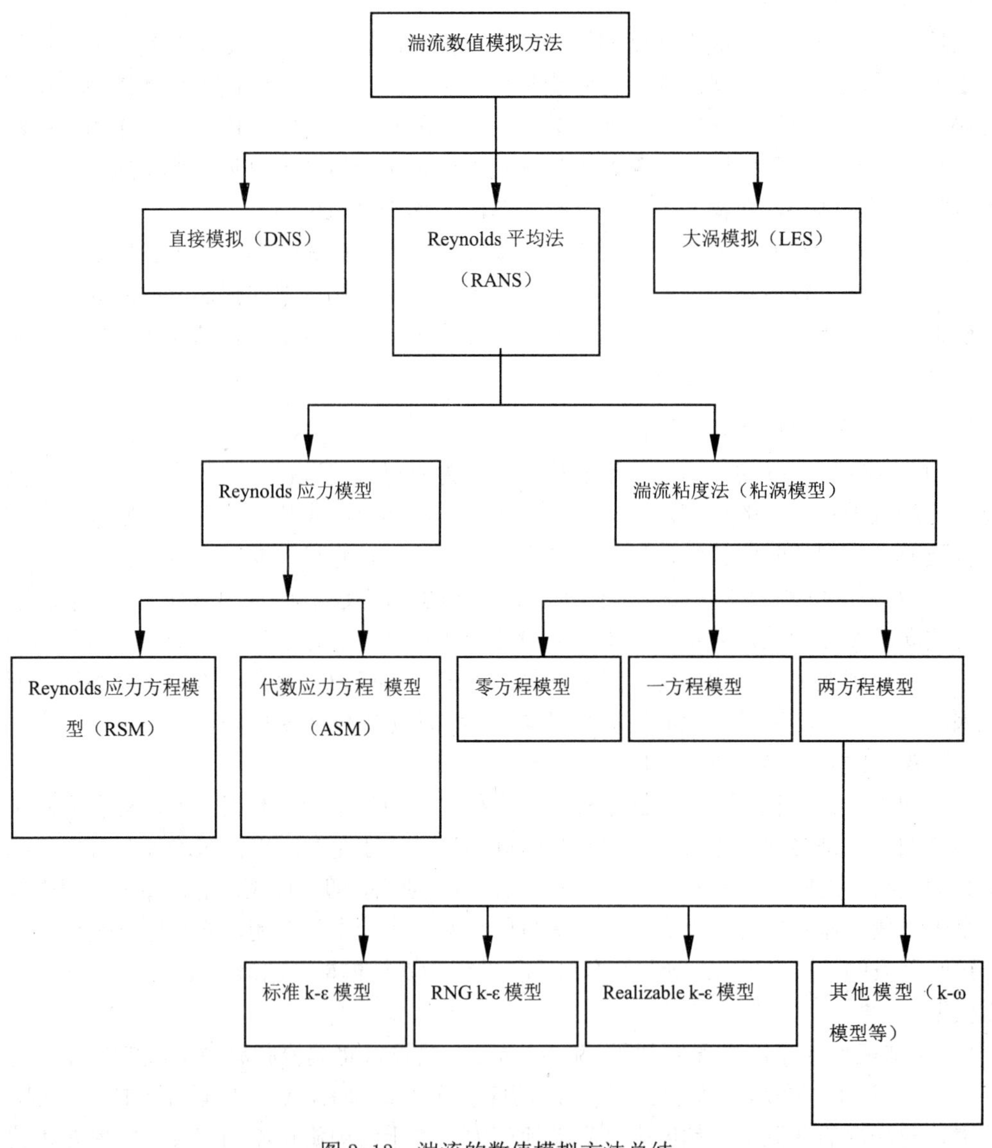

图 3-13　湍流的数值模拟方法总结

2．湍流粘导率法

湍流粘导率法是目前工程中运用最广的方法，所以在此对它进行较详细的介绍。

湍流粘性系数法基于 Boussinesq 假设，创建了 Reynolds 应力相对于平均速度梯度的关系：

$$-\rho\overline{u_i'u_j'}=\mu_i\left(\frac{\partial u_i}{\partial x_j}+\frac{\partial u_j}{\partial x_i}\right)-\frac{2}{3}\left(\rho k+\mu_i\frac{\partial u_i}{\partial x_i}\right)\delta_{ij} \tag{3-1}$$

式中，μ_i是湍动粘度；u_i是时均速度；k 是湍动能。在引入 Boussinesq 假设后，关键问题是计算湍动粘度 μ_i。所谓的粘涡模型，就是把湍动粘度与湍流时均参数联系起来的关系式。根据确定湍动粘度的微分方程数目的多少，涡粘模型分为零方程、一方程和双方程模型。

（1）零方程模型　零方程模型是指不需要微分方程，而是用代数关系式把湍流粘度与时均值联系起来的模型，多数是基于 Prandtl 提出的混合长度理论。Prandtl 假定湍动粘度 μ_i正比于时均速度 u_i的梯度和混合长度 l_m的乘积。在二维坐标中，用公式可表示为

$$\mu_i=l_m^2\left|\frac{\partial u}{\partial y}\right| \tag{3-2}$$

式中，混合长度 l_m由经验公式或实验确定。

混合长度理论的优点是直观简单，对于射流、混合层、扰动和边界层等带有薄剪切层的流动比较有效，但只有在简单流动中才比较容易给定混合长度 l_m，对于复杂流动则很难确定 l_m，而且不能用于模拟带有分离及回流的流动，因此，零方程模型在实际工程中很少使用。

（2）一方程模型　在混合长度理论中，湍流粘度仅与时均速度场有关，而与湍流的特性参数无关，一方程模型改进了这一缺点，它引入了湍流脉动动能的平方根$\sqrt{k}$作为湍流脉动速度的代表。$\sqrt{k}$与湍动粘度 μ_i之间的关系公式表示为

$$\mu_i=\rho C_\mu\sqrt{k}l \tag{3-3}$$

式中，l 为湍流脉动的长度标尺，一般不等于混合长度。为了计算 k，需要引入它的输运方程。

$$\frac{\partial(\rho k)}{\partial t}+\frac{\partial(\rho k u_i)}{\partial x_i}=\frac{\partial}{\partial x_i}\left[\left(\mu+\frac{\mu_i}{\sigma_k}\right)\frac{\partial k}{\partial x_j}\right]+\mu_i\left(\frac{\partial u_i}{\partial x_j}+\frac{\partial u_j}{\partial x_i}\right)\frac{\partial u_i}{\partial x_j}-\rho C_D\frac{k^{3/2}}{l} \tag{3-4}$$

从左至右，方程中各项依次为瞬态项、对流项、扩散项、产生项、耗散项。其中∂k 、C_D、C_μ 为经验常数。

虽然一方程模型比零方程模型更为合理，但在一方程模型中确定长度标尺 l 仍然为非常困难的问题，因此在工程运用中也非常少。

（3）双方程模型　在一方程模型中，湍流长度标尺 l 是由经验公式给出的，其实它也应是一个变量，通过微分方程计算。为此，再引入一个耗散率 ε 的概念，表示各向同性的小尺度涡的机械能转化为热能的速率，其计算式为

$$\varepsilon = \frac{\omega}{\rho}\overline{\left(\frac{\partial u_i'}{\partial x_k}\right)\left(\frac{\partial u_i'}{\partial x_k}\right)} \tag{3-5}$$

再引入耗散率、湍动能和湍动粘度之间的关系

$$\mu_i = \rho C_\mu \frac{k^2}{\varepsilon} \tag{3-6}$$

使得计算封闭，这样就构成了 k-epsilon 双方程模型。

1）标准 k-epsilon 模型。在 FLUENT 中，标准 k-epsilon 模型自从被 Launder 和 Spalding 提出后，就变成工程流场计算中的主要工具，它是个半经验公式，是从实验现象中总结出来的，所以有适用范围广、经济、精度合理的特点。标准的 k-epsilon 二方程模型假定湍动粘度 μ_i 是各向同性的，其基本输运方程为

$$\frac{\partial(\rho k)}{\partial t} + \frac{\partial(\rho k u_i)}{\partial x_i} = \frac{\partial}{\partial x_j}\left[\left(\mu + \frac{\mu_i}{\alpha_k}\right)\frac{\partial k}{\partial x_j}\right] + G_k + G_b - \rho\varepsilon - Y_M + S_k \tag{3-7}$$

$$\frac{\partial(\rho \varepsilon)}{\partial t} + \frac{\partial(\rho \varepsilon u_i)}{\partial x_i} = \frac{\partial}{\partial x_j}\left[\left(\mu + \frac{\mu_i}{\alpha_\varepsilon}\right)\frac{\partial \varepsilon}{\partial x_j}\right] + C_{1\varepsilon}\frac{\varepsilon}{k}\left(G_k + C_{3\varepsilon}G_b\right) - C_{2\varepsilon}\rho\frac{\varepsilon^2}{k} + S_\varepsilon \tag{3-8}$$

式中，G_k 是由于平均速度梯度引起的湍动能产生项；G_b 是由于浮力引起的湍动能 k 的产生项；Y_M 代表可压缩湍流中脉动扩张的贡献；$C_{1\varepsilon}$、$C_{2\varepsilon}$ 和 $C_{3\varepsilon}$ 为经验常数；∂k 和 $\partial\varepsilon$ 分别为与湍动能 k 和耗散率 ε 对应的 Prandtl 数；S_k 和 S_ε 是用户定义的源项。

2）改进的 k-epsilon 模型。标准 k-epsilon 模型用于强旋流、弯曲壁面或弯曲流线流动时，会产生一定的失真，为此，不少学者提出了对标准 k-epsilon 模型的修正方案，在 FLUENT 中有 RNG k-epsilon 模型和 Realizable k-epsilon 模型。

在 RNG k-epsilon 模型中，通过在大尺度运动和修正后的粘度项中体现小尺度的影响，而使这些小尺度运动系统地从控制方程中去除，所得的输运方程为

$$\begin{gathered}
\frac{\partial(\rho k)}{\partial t} + \frac{\partial(\rho k u_i)}{\partial x_i} = \frac{\partial}{\partial x_j}\left(\alpha_k \mu_{eff}\frac{\partial k}{\partial x_j}\right) + G_k + G_b - \rho\varepsilon - Y_M + S_k \\
\frac{\partial(\rho k)}{\partial t} + \frac{\partial(\rho k u_i)}{\partial x_i} = \frac{\partial}{\partial x_j}\left(\alpha_\varepsilon \mu_{eff}\frac{\partial k}{\partial x_j}\right) + C_{1\varepsilon}\frac{\varepsilon}{k}\left(Gk + C_{3\varepsilon}G_b\right) - C_{2\varepsilon}\rho\frac{\varepsilon^2}{k} - R_\varepsilon + S_\varepsilon
\end{gathered} \tag{3-9}$$

式中，G_k、G_b、Y_M、$C_{1\varepsilon}$、$C_{2\varepsilon}$、$C_{3\varepsilon}$、α_k、α_ε、S_k 和 S_ε 参数的含义与标准 k-epsilon 模型中相同。在 RNG k-epsilon 模型中多出了 μ_{eff}、R_ε 等其他修正参数，这些修正参数使得 RNG k-epsilon 模型相比于标准 k-epsilon 模型对瞬变流和流线弯曲的影响能作出更好的反应。

作为对 k-epsilon 模型和 RNG k-epsilon 模型的补充，提出了 Realizable k-epsilon 模型。“Realizable”表示模型满足某种数学约束，和湍流的物理模型是一致的。在 Realizable k-epsilon 模型中输运方程为

$$\frac{\partial(\rho k)}{\partial t}+\frac{\partial(\rho k u_i)}{\partial x_i}=\frac{\partial}{\partial x_j}\left[\left(\mu+\frac{\mu_i}{\alpha_k}\right)\frac{\partial k}{\partial x_j}\right]+G_k+G_b-\rho\varepsilon-Y_M+S_k$$

$$\frac{\partial(\rho k)}{\partial t}+\frac{\partial(\rho k u_i)}{\partial x_i}=\frac{\partial}{\partial x_j}\left[\left(\mu+\frac{\mu_i}{\alpha_k}\right)\frac{\partial k}{\partial x_j}\right]+\rho C_1 S_\varepsilon-\rho C_2\frac{\varepsilon^2}{k+\sqrt{\nu\varepsilon}}C_{1\varepsilon}\frac{\varepsilon}{k}C_{3\varepsilon}G_b+S_\varepsilon \quad (3\text{-}10)$$

$$C_1=\max\left[0.43,\frac{\eta}{\eta+5}\right]$$

$$\eta=S\frac{k}{\varepsilon}$$

这里的 k 方程与标准 k-epsilon 模型和 RNG k-epsilon 模型的 k 方程是一样的，常量除外，而 ε 方程则大不相同。

标准的 k-epsilon 模型能很好地模拟一般的湍流，RNG k-epsilon 模型用于处理高应变率及流线弯曲程度较大的流动，Realizable k-epsilon 模型在含有射流和混合流的自由流动、管道内流动、边界层流动以及带有分离的流动中具有优势。

必须指出的是，以上模型均是针对湍流发展非常充分的湍流流动来创建的，是针对高雷诺数的湍流计算模型，适用于离开壁面一定距离的湍流区域，这里的雷诺数是以湍流脉动动能的平方根作为速度（又称湍流雷诺数）计算的。在雷诺数比较低的区域，湍流发展不充分，湍流的脉动影响可能不如分子粘性大，在贴近壁面的底层内，流动可能处于层流状态，这时，必须采用特殊的处理，一般有两种解决方法，一种是采用壁面函数法，另一种是采用低雷诺数的 k-epsilon 模型。

3）k-omega 模型。在 FLUENT 中，二方程模型还使用了 k-omega 模型。k-omega 模型是一种经验模型，基于湍流能量方程和扩散速率方程，其输运方程为

$$\begin{aligned}\frac{\partial(\rho k)}{\partial t}+\frac{\partial(\rho k u_i)}{\partial x_i}&=\frac{\partial}{\partial x_j}\left(\Gamma_k\frac{\partial k}{\partial x_j}\right)+G_k-Y_k+S_k\\ \frac{\partial(\rho k)}{\partial t}+\frac{\partial(\rho\omega u_i)}{\partial x_i}&=\frac{\partial}{\partial x_j}\left(\Gamma_\omega\frac{\partial\omega}{\partial x_j}\right)+G_\omega-Y_\omega+S_\omega\end{aligned} \quad (3\text{-}11)$$

式中，G_k是由层流速度梯度产生的湍流动能；G_ω是由 ω 方程产生的；Γ_k和Γ_ω表明了 k 和 ω 的扩散率；Y_k和 Y_ω是由于扩散产生的湍流；S_k和 S_ω是用户定义的。

k-omega 模型基于 Wilcox k-omega 模型，它是为考虑低雷诺数、可压缩性和剪切流传播而修改成的。Wilcox k-omega 模型预测了自由剪切流传播速率（如尾流、混合流动、平板绕流、圆柱绕流和放射状喷射），因而可以应用于墙壁束缚流动和自由剪切流动。

4）近壁区的处理策略。壁面函数法的基本思想是：对于湍流核心区的流动使用 k-omega 模型求解，而在壁面区不进行求解，直接使用半经验公式将壁面上的物理量与湍流核心区内的求解变量联系起来。它需要把第一个节点布置在对流层，对第一个节点的值由公式确定。这样，就不需要对壁面内的流动进行求解，可直接得到与壁面相邻控

制体积的节点变量。各种改进的壁面函数法能越来越准确地模拟壁面的相关特性。

为了使 k-omega 模型能够计算到壁面，出现了各种低雷诺数的 k-omega 模型，它实际上是对 k-epsilon 模型控制方程的各个项作出相应的修改，以体现壁面附近流动的各种真实特征。例如，控制方程中的扩散项包括湍流扩散和分子扩散两部分，k 控制方程中壁面脉动动能的耗散是各向异性等影响。

5）Reynolds 应力模型 RSM 和 ASM。上述的二方程模型都假定湍动粘度 μ_t 是各向同性的，这些模型难以反映旋转流动及流动方向表面曲率变化的影响，有必要对湍流脉动应力及湍流热密度直接创建微分方程求解。在此模型中，对两个脉动值乘积的时均值方程直接求解，而对 3 个脉动值乘积的时均值，采用模拟方式计算，这就是 Reynolds 应力模型 RSM。

为了减轻 RSM 的计算工作量，将 Reynolds 应力和热力密度用代数方程式而不是用微分方程来求解，用代数方程去近似地模拟微分方程，这就是代数应力方程模型 ASM。

3. 选择 FLUENT 19.0 中的湍流模型

FLUENT 19.0 中共提供了 9 种湍流模型：无粘模型、层流模型、Spalart-Allmaras 单方程模型、k-epsilon 双方程模型、k-omega 双方程模型、Reynolds 应力模型和 LES 大涡模拟模型等，其中大涡模拟模型只对三维问题有效。

在 FLUENT 19.0 功能区中单击“Setting Up Physics”功能区“Models”面板中的“Viscous”按钮 Viscous...，弹出“Viscous Model”对话框，如图 3-14 所示。

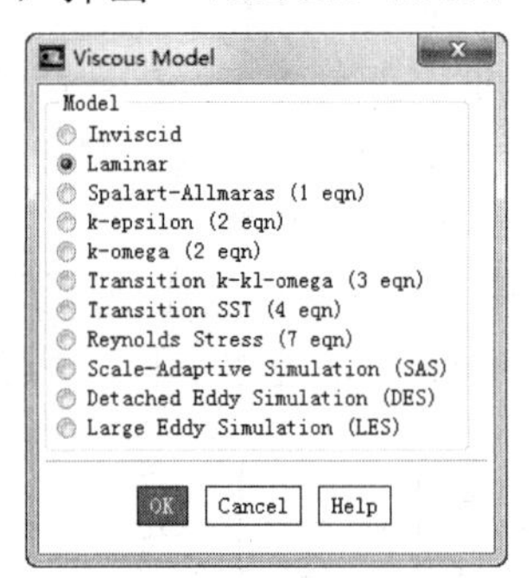

图 3-14 “Viscous Model”对话框

“Viscous Model”对话框显示出了可供选择的湍流模型。在默认情况下，FLUENT 19.0 进行层流计算。其中主要的几种模型的意义如下：

（1）Inviscid 模型　该模型是无粘模型，不用用户输入任何参数。

（2）Laminar 模型　该模型是层流模型，同无粘模型一样，不用用户输入任何参数。

（3）Spalart-Allmaras 模型　对于解决动力涡旋粘性，Spalart-Allmaras 模型是相对简单的方程，它包含了一组新的方程，在这些方程中不必去计算和切应力层厚度相关的长度尺度。

Spalart-Allmaras 模型用于航空设计领域，主要是墙壁束缚流动，且已显示出很好的效果，在透平机械中的应用也愈加广泛。

Spalart-Allmaras 模型对于低雷诺数情况十分有效，在 FLUENT 中，Spalart-Allmaras 模型用在网格划分得不是很好时或者在湍流计算不需要十分精确时。另外，在 Spalart-Allmaras 模型中近壁的变量梯度比在 k-epsilon 模型和 k-omega 模型中的要小得多，这使模型对于数值的误差变得不敏感。

需要注意的是，Spalart-Allmaras 模型是一种新出现的模型，现在不能断定它是否适用于所有的复杂工程流体（不能依靠它去预测均匀衰退、各向同性湍流）。还应注意的是，单方程模型经常因为对长度不敏感而不能适用，如当流动墙壁束缚变为自由剪切流。

（4）k-epsilon 双方程模型　k-epsilon 模型分为标准 k-epsilon 模型、RNG k-epsilon 模型和 Realizable k-epsilon 模型三种。这类模型是目前粘性模拟使用最广泛的模型。各种模型需要输入的参数不同，用户在初次使用 FLUENT 19.0 时，可暂用其默认值，待以后有经验时再修正。

（5）k-omega 双方程模型　k-omega 双方程模型分为标准 k-omega 模型和 SST k-omega 模型。标准 k-omega 模型基于 Wilcox k-omega 模型，在考虑低雷诺数、可压缩性和剪切流特性的基础上修改而成。Wilcox k-omega 模型在预测自由剪切流传播速率中，取得了很好的效果，并成功应用于尾迹流、混合层流动、平板绕流、圆柱绕流和放射状喷射。该模型能够应用于壁面约束流动和自由剪切流动。SST k-omega 模型的全称是剪切应力输运（Shear Stress Transport）k-omega 模型，是为了使标准 k-omega 模型在近壁面区有更好的精度和算法稳定性而发展起来的，也可以说是将 k-epsilon 模型转换到 k-omega 模型的结果，SST k-omega 模型在许多时候比标准 k-omega 模型更有效。

（6）Reynolds 应力模型　在 FLUENT 19.0 中 RSM 是制作最精细的模型，它放弃了等方性边界速度假设，使得雷诺平均 N-S 方程封闭，解决了关于方程中的雷诺压力及耗散速率。这意味着在二维流动中加入了 4 个方程，在三维流动中加入了 7 个方程。

由于 RSM 比单方程和双方程模型更加严格地考虑了流线型弯曲、涡旋、旋转和张力快速变化，所以对于复杂流动有更高的精度预测潜力，但这种预测仅限于与雷诺压力有关的方程。压力张力和耗散速率是使 RSM 模型预测精度降低的主要因素。

RSM 模型并不总是比简单模型花费更多的计算机资源，但是要考虑雷诺压力的各向异性时，必须用 RSM 模型，如飓风流动、燃烧室高速旋转流、管道中二次流。

（7）LES 大涡模拟模型　使用 LES 大涡模拟模型进行湍流计算，该模型只对三维问题有效，是目前比较有潜力的湍流模型。

3.3.4 FLUENT 19.0 边界条件

边界条件包括流动变量和热变量在边界处的值，它是 CFD 问题的关键，所有 CFD 问题都需要边界条件。只有给定了合理且与实际最接近的边界条件，才能得到精确的流场解，因此边界条件是在 FLUENT 19.0 中求解时的必要条件。

1. FLUENT 19.0 提供的边界类型（见表 3-3）

2. 常用边界条件的介绍

（1）速度入口边界条件　速度入口边界条件用于定义流动速度以及流动入口的流动属性相关标量。在这个边界条件中，流动总的（驻点）属性不是固定的，所以无论什么时候提供流动速度描述，它们都会增加。

这一边界条件适用于不可压流，如果用于可压流会导致非物理结果，这是因为它允许驻点条件浮动。应该小心不要让速度入口靠近固体妨碍物，因为这会导致流动入口驻点属性具有太高的非一致性。速度入口的输入界面如图 3-15 所示。

表 3-3 FLUENT 19.0 提供的边界条件

类　别	边界条件名	物 理 意 义
入口边界	速度入口(velocity inlet)	用于定义流动入口边界处的速度和流动的其他标量型变量
	压力入口（pressure inlet）	用于定义流动入口边界的总压（总能量）和其他标量型变量
	质量入口（mass flow inlet）	用于规定入口的质量流量，即入口边界上质量流量固定，而总压等可变。该边界条件与压力入口边界条件相反。该边界条件只用于可压流动，对于不可压流动，则使用速度入口边界条件
出口边界	出流（outflow）	用于规定在求解前流速和压力未知的出口边界。该边界条件适用于出口处的流动是完全发展的情况，不能用于可压流动
	压力出口（pressure outlet）	用于定义流动出口的静压（如果有回流存在，还包括其他的标量型变量）及收敛速度
	压力远场（pressure far.field）	用于描述无穷远处的自由可压流动。该边界条件只用于可压流动，气体的密度通过理想气体定律来计算。为了得到理想计算结果，要将该边界远离我们所关心的计算区域
	进风口（inlet vent）	用于描述具有指定的损失系数、流动方向、周围（入口）总压和温度的进风口
	排风口（outlet vent）	用于描述具有指定的损失系数、周围（排放处）静压和温度的排风口
	进气扇（intake fan）	用于描述具有指定的压力阶跃、流动方向、周围（入口）总压和温度的外部进气扇
壁面、重复、轴类边界	壁面（wall）	用于限定流体和固体区域。在粘性流动中，壁面处默认为无滑移边界条件，但用户可以根据壁面边界区域的平移或者转动来指定一个切向速度分量，或者通过指定剪切来模拟一个“滑移”壁面
	对称（symmetry）	用于物理外形以及所期望的流动解具有镜像对称特征的情况，也可用于描述粘性流动中的零滑移壁面。注意，对于轴对称问题中的中心线，应使用轴边界条件来定义，而不是对称边界条件
	周期（periodic）	用于所计算的物理几何模型和所期待的流动解具有周期性重复的情况
	轴（axis）	用于描述轴对称几何体的中心线。在轴边界上，不必定义任何边界条件
内部单元区域	流体（fluid）	向流体区域输入的信息只是流体介质（材料）的类型和流体的运动状态
	固体（solid）	固体区域也是一个单元组，只不过这组单元仅用来进行传热求解计算，不进行任何流动计算。固体区域仅需要输入材料类型

（续）

类　　别	边界条件名	物 理 意 义
内部单元区域	散热器（radiator）	是热交换器（如散热器或冷凝器）的集总参数模型，用于模拟热交换器对流场的影响。在这种边界条件中，允许用户指定压降与传热系数作为正对着散热器方向的速度函数
内部表面边界	多孔介质阶跃（porous jump）	用于模拟速度和压降特性均为已知的薄膜，它本质上是内部单元区域中使用的多孔介质模型的一维简化。这种边界条件可用于通过筛子和过滤器的压降模拟，及不考虑热传导影响的散热器模拟。该模型比完整的多孔介质模型更可靠、更容易收敛，应尽可能采用
	内部界面（interior）	用在两个区域（如水泵中同叶轮一起旋转的流体区域与周围的非旋转流体区域）的界面处，将两个区域“隔开”。在该边界上，不需要用户输入任何内容，只需指定其位置

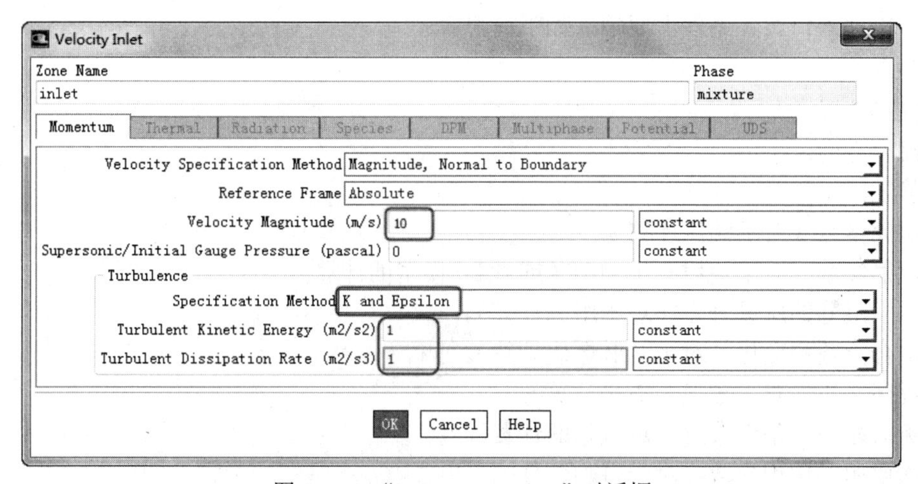

图 3-15　“Velocity Inlet”对话框

速度入口边界条件需要输入如下信息：

◆速度大小与方向或者速度分量。

◆旋转速度（对于具有二维轴对称问题的涡流）。

◆温度（用于能量计算）。

◆Outflow 出口总压（对于耦合计算）。

◆湍流参数（对于湍流计算）。

◆辐射参数（对于 P.1、DTRM 或者 DO 模型的计算）。

◆化学组分的质量分数（对于组分计算）。

◆混合分数和变化（对于 PDE 燃烧计算）。

◆发展变量（对于预混合燃烧计算）。

◆离散相边界条件（对于离散相计算）。

◆二级相的体积分数（对于多相流计算）。

（2)压力入口边界条件　压力入口边界条件通常用于给出流体入口的压力和流动的其他标量参数，对计算可压和不可压问题都适用。压力入口边界条件通常用于不知道入口流率或流动速度时的流动，这类流动在工程中很常见，如浮力驱动的流动问题。压力入口条件还可以用于处理外部或者非受限流动的自由边界。压力入口边界条件的输入面板如图 3-16 所示。

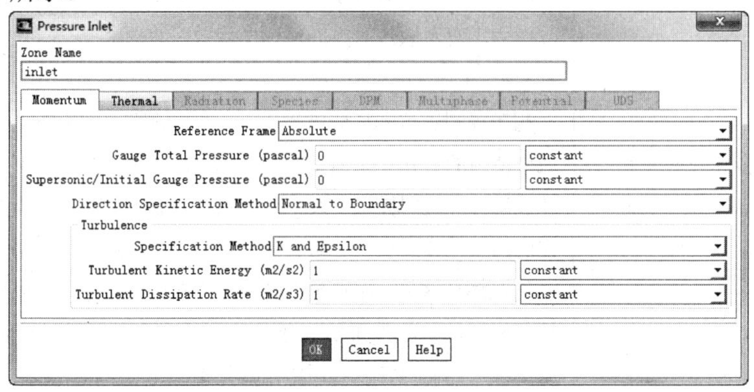

图 3-16　“Pressure Inlet”对话框

对于压力入口边界条件需要输入如下信息：

◆驻点总压。

◆驻点总温。

◆流动方向。

◆静压。

◆湍流参数（对于湍流计算）。

◆辐射参数（对于使用 P.1、DTRM 或者 DO 模型的计算）。

◆化学组分的质量分数（对于组分计算）。

◆混合分数和变化（对于 PDF 燃烧计算）。

◆程序变量（对于预混合燃烧计算）。

◆离散相边界条件（对于离散相的计算）。

◆次要相的体积分数（对于多相计算）。

尤其需要注意的是在压力入口的输入中，绝对压力等于总压加上操作压力，即 $P_{absolute} = P_{gauge} + P_{operating}$。而对于总压来说，不可压缩流体的总压定义为：$P_0=P_s+\rho|v|2$；可压缩流体总压定义为：$P_0=P_s[1+(\gamma-1)M^2/2]\gamma/(\gamma-1)$。其中，$P_0$为总压，$P_s$为静压，$M$为马赫数，$\gamma$为比热比。如果入口流动是超声速的，或者用压力入口边界条件对解进行初始化，才需要指定静压。否则当流动是亚声速时，FLUENT 将忽略关于静压的定义，由指定的驻点值来计算静压。

（3）质量入口边界条件　该边界条件用于规定入口的质量流量。为了实现规定的质量流量中需要的速度，就要调节当地入口总压。与压力入口边界条件不同，在压力入口边界条件中，规定的是流入驻点的属性，质量流量的变化依赖于内部解。当匹配规定的质量和能量流速而不是匹配流入的总压时，通常就会使用质量入口边界条件。例如，一个小的冷却喷流流入主流场并和主流场混合，此时，主流的流速主要由（不同的）压力入口和出口边界条件控制。调节入口总压可能会导致解的收敛，所以如果压力入口边界条件和质量入口条件都可以接受，则选择压力入口边界条件。在不可压缩流中不必使用质量入口边界条件，因为密度是常数，速度入口边界条件就已经确定了质量流。质量入口边界条件的输入面板如图 3-17 所示。

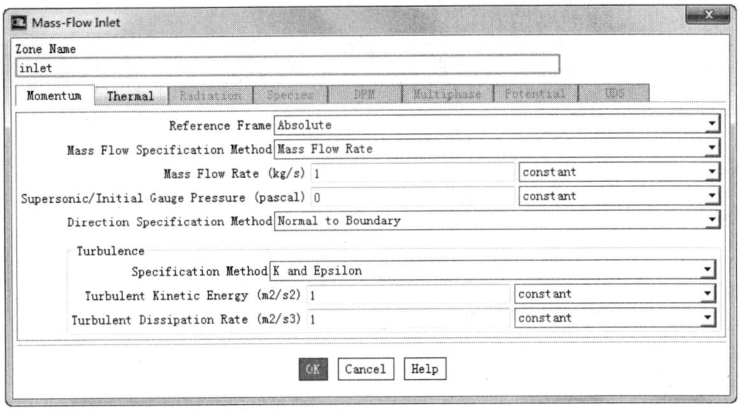

Mass-Flow Inlet
Zone Name
inlet
Momentum | Thermal | Radiation | Species | DPM | Multiphase | Potential | UDS
Reference Frame: Absolute
Mass Flow Specification Method: Mass Flow Rate
Mass Flow Rate (kg/s): 1 constant
Supersonic/Initial Gauge Pressure (pascal): 0 constant
Direction Specification Method: Normal to Boundary
Turbulence
Specification Method: K and Epsilon
Turbulent Kinetic Energy (m2/s2): 1 constant
Turbulent Dissipation Rate (m2/s3): 1 constant
OK Cancel Help

图 3-17 “Mass-Flow Inlet”对话框

质量入口边界条件需要输入如下信息：

◆质量流速和质量流量。

◆总温（驻点温度）。

◆静压。

◆流动方向。

◆湍流参数（对于湍流计算）。

◆辐射参数（对于 P.1、DTRM 或者 DO 模型的计算）。

◆化学组分的质量分数（对于组分计算）。

◆混合分数和变化（对于 PDE 燃烧计算）。

◆发展变量（对于预混合燃烧计算）。

◆离散相边界条件（对于离散相计算）。

与压力入口相同，只有当入口流动是超声速时，或者用压力入口边界条件来对解进行初始化，才需要指定静压（Termed the Supersonic/Initial Gauge Pressure）。当流动是亚声速时，FLUENT 将忽略关于静压的定义，由指定的驻点值来计算静压。

（4）压力出口边界条件　压力出口边界条件需要在出口边界处指定静压。静压值的指定只用于亚声速流动。如果当地流动变为超声速，就不再使用指定压力了，此时压力要从内部流动中推断，所有其他的流动属性都从内部推出。在解算过程中，如果压力出口边界处的流动是反向的，回流条件也需要指定，如果对于回流问题指定了比较符合实际的值，收敛性困难就会减到最小。压力出口边界条件的输入面板如图 3-18 所示。

压力出口边界条件需要输入如下信息：

◆静压。

◆回流条件。

◆总温即驻点温度（用于能量计算）。

◆湍流参数（对于湍流计算）。

◆化学组分的质量分数（对于组分计算）。

◆混合分数和变化（对于 PDE 燃烧计算）。

◆发展变量（对于预混合燃烧计算）。

◆二级相的体积分数（对于多相流计算）。

◆辐射参数（对于 P.1、DTRM 或者 DO 模型的计算）。

◆离散相边界条件（对于离散相计算）。

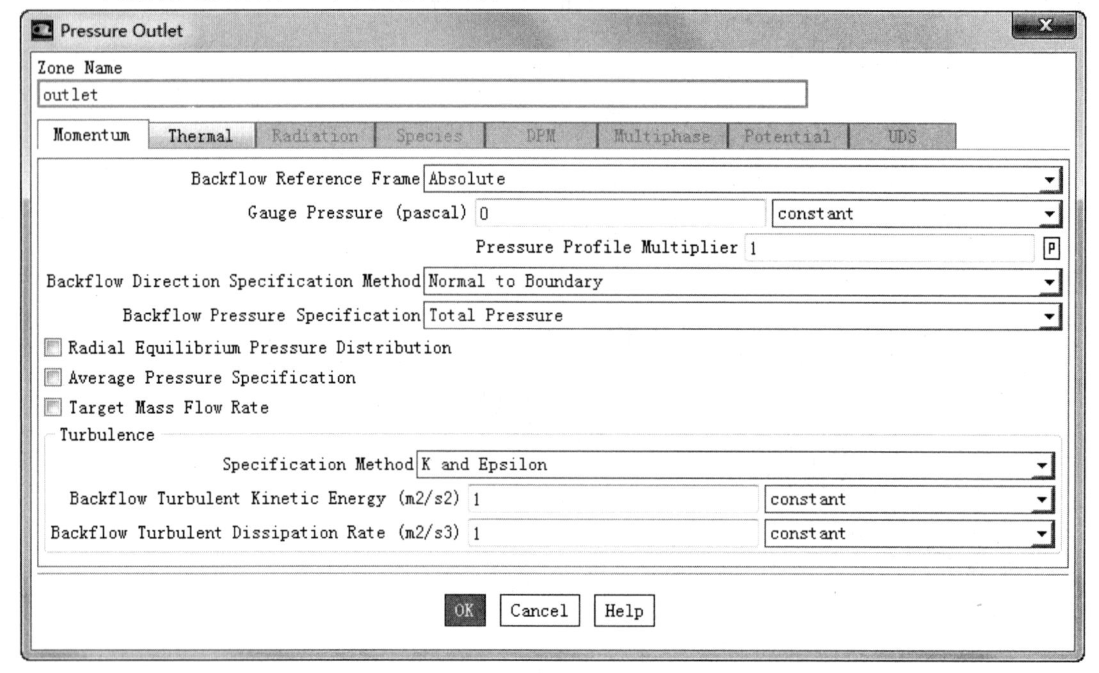

图 3-18 “Pressure Outlet”对话框

（5）无穷远出口边界条件 当流动出口的速度和压力在解决流动问题之前未知时，FLUENT 19.0 会使用质量出口边界条件来模拟流动。不需要定义流动出口边界的任何条件（除非模拟辐射热传导、粒子的离散相或者分离质量流），FLUENT 19.0 就会从内部推导出所需要的信息。质量出口边界条件的输入面板如图 3-19 所示。

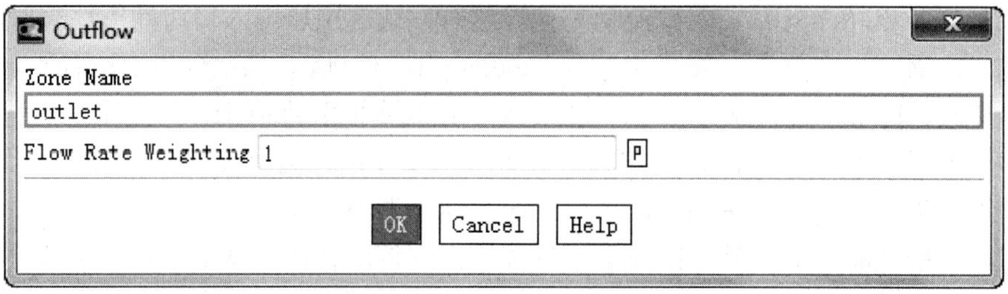

Outflow

Zone Name

outlet

Flow Rate Weighting 1 P

OK Cancel Help

图 3-19 “Outflow”对话框

不能使用质量出口边界条件的几种情况如下：

◆若包含压力出口，则使用压力出口边界条件。

◆模拟可压流。

◆若模拟变密度的非定常流，即使流动是不可压的也不行。

使用流出边界条件时，所有变量在出口处扩散通量为零，即出口截面从前面的结果计算得到，并且对上游没有影响。计算时，如果出口截面通道大小没有变化，采用完全发展流动，假设流动速度（温度等）分布在流动方向上不变化，在径向允许有梯度存在，只是假定在垂直出口截面方向上扩散通量为零，如图 3-20 所示。

（6）壁面边界条件 壁面（wall）用于限定流体和固体区域。在粘性流动中，壁面处默认为无滑移边界条件，但用户可以根据壁面边界区域的平移或转动来指定一个切向速度分量，或者通过指定剪切来模拟一个“滑移”壁面。在流体和壁面之间的切应力和热传导可根据流场内部的流动参数来计算。壁面边界条件的输入面板如图 3-21 所示。

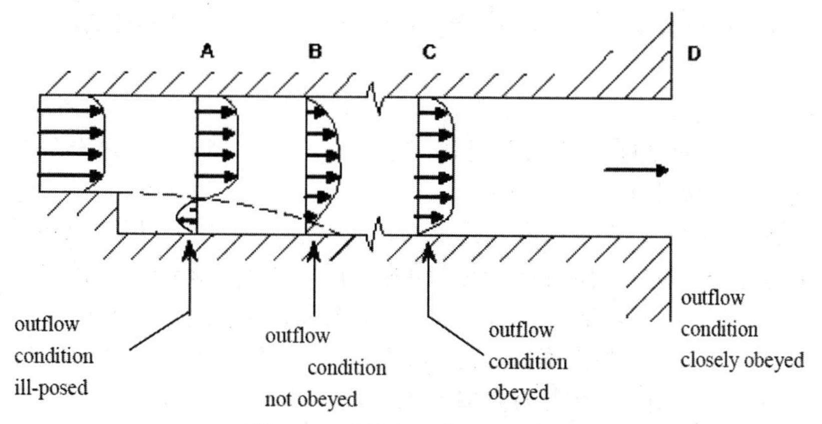

图 3-20　质量出口边界适用条件

Wall
Zone Name
wall
Adjacent Cell Zone
coolant
Shadow Face Zone
wall-shadow
Momentum | Thermal | Radiation | Species | DPM | Multiphase | UDS | Wall Film | Potential
Wall Motion
Stationary Wall
Moving Wall
Motion
Relative to Adjacent Cell Zone
Absolute
Translational
Rotational
Components
Speed (m/s) 0 constant
Direction
X 1 P
Y 0 P
Z 0 P
Shear Condition
No Slip
Specified Shear
Specularity Coefficient
Marangoni Stress
Wall Roughness
Roughness Models
Standard
High Roughness (Icing)
Sand-Grain Roughness
Roughness Height (m) 0 constant
Roughness Constant 0.5 constant
OK　Cancel　Help

图 3-21　“Wall”对话框

壁面边界条件需要输入如下信息：

◆热边界条件（对于热传导计算）。

◆速度边界条件（对于移动或旋转壁面）。

◆剪切（对于滑移壁面，此项可选可不选）。

◆壁面粗糙程度（对于湍流，此项可选可不选）。

◆组分边界条件（对于组分计算）。

◆化学反应边界条件（对于壁面反应）。

◆辐射边界条件(对于 P.1、DTRM 或者 DO 模型的计算)。

◆离散相边界条件（对于离散相计算）。

（7）流体　与前面介绍的各种边界条件不同，流体（fluid）条件实际上并不是针对具体边界而言的，而是一个单元组，即一个区域，因此称为流体区域条件。它所对应的面板为“Cell Zone Conditions”面板，所有激活的方程都要在这些单元上进行求解，向流体区域输入的信息只是具有 fluid 类型的材料名称。流体区域条件的输入面板如图 3-22 所示。

如果模拟组分输运或燃烧，则不必在这里选择材料类型，因为在用户激活组分模型时，“Species Model”对话框会要求用户指定“mixture”类型的材料。对于多相流模拟，也同样不在这里指定材料类型。

在设置流体区域时，允许设置热、质量、动量、湍动能、组分以及其他标量型变量的源项。如果是运动区域，还需指明区域运动的方向和速度；如果存在与流体区域相邻的旋转周期性边界，则需要指定旋转轴；如果使用双方程 k-epsilon 模型或 Spalart-Allmaras 单方程模型来模拟湍流，可以选择将流体区域定义为层流区；如果用 DO 模型模拟辐射，可以指定流体是否参加辐射。

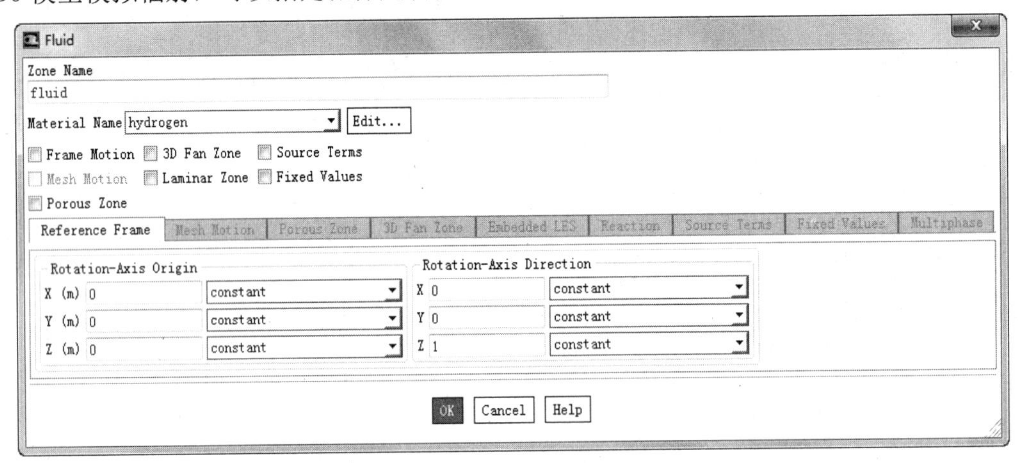

图 3-22　“Fluid”对话框

（8）固体　同流体区域类似，固体（solid）区域也是一个单元组，只不过这组单元仅用来进行传热求解计算，不进行任何流动计算。作为固体对待的材料可能事实上是流体，但是假定其中没有对流发生。固体区域仅需要输入 solid 类型的材料名称。固体区域条件的输入面板如图 3-23 所示。在设置固体区域时，允许设定热的体积源项或指定温度为定值，同时还可以指定区域的运动方式。如果存在与该区域相邻的旋转周期性边界，则需要指定旋转轴；如果用 DO 模型模拟辐射，可以指定流体是否参加辐射。

（9）周期性边界条件　周期性（periodic）边界条件用于所计算的物理几何模型和所期待的流动解具有周期性重复的情况。

（10）对称边界条件　对称（symmetry）边界条件用于物理外形以及所期望的流动解具有镜像对称特征的情况，也可用来描述粘性流动中的零滑移壁面。在对称边界上，不需要定义任何边界条件，但必须定义对称边界的位置。注意，对于轴对称问题中的中心线，应使用轴边界条件来定义，而不是用对称边界条件。

（11）内部界面边界条件　内部界面（interior）边界条件用在两个区域（如水泵中同叶轮一起旋转的流体区域与周围的非旋转流体区域）的界面处，将两个区域“隔开”。

在该边界上，不需要用户输入任何内容，只需指定其位置。

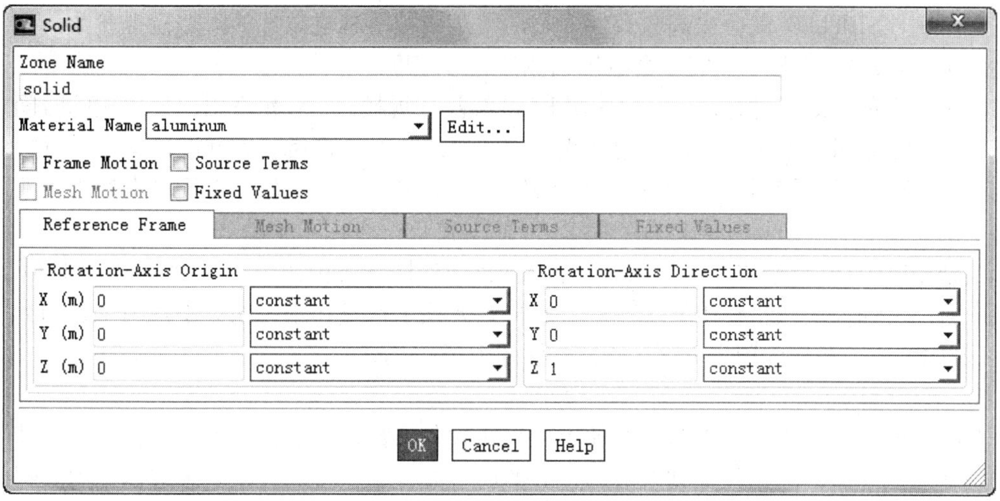

图 3-23 “Solid”对话框

3.3.5 设置 FLUENT 19.0 求解参数

在设置完计算模型和边界条件后，即可开始求解计算了，因为常会出现求解不收敛或者收敛速度很慢的情况，所以就要根据具体的模型制订具体的求解策略，主要通过修改求解参数来完成。

在求解参数中主要设置求解的控制方程、选择压力速度耦合方法、松弛因子、离散格式。

1. 求解的控制方程

在求解参数设置中，可以选择所需要求解的控制方程，可选择的方程包括 Flow（流动方程）、Turbulence（湍流方程）、Energy（能量方程）、Volume Fraction（体积分数方程）等。在求解过程中，有时为了得到收敛的解，先关闭一些方程，等一些简单的方程收敛后，再开启复杂的方程一起计算。

2. 选择压力速度耦合方法

在基于压力求解器中，FLUENT 提供了压力速度耦合的 4 种方法，即 SIMPLE、SIMPLEC（SIMPLE.Consistent）、PISO 以及 Coupled。定常状态计算一般使用 SIMPLE 或者 SIMPLEC 方法，对于过渡计算推荐使用 PISO 方法。PISO 方法还可以用于高度倾斜网格的定常状态计算和过渡计算。需要注意的是压力速度耦合只用于分离求解器，在耦合求解器中不可以使用。

在 FLUENT 中，可以使用标准 SIMPLE 算法和 SIMPLEC 算法，默认是 SIMPLE 算法，但对于许多问题如果使用 SIMPLEC 可能会得到更好的结果，尤其是可以应用增加的亚松弛迭代时。

对于相对简单的问题（如没有附加模型激活的层流流动），其收敛性可以被压力速度耦合所限制，用户通常可以使用 SIMPLEC 算法很快得到收敛解。在 SIMPLEC 算法中，压力校正亚松弛因子通常设为 1.0，它有助于收敛。但是，在有些问题中，将压力校正松弛因子增加到 1.0 可能会导致流动不稳定，对于这种情况，则需要使用更为保守的亚松弛或者使用 SIMPLE 算法。对于包含湍流或附加物理模型的复杂流动，只要用压力速度耦合进行限制，SIMPLEC 就会提高收敛性，它通常是一种限制收敛性的附加模拟参数，在这种情况下，SIMPLE 和 SIMPLEC 会给出相似的收敛速度。

对于所有的过渡流动计算，推荐使用 PISO 算法邻近校正。它允许用户使用大的时间步，而且对于动量和压力都可以使用亚松弛因子 1.0。对于定常状态问题，具有邻近校正的 PISO 并不会比具有较好的亚松弛因子的 SIMPLE 或 SIMPLEC 好。对于具有较大扭曲网格上的定常状态和过渡计算推荐使用 PISO 倾斜校正。

当使用 PISO 邻近校正时，对所有方程都推荐使用亚松弛因子为 1.0 或者接近 1.0。如果只对高度扭曲的网格使用 PISO 倾斜校正，则要设定动量和压力的亚松弛因子之和为 1.0（例如，压力亚松弛因子 0.3，动量亚松弛因子 0.7）。

3. 欠松弛因子

欠松弛因子是基于压力求解器所使用的加速收敛参数，用于控制每个迭代步内所计算的场变量的更新。注意，除耦合方程之外的所有方程，包括耦合隐式求解器中的非耦合方程（如湍流方程），均有与之相关的欠松弛因子。

基于压力求解器使用亚松弛来控制每一步迭代中计算变量的更新，意味着使用分离求解器所解的方程，包括耦合求解器所解的非耦合方程（湍流和其他标量）都会有一个相关的亚松弛因子。

在 FLUENT 中，所有变量的默认亚松弛因子都是对大多数问题的最优值。这个值适用于很多问题，但对于一些特殊的非线性问题（如某些湍流或者高 Rayleigh 数自然对流问题），在计算开始时要慎重减小亚松弛因子。

使用默认的亚松弛因子开始计算是很好的习惯。对于大多数流动，不需要修改默认亚松弛因子。如果经过 4～5 步的迭代，残差仍然增长，就需要减小亚松弛因子。压力、动量、k 和 ε 的亚松弛因子默认值分别为 0.2、0.5、0.5 和 0.5。对于 SIMPLEC 格式一般不需要减小压力的亚松弛因子。在密度和温度强烈耦合的问题中（如相当高的 Rayleigh 数的自然或混合对流流动），应该对温度或密度（所用的亚松弛因子小于 1.0）的亚松弛因子进行设置。当温度和动量方程没有耦合或者耦合较弱时，流动密度是常数，温度的亚松弛因子可以设为 1.0。对于其他的标量方程，如涡旋、组分、PDF 变量，对于某些问题默认的亚松弛因子可能过大，尤其是对于初始计算，可以将松弛因子设为 0.8 以使收敛更容易。

4. 离散格式

FLUENT 19.0 允许用户为对流项选择不同的离散格式（粘性项总是自动使用二阶精度的离散格式）。默认情况下，当使用基于压力的求解器时，所有方程中的对流项均用一阶精度格式离散；当使用基于密度的求解器时，流动方程使用二阶精度格式，其他方程使用一阶精度格式进行离散。此外，当使用分离式求解器时，用户还可为压力选择插值方式。

当流动与网格对齐时，如使用四边形/六面体网格模拟层流流动，使用一阶精度离散格式是可以接受的。但当流动斜穿网格线时，一阶精度格式将产生明显的离散误差（数值扩散）。因此，对于 2D 三角形及 3D 四面体网格，注意要使用二阶精度格式，对复杂流动更是如此。一般来讲，在一阶精度格式下容易收敛，但精度较差，有时，为了加快计算速度，可先在一阶精度格式下计算，然后再转到二阶精度格式下计算。如果使用二阶精度格式遇到难以收敛的情况，则考虑改换一阶精度格式来计算。

对于转动及有旋流的计算，在使用四边形/六面体网格时，具有三阶精度的 QUICK 格式可能产生比二阶精度更好的结果。但是，一般情况下，用二阶精度就已足够，即使使用 QUICK 格式，结果也不一定好。乘方格式一般产生与一阶精度格式相同的精度结果。中心差分格式一般只用于大涡模拟模型，而且要求网格很细的情况。

3.4 三维机头温度场的数值模拟实例

【问题描述】

在工程问题中计算某些零件温度场对零件的设计有很重要的指导意义，本章将介绍如图 3-24 所示的塑料挤出机机头温度场的计算方法。挤出机机头几何尺寸如图 3-25 所示。

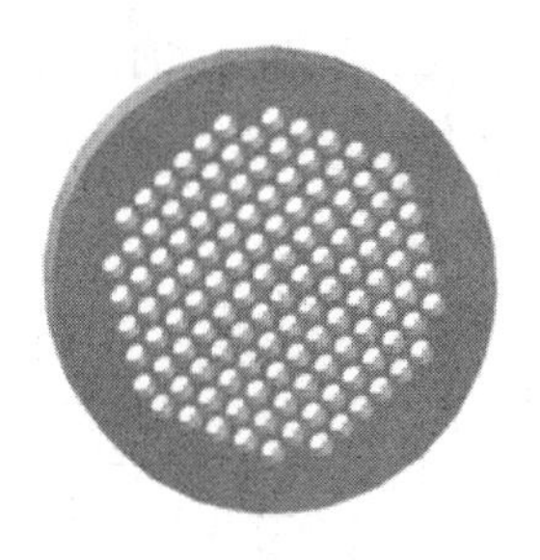

图 3-24 挤出机机头

本节将通过这个较为简单的三维挤出机机头温度场的数值模拟算例，来介绍如何使用 GAMBIT 及 FLUENT 解决一些较为简单却常见的三维温度场问题。本例涉及的内容有以下 3 个方面：

◆利用 GAMBIT 创建三维机头。

◆利用 GAMBIT 划分网格。

◆利用 FLUENT 进行三维温度场的后处理。

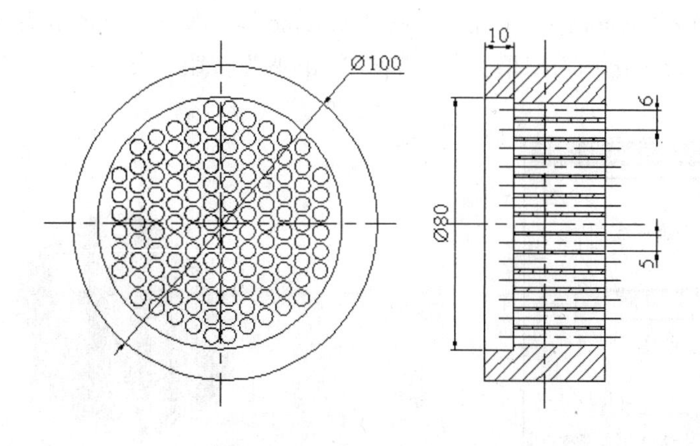

图 3-25 挤出机机头几何尺寸

3.4.1 利用 GAMBIT 创建模型

1. 启动 GAMBIT

双击桌面上的 GAMBIT 图标，启动 GAMBIT 软件，弹出“Gambit Startup”对话框，在“working directory”下拉列表框中选择工作文件夹，在“session id”文本框中输入“jitou”。

单击“Run”按钮，进入 GAMBIT 系统操作界面。单击菜单栏中的“Solver” → “FLUENT5/6”命令，选择求解器类型。

2. 创建三维机头的几何模型

（1）创建机头圆柱实体　单击“Geometry” → “Volume” → “Create Real Cylinder”按钮，弹出“Create Real Cylinder”对话框。如图 3-26 所示，在“Height”文本框中输入“40”，在“Radius1”和“Radius2”文本框中输入“50”，单击“Apply”按钮，得到如图 3-27 所示的圆柱体。

（2）创建入口槽的圆柱实体　在图 3-26 中的“Height”文本框中输入“10”，在“Radius1”和“Radius2”文本框中输入“40”，单击“Apply”按钮，得到如图 3-28 所示的入口槽圆柱体图形。

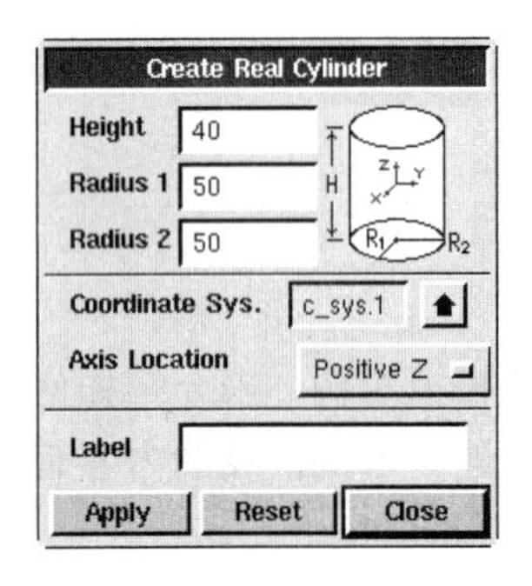

图 3-26 “Create Real Cylinder”对话框

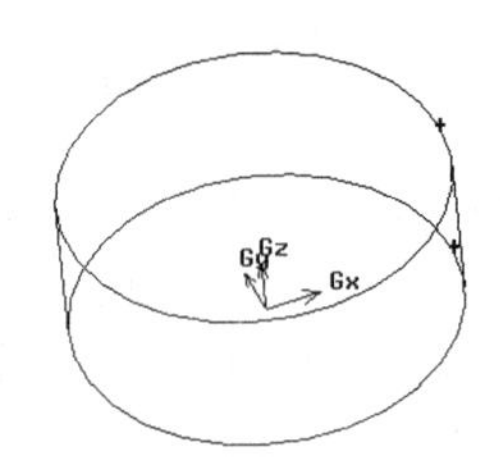

图 3-27 创建圆柱体

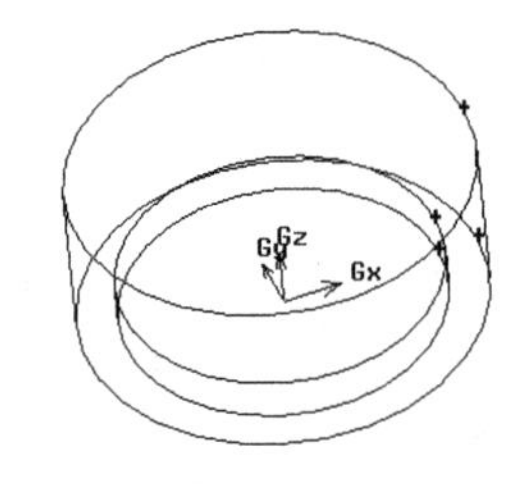

图 3-28 创建入口槽圆柱体

（3）两圆柱体的布尔运算　在此用机头本体实体减去入口槽实体，单击“Geometry” → “Volume” → “Substract Real Volume”按钮，弹出如图 3-29 所示的“Subtract Real Volumes”对话框。在“Volume”文本框中选择机头圆柱实体，在“Volumes”文本框中选择入口槽实体，单击“Apply”按钮，布尔运算完毕，得到如图 3-30 所示的图形。

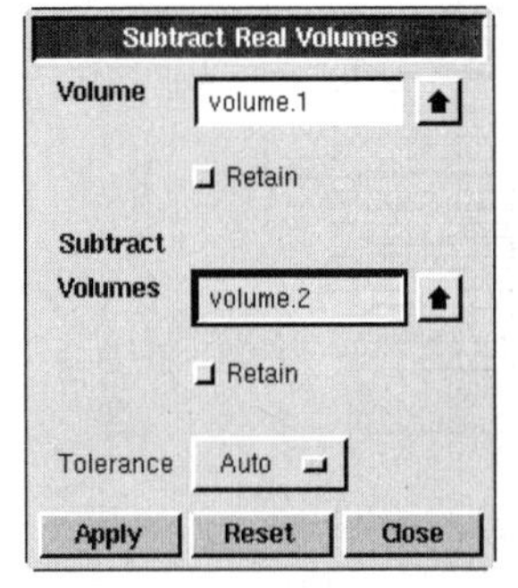

图 3-29 “Subtract Real Volumes”对话框

图 3-30 布尔运算后的图形

（4）创建挤出孔

1）创建第一个挤出孔。单击“Geometry”→“Volume”→“Create Real Cylinder”按钮，弹出“Create Real Cylinder”对话框。如图 3-31 所示，在“Height”文本框中输入“40”，在“Radius1”和“Radius2”文本框中输入“2.5”，单击“Apply”按钮，创建的第一个挤出孔如图 3-32 所示。

2）创建其他挤出孔。单击“Geometry”→“Volume”→“Move/Copy Volumes”按钮，弹出如图 3-33 所示的“Move/Copy Volumes”对话框。本例将通过移动、复制和镜像创建其他挤出孔。

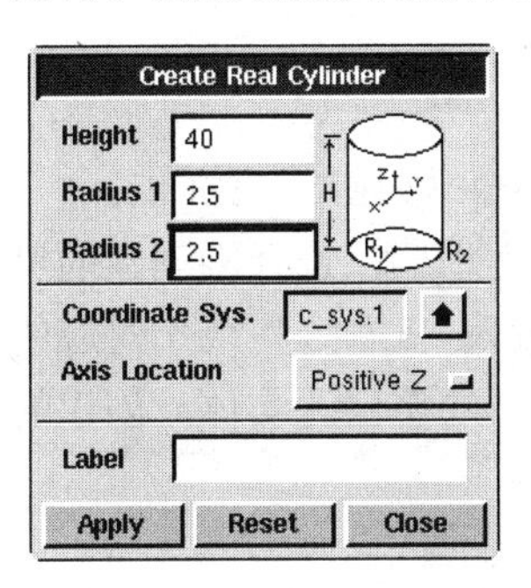

图 3-31 “Create Real Cylinder”对话框

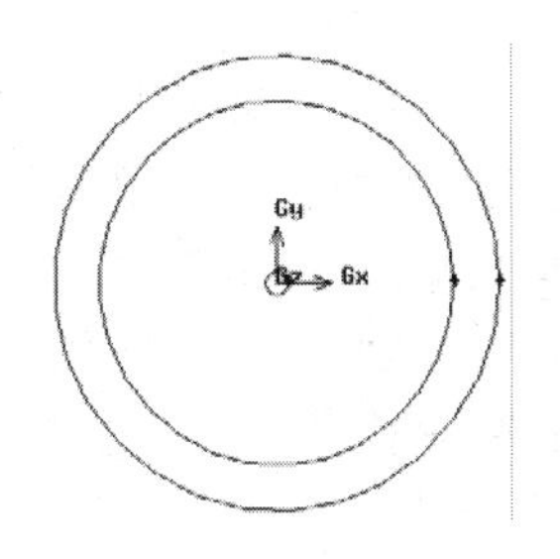

图 3-32 创建第一个挤出孔

①移动挤出孔实体。在“Volumes”文本框中选择创建的第一个挤出孔实体，选中“Move”选项，在“Local”坐标系中输入“x”“y”“z”对应的坐标分别为“-3”“0”“0”，单击“Apply”按钮，移动挤出孔后的图形如图 3-34 所示。

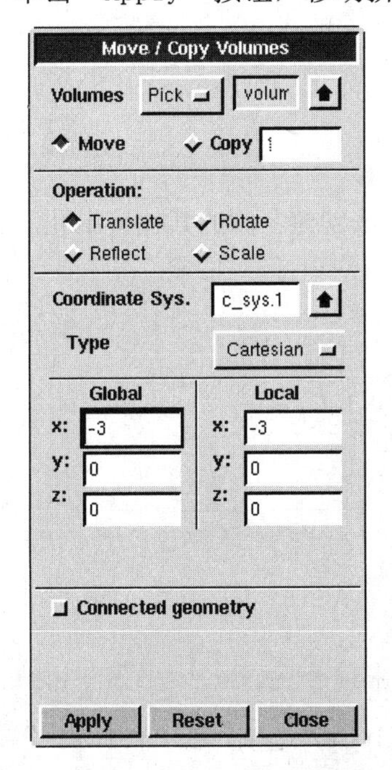

图 3-33 “Move/Copy Volumes”对话框

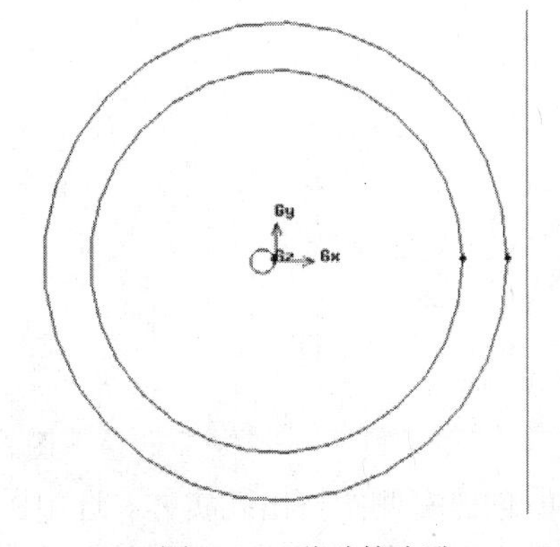

图 3-34 移动挤出孔

②复制挤出孔实体。单击图 3-33 中的“Volumes”文本框，选择刚移动的挤出孔实体，选中“Copy”选项，在“Local”坐标系中输入“x”“y”“z”对应的坐标分别为“0”

“6”“0”，单击“Apply”按钮，复制挤出孔后的图形如图 3-35 所示。

③创建第一列挤出孔。通过上面的复制方法创建第一列挤出孔，如图 3-36 所示。

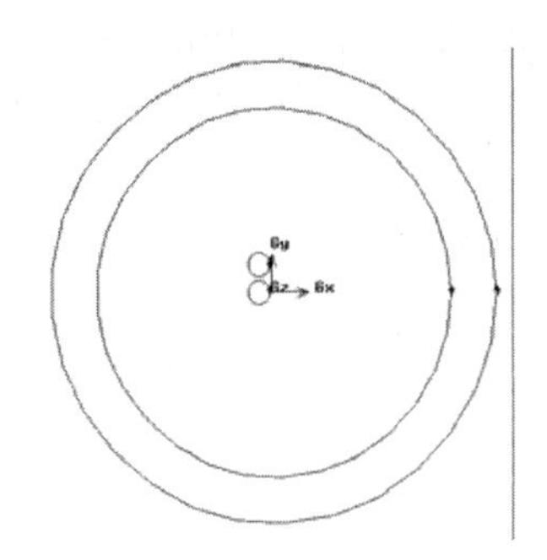

图 3-35　复制挤出孔

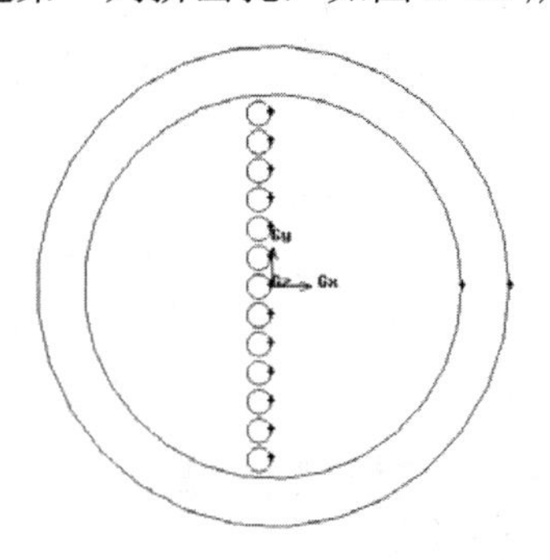

图 3-36 创建第一列挤出孔

④创建第二列挤出孔。单击图 3-33 中的“Volumes”文本框，选择刚创建的第一列挤出孔实体，选中“Copy”选项，在“Local”坐标系中输入“x”“y”“z”对应的坐标分别为“-6”“3”“0”，单击“Apply”按钮，然后删除多余的挤出孔实体，创建的第二列挤出孔如图 3-37 所示。

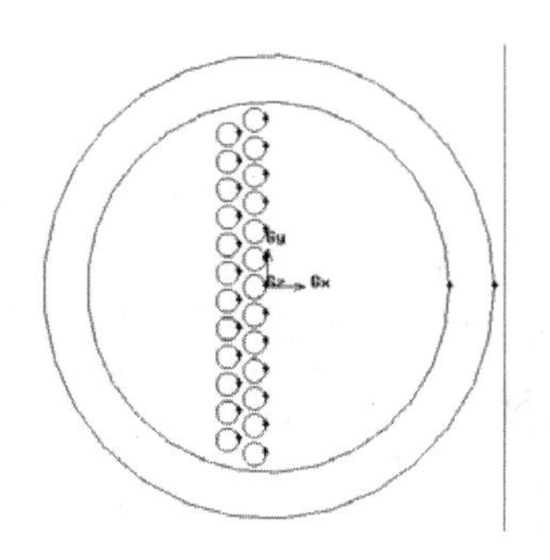

图 3-37 创建第二列挤出孔

⑤创建左侧的所有挤出孔实体。通过上面的复制方法创建左侧的其他挤出孔，删除多余的挤出孔实体，创建的左侧挤出孔如图 3-38 所示。

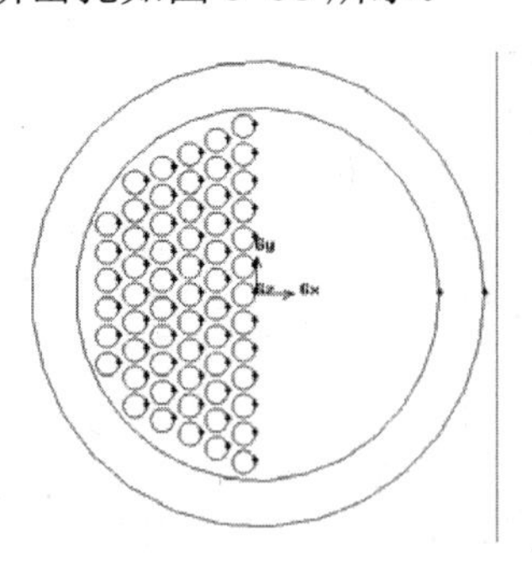

图 3-38 创建左侧挤出孔

⑥创建右侧的挤出孔实体。选中图 3-33 中的“Reflect”选项，在“Volumes”文本框中选中左侧所有的挤出孔实体，选中“Copy”选项，单击“Reflection Plane”控制面板中的“Define”按钮，弹出如图 3-39 所示的“Vector Definition”对话框。选择“Direction”选项组“X”方向的“Positive”选项，单击“Apply”按钮，再单击“Move/Copy

Volumes”对话框中的“Apply”按钮，创建的所有挤出孔如图 3-40 所示。

（5）机头本体与挤出孔的布尔运算　在此用机头本体实体减去入口槽实体，单击“Geometry”→“Volume”→“Substract Real Volume”按钮，弹出如图 3-41 所示的“Subtract Real Volumes”对话框。在“Volume”文本框中选择机头本体，在“Subtract Volumes”文本框中选择挤出孔实体，单击“Apply”按钮，布尔运算完毕。创建完毕的机头图形如图 3-42 所示。

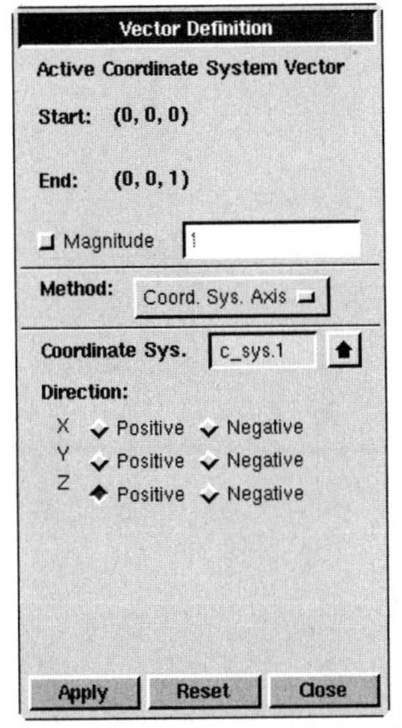

图 3-39　“Vector Definition”对话框

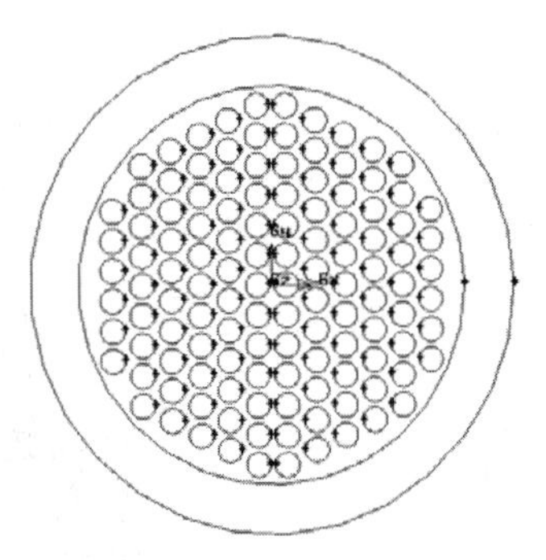

图 3-40 创建的所有挤出孔

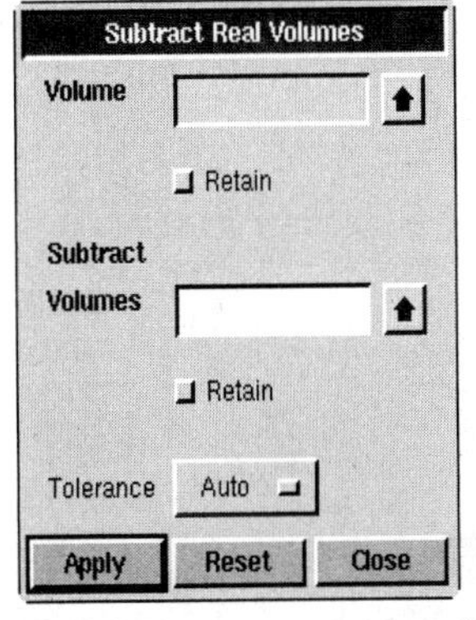

图 3-41　“Subtract Real Volumes”对话框

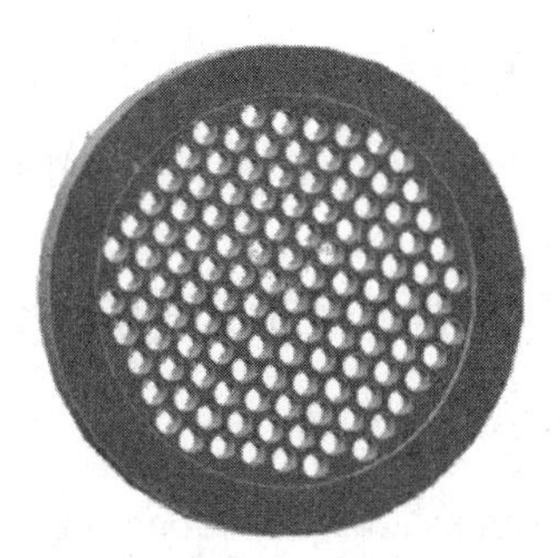

图 3-42 创建完毕的机头图形

3.4.2　实体网格的划分

实体创建好以后即可对实体进行网格划分，具体步骤如下：

单击“Mesh”→“Volume”→“Mesh Volume”按钮，弹出如图 3-43 所示的“Mesh Volumes”对话框。单击“Volumes”文本框，选择机头实体，设置“Elements”为“Tet/Hybrid”，设置“Type”为“TGrid”，在“Spacing”文本框中输入“2”，即网格步长为 2，单击“Apply”按钮，等待网格划分完毕后，得到如图 3-44 所示的网格划分图形。

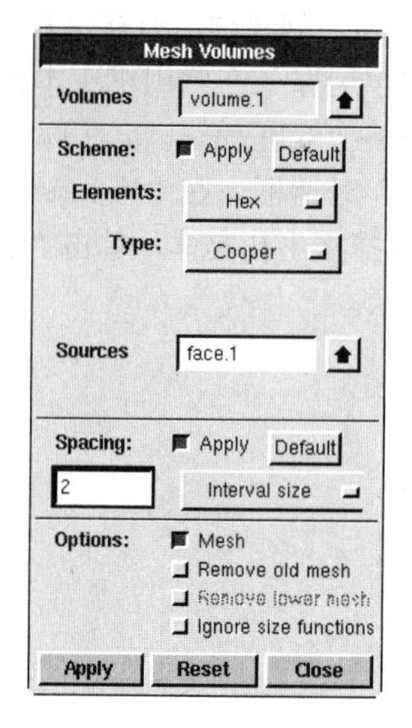

图 3-43 “Mesh Volumes”对话框

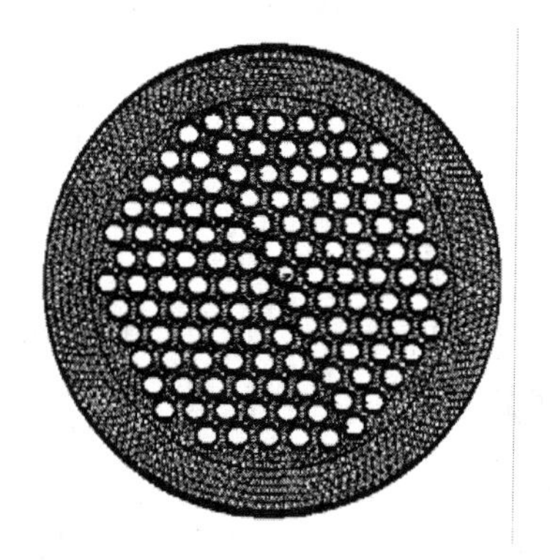

图 3-44 网格划分图形

3.4.3 边界条件和区域的设定

1. 设定边界条件

单击“Zones”→“Specify Boundary Types”按钮，弹出如图 3-45 所示的“Specify Boundary Types”对话框。在“Name”文本框中输入“outface”，设置“Type”为“WALL”、“Entity”为“Faces”，然后单击“Faces”文本框，选取出口端面，单击“Apply”按钮，出口端面设置完毕；接着设置另一个端面，在“Name”文本框中输入“inface”，设置“Type”为“WALL”，单击“Apply”按钮；设置外环面，在“Name”文本框中输入“huan”，设置“Type”为“WALL”，单击“Apply”按钮；设置塑料与机头接触的面，由于面比较多，所以要认真选择不能漏选，在“Name”文本框中输入“plastic”，设置“Type”为“WALL”，单击“Apply”按钮，边界条件设定完毕。

2. 设定区域

单击“Zones”→“Specify Continuum Types”按钮，弹出如图 3-46 所示的“Specify Continuum Types”对话框。在“Name”文本框中输入“solid”，设置“Type”为“SOLID”、“Entity”为“Volumes”，在“Volumes”文本框中选择机头实体，单击“Apply”

按钮。

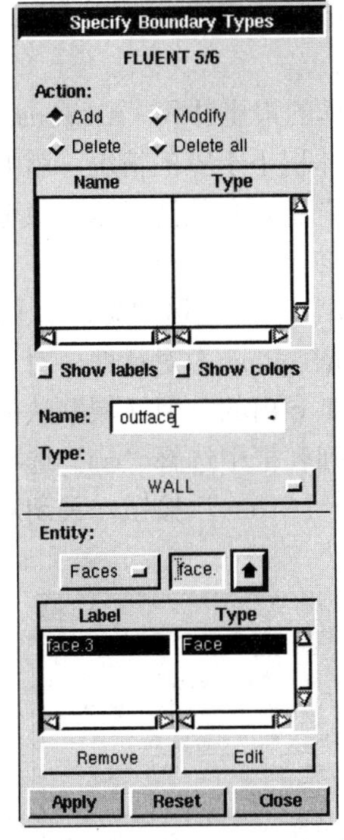

图 3-45 “Specify Boundary Types”对话框

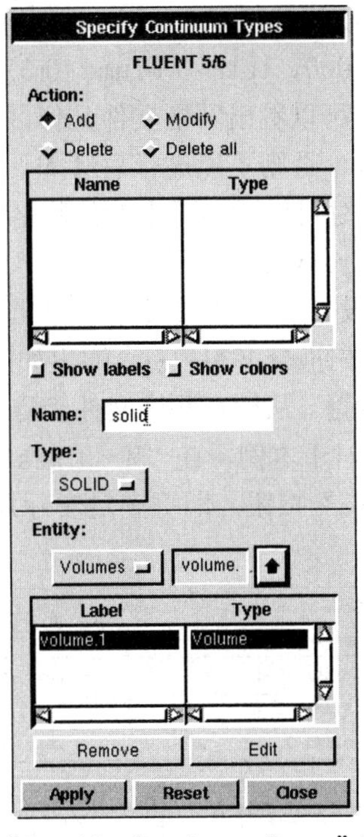

图 3-46 “Specify Continuum Types”对话框

3.4.4 网格输出

单击菜单栏中的“File” → “Export” → “Mesh”命令，弹出“Export Mesh File”对话框，在“File Name”文本框中输入“jitou.msh”，单击“Accept”按钮，等待网格输出完毕后，单击菜单栏中的“File” → “Save”命令，保存文件后关闭 GAMBIT。

3.4.5 利用 FLUENT 求解器求解

上面是利用 GAMBIT 软件对计算区域进行几何模型创建，并设定边界条件类型，最后输出.msh 文件的操作，下面将.msh 文件导入 FLUENT 中进行求解。

本例中的机头是一个三维问题，问题的精度要求不太高，所以在启动 FLUENT 时，选择三维单精度求解器（3D）求解即可。

1. 网格的相关操作

（1）读入网格文件　单击“File”下拉菜单栏中的“Read” →“Case”命令，弹出“Select File”对话框，找到“jitou.msh”文件，单击“OK”按钮，Mesh 文件即可被导入到 FLUENT 求解器中。

（2）检查网格文件　网格文件读入以后，一定要对网格进行检查，单击“Setting Up Domain”功能区“Mesh”面板中的“Check”按钮✔，FLUENT 求解器检查网格的部分信息：“Domain Extents: x.coordinate: min (m) = -5.000000e+001, max (m) = 5.000000e+001; y.coordinate: min (m) = -5.000000e+001, max (m) = 4.999999e+001 ;

z.coordinate: min (m) = 0.000000e+000, max (m) = 4.000000e+001 Volume statistics: minimum volume (m3): 6.464950e.002 、 maximum volume (m3): 3.877752e+000、total volume (m3): 1.974578e+005”。

从这里可以看出网格文件几何区域的大小。注意这里的最小体积（minimum volume）必须大于零，否则不能进行后续的计算；若是出现最小体积小于零的情况，就要重新划分网格，此时可以适当减小实体网格划分中的“Spacing”值，必须注意这个数值对应的项目为“Interval Size”。

（3）设置计算区域尺寸　单击“Setting Up Domain”功能区“Mesh”面板中的“Scale”按钮 Scale...，弹出如图 3-47 所示的“Scale Mesh”对话框，对计算区域尺寸进行设置。从检查网格文件步骤中可以看出，GAMBIT 导出的几何区域默认的尺寸单位都是 m，对于本例，在“Mesh Was Created In”下拉列表框中选择“mm”选项，然后单击“Scale”按钮，即可满足实际几何尺寸，最后单击“Close”按钮，关闭对话框。

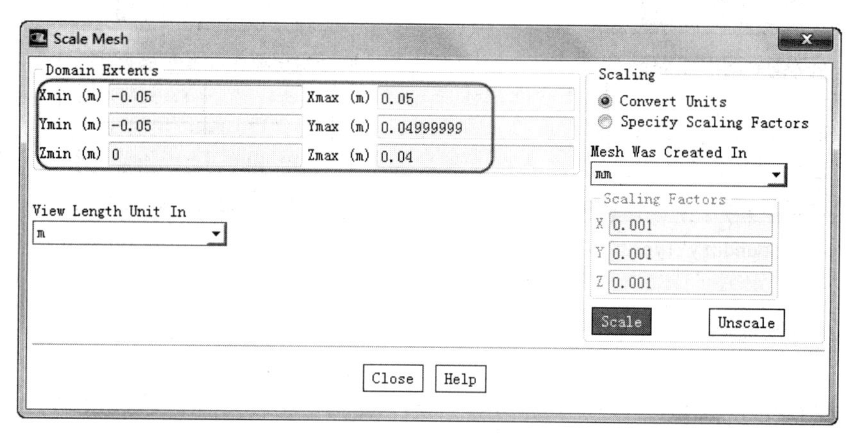

图 3-47 “Scale Mesh”对话框

（4）显示网格　单击“Setting Up Domain”功能区“Mesh”面板中的“Display”按钮 Display...，弹出如图 3-48 所示的“Mesh Display”对话框。当网格满足最小体积的要求以后，可以在 FLUENT 中显示网格，要显示文件的哪一部分可以在“Surfaces”列表框中进行选择，单击“Display”按钮，在 FLUENT 中显示如图 3-49 所示的网格图。

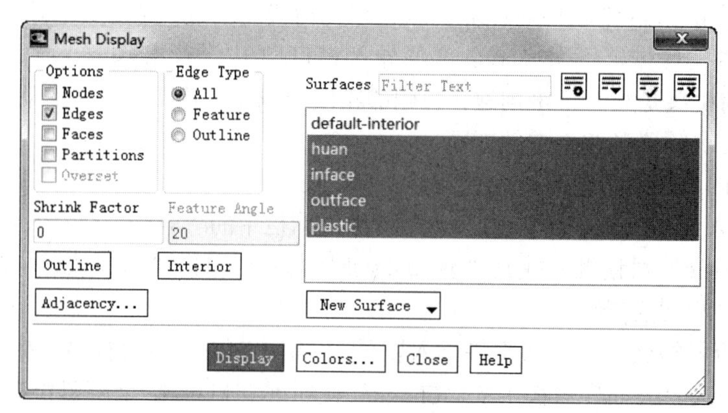

图 3-48 “Mesh Display”对话框

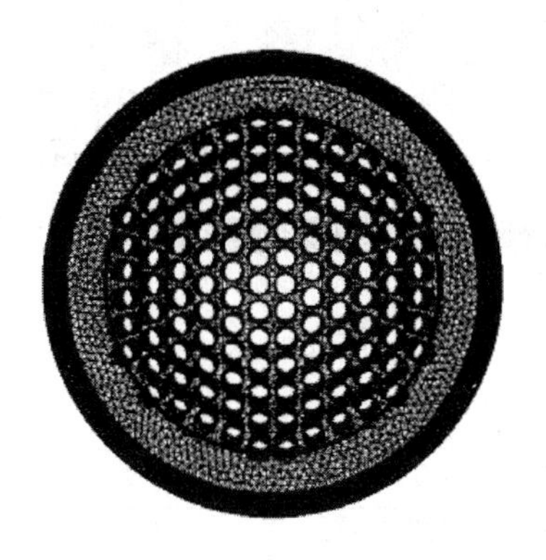

图 3-49　网格显示图

2. 选择计算模型

（1）定义基本求解器　双击“导航面板”中的“General”命令，弹出“General”任务面板，保持所有默认设置。

（2）指定其他计算模型　单击“Setting Up Physics”功能区“Models”面板中的“Energy”复选框，启动能量方程。

3. 设置操作环境

单击“Setting Up Physics”功能区“Solver”面板中的“Operating Conditions”命令，弹出如图 3-50 所示的“Operating Conditions”对话框，保持系统默认设置即可满足要求，直接单击“OK”按钮。

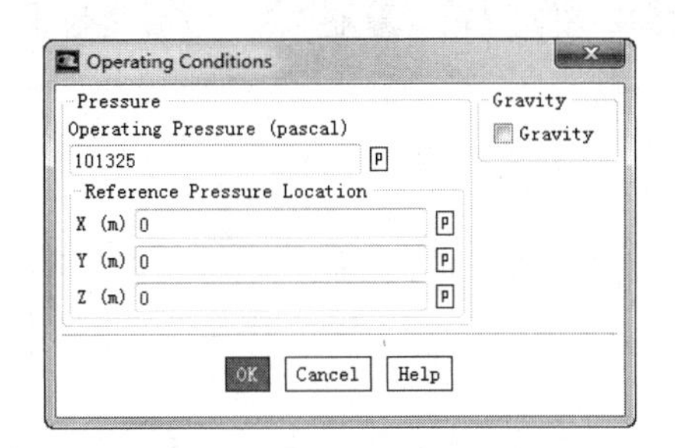

图 3-50　“Operating Conditions”对话框

4. 定义材料的物理性质

本例中的材料为钢，单击“Setting Up Physics”功能区“Materials”面板中的“Create/Edit”按钮，弹出“Create/Edit Materials”对话框。单击“FLUENT Database”按钮，弹出如图 3-51 所示的“Fluent Database Materials”对话框。在“Material Type”下拉列表框中选择“solid”选项，在“Fluent Solid Materials”列表框中的选择“steel”选项，单击“Copy”按钮，即可把钢的物理性质从数据库中调出，最后单击“Close”按钮。

5. 设置边界条件

（1）设置区域　单击“Setting Up Physics”功能区“Zones”面板中的“Cell Zones”命令，弹出如图 3-52 所示的“Cell Zone Conditions”面板，通过下面的操作使得计算区域的边界条件具体化。

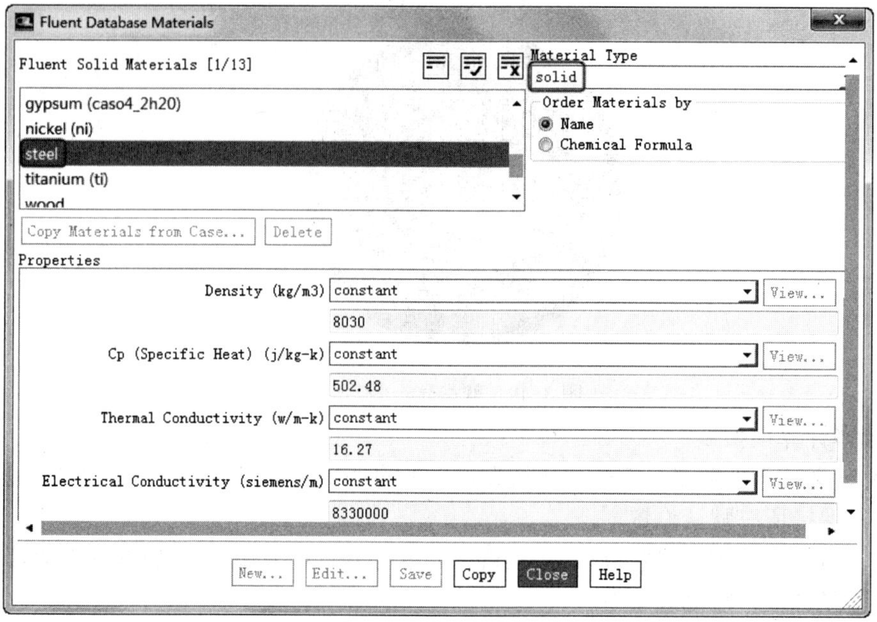

图 3-51 “Fluent Database Materials” 对话框

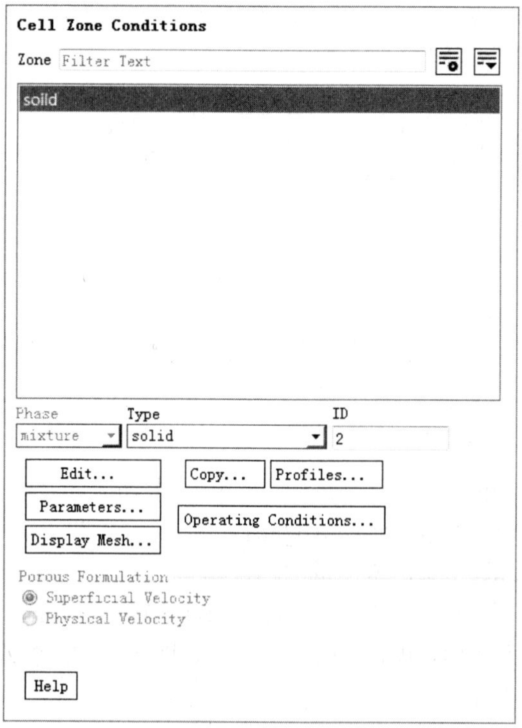

图 3-52 “Cell Zone Conditions” 面板

在“Cell Zone Conditions”面板的“Zone”列表框中选择“solid”选项，单击“Edit”按钮，弹出如图 3-53 所示的 “Solid” 对话框。在 “Material Name” 下拉列表框中选择 “steel” 选项，单击 “OK” 按钮，即可把机头区域定义为钢。

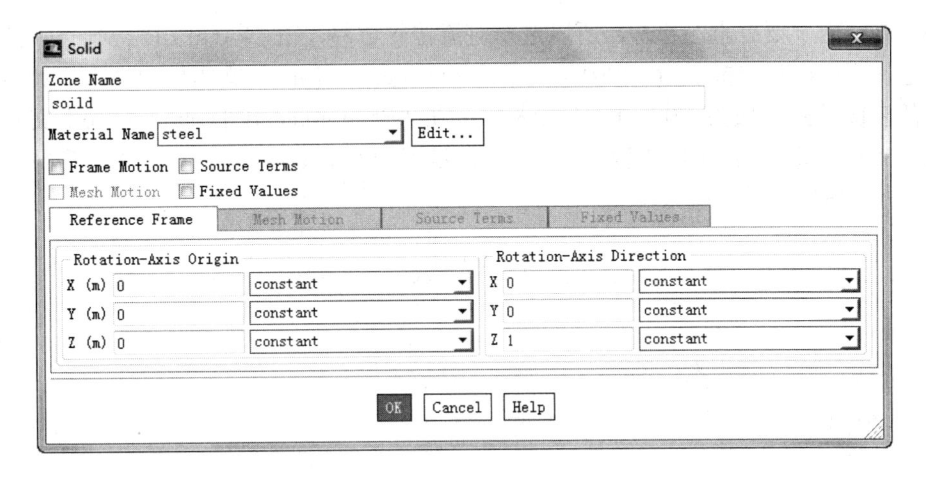

图 3-53 “Solid”对话框

单击“Setting Up Physics”功能区“Zones”面板中的“Boundaries”命令，弹出如图 3-54 所示的“Boundary Conditions”面板，通过下面的操作使得计算区域的边界条件具体化。

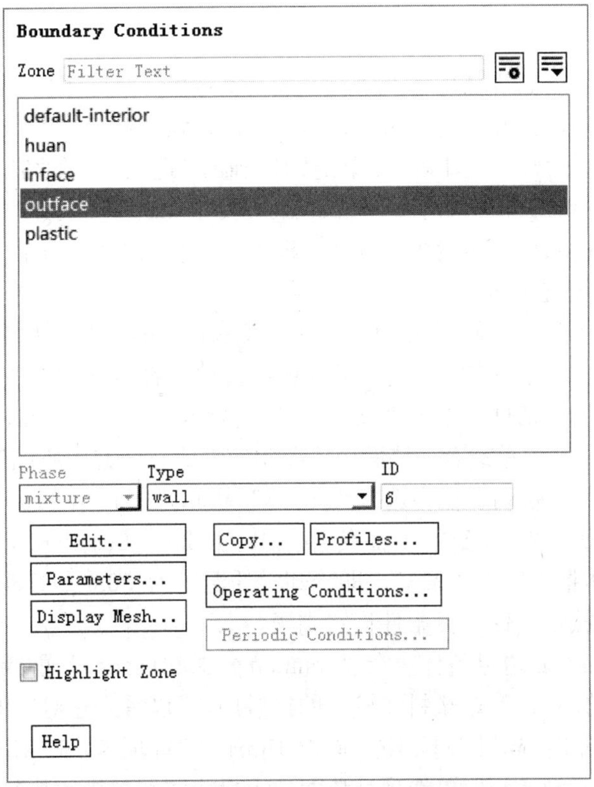

图 3-54 “Boundary Conditions”面板

（2）设置 outface 边界条件 在“Boundary Conditions”面板的“Zone”列表框中选择“outface”选项，也就是塑料的出口面，可以看到它对应的“Type”为“wall”，单击“Edit”按钮，弹出如图 3-55 所示的“Wall”对话框。单击“Thermal”选项卡，可以看到“Thermal Conditions”选项组中列出了所有热边界类型，点选“Convection”

单选项，该面由于要有水的冷却，所以选择对流传热边界，在“Material Name”下拉列表框中选择“steel”选项，在“Heat Transfer Coefficient”文本框中输入“2000”，即该面的表面传热系数为 2000 W/（cm^2·K），在“Free Stream Temperature”文本框中输入“323”，即冷却水的温度为 323K，其他设置如图 3-55 所示，单击“OK”按钮，outface 边界条件设置完毕。

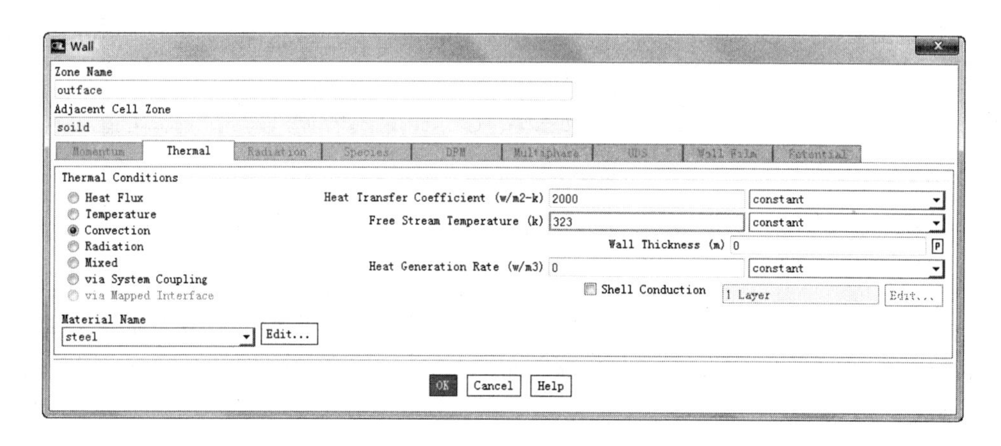

图 3-55 “Wall”对话框

（3）设置 inface 边界条件　在“Boundary Conditions”面板的“Zone”列表框中选择“inface”选项，也就是机头的入口面，可以看到它对应的“Type”为“wall”，单击“Edit”按钮，弹出“Wall”对话框。单击“Thermal”选项卡，在“Thermal Conditions”选项组中点选“Heat Flux”单选项，在“Material Name”下拉列表框中选择“steel”选项，其他选项保持系统默认设置，各文本框中的值均为“0”，即该面绝热，单击“OK”按钮，该边界条件设置完毕。

（4）设置 huan 边界条件　在“Boundary Conditions”面板的“Zone”列表框中选择“huan”选项，也就是机头的外环面，可以看到它对应的“Type”为“wall”，单击“Edit”按钮，弹出“Wall”对话框。单击“Thermal”选项卡，在“Thermal Conditions”选项组中点选“Convection”单选项，该面由于要与空气进行传热，所以选择对流传热边界；在“Material Name”下拉列表框中选择“steel”选项，在“Heat Transfer Coefficient”文本框中输入“30”，即该面的表面传热系数为 30W/（cm^2·K），在“Free Stream Temperature”文本框中输入“303”，即冷却水的温度为 303K，其他选项保持系统默认设置，单击“OK”按钮，该边界条件设置完毕。

（5）设置 plastic 边界条件　在“Boundary Conditions”面板的“Zone”列表框中选择“plastic”选项，也就是塑料和机头的接触面，可以看到它对应的“Type”为“wall”，单击“Edit”按钮，弹出“Wall”对话框。单击“Thermal”选项卡，在“Thermal Conditions”选项组中点选“Convection”单选项，该面由于机头和塑料进行传热，所以选择对流传热边界；在“Material Name”下拉列表框中选择“steel”选项，在“Heat Transfer Coefficient”文本框中输入“500”，即该面的对流传热系数为 500 W/（cm^2·K），在“Free Stream Temperature”文本框中输入“500”，即冷却水的温度为 500K，其他选项保持系统默认设置，单击“OK”按钮，该边界条件设置完毕

6．求解方法的设置及控制

边界条件设定好以后，即可设定能量方程和具体的求解方式。

（1）设置求解参数　单击“Solving”选项卡“Controls”面板中的“Controls”按钮，弹出如图 3-56 所示的“Solution Controls”面板，单击“Equations”按钮，在“Equations”列表框中选择“Energy”选项，其他选项保持系统默认设置，最后单击“OK”按钮。

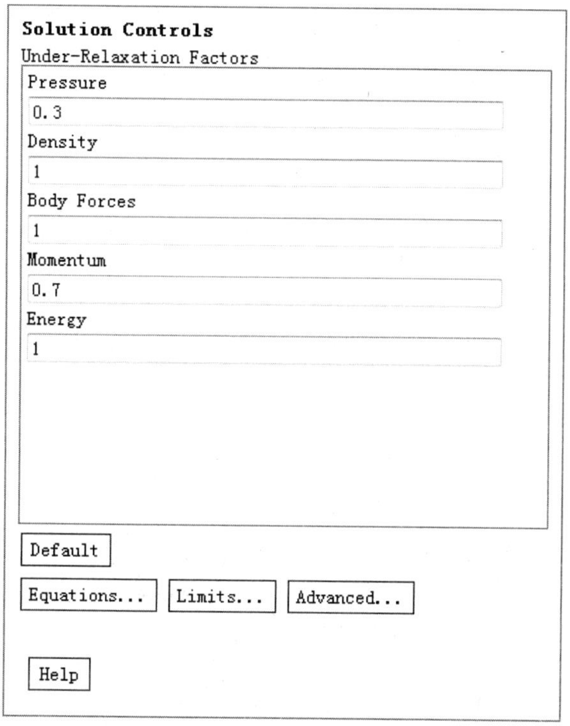

Solution Controls
Under-Relaxation Factors
Pressure
0.3
Density
1
Body Forces
1
Momentum
0.7
Energy
1
Default
Equations...　Limits...　Advanced...
Help

图 3-56　“Solution Controls”面板

（2）初始化勾选“Solving”选项卡“Initialization”面板中的“Standard”复选框，然后单击“Solving”选项卡“Initialization”面板中的“Options”命令，在“Compute form”下拉菜单中的选择“huan”，弹出“Solution Initialization”面板，然后单击“Initialize”按钮。

（3）打开残差图　单击“Solving”选项卡“Reports”面板中的“Residuals”按钮 Residuals...，弹出“Residual Monitors”对话框，勾选“Options”选项组中的“Plot”复选框，从而在迭代计算时动态显示计算残差，在“Window”文本框中输入“1”，最后单击“OK”按钮。

（4）保存 Case 和 Data 文件　单击“File”下拉菜单栏中的“Write”→“Case&Data”命令，保存前面所做的所有设置。

（5）迭代　单击“Solving”选项卡“Run Calculation”面板中的“Advanced”命令，弹出“Run Calculation”任务面板，迭代设置如图 3-57 所示。单击“Calculate”按钮，FLUENT 求解器开始求解，可以看到如图 3-58 所示的残差图，在迭代到 10 步时计算收敛。

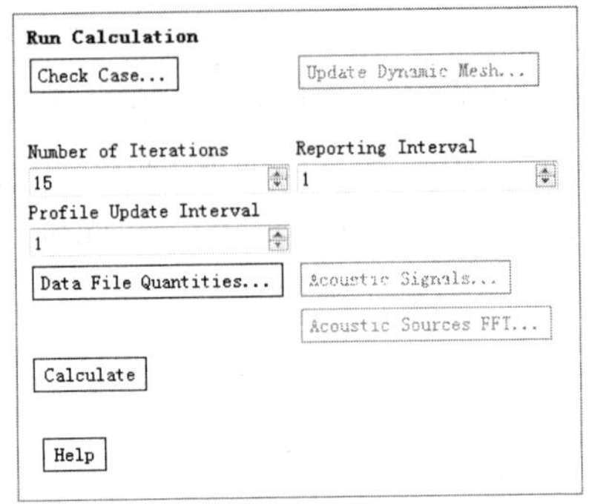

图 3-57 “Run Calculation”面板

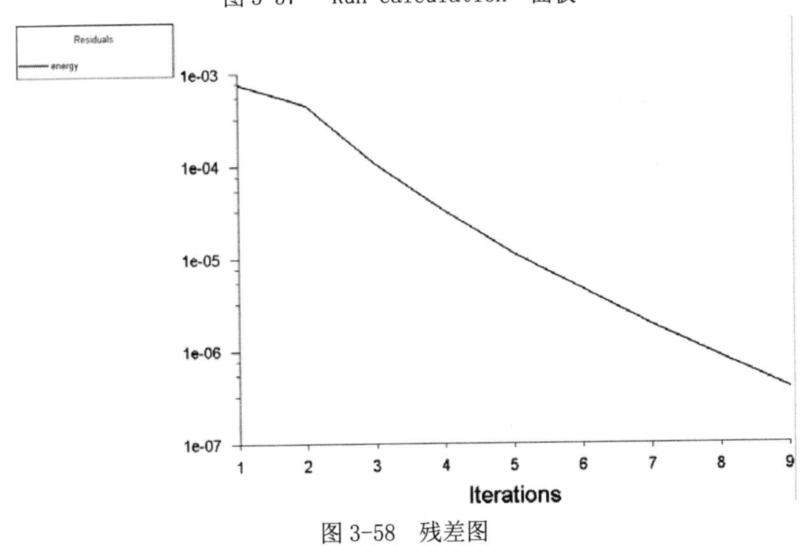

图 3-58 残差图

3.4.6 后处理

由于三维的计算结果不便于直接查看内部的计算结果，所以要创建内部的面来查看计算结果，具体操作步骤如下：

1. 创建内部面

单击“Postprocessing”选项卡“Surface”面板中的“Create”按钮 Create下拉菜单中的“Plane”命令，弹出如图 3-59 所示的“Plane Surface”对话框，“Options”选项组中列出了创建面的方法，默认的是 3 点创建平面，本例要创建 4 个径向的面和 3 个轴向的面。

径向面 1 的坐标：0 点（0,0,0），1 点（0,0,0.01），2 点（0.01,0,0）。

径向面 2 的坐标：0 点（0,0,0），1 点（0,0,0.01），2 点（0,0.01,0）。

径向面 3 的坐标：0 点（0,0,0），1 点（0,0,0.01），2 点（0.01,0.01,0）。

径向面 4 的坐标：0 点（0,0,0），1 点（0,0,0.01），2 点（0.01,-0.01,0）。

轴向面 1 的坐标：0 点（0,0,0.02），1 点（0,0,0.02），2 点（0,0,0.02）。

轴向面 2 的坐标：0 点（0,0,0.03），1 点（0,0,0.03），2 点（0,0,0.03）。

轴向面 3 的坐标：0 点（0,0,0.04），1 点（0,0,0.04）2 点（0,0,0.04）。

输入各点坐标后分别单击“Create”按钮，完成内部面的创建。

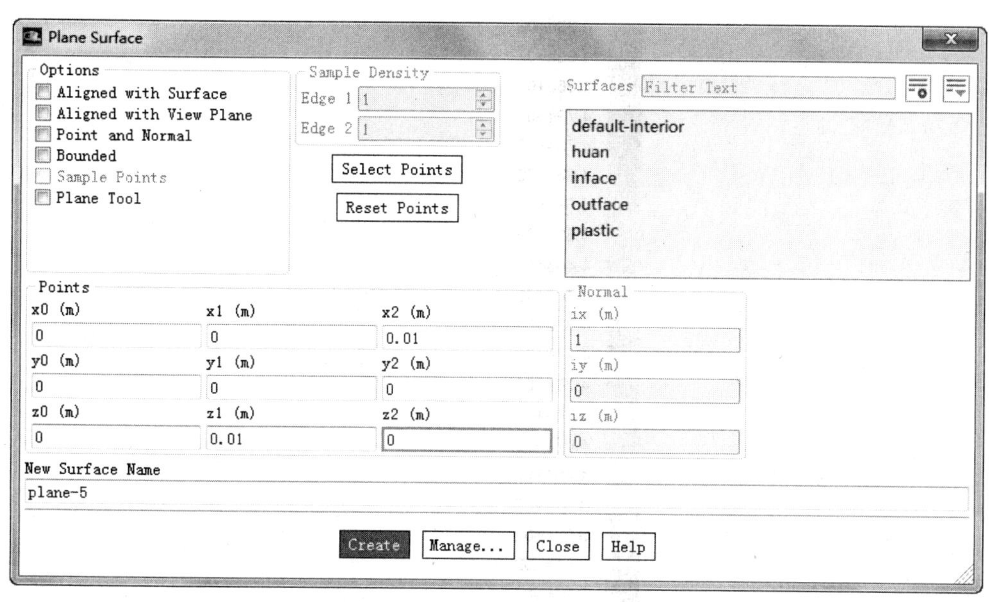

图 3-59 “Plane Surface”对话框

2. 显示温度等值线和温度云图

单击“Postprocessing”选项卡“Graphics”面板中的“Contours”按钮 Contours 下拉菜单中的“Edit”命令，弹出如图 3-60 所示的“Contours”对话框，在“Contours of”选项组的两个下拉列表框中分别选择“Temperature”和“Static Temperature”选项，在“Surfaces”列表框中选择 4 个径向面“plane-5”“plane-6”“plane-7”“plane-8”，即显示的部分，单击“Display”按钮，即可显示径向截面的温度等值线，如图 3-61 所示；勾选“Options”选项组中的“Filled”复选框，单击“Display”按钮，即可显示径向截面的温度云图，如图 3-62 所示。

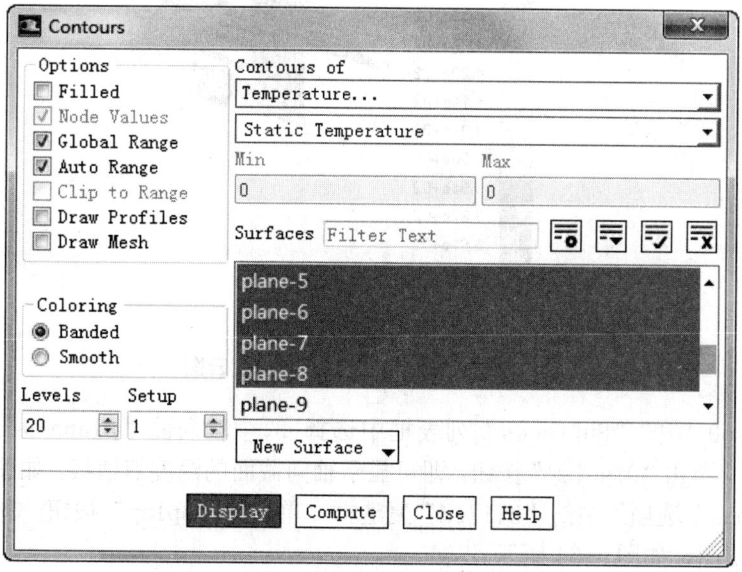

图 3-60 “Contours”对话框

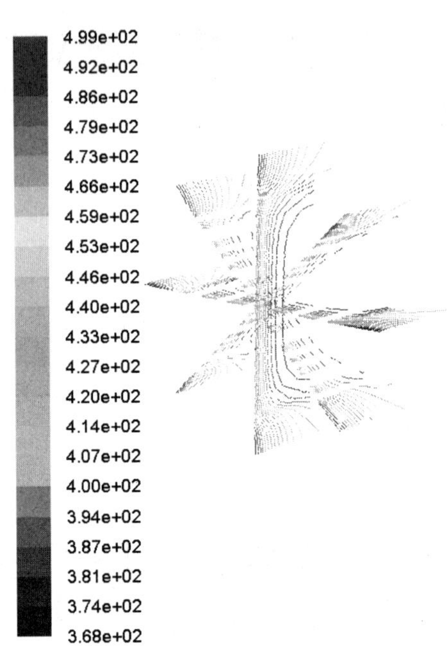

图 3-61　径向截面的温度等值线

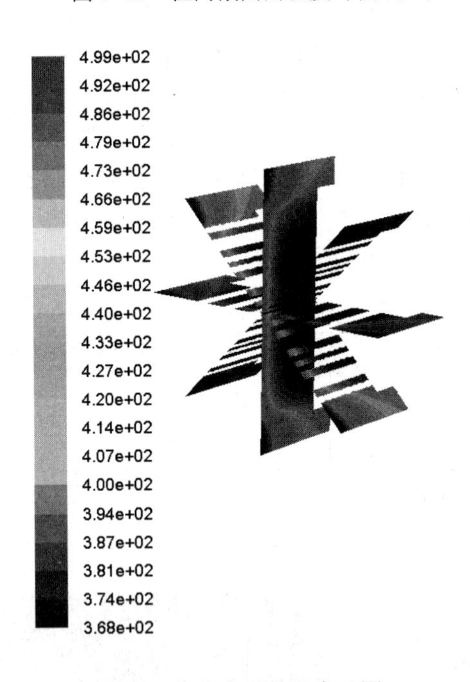

图 3-62 径向截面的温度云图

在图 3-60 中的“Surfaces”列表框中选择 3 个轴向面“plane-9”“plane-10”“plane-11”，单击“Display”按钮，即可显示轴向截面的温度等值线，如图 3-63 所示；勾选“Options”选项组中的“Filled”复选框，单击“Display”按钮，即可显示轴向截面的温度云图，如图 3-64 所示。

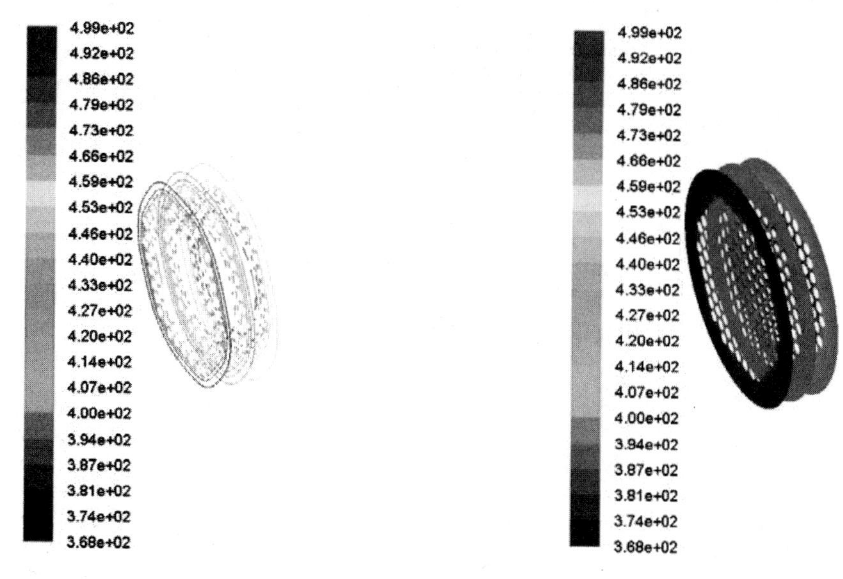

图 3-63　轴向截面的温度等值线

图 3-64 轴向截面的温度云图

3. 查看各个面上的平均温度

单击“Postprocessing”选项卡“Reports”面板中的“Surfaces Integrals”命令，弹出“Surface Integrals”对话框，如图 3-65 所示。在“Report Type”下拉列表框中选择“Area-Weighted Average”选项，在“Field Variable”选项组的两个下拉列表框中分别选择“Temperature”和“Static Temperature”选项，在“Surfaces”列表框中选择“plane-5”“plane-6”“plane-7”“plane-8”“plane-9”“plane-10”“plane-11”选项，单击“Compute”按钮，FLUENT 窗口中显示如图 3-66 所示的各个面的面积加权平均温度。

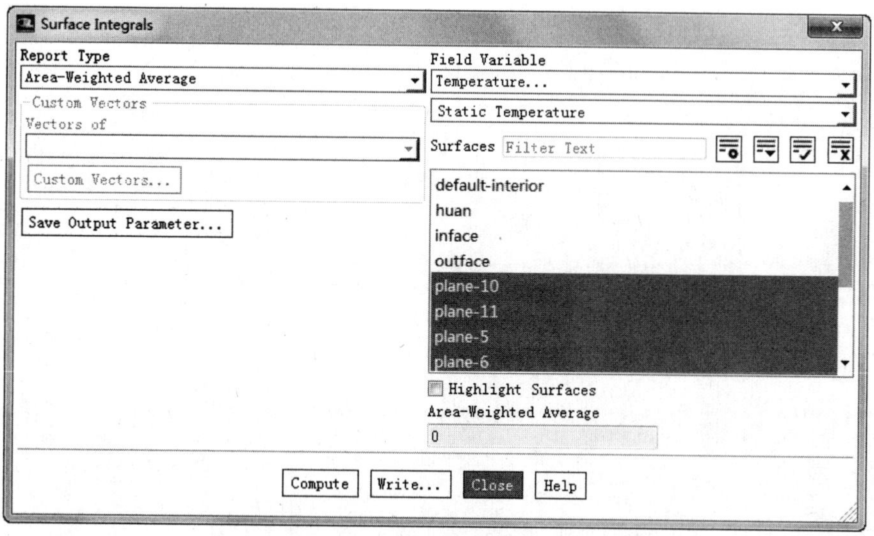

图 3-65　“Surface Integrals”对话框

```
Area-Weighted Average
   Static Temperature                        (k)
---------------------- --------------------
             plane-10            440.92111
             plane-11            392.22197
              plane-5            458.56927
              plane-6            467.14979
              plane-7            458.70592
              plane-8            458.69751
              plane-9            463.32322
      ---------------- --------------------
                  Net            442.58067
```

图 3-66　各个面的面积加权平均温度

第 4 章

Tecplot 软件简介

Tecplot 是一种功能强大的绘图视觉处理软件，使用Tecplot来处理资料会更加轻松。从简单的X-Y曲线图、多种格式的2D和3D面绘图到3D体绘图格式，Tecplot可快捷地将大量的资料转成容易了解的图表及影像。其表现方式有等高线、3D流线、网格、向量、剖面、切片、阴影和上色等。

本章将简单介绍一下Tecplot的操作以及其对FLUENT软件数据的后处理等。

- Tecplot 概述
- 三维弯管水流速度场模拟

4.1 Tecplot 概述

Tecplot 数据可视化软件，可以将其他软件导出的数据文件进行可视化处理，并且能够进行进一步的数据处理。本章将重点介绍 Tecplot 的后处理功能。通过对本章的学习，掌握 Tecplot 处理线图、剖面图、三维图形的方法，从而得到很好的图形结果。

一些抽象的数据经过 Tecplot 处理后，成为易于理解的图形文件，图形文件可以是简单的 XY 图，也可以是复杂的二维、三维图形。具体的表现形式有等值线、流线、网格、向量、剖面、切片、阴影和上色等。

4.1.1 Tecplot 软件菜单介绍

Tecplot 软件操作界面如图 4-1 所示，其最上面是菜单栏，左侧为一系列图形处理工具，右侧是图形编辑区域。首先介绍各常用菜单项的主要功能。

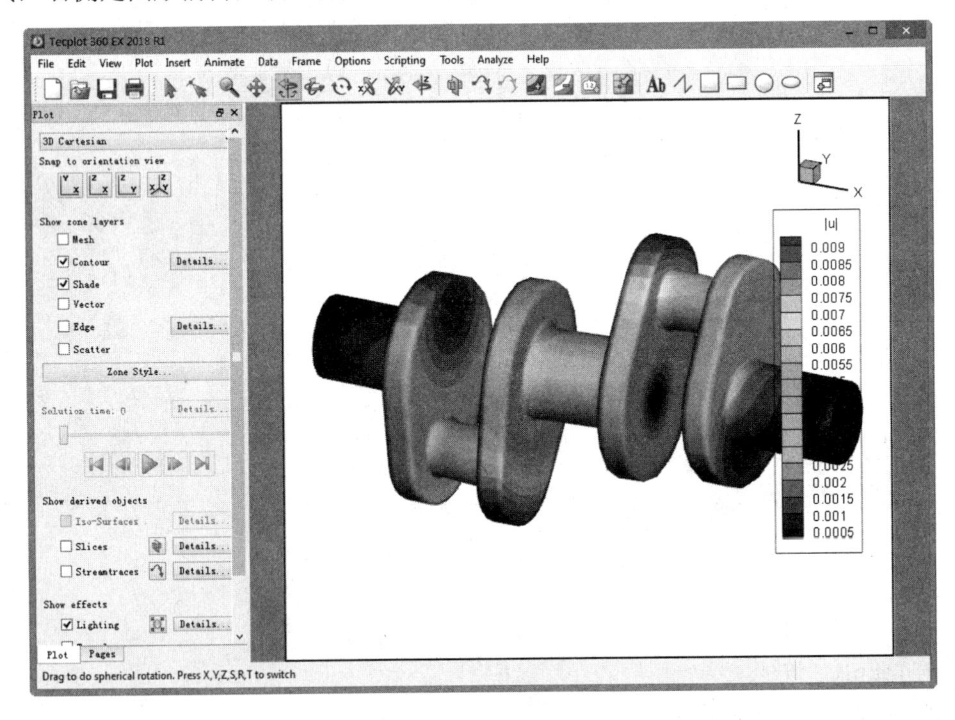

图 4-1 Tecplot 软件操作界面

（1）“File” 菜单 如图 4-2 所示，该菜单主要用于图表和数据文件的读入与写出操作。

其常用子菜单的功能介绍如下：

◆New Layout：退出现有的图形文件（frame），进而创建一个新的图形框，然后进行图形操作。

◆Open Layout：打开已保存的图形文件。

◆Save Layout As：以一个新的文件名来保存当前正在操作的图形文件。

◆Load Data：读入数据文件，利用这些数据创建相应的图形文件。

◆Write Data：把在图形区域处理好的图形输出为各种格式的图形文件，例如常用的.wmf 格式，可以此格式的图形文件插入到另外的文档中。

（2）“Edit”菜单　这一菜单主要是对图形区域中的图形进行重排列、复制、剪切操作，这些功能与 Word 软件中相同。

（3）“View”菜单　利用 View 菜单可以对当前的图形进行缩放，使图形的视觉效果最优，其主要子菜单的功能如下：

◆Fit Surfaces：使得当前图形刚好充满整个图形区域。

◆Data Fit：使得当前图形刚好位于图形区域的中心。

◆Last：可以恢复某一操作前的视图样式，相当于按<Ctrl>+<Z>键。

（4）“Plot”菜单　利用如图 4-3 所示的“Plot”菜单可以对图形显示方式进行设置，注意，其中的子菜单项是对应于三维显示方式的。其常用子菜单功能介绍如下：

◆Axis：设置 X、Y、Z 轴的显示与陈列情况。

◆Contour：对等值线图进行具体的设置。

◆Vector：对速度矢量的显示方式进行具体的设置。

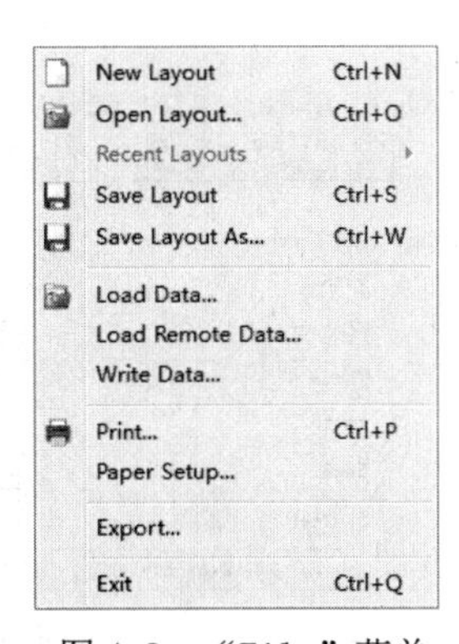

图 4-2　“File”菜单

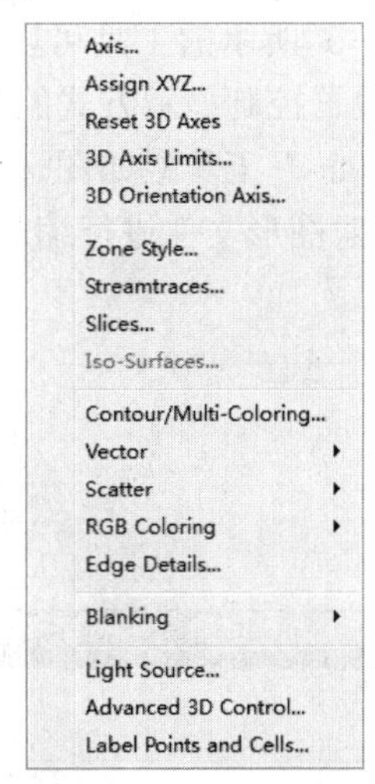

图 4-3　“Plot”菜单

（5）“Insert”菜单　利用“Insert”菜单可以进行一些几何图形的绘制，由于绘制图形比较简单，并且它不是 Tecplot 的优势所在，这里不详细介绍。

（6）“Data”菜单　利用“Data”菜单可以控制 Tecplot 数据，其主要子菜单的功能如下：

◆Alter：对读入的原始数据作进一步的处理。

◆Create Zone：创建新区域。

◆Data Set Information：对一些区域的名称进行改动。

◆Spread Sheet：显示当前图形的具体数据信息。

（7）“Frame”菜单　利用它可以进行图形框的修改、移动、创建、删除等操作。各子菜单的功能如下：

◆Create New Frame：创建一个新的图形框。

◆Edit Active Frame：调整图形框的大小、位置、格式等属性。

（8）“Options”菜单　利用“Options”菜单可以设置 Tecplot 绘图环境，它包括显示网格与标尺、颜色设置、工作空间视图的控制。各主要子菜单的功能如下：

◆Performance：控制当前图形的显示。

◆Ruler/Grid：控制标尺和网格显示方式。

（9）“Scripting”菜单　利用“Scripting”菜单可以打开快捷宏面板，使用它可以快速地进入先前曾定义过的快捷宏面板，也可进入 Tecplot 的活动菜单。

（10）“Tools”菜单　利用“Tools”菜单可以激活一些区域、一维图形、等高线水平等。另外，能把导入的数据文件制作成动画文件。

4.1.2　Tecplot 软件边框工具栏选项的介绍

从如图 4-1 所示的软件操作界面的左上部，可以看到如图 4-4 所示的 5 种图形显示方式。其中比较常用的是 XY Line、2D Cartesian 和 3D Cartesian，它们分别对应一维、二维、三维显示方式。

利用如图 4-5 所示的工具可以控制网格、矢量的显示与否，并且可以通过“Zone Style”选项组设置控制显示方式的具体参数。

“Performance”工具栏如图 4-6 所示，集合了 Tecplot 各菜单中的常用操作，利用它可以方便地对图形文件进行缩放、旋转等操作。

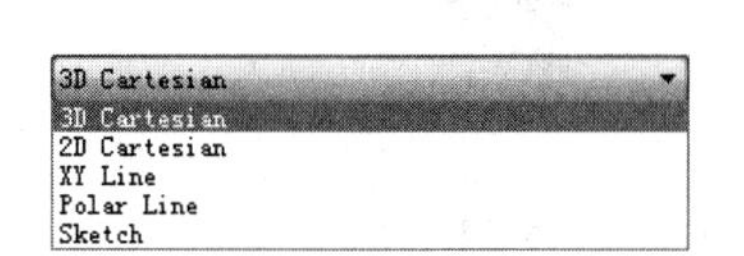

图 4-4　图形显示方式

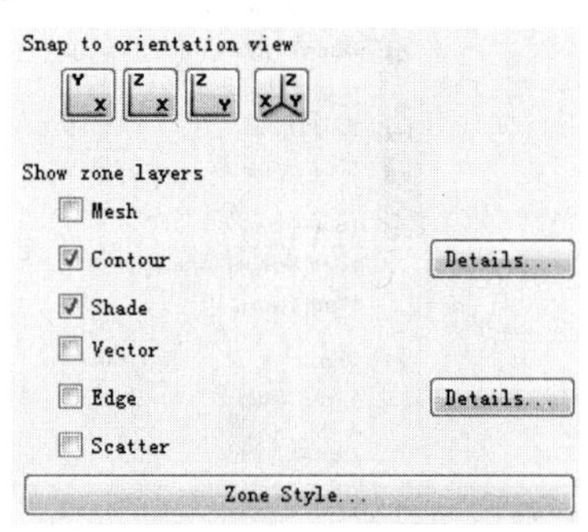

图 4-5　“Zone Style”选项组

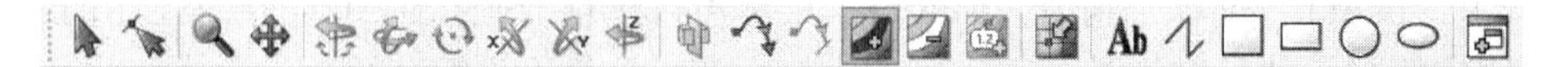

图 4-6　“Performance”工具栏

4.1.3　2D 图形的编辑

利用 Tecplot 对二维图形进行编辑，具体的操作步骤如下：

（1）导入数据文件　单击菜单栏中的“File”　→　“Load Data Files”命令，弹出如图 4-7 所示的“Load Data”对话框，选择一个自己的 Case 和 Data 加载文件，单击“OK”按钮，导入数据。

（2）选择图形显示方式　数据文件导入到 Tecplot 后，Tecplot 会弹出图形显示方法选择对话框。一般系统会自动识别出数据类型，并且提供最适合的显示方式，直接单击“OK”按钮即可看到如图 4-8 所示的图形。

（3）编辑坐标轴　单击菜单栏中的“Plot” → “Axis”命令，弹出坐标轴编辑对话框，在这个对话框中分别取消对“Show Y-axis”和“Show X-axis”复选框的勾选，得到如图 4-9 所示的去除坐标轴的图形区域。

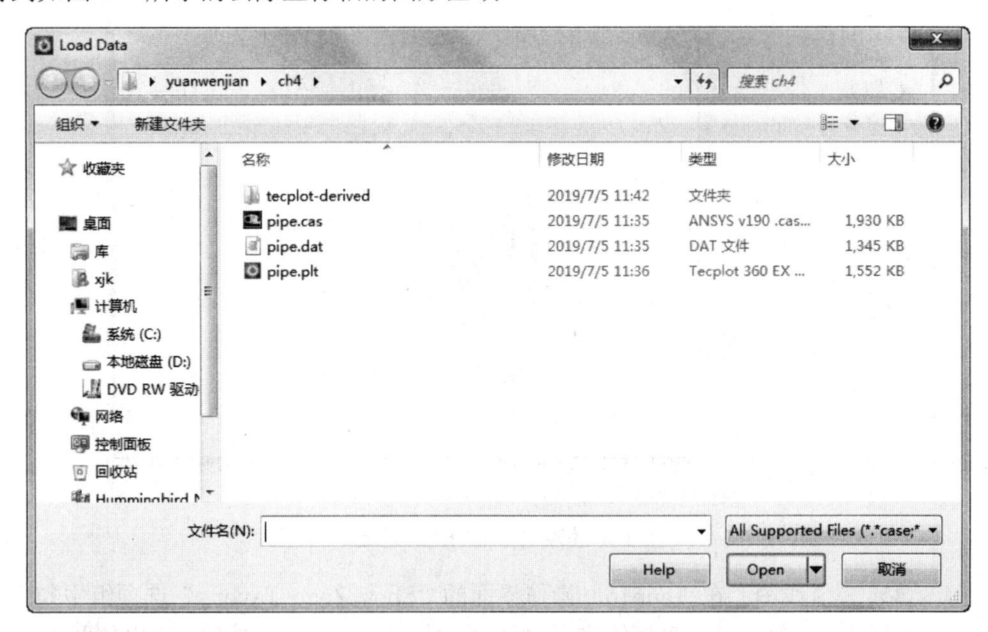

图 4-7“Load Data”对话框

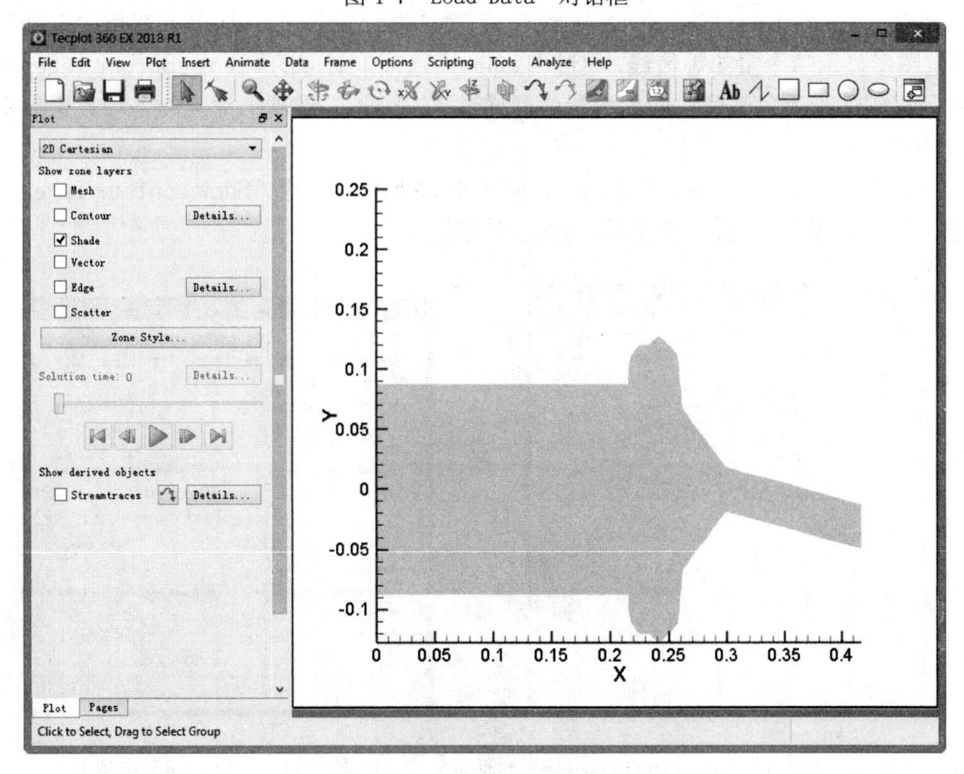

图 4-8 最初显示的图形

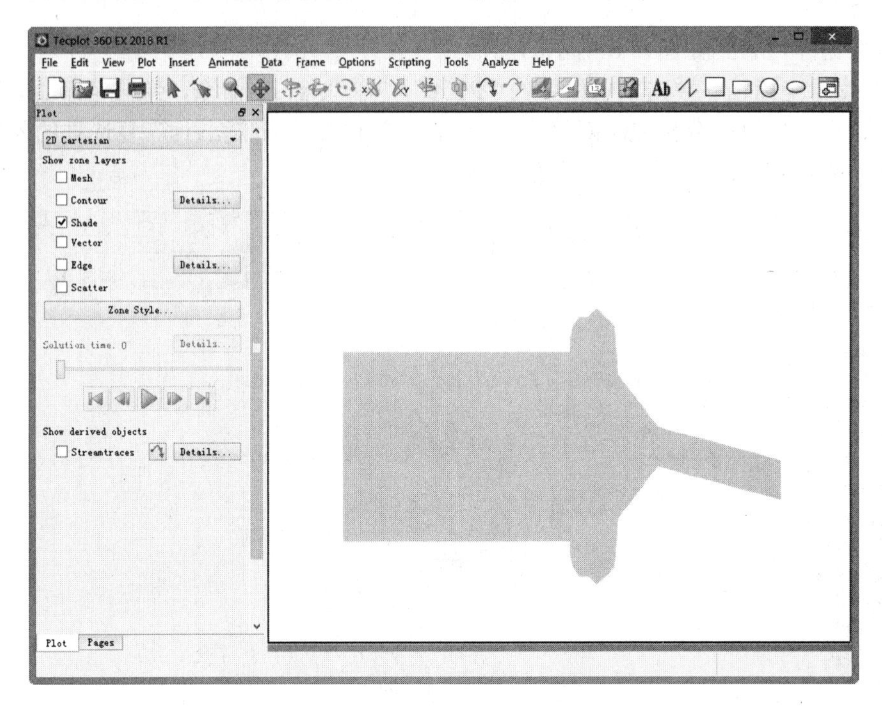

图 4-9 去除坐标轴的图形区域

（4）显示等值线图　在 Tecplot 操作界面的“Show Zone layers”选项组中勾选“Contour”复选框，弹出一个等值线设置对话框，单击“Details”按钮，弹出如图 4-10 所示的“Contour & Multi-Coloring Details”对话框。在“Var”下拉列表框中选择变量，确定图形显示哪个量的等值线，通过“Legend”选项卡对应的“Show contour legend”复选框，标识图形颜色深度对应的数量值，通过“Levels”选项卡对应的各项设置显示等值线的条数。

单击图 4-10 中的“Legend”选项卡，如图 4-11 所示，勾选“Show contour legend”复选框，得到如图 4-12 所示的显示 legend 效果图。

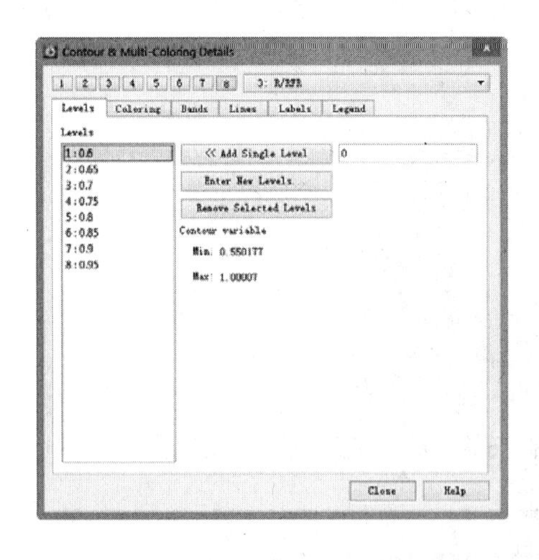

图 4-10 “Contour & Multi-Coloring Details”对话框

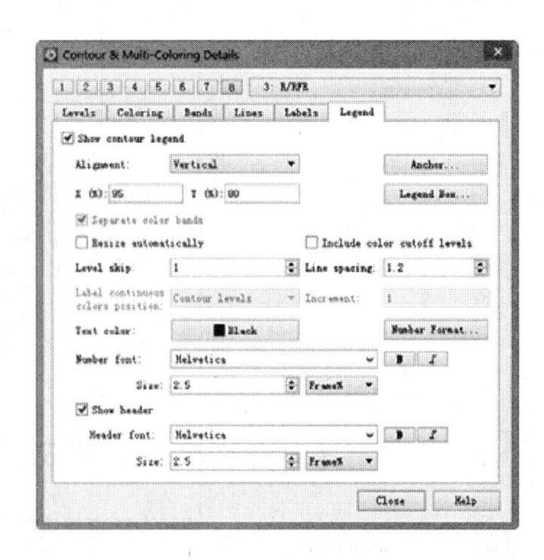

图 4-11 “Legend”选项卡

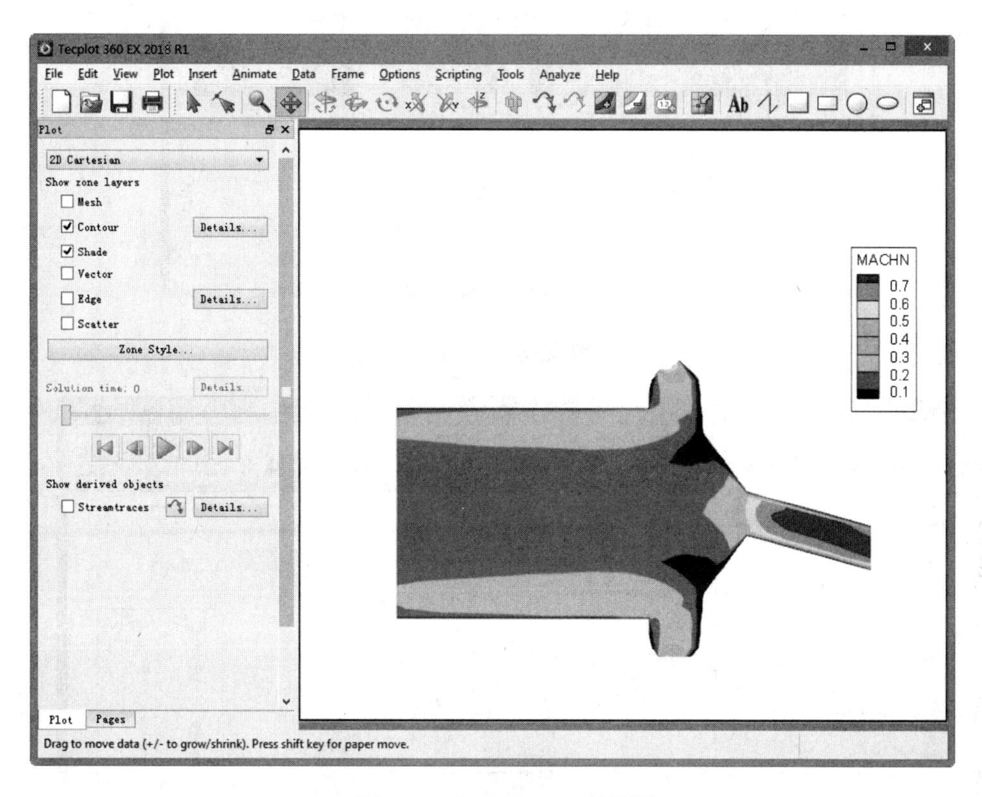

图 4-12　显示 legend 效果图

如果只需显示等值线，单击 Tecplot 操作界面中的“Zone Style”按钮，弹出如图 4-13 所示的“Zone Style”对话框。选中“Contour”标签，然后右击“Contour Type”按钮下的数据，弹出下拉菜单，如图 4-14 所示，在下拉菜单中单击“Lines”命令，得到如图 4-15 所示的等值线图。

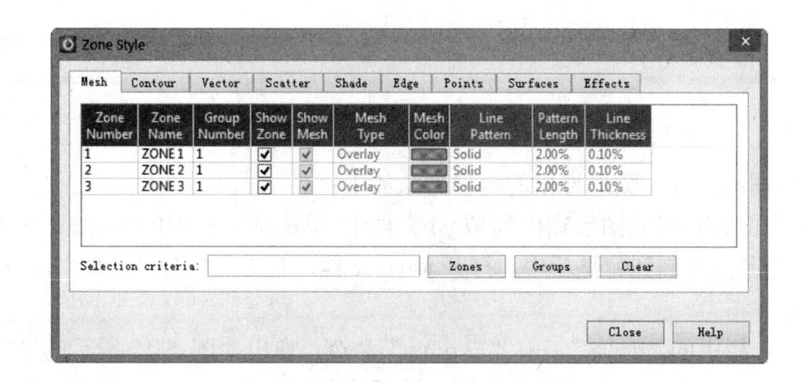

图 4-13　“Zone Style”对话框

（5）编辑速度矢量图　在 Tecplot 操作界面的“Zone”选项组中取消对“Contour”复选框的勾选，而勾选“Vector”复选框，得到如图 4-16 所示的速度矢量图。

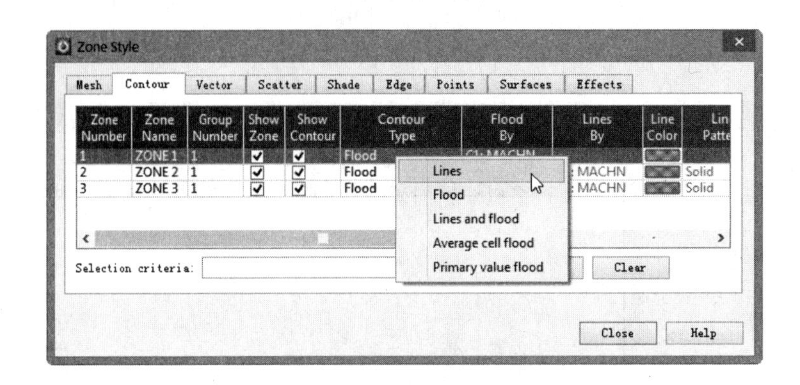

图 4-14 “Contour Type”下拉菜单

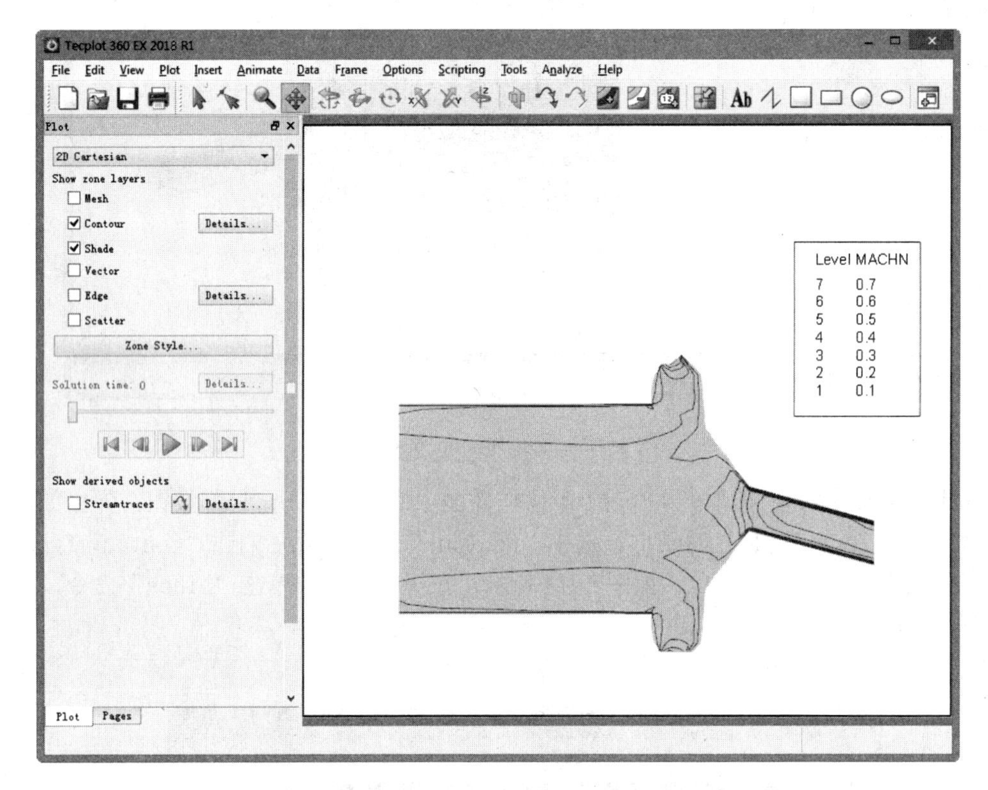

图 4-15 等值线图

（6）导出图形文件　图形导出的两种方法如下：

1)若想把上面编辑好的图形输出到 Word 文档中，单击菜单栏中的“Edit”→“Copy”命令，它直接把图形复制到剪贴板中，打开 Word 文档，右击，单击“粘贴”命令，即可粘贴了。

2）单击菜单栏中的“File”→“Export”命令，弹出如图 4-17 所示的“Export”对话框。在“Export format”下拉列表框中选择“TIFF”选项，取消对“Color”复选框的勾选，其他设置如图 4-17 所示，然后单击“OK”按钮，可以导出如图 4-18 所示的编辑后的图形。

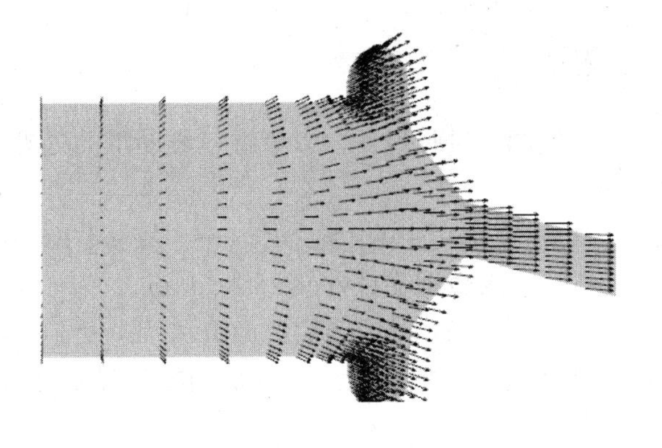

图 4-16　速度矢量图

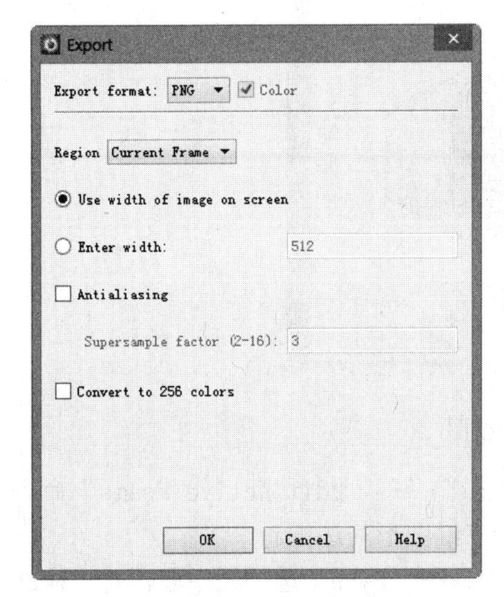

图 4-17　“Export”对话框

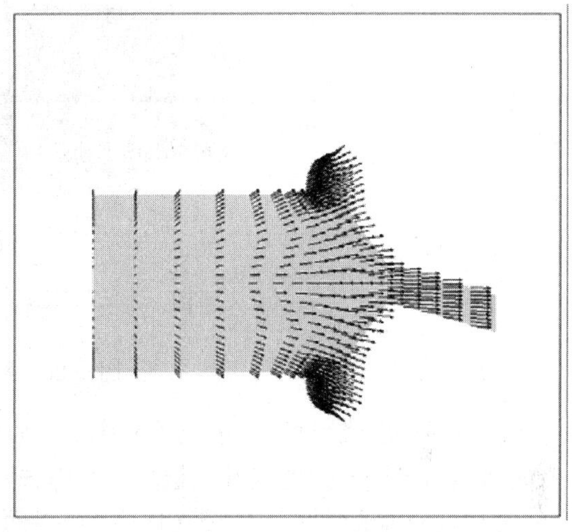

图 4-18　编辑后的图形

（7）保存编辑后的图形文件　单击菜单栏中的“File” → “Save” → “Layout as”命令，弹出如图 4-19 所示的“Save Layout”对话框。注意，保存图形文件时，文件类型最好是“Linked Data (*.lay)”，单击“OK”按钮即可。

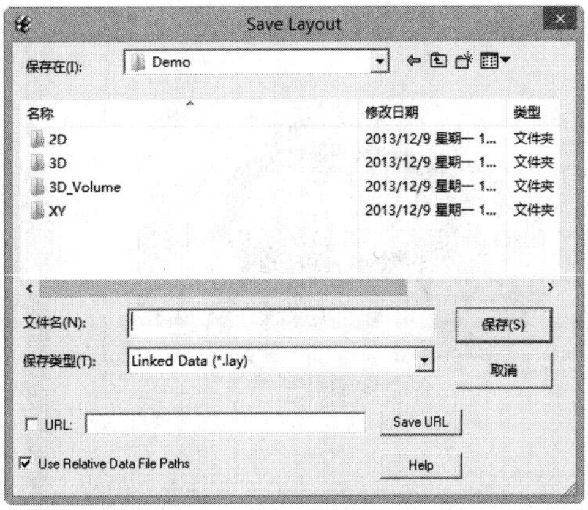

图 4-19　“Save Layout”对话框

4.1.4　3D 图形的编辑

利用 Tecplot 对一个三维图形进行设置，以掌握三维图形的处理方法，具体的操作步骤如下：

（1）导入数据文件　单击菜单栏中的“File” → “Load Data”命令，与前面介绍的二维图的导入方式一样，导入数据文件*.cas 和*.dat。

（2）选择图形显示方式　数据文件导入到 Tecplot 中后，在 Tecplot 左侧图形处理工具区域，选择“Mesh”复选框，其他采用系统提供的默认显示方式，得到如图 4-20 所示的网格图。

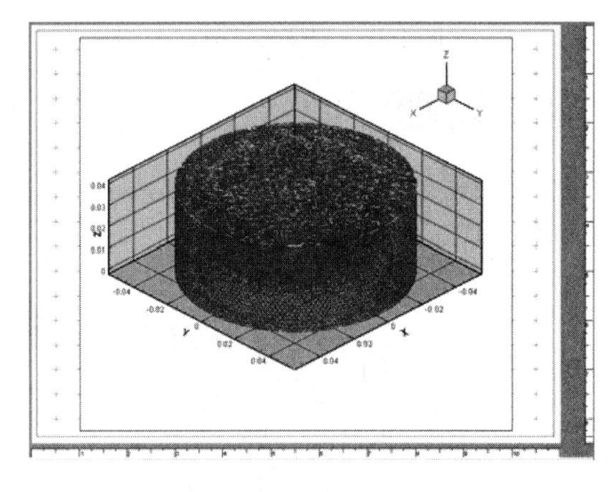

图 4-20　网格图

（3）编辑图形边框　单击菜单栏中的“Frame” → “Edit Active Frame”命令，与前面 2D Plot 图形的处理方式相同，可以去除三维图形的边框。

（4）显示等值线图　在 Tecplot 操作界面中，在“Zone”选项组中取消对“Mesh”复选框的勾选，并且勾选“Contour”复选框，此处采用默认设置即可，此时即可得到等值线图。若是对它的大小不满意，可以按住鼠标中键，然后上下拖动鼠标对它进行缩放；按住鼠标右键即可对图形进行拖动。调整大小和位置以后得到如图 4-21 所示的三维等值线图。

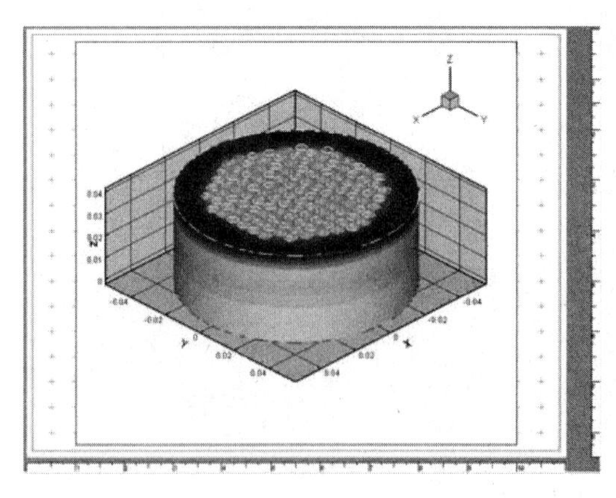

图 4-21　三维等值线图

（5）Legend 的显示和编辑　为了更好地显示图中各个部分的温度值，需要调出“Legend”图例，单击 Contour 后的“Details”按钮，弹出如图 4-22 所示的“Contour & Multi-Coloring Details”对话框。单击“Legend”选项卡，如图 4-23 所示，勾选“Show Contour Legend”复选框，窗口中出现 Legend 图例，调出“Legend”图例后的图形如图 4-24 所示，还可以对其进行编辑。

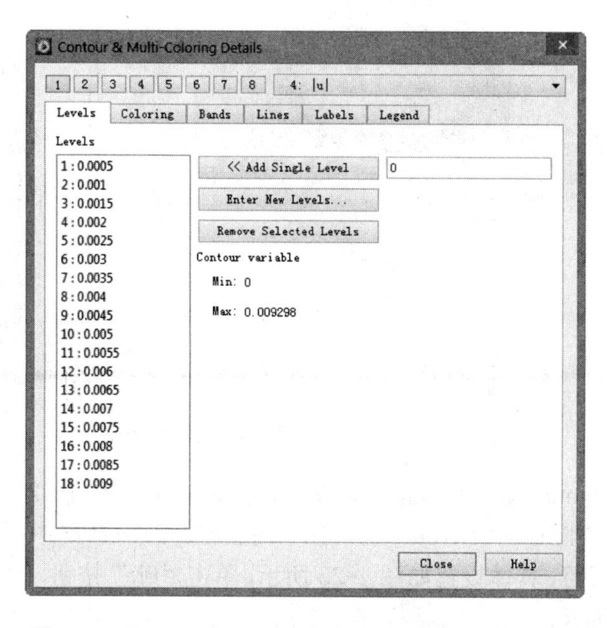

图 4-22　“Contour & Multi-Coloring Details”对话框

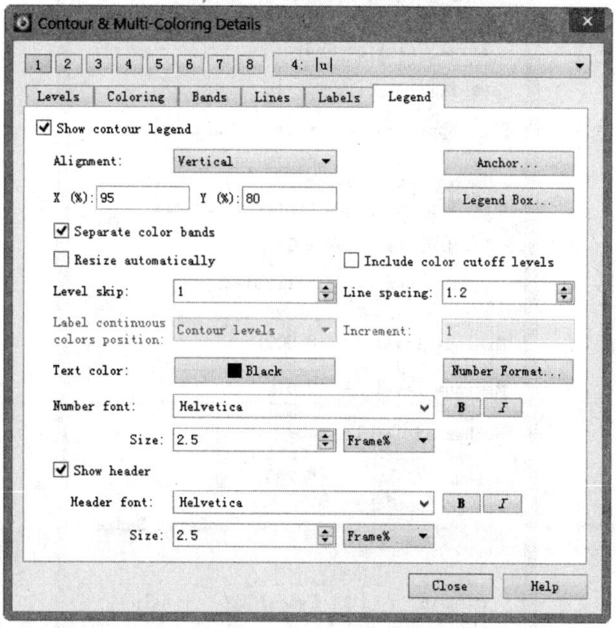

图 4-23　“Legend”选项卡

Temperature
490
480
470
460
450
440
430
420
410
400
390
380

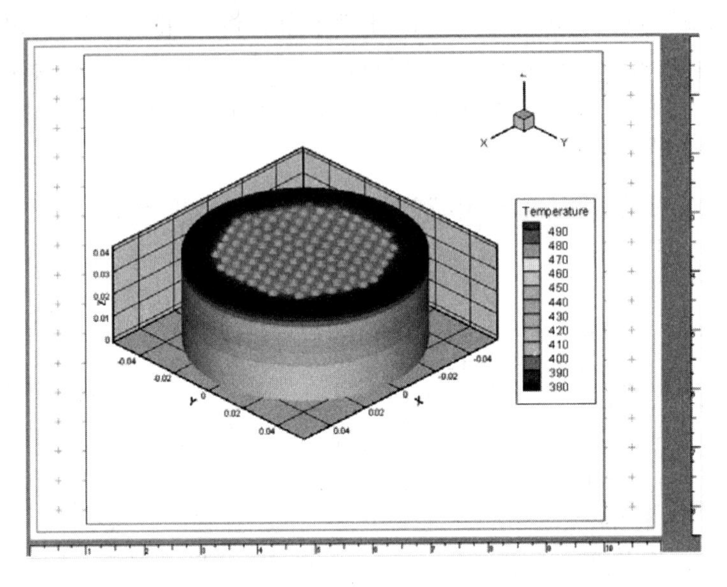

图 4-24 调出“Legend”图例后的图形

如果对默认的 Legend 图例不满意，可以进行编辑，单击图 4-22 中的“Enter New Levels”按钮，弹出“Enter Contour Levels”对话框。在对话框中可以输入最佳的最高、最低值和级别的数目，具体设置如图 4-25 所示，单击“OK”按钮，编辑新的“Legend”后的图形如图 4-26 所示。

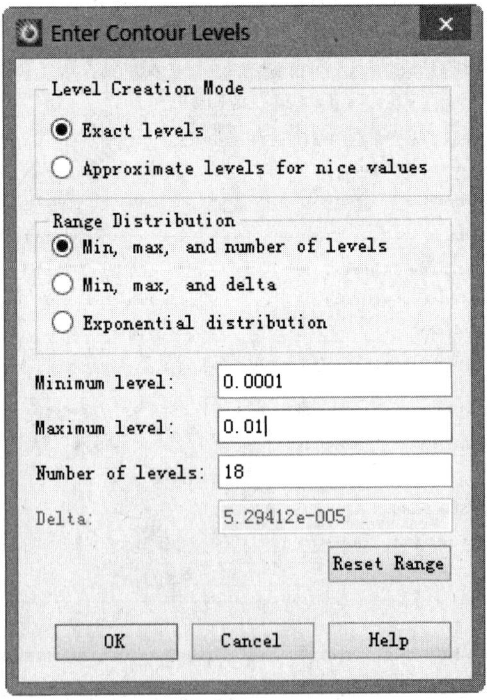

Enter Contour Levels
Level Creation Mode
Exact levels
Approximate levels for nice values
Range Distribution
Min, max, and number of levels
Min, max, and delta
Exponential distribution
Minimum level:
0.0001
Maximum level:
0.01
Number of levels:
18
Delta:
5.29412e-005
Reset Range
OK
Cancel
Help

图 4-25 “Enter Contour Levels”对话框

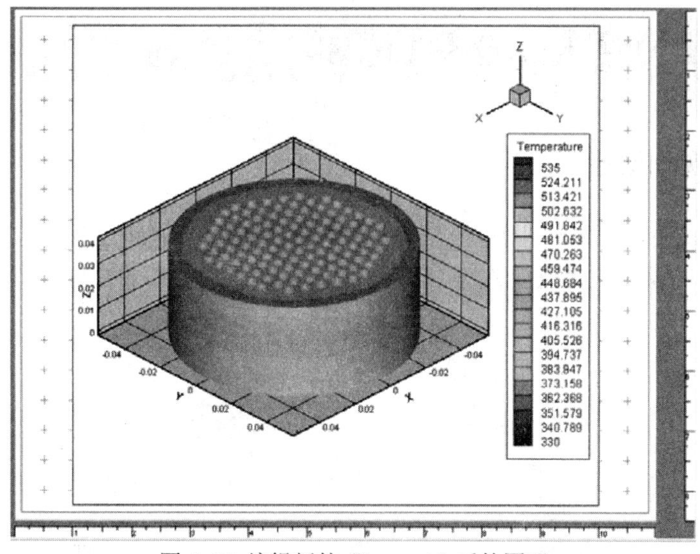

图 4-26 编辑新的“Legend”后的图形

（6）显示透明图和剖面图　在处理三维图形时，会发现内部数据的显示不方便，对于这种情况，处理方法是用透明化和一些截面上的数据来了解。

单击 Tecplot 操作界面“Zone Effects”选项组下面的“Translucency”复选框，得到如图 4-27 所示的透明显示图。

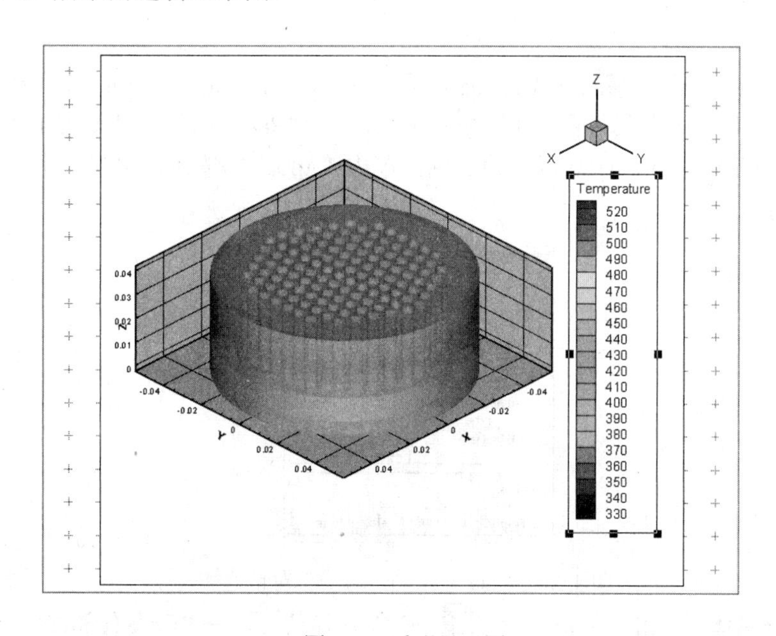

图 4-27 透明显示图

（7）导出图形文件　图形的导出方法与前面提到的 XY Plot 类型图的导出方法相同，这里不再赘述。

（8）保存编辑后的图形文件　单击菜单栏中的“File” → “Save Layout as”命令，弹出文件保存的对话框。注意，保存图形文件时，文件类型最好是“Linked Data (*.lay)”，单击“OK”按钮即可。

4.2 三维弯管水流速度场模拟

4.2.1 实例概述

如图 4-28 所示的三维弯管，水流以 0.1m/s 的速度从入口进入，下面就用 FLUENT 和 Tecplot 共同模拟该管道内的速度场。

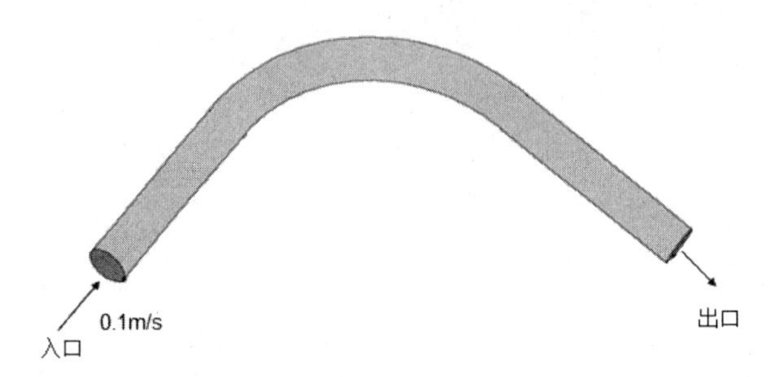

图 4-28 几何模型

4.2.2 模型的建立

1）单击“Geometry” → “Volume” → “Create Real Torus” 按钮，弹出“Create Real Torus”对话框，如图 4-29 所示，在“Radius1”和“Radius2”中分别输入 10 和 1，保持“Center Axis”为 Z 轴，单击“Apply”按钮，出现一个三维圆环，如图 4-30 所示。

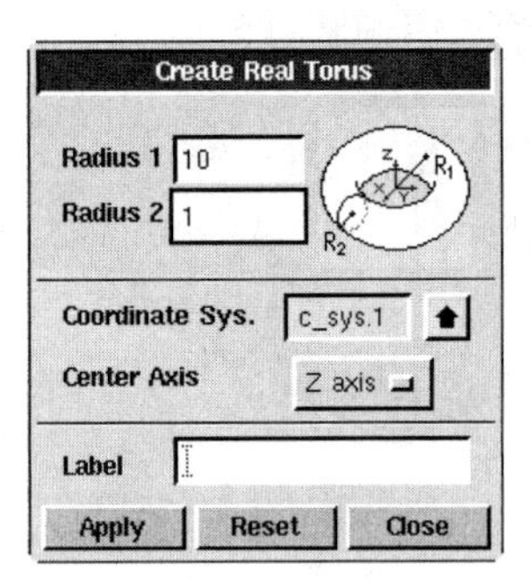

图 4-29“Create Real Torus”对话框

2）建立分割体。单击“Geometry” →“Volume” →“Create Real Brick” 按钮，在弹出的“Create Real Brick”的对话框中“Width”“Depth”“Height”分别输入 30，单击“Apply”按钮，生成分割立方体。

3）移动分割体。单击“Geometry” →“Volume” →“Move/Copy Volumes” 按钮，在“Move/Copy Volumes”面板中选择新建立的立方体，X 轴方向移动-15，Y 轴方向移动-15，Z 轴保持 0，单击“Apply”按钮，如图 4-31 所示。

4）单击“Geometry” →“Volume” →“Split Volume” 按钮，弹出“Split

Volume”面板，如图 4-32 所示，第一行的 Volume 选择圆环，第二行的“Volume”选择立方体，单击“Apply”按钮，即将圆环分割成 1/4 和 3/4 部分，如图 4-33 所示。

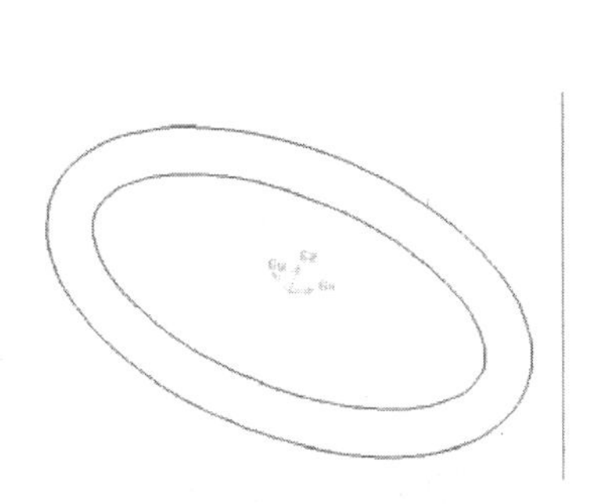

图 4-30 三维圆环

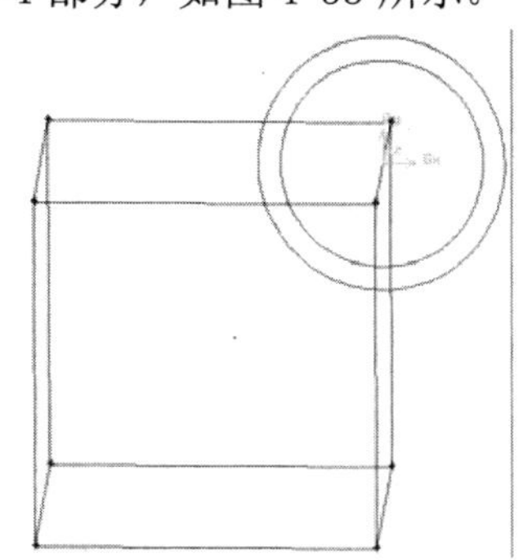

图 4-31 分割体与圆环

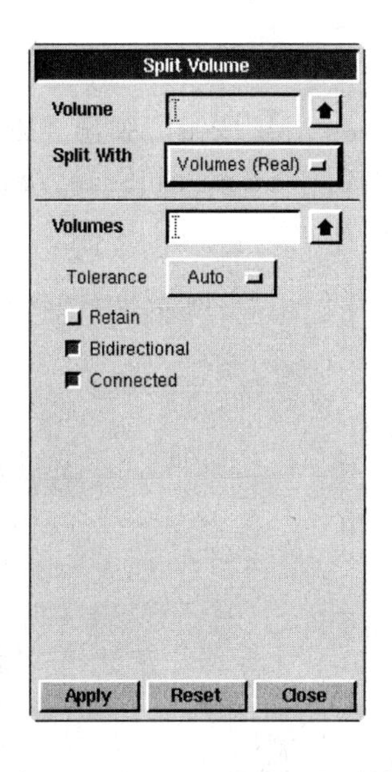

图 4-32 “Split Volume”面板

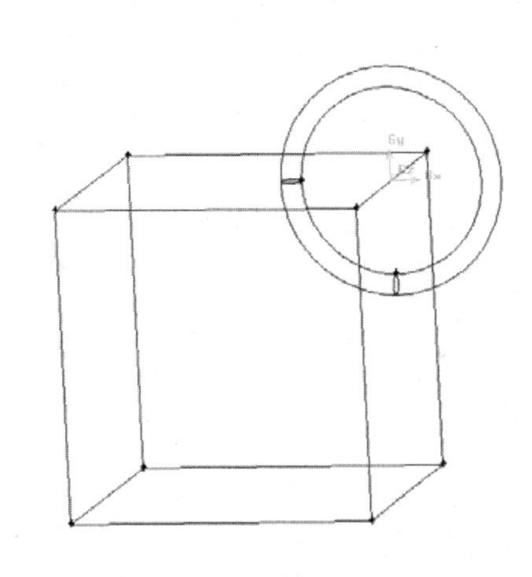

图 4-33 分割后的几何体

5）擦除多余几何体。单击“Geometry”→“Volume”→“Delete Volume”按钮，选中需要擦除的几何体积，单击“Apply”按钮，即得到管道拐角处的几何体，如图 4-34 所示。

6）建立管道直道。单击“Geometry”→“Volume”→“Create Real Cylinder”按钮，在“Create Real Cylinder”面板中输入“Height”：10；“Radius1”：1；“Radius2”：1；“Axis Location”选择“Positive Y”，单击“Apply”按钮，生成一个圆柱体，同理在 X 轴方向上生成一个同样尺寸的圆柱体。

7）移动圆柱体。单击“Geometry”→“Volume”→“Move/Copy Volumes”按钮，在“Move/Copy Volumes”面板中选择 Y 轴方向的圆柱体，沿 X 轴方向移动-10；选择 X 轴方向上的圆柱体，沿 Y 轴方向移动-10，单击“Apply”按钮，即生成管道几何体模型，如图 4-35 所示。

8）将生成的三段几何体合并。单击“Geometry”→“Volume”→“Unit Real

Volumes”按钮，即将三段几何体合成为一体。

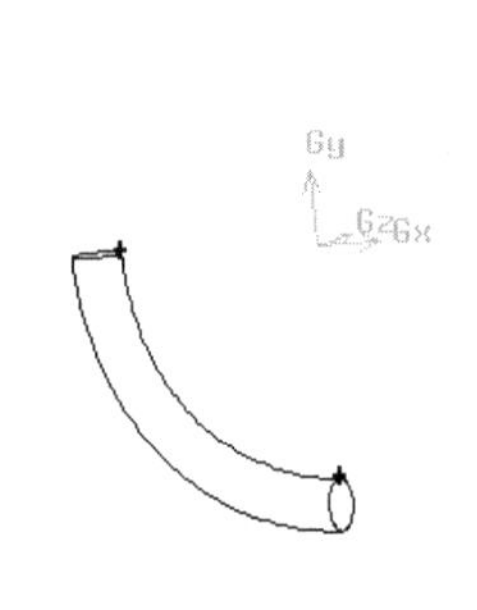

图 4-34　管道拐角处的几何体

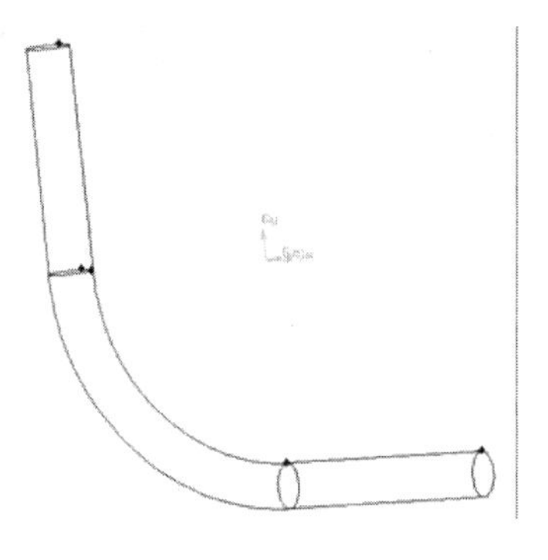

图 4-35　管道几何体模型

4.2.3　网格的划分

1）单击“Mesh”→“Volume”→“Mesh Volumes”按钮，弹出“Mesh Volumes”面板，选中几何体，选择 Hex、Cooper 的划分方式，“Interval Size”输入 0.2，单击“Apply”按钮，即完成体网格的划分，如图 4-36 所示。

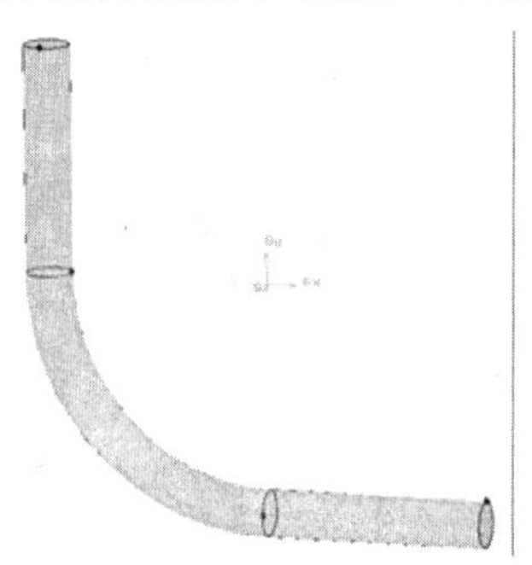

图 4-36 体网格的划分

2）单击“Zones”→“Specify Boundary Types”按钮，在“Specify Boundary Types”面板中直管一边的截面定义为速度入口（VELOCITY_INLET），名称为 in；将另一边的截面定义为自由出口（OUTFLOW），名称为 out；选择剩下的壁面定义为 WALL。

3）执行“File”→“Export”→“Mesh”命令，在文件名中输入“pipe.msh”，不选 Export 2-D（X-Y）Mesh，确定输出三维模型网络文件。

4.2.4　求解计算

1）启动 FLUENT 19.0，在弹出的“FLUENT Launcher”对话框中选择 3D 计算器，单击“OK”按钮 。

2）单击“File”下拉菜单栏中的“Read”→“Case”命令，读入划分好的网格文件“pipe.msh”。

3）单击“Setting Up Domain”功能区“Mesh”面板中的“Scale”按钮 Scale...，打开“Scale Mesh”对话框，将尺寸变为 mm，单击“Scale”按钮 Scale，如图 4-37 所

示，然后单击“Close”按钮Close，关闭该对话框。

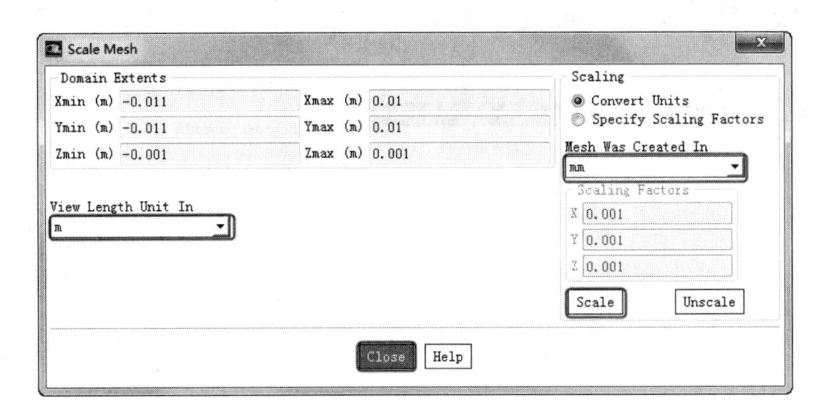

图 4-37 “Scale Mesh”对话框

4）双击“导航面板”中的“General”命令，弹出“General”任务面板，本例保持系统默认设置即可满足要求。

5）单击“Setting Up Physics”功能区“Materials”面板中的“Create/Edit”按钮，系统弹出“Create/Edit Materials”对话框，如图 4-38 所示，单击“Fluent Database”按钮，打开“Fluent Database Materials”对话框，在“Fluent Fluid Materials”下拉列表中选择“water-liquid(h2o<l>)”，如图 4-39 所示。依次单击“Copy”和“Close”按钮，完成对材料的定义，同时返回到“Create/Edit Materials”对话框，单击“Close”按钮，关闭该对话框。

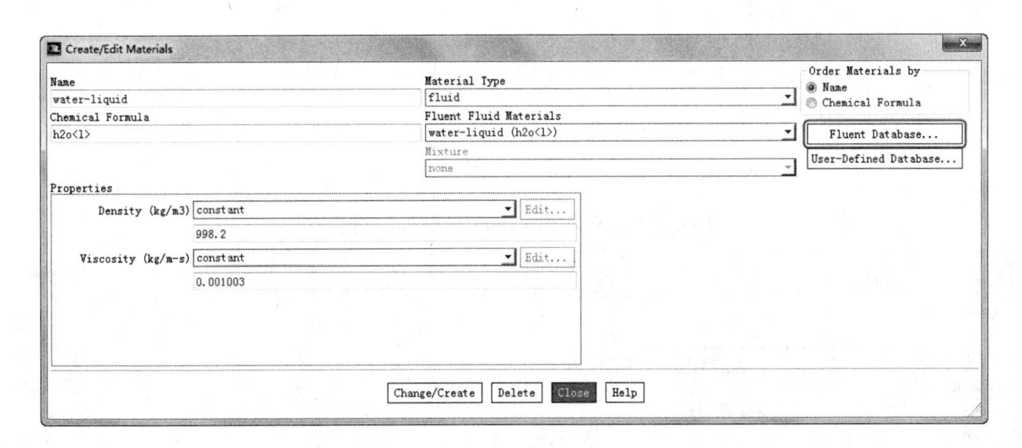

图 4-38 “Create/Edit Materials”对话框

6）单击“Setting Up Physics”功能区“Solver”面板中的“Operating Conditions”命令，弹出“Operating Conditions”对话框，如图 4-40 所示，保持默认值，单击“OK”按钮。

7）单击“Setting Up Physics”功能区“Zones”面板中的“Cell Zones”命令，弹出“Cell Zone Conditions”任务面板。在列表中选择“fluid”，单击“Edit”按钮，弹出“Fluid”对话框，在该对话框中选择“Material Name”为“water-liquid”，如图

4-41 所示，单击“OK”按钮。

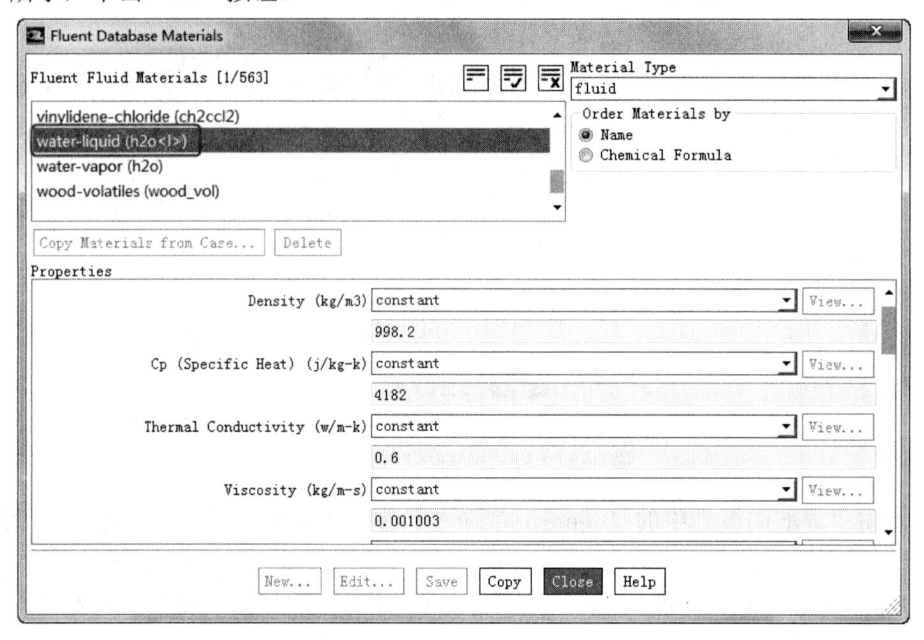

图 4-39 “ Fluent Database Materials”对话框

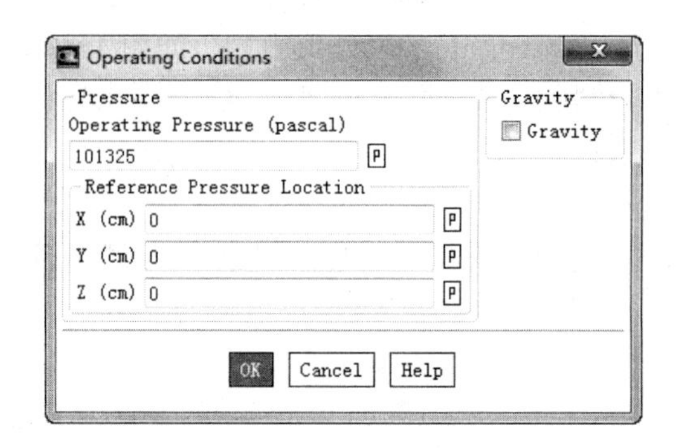

图 4-40 “Operating Conditions”对话框

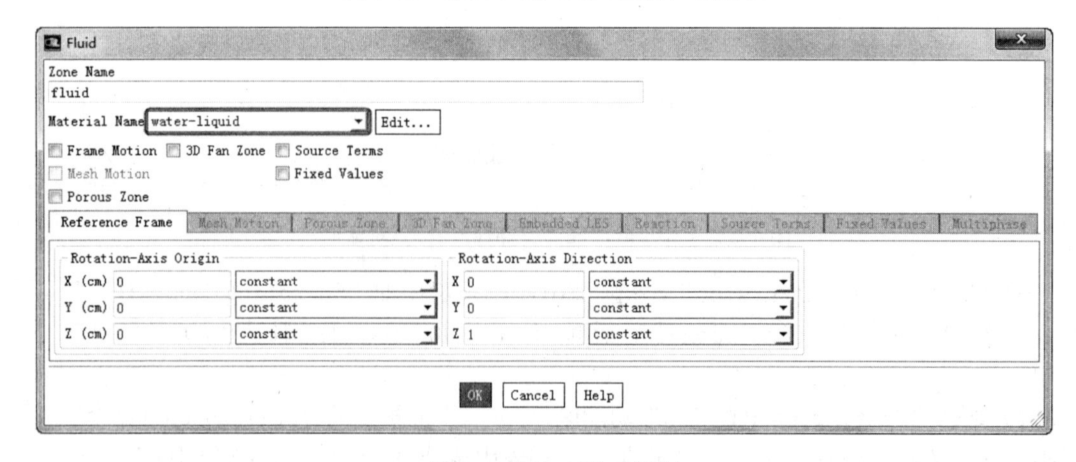

图 4-41 “Fluid”对话框

8）单击“Setting Up Physics”功能区“Zones”面板中的“Boundaries”命令，弹出“Boundary Conditions”任务面板。在列表中选择“in”，其类型“Type”为“velocity-inlet”，单击“Edit”按钮，弹出“Velocity Inlet”对话框，在“Velocity Magnitude”中输入0.1，如图4-42所示，单击“OK”按钮。

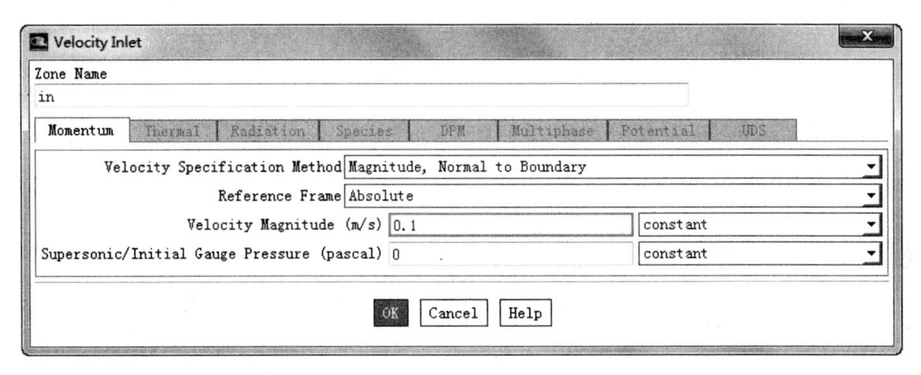

图4-42 “Velocity Inlet”对话框

9）单击“Solving”选项卡“Controls”面板中的“Controls”按钮，弹出“Solution Controls”面板，保持默认值。

10）单击“Solving”选项卡“Initialization”面板中的“Initialize”按钮，进行初始化。

11）单击“Solving”选项卡“Reports”面板中的“Residuals”按钮 Residuals...，弹出“Residual Monitors”对话框，选中Plot，收敛精度均为0.001，如图4-43所示，单击“OK”按钮。

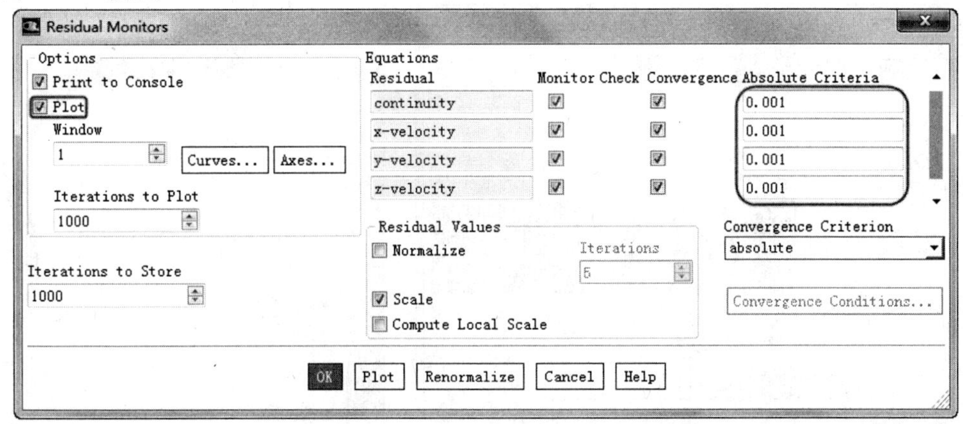

图4-43 “Residual Monitors”对话框

12）单击“Solving”选项卡“Run Calculation”面板中的“Advanced”命令，弹出“Run Calculation”任务面板，设置“Number of Iteration”为100，如图4-44所示，单击“Calculate”按钮开始解算，计算完毕后弹出“Calculation complete”对话框，单击“OK”按钮，关闭该对话框。

13）单击“Postprocessing”选项卡“Graphics”面板中的“Contours”按钮 Contours 下拉菜单中的“Edit”命令，弹出“Contours”对话框，在“Contours of”中选择

“Velocity”，不勾选“Filled”，在“Surface”中选择所有的项，如图 4-45 所示，单击“Display”按钮，出现管道速度轮廓图，如图 4-46 所示。再在“Surface”中选择“out”，显示出口处的速度轮廓图，如图 4-47 所示。

Run Calculation

Check Case...　　Update Dynamic Mesh...

Number of Iterations　　Reporting Interval

100　　1

Profile Update Interval

1

Data File Quantities...　　Acoustic Signals...

Acoustic Sources FFT...

Calculate

Help

图 4-44 “Run Calculation”对话框

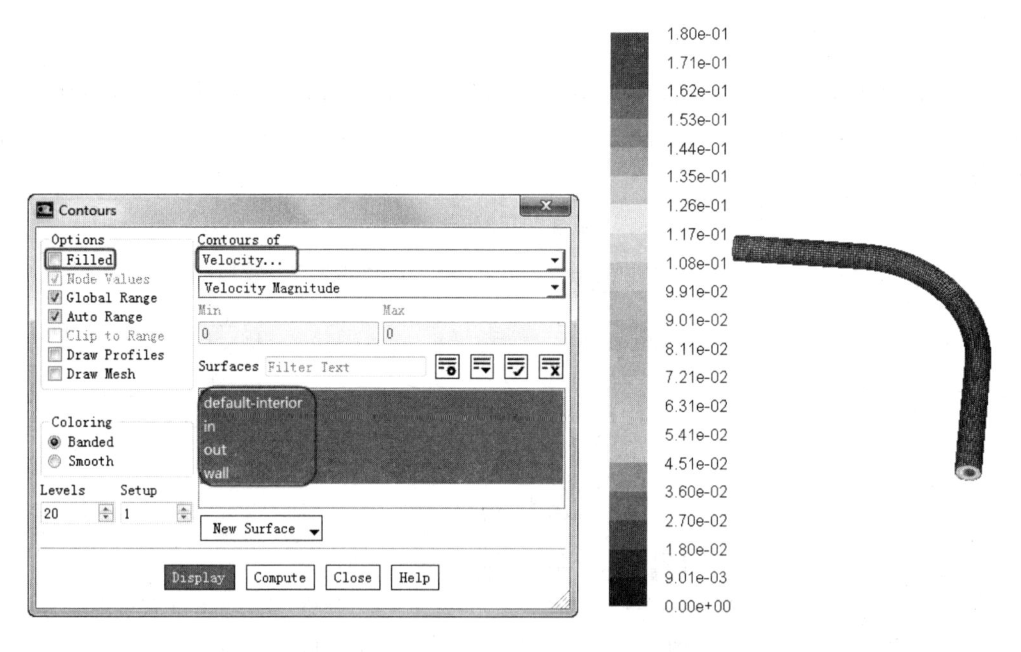

图 4-45 “Contours”对话框　　　　图 4-46 管道速度轮廓图

14）单击“Postprocessing”选项卡“Graphics”面板中的“Vectors”按钮 Vectors 下拉菜单中的“Edit”命令，系统弹出“Vectors”对话框，在“Surfaces”中选择“out”，单击“Display”按钮，即得到出口处的速度矢量图，如图 4-48 所示。

15）计算完的结果要保存为“Case”和“Data”文件，单击“File”下拉菜单栏中的“Write”→“Case&Data”命令，在弹出的文件保存对话框中将结果文件命名为“pipe.Cas”，“case”文件保存的同时也保存了“Data”文件“pipe.dat”。

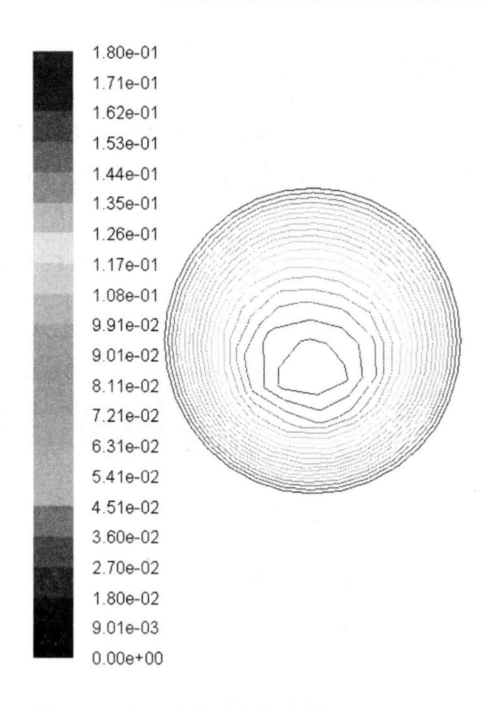

图 4-47 出口处的速度轮廓图

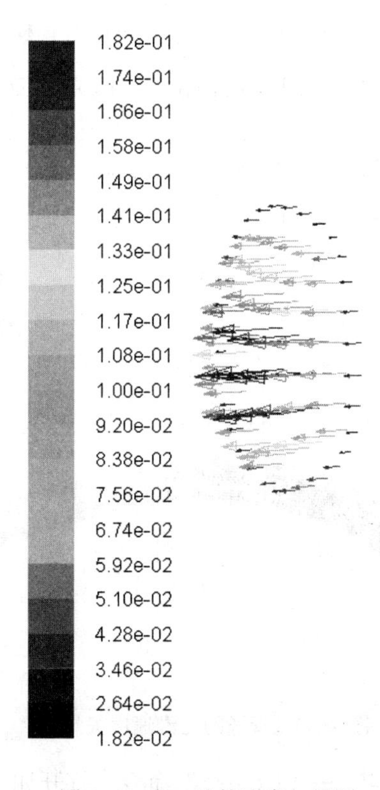

图 4-48 出口处的速度矢量图

4.2.5　Tecplot 后处理

1）单击菜单栏中的“File” → “Export” → “Solution Data”，出现“Export”面板，如图 4-49 所示。“File Type”中选择“Tecplot”，Surface”一栏全选，“Functions to Write”中选择“Velocity Magnitude”“X Velocity”“Y Velocity”“Z Velocity”“Axial Velocity”，单击“Write”按钮，保存为“pipe.plt”。

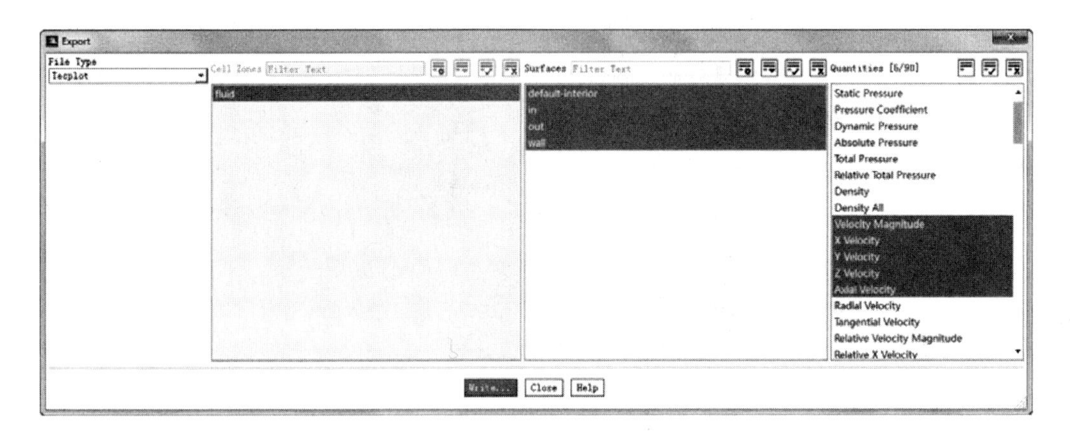

图 4-49　Fluent 中的“Export”面板

2）双击“Tecplot”的快捷方式打开 Tecplot 软件。单击菜单栏中的“File” →“Load Data”导入 pipe.plt。

3）数据导入后选择 3D 的显示方式。在“Show Zone layers”的一栏选择“Vector”，就出现管道的三维速度矢量图，如图 4-50 所示。

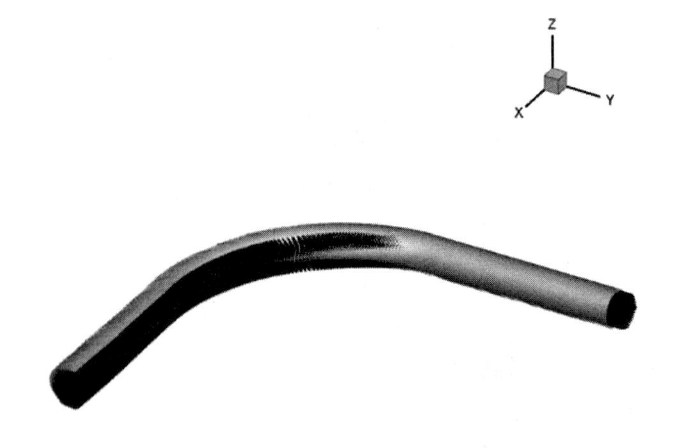

图 4-50　管道的三维速度矢量图

4）单击菜单栏中的“File” → “Export”命令，打开如图 4-51 所示的“Export”面板，在“Export Format”中选择 TIFF 格式，单击“OK”按钮，保存图形文件 pipe.tif。

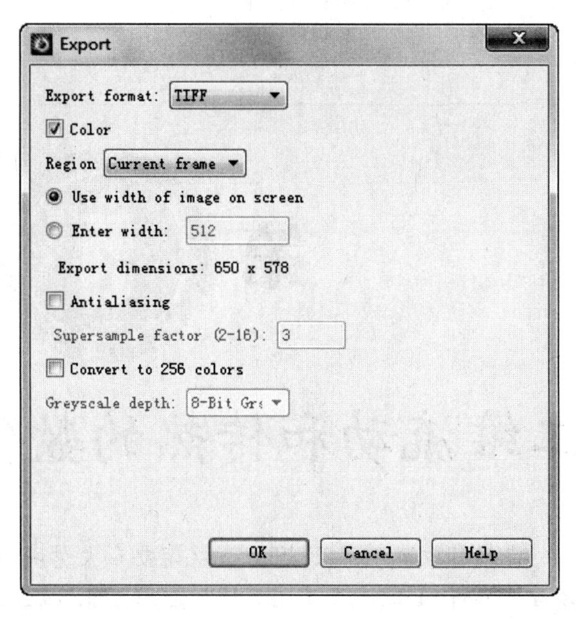

图 4-51 Tecplot 中的“Export”面板

第 5 章

二维流动和传热的数值模拟

要想有效地利用 FLUENT，就需要在大量实践的基础上积累经验，了解 FLUENT 在不同领域的应用可能性及效果。

本章通过几个简单的二维流动和传热的数值模拟实例，帮助读者认识 FLUENT 的操作界面，了解 FLUENT 的基本求解过程，为以后利用 FLUENT 解决实际工程问题打下基础。

学习要点

- 二维瞬间闸门倾洪流动模拟
- 喷嘴内气体流动分析
- 轴对称孔板流量计的流动模拟
- 二维自然对流传热问题的分析

5.1 二维瞬间闸门倾洪流动模拟

已知坝的上游水库水位为 10m，河道长 100m，坝的下游河道为干河，长度为 400m，现在启动闸门，水流迅速冲向下游，如图 5-1 所示。

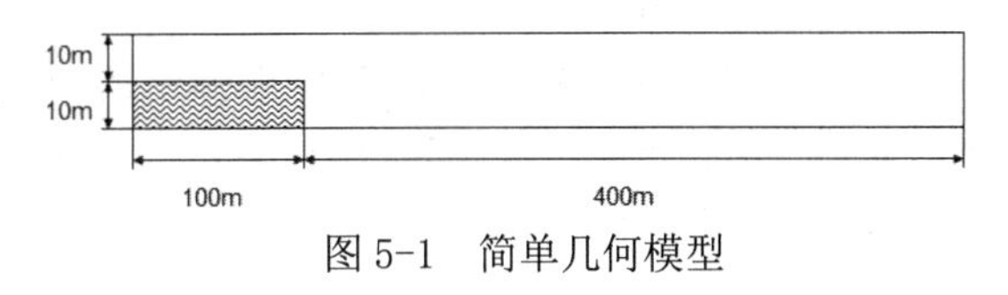

图 5-1 简单几何模型

5.1.1 利用 GAMBIT 创建模型

1）双击桌面上的 GAMBIT 图标，启动 GAMBIT 软件，弹出“Gambit Startup”对话框，在“working directory”下拉列表框中选择工作目录。在“Session ID”文本框中输入“Model”，单击“Run”按钮，进入 GAMBIT 系统操作界面。

2）建立矩形面域，单击“Geometry” →“Face” →“Create Real Rectangular Face” 按钮，在“Create Real Rectangular Face”面板的“Width”和“Height”中输入数值 500 和 20，单击“Apply”按钮生成大的矩形面。然后输入 100 和 10，生成小的矩形面。

3）单击“Geometry” →“Face” →“Move/Copy Faces” 按钮，在“Move/Copy Faces”面板中选择小矩形面，在 X 和 Y 的输入栏中输入-200 和-5，单击“Apply”按钮，即将小矩形面移动到大矩形面的左下角，如图 5-2 所示。

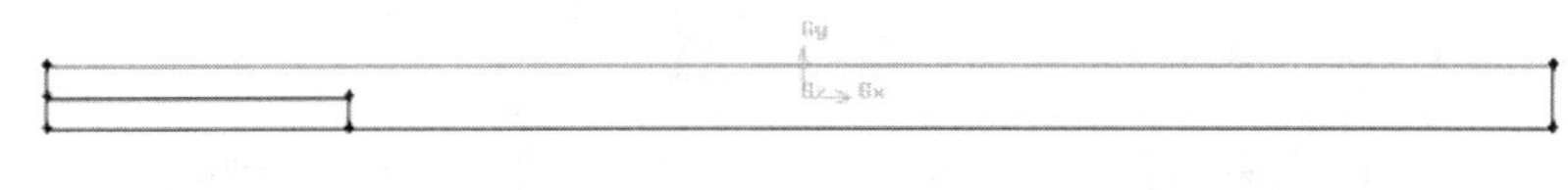

图 5-2 流道简图

4）对面域进行布尔操作，单击“Geometry” → “Face” → “Subtract Real Faces” 按钮，在第一行“Face”中选取大矩形面，第二行“Subtract Face”中选择小矩形面，并按下“Retain”保留小矩形面，单击“Apply”按钮。

在两个面交界的地方，有两条线段重合，可以单击“Edge”面板中的“Connect Edges” 按钮，来使两条线段合并成一条。

5.1.2 网格的划分

1）单击“Mesh” → “Face” → “Mesh Faces” 按钮，打开“Mesh Faces”面板，选中两个面，划分方式：Quad，Map，Interval size-1，单击“Apply”按钮，完成对面域的网格划分，如图 5-3 所示。

2）单击“Zones” →“Specify Boundary Types” 按钮，在“Specify Boundary Types”面板中选择“Face.1”的上边界和右边界，类型为“PRESSURE_OUTLET”，命名为“out”；选择“Face.1”的左和下边界，类型为 WALL，命名为“w”。

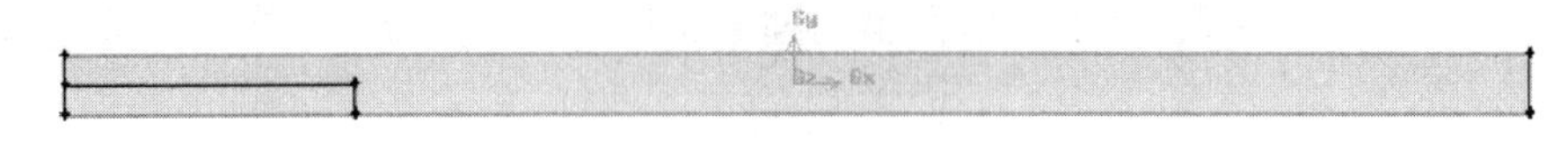

图 5-3 面域网格的划分

3）单击“Zones” → “Specify Continuum Types” 按钮，在“Specify Continuum Types”面板中选择小矩形面，类型为 FLUID，命名为“fluid 1”。

4）执行“File” → “Export” → “Mesh”命令，在弹出的对话框中文件名输入“Model.msh”，并选中“Export 2-D（X-Y）Mesh”，确定输出二维模型网络文件。

5.1.3 求解计算

1）启动 FLUENT 19.0，在弹出的“FLUENT Launcher”对话框中选择 2D 计算器，单击“OK”按钮 。

2）单击“File”下拉菜单栏中的“Read” → “Case”命令，读入划分好的网格文件“Model.msh”。然后进行检查，单击“Setting Up Domain”功能区“Mesh”面板中的“Check”按钮。

3）双击“导航面板”中的“General”命令，弹出“General”任务面板，设置“Time”组为“Transient”，其他保持默认值，如图 5-4 所示。

4）单击“Setting Up Physics”功能区“Models”面板中的“Multiphase”按钮，弹出“Multiphase Model”对话框，选择“Volume of Fluid”复选框，保持默认值，如图 5-5 所示，单击“OK”按钮。

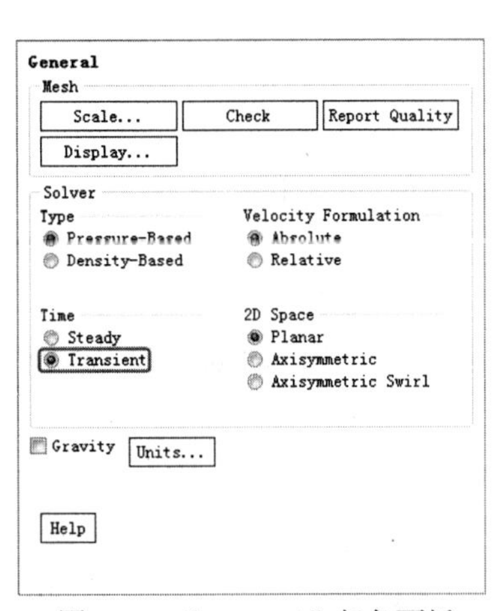

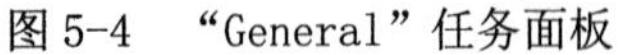

图 5-4 “General”任务面板

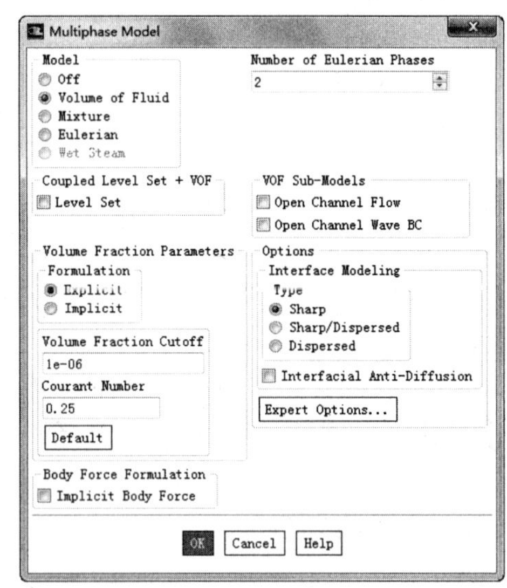

图 5-5 “Multiphase Model”对话框

5）单击“Setting Up Physics”功能区“Materials”面板中的“Create/Edit”按钮，系统弹出“Create/Edit Materials”对话框，如图 5-6 所示，单击“FLUENT Database”，打开“Fluent Database Materials”对话框，在“Fluent Fluid Materials”下拉列表中选择“water-liquid(h2o<l>)”，如图 5-7 所示。单击“Copy”按钮和“Close”

按钮，返回到“Create/Edit Materials”对话框，单击“Change/Create”和“Close”按钮，完成对材料的定义。

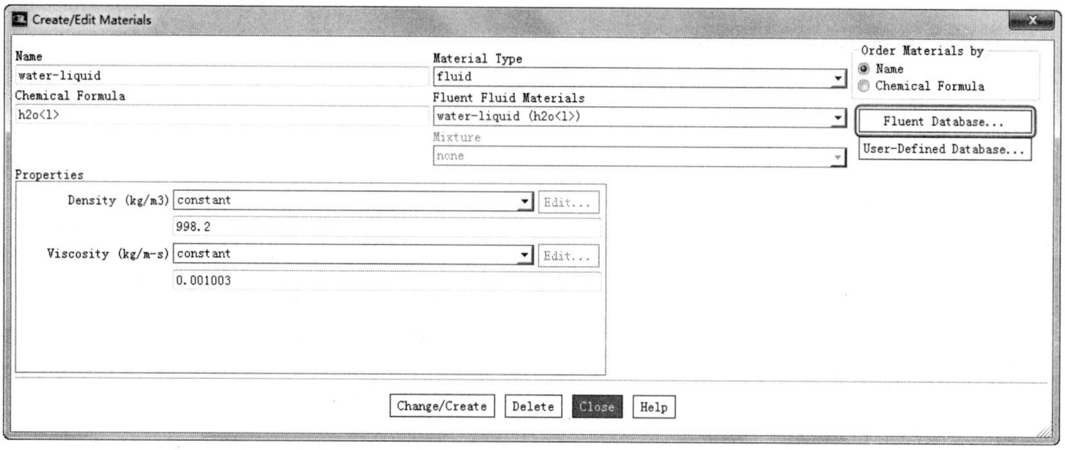

图 5-6 “Create/Edit Materials”对话框

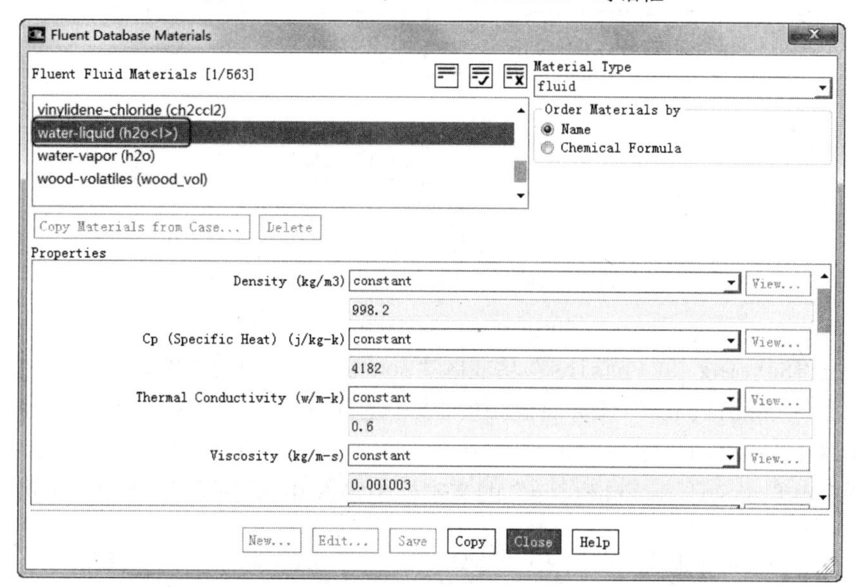

图 5-7 “ Fluent Database Materials”对话框

6）单击“Setting Up Physics”功能区“Phases”面板中的“List/Show All”命令，打开“Phases”对话框，如图 5-8 所示，在“Phase”列表中选择“phase-1-Primary-Phase”，单击“Edit”按钮，打开“Primary Phase”对话框，设置“Phase Material”为“air”，并在“Name”下的文本框中输入“air”，如图 5-9 所示，单击“OK”按钮。同理在“phase”列表中选择 phase-2-Secondary Phase，单击“Edit”按钮，在“Secondary Phase”对话框中选择“water-liquid”，并在“Name”中输入“water”，单击“OK”按钮，返回到“Phases”对话框，单击“CLose”按钮，将其关闭。

7）单击“Setting Up Physics”功能区“Solver”面板中的“Operating Conditions”命令，打开“Operating Conditions”对话框，勾选右侧的“Gravity”复选框，将其展开，沿 Y 轴方向加速度填写为-9.8，勾选“Specified Operating Density”，如图 5-10

所示，单击“OK”按钮。

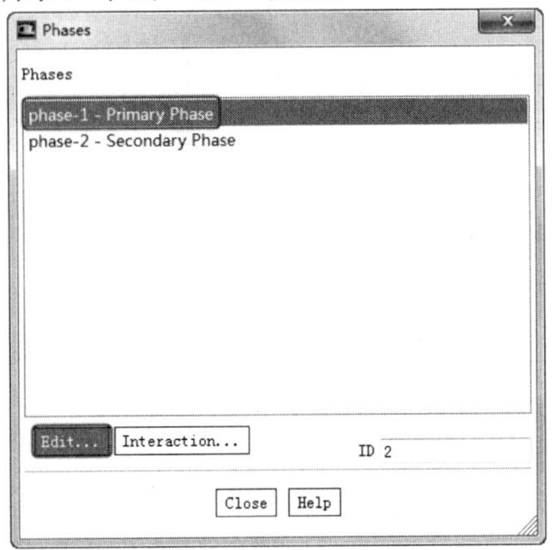

图 5-8　“Phases”对话框

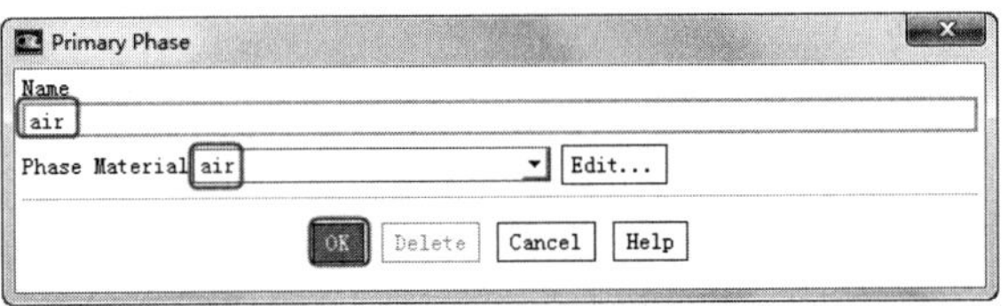

图 5-9　“Primary Phase”对话框

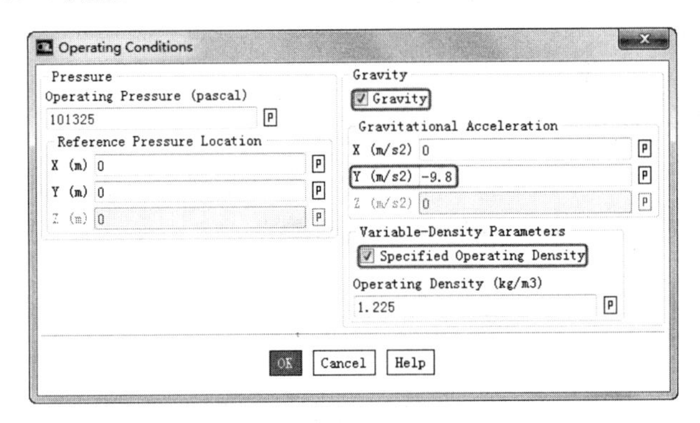

图 5-10　“Operating Conditions”对话框

8）单击“Setting Up Physics”功能区“Zones”面板中的“Boundaries”命令，弹出“Boundary Conditions”任务面板。在列表中选择“out”，“phase”中选择“water”，单击“Edit”按钮，打开“Pressure outlet”对话框，单击对话框中的“Multiphase”一栏，在“Backflow Volume Fraction”的文本框中输入 0，如图 5-11 所示，单击“OK”按钮。

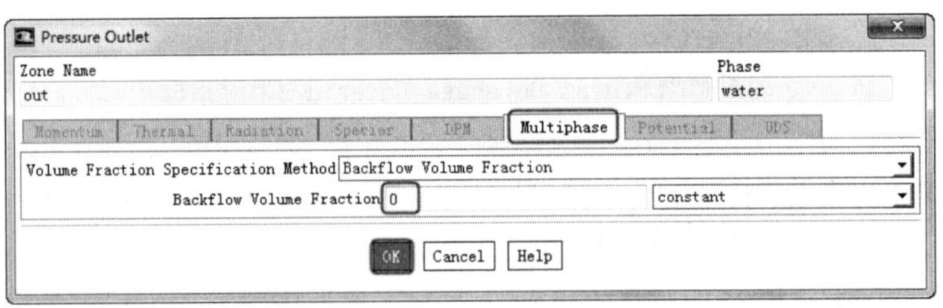

图 5-11　“Pressure outlet”对话框

9）单击“Solving”选项卡“Solution”面板中的“Methods”按钮，弹出“Solution Methods”任务面板，在“Pressure-Velocity Coupling”选项栏中选择“PISO”，其他保持默认值，如图 5-12 所示。

10）单击“Solving”选项卡“Initialization”面板中的“Options”命令，弹出“Solution Initialization”任务面板，在 Initialization Methods 选项中选择

Standard Initialization，在“Compute from”下拉列表框中选择“all-zones”，单击“Initialize”按钮，如图 5-13 所示。

11）单击“Solution Initialization”任务面板中的“Patch”按钮，弹出如图 5-14 所示的“Patch”对话框，在“Phase”组中选择 water，在“Variable”组中选择“Volume Fraction”和“fluid_1”，在“Value”一栏中填写 1，单击“Patch”按钮。

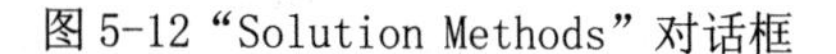

图 5-12“Solution Methods”对话框

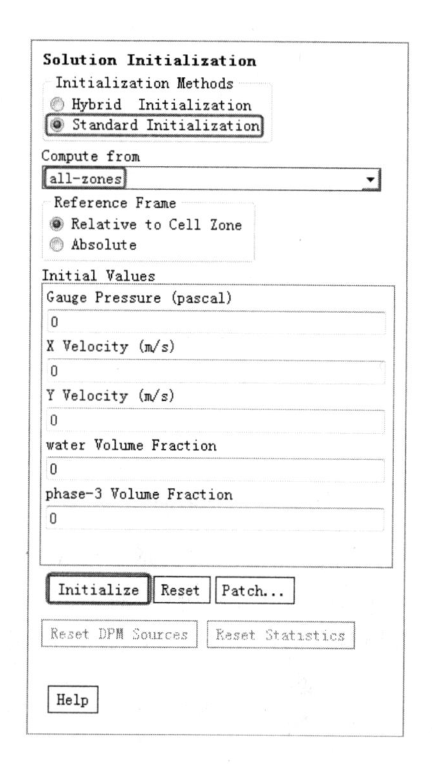

图 5-13 “Solution Initialization”任务面板

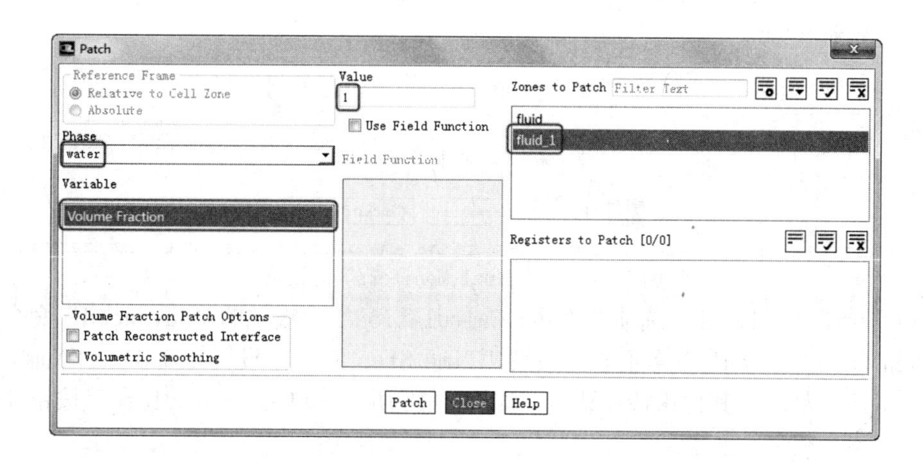

图 5-14 “Patch”对话框

12）单击“Postprocessing”选项卡“Graphics”面板中的“Contours”按钮 Contours 下拉菜单中的“Edit”命令，弹出“Contours”对话框，在“Contours of”中选择“Phases…”和“Volume fraction”，并在“Phase”中选择“air”，勾选“Filled”，如图 5-15 所示，单击“Display”按钮，显示了初始时态的空气体积分数，如图 5-16 所示。

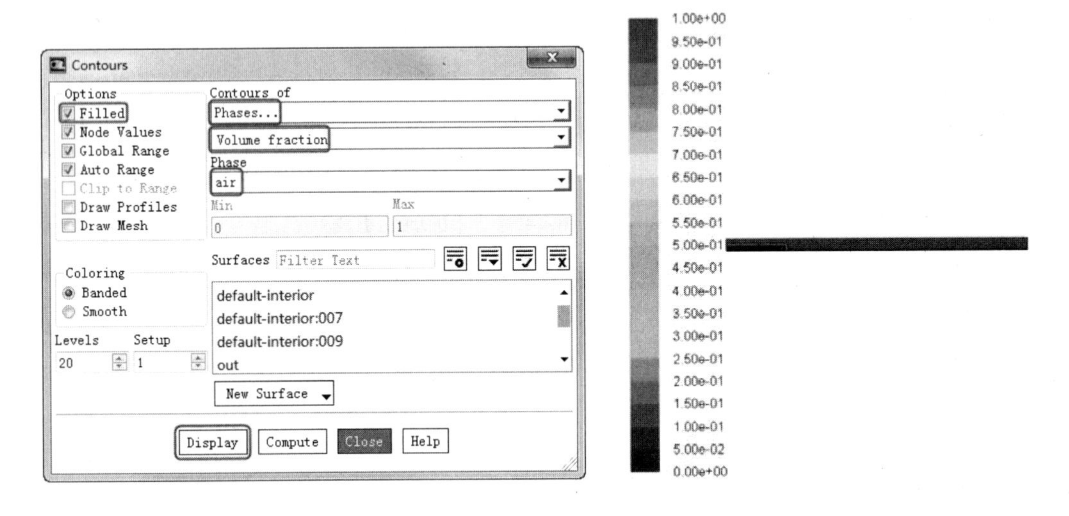

图 5-15 “Contours”对话框　　　　图 5-16 初始时态的空气体积分数

13）单击“Solving”选项卡“Reports”面板中的“Residuals”按钮 Residuals...，弹出“Residual Monitors”对话框，在“Residual Monitors”对话框中选中“Plot”，其他保持默认值，如图 5-17 所示，单击“OK”按钮。

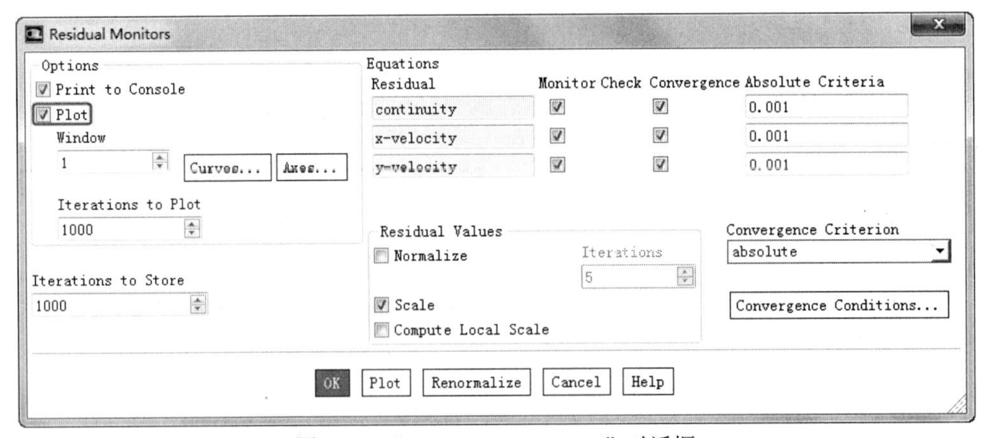

图 5-17 “Residual Monitors”对话框

14）单击“Solving”选项卡“Run Calculation”面板中的“Advanced”命令，弹出“Run Calculation”任务面板。设置“Time Step Size”设置为 0.01s，“Number of Time Steps”为 50，其他保持默认值，如图 5-18 所示，单击“Calculate”按钮开始解算。

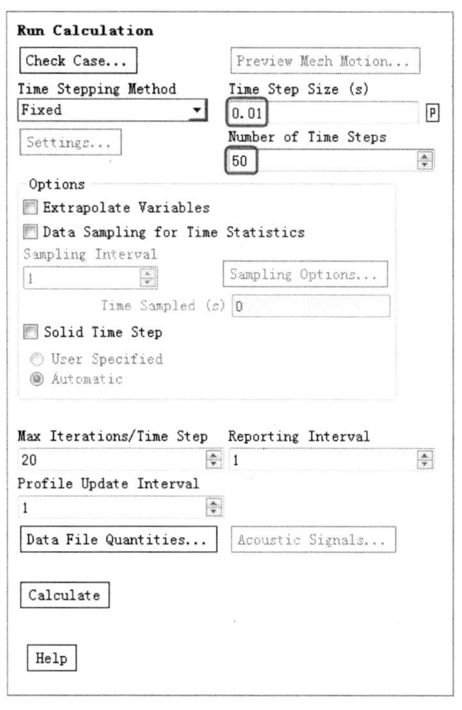

图 5-18 “Run Calculation” 对话框

15)单击“Postprocessing”选项卡“Graphics”面板中的“Contours”按钮 Contours 下拉菜单中的“Edit”命令,打开“Contours” 对话框,在“Contours of” 中选择“Phases”,勾选 “Filled”, 单击 “Display” 按钮, 出现空气 0.5s 时的体积分数分布云图, 如图 5-19 所示。再单击 “Postprocessing” 选项卡 “Graphics” 面板中的 “Vectors” 按钮 Vectors 下拉菜单中的 “Edit” 命令, 打开 “Vectors” 对话框, 单击 “Display” 按钮, 显示出空气 0.5s 时的速度矢量图, 如图 5-20 所示。

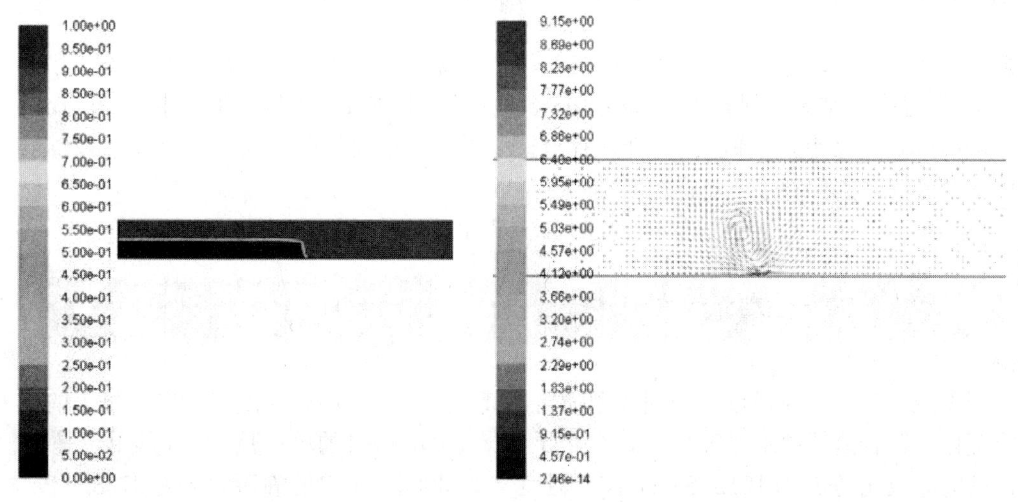

图 5-19 空气 0.5s 时的体积分数分布云图　　　　图 5-20 空气 0.5s 时的速度矢量图

16) 同理, 将 “Number of Time Steps” 改为 90 和 120, 考察空气 0.9s 和 1.2s 时的体积分步云图和速度矢量图, 如图 5-21～图 5-24 所示。

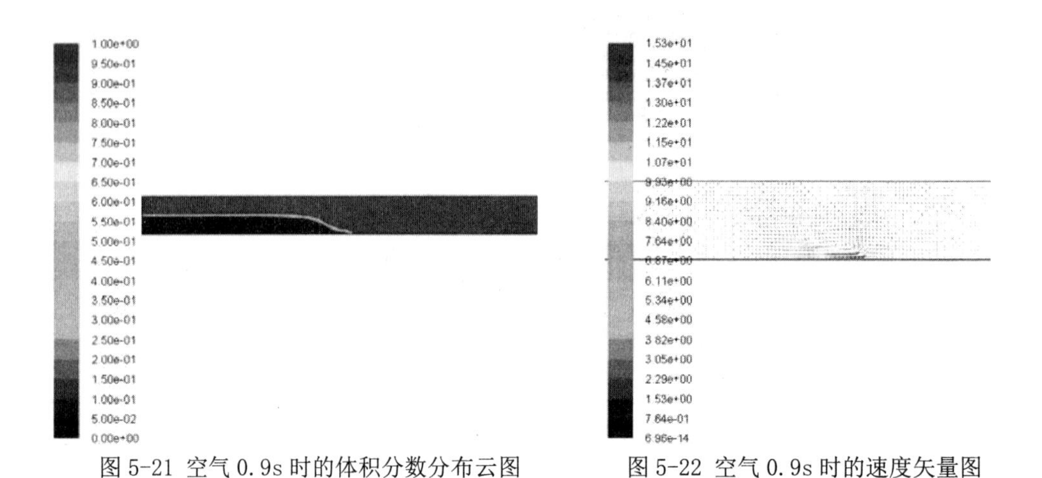

图 5-21 空气 0.9s 时的体积分数分布云图　　　图 5-22 空气 0.9s 时的速度矢量图

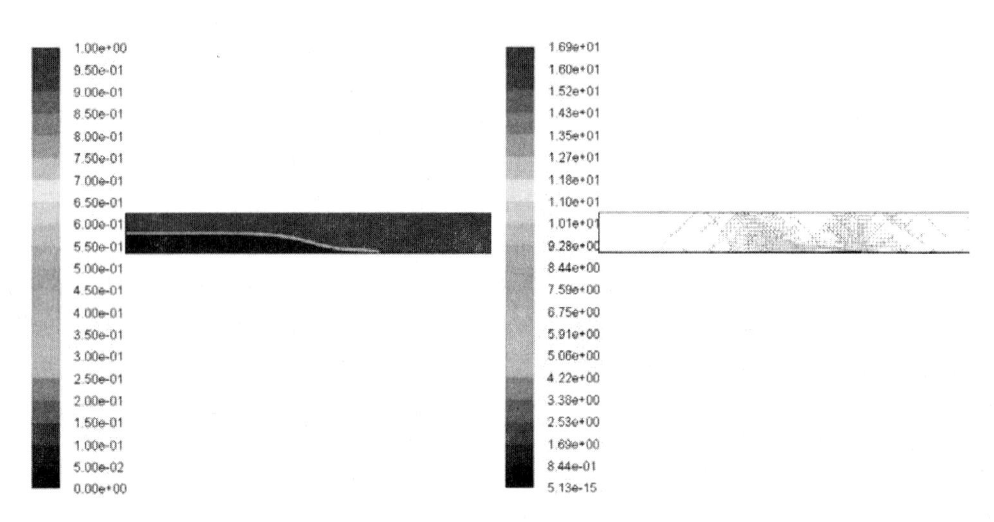

图 5-23 空气 1.2s 时的体积分数分布云图　　　图 5-24 空气 1.2s 时的速度矢量图

17)计算完的结果要保存为 Case 和 Data 文件，单击“File”下拉菜单栏中的“Write”→“Case&Data”命令，在弹出的文件保存对话框中将结果文件命名为“Model.cas”，Case 文件保存的同时也保存了 data 文件“Model.dat”。

18）单击“File”下拉菜单栏中的“Exit”命令，安全退出 FLUENT。

5.2 喷嘴内气体流动分析

假设流动空气高速通过一个缩放型喷嘴，其圆形横截面面积 A 随着轴向距离 x 的变化而变化，符合公式：$A = 0.1 + x^2$（$-0.5 < x < 0.5$）；A 的单位是 m^2，x 的单位是 m。进口处的滞点压力 P_0 为 101325 Pa，滞点温度 T_0 为 300K。出口的静压力 P 为 3738.9 Pa。用 FLUENT 计算喷嘴内的马赫数、温度以及压力的分布，并将结果和准一维喷嘴流动进行比较。这种高速流动雷诺数很大，因此黏度影响需要被限制在接近壁面的一个较小区域里，故选择 inviscid（无黏流）作为流动模型，如图 5-25 所示。

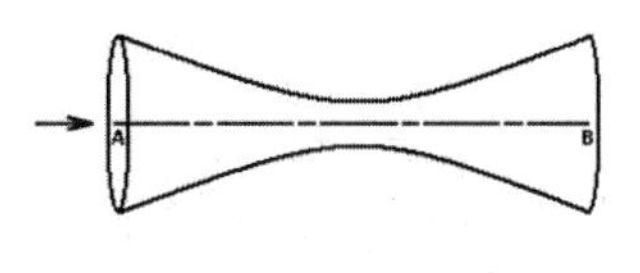

图 5-25 实例图

5.2.1 利用 GAMBIT 创建模型

1）双击桌面上的“GAMBIT”图标，启动 GAMBIT 软件，弹出“Gambit Startup”对话框，在“working directory”下拉列表框中选择工作目录。单击“Run”按钮，进入 GAMBIT 系统操作界面。

2）单击“Geometry”→“Vertex”→“Create Real Vertex”按钮，创建两个顶点(-0.5，0，0)，(0.5，0，0)。创建线，单击“Geometry”→“Edge”→“Create Straight Edge”按钮，选择两个顶点 vertex.1 和 vertex.2，单击“Apply”按钮。接着创建图形边缘曲线，根据 A=πr^2，$r(x)$是横截面的半径，且 A=0.1+x^2，对于给定的几何模型，有 $r(x)$ = [(0.1 + x^2)/ π]0.5；-0.5 < x < 0.5。可直接创建一个包含曲线上坐标点的文件 vert.dat，从而建立平滑的边缘曲线。单击“File”→“Import” → “ICEM Input”，弹出“Import ICEM Input File”对话框。选择 vert 文件的路径，单击“Accept”按钮，出现如图 5-26 所示曲线。

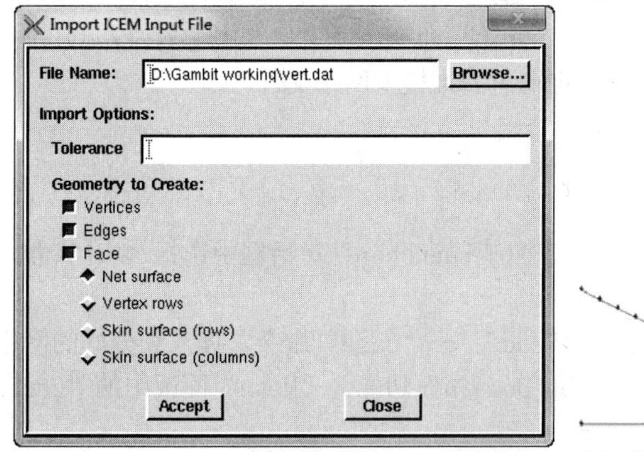

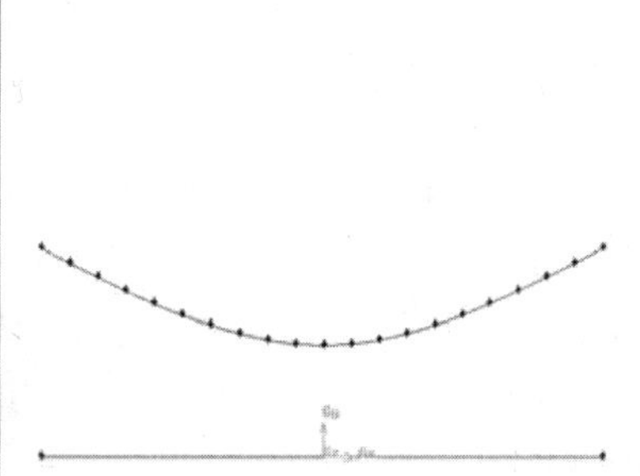

图 5-26“Import ICEM Input File”对话框

3）在“Create Straight Edge”面板中选择 vertex.1 和 vertex.3，单击“Apply”按钮；选择 vertex.2 和 vertex.23，单击“Apply”按钮，形成左右两条边缘线，作为进口和出口，如图 5-27 所示。

4）单击“Geometry”→“Face”→“Create Face From Wireframe”按钮，选择图形各个边缘，单击“Apply”按钮，完成对面的建立。

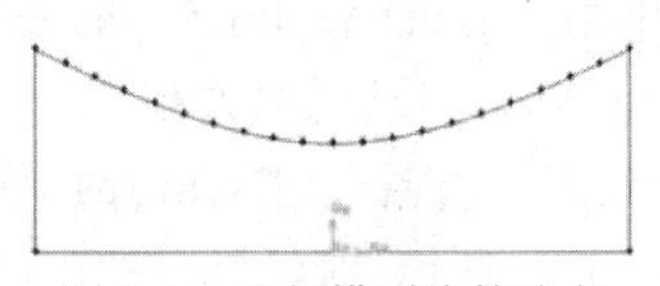

图 5-27 几何模型线的建立

5.2.2 网格的划分

1）单击“Mesh” → “Edge” → “Mesh Edges”按钮，在“Mesh Edges”面板中选择左右两条边缘线，设置“Interval count”为 20，单击“Apply”按钮。选择上下两条边缘曲线，设置“Interval count”为50，划分出来的网格如图 5-28 所示。

2）单击“Mesh” → “Face” → “Mesh Faces”按钮，打开“Mesh Faces”面板，选中已经完成网格划分的面 1，运用 Quad 单元与 Map 方法对这个面进行划分，网格生成情况如图 5-29 所示，直接单击“Apply”按钮即可。

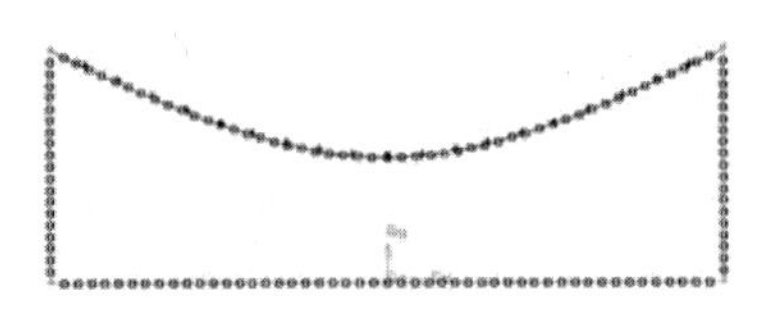

图 5-28 边缘线的网格划分

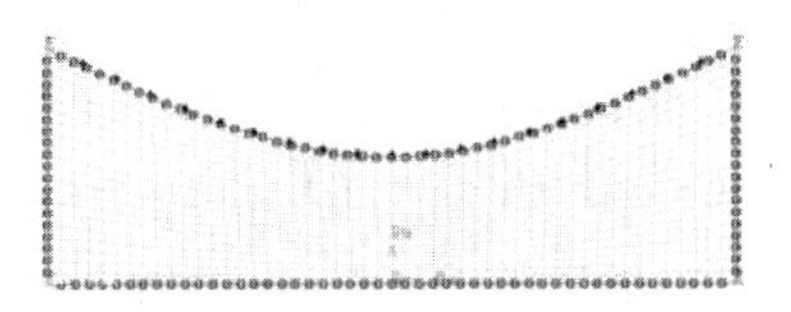

图 5-29 面的网格划分

3）单击“Zones” →“Specify Boundary Types”按钮，在“Specify Boundary Types”面板中将左边的线段定义为压力入口（PRESSURE_INLET），名称为“inlet”；将右边的线段定义为压力出口（PRESSURE_OUT），名称为“outlet”；上边缘曲线定义为“WALL”，名称为“wall”；下边缘曲线定义为“AXIS”，名称为“centerline”。

4）执行“File” →“Export” →“Mesh”命令，在文件名中输入“Model.msh”，并选中“Export 2-D（X-Y）Mesh”，确定输出二维模型网络文件。

5.2.3 求解计算

1）启动 FLUENT 19.0，在弹出的“FLUENT Launcher”对话框中选择 2D 计算器，单击“OK”按钮 。

2）单击“File”下拉菜单栏中的“Read” →“Case”命令，读入划分好的网格文件“Model.msh”。然后单击“Setting Up Domain”功能区“Mesh”面板中的“Check”按钮进行检查。

3）双击“导航面板”中的“General”命令，弹出“General”任务面板，在“Solver”组中设置“Type”为“Density-Based”；“Velocity Formulation”设置为“Absolute”；“Time”设置为“Steady”；“2D Space”设置为“Axisymmetric”，如图 5-30 所示

4）单击“Setting Up Physics”功能区“Models”面板中的“Viscous”按钮 Viscous...，弹出“Viscous”对话框，在对话框中选择“Inviscid”（无黏流模型），如图 5-31 所示，单击“OK”按钮。

5）因为是可压缩流动，故单击“Setting Up Physics”功能区“Models”面板中的“Energy”复选框，如图 5-32 所示，启动能量方程。

6）单击“Setting Up Physics”功能区“Materials”面板中的“Create/Edit”按钮，系统弹出“Create/Edit Materials”对话框，在“Properties”组中设置“Density（kg/m³）”为“ideal-gas”，其他属性不变，如图 5-33 所示，单击“Change/Create”

按钮，完成对材料的定义。

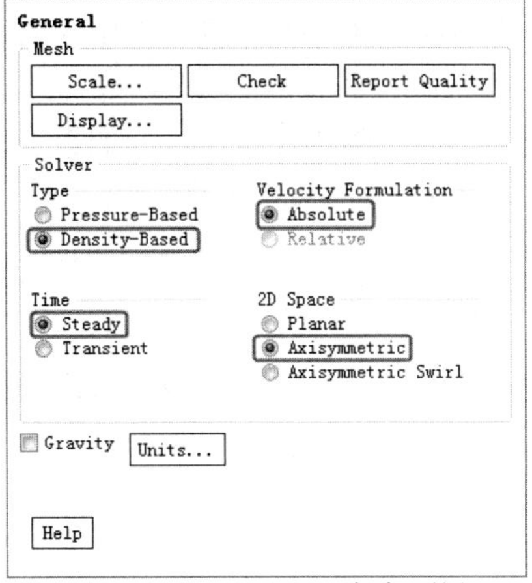

图 5-30 “General”任务面板

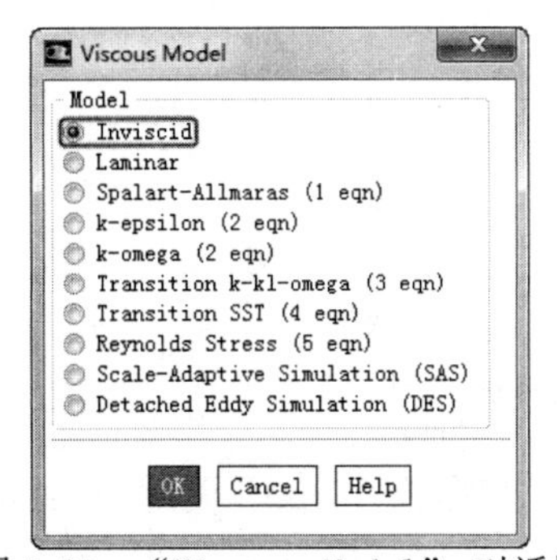

图 5-31 “Viscous Model” 对话框

图 5-32 启动能量方程

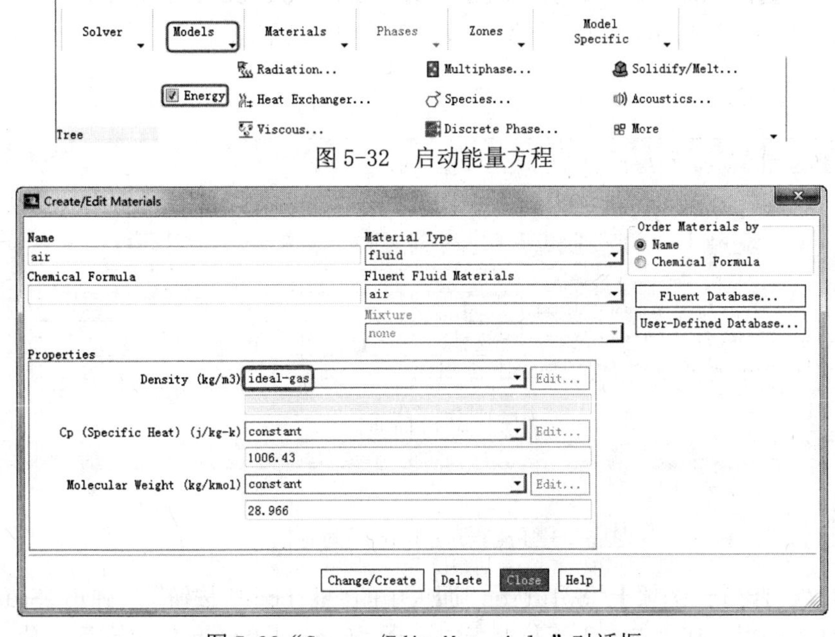

图 5-33 “Create/Edit Materials” 对话框

7）单击“Setting Up Physics”功能区“Solver”面板中的“Operating Conditions”命令，弹出“Operating Conditions”对话框，在本例中因为只要绝对压力，故将压力改为0，如图5-34所示。

8）单击“Setting Up Physics”功能区“Zones”面板中的“Boundaries”命令，弹出“Boundary Conditions”任务面板，如图5-35所示。

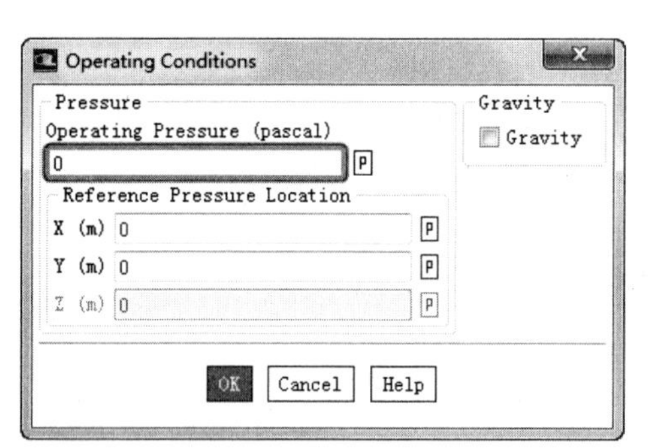

图5-34 “Operating Conditions”对话框

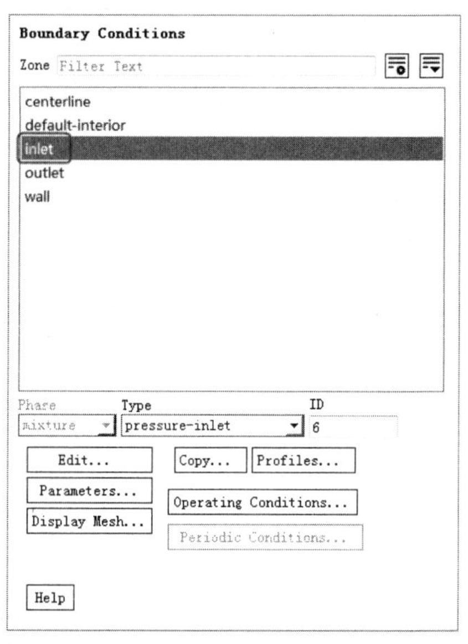

图5-35 “Boundary Conditions”面板

①在列表中选择“inlet”，其类型“Type”为“pressure_inlet”，单击“Edit”按钮，弹出“Pressure_Inlet”对话框，按照图5-36所示输入总压101325Pa，初始压力99290.5Pa，再单击“Thermal”按钮，设置总温度为300K。单击“OK”按钮。

②同理，选择“outlet”，选择“Type”为“pressure_outlet”，单击“Edit”按钮，输入压力值为101325Pa，再单击“Thermal”按钮，设置总温度为300K，单击“OK”按钮即可。

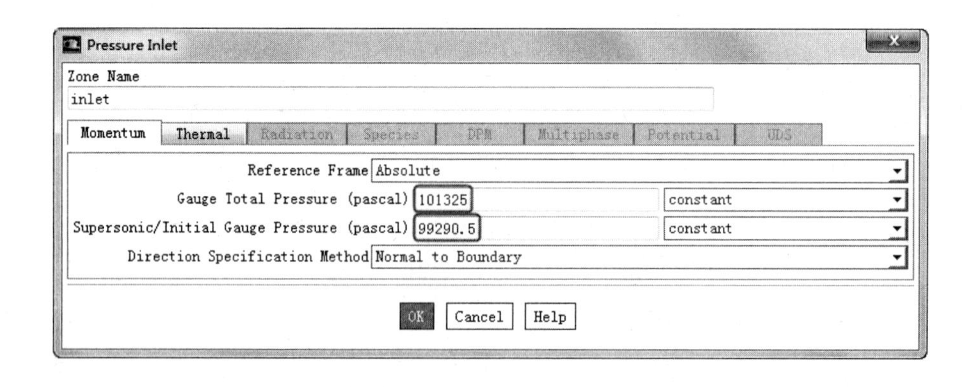

图5-36 “Pressure_Inlet”对话框

9）单击“Solving”选项卡“Solution”面板中的“Methods”按钮⚙，弹出“Solution Methods”任务面板，在“Flow”下拉列表中选择“Second Order Upwind”选项。

10）勾选“Solving”选项卡“Initialization”面板中的“Standard”复选框，如图 5-37 所示，然后单击“Solving”选项卡“Initialization”面板中的“Options”命令，弹出“Solution Initialization”任务面板，在“Initialization Methods”中选择“Standard Initialization”，在“Compute from”下拉列表中选择“inlet”，如图 5-38 所示，单击“Initialize”按钮。

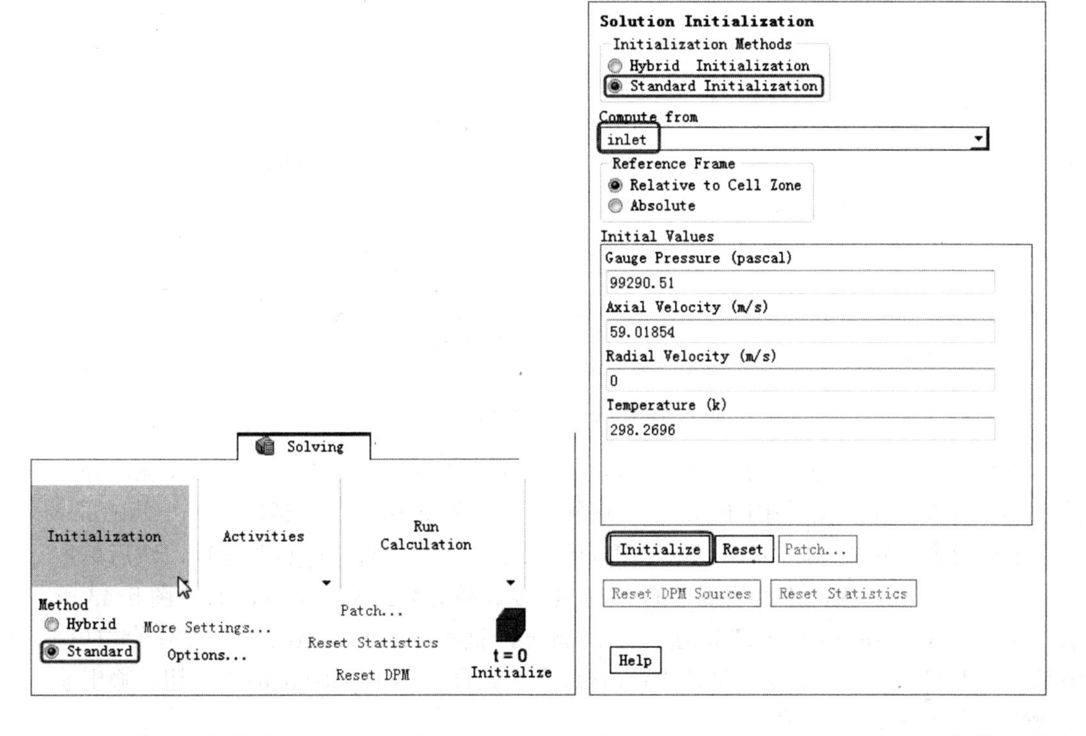

图 5-37 勾选“Standard”复选框　　　　图 5-38“Solution Initialization”任务面板

11）单击“Solving”选项卡“Reports”面板中的“Residuals”按钮 Residuals...，弹出“Residual Monitors”对话框，在“Residual Monitors”对话框中选中“Plot”，各变量收敛精度要求为 0.001，如图 5-39 所示，单击“OK”按钮。

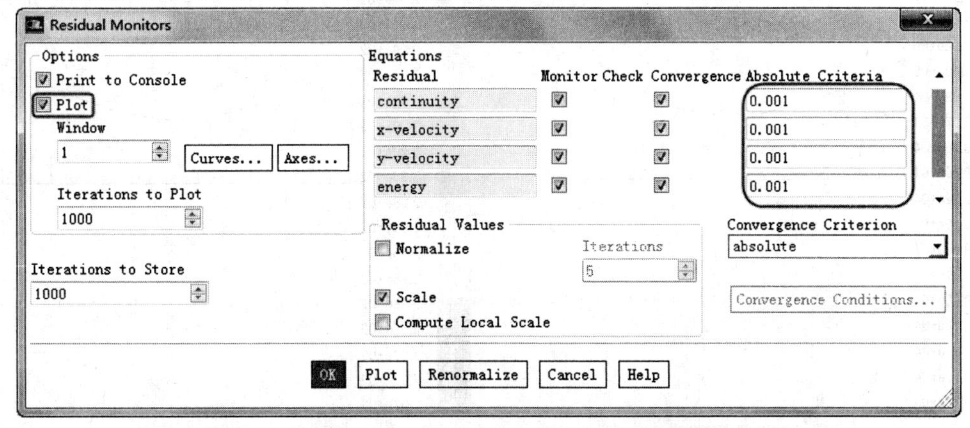

图 5-39 “Residual Monitors”对话框

12）单击“Solving”选项卡“Run Calculation”面板中的“Advanced”命令，弹

出“Run Calculation”任务面板。设置“Number of Iteration” 为 100，单击“Calculate”按钮开始解算。89 步以后达到收敛，其残差曲线图如图 5-40 所示。

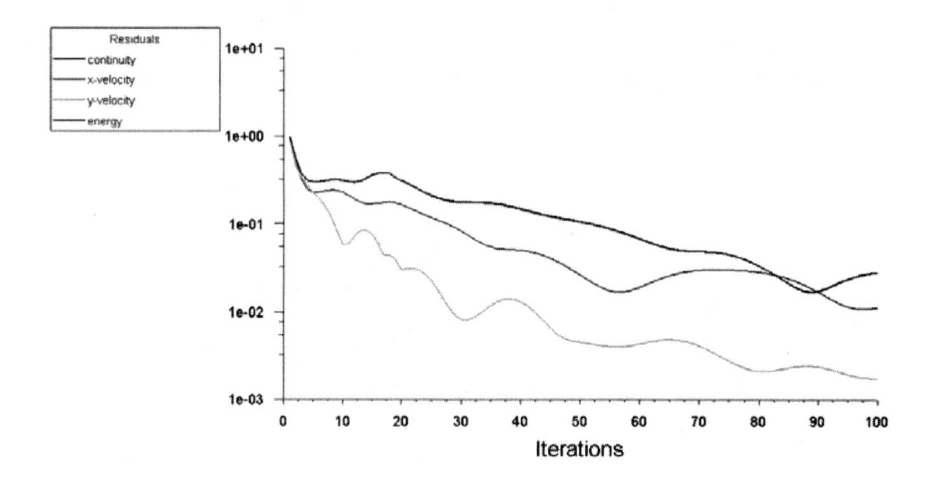

图 5-40 残差曲线图

13）迭代完成后，单击“Postprocessing”选项卡“Graphics”面板中的“Contours”按钮 Contours 下拉菜单中的“Edit”命令，打开“Contours”对话框，在“Contours of”下拉列表中分别选择“Pressure”“Temperature”和“Velocity”选项，然后单击“Display”按钮，输出本例喷嘴处的压力、温度、马赫数云图，如图 5-41～图 5-43 所示。再单击“Postprocessing”选项卡“Graphics”面板中的“Vectors”按钮 Vectors 下拉菜单中的“Edit”命令，打开“Vectors”对话框，单击“Display”按钮，输出速度矢量图，如图 5-44 所示。

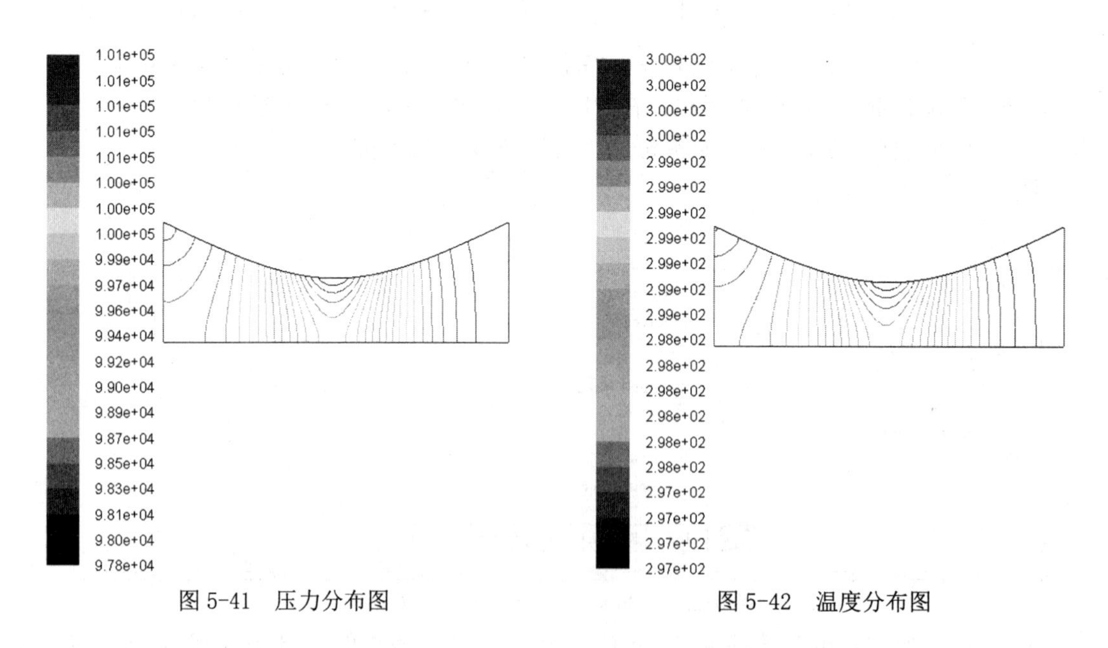

图 5-41 压力分布图

图 5-42 温度分布图

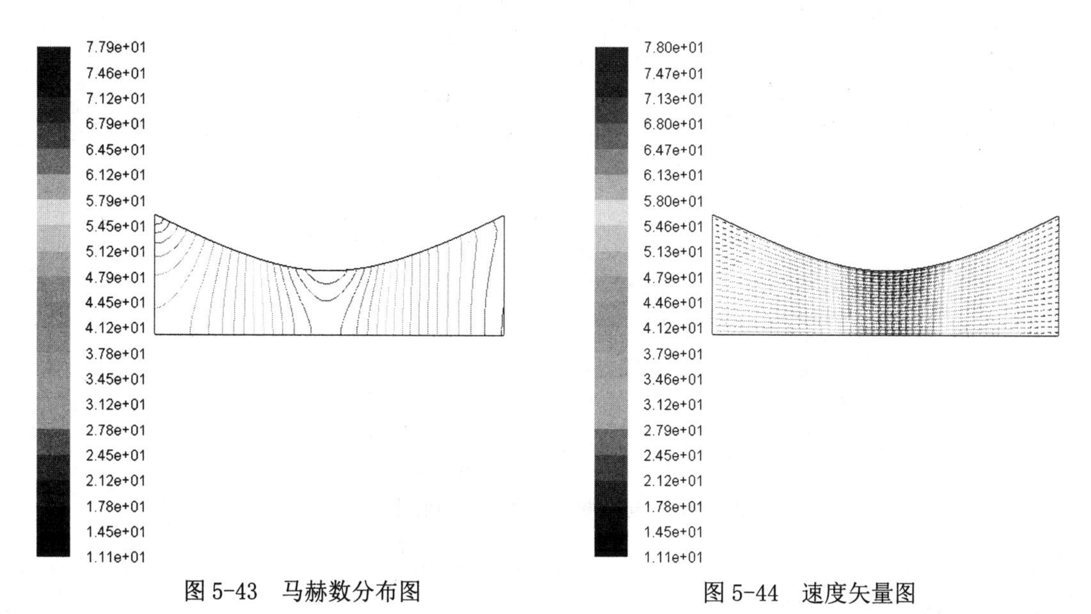

图 5-43　马赫数分布图　　　　图 5-44　速度矢量图

14）单击“Postprocessing”选项卡“Plot”面板中的“XY Plot”按钮 XY Plot 下拉菜单中的“Edit”命令，弹出“Solution XY Plot”对话框，在“Y Axis Function”下选择“Velocity”和“Mach Number”，如图 5-45 所示。因为要绘制在 X 轴向和壁面的变化，因此需要在“Surfaces”下选择“centerline ”和“wall”，单击“Plot”按钮，出现在轴向和壁面上马赫数的变化，如图 5-46 所示。

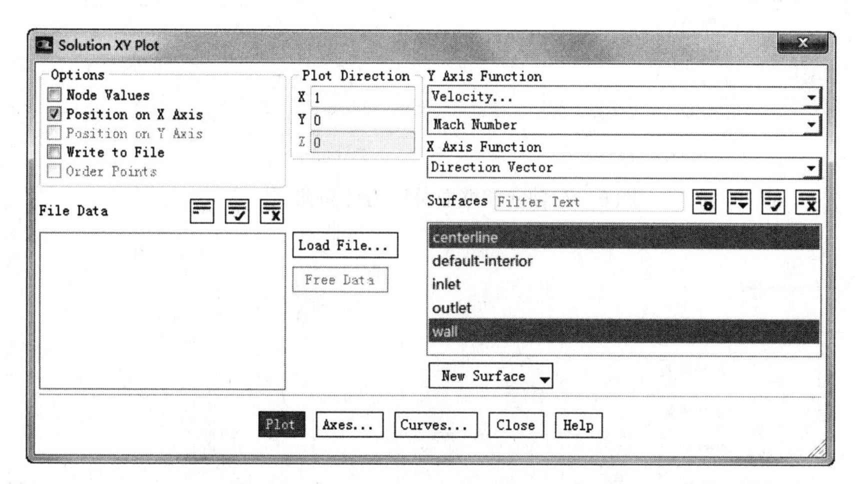

图 5-45　“Solution XY Plot”对话框

15）同理，改变“Y Axis Function”下拉列表中的选项，可以得到对应的轴向和壁面压力、温度的分布曲线，如图 5-47 和图 5-48 所示。

16）计算完的结果要保存为 Case 和 Data 文件，单击“File”下拉菜单栏中的“Write”→“Case&Data”命令，在弹出的文件保存对话框中将结果文件命名为“Model.cas”，Case 文件保存的同时也保存了 Data 文件“Model.dat”。

17）单击“File”下拉菜单栏中的“Exit”命令，安全退出 FLUENT。

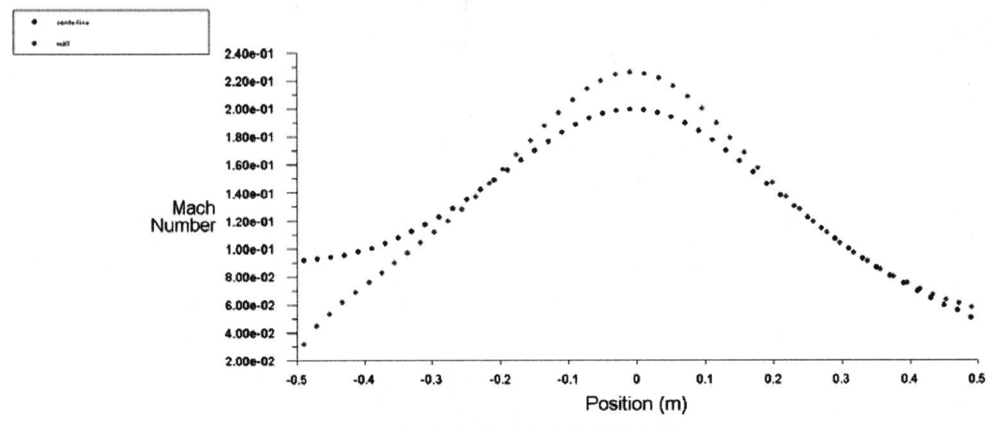

图 5-46 轴向和壁面上马赫数的变化

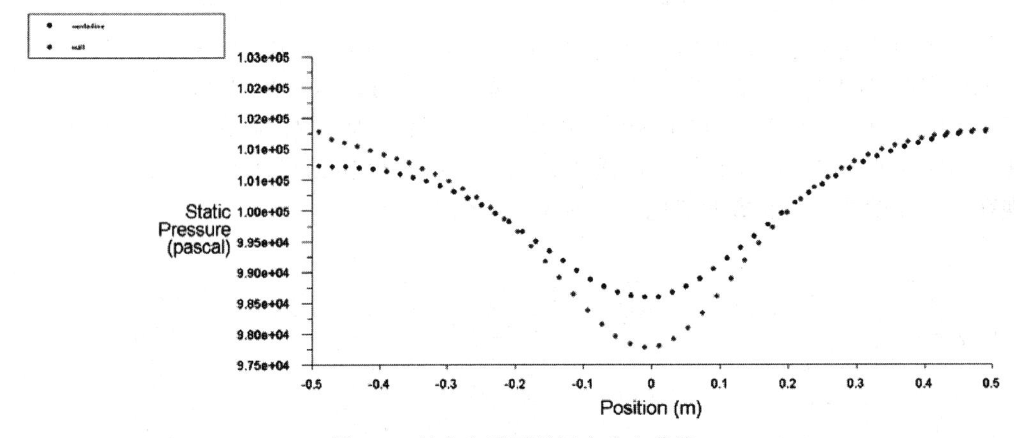

图 5-47 轴向和壁面总压力分布曲线

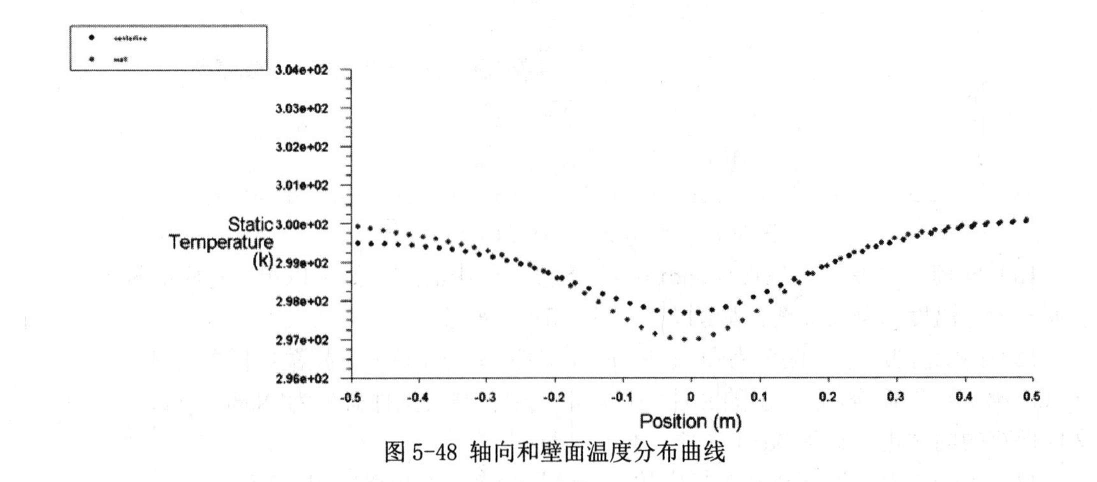

图 5-48 轴向和壁面温度分布曲线

5.3 套管式换热器的流动和传热的模拟

【问题描述】如图 5-49 所示的套管式换热器是化工中常见的一种换热设备，知道其内部的温度场和速度场，对其设计有很重要的现实意义。

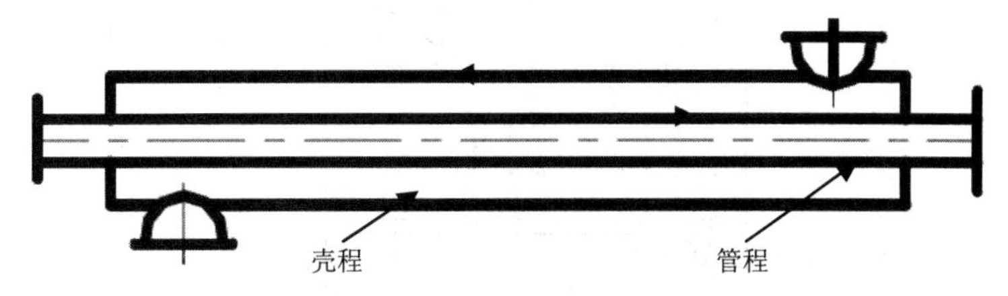

图 5-49　套管式换热器示意图

套管式换热器结构对称，简化后如图 5-50 所示。

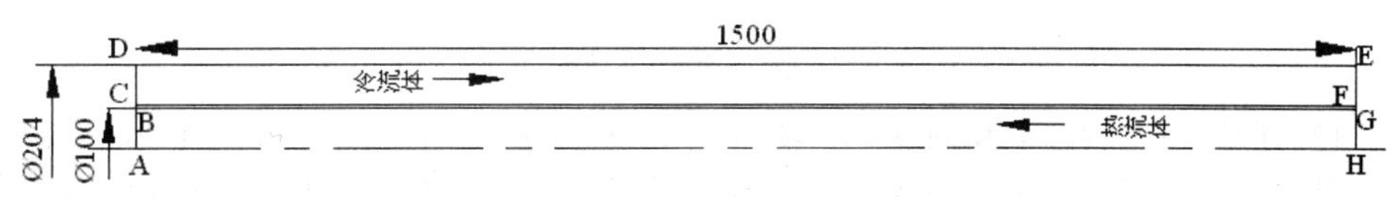

图 5-50　套管式换热器简化模型

本节将通过一个较为简单的二维算例——套管式换热器的数值模拟，来介绍如何使用 GAMBIT 与 FLUENT 解决一些较为简单但常见的二维对称流动与传热问题，本例涉及以下 3 方面的内容。

- 利用 GAMBIT 创建型面。
- 利用 GAMBIT 进行网格划分。
- 利用 FLUENT 进行二维流动与传热的模拟与后处理。

5.3.1　利用 GAMBIT 创建模型

1. 启动 GAMBIT

双击桌面 GAMBIT 图标，启动 GAMBIT 软件，弹出“Gambit Startup”对话框，在“Working Directory”下拉列表框中选择工作文件夹，在“Session Id”文本框中输入 taoguan。单击“Run”按钮，进入 GAMBIT 系统操作界面，单击菜单栏中的“Solver → FLUENT5/6”命令，选择求解器类型。

2. 创建几何模型

下文中所述的各点字母，与图 5-50 中所示的字母相一致。

（1）创建边界线节点　由于该模型是对称的，所以只创建 1/2 的模型。单击“Geometry” → “Vertex” → “Create Real Vertex” 按钮，弹出如图 5-51 所示的“Create Real Vertex”对话框，在“Global”文本框中按模型尺寸输入各点坐标：(0, 0, 0), (0, 50, 0), (0, 52, 0)，(0，102，0)，(1500，102，0)，(1500，52，0)，(1500，

50，0），（1500，0，0），创建如图 5-52 所示的平面控制点。

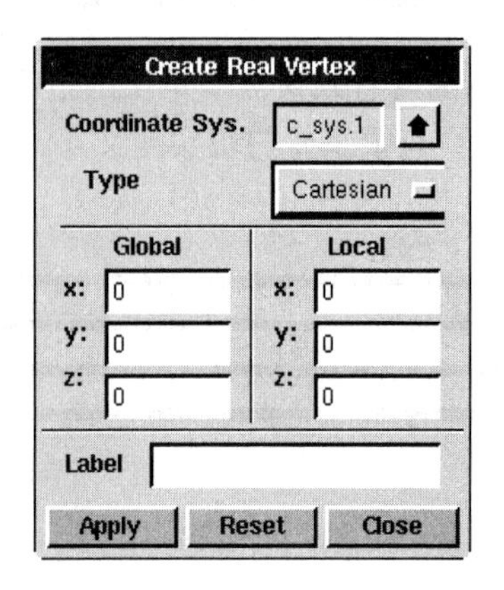

图 5-51 “Create Real Vertex”对话框

图 5-52 创建平面控制点

（2）创建边界线　单击“Geometry” →“Edge” →“Create Straight Edge” 按钮，弹出“Create Straight Edge”对话框，利用它可以创建线。单击“Vertices”文本框，使文本框呈现黄色后选择创建线需要的几何单元，依次选取 A、B、C、D、E、F、G、H 各点创建线，然后单击 H、A 点创建最后一条线，得到如图 5-53 所示的平面边界线。

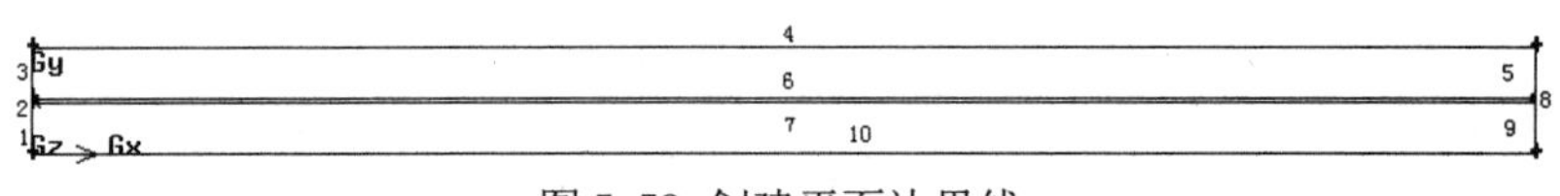

图 5-53 创建平面边界线

（3）创建面　单击“Geometry” → “Face” → “Create Face from Wireframe” 按钮，弹出“Create Face from Wireframe”对话框，利用它可以创建面。单击“Edges”文本框，使文本框呈现黄色后选择创建面需要的几何单元，本例中还需单击黄色文本框后的向上箭头，依次选取 1、7、9、10 边，单击“Apply”按钮，创建面 1；单击黄色文本框后的向上箭头，依次选取 2、6、8、7 边，单击“Apply”按钮，创建面 2；单击黄色文本框后的向上箭头，依次选取 3、4、5、6 边，单击“Apply”按钮，创建面 3。

5.3.2　网格的划分

1. 划分边界层

由于管内的流动为湍流，在靠近管壁的地方不同于主流区，其流动比较复杂，为了更好地计算壁面附近的流场，所以要划分边界层，下面介绍边界层的划分方法。

单击“Mesh” → “Boundary Layer” → “Create Boundary Layer” 按钮，弹出“Create Boundary Layer”对话框。如图 5-54 所示，在“First row”文本框中输

入边界层第一层的厚度 0.5，在“Growth factor 文”本框中输入边界层的增长因子 1.2，在“Rows”文本框中输入边界层层数为 6，单击“Edges”按钮后面的文本框，使文本框呈现黄色后选择要创建边界层的边，此时选择 4、6、7 边，如果边界层的方向与要求的相反，按<Shift>+鼠标中键即可改变边界层的方向，单击“Apply”按钮，得到如图 5-55 所示的边界层示意图。

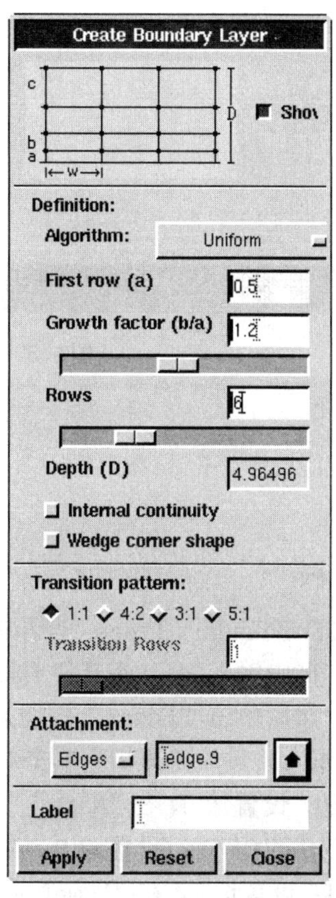

图 5-54 “Create Boundary Layer”对话框

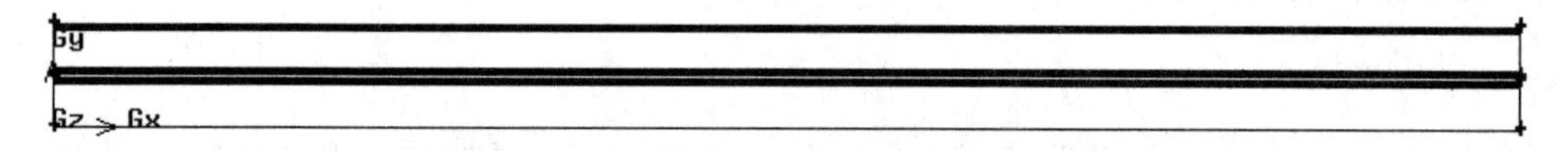

图 5-55 边界层示意图

2. 划分面网格

单击“Mesh” →“Face” →“Mesh Faces” 按钮，弹出如图 5-56 所示的“Mesh Faces”对话框，单击“Faces 文”本框，使文本框呈现黄色后选择要 Mesh 的几何单元，选中 1、3 面后，在“Elements”选项组中选择 Quad 四边形单元，然后在“Spacing”文本框中输入 2，单击“Apply”按钮，完成 1、3 面的网格划分。在 Spacing 文本框中输入 1，单击“Apply”按钮，完成对面 2 的网格划分，得到如图 5-57 所示的面网格。

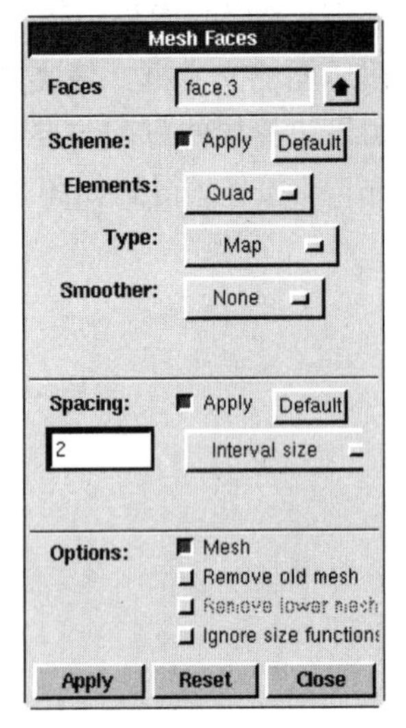

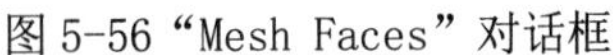

图 5-56“Mesh Faces”对话框

图 5-57 面网格

5.3.3 边界条件和区域的设定

1. 设定边界条件

单击“Zones”→“Specify Boundary Types”按钮，弹出“Specify Boundary Types”对话框。在“Name”文本框中输入 ci，单击“WALL”按钮，然后在下拉菜单中单击“MASS_FLOW_INLET”命令，然后单击“Edges”按钮后面的文本框，使文本框呈现黄色后选择要设定的边，把边 3 作为质量流量入口，单击“Apply”按钮，速度入口设定完毕；采用同样的方法设置其他边，设置边 5，在“Name”文本框中输入 co，设置“Type”为 PRESSURE_OUTLET，把边 5 作为压力出口；设置边 9，在“Name”文本框中输入 hi，设置“Type”为 MASS_FLOW_INLET；设置边 1，在“Name”文本框中输入 ho，设置“Type”为 PRESSURE_OUTLET；设定边 10，在“Name”文本框中输入 sym，设置“Type”为 SYMMETRY；设定边 4，在“Name 文”本框中输入 wall，设置“Type”为 WALL；未设置的边默认为 WALL，边界条件设定完毕，如图 5-58 所示，单击“Close”按钮。

2. 设定区域

单击“Zones”→“Specify Continuum Types”按钮，弹出“Specify Continuum Types”对话框。在“Name”文本框中输入 c，设置“Type”为 FLUID，在“Faces”文本框中选择“面 3”，单击“Apply”按钮，冷流体区域设定完毕；在“Name 文”本框中输入 h，设置“Type”为 FLUID，在“Faces”文本框中选择“面 1”，单击“Apply”按钮，热流体区域设定完毕；在“Name”文本框中输入 fluid，设置“Type”为 FLUID，在“Faces”文本框中选择“面 3”，单击“Apply”按钮，冷流体区域设置完毕；在“Name”文本框中输入 fluid1，设置“Type”为 FLUID，在“Faces”文本框中选择“面 1”，单击“Apply”按钮，热流体区域设置完毕；在“Name”文本框中输入 SOLID，设置“Type”为 SOLID，在“Faces”文本框中选择“面 2”，单击“Apply”按钮，固体区域设定完毕，如图 5-59 所示，单击“Close”按钮。

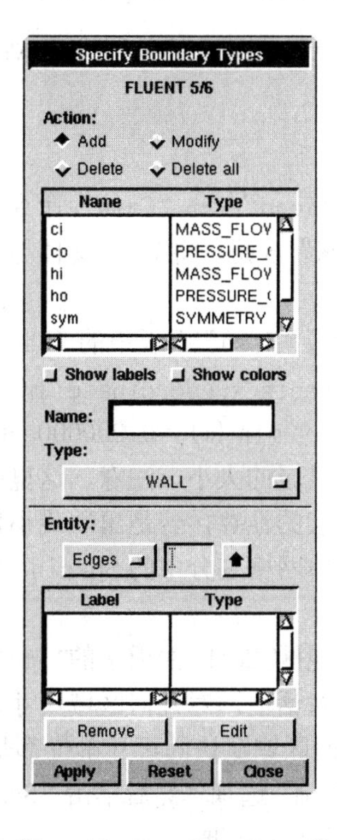

图 5-58“Specify Boundary Types”对话框

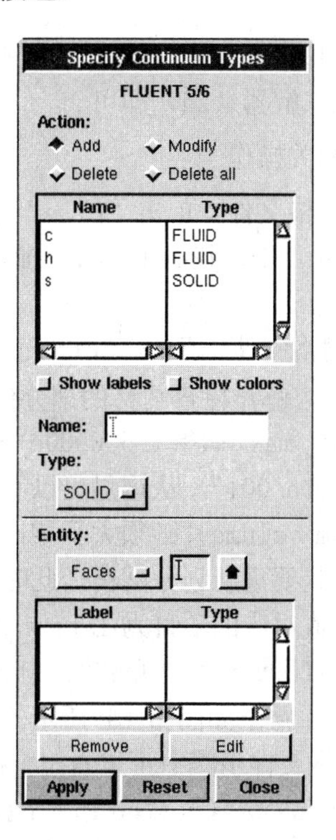

图 5-59 “Specify Continuum Types”对话框

5.3.4 网格的输出

单击菜单栏中的 File → Export → Mesh 命令，弹出如图 5-60 所示的对话框。在 File Name 文本框中输入套管名称 taoguan.msh，选中 Export 2-D(X-Y) Mesh 选项，然后单击“Accept”按钮，等待网格输出完毕后，单击菜单栏中的 File → Exit 命令关闭 GAMBIT。

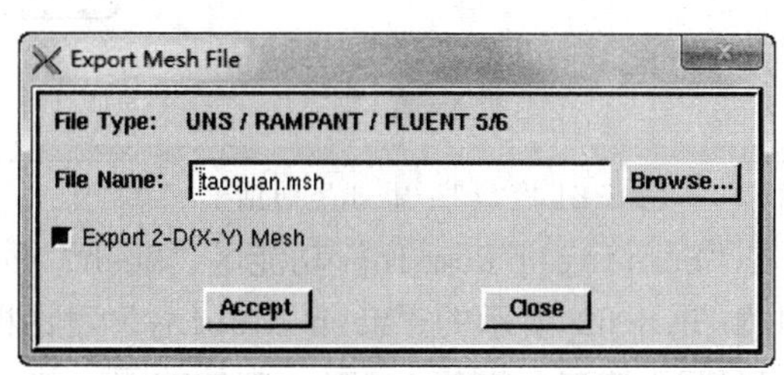

图 5-60“Export Mesh File”对话框

5.3.5 利用 FLUENT 求解器求解

上面是利用 GAMBIT 软件对计算区域进行集合模型创建，并制定边界条件类型，然后输出.msh 文件的操作。下面把 msh 文件导入 FLUENT 中进行求解。

1. 选择 FLUENT 求解器

本例中的换热器是一个二维问题，问题的精度要求不太高，所以在启动 FLUENT 时，选择二维单精度求解器（2d）即可。

2. 网格的相关操作

（1）读入网格文件　单击“File”下拉菜单栏中的“Read”→“Case”命令，弹出 Select File 对话框，找到 taoguan.msh 文件，单击“OK”按钮，将 Mesh 文件导入到 FLUENT 求解器中。

（2）检查网格文件　单击“Setting Up Domain”功能区“Mesh”面板中的“Check”按钮✔，FLUENT 求解器检查网格的部分信息：“Domain Extents:x.coordinate: min (m) = 0.000000e+000，max (m) = 1.500000e+000；y.coordinate: min (m) = 0.000000e+000，max (m)= 1.020000e.001”，从这里可以看出网格文件几何区域的大小。注意，这里的最小体积（minimum volume）必须大于零，否则不能进行后续的计算，若是出现最小体积小于零的情况，就要重新划分网格，此时可以适当减小实体网格划分中的 Spacing 值，必须注意这个数值对应的项目为 Interval Size。

（3）设置计算区域尺寸　单击“Setting Up Domain”功能区“Mesh”面板中的“Scale”按钮 Scale...，弹出如图 5-61 所示的“Scale Mesh”对话框，对几何区域尺寸进行设置。从检查网格文件步骤中可以看出，GAMBIT 导出的几何区域默认的尺寸单位都是 m，对于本例，在“Mesh Was Created In”下拉列表框中选择“mm”选项，然后单击“Scale”按钮，即可满足实际几何尺寸，最后单击“Close”按钮关闭对话框。

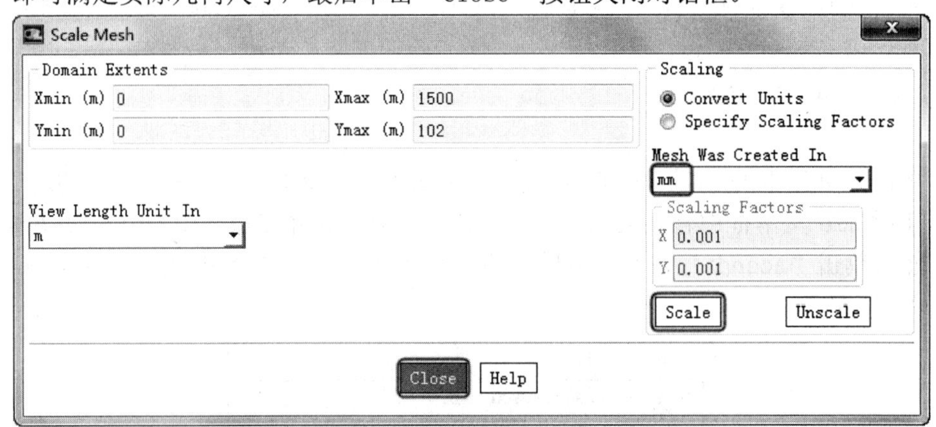

图 5-61“Scale Mesh”对话框

（4）显示网格　单击“Setting Up Domain”功能区“Mesh”面板中的“Display”按钮 Display...，弹出如图 5-62 所示的“Mesh Display”对话框，当网格满足最小体积的要求以后，可以在 FLUENT 中显示网格，要显示文件的哪一部分可以在“Surfaces”列表框中选择，单击“Display”按钮，即可看到网格。

3. 选择计算模型

（1）定义基本求解器　双击“导航面板”中的“General”命令，弹出“General”任务面板，本例保持系统默认设置即可满足要求。

（2）启动能量方程　单击“Setting Up Physics”功能区“Models”面板中的“Energy”

复选框，启动能量方程。

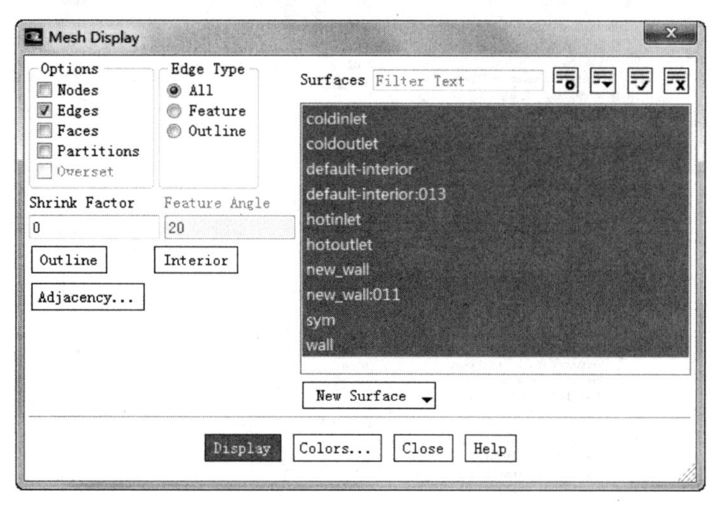

图 5-62 “Mesh Display”对话框

（3）设定其他计算模型　单击“Setting Up Physics”功能区“Models”面板中的“Viscous”按钮 Viscous...，弹出如图 5-63 所示的“Viscous Model”对话框，假定此换热器中的流动形态为湍流，在“Model”选项组中点选“k-epsilon”单选钮，“Viscous Model”对话框刷新为如图 5-64 所示。本例保持系统默认参数即可满足要求，直接单击“OK”按钮。

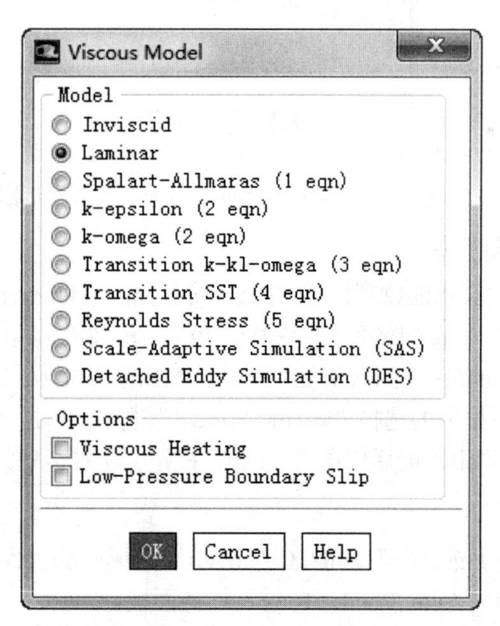

图 5-63 “Viscous Model”对话框 1

4. 操作环境的设置

单击“Setting Up Physics”功能区“Solver”面板中的“Operating Conditions”命令，弹出如图 5-65 所示的“Operating Conditions”对话框。本例保持系统默认设置即可满足要求，直接单击“OK”按钮。

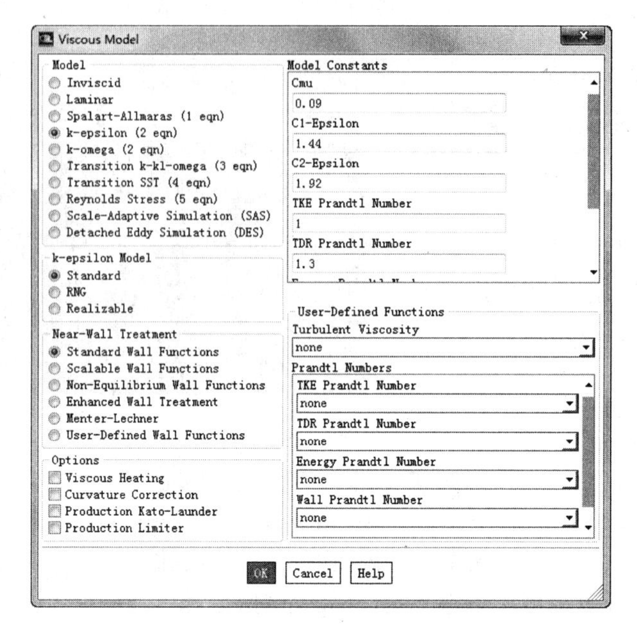

图 5-64 “Viscous Model”对话框 2

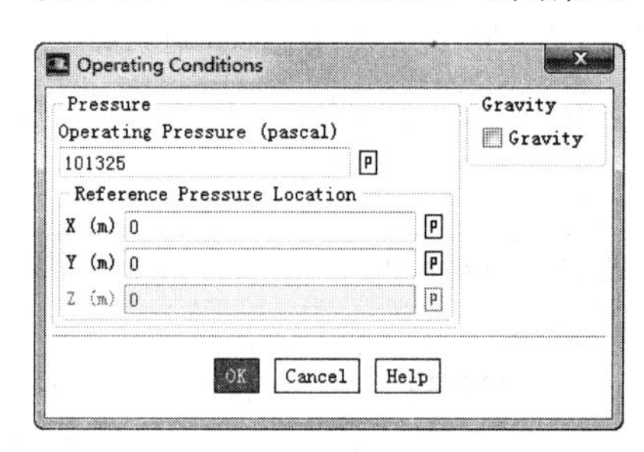

图 5-65 “Operating Conditions”对话框

5. 定义流体的物理性质

本例流体为水，即定义水的物理性质。单击“Setting Up Physics”功能区“Materials”面板中的“Create/Edit”按钮，系统弹出“Create/Edit Materials”对话框，在对话框中单击“Fluent Database”按钮，弹出“Fluent Database Materials”对话框。在“Fluent Fluid Materials”列表框中的选择“water-liquid”选项，单击“Copy”按钮，即可把水的物理性质从数据库中调出，最后单击“Close”按钮关闭对话框。

6. 设置边界条件

单击“Setting Up Physics”功能区“Zones”面板中的“Cell Zones”命令，弹出如图 5-66 所示的“Cell Zone Conditions”任务面板。

（1）设置各区域的材料 在“Cell Zone Conditions”面板的“Zone”列表框中选择流体所在的区域“fluid”选项，然后单击“Edit”按钮，弹出如图 5-67 所示的“Fluid”对话框，在“Material Name”下拉列表框中选择“water-liquid”选项，单击“OK”按钮，即可把冷流体区域中的流体定义为水；然后用同样的方法把区域“fluid1”中的流体也设置为“water-liquid”，这样把热流体区域中的流体也定义为水。

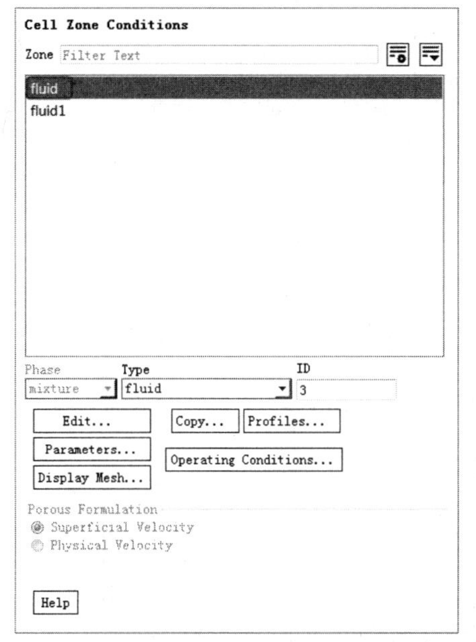

图 5-66 “Cell Zone Conditions”面板

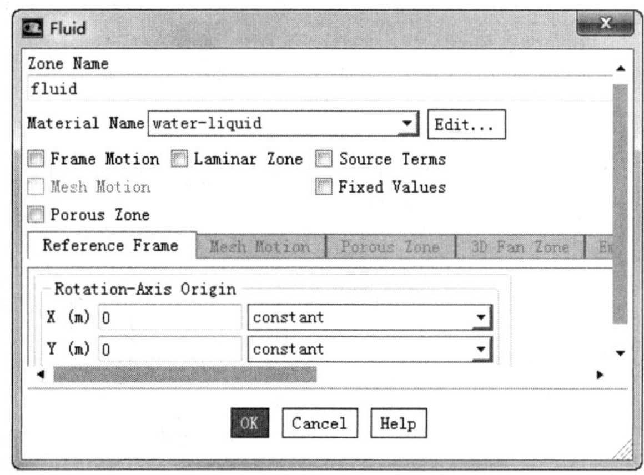

图 5-67 “Fluid”对话框

（2）设置入口边界条件　单击“Setting Up Physics”功能区“Zones”面板中的“Boundary”命令，弹出如图 5-68 所示的“Boundary Conditions”面板。

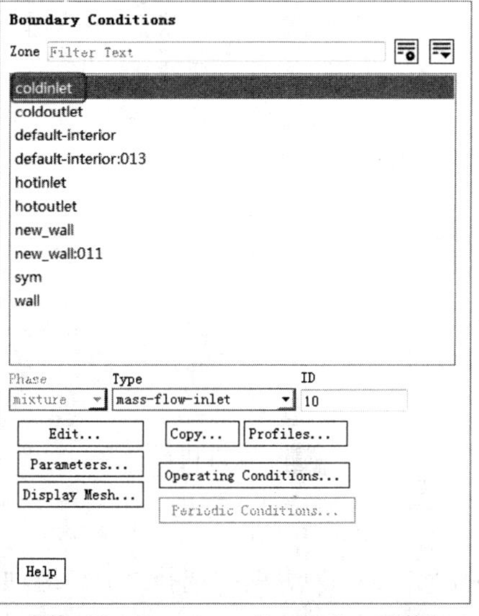

图5-68　Boundary Conditions面板

在“Boundary Conditions”面板的“Zone”列表框中选择流体所在的区域“ci”选项，即冷流体的入口，可以看到它在“Type”列表框中对应的类型为“mass-flow-inlet”，单击“Edit”按钮，弹出如图 5-69 所示的“Mass-Flow Inlet”对话框。在“Mass Flow Rate”文本框中输入“0.025”，在“Specification Method”下拉列表框中选择“Intensity and Hydraulic Diameter”选项，在“Turbulent Intensity”文本框中输入“5”，在“Hydraulic Diameter”文本框中输入“0.1”；然后单击“Thermal”选项卡，如图 5-70 所示，在“Total Temperature”文本框中输入“303”，即入口的冷水温度为 30℃，单

击“OK”按钮，冷流体入口边界条件设定完毕。

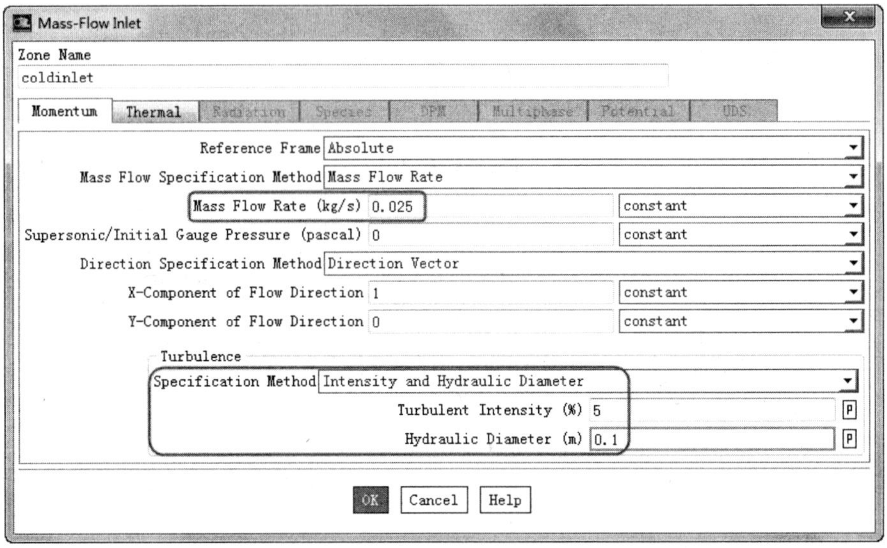

Mass-Flow Inlet
Zone Name
coldinlet
Momentum | Thermal | Radiation | Species | DPM | Multiphase | Potential | UDS
Reference Frame Absolute
Mass Flow Specification Method Mass Flow Rate
Mass Flow Rate (kg/s) 0.025 constant
Supersonic/Initial Gauge Pressure (pascal) 0 constant
Direction Specification Method Direction Vector
X-Component of Flow Direction 1 constant
Y-Component of Flow Direction 0 constant
Turbulence
Specification Method Intensity and Hydraulic Diameter
Turbulent Intensity (%) 5
Hydraulic Diameter (m) 0.1
OK Cancel Help

图 5-69 “Mass-Flow Inlet”对话框

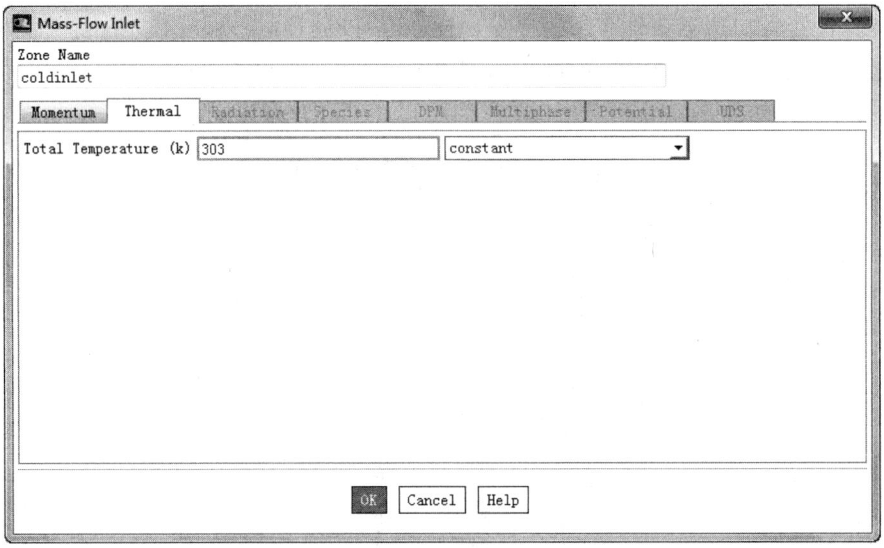

Mass-Flow Inlet
Zone Name
coldinlet
Momentum | Thermal | Radiation | Species | DPM | Multiphase | Potential | UDS
Total Temperature (k) 303 constant
OK Cancel Help

图 5-70 “Thermal”选项卡

在图 5-68 所示对话框的“Zone”列表框中选择“hi”选项，即热流体的入口，可以看到它在“Type”列表框中对应的类型为“mass-flow-inlet”，单击“Edit”按钮，弹出“Mass-Flow Inlet”对话框。在“Mass Flow-Rate”文本框中输入“0.008”，在“Specification Method”下拉列表框中选择“intensity and Hydraulic Diameter”选项，在“Turbulent Intensity”文本框中输入“5”，在“Hydraulic Diameter”文本框中输入“0.1”，然后单击“Thermal”选项卡，在“Total Temperature”文本框中输入“353”，即入口的热水温度为 80℃，其他选项接受系统默认设置，单击“OK”按钮，热流体入口边界条件设定完毕。

（3）设置出口边界条件　在图 5-68 所示对话框的“Zone”列表框中选择“co”选

项，即冷流体的出口，可以看到它在“Type”列表框中对应的类型为“pressure-outlet”，单击“Edit”按钮，弹出如图 5-71 所示的“Pressure Outlet”对话框，在“Gauge Pressure”文本框中输入“80000”，在“Specification Method”下拉列表框中选择“Intensity and Hydraulic Diameter”选项，在“Backflow Turbulent Intensity”文本框中输入“5”，在“Backflow Hydraulic Diameter”文本框中输入“0.1”，单击“OK”按钮，冷流体出口边界设定完毕。

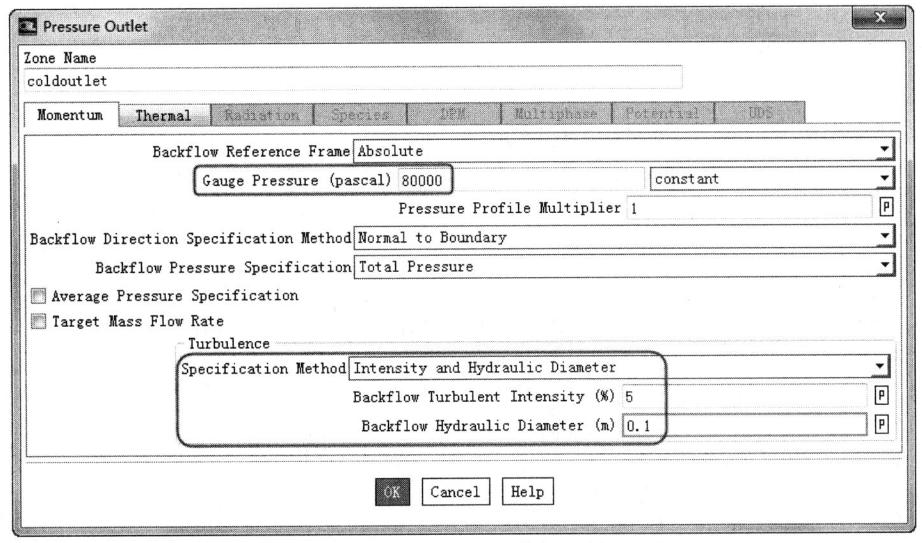

图 5-71 “Pressure Outlet”对话框

在图 5-68 所示对话框的“Zone”列表框中选择“ho”选项，即热流体的出口，可以看到它在“Type”列表框中对应的类型为“pressure-outlet”，单击“Edit”按钮，弹出“Pressure Outlet”对话框。在“Gauge Pressure”文本框中输入“60000”，在“Specification Method”下拉列表框中选择“Intensity and Hydraulic Diameter”选项，在“Backflow Turbulent Intensity”文本框中输入“5”，在“Backflow Hydraulic Diameter”文本框中输入“0.1”，单击“OK”按钮，热流体出口边界设定完毕。

（4）设定其他边界条件　在本例中，区域“wall”处的边界条件保持默认设置。

7. 求解方法的设置及控制

边界条件设定好以后，即可设定连续性方程和能量方程的具体求解方式。

（1）设置求解参数　单击“Solving”选项卡“Controls”面板中的“Controls”按钮，弹出如图 5-72 所示的“Solution Controls”面板，各选项保持系统默认设置。

（2）初始化　勾选“Solving”选项卡“Initialization”面板中的“Standard”复选框，然后单击“Solving”选项卡“Initialization”面板中的“Options”命令，弹出如图 5-73 所示的“Solution Initialization”任务面板。在“Initialization Methods”选项中选择“Standard Initialization”，在“Compute from”下拉列表框中选择“all-zones”选项，单击“Initialize”按钮。

（3）打开残差图　单击“Solving”选项卡“Reports”面板中的“Residuals”按钮 Residuals...，弹出如图 5-74 所示的“Residual Monitors”对话框。勾选“Options”选项组中的“Plot”复选框，从而在迭代计算时动态显示计算残差，在“Window”文本框中输入“1”，另外还可以设置求解的精度，本例保持系统默认设置，最后单击“OK”按钮。

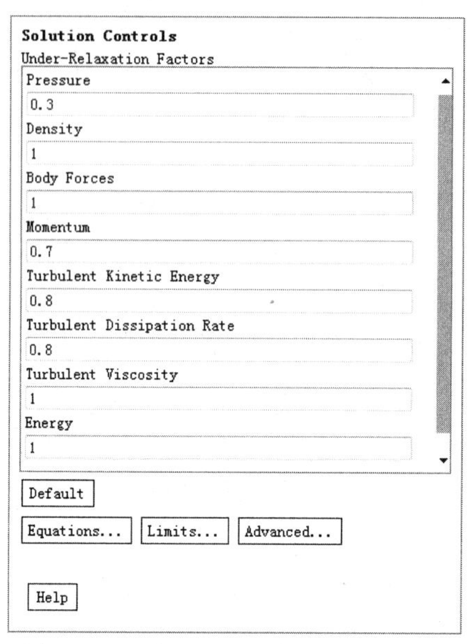

图 5-72 “Solution Controls”面板

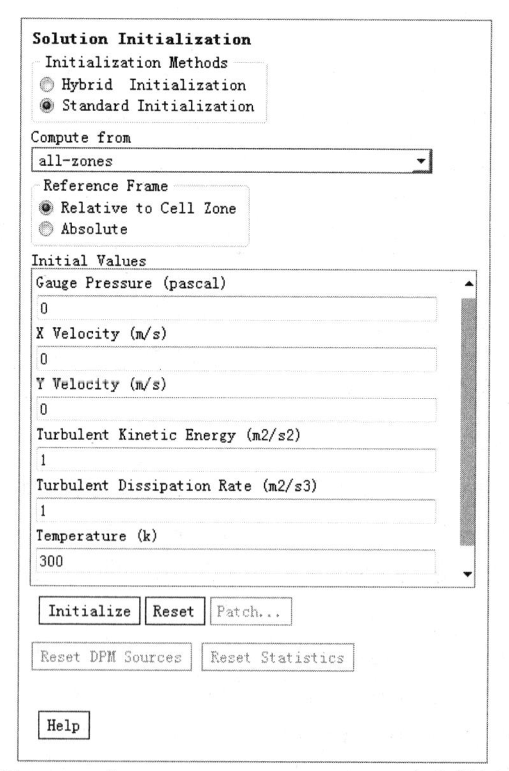

图 5-73 “Solution Initialization”任务面板

（4）保存Case和Data文件 单击“File”下拉菜单栏中的“Write”→“Case&Data”命令，保存前面所做的所有设置。

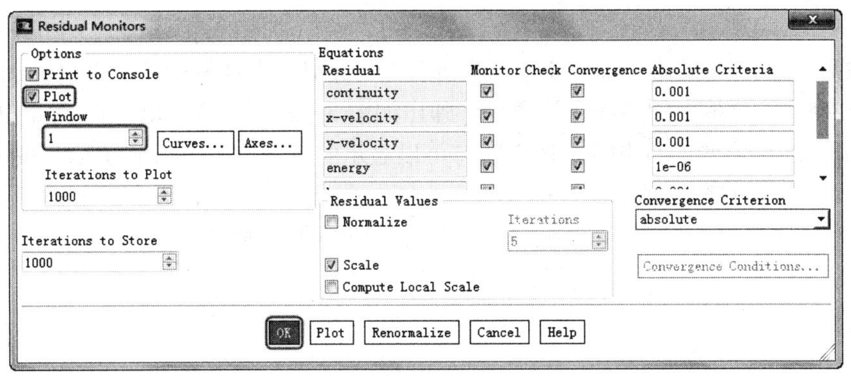

图 5-74“Residual Monitors”对话框

8. 迭代

保存好所做的设置以后，即可进行迭代求解了。单击“Solving”选项卡“Run Calculation”面板中的“Advanced”命令，弹出“Run Calculation”任务面板，迭代设置如图 5-75 所示。单击“Calculate”按钮，FLUENT 求解器开始求解。可以看到如图 5-76 所示的残差图，在迭代到 501 步时计算收敛。

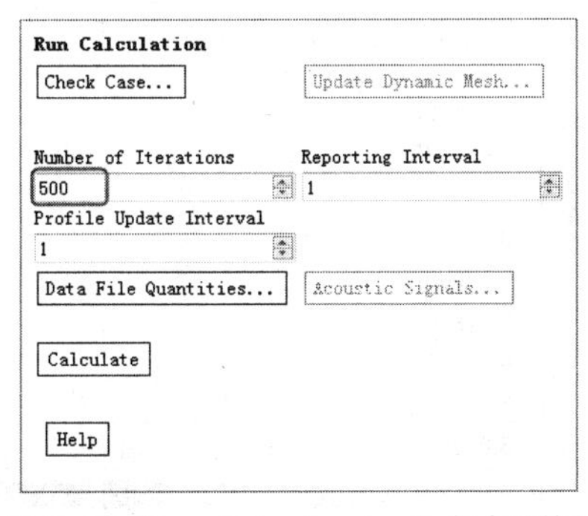

图 5-75“Run Calculation”任务面板

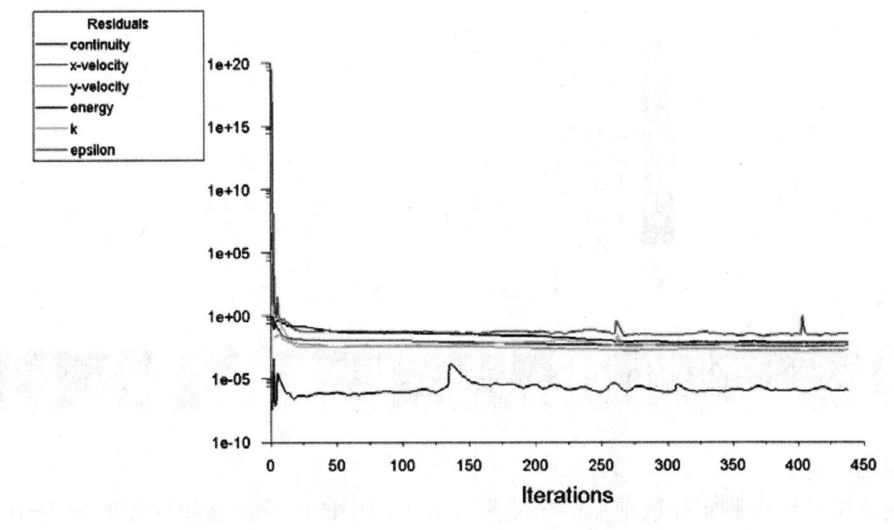

图 5-76　残差图

9. 后处理

迭代收敛后，单击“Postprocessing”选项卡“Graphics”面板中的“Contours”按钮 Contours下拉菜单中的“Edit”命令，弹出如图 5-77 所示的 Contours 对话框。单击 Surfaces 列表框右侧的按钮，选中所有可以显示的部分，单击“Display”按钮，即可显示如图 5-78 所示的温度云图。

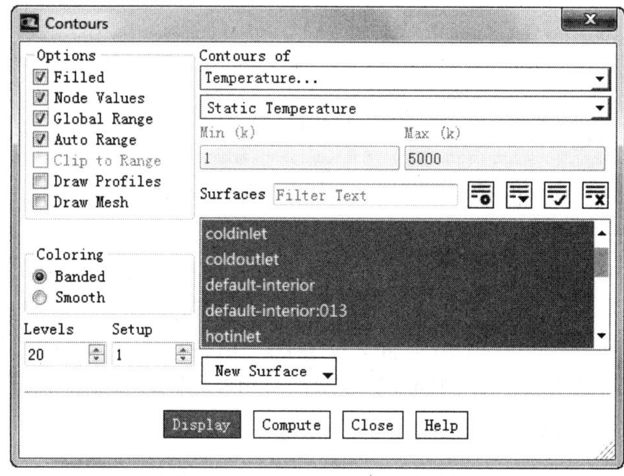

图 5-77 “Contours”对话框

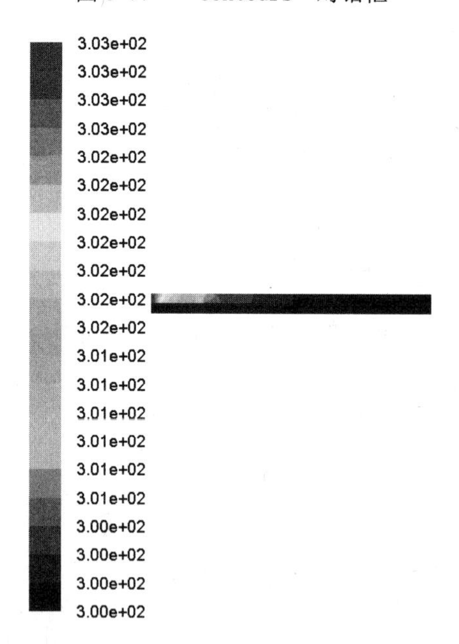

图 5-78 温度云图

5.4 轴对称孔板流量计的流动模拟

【问题描述】

孔板流量计通过测定孔板前后的压差来计算管道中的流量，其原理图如图 5-79 所示。孔板流量计简化模型如图 5-80 所示。

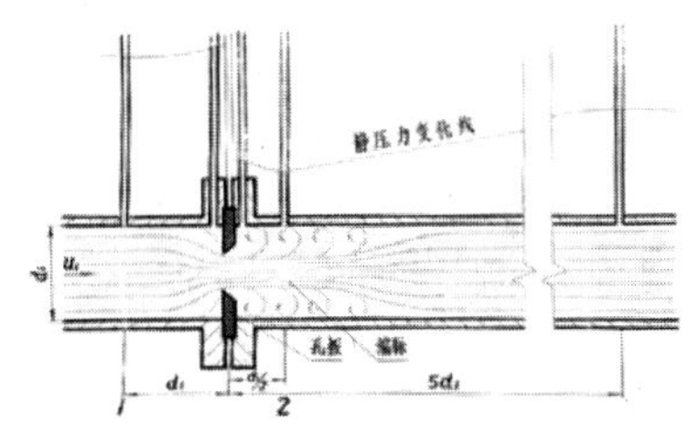

图5-79 孔板流量计原理图

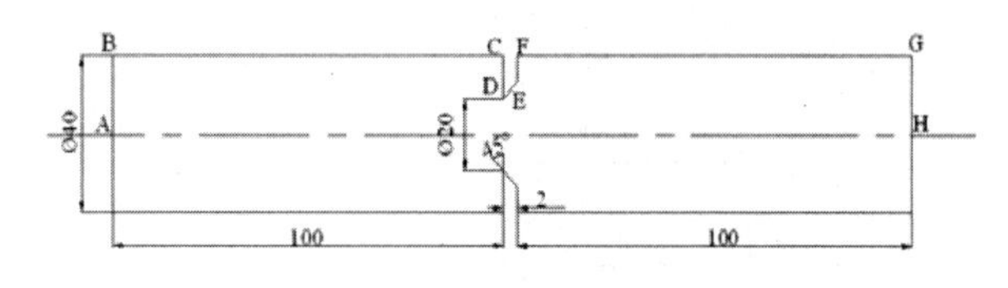

图5-80 孔板流量计简化模型图

本节通过较为简单的二维算例——二维孔板流量计的数值模拟，介绍如何用GAMBIT与FLUENT解决较为简单但常见的二维对称流动问题。本例涉及的内容有以下3个方面：

◆利用GAMBIT创建型面。

◆利用GAMBIT进行网格划分。

◆利用FLUENT进行二维流动的模拟与后处理。

5.4.1 利用GAMBIT创建模型

1．启动GAMBIT

1）双击桌面上的“GAMBIT”图标，启动GAMBIT软件，弹出“Gambit Startup”对话框，在“working directory”下拉列表框中选择工作目录，在“session id”文本框中输入“kongban”。

2）单击“Run”按钮，进入GAMBIT 系统操作界面，单击菜单栏中的“Solver” →“FLUENT5/6”命令，选择求解器类型。

2．创建几何模型

下文中所述的各点字母，与图5-80中所示的字母相一致。

（1）创建边界线的节点 由于该模型是对称的，所以只创建1/2 模型，单击“Geometry” →“Vertex” →“Create Real Vertex” 按钮，弹出“Create Real Vertex”对话框，在“Global”文本框中按模型尺寸输入各点坐标：(0,0,0)，(0,20,0)，(100,20,0)，(100,10,0)，(102,12,0)，(102,20,0)，(202,20,0)，(202,0,0)，创建如图5-81所示的平面控制点。

（2）创建边界线 单击“Geometry” → “Edge” →“Create Straight Edge” 按钮，弹出如图5-82所示的“Create Straight Edge”对话框。单击“Vertices”文本框，使其呈现黄色后选择要创建线需要的几何单元，依次选取A、B、C、D、E、F、G、H各点创建线，再单击H、A点创建最后一条线，得到如图5-83所示的边界线。

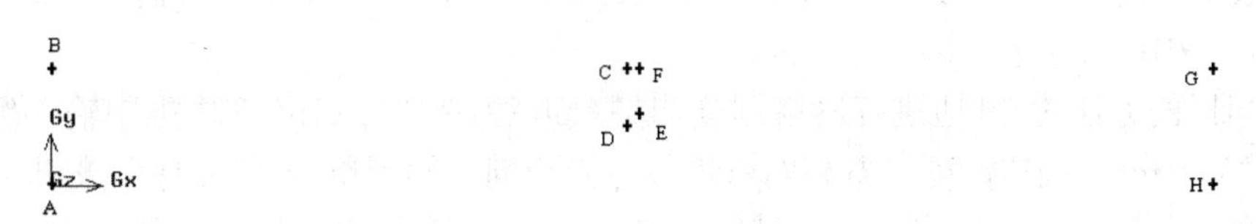

图5-81 创建平面控制点

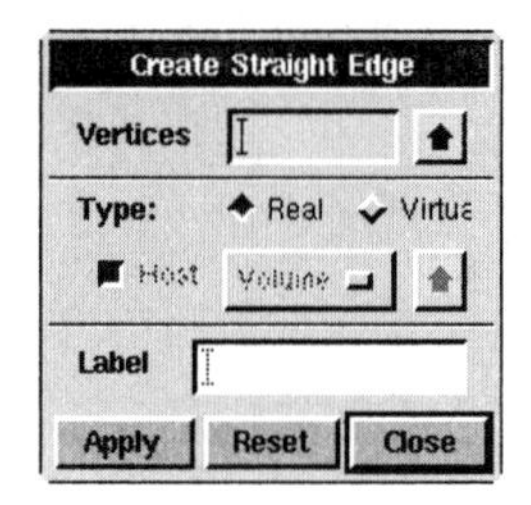

图 5-82 “Create Straight Edge”对话框

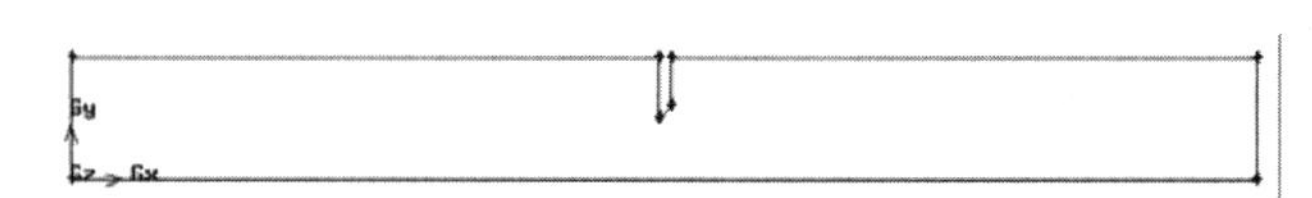

图 5-83 创建边界线

(3)创建面 单击“Geometry”→“Face”→“Create face from Wireframe”按钮，弹出如图 5-84 所示的“Create Face from Wireframe”对话框。单击“Edges”文本框，使其呈现黄色后选择要创建面需要的几何单元，本例中单击文本框后的向上箭头，选中所有的边，单击“Apply”按钮。再单击“Global Control”工具条中的按钮，即可看到如图 5-85 所示的二维面，右击按钮，在下拉菜单中单击按钮，取消阴影。

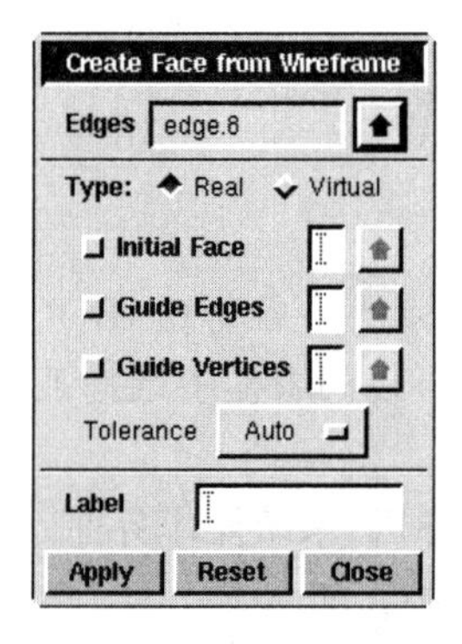

图 5-84 “Create Face from Wireframe”对话框

图 5-85 二维面示意图

5.4.2 网格的划分

1. 划分线网格

单击“Mesh”→“Edge”→“Mesh Edges”按钮，弹出如图 5-86 所示的“Mesh Edges”对话框 1，单击“Edges”文本框，使文本框呈现黄色后选择要创建 Mesh 的边，首先选择 AB 边，在“Ratio”文本框中输入“0.8”，单击“Interval size”按钮，在选项列表框中选择“Interval count”选项，在“Spacing”文本框中输入“20”，单击“Apply”按钮，AB 边网格划分完成。

采用同样的方法对 GH 边进行网格划分，选择 GH 边，在“Ratio”文本框中输入“0.8”后，单击“Invert”按钮，可以看到网格增长方向换向，然后单击“Apply”按钮，完成 GH 边的网格划分。再分别对 BC、FG 边进行网格划分，分别选择 BC 边和 FG 边，在“Ratio”文本框中输入“0.95”，在“Spacing”文本框中输入“50”，通过单击“Invert”按钮，使得两个边靠近挡板处网格密一些，这样在挡板周围的速度场更加精确，单击“Apply”按钮，完成 BC、FG 边的网格划分。

接着对CD、EF边进行网格划分，分别选择CD边和EF边，在“Ratio”文本框中输入“0.8”，在“Spacing”文本框中输入“10”，单击“Invert”按钮，使得两个边上面的网格密一些，单击“Apply”按钮，完成CD、EF边的网格划分。

接着对DE、AH边进行网格划分，选择DE边，在“Ratio”文本框中输入1，在“Spacing”文本框中输入5，单击“Apply”按钮，完成对DE边的网格划分。勾选“Double sided”复选框，“Mesh Edges”对话框刷新为如图5-87所示，选择AH边，在“Ratio1”文本框中输入0.99，“Ratio2”文本框中输入0.99，在“Spacing”文本框中输入202，通过单击“Invert”按钮，使得这个边中间网格密一些，这样在挡板周围的速度场更加精确，单击“Apply”按钮，完成对AH边的网格划分。至此所有边的网格划分完毕，在绘图区得到如图5-88所示的线网格划分图。

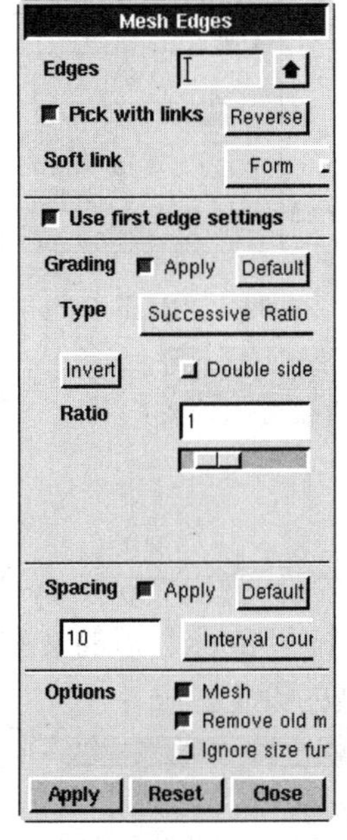

图5-86 “Mesh Edges”对话框1

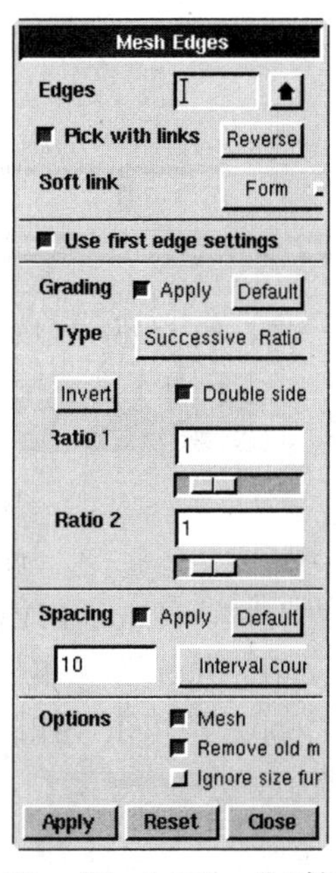

图5-87 “Mesh Edges”对话框2

2. 划分面网格

单击“Mesh”→“Face”→“Mesh Faces”按钮，弹出“Mesh Faces”对话框。单击“Faces”文本框，使文本框呈现黄色后选择要进行Mesh的几何单元，选中face.1，单击“Elements”选项组中的“Quad”按钮，在弹出的菜单中选择“Tri”选项，即三角形单元，在“Spacing”文本框中输入1.25，如图5-89所示，单击“Apply”按钮，face.1网格划分完毕，得到如图5-90所示的面网格划分图。

5.4.3 边界条件和区域的设定

1. 设定边界条件

单击“Zones”→“Specify Boundary Types”按钮，弹出“Specify Boundary Types”对话框，在“Name”文本框中输入“inlet”，单击“Type”下的“WALL”按钮，在下拉菜单中执行“VELOCITY_INLET”命令，然后单击“Edges”按钮后的文本框，使文本框呈现黄色后选择要设定的边，选择边1（即AB边）作为速度入口，单击“Apply”

按钮，速度入口设定完毕；一起设置边 2（BC）、 3（CD）、 4（DE）、 5（EF）、 6（FG），在“Name”文本框中输入“wall”，设置“Type”选项为“WALL”；设定边 7（GH），在“Name”的文本框中输入“outlet”，设置“Type”选项为“OUTFLOW”，如图 5-91 所示，至此边界条件设定完毕。

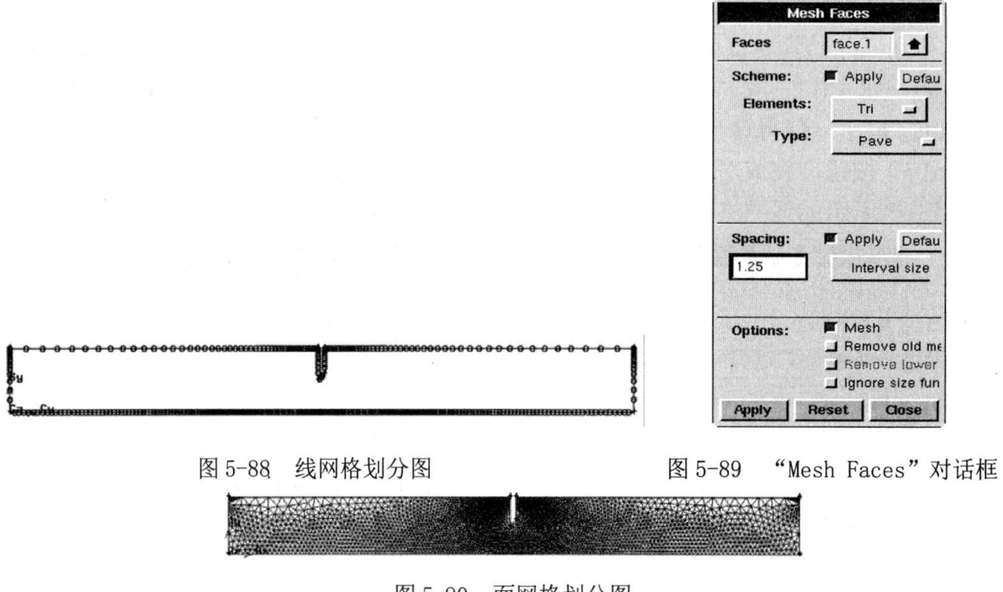

图 5-88　线网格划分图　　　　图 5-89　“Mesh Faces”对话框

图 5-90　面网格划分图

2. 设定区域

单击“Zones” →“Specify Continuum Types” 按钮，弹出“Specify Continuum Types”对话框，在“Name”文本框中输入“fluid”，单击“Faces”后的文本框，选择 face.1，单击“Apply”按钮，如图 5-92 所示，完成区域的设定。

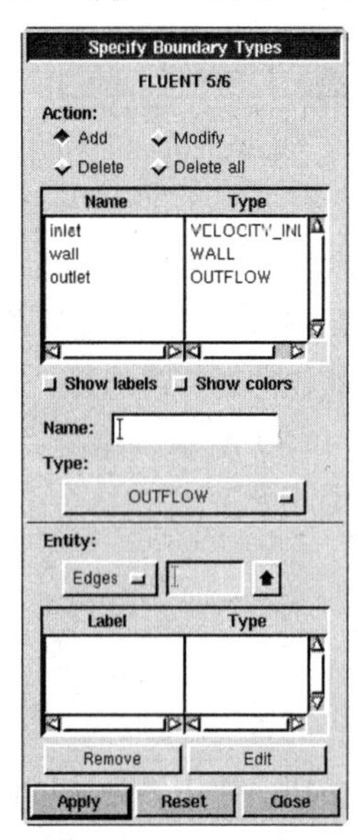

图 5-91　“Specify Boundary Types”对话框

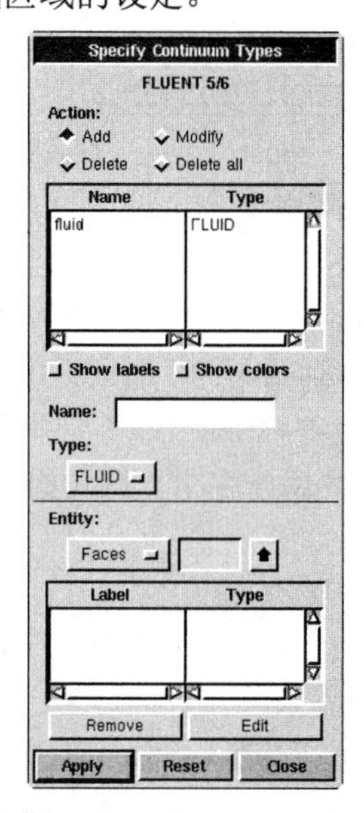

图 5-92“Specify Continuum Types”对话框

5.4.4 网格的输出

单击菜单栏中的“File” → “Export” → “Mesh”命令，弹出如图5-93的“Export Mesh File”对话框，选中“Export 2-D(X-Y) Mesh”选项，单击“Accept”按钮，等待网格输出完毕后，单击菜单栏中的“File” → “Exit”命令关闭GAMBIT。

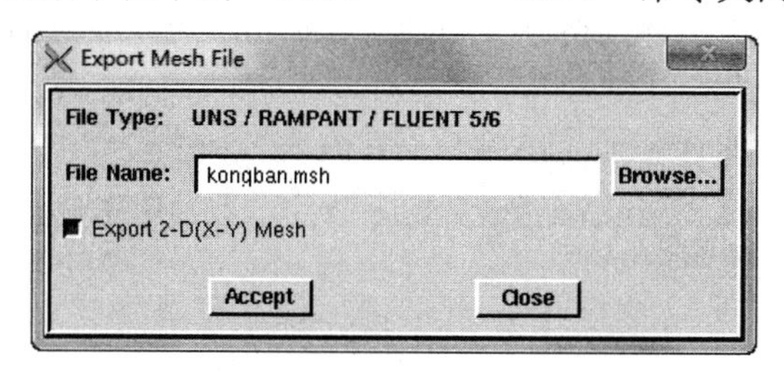

图5-93“Export Mesh File”对话框

5.4.5 利用FLUENT求解器求解

上面的操作是利用GAMBIT软件对计算区域进行集合模型创建，并制定边界条件类型，然后输出.msh文件，下面把.msh文件导入FLUENT中并进行求解。

1. 选择FLUENT求解器

本例中的流量计是一个二维问题，问题的精度要求比较高，所以在启动FLUENT时，要选择二维双精度求解器，如图5-94所示。在“Dimension”列表框中选择“2D”选项，在“Options”列表中选择“Double Precision”，单击“OK”按钮，启动FLUENT求解器。

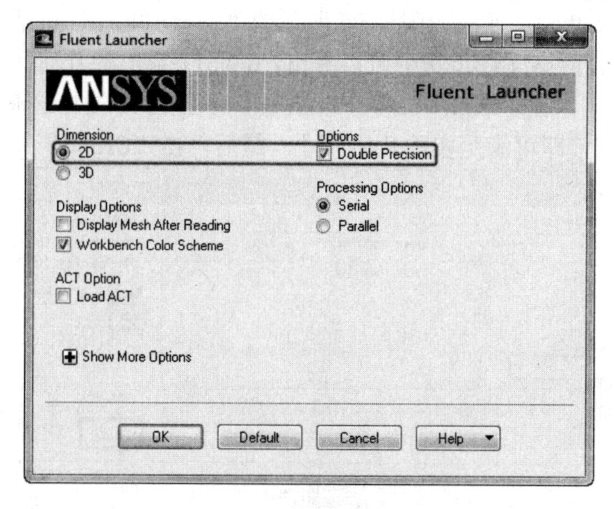

图5-94 选择FLUENT求解器

2. 网格的相关操作

（1）读入网格文件　单击“File”下拉菜单栏中的“Read” → “Case”命令，弹出如图5-95所示“Select File”对话框，找到“kongban.msh”文件，单击“OK”按钮，将Mesh文件导入到FLUENT求解器中。

（2）检查网格文件　网格文件读入以后，一定要对网格进行检查。单击“Setting

Up Domain”功能区“Mesh”面板中的“Check”按钮，FLUENT求解器检查网格的部分信息：“Domain Extents: x.coordinate: min (m)= 0.000000e+000， max (m)= 2.020000e+002; y.coordinate: min (m) = 0.000000e+000，max (m) = 2.000000e+001”，从这里可以看出网格文件几何区域的大小。注意，这里的最小体积（minimum volume）必须大于零，否则不能进行后续的计算。若是出现最小体积小于零的情况，就要重新划分网格，此时可以适当加大实体网格划分中的“Spacing”值，必须注意这个数值对应的项目为“Interval count”。

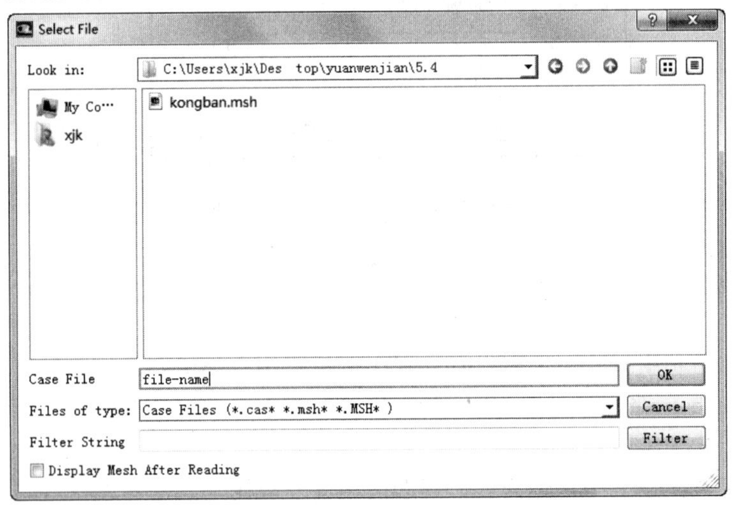

图 5-95 “Select File”对话框

（3）设置计算区域尺寸　单击“Setting Up Domain”功能区“Mesh”面板中的“Scale”按钮 Scale...，弹出如图 5-96 所示的“Scale Mesh”对话框，对几何区域尺寸进行设置，从检查网格文件步骤中可以看出，GAMBIT导出的几何区域默认的尺寸单位都是“m”。对于本例，在“Mesh Was Created In”下拉列表框中选择“mm”选项，然后单击“Scale”按钮，即可满足实际几何尺寸，最后单击“Close”按钮关闭对话框。

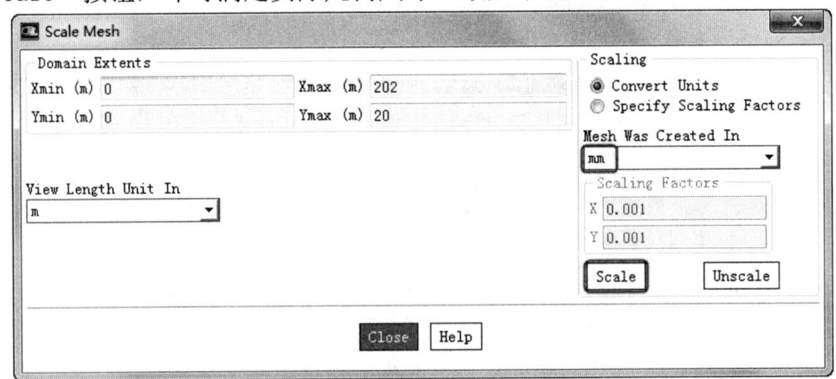

图 5-96　“Scale Mesh”对话框

（4）显示网格　单击“Setting Up Domain”功能区“Mesh”面板中的“Display”按钮 Display...，弹出如图 5-97 所示的“Mesh Display”对话框，当网格满足最小

体积的要求后，可以在 FLUENT 中显示网格。要显示文件的哪一部分可以在“Surfaces”列表框中选择，本例全选，单击“Display”按钮，即可看到如图 5-98 所示的网格显示图。

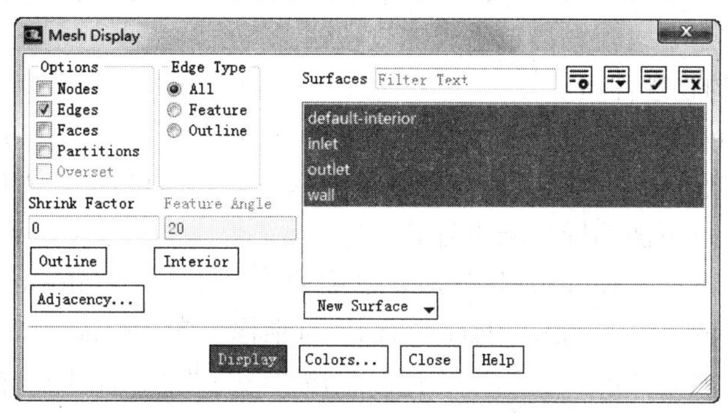

图 5-97　“Mesh Display”对话框

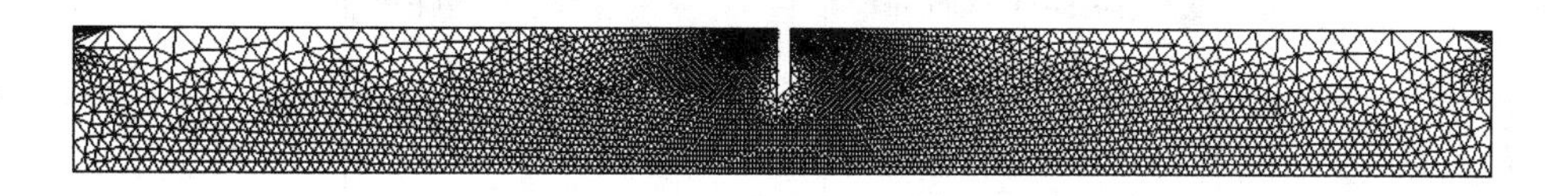

图 5-98　网格显示图

3. 选择计算模型

（1）定义基本求解器　双击“导航面板”中的“General”命令，弹出“General”任务面板。本例保持系统默认设置即可满足要求。

（2）指定其他计算模型　单击“Setting Up Physics”功能区“Models”面板中的“Viscous”按钮 Viscous...，弹出“Viscous Model”对话框，假定此孔板流量计中的流动形态为湍流，在“Model”选项组中点选“k-epsilon”单选项，弹出如图 5-99 所示的“Viscous Model”对话框，本例保持系统默认参数即可满足要求，直接单击“OK”按钮关闭对话框。

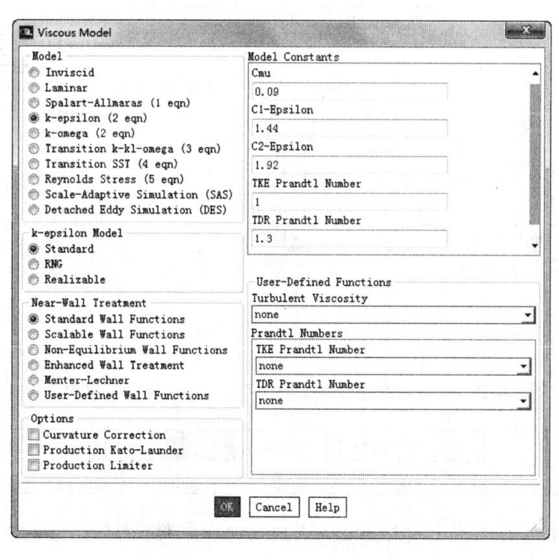

图 5-99　“Viscous Model”对话框

4. 设置操作环境

单击“Setting Up Physics”功能区“Solver”面板中的“Operating Conditions”命令，弹出如图 5-100 所示的“Operating Conditions”对话框，本例保持系统默认操作环境设置即可满足要求，直接单击“OK”按钮。

5. 定义流体的物理性质

单击“Setting Up Physics”功能区“Materials”面板中的“Create/Edit”按钮，弹出如图 5-101 所示的“Create/Edit Materials”对话框。本例的流体为水，水的物理性质设置通过下面的操作来进行。

单击“Create/Edit Materials”对话框中的“Fluent Database”按钮，弹出如图 5-102 所示的“Fluent Database Materials”对话框。在“Fluent Fluid Materials”下拉列表框中选择“water-liquid”选项，单击“Copy”按钮，即可把水的物理性质从数据库中调出，单击“Close”按钮关闭对话框。

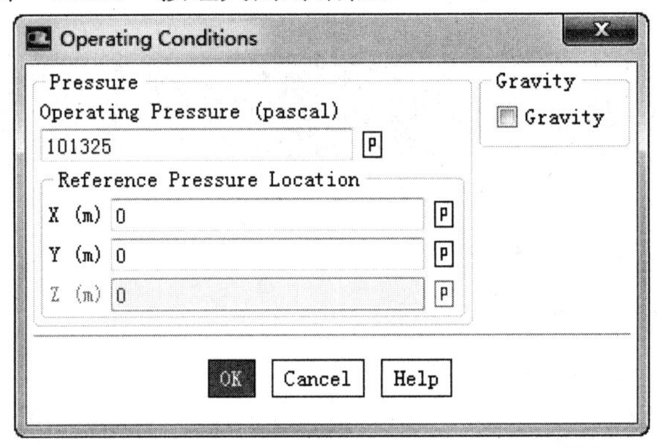

图 5-100 “Operating Conditions”对话框

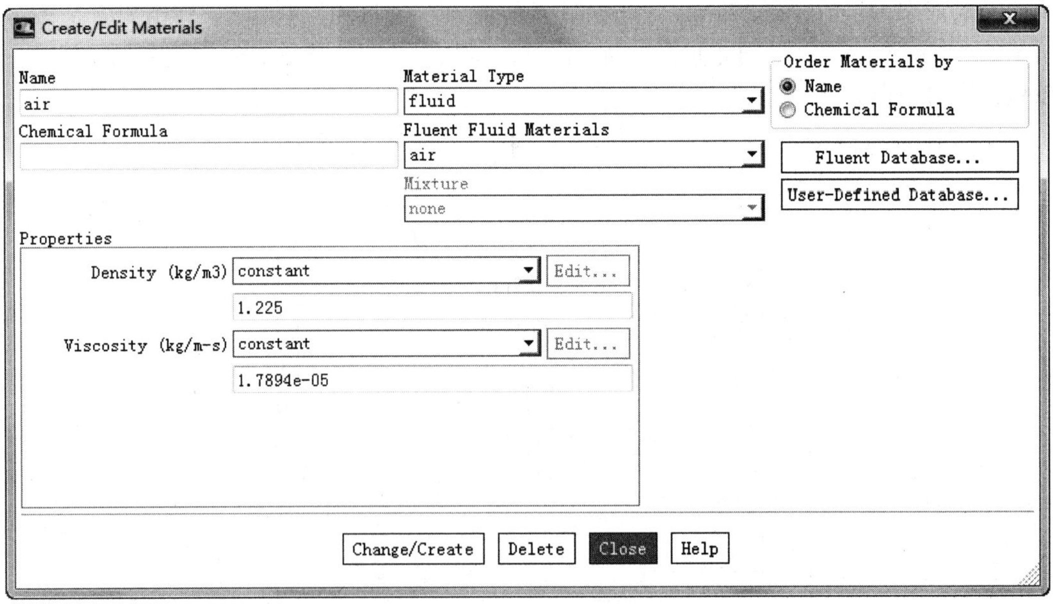

图 5-101 “Create/Edit Materials”对话框

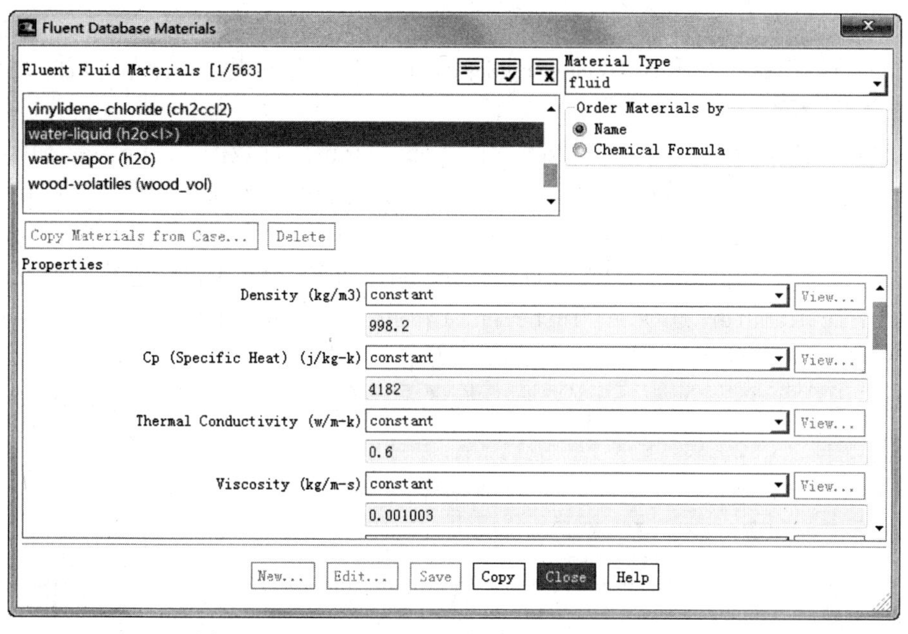

图 5-102 “Fluent Database Materials” 对话框

6. 设置边界条件

（1）设置各区域的材料 单击 “Setting Up Physics” 功能区 “Zones” 面板中的 “Cell Zones” 命令，弹出如图 5-103 所示的 “Cell Zone Conditions” 任务面板。在 “Zone” 列表框中选择 “fluid” 选项，单击 “Edit” 按钮，弹出如图 5-104 所示的 “Fluid” 对话框。在 “Material Name” 下拉列表框中选择 “water-liquid” 选项，单击 “OK” 按钮，即可把区域中的流体定义为水。

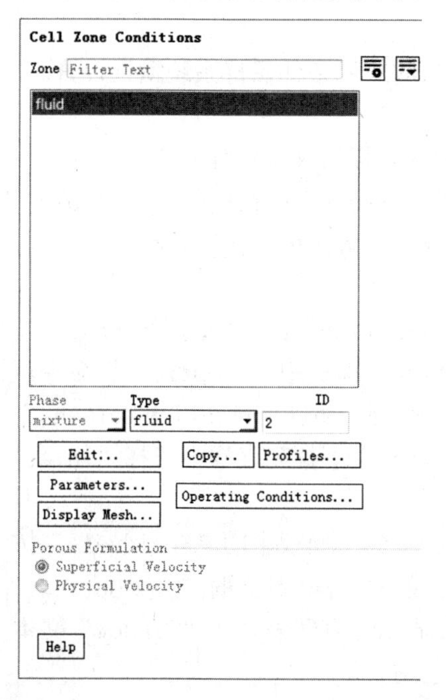

图 5-103 “Cell Zone Conditions” 面板

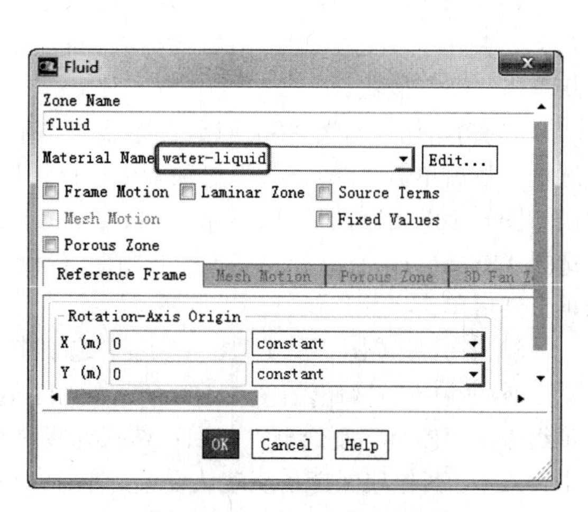

图 5-104 “Fluid” 对话框

（2）对边界条件进行设置　单击“Setting Up Physics”功能区“Zones”面板中的“Boundaries”命令，弹出“Boundary Conditions”任务面板，对计算区域的边界条件进行具体化设置。

1）设置 inlet 边界条件。在“Boundary Conditions”面板的“Zone”列表中选择“inlet”选项，也就是流量计的入口，可以看到它对应的边界条件类型为“Velocity inlet”，单击“Edit”按钮，弹出“Velocity Inlet”对话框，如图 5-105 所示，在“Velocity Magnitude”文本框中输入 1，在“Specification Method”下拉列表框中选择“Intensity and Hydraulic Diameter”选项，在“Turbulent Intensity”文本框中输入 5，在“Hydraulic Diameter”文本框中输入 0.04，inlet 边界条件设定完毕。

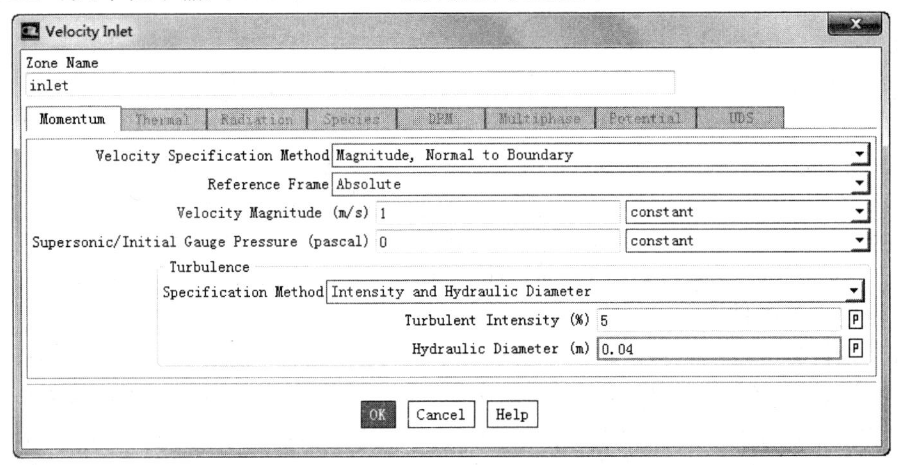

图 5-105　“Velocity Inlet”对话框

2）设置 outlet 边界条件。按照与设置 inlet 边界条件同样的方法也可以指定 outlet 的边界条件，其中的一些参数保持默认设置。

3）设置 wall 边界条件。在本例中，区域 wall 处的边界条件保持系统默认设置。

7. 求解方法的设置及控制

边界条件设定好以后，即可设定连续性方程和能量方程的具体求解方式。

（1）设置求解参数　单击“Solving”选项卡“Controls”面板中的“Controls”按钮，弹出如图 5-106 所示的“Solution Controls”任务面板。接受系统默认设置，直接单击“OK”按钮。

（2）初始化　勾选“Solving”选项卡“Initialization”面板中的“Standard”复选框，然后单击“Solving”选项卡“Initialization”面板中的“Options”命令，弹出如图 5-107 所示的“Solution Initialization”面板，在“Initialization Methods”中选择“Standard Initialization”，在“Compute from”下拉列表框中选择“inlet”选项，然后单击“Initialize”按钮。

（3）打开残差图　单击“Solving”选项卡“Reports”面板中的“Residuals”按钮 Residuals...，弹出如图 5-108 所示的“Residual Monitors”对话框，勾选“Options”选项组中的“Plot”复选框，从而在迭代计算时动态显示计算残差，在“Window”文本框中输入 1，其他项保持系统默认设置，单击“OK”按钮。

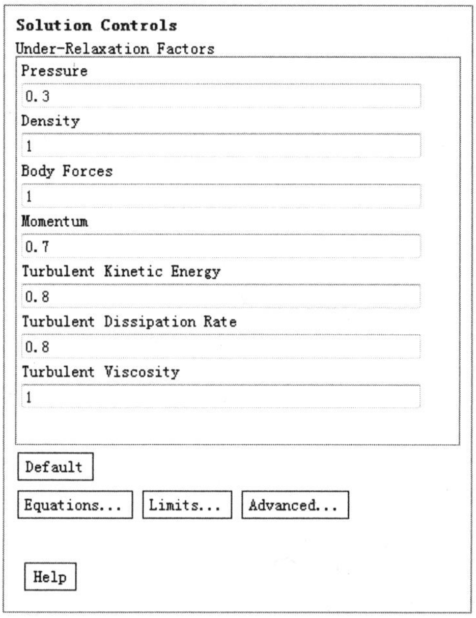

Solution Controls
Under-Relaxation Factors
Pressure
0.3
Density
1
Body Forces
1
Momentum
0.7
Turbulent Kinetic Energy
0.8
Turbulent Dissipation Rate
0.8
Turbulent Viscosity
1
Default
Equations...
Limits...
Advanced...
Help

图 5-106 “Solution Controls”面板

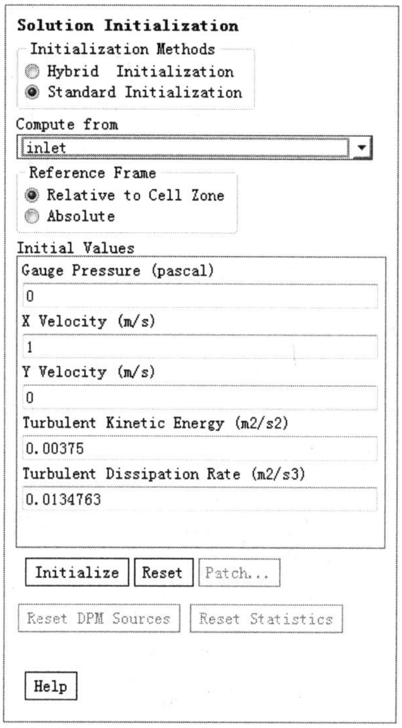

Solution Initialization
Initialization Methods
Hybrid Initialization
Standard Initialization
Compute from
inlet
Reference Frame
Relative to Cell Zone
Absolute
Initial Values
Gauge Pressure (pascal)
0
X Velocity (m/s)
1
Y Velocity (m/s)
0
Turbulent Kinetic Energy (m2/s2)
0.00375
Turbulent Dissipation Rate (m2/s3)
0.0134763
Initialize
Reset
Patch...
Reset DPM Sources
Reset Statistics
Help

图 5-107 “Solution Initialization”面板

Residual Monitors
Options
Print to Console
Plot
Window
1
Curves...
Axes...
Iterations to Plot
1000
Iterations to Store
1000
Equations
Residual
Monitor Check Convergence Absolute Criteria
continuity 0.001
x-velocity 0.001
y-velocity 0.001
k 0.001
epsilon 0.001
Residual Values
Normalize
Iterations
5
Scale
Compute Local Scale
Convergence Criterion
absolute
Convergence Conditions...
OK
Plot
Renormalize
Cancel
Help

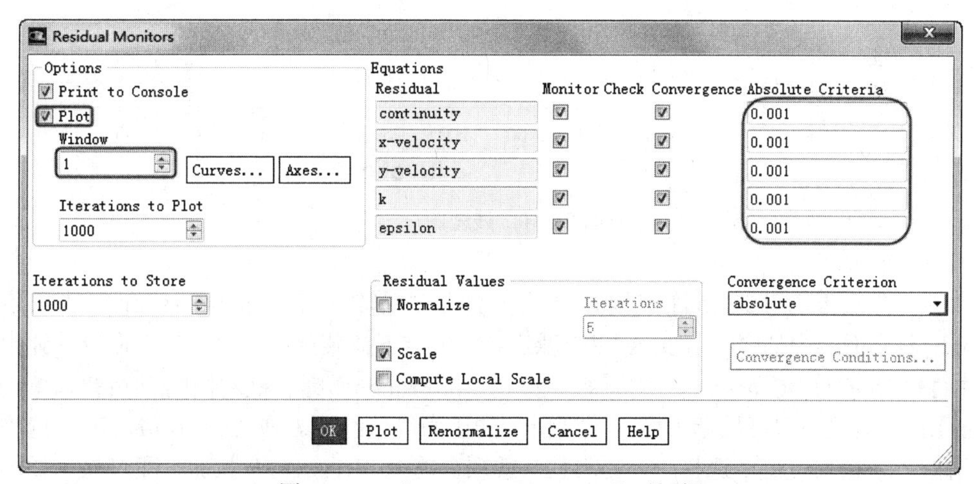

图 5-108 “Residual Monitors”对话框

(4)保存Case和Data文件 单击“File”下拉菜单栏中的“Write” →“Case&Data”命令，保存前面所做的设置。

8. 迭代

单击“Solving”选项卡“Run Calculation”面板中的“Advanced”命令，弹出“Run Calculation”任务面板。迭代设置如图 5-109 所示，单击“Calculate”按钮，FLUENT 求解器开始求解，可以看到如图 5-110 所示的残差图，在迭代到 478 步时计算收敛。

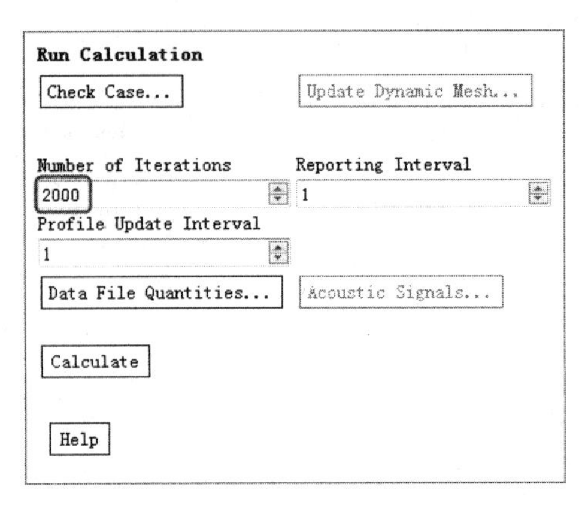

图 5-109 “Run Calculation”面板

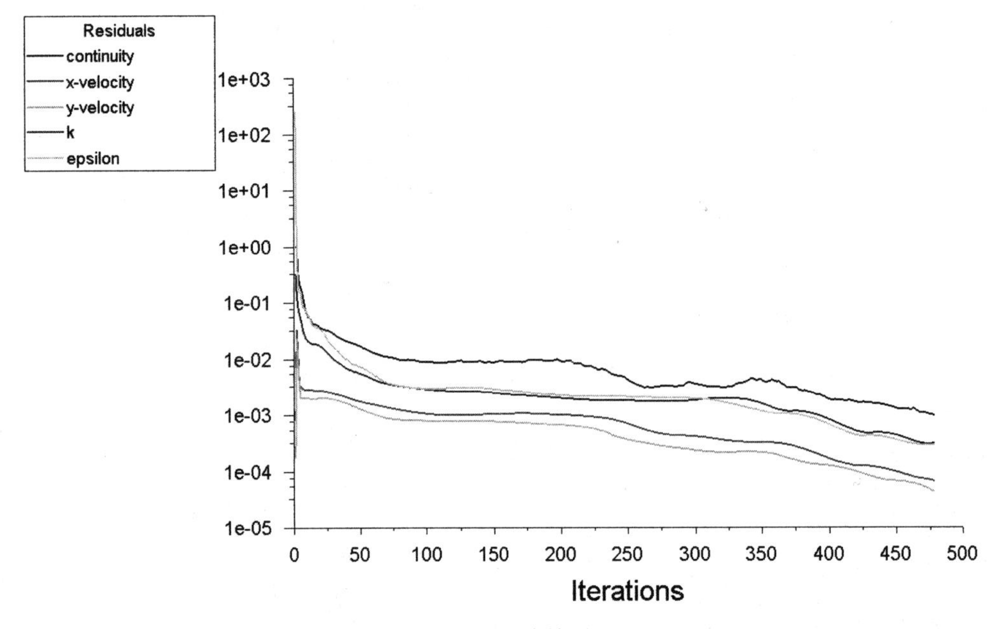

图 5-110 残差图

9. 后处理

（1）显示压力和速度等值线　迭代收敛后，单击“Postprocessing”选项卡“Graphics”面板中的“Contours”按钮 Contours下拉菜单中的“Edit”命令，弹出如图 5-111 所示的“Contours”对话框。单击“Surfaces”列表框右侧的按钮，单击“Display”按钮，即可显示如图 5-112 所示的压力等值线图。在“Contours of”选项组的第一个下拉列表框中选择“Velocity”选项，单击“Display”按钮，即可显示如图 5-113 所示的速度等值线图。

（2）显示速度矢量图　单击“Postprocessing”选项卡“Graphics”面板中的“Vectors”按钮 Vectors下拉菜单中的“Edit”命令，弹出如图 5-114 所示的“Vectors”对话框，单击“Surfaces”列表框右侧的按钮，选中所有可以显示的部分，单击“Display”按钮，即可显示如图 5-115 所示的速度矢量图。

从压力、速度等值线图和速度矢量图可以看出孔板前后压力和速度的变化。

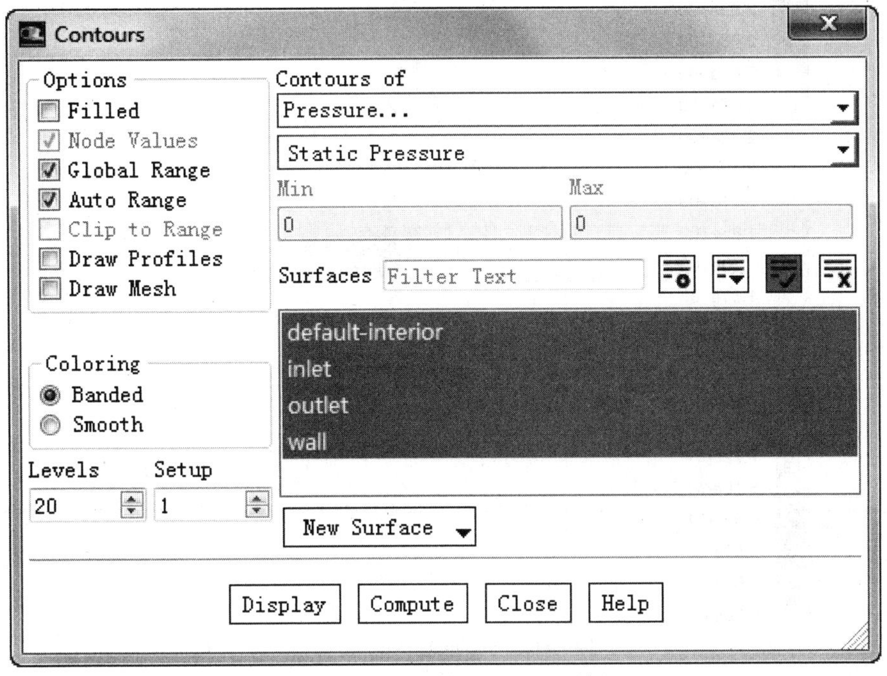

图 5-111 “Contours”对话框

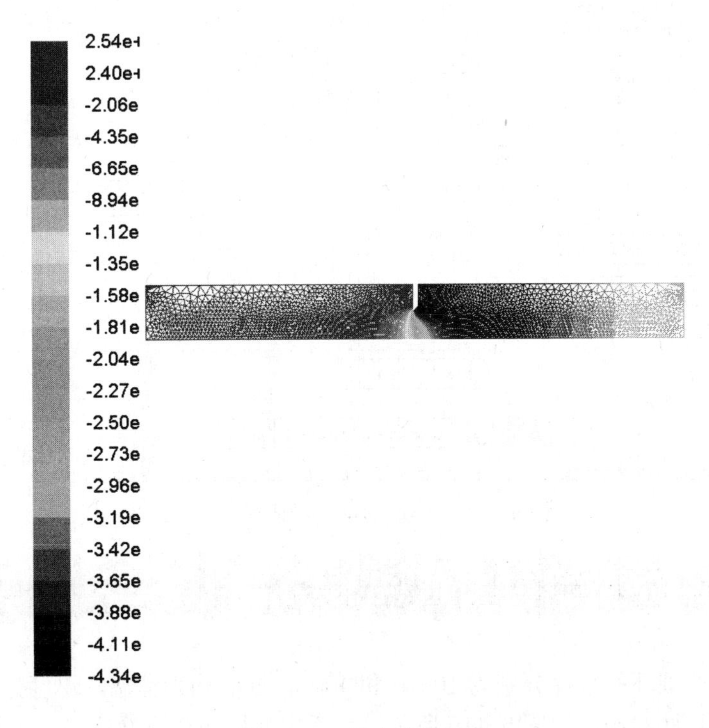

图 5-112 压力等值线图

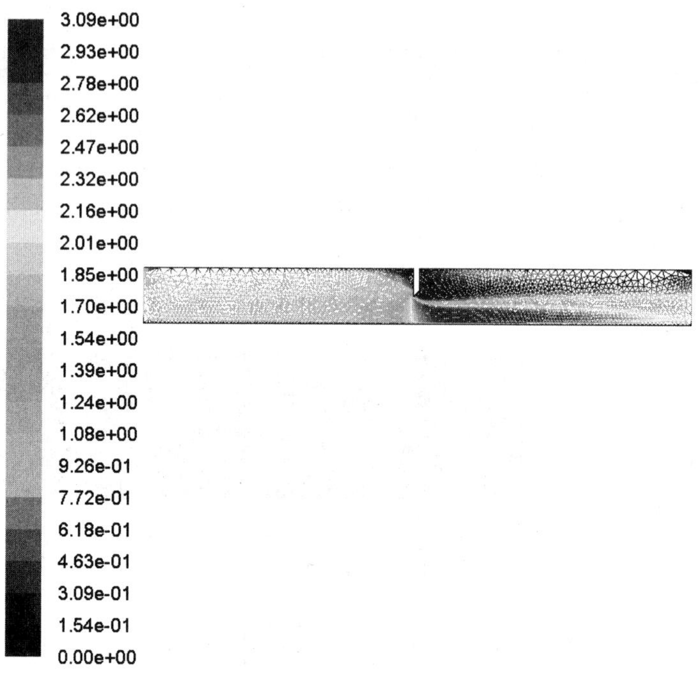

图 5-113 速度等值线图

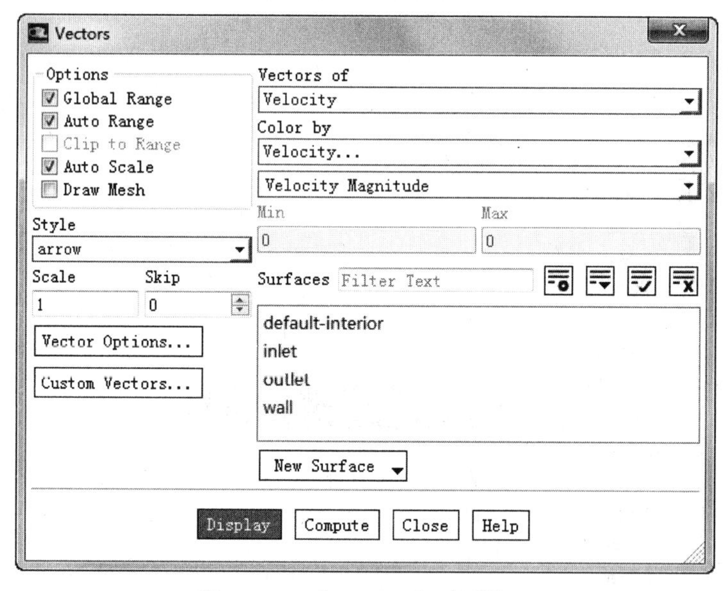

图 5-114 “Vectors”对话框

5.5 二维自然对流传热问题的分析

已知大小两个圆环的直径分别为 100mm 和 40mm，壁面均为恒温，温度分别为 340℃和 370℃，偏心距为 20mm，如图 5-116 所示。现假定要用四边形网格单元，采用结构网格来模拟圆环内气体的流动及传热情况。

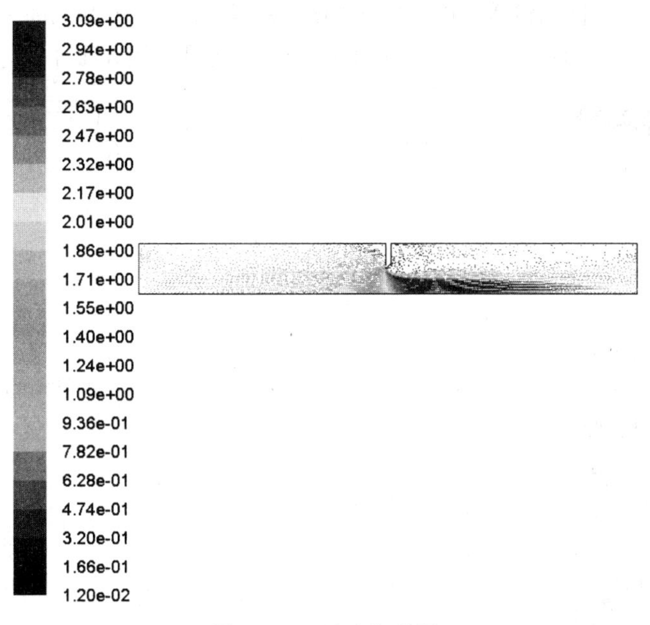

图 5-115 速度矢量图

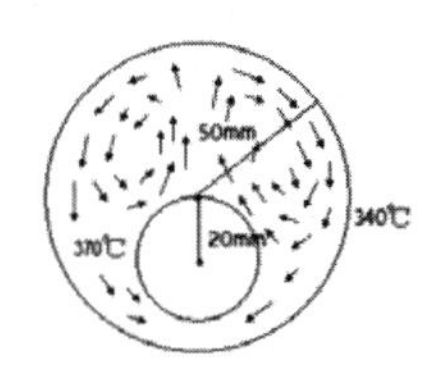

图 5-116 实例图

5.5.1 利用 GAMBIT 创建模型

1）双击桌面上的 GAMBIT 图标，启动 GAMBIT 软件，弹出“Gambit Startup”对话框，在“working directory”下拉列表框中选择工作目录。单击“Run”按钮，进入 GAMBIT 系统操作界面。

2）单击“Geometry”→“Face”→“Create Real Circular Face”按钮，弹出“Create Real Circular Face”对话框。在 Radius 文本框中输入 20（代表小圆半径），在“Label”文本框中输入 Small（小圆代号），单击“Apply”按钮，在窗口显示区出现小圆，如图 5-117 所示。

3）同理，生成大圆面，“Radius”为 50，“Label”为 big，单击“Apply”按钮。然后单击“Geometry”→“Face”→“Create Real Rectangular Face”按钮，弹出“Create Real Rectangular Face”对话框，在“Wide”和“Height”文本框中分别输入 55 和 110，在“Label”中输入 rect，生成矩形，如图 5-118 所示。

4）单击“Geometry”→ “Face”→“Move/Copy Faces”按钮，出现“Move/Copy Faces”对话框，如图 5-119 所示。单击“Face Pick”微调框右侧的上箭头按钮，从弹出的列表中单击“small”，回到“Move/Copy Faces”对话框后，选中“Move”复选框和“Translate”复选框，本例中为默认值。在表示移动距离的 Global 和 Local

两组坐标中，对于 Y 坐标均输入-20。单击“Apply”按钮后，小圆面即下移 20mm，如图 5-120 所示。按同样的办法向右移动矩形面 27.5mm，结果如图 5-121 所示。

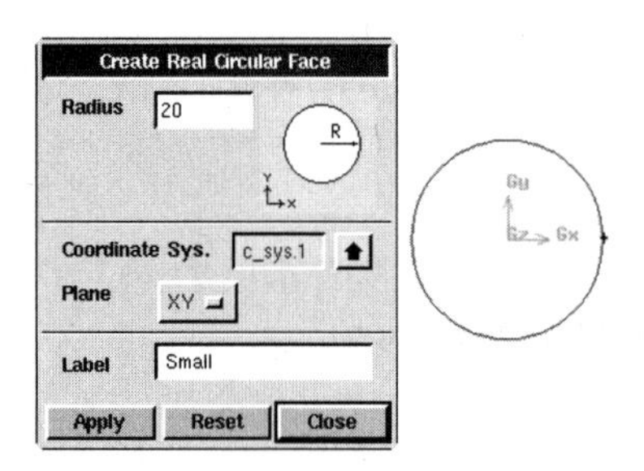

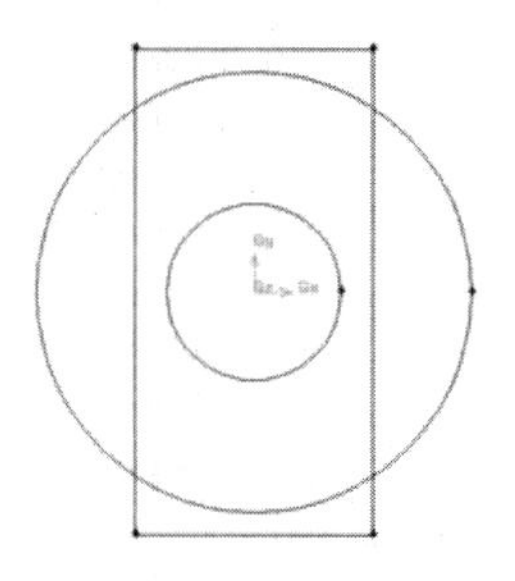

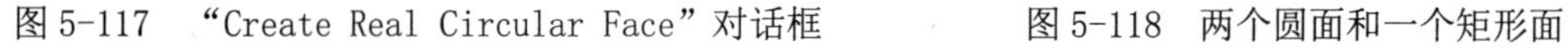
图 5-117 “Create Real Circular Face”对话框　　图 5-118 两个圆面和一个矩形面

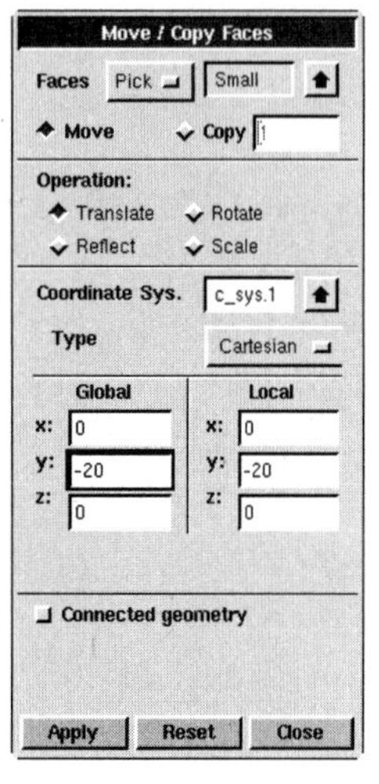

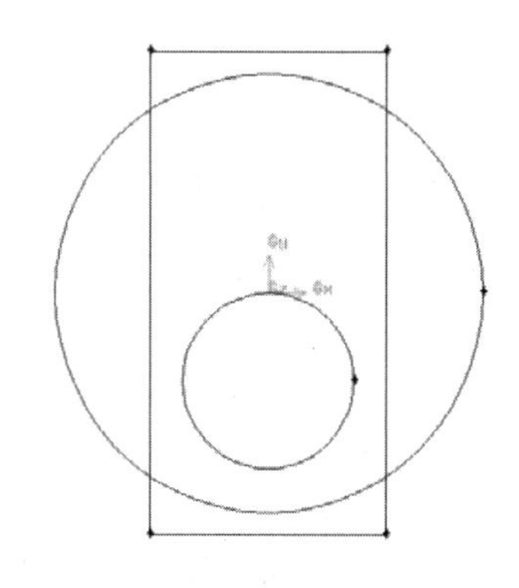

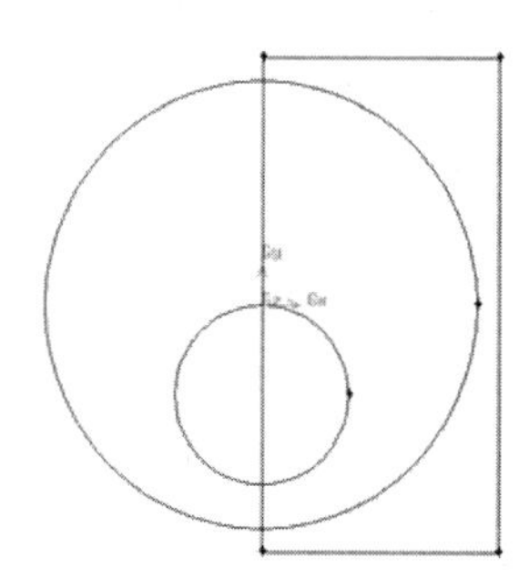

图 5-119 “Move/Copy Faces”对话框　图 5-120 移动小圆后显示图　图 5-121 移动矩形后显示图

5）单击“Geometry”→“Face”→“Subtract Real Faces”按钮，弹出“Subtract Real Faces”对话框。从“Face”列表框中选择大圆面的代号 big，从“Subtract Faces”列表框中选择 small 以及 rect。单击“Apply”按钮，得到如图 5-122 所示结果。

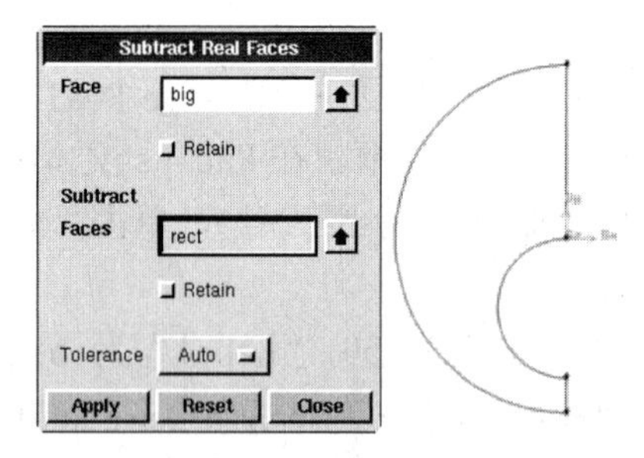

图 5-122 “Subtract Real Faces”对话框

5.5.2 网格的划分

1）单击“Mesh”→“Face”→“Mesh Faces”按钮，打开“Mesh Faces”面板。在“Faces”中选择所要划分的圆面 big，选择 Quad（四边形）单元，Map 类型的

网格（即结构网络），Interval Count 方式，给定间隔数量为 30，也就是说 2D 区域的每条边上都有 31 个点来分隔。在“Options”选项中，选择“Mesh”“Remove old mesh”“Remove lower mesh”按钮，单击“Apply”，出现网格图示，如图 5-123 所示。

2）单击“Zones” →“Specify Boundary Types” 按钮，弹出“Specify Boundary Types”对话框，如图 5-124 所示。选中“Add”，单击“Entity”下的“Edges”按钮右侧的下箭头，弹出边界列表，选中表示小圆弧的“edge 9”（可按下 Shift 键并单击小圆弧来选择），单击“Type”下的按钮，在弹出的列表中选中“WALL”，将小圆弧指定为壁面边界。然后在“Name”中输入代表这个壁面的名称，如“wall_in”。单击“Apply”按钮。同理将大圆弧指定为“wall_out”，其他两段对称线的“Type”选择为“symmetry”，名称为“sym”。

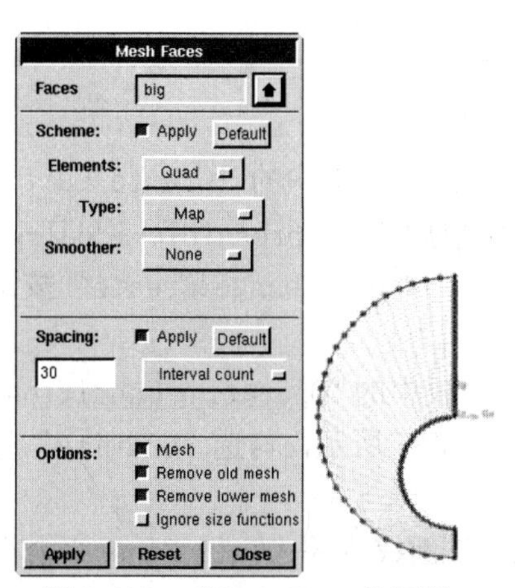

图 5-123 “Mesh Faces”面板

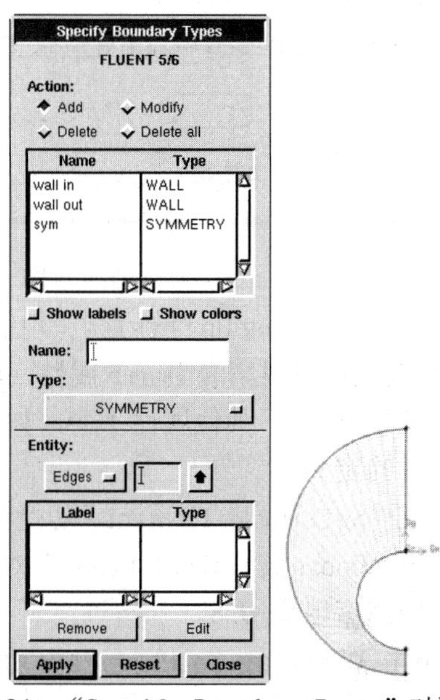

图 5-124 “Specify Boundary Types”对话框

3）边界类型定义完后，需要将网格文件输出。执行“File”→“Export”→“Mesh”命令，在文件名中输入“Model.msh”，并选中“Export 2-D（X-Y）Mesh”，确定输出二维模型网络文件。

【注意】

一定要保证 Slover 为 FLUENT5/6，才能够正常输出 msh 文件。

5.5.3 求解计算

1）启动 FLUENT 19.0，在弹出的“Fluent Launcher”对话框中选择 2D 计算器，单击“OK”按钮 。

2）单击“File”下拉菜单栏中的“Read”→“Case”命令，读入划分好的网格文件“MODEL.msh”。然后进行检查，单击“Setting Up Domain”功能区“Mesh”面板中的“Check”按钮 。检测成功后，单击“Setting Up Domain”功能区“Mesh”面板中的“Scale”按钮 Scale...，弹出“Scale Grid”对话框，对几何区域尺寸进行设置，从检查网格文件步骤中可以看出，GAMBIT 导出的几何区域默认的尺寸单位都是“m”。对于本例，在“Grid Was Created In”下拉列表框中选择“mm”选项，将 X 和 Y 方向的比例尺均设定为 0.001，单击 Scale 按钮。

3）双击“导航面板”中的“General”命令，弹出“General”任务面板，采用默认的求解器设置，即选择压力基隐式，定常模型，采用绝对速度公式。

4）单击“Setting Up Physics”功能区“Models”面板中的“Viscous”按钮 Viscous...，弹出“Viscous Model”对话框，在对话框中选择“Laminar”（层流模型），单击“OK”按钮。

5）单击“Setting Up Physics”功能区“Models”面板中的“Energy”复选框，，如图 5-125 所示，启动能量方程。

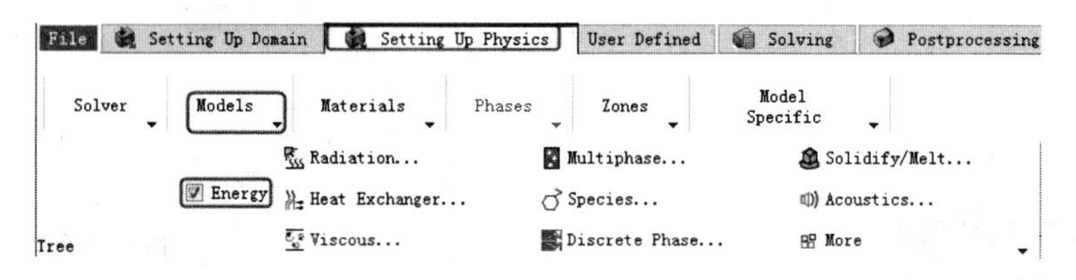

图 5-125 “Energy”对话框

6）单击“Setting Up Physics”功能区“Materials”面板中的“Create/Edit”按钮，修改当前材料列表中 air 属性，将密度常数改为“incompressible-ideal-gas”（不可压理想气体），其他属性不变，如图 5-126 所示，单击“Change/Create”按钮，完成对材料的定义。

7）单击“Setting Up Physics”功能区“Solver”面板中的“Operating Conditions”命令，弹出“Operating Conditions”对话框，如图 5-127 所示，勾选“Gravity”复选框，重力加速度填写-9.8。

8）单击“Setting Up Physics”功能区“Zones”面板中的“Cell Zones”命令，弹出如图 5-128 所示的“Cell Zone Conditions”任务面板。

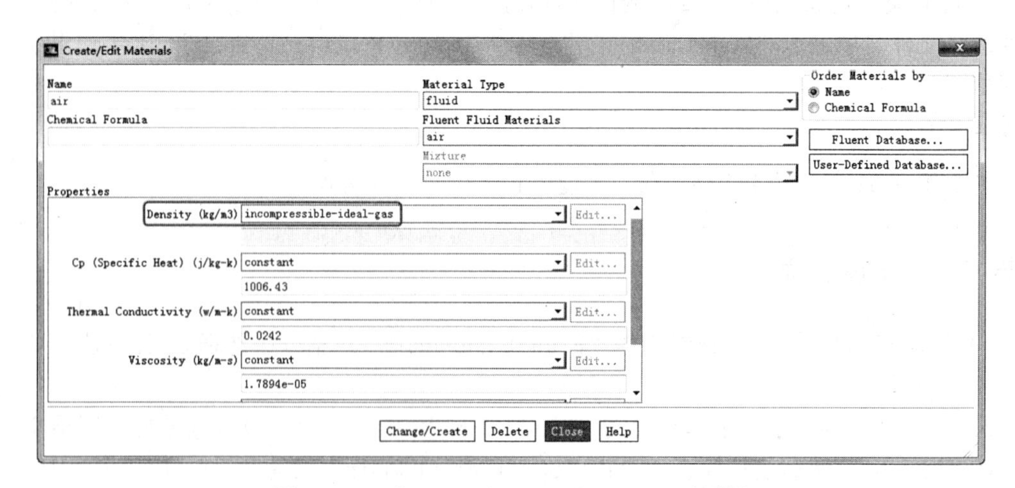

图 5-126 “Create/Edit Materials”对话框

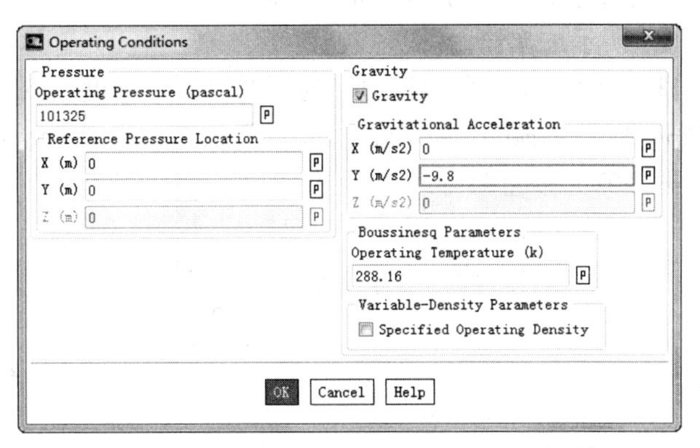

图 5-127 “Operating Conditions”对话框

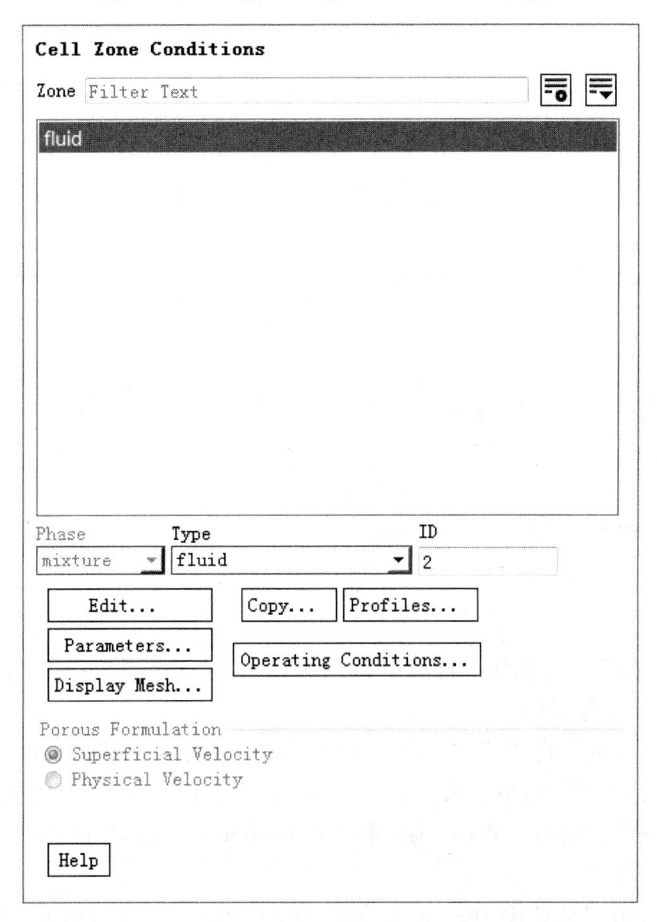

图 5-128 “Cell Zone Conditions”面板

①在列表中选择“fluid”，其类型 Type 为“fluid”，单击“Edit”按钮，选择“air”，单击“OK”按钮。

②单击“Setting Up Physics”功能区“Zones”面板中的“Boundaries”命令，弹出“Boundary Conditions”面板，对计算区域的边界条件进行具体化设置。

选择小圆弧边界 wall_in，Type 为“wall”，单击“Edit”按钮，Thermal Conditions

选择“Temperature”，温度值设定为 643.15K（370℃），恒温壁面，“Heat Generation Rate”为 0，如图 5-129 所示。单击“OK”按钮。

同理，选择“wall_out”，设定大圆弧边界为恒温壁面，温度为 613.15K（340℃）。选择“sym”，选择 Type 为“Symmetry”，单击“Edit”按钮，弹出“Symmetry”对话框，如图 5-130 所示，单击“OK”按钮即可。

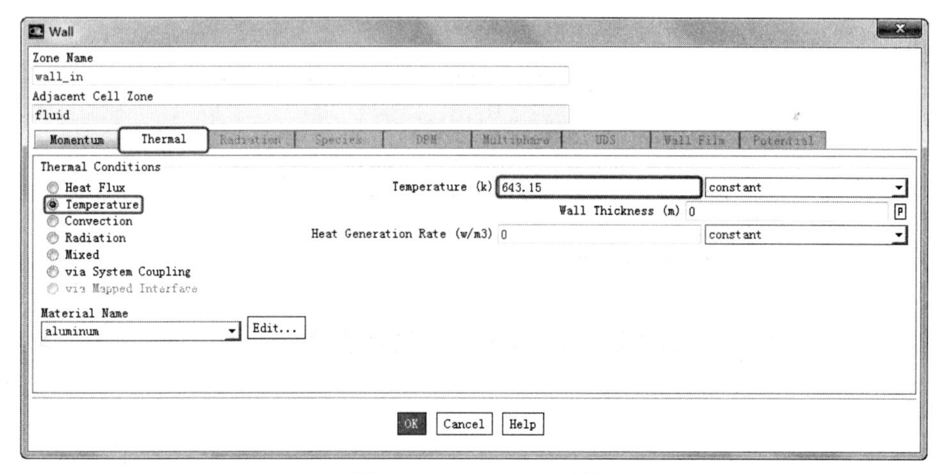

图 5-129 “Wall”面板

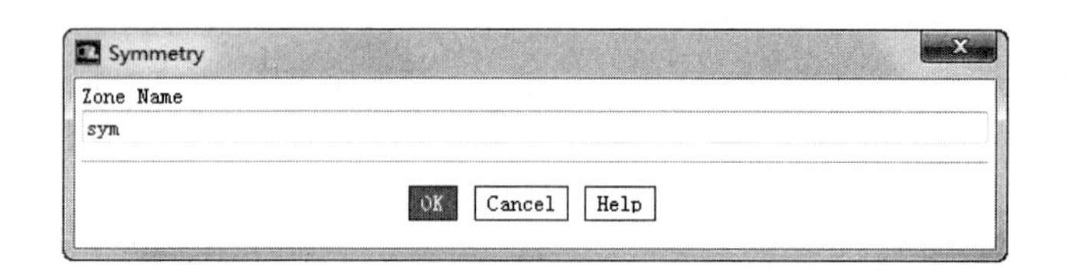

图 5-130 “Symmetry”对话框

9）单击“Solving”选项卡“Controls”面板中的“Controls”按钮，弹出“Solution Controls”面板，采用默认值。

10）单击“Solving”选项卡“Initialization”面板中的“Options”命令，弹出“Solution Initialize”面板，在 Initialization Methods 选项中选择 Standard Initialization，在 Compute from 中选择“all-zones”，对全区域进行初始化，单击“Initialize”按钮。

11）单击“Solving”选项卡“Reports”面板中的“Residuals”按钮 Residuals...，在“Residual Monitors”对话框中选中“Plot”，其他变量保持默认值，如图 5-131 所示。

12）单击“Solving”选项卡“Run Calculation”面板中的“Advanced”命令，弹出“Run Calculation”任务面板。设置“Number of Iteration”为 200，单击“Calculate”按钮开始解算。101 步以后达到收敛，其残差曲线图如图 5-132 所示。

13）单击“Postprocessing”选项卡“Graphics”面板中的“Contours”按钮 Contours

下拉菜单中的“Edit”命令，在“Contours of”下拉列表中选择“Temperature”，单击“Display”按钮，显示等温线图，如图5-133所示。选择“Pressure”，显示静压等值图，如图5-134所示。选择“Pressure”，以及下面选框中的“Total Pressure”，则显示总压等值线图，如图5-135所示。选择“Filled”，则显示云图，如图5-136～图5-138所示。

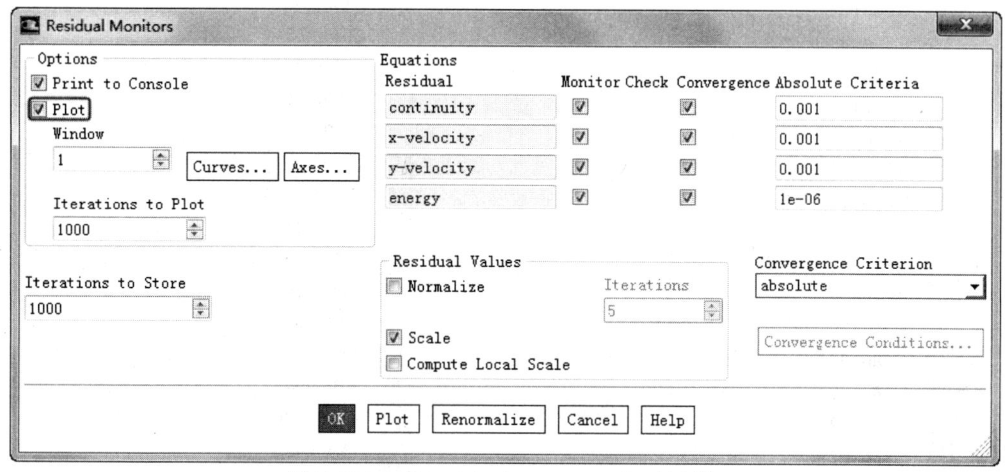

图5-131 “Residual Monitors”对话框

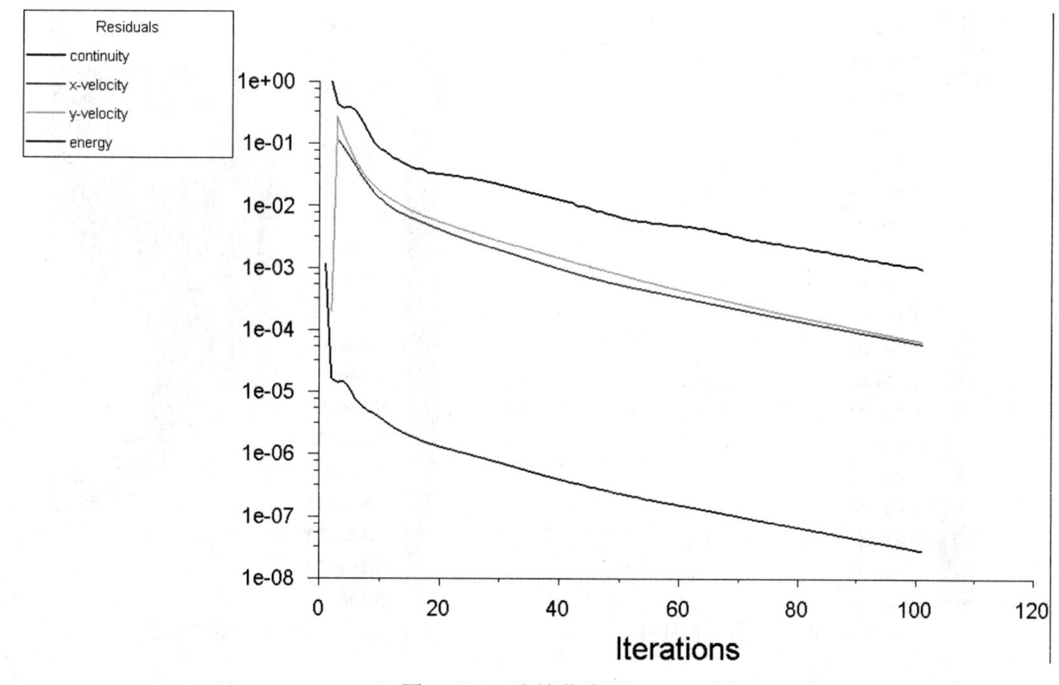

图5-132 残差曲线图

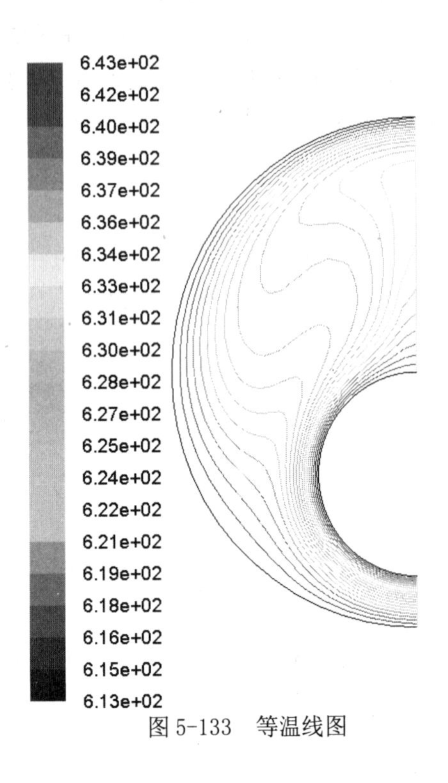

图 5-133　等温线图

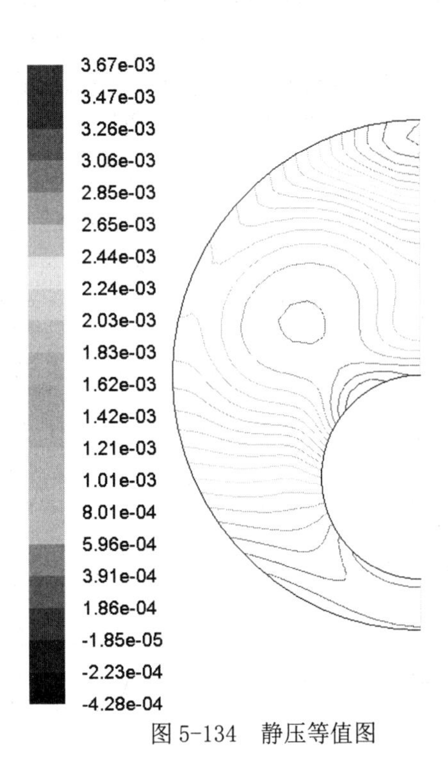

图 5-134　静压等值图

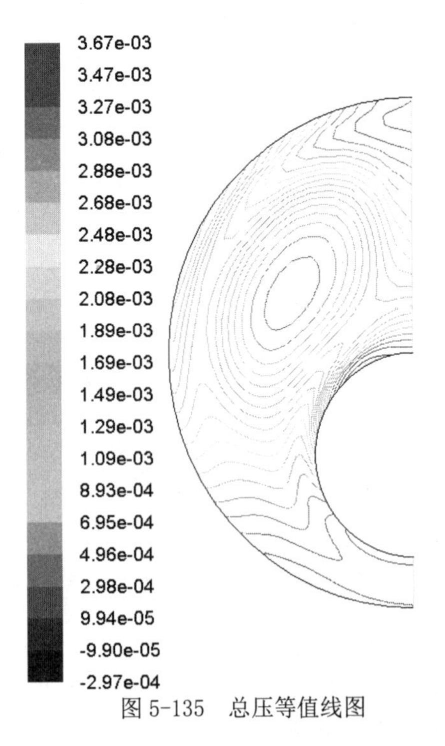

图 5-135　总压等值线图

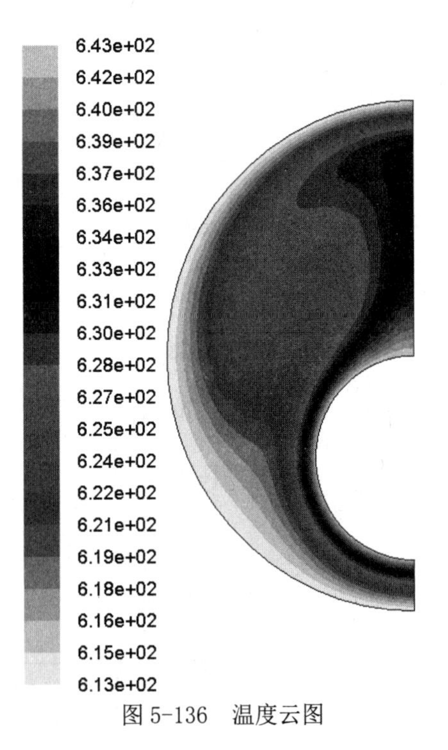

图 5-136　温度云图

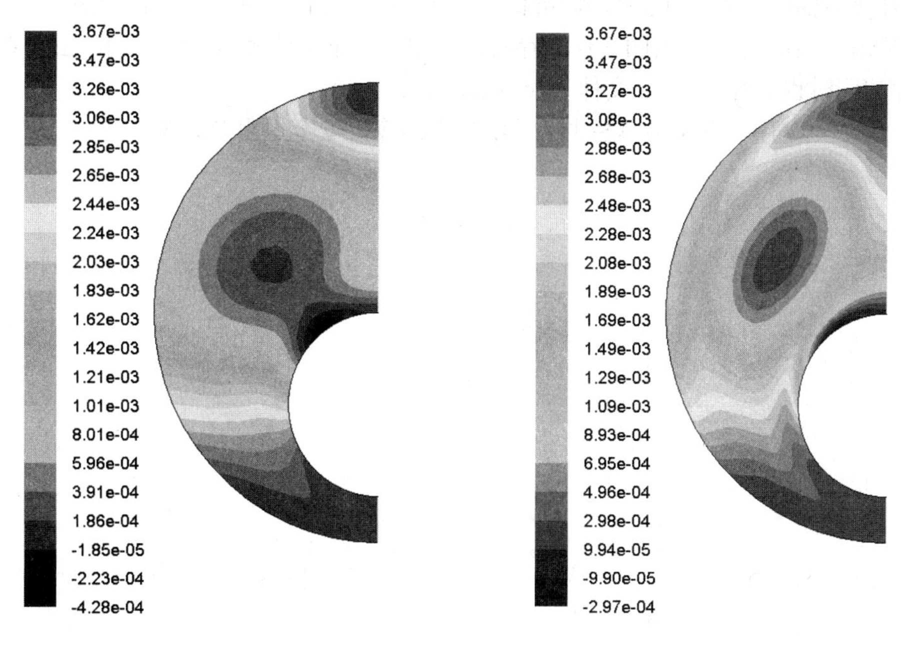

图 5-137　静压云图　　　　图 5-138　总压云图

14）单击“Postprocessing”选项卡“Graphics”面板中的“Vectors”按钮 Vectors 下拉菜单中的“Edit”命令，设定“Scale”为 2，“Skip”为 1，单击“Display”按钮，得到速度矢量图，如图 5-139 所示。

15）单击“Postprocessing”选项卡“Report”面板中的“Fluxes”命令，选择“wall_in”和“wall_out”，选择“Total Heat Transfer Rate”，单击“Compute”按钮，得到通过圆筒壁面的热量。通过小圆筒壁面的热量是 5.6375717W，正值表示小圆筒是热源，向计算区域散热；通过大圆筒壁面是-5.6319121W，负值表示大圆筒吸热，如图 5-140 所示。

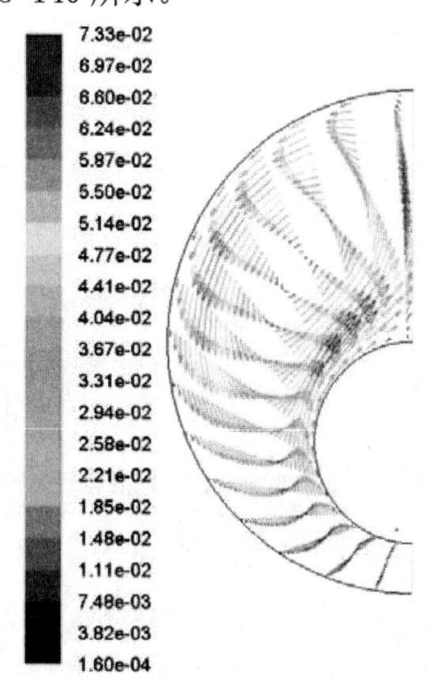

图 5-139　速度矢量图

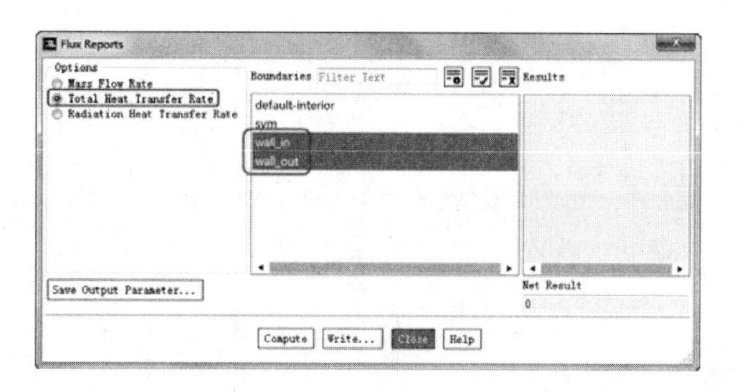

图 5-140　“Flux Reports”面板

16)计算完的结果要保存为 Case 和 Data 文件,单击“File”下拉菜单栏中的“Write”→“Case&Data”命令,在弹出的文件保存对话框中将结果文件命名为“Model.cas”,Case 文件保存的同时也保存了 Data 文件“Model.dat”。

17)单击“File”下拉菜单栏中的“Exit”命令,安全退出 FLUENT。

第 6 章

三维流动和传热的数值模拟

第 5 章介绍了二维流动和传热的数值模拟，其实在实际中更多的是三维的情况。

本章来介绍如何使用 GAMBIT 与 FLUENT 解决一些较为简单却常见的三维流动问题，为以后利用 FLUENT 解决实际工程问题打下基础。

学习要点

- 三维弯管流动的模拟
- 三维室内温度传热模拟
- 三维喷管流动与传热的耦合求解
- 周期性三维流动与传热模拟

6.1 混合器流动和传热的数值模拟

【问题描述】

如图 6-1 所示的混合器是化工中经常用到的设备，了解混合器内的速度场和温度场对混合气的设计和应用有十分重要的意义。

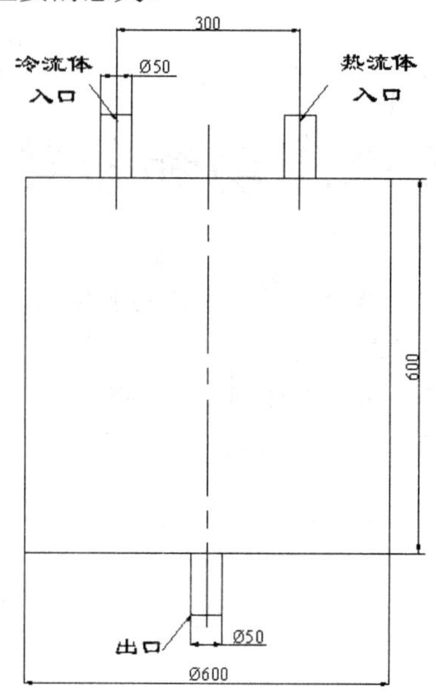

图 6-1 混合器的结构尺寸图

本节通过一个较为简单的三维算例——三维混合器的数值模拟，来介绍如何使用 GAMBIT 与 FLUENT 解决一些较为简单却常见的三维流动与传热问题，本例涉及以下 3 个方面的内容。

- 利用 GAMBIT 创建模型。
- 利用 GAMBIT 划分网格。
- 利用 FLUENT 进行三维流动与传热的模拟与后处理。

6.1.1 利用 GAMBIT 创建模型

1. 启动 GAMBIT

双击桌面上的 GAMBIT 图标，启动 GAMBIT 软件，弹出“Gambit Startup”对话框，在“Working Directory”下拉列表框中选择工作文件夹，在“Session Id”文本框中输入“hunhe”。单击“Run”按钮，进入 GAMBIT 系统操作界面。单击菜单栏中的“Solver ”→“FLUENT5/6”命令，选择求解器类型。

2. 创建三维混合器的几何模型

（1）创建混合器内的流体区域　单击“Geometry” → “Volume” → “Create Real Cylinder” 按钮，弹出如图 6-2 所示的“Create Real Cylinder”对话框。在“Height”

文本框中输入“600”，在“Radius1”和“Radius2”文本框中输入“300”，单击“Apply”按钮，得到如图6-3所示的混合器内流体区域图。

（2）创建入口流体区域

1）创建一个入口管区域。在图6-2中的“Height”文本框中输入“100”，在“Radius1”和“Radius2”文本框中输入“50”，单击“Apply”按钮，得到如图6-4所示的管子流动区域图形，单击“Close”按钮。

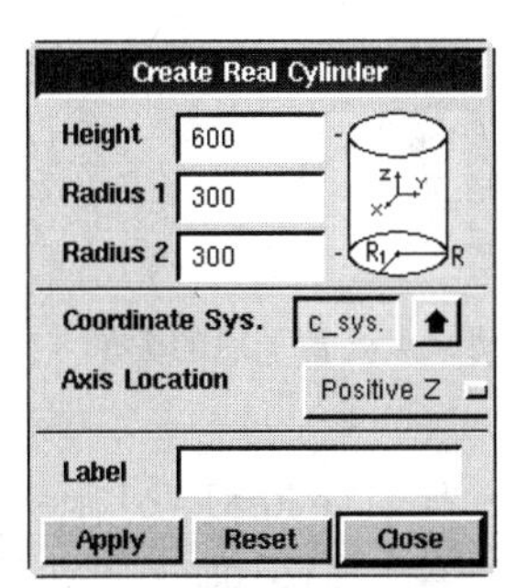

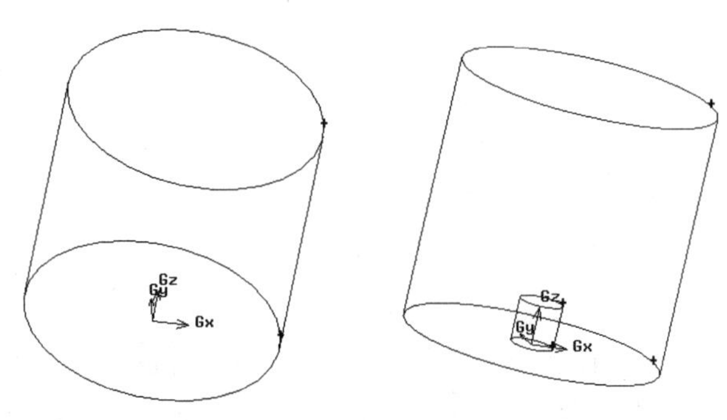

图6-2 “Create Real Cylinder”对话框　图6-3 混合器内的流体区域图　图6-4 创建管子流动区域

2）通过移动复制创建冷热流体的入口管。单击“Geometry” →“Volume” →“Move/Copy Volumes” 按钮，弹出如图6-5所示的“Move/Copy Volumes”对话框。单击“Volumes”文本框，选择要复制的管子实体，选择“Copy”选项，在“Local”坐标系的x、y、z文本框中分别输入“150”“0”“600”，来移动复制体单元，单击“Apply”按钮，复制的管子如图6-6所示。

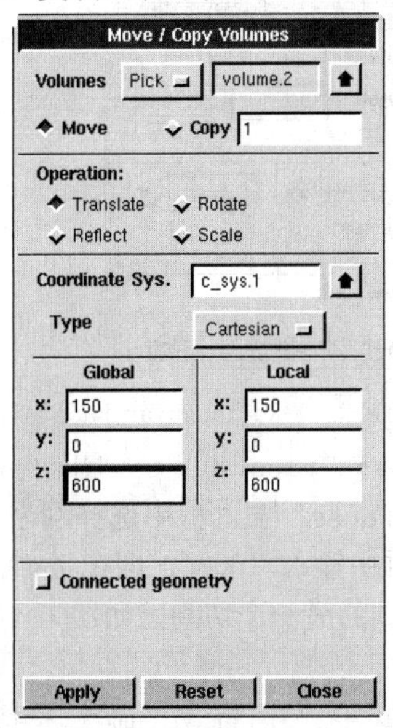

图6-5 “Move/Copy Volumes”对话框

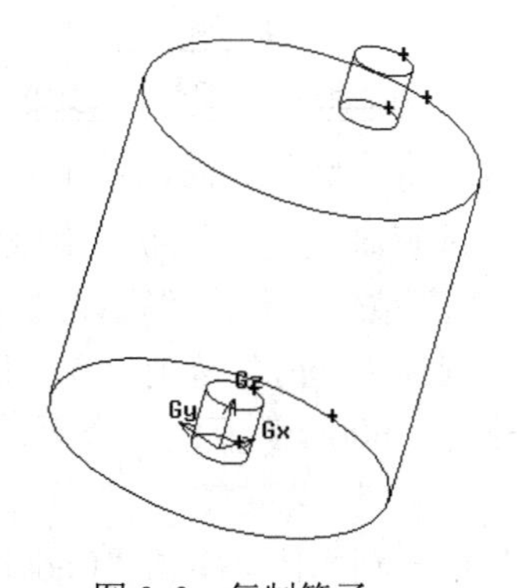

图6-6 复制管子

3）通过上面的方法创建另一个入口管，在“Local”坐标系的x、y、z文本框中分别输入“-150”“0”“600”，单击“Apply”按钮，创建的另一个入口体如图6-7所示。

4）通过上面的方法，移动创建在原点的管子作为出口管，在图6-5中选择“Move”

选项，在“Volumes”文本框选择原点的管子，把管子向 Z 轴负方向移动“100mm”，单击“Apply”按钮，移动原点处管子后的图形如图 6-8 所示。

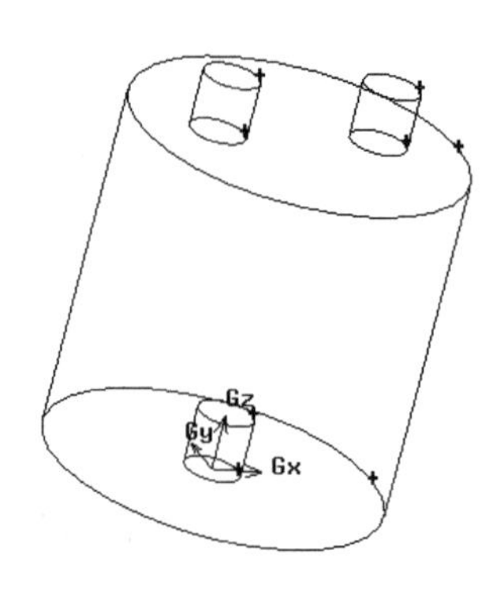

图 6-7　创建另一个入口体

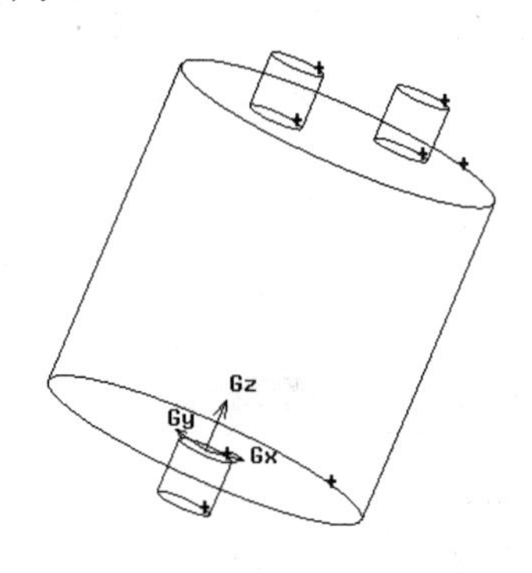

图 6-8　移动原点处管子后的图形

（3）实体的布尔运算

1）实体的组合。单击“Geometry”→“Volume”→“Unite Real Volumes”按钮，弹出如图 6-9 所示的“Unite Real Volumes”对话框。单击“Volumes”文本框，选择创建的 4 个实体，单击“Apply”按钮，4 个实体即可组合到一起。

2）实体的分割。为了使网格优化，要把实体进行分割，首先要创建分割面，然后再对实体进行分割，具体方法介绍如下。

单击“Geometry”→“Face”→“Create Real Rectangular Face”按钮，弹出如图 6-10 所示的“Create Real Rectangular Face”对话框。在“Width”和“Height”文本框中输入“1000”，单击“Apply”按钮，创建的切割面如图 6-11 所示。

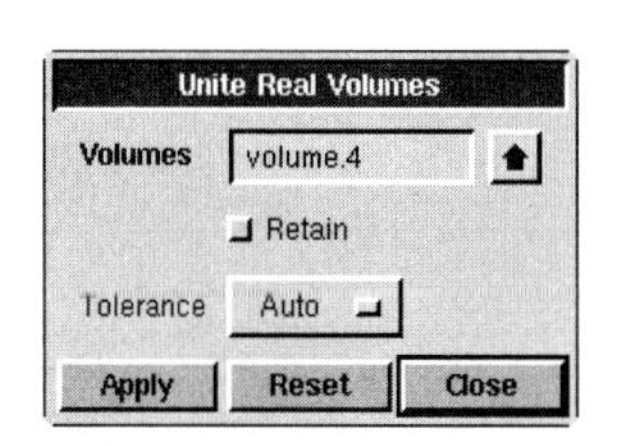

图 6-9　“Unite Real Volumes”对话框

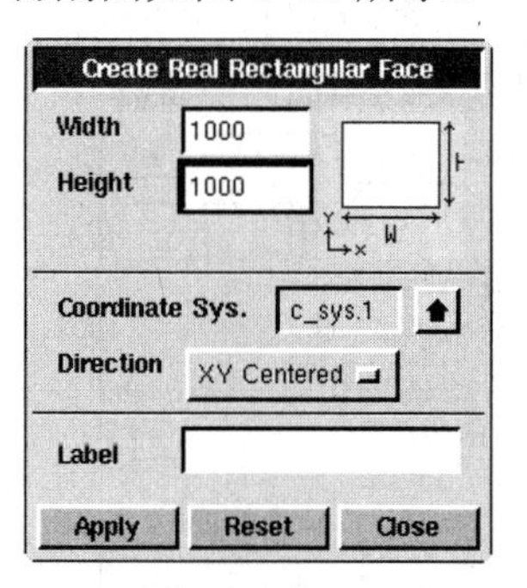

图 6-10　“Create Real Rectangular Face”对话框

通过复制创建另一个切割面，单击“Geometry”→“Face”→“Move/Copy Faces”按钮，弹出“Move/Copy Faces”对话框，在“Faces”文本框中选择刚创建的平面，选择“Copy”选项，在“Local”坐标系的 Z 文本框中输入“600”，即在 Z 轴正方向上平移“600mm”复制一个面，单击“Apply”按钮，复制的另一个切割面如图 6-12 所示。

然后分割实体，单击“Geometry”→“Volume”→“Split Volume”按钮，弹出如图 6-13 所示的“Split Volume”对话框。在“Volume”文本框中选择创建的三维混合器模型，对应的“Spit With”类型为“Faces”，在“Faces”文本框中选择创建的两个切割面，单击“Apply”按钮，切割后的实体如图 6-14 所示。

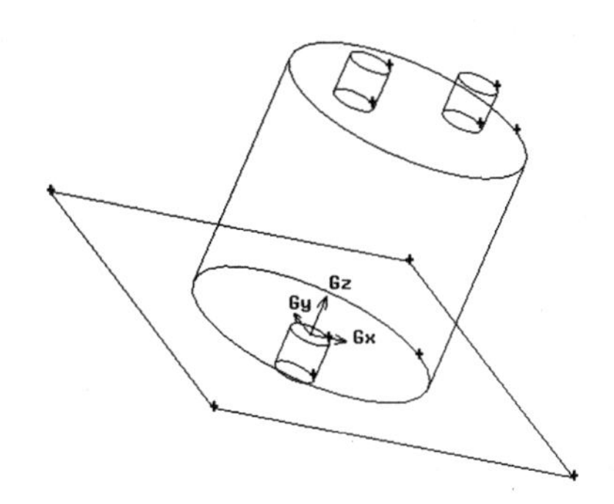

图 6-11　创建切割面

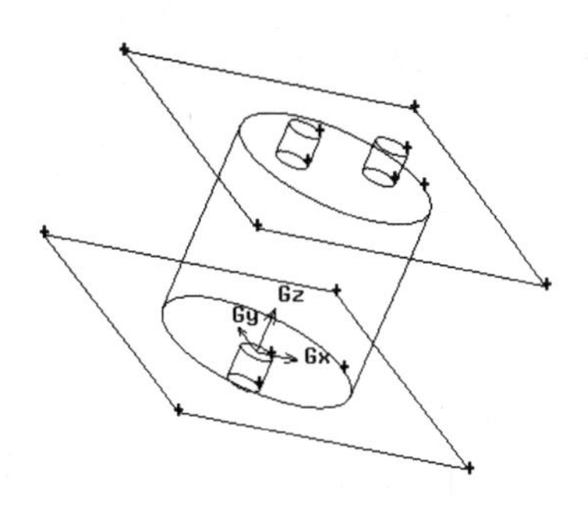

图 6-12　复制另一个切割面

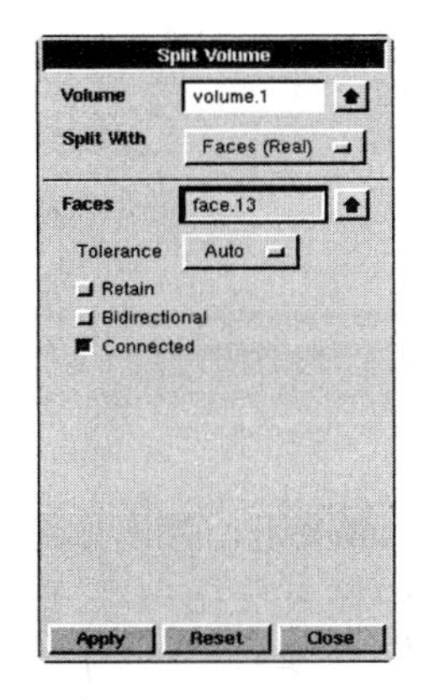

图 6-13　“Split Volume”对话框

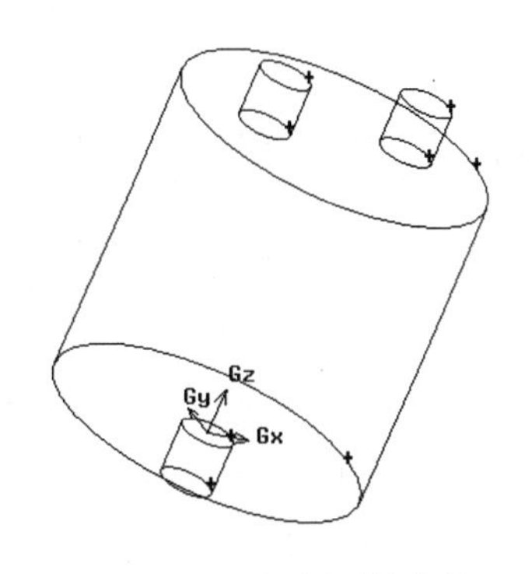

图 6-14　切割后的实体

6.1.2　网格划分

单击“Mesh” → “Volume” → “Mesh Volume”按钮，弹出如图 6-15 所示的“Mesh Volumes”对话框。单击“Volumes”文本框，选择进、出口 3 个管子实体，在“Spacing”文本框中输入“2”，其数值对应“Interval size”选项，其他选项保持系统默认设置，单击“Apply”按钮，得到如图 6-16 所示的进、出口网格划分图形。

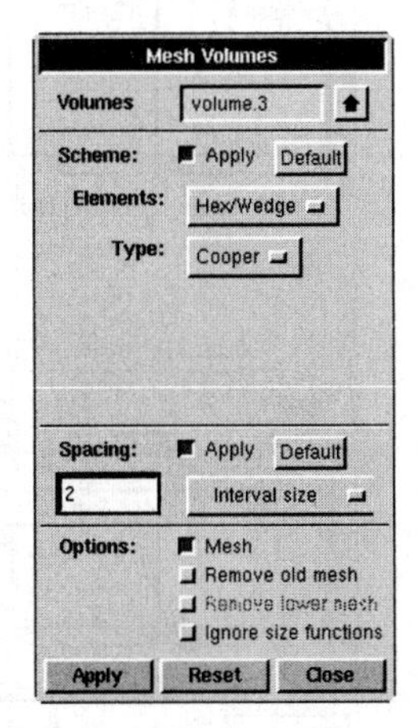

图 6-15　“Mesh Volumes”对话框

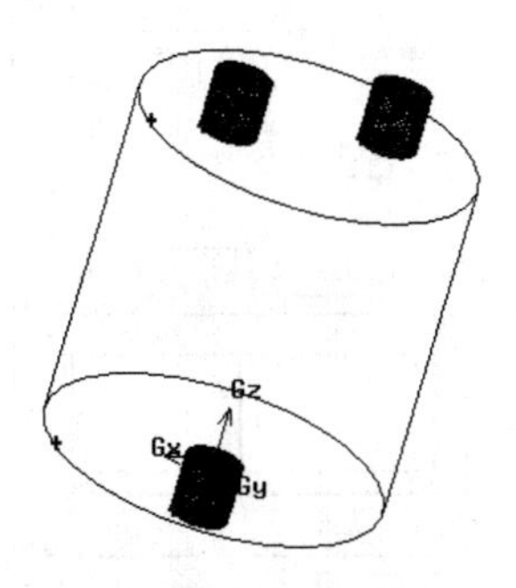

图 6-16　进、出口网格划分图形

采用同样的方法对混合器的主体进行网格划分，只是“Spacing”文本框中输入的是“20”，最后得到如图 6-17 所示的网格划分图形。

图 6-17　混合器主体网格划分图形

6.1.3　区域和边界条件的设置

网格划分好以后，即可设置流动区域和边界条件，具体操作步骤如下。

1. 设置流动区域

单击“Zones” → “Specify Continuum Types” 按钮，弹出如图 6-18 所示的“Specify Continuum Types”对话框。在“Name”文本框中输入“fluid”，单击“Volumes”文本框，选择所有实体，单击“Apply”按钮，区域设定完毕。

2. 设定边界条件

单击“Zones” → “Specify Boundary Types” 按钮，弹出如图 6-19 所示的“Specify Boundary Types”对话框，进行边界条件设定。

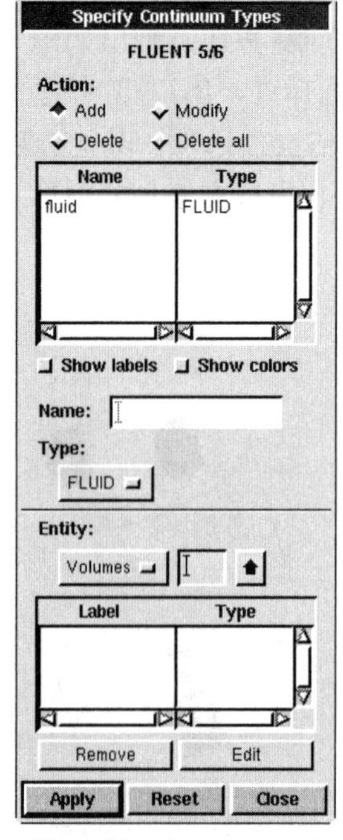

图 6-18　“Specify Continuum Types”对话框

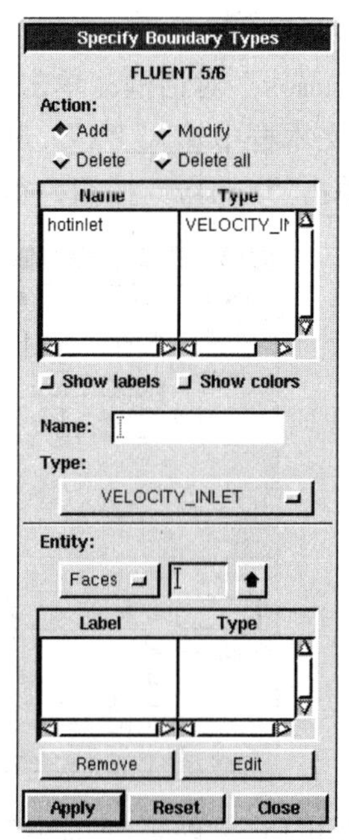

图 6-19　“Specify Boundary Types”对话框

（1）设定入口边界　在“Name”文本框中输入“hotinlet”，对应的“Type”选项为“VELOCITY_INLET”，“Entity”对应的类型为“Faces”，单击“Faces”文本框，选择实体上面任一个管子的端面作为速度入口，单击“Apply”按钮，热流体入口边界设定完毕。

采用同样的方法设定冷流体的入口条件，选择实体上面另一个管子的端面作为冷流体入口，在“Name”文本框中输入“coolinlet”，对应的“Type”选项为“VELOCITY_INLET”。

（2）设定出口边界　在“Name”文本框中输入“outlet”，对应的“Type”选项为“OUTFLOW”，单击“Faces”文本框，选择下面管子的端面作为出口，单击“Apply”按钮，出口边界设定完毕。

（3）设定其他边界　未设置的边界，对应的“Type”选项默认为“WALL”，本例中区域“WALL”均是和空气接触的面。

6.1.4　网格输出

单击菜单栏中的“File” →“ Export” →“ Mesh”命令，弹出如图 6-20 所示的“Export Mesh File 对话框，在“File Name”文本框中输入“hunhe.msh”，单击“Accept”按钮。等待网格输出完毕，单击菜单栏中的“File” →“ Save”命令，保存文件后关闭GAMBIT。

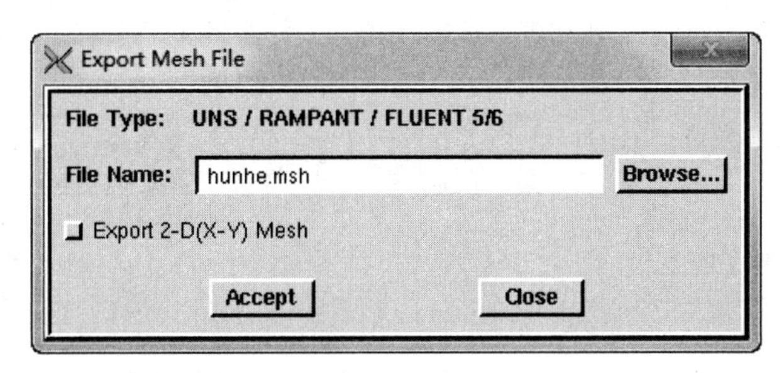

图 6-20　“Export Mesh File”对话框

6.1.5　利用 FLUENT 求解器求解

上面是利用 GAMBIT 软件对计算区域进行几何模型创建，并设定边界条件类型，然后输出.msh 文件的操作，下面将.msh 文件导入 FLUENT 中进行求解。

1. 选择 Fluent 求解器

本例中的混合器是一个三维问题，问题的精度要求不太高，所以在启动 FLUENT 时，在“FLUENT Launcher”对话框的“Dimension”列表框中选择“3D”选项，单击“OK”按钮，启动 FLUENT 求解器即可。

2. 网格的相关操作

（1）读入网格文件　单击“File”下拉菜单栏中的“Read” →“Case”命令，弹出 Select File 对话框，找到 hunhe.msh 文件，单击“OK”按钮，将 Mesh 文件导入到 FLUENT 求解器中。

（2）检查网格文件　网格文件读入以后，一定要对网格进行检查，单击“Setting Up Domain”功能区“Mesh”面板中的“Check”按钮，FLUENT 求解器检查网格的部分信息：Domain Extents: x.coordinate: min (m) = -3.000000e+002, max (m) = 3.000000e+002 y.coordinate: min (m) = .2.998325e+002, max (m) = 2.998325e+002 z.coordinate: min (m) = .1.000000e+002, max (m) = 7.000000e+002 Volume statistics: minimum volume (m3): 3.165287e+001 maximum volume (m3): 1.192027e+004 total volume (m3): 1.718721e+008。

从这里可以看出网格文件几何区域的大小，注意，这里的最小体积（minimum volume）必须大于零，否则不能进行后续计算，若是出现最小体积小于零的情况，就要重新划分网格，此时可以适当加大实体网格划分中的 Spacing 值，必须注意这个数值对应的项目为 Interval Size。

（3）设置计算区域尺寸　单击“Setting Up Domain”功能区“Mesh”面板中的“Scale”按钮 Scale...，弹出如图 6-21 所示的“Scale Mesh”对话框，对几何区域尺寸进行设置。从检查网格文件步骤中可以看出，GAMBIT 导出的几何区域默认的尺寸单位都是 m，对于本例，在

Mesh Was Created In 下拉列表框中选择 mm 选项，然后单击“Scale”按钮，即可满足实际几何尺寸，最后单击“Close”按钮，关闭对话框。

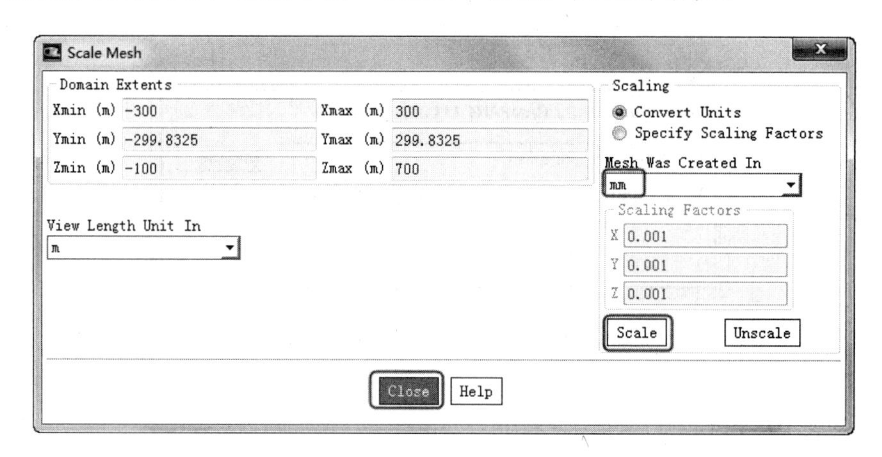

图 6-21　“Scale Mesh”对话框

（4）显示网格　单击“Setting Up Domain”功能区“Mesh”面板中的“Display”按钮 Display...，弹出如图 6-22 所示的“Mesh Display”对话框。当网格满足最小体积的要求后，可以在 FLUENT 中显示网格，要显示文件的哪一部分，可以在 Surfaces 列表框中进行选择，单击“Display”按钮，在 FLUENT 中显示的网格如图 6-23 所示。

3. 选择计算模型

（1）定义基本求解器　双击“导航面板”中的“General”命令，弹出“General”任务面板，本例保持系统默认设置即可满足要求。

（2）启动能量方程　单击“Setting Up Physics”功能区“Models”面板中的“Energy”复选框，如图 6-24 所示，启动能量方程。

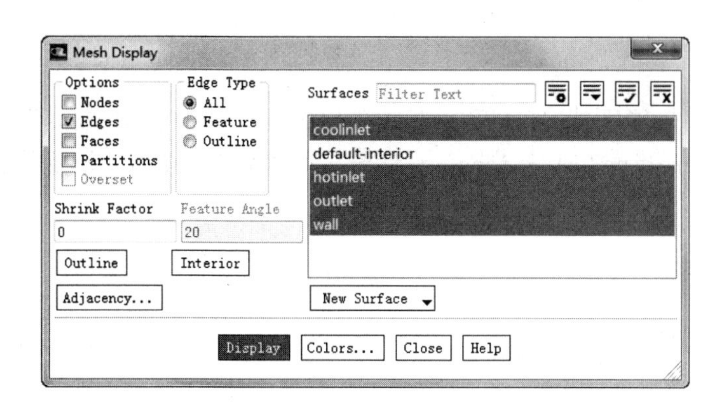

图 6-22 “Mesh Display”对话框

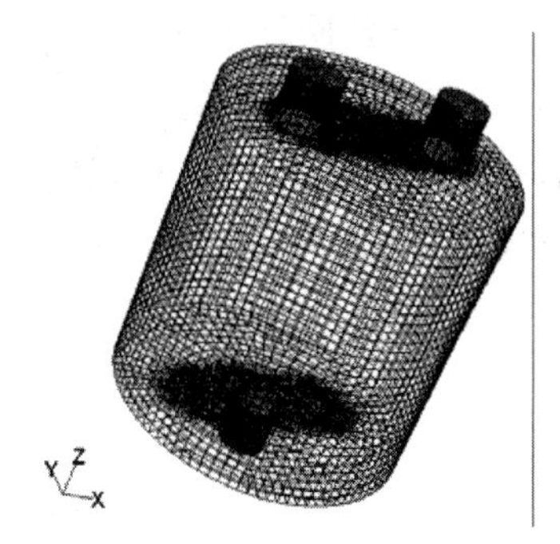

图 6-23 FLUENT 中显示的网格

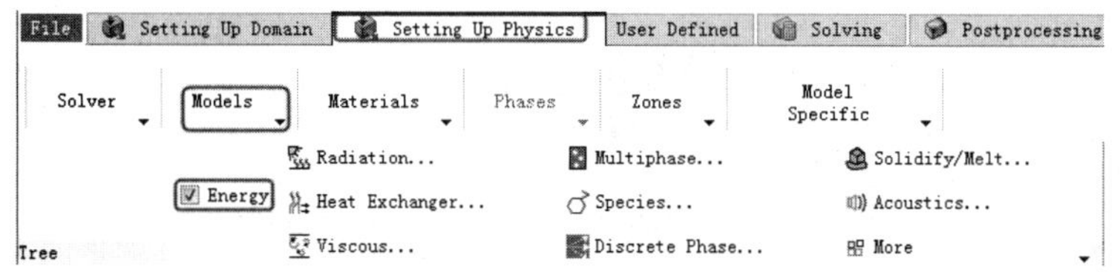

图 6-24 启动能量方程

（3）指定其他计算模型 单击“Setting Up Physics”功能区“Models”面板中的“Viscous”按钮 Viscous...，弹出“Viscous Model”对话框，假定此混合器中的流动形态为湍流，在“Model”选项组中点选“k-epsilon”单选钮，“Viscous Model”对话框刷新为如图 6-25 所示，本例保持系统默认设置即可满足要求，直接单击“OK”按钮。

Viscous Model
Model
Inviscid
Laminar
Spalart-Allmaras (1 eqn)
k-epsilon (2 eqn)
k-omega (2 eqn)
Transition k-kl-omega (3 eqn)
Transition SST (4 eqn)
Reynolds Stress (7 eqn)
Scale-Adaptive Simulation (SAS)
Detached Eddy Simulation (DES)
Large Eddy Simulation (LES)
k-epsilon Model
Standard
RNG
Realizable
Near-Wall Treatment
Standard Wall Functions
Scalable Wall Functions
Non-Equilibrium Wall Functions
Enhanced Wall Treatment
Menter-Lechner
User-Defined Wall Functions
Options
Curvature Correction
Production Kato-Launder
Production Limiter
Model Constants
Cmu
0.09
C1-Epsilon
1.44
C2-Epsilon
1.92
TKE Prandtl Number
1
TDR Prandtl Number
1.3
User-Defined Functions
Turbulent Viscosity
none
Prandtl Numbers
TKE Prandtl Number
none
TDR Prandtl Number
none
OK
Cancel
Help

图 6-25 “Viscous Model”对话框

4. 设置操作环境

单击“Setting Up Physics”功能区“Solver”面板中的“Operating Conditions”命令，弹出如图 6-26 所示的“Operating Conditions”对话框，本例保持系统默认设置即可满足要求，单击“OK”按钮。

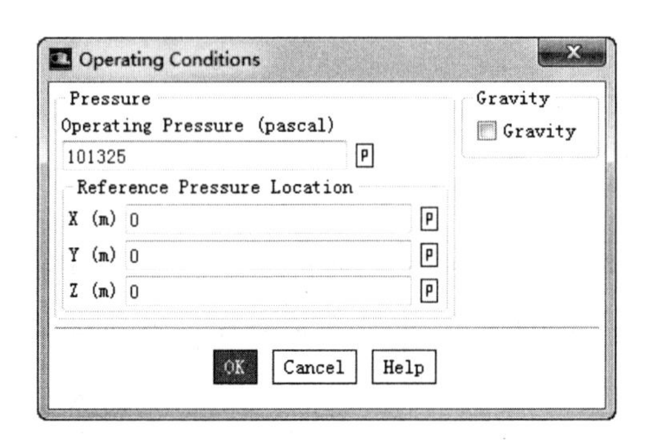

图 6-26 “Operating Conditions”对话框

5. 定义材料的物理性质

本例中的流体为水，单击“Setting Up Physics”功能区“Materials”面板中的“Create/Edit”按钮，弹出如图 6-27 所示的“Create/Edit Materials”对话框。单击“Fluent Database”按钮，弹出如图 6-28 所示的“Fluent Database Materials”对话框，在“Fluent Fluid Materials”列表框中选择“water-liquid”选项，单击“Copy”按钮，即把水的物理性质从数据库中调出，单击“Close”按钮关闭对话框。

在图 6-27 中的“Material Type”下拉列表框中选择“solid”选项，单击“Fluent Database”按钮，弹出如图 6-29 所示的“Fluent Database Materials”对话框。在“Fluent Fluid Materials”列表框中选择“steel”选项，单击“Copy”按钮，即把钢的物理性质从数据库中调出，单击“Close”按钮关闭对话框。

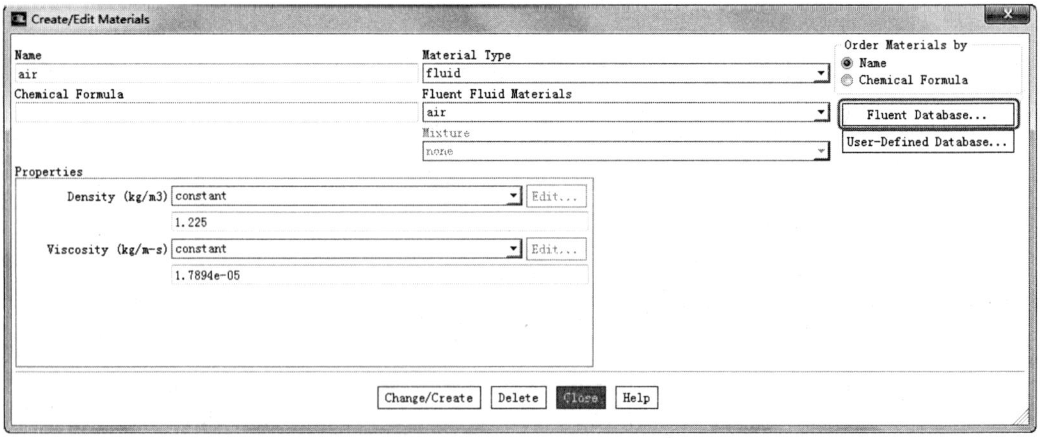

图 6-27 “Create/Edit Materials 对”话框

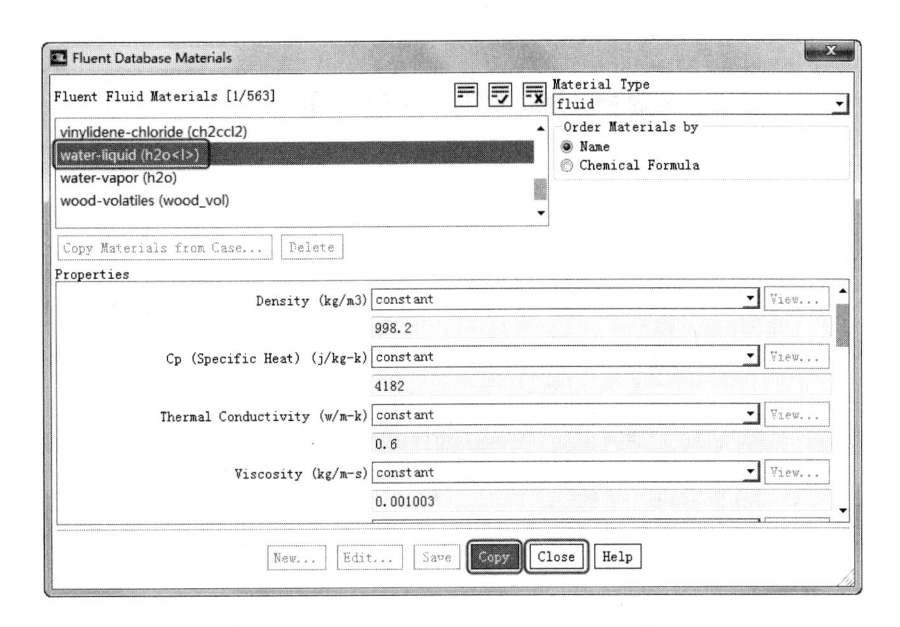

图 6-28 “Fluent Database Materials”对话框 1

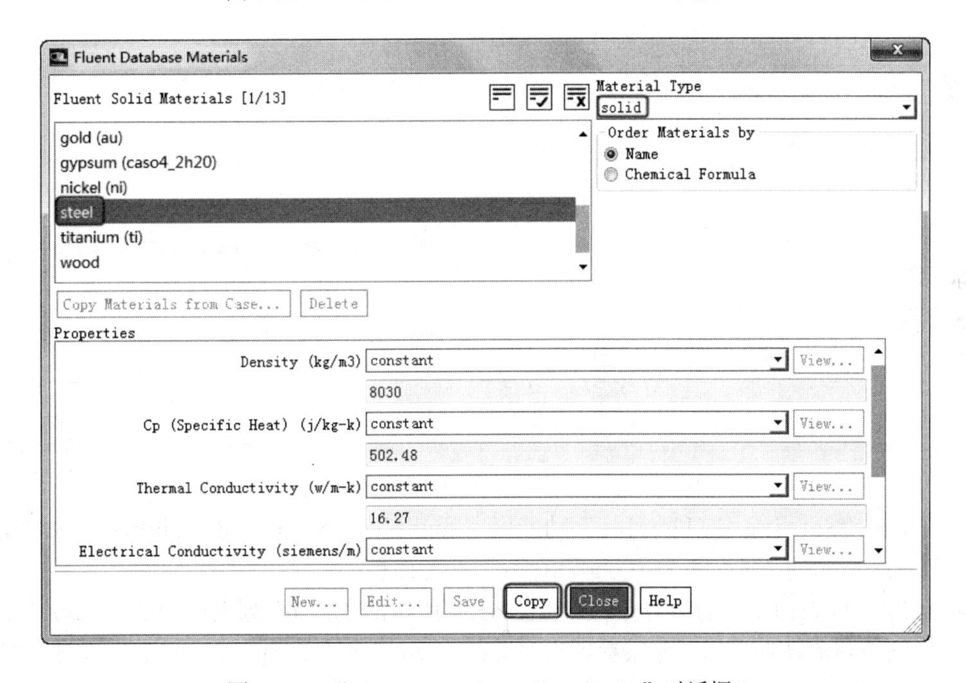

图 6-29 “Fluent Database Materials”对话框 2

6．设置边界条件

设定材料的物理性质以后，单击“Setting Up Physics”功能区“Zones”面板中的“Cell Zones”命令，弹出如图 6-30 所示的“Cell Zone Conditions”任务面板。

1）流动区域的材料。在“Zone”列表框中选择“fluid”选项，单击“Edit”按钮，弹出如图 6-31 所示的“Fluid”对话框。在“Material Name”下拉列表框中选择“water-liquid”选项，单击“OK”按钮，即可把流体区域中的流体定义为水。

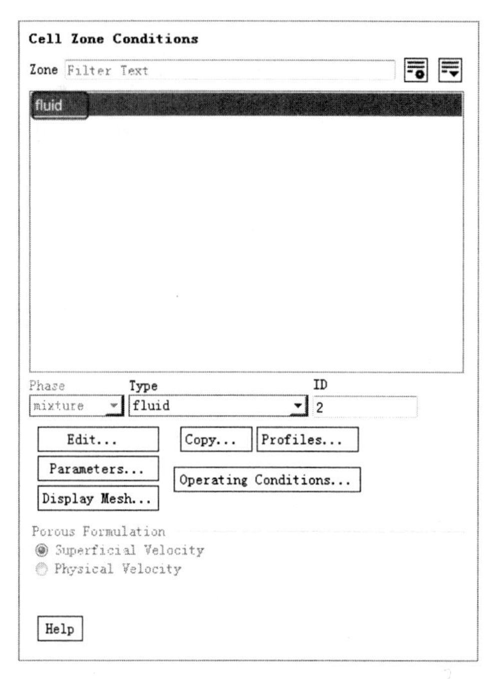

图 6-30 “Cell Zone Conditions”面板

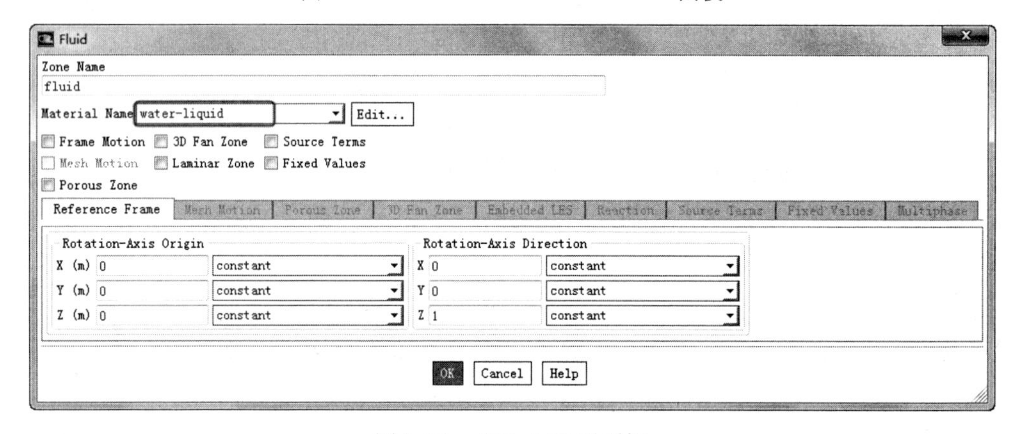

图 6-31 “Fluid”对话框

2）单击“Setting Up Physics”功能区“Zones”面板中的“Boundaries”命令，弹出如图 6-32 所示的“Boundary Conditions”任务面板。

3）设置“hotinlet”的边界条件。在图 6-30 所示的“Zone”列表框中选择“hotinlet”选项，也就是热流体的入口，可以看到它对应的“Type”为“velocity-inlet”，单击“Edit”按钮，弹出“Velocity Inlet”对话框。如图 6-33 所示，在“Velocity Magnitude”文本框中输入“0.03”，在“Specification Method”下拉列表框中选择“Intensity and Hydraulic Diameter”选项，在“Turbulent Intensity”文本框中输入“5”，在“Hydraulic Diameter”文本框中输入“0.1”；然后单击“Thermal”选项卡，如图 6-34 所示，在“Temperature”文本框中输入“363”，即入口的热水温度为 90℃，单击“OK”按钮，热流体入口边界条件设定完毕。

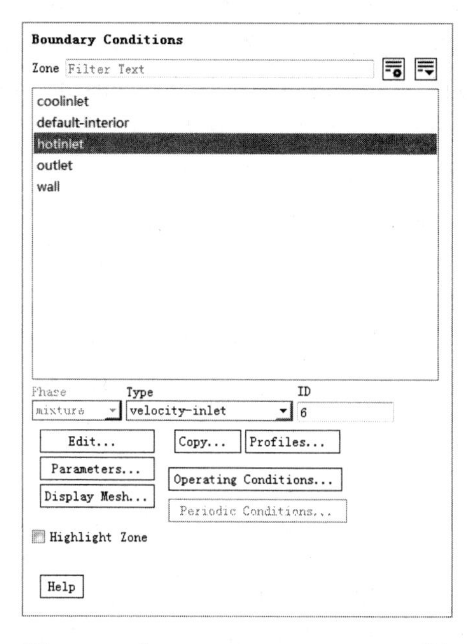

图 6-32 “Boundary Conditions”面板

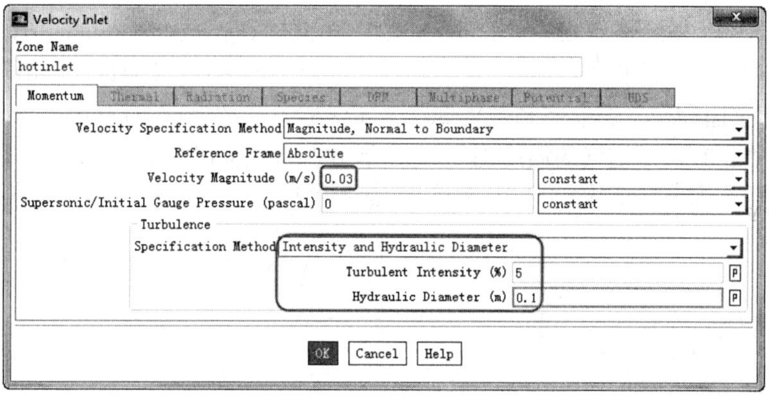

图 6-33 “Velocity Inlet”对话框

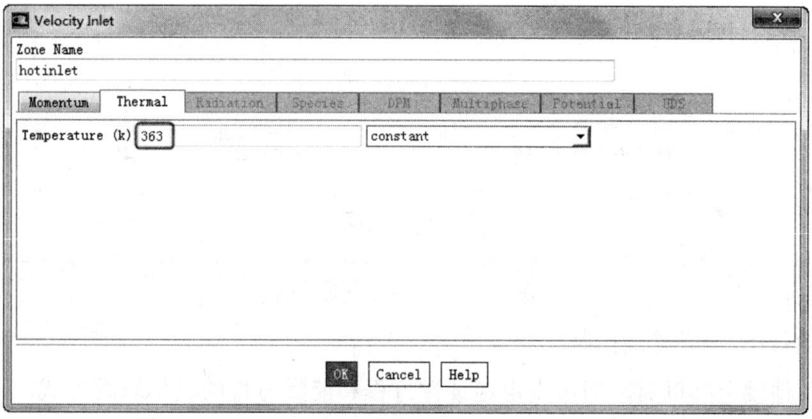

图 6-34 “Thermal”选项卡 1

4）设置“coolinlet”的边界条件。在图 6-30 中的“Zone”列表框中选择“coolinlet”

选项，也就是冷流体的入口，可以看到它对应的“Type”为“velocity-inlet”，单击“Edit”按钮，弹出“Velocity Inlet”对话框。在“Velocity Magnitude”文本框中输入“0.02”，在“Specification Method”下拉列表框中选择“Intensity and Hydraulic Diameter”选项，在“Turbulent Intensity”文本框中输入“5”，在“Hydraulic Diameter”文本框中输入“0.1”；然后单击“Thermal”选项卡，在“Temperature”文本框中输入“303”，即入口的冷水温度为30℃，单击“OK”按钮，冷流体入口边界条件设定完毕。

5）设置“outlet”的边界条件。在图6-30中的“Zone”列表框中选择“outlet”选项，也就是流体的出口，可以看到它对应的“Type”为“outflow”，单击“Edit”按钮，弹出如图6-35所示的“Outflow”对话框，保持系统默认设置，单击“OK”按钮。

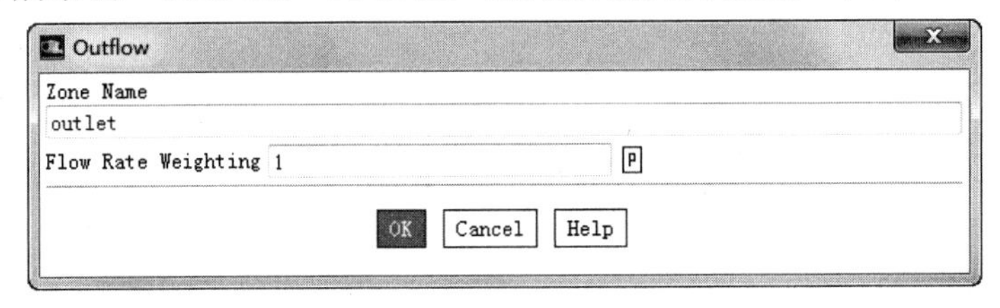

图6-35 “Outflow”对话框

6）设置“wall”的边界条件。在图6-30中的“Zone”列表框中选择“wall”选项，单击“Edit”按钮，弹出如图6-36所示的“Wall”对话框。单击“Thermal”选项卡，如图6-37所示，在“Thermal Conditions”选项组中点选“Convection”单选钮，在“Material Name”下拉列表框中选择“steel”选项，在“Heat Transfer Coefficient”文本框中输入“30”，即壁面和空气的换热系数为30（$W/m^2 \cdot K$），在“Free Stream Temperature”文本框中输入“303”，即空气的温度为30℃，单击“OK”按钮。

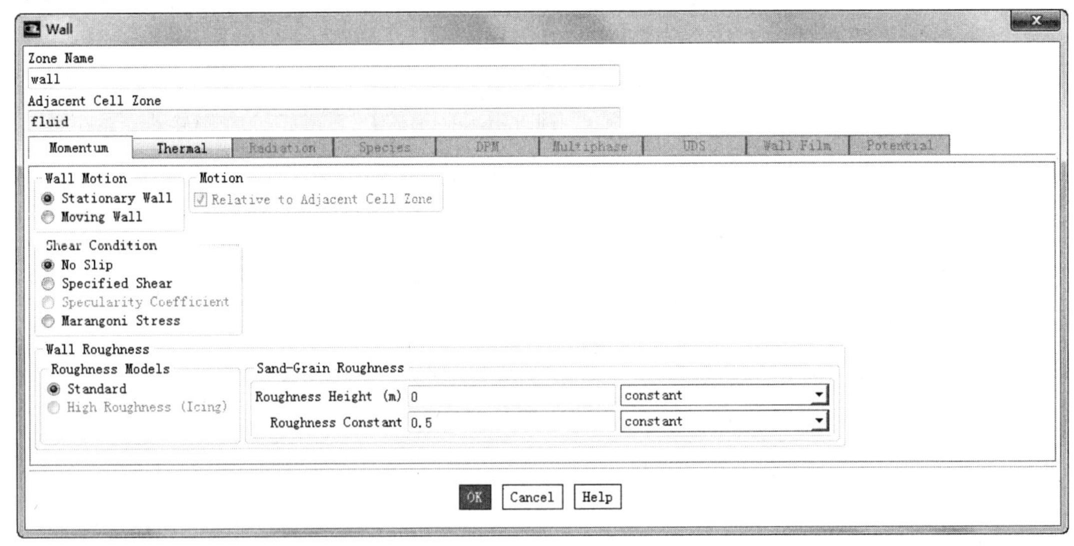

图6-36 “Wall”对话框

7. 求解方法的设置及控制

边界条件设定好以后，即可设定连续性方程和能量方程的具体求解方式。

（1）设置求解参数 单击“Solving”选项卡“Controls”面板中的“Controls”按钮，弹出如图6-38所示的“Solution Controls”面板，所有选项保持系统默认设置。

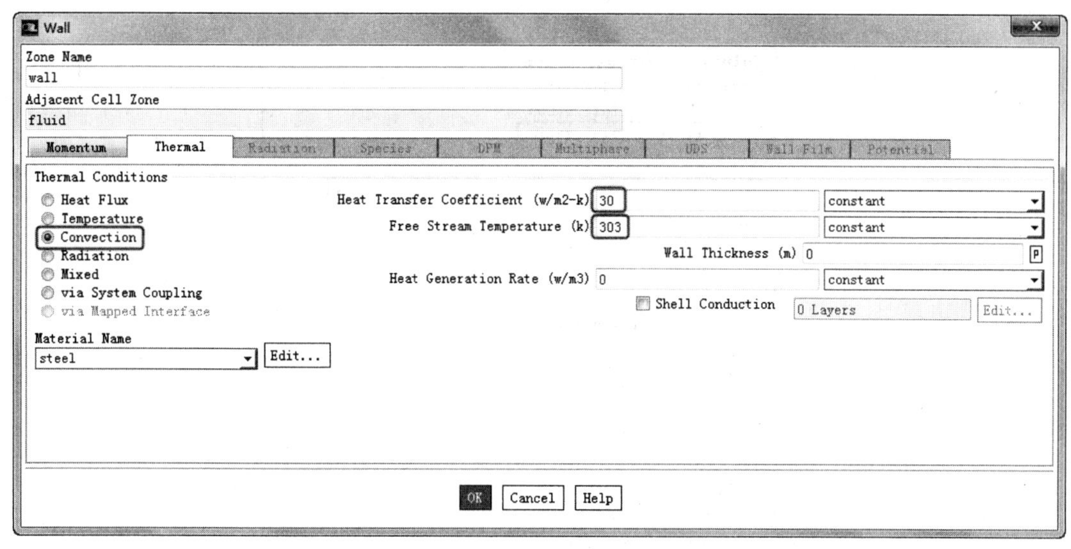

图 6-37 “Thermal”选项卡 2

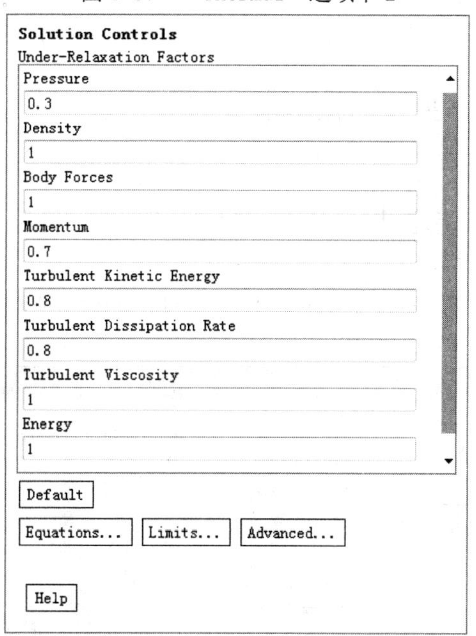

图 6-38 “Solution Controls”面板

（2）初始化 勾选“Solving”选项卡“Initialization”面板中的“Standard”复选框，然后单击“Solving”选项卡“Initialization”面板中的“Options”命令，弹出如图 6-39 所示的“Solution Initialization”面板。在“Initialization Methods”栏中选择“Standard Initialization”选项，然后在“Compute From”下拉列表框中选择“coolinlet”选项，然后单击“Initialize”按钮。

（3）打开残差图 单击“Solving”选项卡“Reports”面板中的“Residuals”按钮 Residuals...，弹出如图 6-40 所示的“Residual Monitors”对话框，勾选“Options”选项组中的“Plot”复选框，从而在迭代计算时动态显示计算残差，求解精度保持系统默认设置，最后单击“OK”按钮。

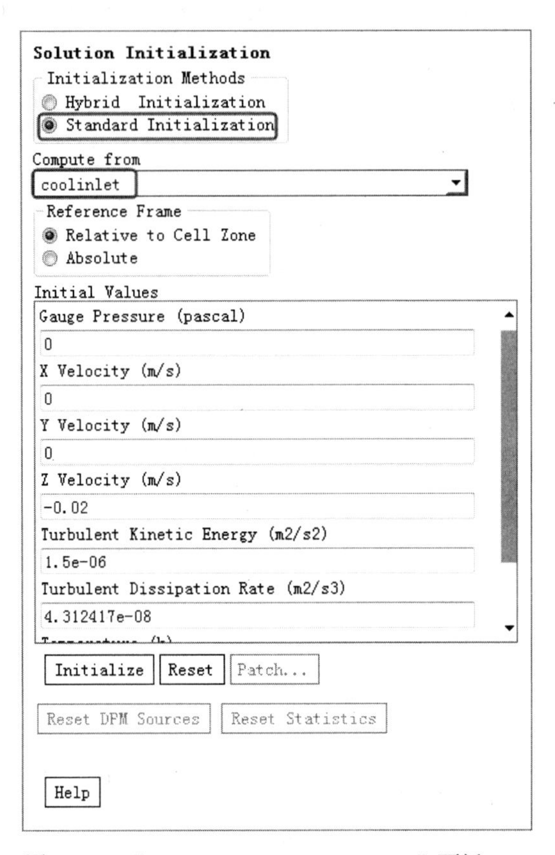

图 6-39 “Solution Initialization”面板

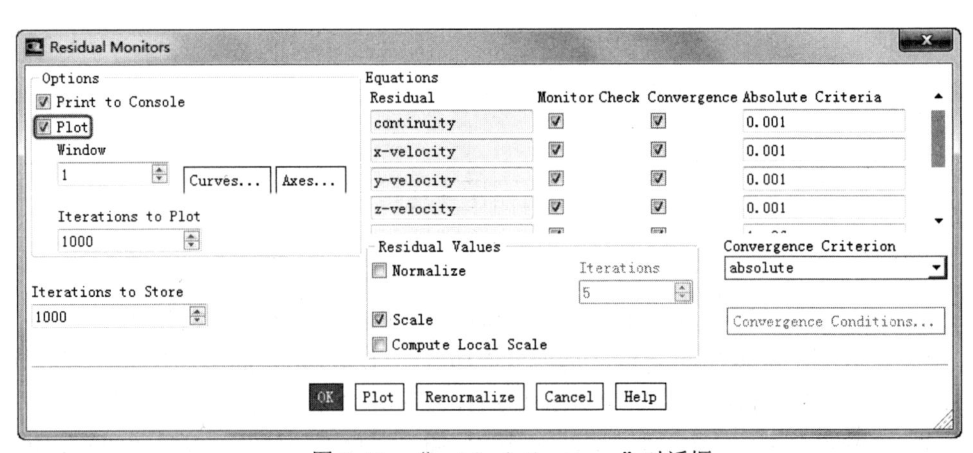

图 6-40 “esidual Monitors”对话框

（4）保存 Case 和 Data 文件 单击“File”下拉菜单栏中的“Write” →“Case&Data”命令，保存前面所做的所有设置。

（5）迭代 单击“Solving”选项卡“Run Calculation”面板中的“Advanced”命令，弹出“Run Calculation”任务面板，迭代设置如图 6-41 所示，单击“Calculate”按钮，FLUENT 求解器开始求解，求解过程中可以看到如图 6-42 所示的残差图，在迭代到

235 步时计算收敛。

Run Calculation

Check Case... Update Dynamic Mesh...

Number of Iterations 500 Reporting Interval 1

Profile Update Interval 1

Data File Quantities... Acoustic Signals...

Acoustic Sources FFT...

Calculate

Help

图 6-41 “Run Calculation”面板

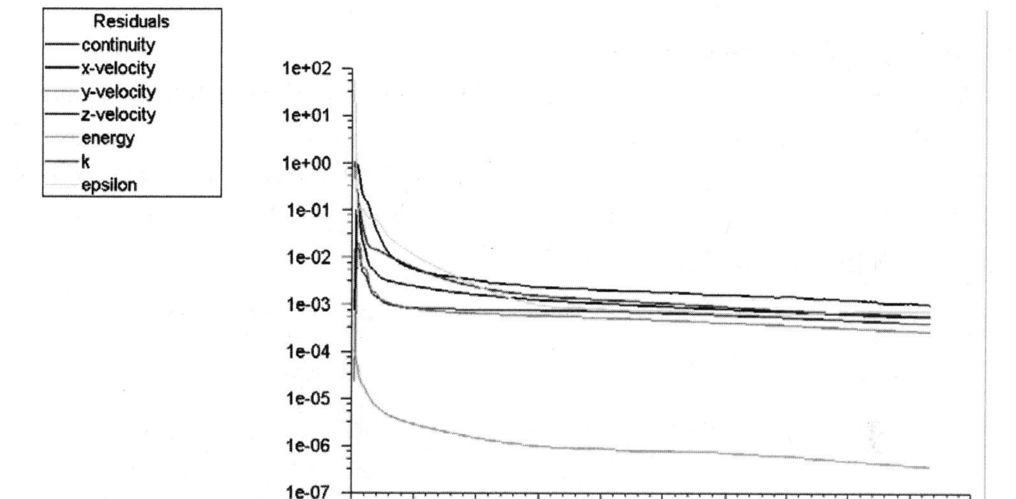

图 6-42 残差图

6.1.6 后处理

由于三维的计算结果不便于直接查看计算结果，所以要创建内部的面来查看计算结果，具体操作步骤介绍如下。

1. 创建内部的面

单击“Postprocessing”选项卡“Surface”面板中的“Create”按钮✚ Create下拉菜单中的“Plane”命令，弹出“Plane Surface”对话框。在 Options 选项组中列出了创建面的所有方法，默认三点创建平面。本例要创建一个 XZ 平面，3 个点的坐标为 1 点（0,0,0）、2 点（0.02, 0,0）、3 点（0,0,0.02），如图 6-43 所示。单击“Create”按钮，就创建了一个内部的面 plane-5。

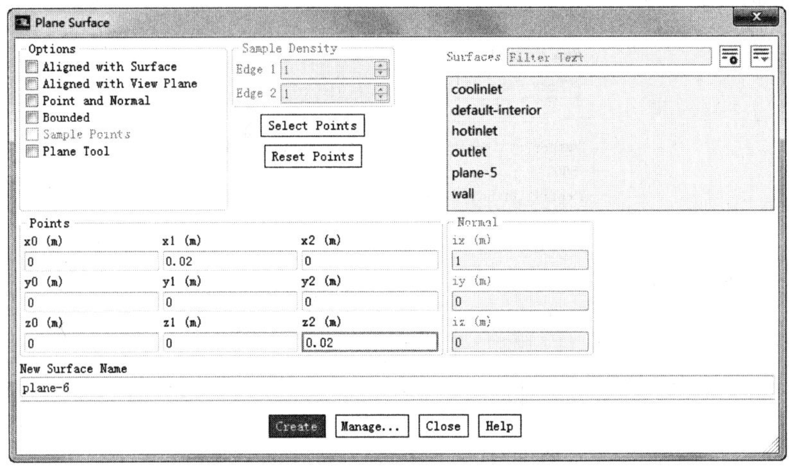

图 6-43 “Plane Surface”对话框

2. 显示压力云图和等值线

迭代收敛后，单击“Postprocessing”选项卡“Graphics”面板中的“Contours”按钮 Contours下拉菜单中的“Edit”命令，弹出如图 6-44 所示的“Contours”对话框。在“Surfaces”列表框中选择“plane-5”选项，单击“Display”按钮，得到如图 6-45 所示的压力等值线图；勾选“Options”选项组中的“Filled”复选框，单击“Display”按钮，得到如图 6-46 所示的压力云图。

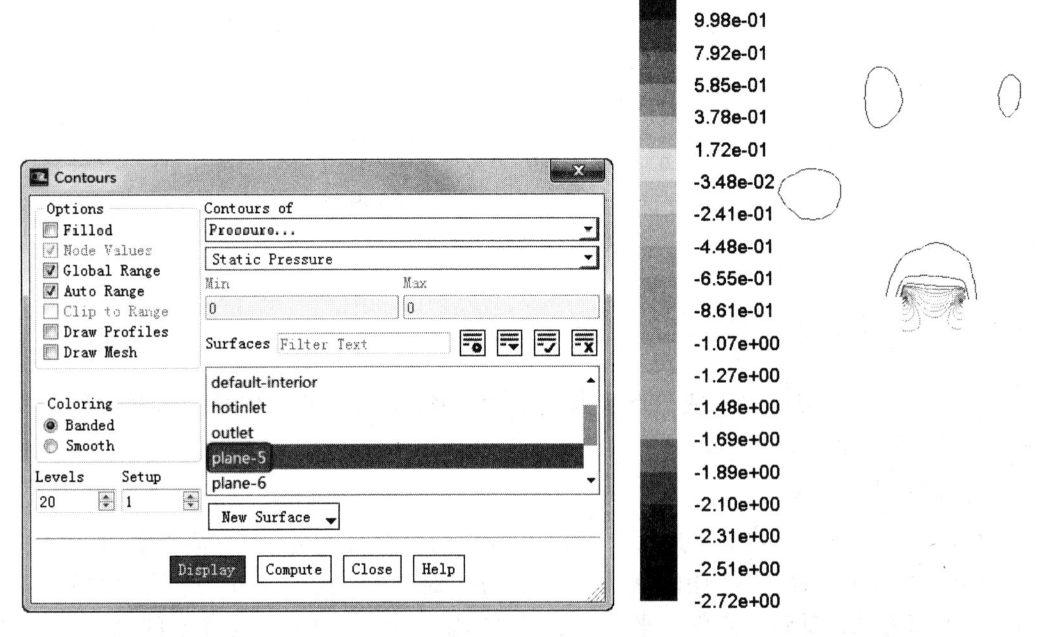

图 6-44 “Contours”对话框

图 6-45 压力等值线图

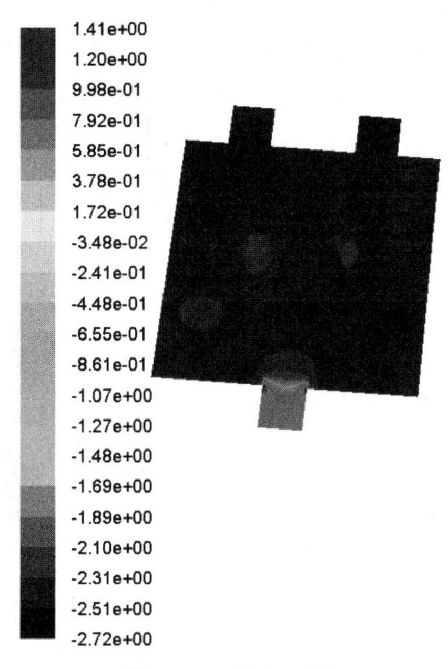

图 6-46　压力云图

3. 显示速度云图和等值线

在“Contours”对话框“Contours of”选项组的第一个下拉列表框中选择“Velocity”选项，单击“Display”按钮，得到如图 6-47 所示的速度云图，取消对“Options”选项组中“Filled”复选框的勾选，单击“Display”按钮，得到如图 6-48 所示的速度等值线。

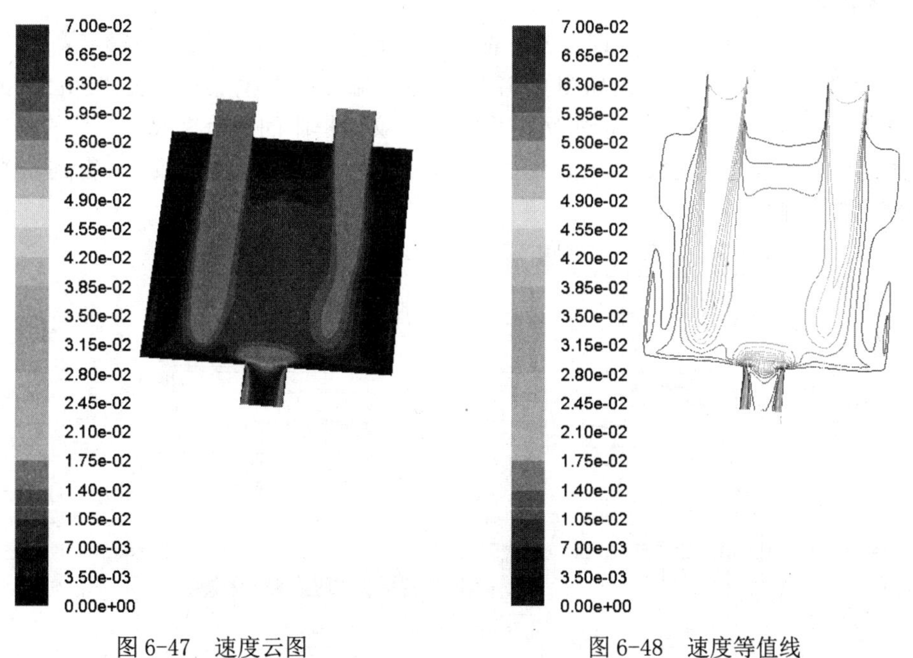

图 6-47　速度云图　　　　图 6-48　速度等值线

4. 显示温度云图和等值线

在“Contours”对话框“Contours of”选项组的第一个下拉列表框中选择“Temperature”

选项，单击“Display”按钮，得到如图 6-49 所示的温度等值线，勾选“Options”选项组中的“Filled”复选框，单击“Display”按钮，得到如图 6-50 所示的温度云图。

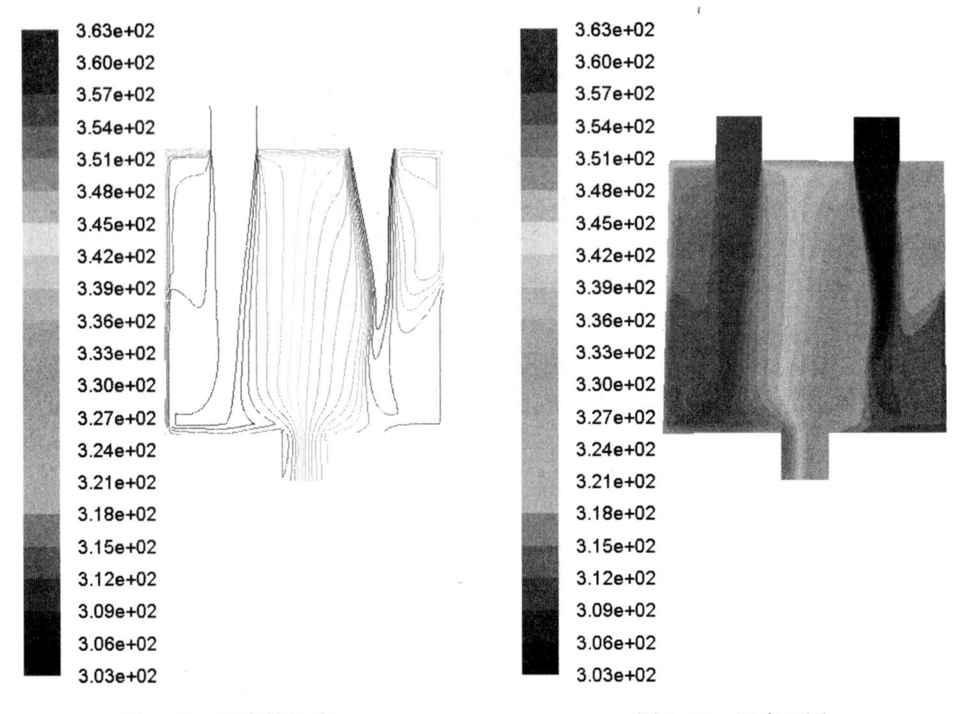

图 6-49　温度等值线　　　　图 6-50　温度云图

5. 显示速度矢量

单击“Postprocessing”选项卡“Graphics”面板中的“Vectors”按钮 Vectors 下拉菜单中的“Edit”命令，弹出如图 6-51 所示的“Vectors”对话框。在“Surfaces”列表框中选择“plane-5”选项，通过改变“Scale”文本框中的数值来改变矢量的长度，通过改变“Skip”文本框中的数值来改变矢量的疏密，单击“Display”按钮，得到如图 6-52 所示的速度矢量图。

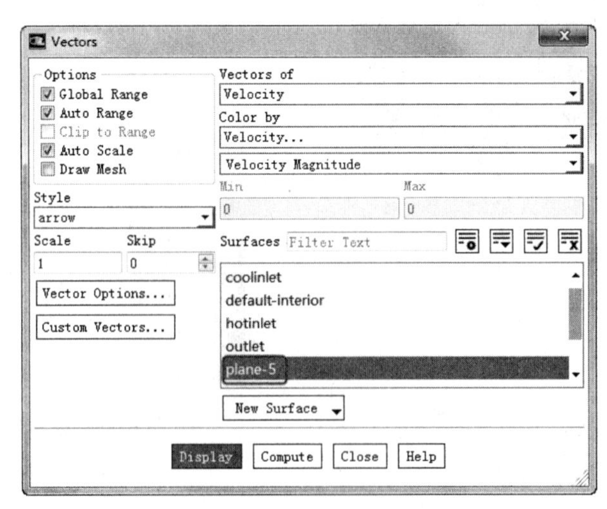

图 6-51　“Vectors”对话框

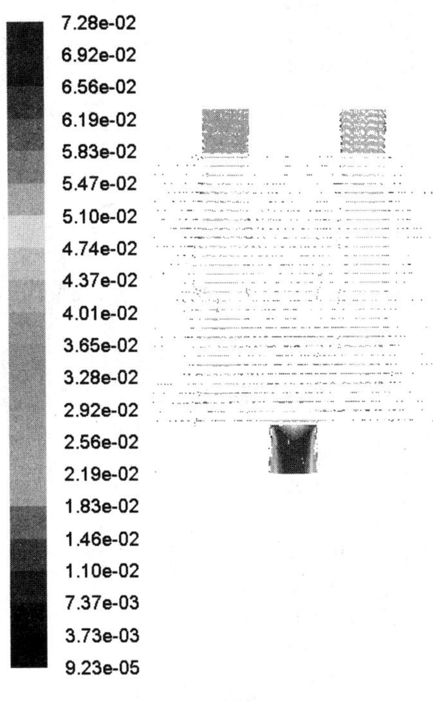

图 6-52　速度矢量图

6．显示流线

单击“Postprocessing”选项卡“Graphics”面板中的“Pathlines”按钮 Pathlines 下拉菜单中的“Edit”命令，弹出如图 6-53 所示的“Pathlines”对话框，在“Color by”选项组的第一个下拉列表框中选择“Velocity”选项，在“Release from Surfaces”列表框中选择“plane-5”选项，通过改变“Skip”文本框中的数值来改变流线的疏密，单击“Display”按钮，得到如图 6-54 所示的流线图。

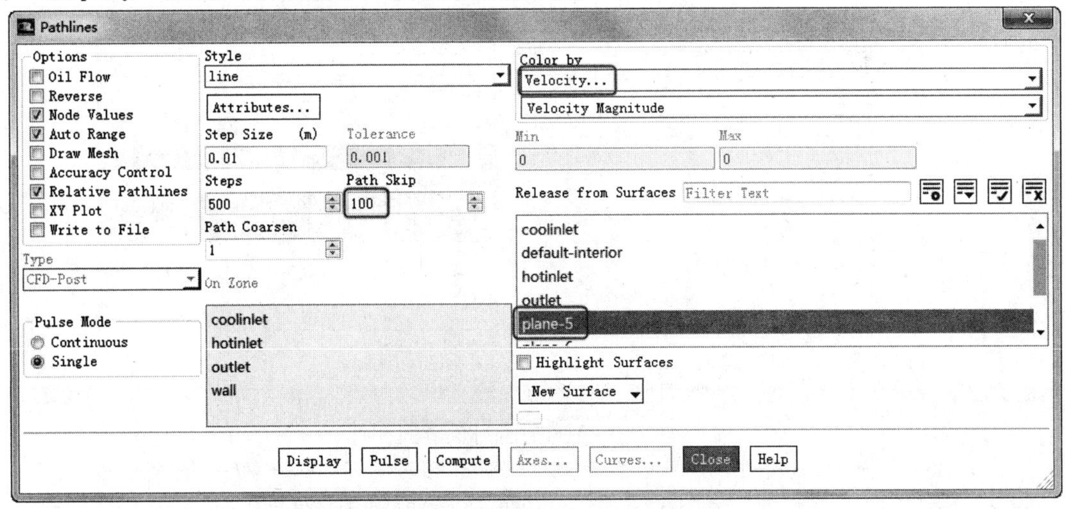

图 6-53　“Pathlines 对”话框

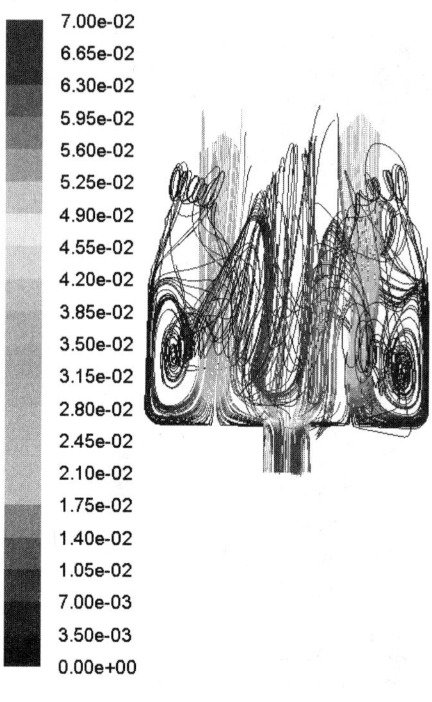

图 6-54　流线图

7. 查看压力损失

单击“Postprocessing”选项卡“Reports”面板中的“Surfaces Integrals”命令，弹出如图 6-55 所示的“Surface Integrals”对话框。在“Report Type”下拉列表框中选择“Area-Weighted Average”选项，在“Surfaces”列表框中选择“hotinlet”“coolinlet”和“outlet”选项，单击“Compute”按钮，FLUENT 窗口中即可显示如图 6-56 所示的入口和出口的平均压力信息，这样可以计算出进、出口的压力损失。

Surface Integrals

Report Type: Area-Weighted Average
Custom Vectors
Vectors of
Custom Vectors...
Save Output Parameter...

Field Variable: Pressure...
Static Pressure
Surfaces: Filter Text
coolinlet
default-interior
hotinlet
outlet
plane-5
plane-6
wall
Highlight Surfaces
Area-Weighted Average
0

Compute　Write...　Close　Help

图 6-55　“Surface Integrals”对话框

```
          Area-Weighted Average
                Static Pressure                 (pascal)
---------------------------- --------------------
                      coolinlet             1.308354
                       hotinlet            1.3513044
                         outlet          -0.92037826
               ---------------- --------------------
                            Net           0.57976003
```

图 6-56　入口和出口的平均压力信息

8. 查看流量

单击“Postprocessing”选项卡“Reports”面板中的“Flux”命令，弹出如图 6-57 所示的“Flux Reports”对话框。在“Boundaries”列表框中选择“hotinlet”“coolinlet”和“outlet”选项，单击“Compute”按钮，FLUENT 窗口中即可显示如图 6-58 所示的入口和出口的质量流量信息，这样可以看出进、出口质量是否守恒。

在图 6-57 中的“Options”选项组中点选“Total Heat Transfer Rate”单选钮，在“Boundaries”列表框中选择“hotinlet”“coolinlet”和“outlet”选项，单击“Compute”按钮，FLUENT 窗口中即可显示如图 6-59 所示的入口、出口和壁面的热通量信息，查看能量是否守恒。通过这些信息可以看出，能量是守恒的。

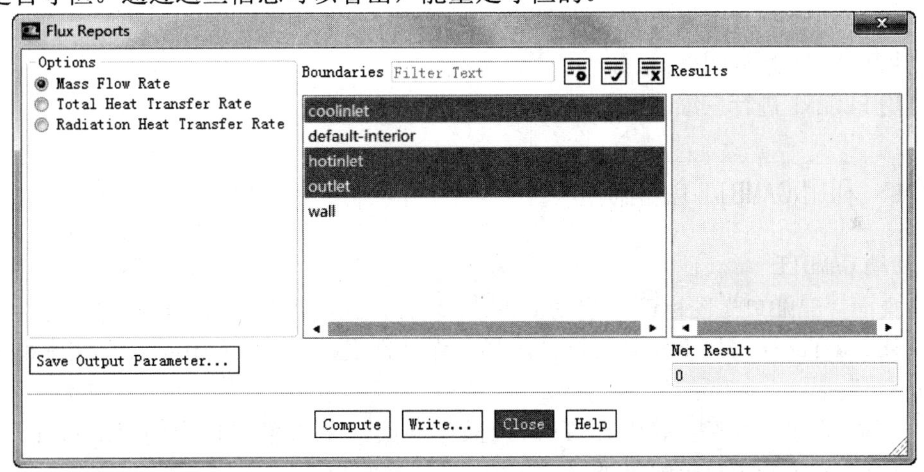

图 6-57　“Flux Reports”对话框

```
                  Mass Flow Rate                 (kg/s)
---------------------------- --------------------
                      coolinlet           0.15675536
                       hotinlet           0.23513339
                         outlet          -0.39188865
               ---------------- --------------------
                            Net        1.0430813e-07
```

图 6-58　入口和出口的质量流量信息

```
        Total Heat Transfer Rate                    (w)
---------------------------- --------------------
                      coolinlet            3179.4272
                       hotinlet            63768.906
                         outlet           -65394.094
               ---------------- --------------------
                            Net            1554.2397
```

图 6-59　入口、出口和壁面的热通量信息

6.2 三维弯管流动的模拟

【问题描述】

在化工中，管道是重要的连接部分。如图 6-60 所示的弯管，其内部的流动会引起很大的压力降，所以对管道内的压力降计算有很现实的意义。

弯管的几何图形和尺寸如图 6-61 所示。

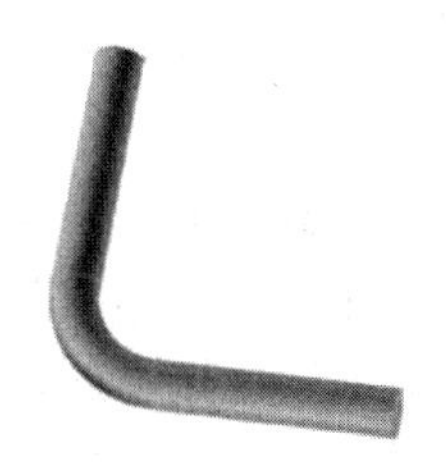

图 6-60 弯管示意图

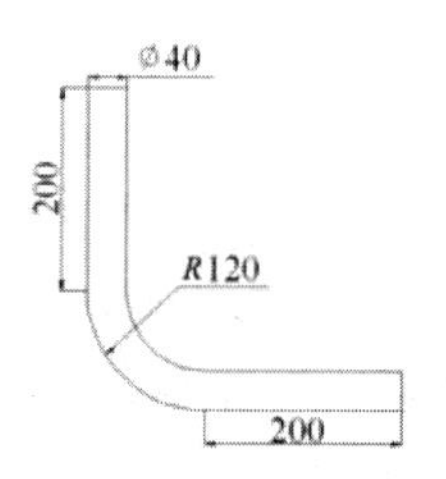

图 6-61 弯管几何尺寸图

本节通过一个较为简单的三维算例——三维弯管流动的数值模拟，来介绍如何使用 GAMBIT 与 FLUENT 解决一些较为简单却常见的三维流动问题。本例涉及的内容有以下 3 个方面。

◆利用 GAMBIT 创建三维弯管。

◆利用 GAMBIT 划分网格。

◆利用 FLUENT 进行三维流动与后处理。

6.2.1 利用 GAMBIT 创建模型

1. 启动 GAMBIT

双击桌面“GAMBIT”图标，启动 GAMBIT 软件，弹出“Gambit Startup”对话框，在“working directory”下拉列表框中选择工作文件夹，在“Session Id”文本框中输入“wanguan”。

单击“Run”按钮，进入 GAMBIT 系统操作界面，单击菜单栏中的“Solver”→“FLUENT5/6”命令，选择求解器类型。

2. 创建三维弯管的几何模型

（1）创建 1/4 圆环实体

1）创建点。单击“Geometry”→“Vertex”→“Create Real Vertex”按钮，弹出如图 6-62 所示的“Create Real Vertex”对话框，在“Global”文本框中按模型尺寸输入各点坐标，创建如图 6-63 所示的圆面控制点，这 3 个点的坐标分别为 1 点（80,0,0）、2 点（80,20,0）、3 点（100,0,0）。

2）创建圆面。单击“Geometry”→“Face”→“Create Circular Face from Vertices”按钮，弹出如图 6-64 所示的“Create Circular Face from Vertices”对话框。有两种创建圆面的方法，本例选择圆心两点法。单击“Center”文本框，选取“点 1”作为圆心，然后单击“End-Points”文本框，分别选取“点 2”和“点 3”作为圆上的两点，最后单击“Apply”按钮，得到如图 6-65 所示的圆面。

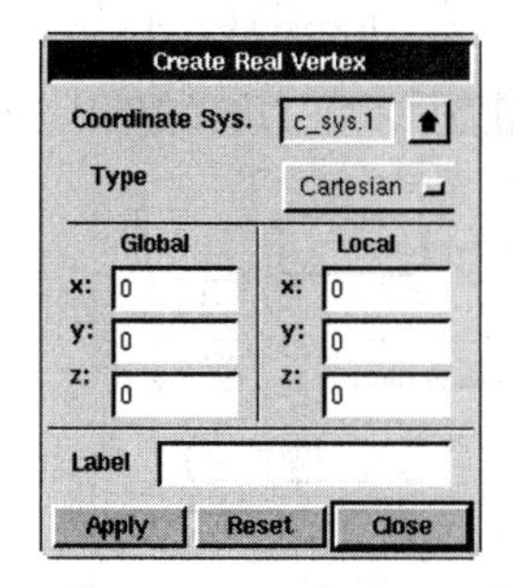

图 6-62 “Create Real Vertex”对话框

图 6-63 创建圆面控制点

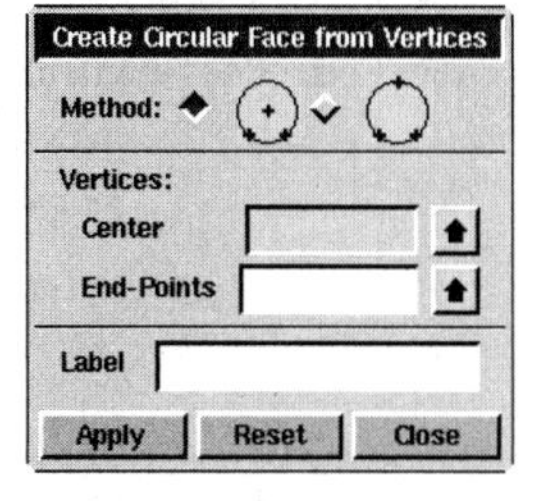

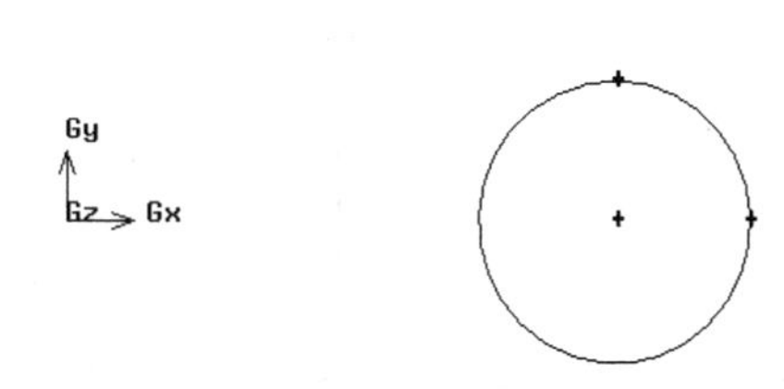

图 6-64 “Create Circular Face from Vertices”对话框

图 6-65 创建圆面

3）创建圆环实体。单击“Geometry” → “Volume” → “Revolve Faces”按钮，单击“Revolve Faces”命令，弹出如图 6-66 所示的“Revolve Faces”对话框。单击“Faces”文本框，选择圆面作为旋转面，在“Angle”文本框中输入“360”，即将圆面旋转 360°；接着定义旋转轴，单击“Define”按钮，弹出如图 6-67 所示的“Vector Definition”对话框，选中 Y 选项组后面的“Positive”选项，单击“Apply”按钮，然后单击“Revolve Faces”对话框中的“Apply”按钮，圆环实体创建完毕。右击操作界面右下角的按钮，执行“Shade”命令，即可看到如图 6-68 所示的圆环实体。

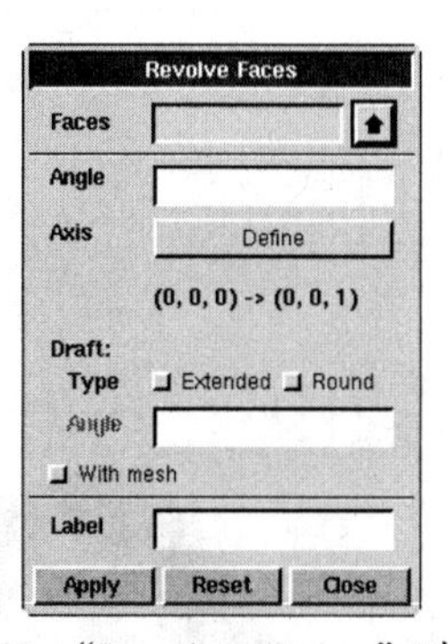

图 6-66 “Revolve Faces”对话框

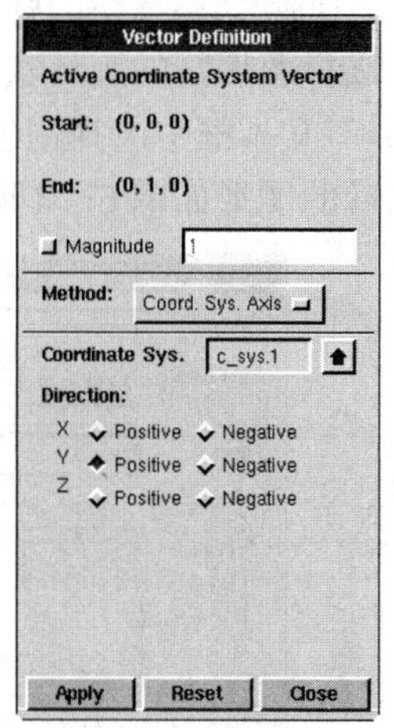

图 6-67 “Vector Definition”对话框

4）圆环的分割。要对圆环进行分割，首先创建对圆环分割的面，单击“Geometry” → “Face” → “Create Real Rectangular Face”按钮，弹出如图 6-69 所示的“Create Real Rectangular Face”对话框。在“Direction”选项组中选择“XY Centered”选项，在“Width”和“Height”文本框中分别输入“250”，单击“Apply”按钮；在如图 6-70 所示的“Direction”选项组下拉菜单中选择“YZ Centered”选项，在“Width”和“Height”

文本框中分别输入“250”，单击“Apply”按钮，得到如图 6-71 所示的切割面。

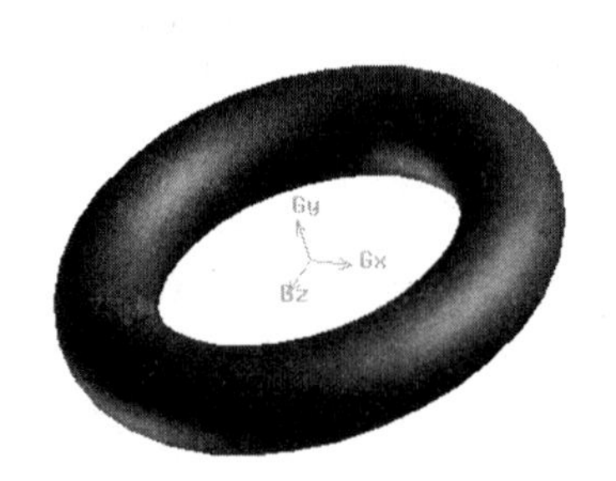

图 6-68 圆环实体图

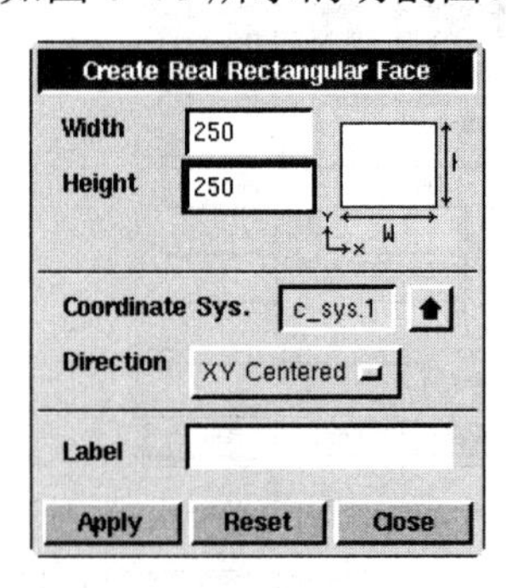

图 6-69 “Create Real Rectangular Face”对话框

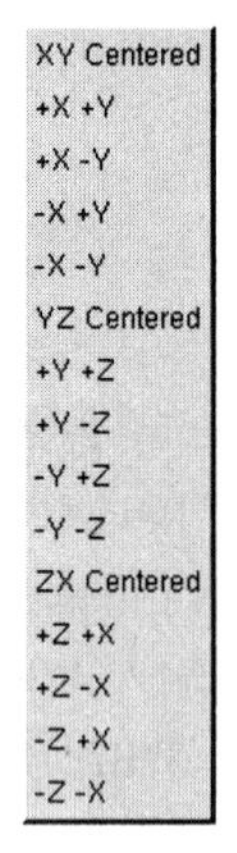

图 6-70 “Direction”选项组下拉菜单

图 6-71 创建切割面后的图形

切割面创建好以后即可对圆环进行分割了。单击“Geometry”→“Volume”→“Split Volume”按钮，弹出如图 6-72 所示的“Split Volume”对话框。在“Volume”文本框中选择要切割的圆环实体，右击“Split With”后面的按钮，选择“Faces”选项，在“Faces”文本框中选择刚创建的两个矩形平面，单击“Apply”按钮，圆环实体分割完毕，分割后的图形如图 6-73 所示。

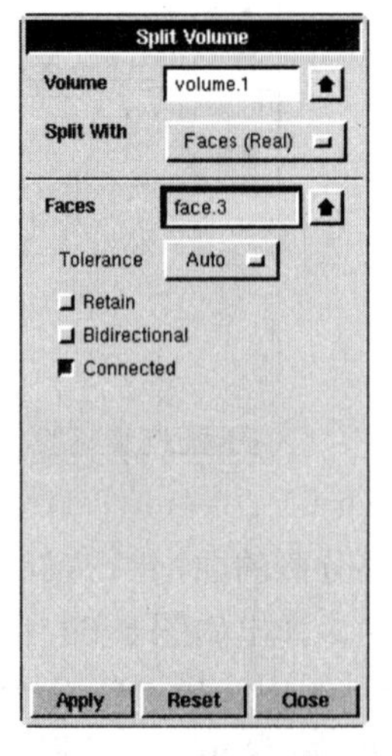

图 6-72 “Split Volume”对话框

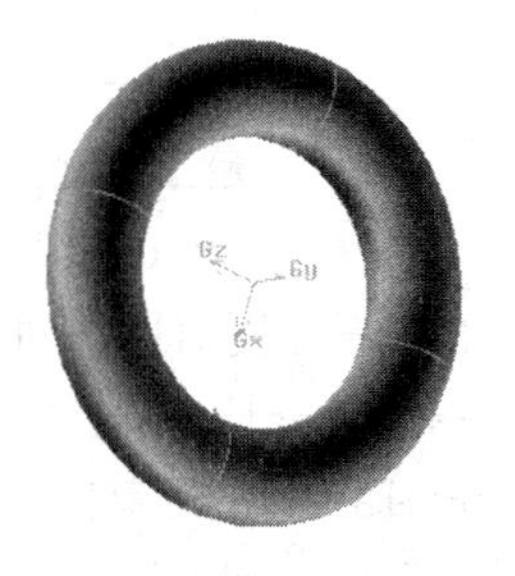

图 6-73 圆环分割后的图形

5）删除多余的 3/4 圆环。圆环分割好以后要删除多余的 3/4 圆环，单击“Geometry”→“Volume”→“Delete Volume”按钮，弹出如图 6-74 所示的“Delete Volumes”对话框。在“Volumes”文本框中选择要删除的部分，在此选择删除 X 和 Z 正方向的部分，单击“Apply”按钮，即删除 3/4 圆环，得到如图 6-75 所示的 1/4 圆环，然后单击单击“Geometry”→“Vertex”→“Delete Vertices”按钮，删除点 1 和点 2.

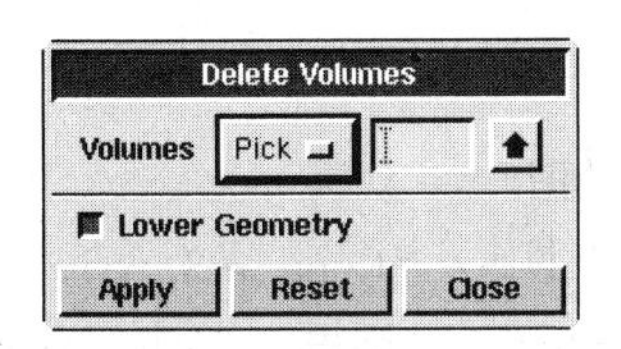

图 6-74 “Delete Volumes”对话框

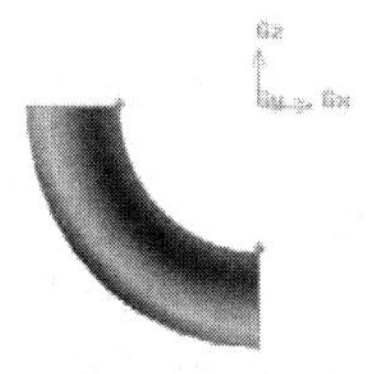

图 6-75 1/4 圆环

（2）创建 X 方向的直管段 本例通过扫描面创建实体。

1）创建点。单击“Geometry”→“Vertex”→“Create Real Vertex”按钮，弹出如图 6-76 所示的“Create Real Vertex”对话框，在“Global”文本框中按模型尺寸输入各点坐标，分别单击“Apply”按钮，创建的 3 个点如图 6-77 所示。这 3 个点的坐标分别为 1 点（0,0,0）、2 点（0,20,0）、3 点（0,0,20）。

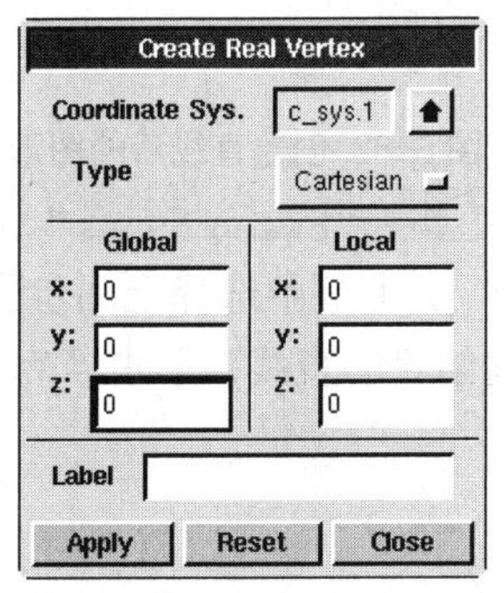

图 6-76 “Create Real Vertex”对话框

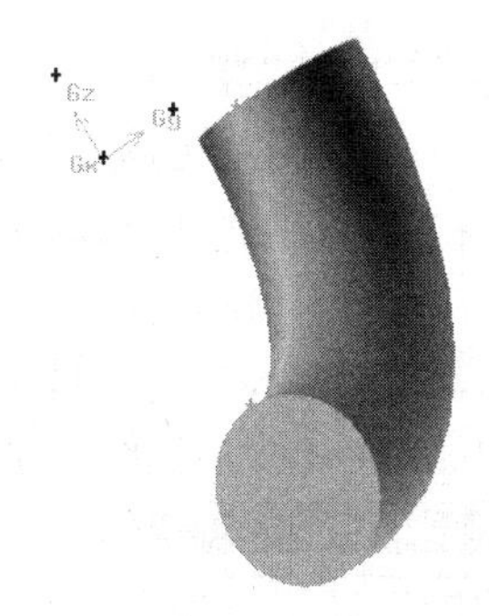

图 6-77 创建 3 点后的图形

2）创建圆面。单击“Geometry”→“Face”→“Create Circular Face from Vertices”按钮，弹出如图 6-78 所示的“Create Circular Face from Vertices”对话框。本例选择圆心两点法创建面，单击“Center”文本框，然后选取“点 1”作为圆心，单击“End-Points”文本框，然后选取“点 2”和“点 3”作为圆上的两点，再单击“Apply”按钮，创建圆面后的图形如图 6-79 所示。

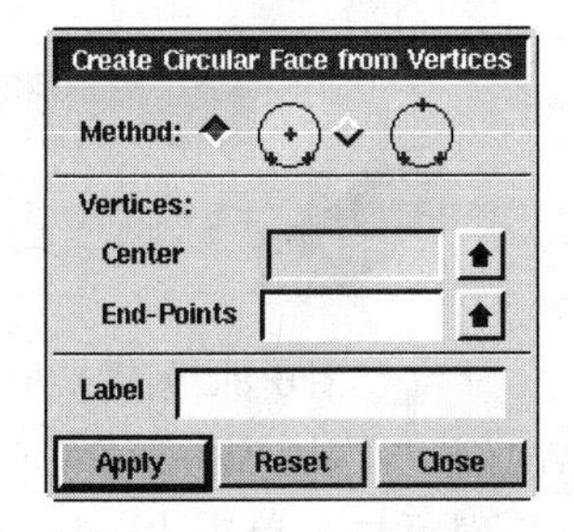

图 6-78 “Create Circular face From Vertices”对话框

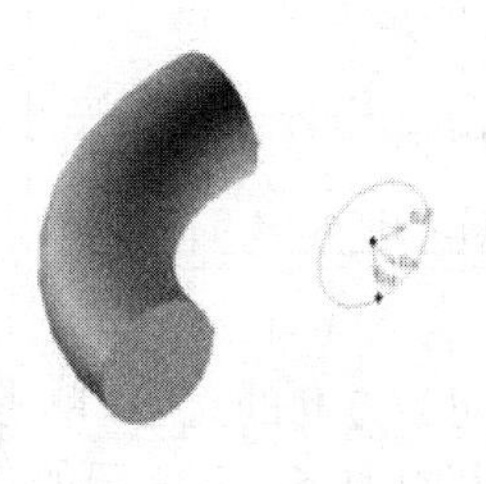

图 6-79 创建圆面后的图形

3）创建扫描圆面所需的直线。首先创建点，单击“Geometry”→“Vertex”→“Create Real Vertex”按钮，弹出“Create Real Vertex”对话框。在“Global”文本框中按模型尺寸输入各点坐标，分别单击“Apply”按钮，创建点后的图形如图 6-80 所示图形。点的坐标为 1 点（200,0,0）。

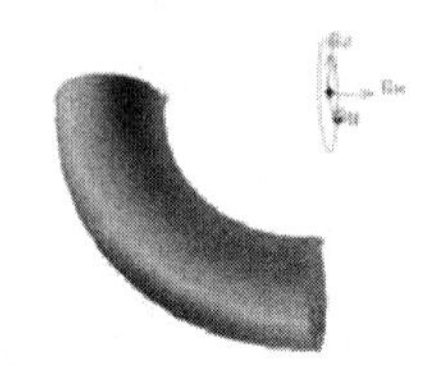

图 6-80 创建两点后的图形

接着创建直线，单击“Geometry”→“Edge”→“Create Straight Edge”按钮，弹出如图 6-81 所示的“Create Straight Edge”对话框。单击“Vertices”文本框，选择原点处的点和刚建的点，单击“Apply”按钮，创建直线后的图形如图 6-82 所示。

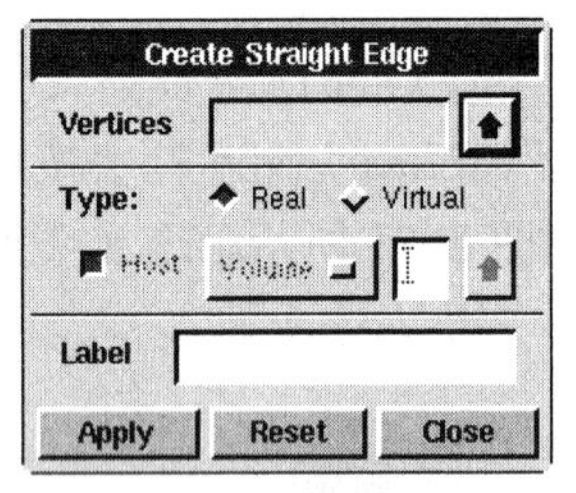

图 6-81 “Create Straight Edge”对话框

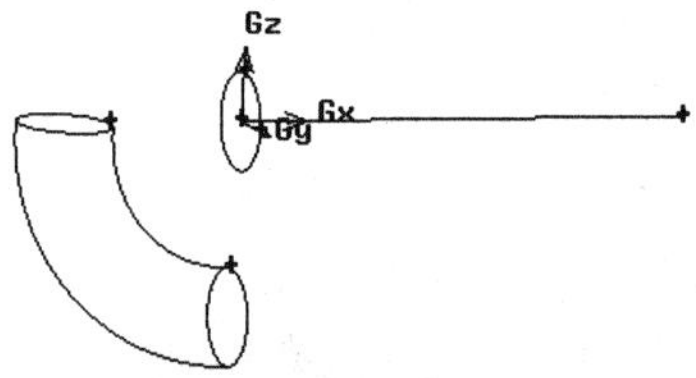

图 6-82 创建直线后的图形

4）创建直管实体。单击“Geometry”→“Volume”→“Sweep Faces”按钮，弹出如图 6-83 所示的“Sweep Faces”对话框。在“Faces”文本框中选择上面步骤 2）中刚创建的圆面，在“Edge”文本框中选择上面步骤 3）中刚创建的直线，单击“Apply”按钮，即可得到如图 6-84 所示的 X 方向直管段实体。

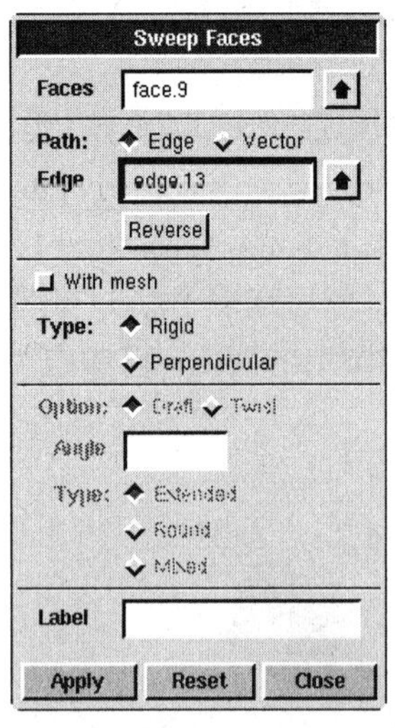

图 6-83 “Sweep Faces”对话框

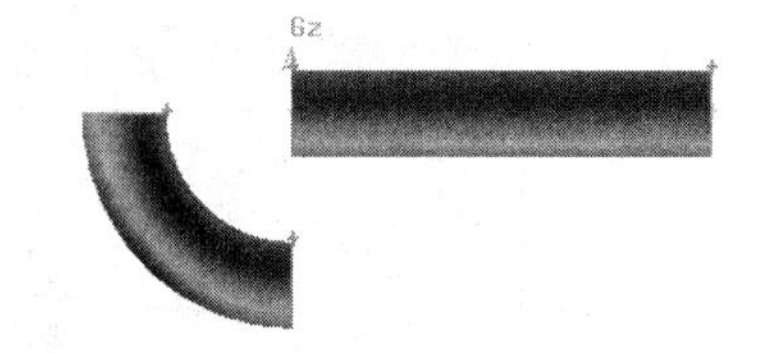

图 6-84 创建 X 方向直管段

5）移动 X 方向的直管。单击“Geometry”→“Volume”→“Move/Copy Volumes”按钮，弹出如图 6-85 所示的“Move/Copy Volumes”对话框。单击“Volumes”后的文本

框，选择刚创建的直管段，在“Local”选项组的“z”文本框中输入-80，即直管沿 Z 负方向移动 80mm，单击“Apply”按钮，移动直管后的图形如图 6-86 所示。然后单击单击“Geometry”→“Vertex”→“Delete Vertices”按钮，删除步骤 1）创建的点；再单击“Geometry”→“Edge”→“Delete Edge”按钮，删除步骤 3）创建的直线。

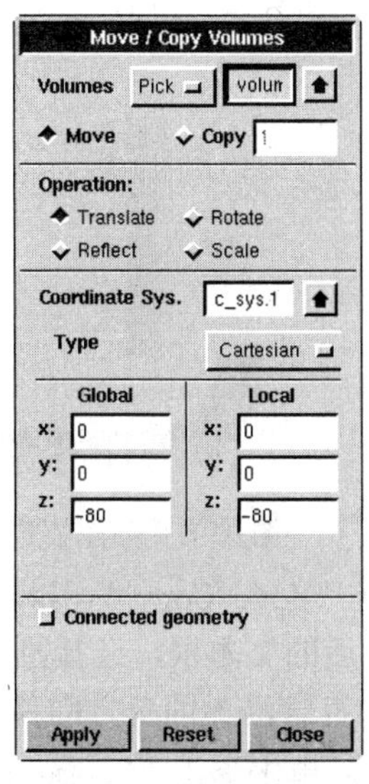

图 6-85 “Move/Copy Volumes”对话框

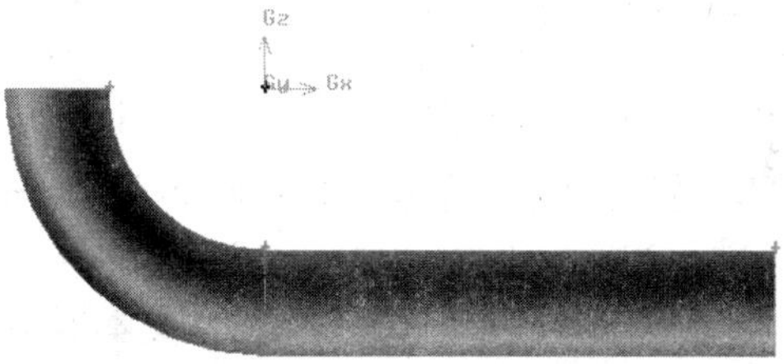

图 6-86 X 方向直管移动后的图形

（3）创建 Z 方向的直管段

1）创建点。单击“Geometry”→“Vertex →“Create Real Vertex”按钮，弹出“Create Real Vertex”对话框。在“Global”文本框中按模型尺寸输入各点坐标，分别单击“Apply”按钮，创建的 3 个点如图 6-87 所示。这 3 个点的坐标分别为 1 点（0, 0, 0）、2 点（20, 0, 0）、3 点（0, 20, 0）。

2）创建圆面。单击“Geometry”→“Face”→“Create Circular Face From Vertices”按钮，弹出“Create Circular Face From Vertices”对话框。单击“Center”文本框，选取“点 1”作为圆心，单击“End-Points”文本框，选取“点 2”和“点 3”作为圆上的两点，然后单击“Apply”按钮，创建圆面后的图形如图 6-88 所示。

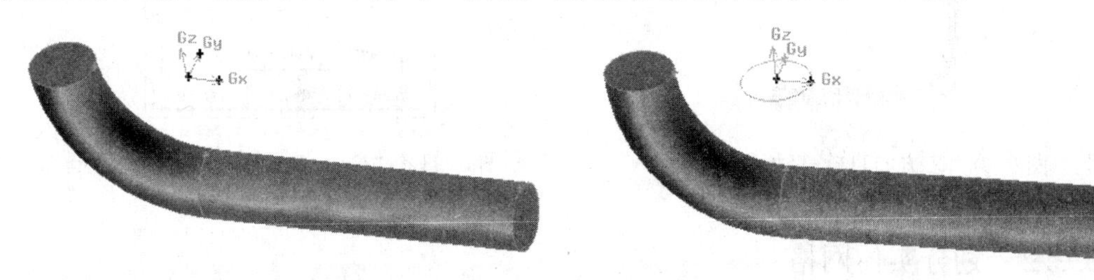

图 6-87 创建点

图 6-88 创建圆面

3）创建扫描圆面所需的直线。首先创建点，单击“Geometry”→“Vertex →“Create Real Vertex”按钮，弹出“Create Real Vertex”对话框。在“Global”文本框中按模型尺寸输入各点坐标，分别单击“Apply”按钮，创建点后的图形如图 6-89 所示。点的坐标分别为 1 点（0, 0, 200）。

接着创建直线，“Geometry”→“Edge”→“Create Straight Edge”按钮，弹出“Create Straight Edge”对话框。在“Vertices”文本框中选择刚创建的两点，单击“Apply”按钮，创建直线后的图形如图6-90所示。

4）创建直管实体。单击“Geometry”→“Volume”→ Sweep Faces按钮，弹出“Sweep Faces”对话框。在“Faces”文本框中选择上面步骤2）中刚创建的圆面，在“Edge”文本框中选择上面步骤3）中刚创建的直线，单击“Apply”按钮，创建的Z方向直管段如图6-91所示。

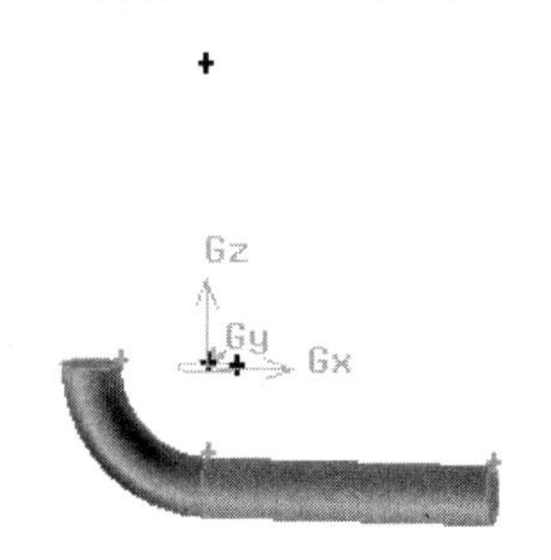

图6-89　创建点后的图形

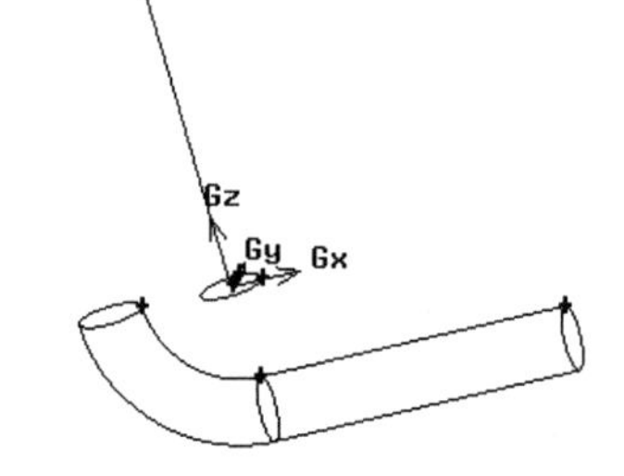

图6-90　创建直线

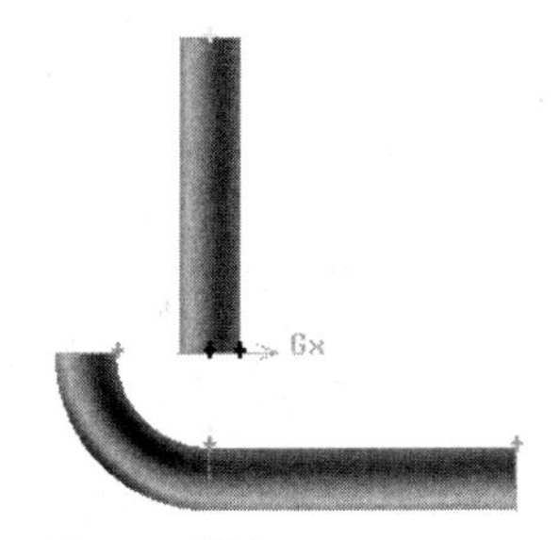

图6-91　创建Z方向直管段

5）移动直管。单击“Geometry”→“Volume”→“Move/Copy Volumes”按钮，弹出“Move/Copy Volumes”对话框。单击“Volumes”后的文本框，选择刚创建的直管段，在“Local”选项组的“x”文本框中输入“-80”，即直管沿X的负方向移动80mm，单击“Apply”按钮，移动直管后的图形如图6-92所示。然后单击单击“Geometry”→“Vertex”→“Delete Vertices”按钮，删除步骤1）创建的点；再单击“Geometry”→“Edge”→“Delete Edge”按钮，删除步骤3）创建的直线。

（4）组合弯管　各段圆管创建好后，即可把各段圆管组合起来，单击“Geometry”→“Volume”→“Unite Real Volumes”按钮，弹出如图6-93所示的“Unite Real Volumes”对话框。在“Volumes”文本框中选择创建的3段圆管实体，单击“Apply”按钮，即把3个实体组合成一个实体。

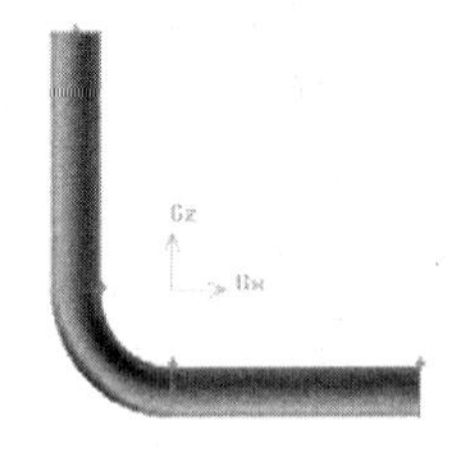
图6-92　Z方向直管移动后的图形

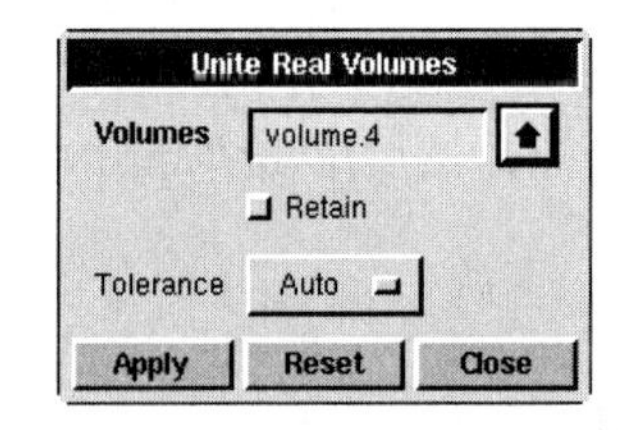

图6-93　“Unite Real Volumes”对话框

6.2.2　划分实体网格

实体创建好以后，即可对实体进行网格划分，由于研究弯管内壁面附近的阻力比较大，所以要对其进行边界层的划分，然后再划分网格，具体操作步骤如下。

（1）创建边界层　单击“Mesh”→“Boundary Layer”→“Create Boundary Layer”按钮，弹出“Create Boundary Layer”对话框。如图6-94所示，在“First row”

文本框中输入“0.3”，即边界层第一层的厚度为0.3mm；在“Growth factor”文本框中输入“1.2”，即边界层的厚度增长因子为1.2；在“Rows”文本框中输入“6”，即边界层的层数为6；右击“Attachment”选项组中的“Edges”按钮，选择“Faces”选项，即在面上画边界层，然后选择弯管的2个管面，单击“Apply”按钮，边界层划分完毕。划分边界层后的图形如图6-95所示。

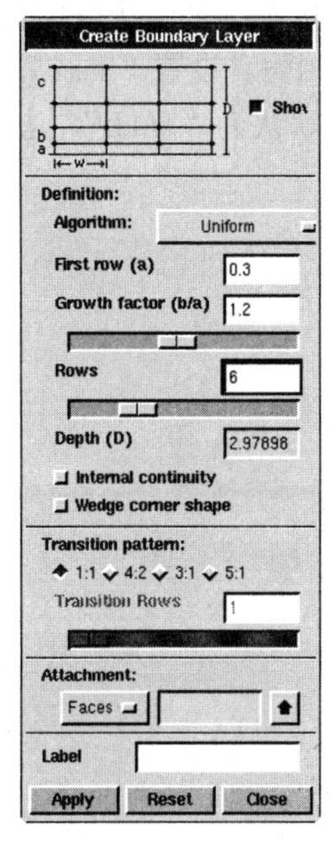

图6-94 “Create Boundary Layer”对话框

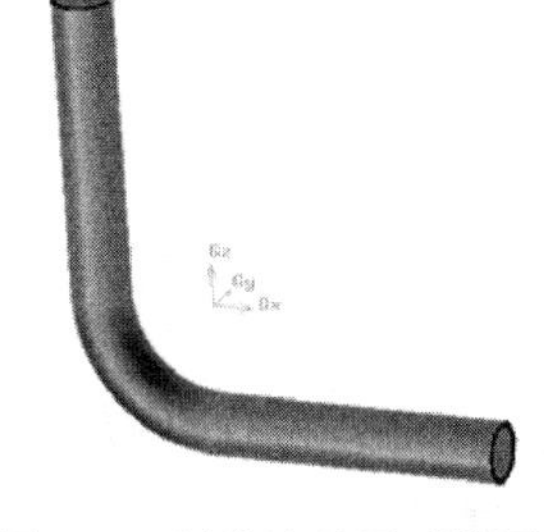

图6-95 划分边界层后的图形

（2）划分实体网格 单击“Mesh” → “Volume” → “Mesh Volume”按钮，弹出如图6-96所示的“Mesh Volumes”对话框。在“Volumes”文本框中选择弯管实体，设置“Elements”为“Hex”，设置“Type”为“Cooper”，在“Spacing”文本框中输入“3”，即网格步长为3，单击“Apply”按钮，网格划分完毕，得到如图6-97所示的划分网格后图形。

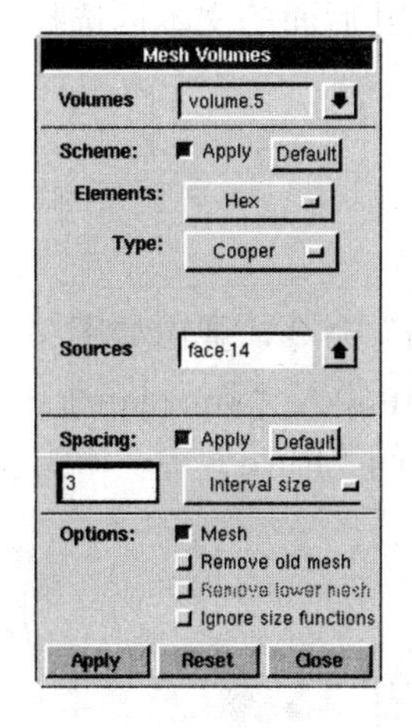

图6-96 “Mesh Volumes”对话框

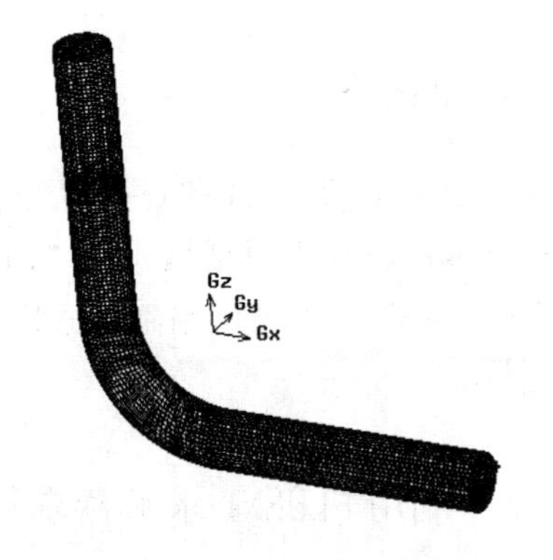

图6-97 划分网格后的图形

6.2.3 边界条件和区域的设定

（1）设定边界条件　单击“Zones” → “Specify Boundary Types” 按钮，弹出如图6-98所示的“Specify Boundary Types”对话框。在“Name”文本框中输入“inlet”，设置“Type”为“VELOCITY_INLET”；然后右击“Entity”对应的类型“Faces”，单击“Faces”按钮后的文本框，使文本框呈现黄色后选择要设定的边；接着选择一个端面作为速度入口，单击“Apply”按钮，速度入口设定完毕；再设置另一个端面，设置“Name”为“outlet”，设置“Type”选项为“OUT_FLOW”，未设置边的“Type”默认为“WALL”，边界条件设定完毕。

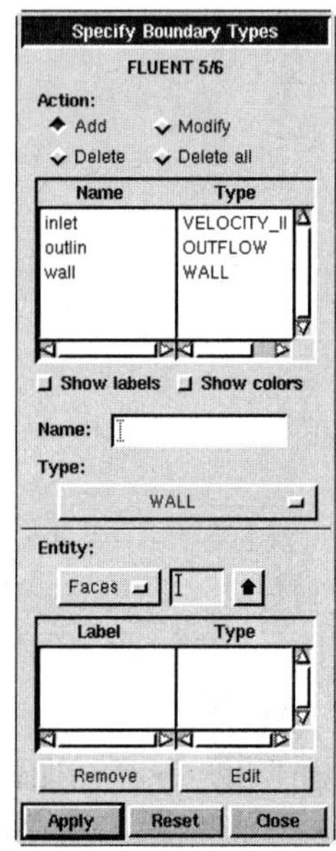

图6-98　“Specify Boundary Types ”对话框

（2）设定区域　单击“Zones” → “Specify Continuum Types” 按钮，弹出“Specify Boundary Types”对话框，在“Name”文本框中输入“fluid”，设置“Type”选项为“FLUID”，“Entity”对应的类型为“Volume”，在其后面的文本框选择弯管实体，单击“Apply”按钮。

6.2.4 网格输出

单击菜单栏中的“File” → “Export” → “Mesh”命令，弹出如图6-99所示的“Export Mesh File”对话框，在“File Name”文本框中输入“wanguan.msh”，然后单击“Accept”按钮，等待网格输出完毕后，单击菜单栏中的“File” → “Save”命令后关闭对话框。

6.2.5 利用FLUENT求解器求解

上面是利用GAMBIT软件对计算区域进行几何模型创建，并设定边界条件类型，然后输出.msh 文件，下面把.msh 文件导入 FLUENT 中进行求解。

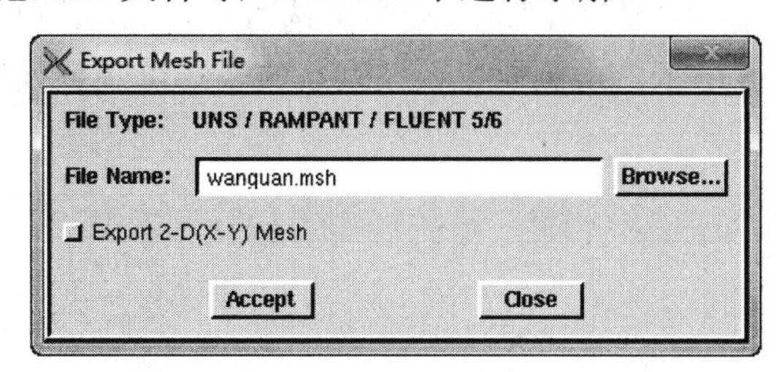

图 6-99 “Export Mesh File” 对话框

1. 选择 FLUENT 求解器

本例中的弯管是一个三维问题，要求的精度比较高，所以在启动 FLUENT 时，要选择三维双精度求解器（3D、Double Precision）。

2. 网格的相关操作

（1）读入网格文件 单击“File”下拉菜单栏中的“Read” → “Case”命令，弹出“Select File”对话框，找到“wanguan.msh”文件，单击“OK”按钮，将 Mesh 文件导入到 FLUENT 求解器中。

（2）检查网格文件 单击“Setting Up Domain”功能区“Mesh”面板中的“Check”按钮，FLUENT 求解器检查网格的部分信息：“Domain Extents:x.coordinate: min (m)= .1.000000e+002 , max (m)= 2.000000e+002 y.coordinate: min(m)= .2.000000e+001 , max (m)= 2.000000e+001 z.coordinate: min (m)= .9.994408e+001, max (m)= 2.000000e+002 Volume statistics:minimum volume (m3): 2.465637e+000 maximum volume (m3): 6.507926e+001 total volume (m3): 6.580055e+005”。

从这里可以看出网格文件几何区域的大小。注意，这里的最小体积（minimum volume）必须大于零，否则不能进行后续的计算。若是出现最小体积小于零的情况，就要重新划分网格，此时可以适当减小实体网格划分中的“Spacing”值，必须注意这个数值对应的项目为“Interval Size”。

（3）设置计算区域尺寸 单击“Setting Up Domain”功能区“Mesh”面板中的“Scale”按钮 Scale...，弹出如图 6-100 所示的“Scale Mesh”对话框，对几何区域尺寸进行设置。从检查网格文件步骤中可以看出，GAMBIT 导出的几何区域默认的尺寸单位都是“m”。对于本例，在“Mesh Was Created In”下拉列表框中选择“mm”选项，单击“Scale”按钮，即可满足实际几何尺寸，最后单击“Close”按钮。

（4）显示网格 单击“Setting Up Domain”功能区“Mesh”面板中的“Display”按钮 Display...，弹出如图 6-101 所示的“Mesh Display”对话框。当网格满足最小体积的要求以后，可以在 FLUENT 中显示网格。要显示文件的哪一部分可以在“Surfaces”列表框中进行选择，单击“Display”按钮，即可看到如图 6-102 所示的网格图。

3. 选择计算模型

（1）定义求解器 双击“导航面板”中的“General”命令，弹出如图 6-103 所示的“General”任务面板，本例保持默认设置即可满足要求。

（2）指定其他计算模型 单击“Setting Up Physics”功能区“Models”面板中的

“Viscous”按钮 Viscous...，弹出如图 6-104 所示的“Viscous Model”对话框，假定此管中的流动形态为湍流，在“Model”选项组中点选“k-epsilon”单选项，“Viscous Model”对话框刷新为如图 6-105 所示，本例保持系统默认参数即可满足要求，直接单击“OK”按钮。

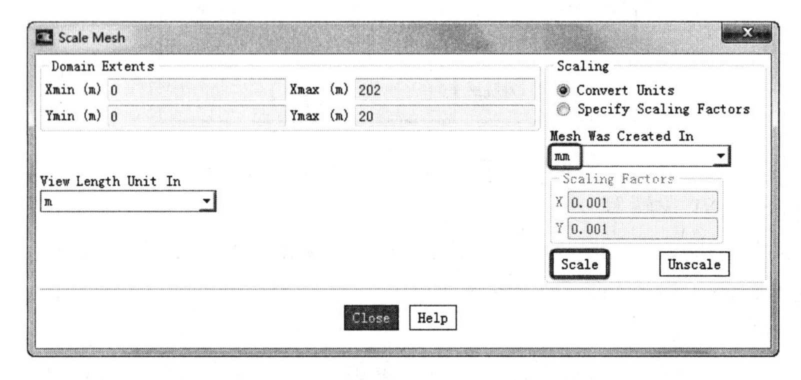

图 6-100　“Scale Mesh ”对话框

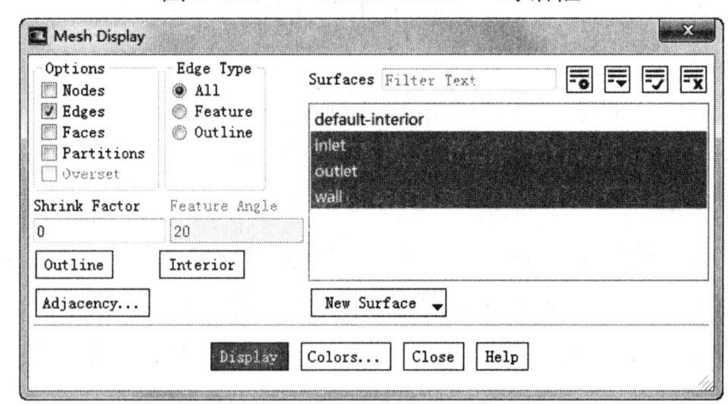

图 6-101　“Mesh Display”对话框

图 6-102　显示网格图

4. 设置操作环境

单击“Setting Up Physics”功能区“Solver”面板中的“Operating Conditions”命令，弹出“Operating Conditions”对话框，本例保持默认设置即可满足要求，直接单击“OK”按钮。

5. 定义流体的物理性质

单击“Setting Up Physics”功能区“Materials”面板中的“Create/Edit”按钮，

弹出“Create/Edit Materials”对话框。在本例中流体为水，单击“Fluent Database”按钮，弹出“Fluent Database Materials”对话框。在“Fluent Fluid Materials”列表框中选择“water-liquid”选项，单击“Copy”按钮，即可把水的物理性质从数据库中调出，单击“Close”按钮关闭对话框。

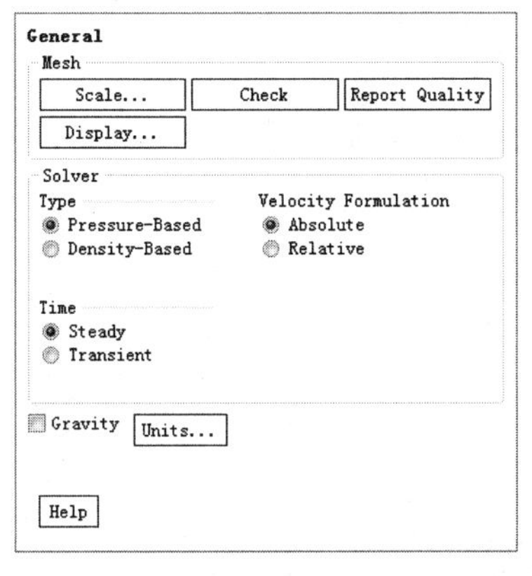

图 6-103 “General” 面板

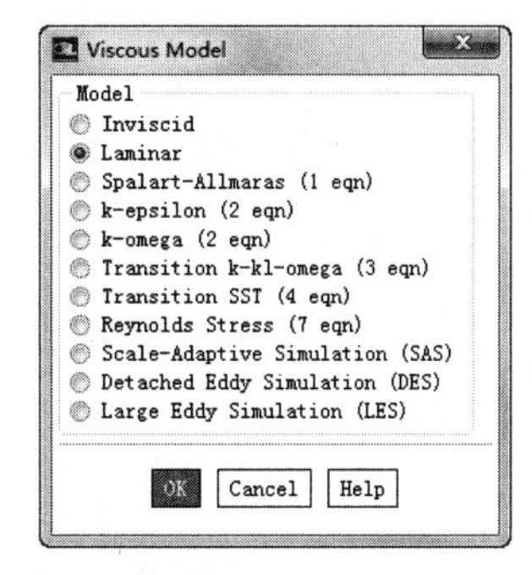

图 6-104 “Viscous Model ”对话框 1

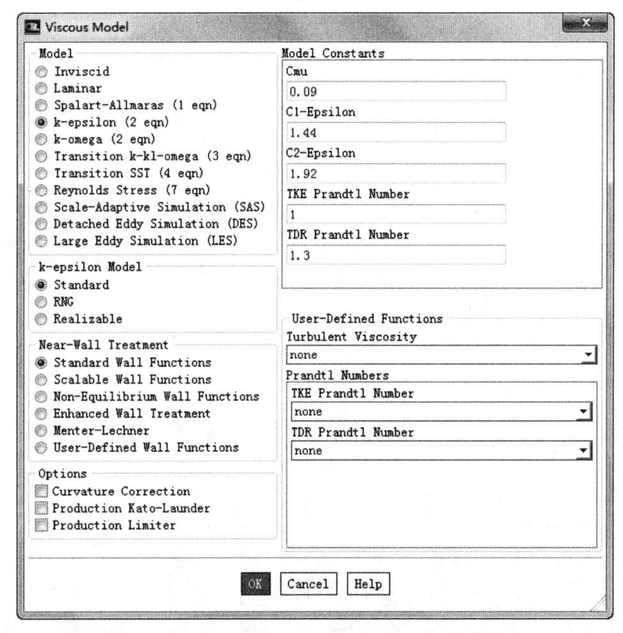

图 6-105 “Viscous Model ”对话框 2

6. 设置边界条件

（1）设置流体区域 单击“Setting Up Physics”功能区“Zones”面板中的“Cell Zones”命令，弹出 “Cell Zone Conditions”面板。在图 6-106 中的“Zone”列表框中选择流体所在的区域“fluid”，然后单击“Edit”按钮，弹出如图 6-107 所示的“Fluid”对话框，在“Material Name”下拉列表框中选择“water-liquid”选项，单击“OK”按钮，即可把区域中的流体定义为水。

（2）设置 inlet 边界条件 单击“Setting Up Physics”功能区“Zones”面板中的“Boundaries”命令，弹出 “Boundary Conditions”面板，在面板的“Zone”列表框中

选择“inlet”选项，即弯管的入口，可以看到它对应的边界条件类型为“velocity-inlet”，单击“Edit”按钮，弹出“Velocity Inlet”对话框，如图 6-108 所示。在“Velocity Magnitude”文本框中输入“1”，在“Specification Method”下拉列表框中选择“Intensity and Hydraulic Diameter”选项，在“Turbulent Intensity”文本框中输入“5”，在“Hydraulic Diameter”文本框中输入“0.04”，单击“OK”按钮。

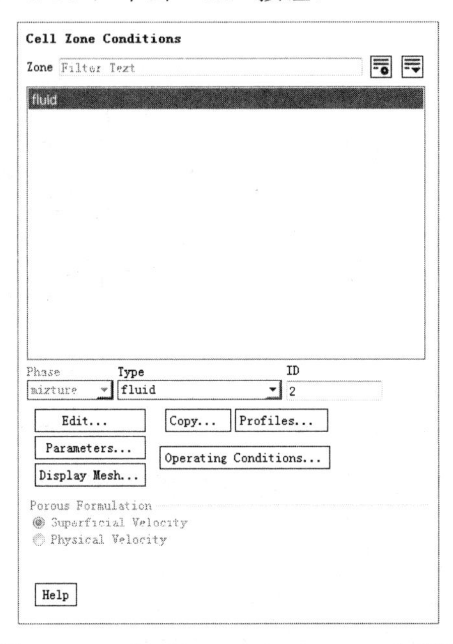

图 6-106 “Cell Zone Conditions ”面板

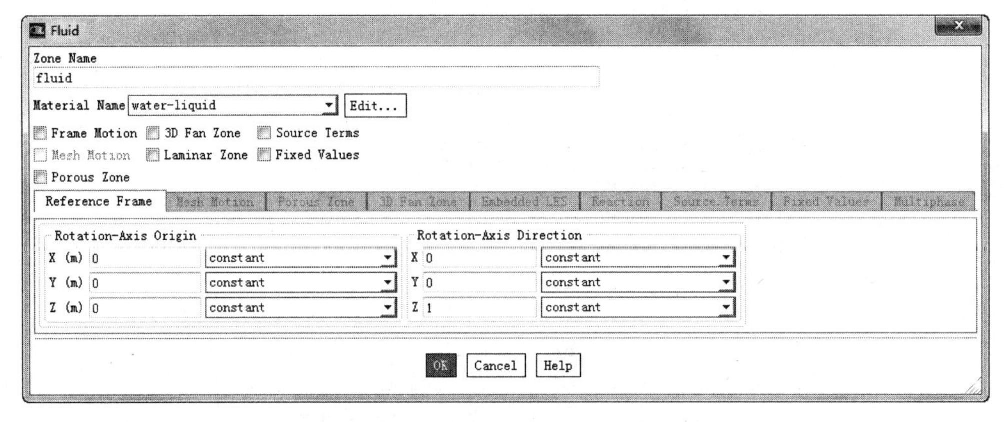

图 6-107 “Fluid ”对话框

（3）设置 outlet 边界条件　按照与设置 inlet 边界条件同样的方法指定 outlet 的边界条件，其中的一些参数保持系统默认设置。

（4）设置 wall 边界条件　在本例中，区域 wall 处的边界条件保持系统默认设置。

7. 求解方法的设置及控制

边界条件设定好以后，即可设定连续性方程湍动方程的具体求解方式。

（1）设置求解参数　单击“Solving”选项卡“Controls”面板中的“Controls”按钮，弹出如图 6-109 所示的“Solution Controls”面板，其中的选项可以保持系统默认设置。

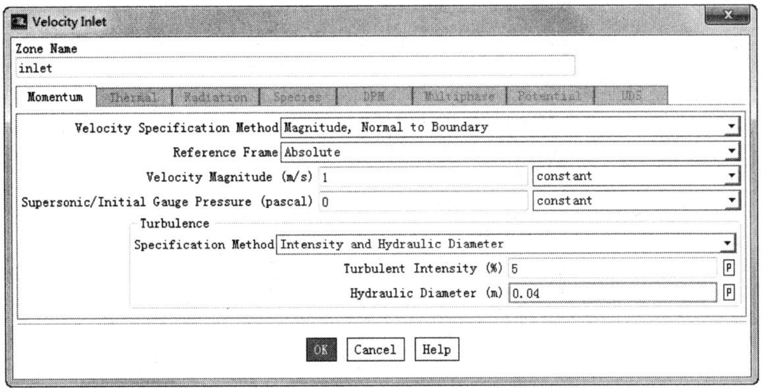

图 6-108 “Velocity Inlet” 对话框

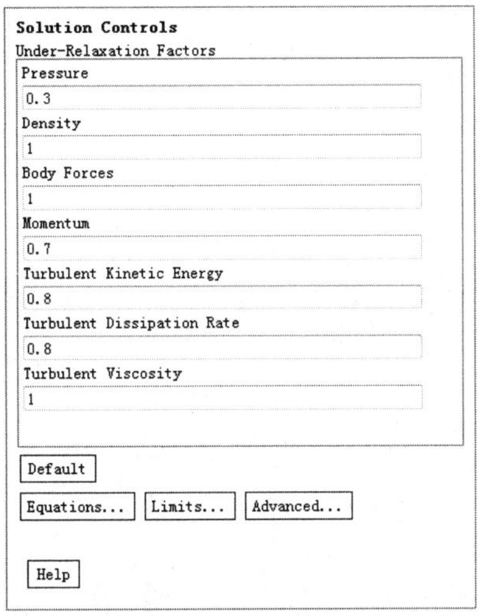

图 6-109 “Solution Controls ” 面板

（2）初始化 勾选“Solving”选项卡“Initialization”面板中的“Standard”复选框，然后单击“Solving”选项卡“Initialization”面板中的“Options”命令，弹出如图 6-110 所示的“Solution Initialization”任务面板，在 Initialization Methods 栏中选择 Standard Initialization 选项，在“Compute from”下拉列表框中选择“inlet”选项，然后单击“Initialize”按钮。

（3）打开残差图 单击“Solving”选项卡“Reports”面板中的“Residuals”按钮 **Residuals...**，弹出如图 6-111 所示的“Residual Monitors”对话框。勾选“Options”选项组中的“Plot”复选框，从而在迭代计算时动态显示计算残差，对应的精度值均为“0.001”，最后单击“OK”按钮。

（4）保存 Case 和 Data 文件 单击“File”下拉菜单栏中的“Write” →“Case&Data”命令，保存前面所作的所有设置。

（5）迭代 单击“Solving”选项卡“Run Calculation”面板中的“Advanced”命令，弹出“Run Calculation”任务面板。迭代设置如图 6-112 所示，单击“Calculate”按钮，FLUENT 求解器开始求解，可以看到如图 6-113 所示的残差图，在迭代到 69 步时计算收敛。

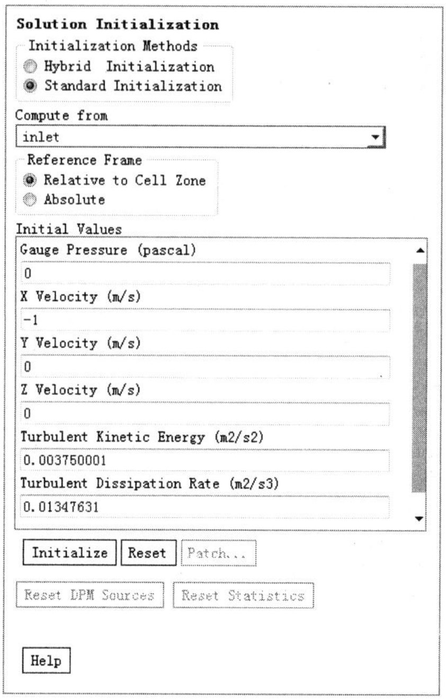

Solution Initialization
Initialization Methods
Hybrid Initialization
Standard Initialization
Compute from
inlet
Reference Frame
Relative to Cell Zone
Absolute
Initial Values
Gauge Pressure (pascal)
0
X Velocity (m/s)
-1
Y Velocity (m/s)
0
Z Velocity (m/s)
0
Turbulent Kinetic Energy (m2/s2)
0.003750001
Turbulent Dissipation Rate (m2/s3)
0.01347631
Initialize Reset Patch...
Reset DPM Sources Reset Statistics
Help

图 6-110 “Solution Initialization ” 面板

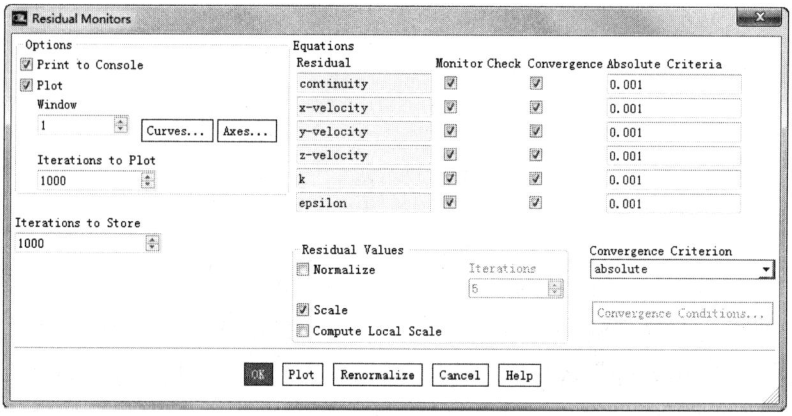

Residual Monitors
Options
Print to Console
Plot
Window
1
Curves... Axes...
Iterations to Plot
1000
Iterations to Store
1000
Equations

Residual	Monitor	Check Convergence	Absolute Criteria
continuity	☑	☑	0.001
x-velocity	☑	☑	0.001
y-velocity	☑	☑	0.001
z-velocity	☑	☑	0.001
k	☑	☑	0.001
epsilon	☑	☑	0.001

Residual Values
Normalize
Iterations
5
Scale
Compute Local Scale
Convergence Criterion
absolute
Convergence Conditions...
OK Plot Renormalize Cancel Help

图 6-111 Residual Monitors 对话框

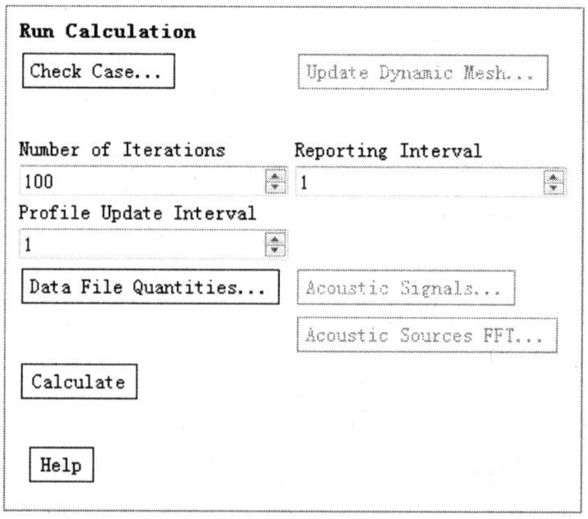

Run Calculation
Check Case...
Update Dynamic Mesh...
Number of Iterations
100
Reporting Interval
1
Profile Update Interval
1
Data File Quantities...
Acoustic Signals...
Acoustic Sources FFT...
Calculate
Help

图 6-112 “Run Calculation” 面板

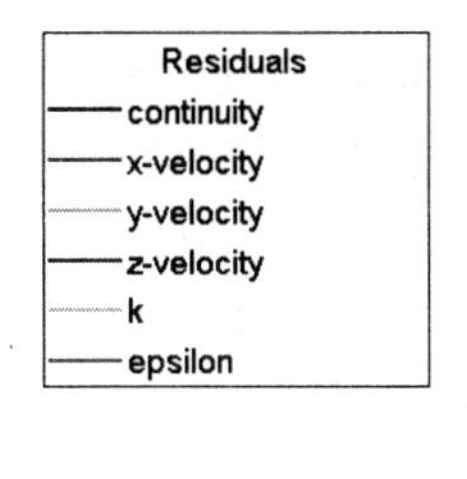

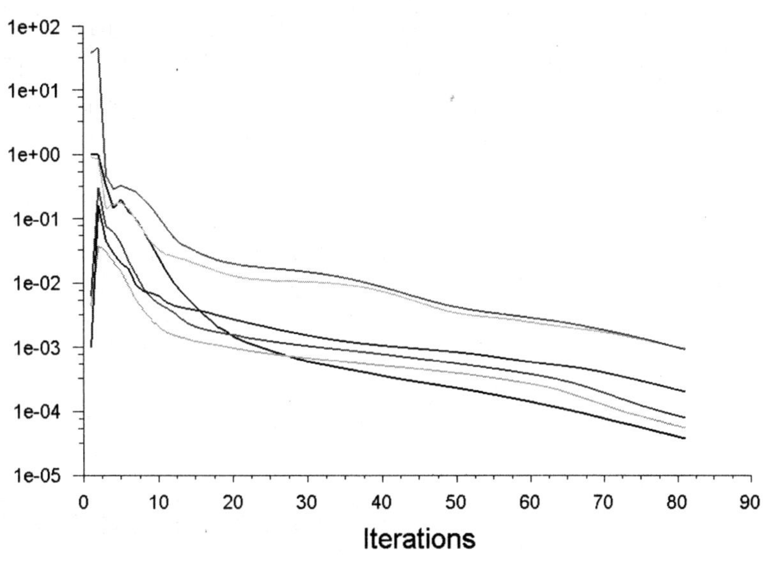

图 6-113　残差图

6.2.6　后处理

由于三维的计算结果不便于直接查看，所以要创建内部的面来查看计算结果。下面介绍一下具体操作步骤：

（1）创建内部面　单击“Postprocessing”选项卡“Surface”面板中的“Create”按钮 Create 下拉菜单中的“Plane”命令，弹出如图 6-114 所示的“Plane Surface”对话框。“Options”选项组中列出了创建面的方法，默认的是三点创建平面。本例要创建一个 XZ 平面，3 个点的坐标分别为 1 点（0,0,0）、2 点（0.02,0,0）、3 点（0,0,0.02）。

图 6-114　“Plane Surface ”对话框

单击“Create”按钮，就创建了一个内部的面“plane-4”。

（2）显示压力云图和等值线　迭代收敛后，单击“Postprocessing”选项卡“Graphics”面板中的“Contours”按钮 Contours下拉菜单中的“Edit”命令，弹出如图 6-115 所示的“Contours”对话框。在“Surfaces”列表框中选择“plane-4”选项，单击“Display”按钮，即可显示如图 6-116 所示的压力等值线图；勾选“Options”选项组中的“Filled”复选框，单击“Display”按钮，即可显示如图 6-117 所示的压力云图。

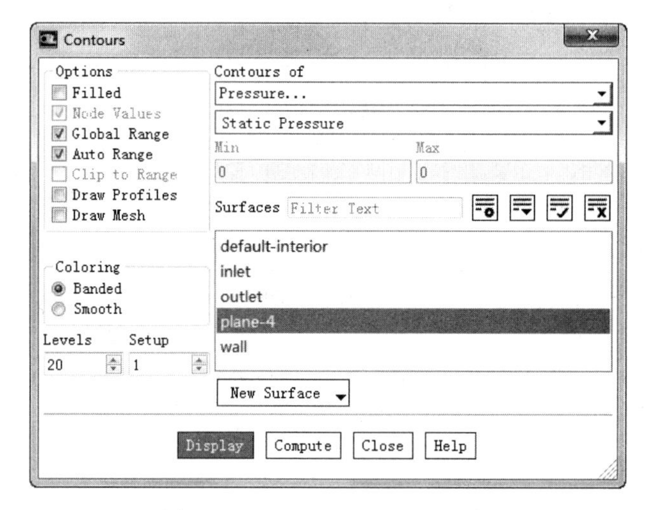

图 6-115　“Contours”对话框

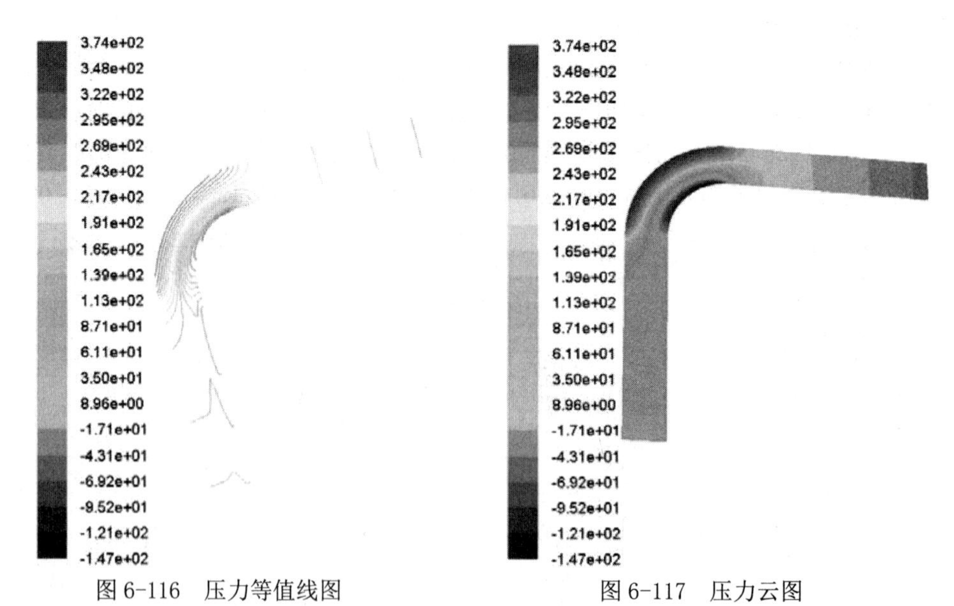

图 6-116　压力等值线图　　　　图 6-117　压力云图

（3）显示速度云图和等值线　在“Contours”对话框“Contours of”选项组的第一个下拉列表框中选择“Velocity”选项，单击“Display”按钮，即可显示如图 6-118 所示的速度云图；取消对“Options”选项组中“Filled”复选框的勾选，单击“Display”按钮，即可显示如图 6-119 所示的速度等值线图。

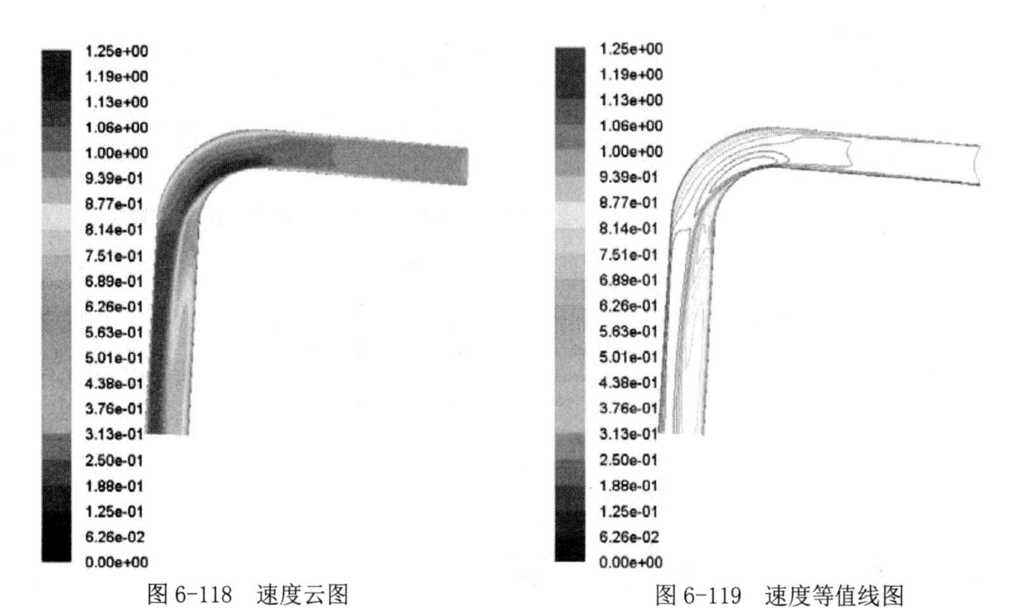

图 6-118　速度云图　　　　图 6-119　速度等值线图

(4)显示速度矢量图　单击“Postprocessing”选项卡“Graphics”面板中的“Vectors”按钮 Vectors下拉菜单中的“Edit”命令，弹出如图 6-120 所示的“Vectors”对话框。在“Surfaces”列表框中选择“plane-4”选项，通过改变“Scale”文本框中的数值来改变矢量的长度，通过改变“Skip”文本框中的数值来改变矢量的疏密，单击“Display”按钮，即可看到如图 6-121 所示的速度矢量图。

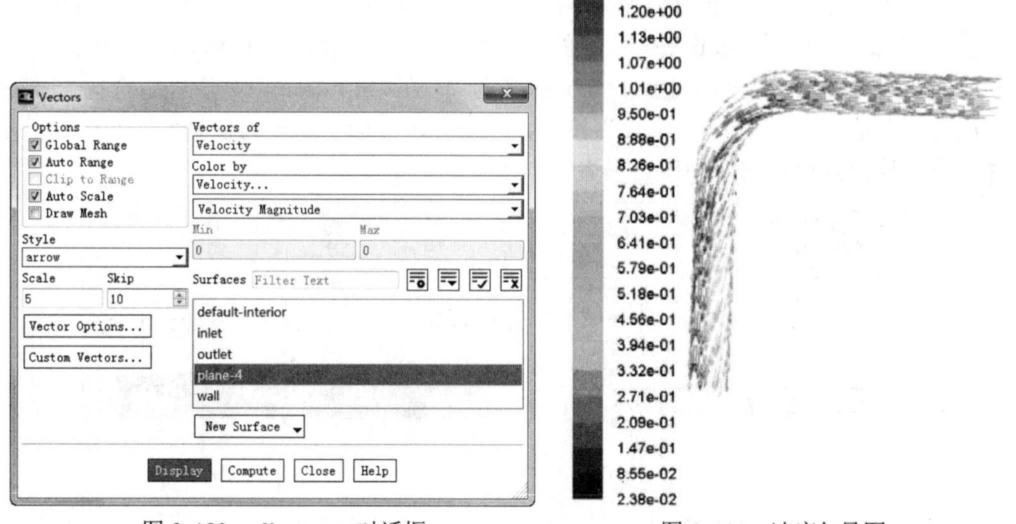

图 6-120　Vectors 对话框　　　　图 6-121　速度矢量图

(5)显示流线图　单击“Postprocessing”选项卡“Graphics”面板中的“Pathlines”按钮 Pathlines下拉菜单中的“Edit”命令，弹出如图 6-122 所示的“Pathlines”对话框。在“Color by”选项组的第一个下拉列表框中选择“Velocity”选项，在“Release from Surfaces”列表框中选择“plane-4”选项，通过改变“Path Skip”文本框中的数值来改变流线的疏密，单击“Display”按钮，可以看到如图 6-123 所示的流线图。

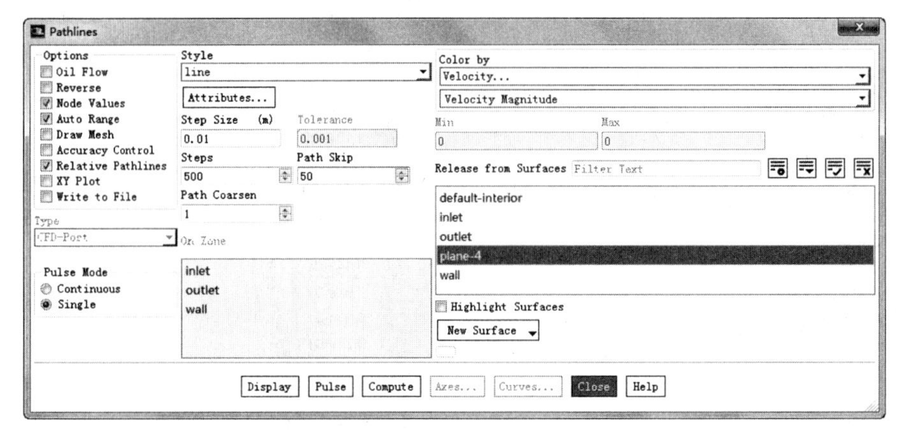

图 6-122 “Pathlines ” 对话框

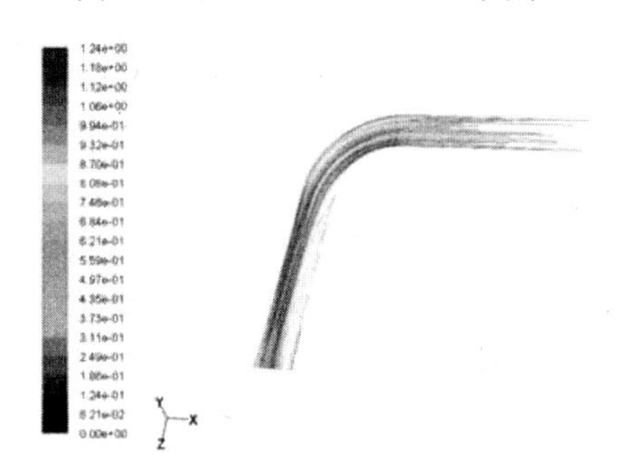

图 6-123 流线图

（6）查看压力损失 单击“Postprocessing”选项卡“Reports”面板中的“Surfaces Integrals”命令，弹出如图 6-124 所示的“Surface Integrals”对话框。在“Report Type”下拉列表框中选择“Area-Weighted Average”选项，在“Surfaces”列表框中选择“inlet”和“outlet”选项，单击“Compute”按钮，入口和出口的平均压力信息如图 6-125 所示，从中可以计算出入口和出口的压力损失。

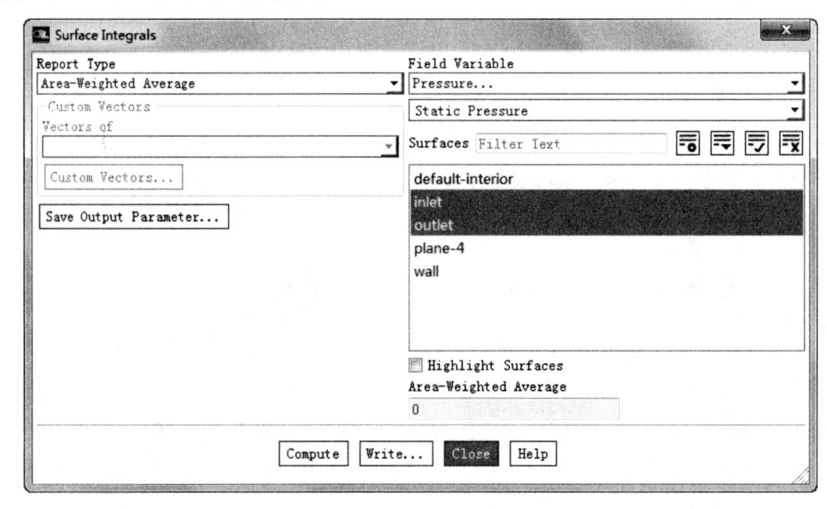

图 6-124 “Surface Integrals ” 对话框

```
Area-Weighted Average
       Static Pressure                 (pascal)
-------------------------------- --------------------
                 inlet                 280.36522
                outlet                 28.180934
          ---------------- --------------------
                   Net                 154.27308
```

图 6-125　入口和出口的平均压力信息

6.3 三维室内温度传热模拟

图 6-126 所示为室内壁挂空调的空间简图。相对空调来说，上端为空气进口，下端为空气出口；而相对房间而言，下方为空气进口，上方为空气出口。假设房间环四壁温度为 36℃，天花板与地面温度为 26℃，空调制冷温度为 21℃，空气流动速度为 0.1m/s。用 FLUENT 模拟该房间内温度的分布情况。

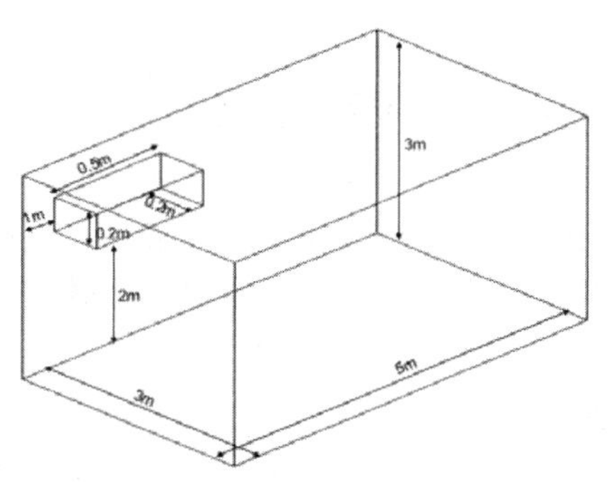

图 6-126　室内空调模拟图

6.3.1　利用 GAMBIT 创建模型

1）启动 GAMBIT，选择工作目录 D:\Gambit working。

2）单击“Geometry”→“Volume”→“Create Real Brick”按钮，在如图 6-127 所示的“Create Real Brick”面板的“Direction”中先选择“+X+Y+Z”，在“Width(X)”“Depth(Y)”“Height(Z)”中分别输入 5、3、3，单击“Apply”按钮，得到如图 6-128 所示的六面体。同理，以坐标原点为左下角顶点生成空调的模拟图形，在“Width(X)”“Depth(Y)”“Height(Z)”中分别输入 0.5、0.2、0.2，单击“Apply”按钮。

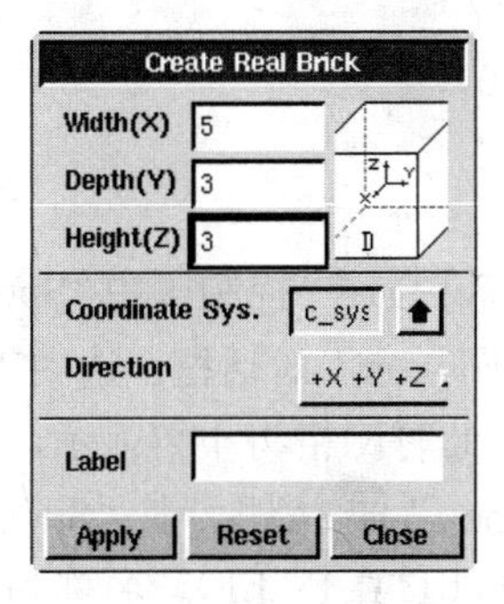

图 6-127　“Create Real Brick”面板

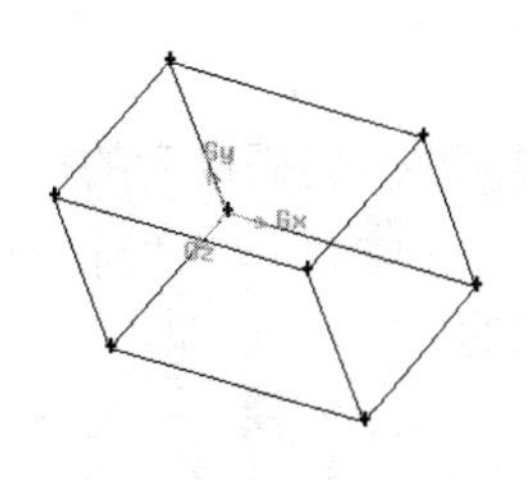

图 6-128 六面体

3）单击“Geometry”→“Volume”→“Move/Copy Volume”按钮，在弹出的“Move/Copy Volume”面板中选择空调（体 2），保持“Move”为选中状态，在 x、y、z 输入栏中分别输入 1、2、0，单击“Apply”按钮，即可以得移动后的空调位置图，如图 6-129 所示。

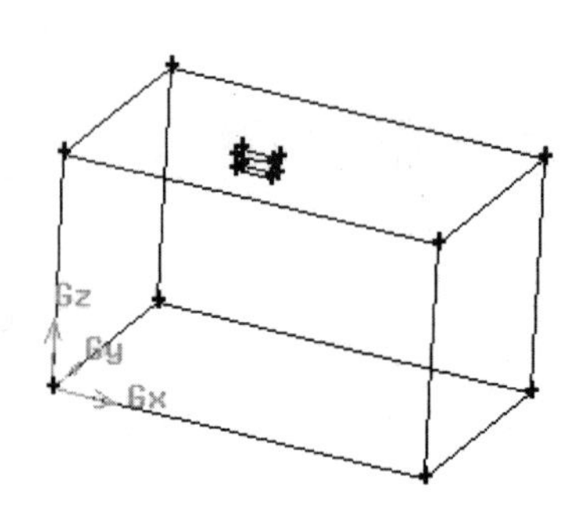

图 6-129　空间立体模拟

4）由于要研究的是室内空气的传热，故计算区域不应包括空调所在的六面体。单击“Geometry”→“Volume”→“Substract Real Volume”按钮，在弹出的“Substract Real Volume”面板中先选择“volume.1”，再在下一行中选择“volume.2”，单击“Apply”按钮，即除去了计算几何体中的小六面体。

6.3.2　网格的划分

1）单击“Mesh”→“Volume”→“Mesh Volume”按钮，选中“volume.1”，采用 Hex 和 Submap 的划分方式，设置网格尺寸为 0.05，单击“Apply”按钮，得到体网格，如图 6-130 所示。

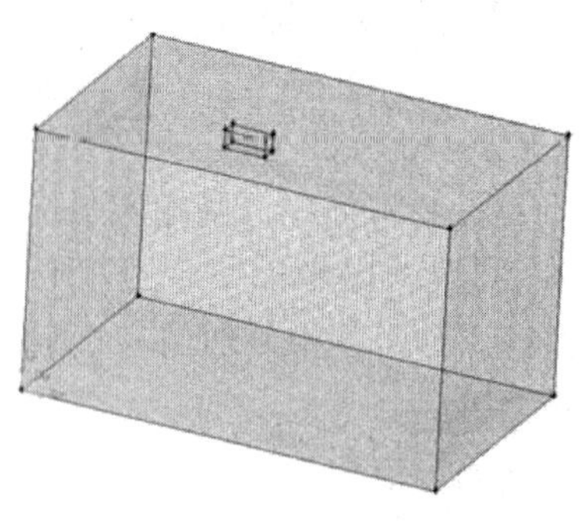

图 6-130　体网格的划分

如果觉得网格会妨碍以后的操作，单击“Global Control”控制区中“Specify Display Attributes”按钮，弹出“Specify Display Attributes”对话框；选中“Mesh”选项，再选中其对应的“off”选项，单击“Apply”按钮，此时网格将不再显示，但是存在。

2）单击“Zones”→“Specify Boundary Types”按钮，在“Specify Boundary Types”面板中将空调下部的面定义为速度入口（VELOCITY_INLET），名称为“in”；将上部的面定义为自由出口（OUTFLOW），名称为“out”；选择空调的壁面分别定义为“WALL”

名称分别为“Left1”“right1”“front1”，房间的上下、四周壁面也定义为“WALL” 名称分别为“Left”“right”“front”“back”“up”“down”。

3）执行“File” →“Export” →“Mesh”命令，在文件名中输入Model6.msh，不选Export 2-D（X-Y）Mesh，确定输出三维模型网络文件。

6.3.3 求解计算

1）启动FLUENT 19.0，在弹出的“FLUENT Version”对话框中选择3D计算器，单击“OK”按钮 。

2）单击“File”下拉菜单栏中的“Read” →“Case”命令，读入划分好的网格文件“Model6.msh”。然后单击“Setting Up Domain”功能区“Mesh”面板中的“Check”按钮✔进行检查。

3）双击“导航面板”中的“General”命令，弹出“General”任务面板，保持默认值。

4）单击“Setting Up Physics”功能区“Models”面板中的“Viscous”按钮 Viscous...，弹出“Viscous Model”对话框，在对话框中选择“k-epsilon[2 eqn]”（湍流模型），保持默认值，单击“OK”按钮。

5）激活传热计算，单击“Setting Up Physics”功能区“Models”面板中的“Energy”复选框，如图6-131所示，启动能量方程。

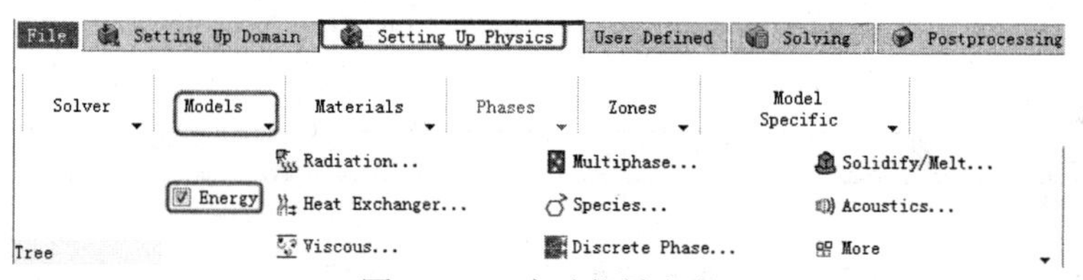

图6-131 启动能量方程

6）单击“Setting Up Physics”功能区“Materials”面板中的“Create/Edit”按钮，弹出“Create/Edit Materials”对话框，单击“FLUENT Database”，弹出“Fluent Database Materials”对话框，在“Material Type”下拉列表中选择“solid”选项，在“FLUENT Solid Materials”下拉列表中选择“steel”，单击“Copy”按钮。在“Create/Edit Materials”对话框中的“FLUENT Fluid Materials”下拉选框中会出现air，“Solid”下拉选框中出现steel，单击“Close”按钮，完成对材料的定义。

7）单击“Setting Up Physics”功能区“Solver”面板中的“Operating Conditions”命令，打开“Operating Conditions”对话框，保持默认值，单击“OK”按钮。

8）单击“Setting Up Physics”功能区“Zones”面板中的“Boundaries”命令，弹出“Boundary Conditions”面板，如图6-132所示。

①在列表中选择“in”，其类型“Type”为“velocity-inlet”，单击“Edit”按钮，在“Velocity Inlet”对话框中选择“Velocity Specification Method”下拉列表中的“Magnitude，Normal to Boundary”，在“Velocity Magnitude”中输入0.1。湍流模式选择“K and Epsilon”，在“Turblent Kinetic Energy”中输入0.02，“Turbulent Dissipation

Rate”中输入0.008，如图6-133所示。单击“Thermal”复选框，在“Temperature”中输入294.15K，单击“OK”按钮。

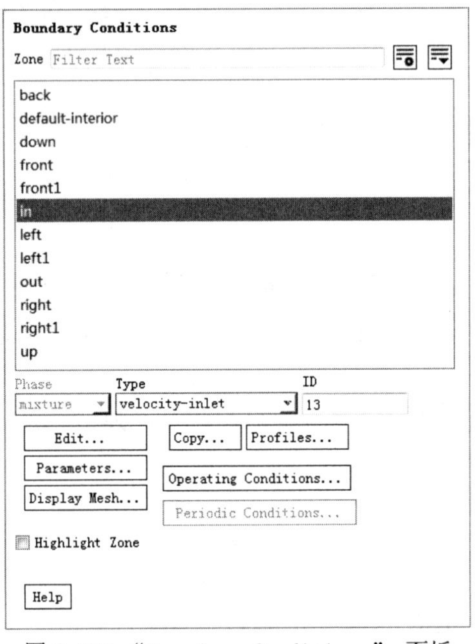

图6-132 “Boundary Conditions” 面板

②回到“Boundary Conditions”面板，选择“out”，选择“Type”为“outflow”，单击Edit按钮，在如图6-134所示的“Outflow”对话框中保持默认值，单击“OK”按钮即可。

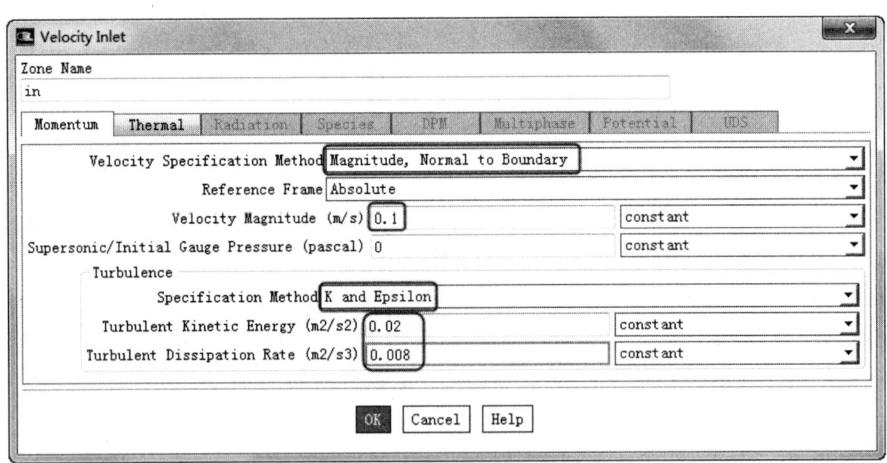

图6-133 速度进口设置

③在列表中选择“left”，其类型“Type”为“WALL”，单击“Edit”按钮，单击“Thermal”复选框，选择“Thermal Conditions”下方的“Convection”。在“Heat Transfer Coeffient”中输入10，在“Free StreamTemperature”中输入309.15K，在“Wall Thickness”中输入0.2，“Heat Generation Rate”为0，选择材料为“Steel”，如图6-135所示。单击“OK”按钮。

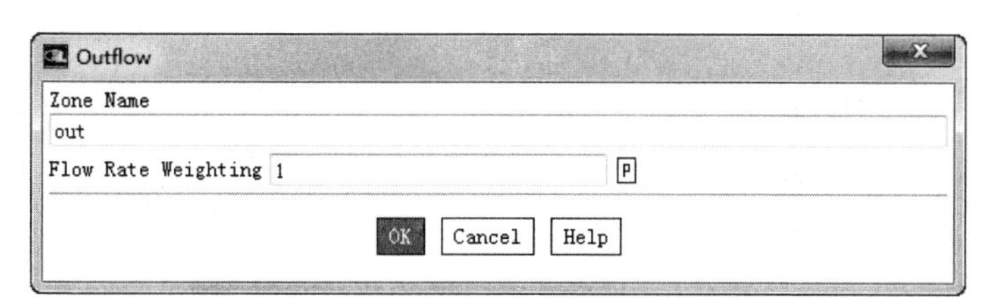

图 6-134 出口定义

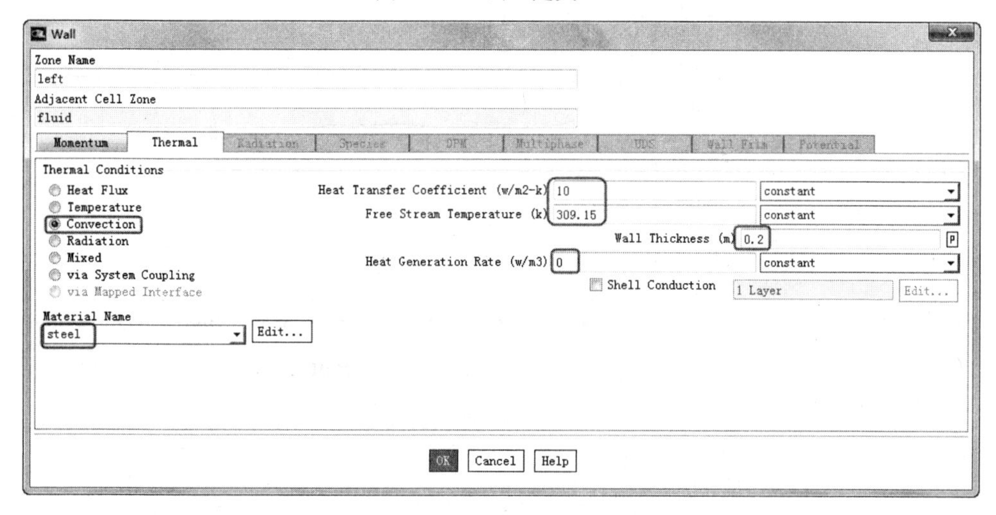

图 6-135 壁面定义

④同理，设置 right、front、back、up、down5 个边界，其中 right、front、back 的设置与 left 相同，上下壁面的温度要改成 299.15K，其余与 left 相同。空调壁面的设置与房间一样，只是温度改为 302.15K，“Heat Transfer Coeffient”中输入 20，“Wall Thickness”中输入 0.002。

9）单击“Solving”选项卡“Controls”面板中的“Controls”按钮，弹出“Solution Controls”任务面板，其中的选项可以保持系统默认设置。

10）勾选“Solving”选项卡“Initialization”面板中的“Standard”复选框，然后单击“Solving”选项卡“Initialization”面板中的“Options”命令，弹出“Solution Initialization”面板，在 Initialization Methods 栏中选择 Standard Initialization 选项，在“Compute From”下拉列表框中选择“in”，单击“Initialize”按钮。

11）单击“Solving”选项卡“Reports”面板中的“Residuals”按钮 Residuals...，弹出“Residual Monitors”对话框，在“Residual Monitors”对话框中选中“Plot”，保持默认收敛精度，单击“OK”按钮。

12）单击“Solving”选项卡“Run Calculation”面板中的“Advanced”命令，弹出“Run Calculation”任务面板，设置“Number of Iteration”为 1000，单击“Calculate”按钮开始解算，如图 6-136 所示。

迭代完成后，为显示立体的流场变化，需要定义几个具有代表性的剖面。

13）单击“Postprocessing”选项卡“Surface”面板中的“Create”按钮 Create 下拉菜单中的“Plane”命令，在弹出的“Plane Surface”对话框中，按照表 6-1 内容输入数据，单击“Create”按钮生成轴向剖面。

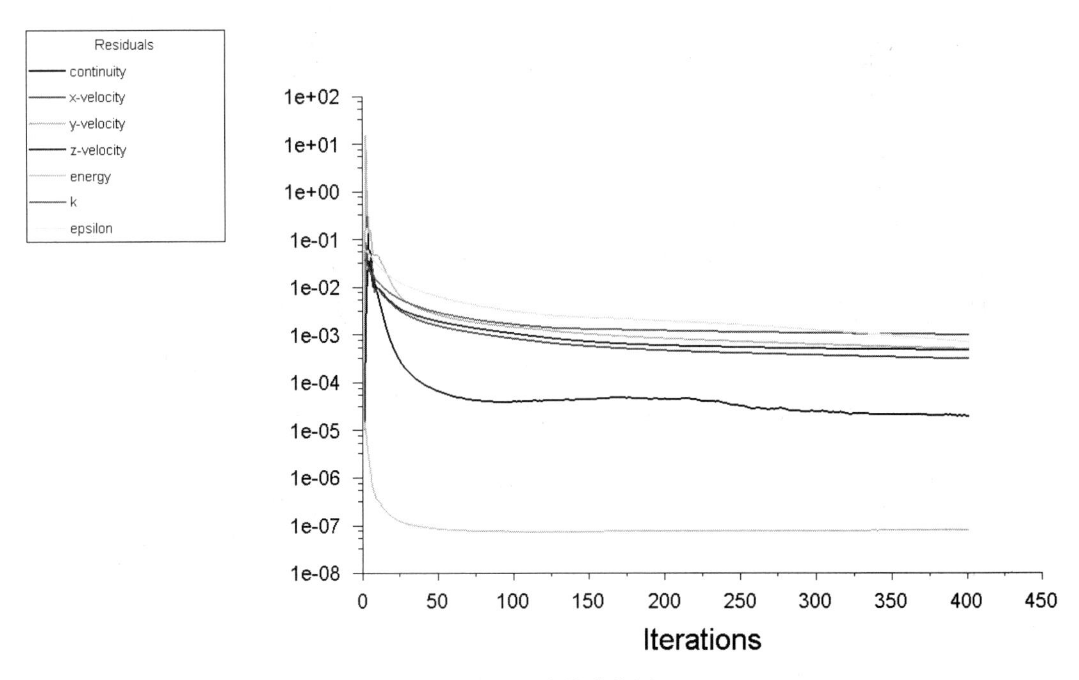

图 6-136　残差曲线图

表 6-1　各点坐标

横截面	剖面	(x_0, y_0, z_0)	(x_1, y_1, z_1)	(x_2, y_2, z_2)
X 方向横截面	X-1	(1, 0, 0)	(1, 0, 3)	(1, 3, 3)
	X-2	(1.25, 0, 0)	(1.25, 0, 3)	(1.25, 3, 3)
	X-3	(2.5, 0, 0)	(2.5, 0, 3)	(2.5, 3, 3)
	X-4	(4, 0, 0)	(4, 0, 3)	(4, 3, 3)
Y 方向横截面	Y-1	(0, 1, 0)	(0, 1, 3)	(5, 1, 3)
	Y-2	(0, 2, 0)	(0, 2, 3)	(5, 2, 3)
	Y-3	(0, 2.2, 0)	(0, 2.2, 3)	(5, 2.2, 3)
Z 方向横截面	Z-1	(0, 0, 0.2)	(0, 3, 0.2)	(5, 3, 0.2)
	Z-2	(0, 0, 2)	(0, 3, 2)	(5, 3, 2)

14）单击“Postprocessing”选项卡“Graphics”面板中的“Contours”按钮 Contours 下拉菜单中的“Edit”命令，在“Contours”的对话框“Surfaces”中选择已经定义的 X 轴向剖面 X-1、X-2、X-3、X-4，选择“Contours of”下拉列表中的“Temperature”和“Static Temperature”，勾选“Filled”，单击“Display”按钮，得到温度分布云图，如图 6-137 所示。

①勾选“Contours”对话框中的“Draw Mesh”，弹出“Mesh Display”对话框，如图 6-138 所示，选中“Surface”中的壁面，勾选“Edge Type”中的“Outline”，单击“Display”按钮，得到模型轮廓线，如图 6-139 所示。单击“Close”按钮关闭“Mesh Display”对话框后，回到“Contours”对话框，再次单击“Display”按钮，得到结果如图 6-140 所示。

②同理，显示出 Y 轴向上几何体的温度分布云图，如图 6-141 所示。Z 轴向上几何体的温度分布云图如图 6-142 所示。

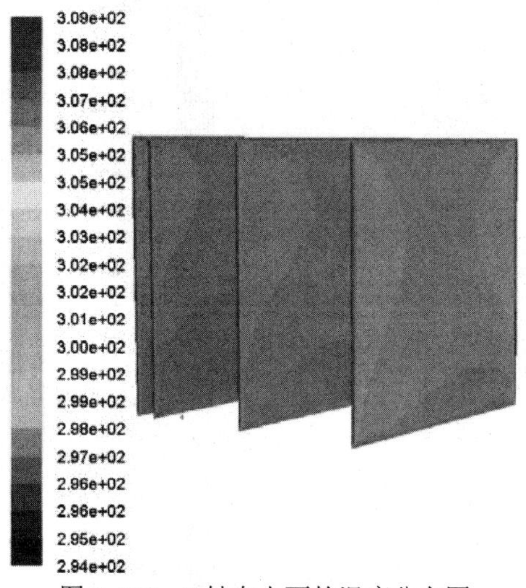

图 6-137　X 轴向上面的温度分布图

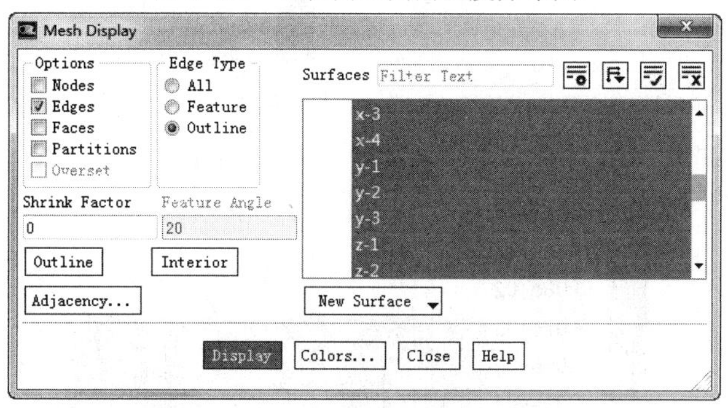

图 6-138　Mesh Display 对话框

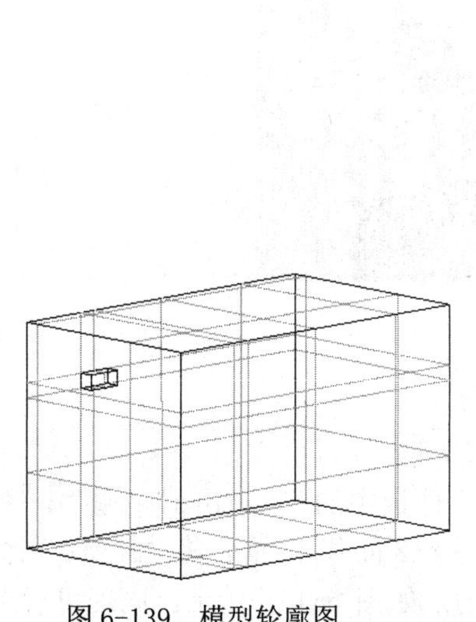

图 6-139　模型轮廓图

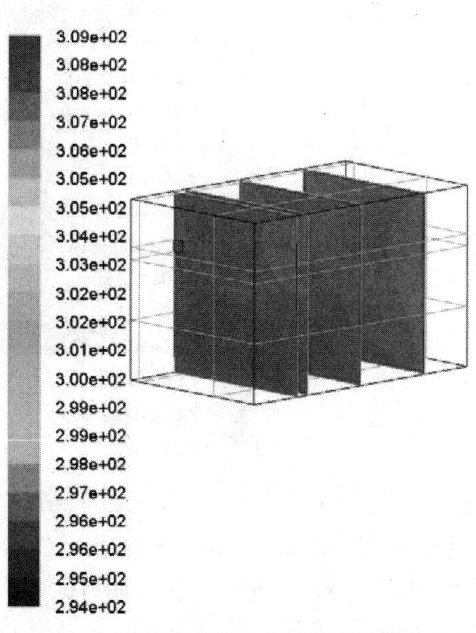

图 6-140　X 轴向上几何体温度分布云图

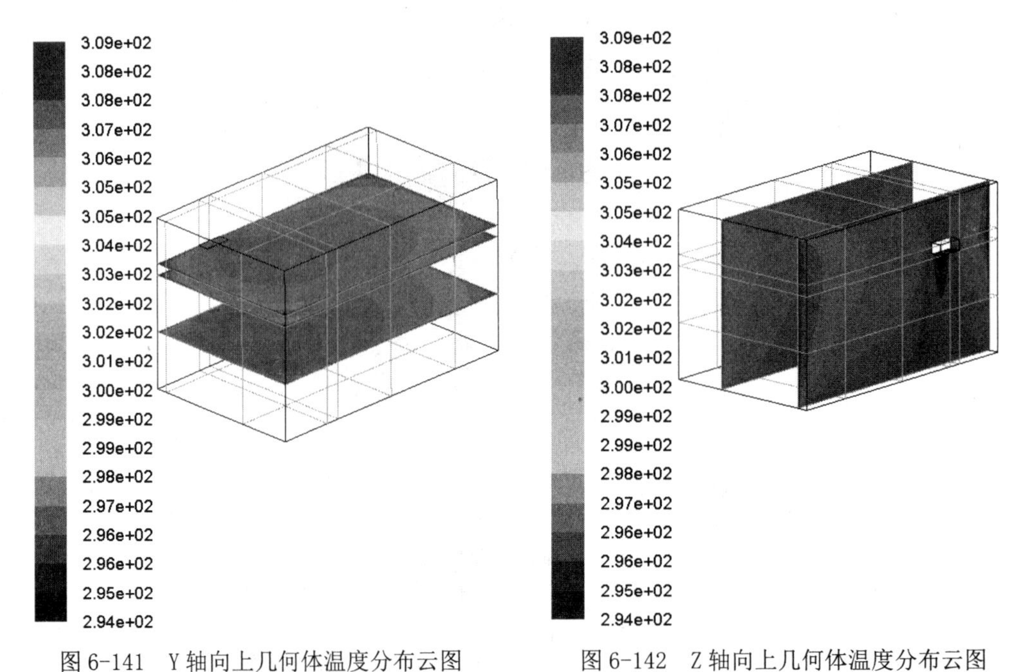

图 6-141　Y 轴向上几何体温度分布云图　　　图 6-142　Z 轴向上几何体温度分布云图

③单击鼠标中键放大空调附近云图，如图 6-143 所示。

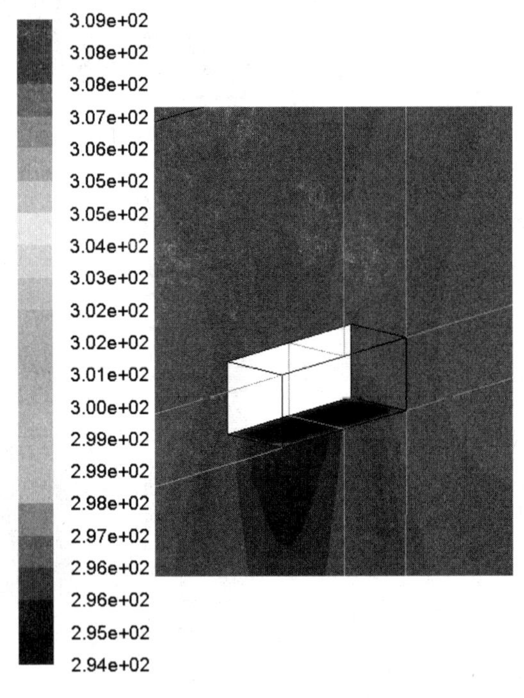

图 6-143　空调附近温度分布云图

15）单击“Postprocessing”选项卡“Graphics”面板中的“Vectors”按钮 Vectors 下拉菜单中的“Edit”命令，在“Surfaces”中选择 Y-2 面和 in 面，将“Scale”改为 2，单击“Display”按钮，可得到截面 Y-2 速度矢量图，如图 6-144 所示。同理可以选择空调面 Y-3，显示空调面上的速度矢量图，如图 6-145 所示。

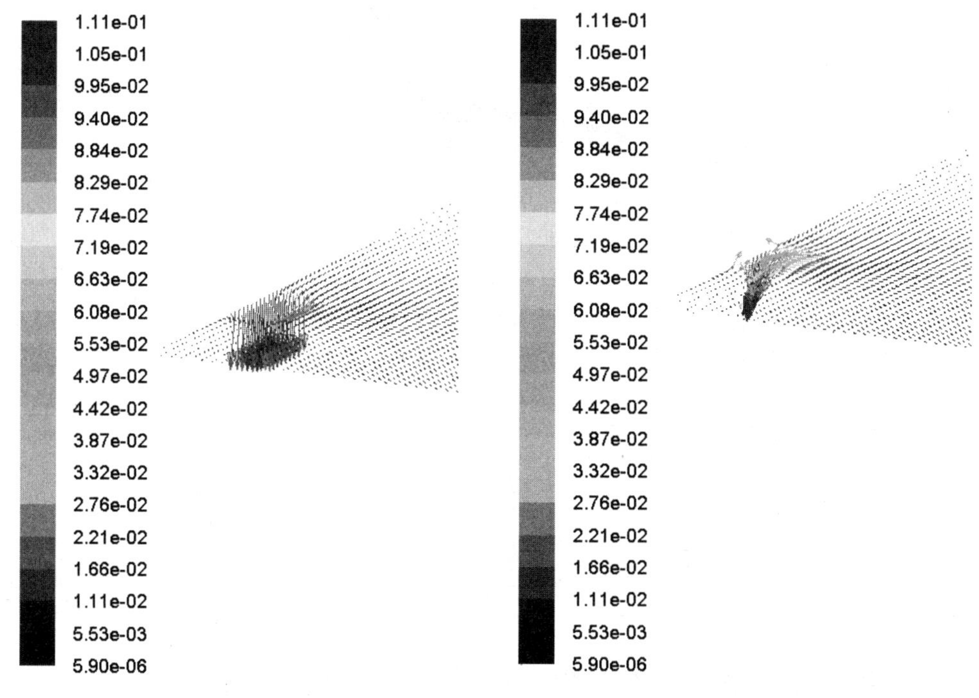

图 6-144　截面 Y-2 速度矢量图　　　　图 6-145　截面 Y-3 速度矢量图

16）计算完的结果要保存为 Case 和 Data 文件，单击“File”下拉菜单栏中的“Write”→“Case&Data”命令，在弹出的文件保存对话框中将结果文件命名为“Model6. cas”，Case 文件保存的同时也保存了“Data”文件“Model6. dat”。

17）单击“File”下拉菜单栏中的“Exit”命令，安全退出 FLUENT。

6.4 三维喷管流动与传热的耦合求解

本节通过对一个三维带冷却通道的喷管进行数值模拟，使读者了解如何对三维流动与传热进行耦合求解。本节主要介绍以下两方面的内容.

◆利用 FLUENT 进行流动与传热的耦合求解。

◆如何使用分离法求解流动问题。

6.4.1　利用 GAMBIT 读入三维物理模型

对于较复杂的物理模型，完全依靠 GAMBIT 软件独自创建是不现实的。一般情况下，复杂的三维物理模型首先要通过另外的建模软件来完成，如 UG 等，然后再以一定的格式读入到 GAMBIT 软件中，进行网格划分与边界条件的设置。

图 6-146 所示的图形是通过 UG 软件创建的三维喷管冷却通道模型，主要由内壁、冷却通道、冷却肋、外套 4 部分组成。

1）通过建模软件创建物理模型后，首先将其存为一个实体，并存为“. dbs” 格式（也可存为其他 GAMBIT 能识别的格式）。

图 6-146　三维喷管冷却通道模型

2)将模型读入到 GAMBIT 软件中。启动 GAMBIT 软件，单击菜单栏中的“File”→“Open”命令，弹出如图 6-147 所示的“Open Exising Session”对话框。单击“ID”文本框后的“Browse”按钮，选择存储模型的“penguan.dbs”文件，单击“Accept”按钮，返回到“Open Exising Session”对话框，然后单击该对话框中的“Accept”按钮，读入到 GAMBIT 中的三维喷管冷却模型如图 6-148 所示。

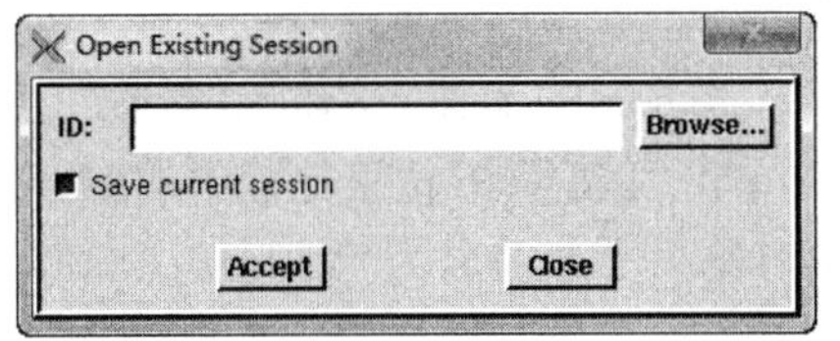

图 6-147　“Open Exising Session”对话框

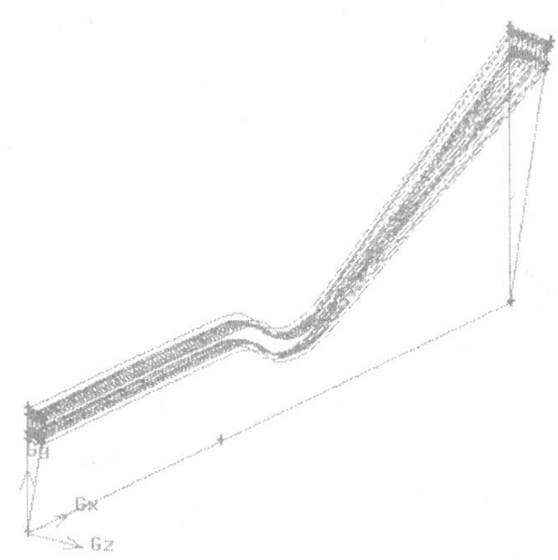

图 6-148　读入的三维喷管冷却模型

6.4.2　利用 GAMBIT 划分网格

右击 GAMBIT 操作界面右下角的按钮，在下拉菜单中单击按钮，三维喷管冷却模型以实体形式显示，如图 6-149 所示。通过 GAMBIT 划分网格后得到如图 6-150 所示的三维喷管冷却模型的网格模型。对于燃气区的网格划分，其方法已介绍过，此处不再赘述，其他区域均可按照六面体模型进行网格划分，本节只介绍如何划分冷却肋的网格。

图 6-149　以实体形式显示的三维喷管冷却模型

图 6-150　三维喷管冷却模型的网格模型

1）单击菜单栏中的“Solver”→“FLUENT5/6”命令，选择求解器类型。

2）单击“Mesh”→“Edge”→“Mesh Edges”按钮，弹出如图 6-151 所示的“Mesh Edges”对话框。单击“Edges”文本框，选取喷管中间部分的所有线；如图 6-152 所示，选择“Double side”选项，在“Ratio1”与“Ratio2”文本框中都输入 1.1，通过单击“Invert”按钮，使得这个边中间网格密一些，在“Interval counts”按钮前的文本框中输入100，单击“Apply”按钮。然后采用同样的方法对喷管两端的线进行网格划分，两侧网格划分数量均如图6-153所示。

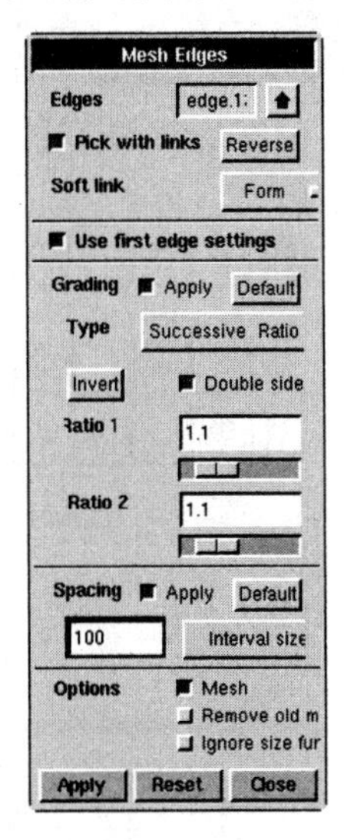

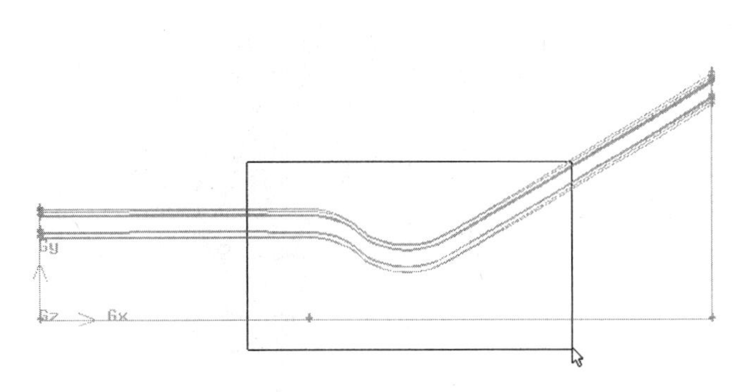

图6-151 “Mesh Edges ”对话框

图6-152 选择图线

3）单击“Mesh” →“Volume” →“Mesh Volume” 按钮，弹出如图6-154所示的“Mesh Volumes”对话框。单击“Volumes”文本框，选择各个肋和冷却通道的实体，设置“Elements”为“Hex”，设置“Type”为“Map”，设置“Interval size”为“1”，单击“Apply”按钮，得到如图6-155所示的肋网格划分图。

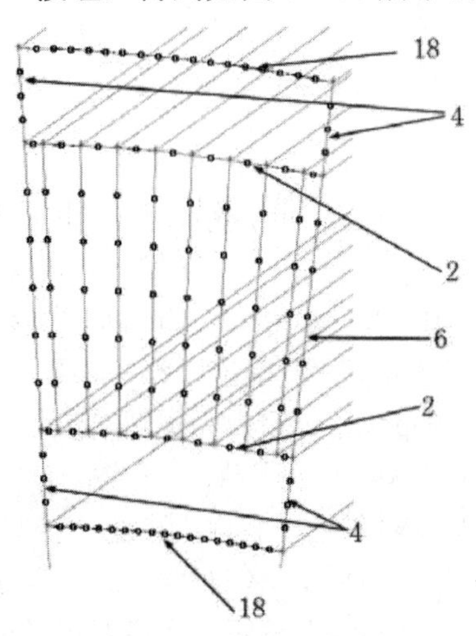

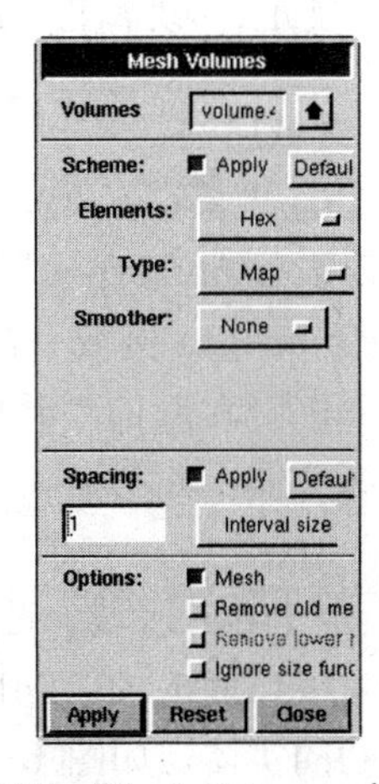

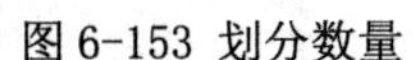
图6-153 划分数量

图6-154 “Mesh Volumes ”对话框

4）按照此法对燃气流动区域、内壁与外套划分网格，设置“Elements”为“Hex/Wedge”，设置“Type”为“Cooper”，设置“Interval size”为“1”，单击“Apply”按钮。

5）隐藏网格 单击“Global Control”控制区中的按钮，弹出“Specify Display Attributes”对话框。选中“Mesh”选项，再选中其对应的“off”选项，单击“Apply”按钮。

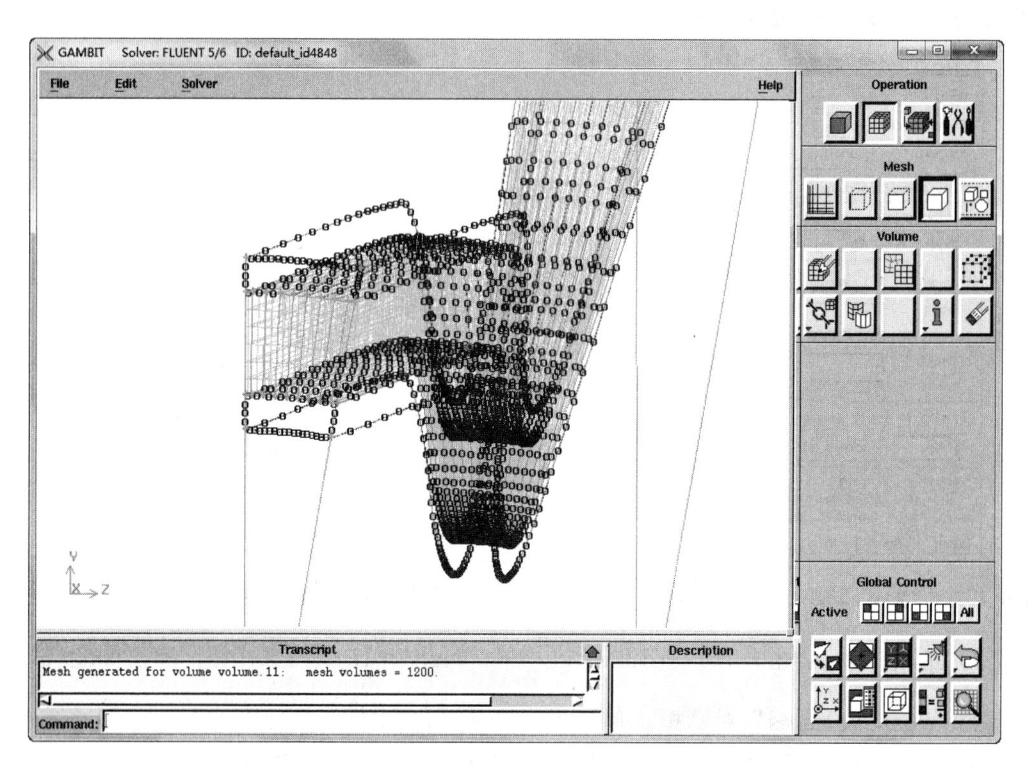

图 6-155 肋网格划分图

6.4.3 设定区域属性与边界条件

1. 设置区域属性

单击“Zones” → “Specify Continuum Types” 按钮，弹出如图 6-156 所示的“Specify Continuum Types”对话框。

（1）设定 hotgas 区域 在“Name”文本框中输入区域名称“hotgas”，对应的“Type”选项为“FLUID”，对应的“Entity”类型为“Volumes”，单击“Volumes”文本框，选择燃气流动区域实体，如图 6-157 所示，单击“Apply”按钮，完成对热燃气流动区域的设置。

（2）设定 liner 区域 在“Name”文本框中输入区域名称“liner”，对应的“Type”选项为“SOLID”，对应的“Entity”类型为“Volumes”，单击“Volumes”文本框，选择内壁和各个肋的实体，如图 6-158 所示，单击“Apply”按钮，完成对内壁及冷却肋区域的设置。

（3）设定 coolant 区域 在“Name”文本框中输入区域名称“coolant”，对应的“Type”选项为“FLUID”，对应的“Entity”类型为“Volumes”，单击“Volumes”文本框，选择各个冷却区域实体，如图 6-159 所示，单击“Apply”按钮，完成对冷却剂流动区域的设置。

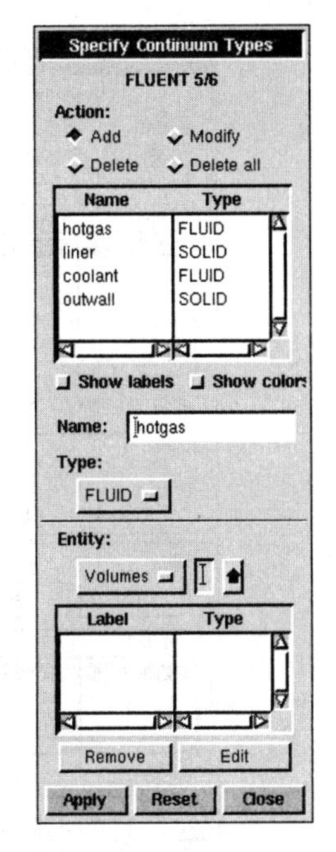

图 6-156 “Specify Continuum Types ”对话框

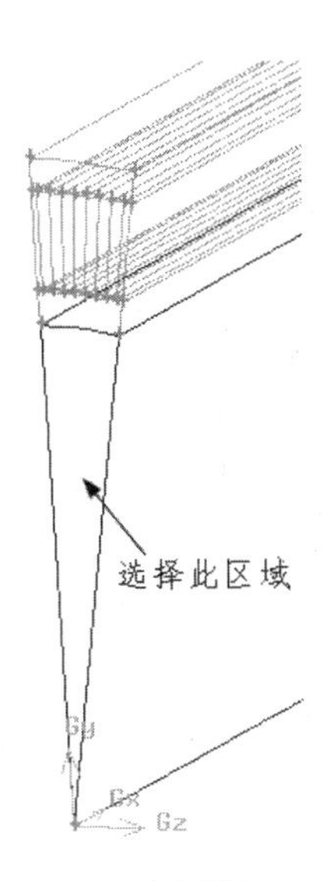

图 6-157 选择燃气流动区域实体

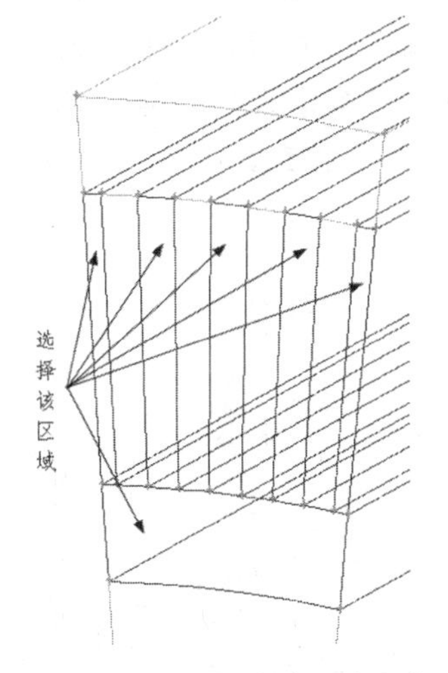

图 6-158 选择内壁和肋实体

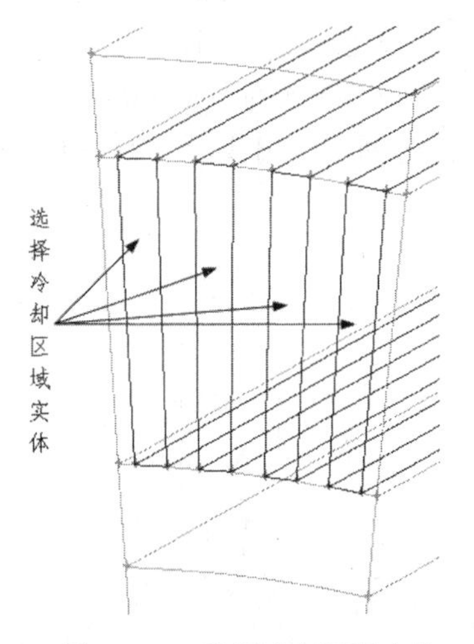

图 6-159 选择冷却区域实体

（4）设定 outwall 区域 在“Name”文本框中输入区域名称“outwall”，对应的“Type”选项为“SOLID”，对应的“Entity”类型为“Volumes”，单击“Volumes”文本框，选择喷管外壁实体，如图 6-160 所示，单击“Apply”按钮，完成对外套区域的设置。

至此，模型各区域的属性全部设定完毕，单击“Close”按钮关闭对话框。

2. 设置边界条件

单击“Zones” → “Specify Boundary Types” 按钮，弹出如图 6-161 所示的“Specify Boundary Types”对话框。

（1）设定 gas_inlet 边界 在“Name”文本框中输入边界面的名称“gas_inlet”，对应的“Type”选项为“PRESSURE_INLET”，对应的“Entity”类型为“Faces”，单击“Faces”

文本框，选择燃气入口面，如图 6-162 所示，单击“Apply”按钮。

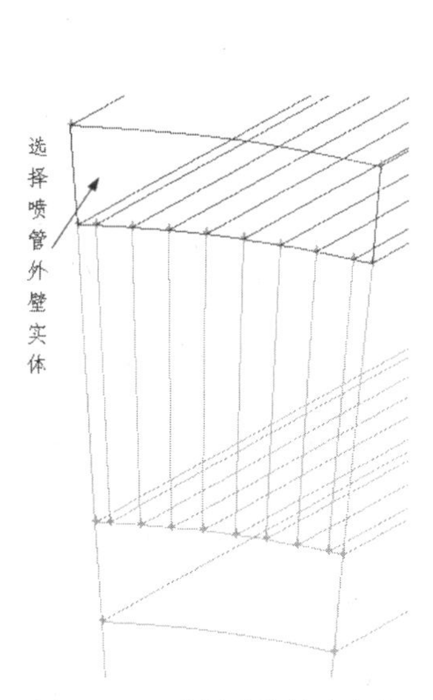

图 6-160　选择喷管外壁实体

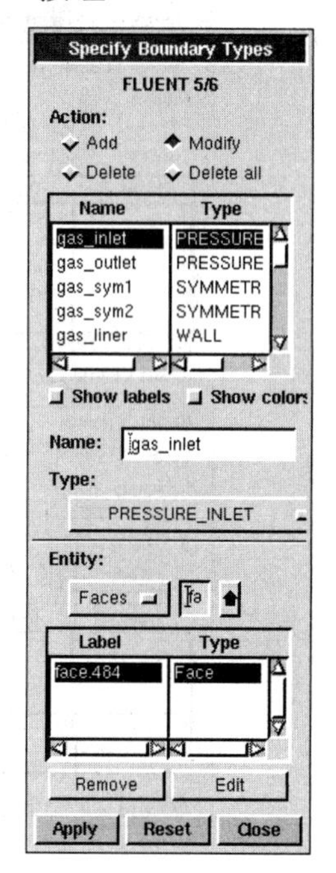

图 6-161　“Specify Boundary Types” 对话框

（2）设定 gas_outlet 边界　在“Name”文本框中输入边界面的名称“gas_outlet”，对应的“Type”选项为“PRESSURE_OUTLET”，对应的“Entity”类型为“Faces”，单击“Faces”文本框，选择燃气出口面，如图 6-163 所示，单击“Apply”按钮。

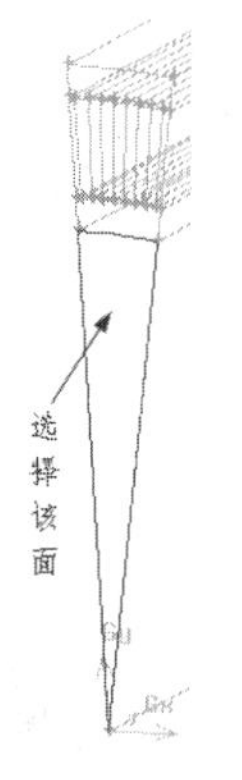

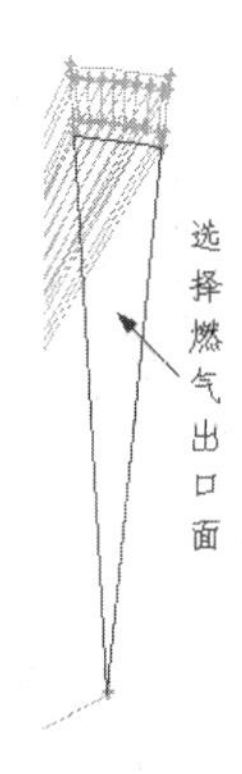

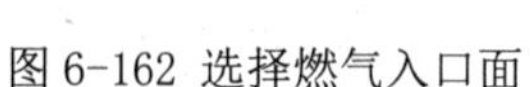

图 6-162 选择燃气入口面

图 6-163 选择燃气出口面

（3）设定 gas_sym1 边界　在“Name”文本框中输入边界面的名称“gas_sym1”，对应的“Type”选项为“SYMMETRY”，对应的“Entity”类型为“Faces”，单击“Faces”文本框，选择燃气对称面，单击“Apply”按钮。

（4）设定 gas_sym2 边界　在“Name”文本框中输入边界面的名称“gas_sym2”，对应的“Type”选项为“SYMMETRY”，对应的“Entity”类型为“Faces”，单击“Faces”文本框，选择燃气的另一个对称面，单击“Apply”按钮。

（5）设定 gas_liner 边界　在“Name”文本框中输入边界面的名称“gas_liner”，

对应的“Type”选项为“WALL”，对应的“Entity”类型为“Faces”，单击“Faces”文本框，选择气壁面（与燃气接触的壁面），单击“Apply”按钮。

（6）设定 liner_sym1 边界　在“Name”文本框中输入边界面的名称“liner_sym1”，对应的“Type”选项为“SYMMETRY”，对应的“Entity”类型为“Faces”，单击“Faces”文本框，选择冷却一侧的肋壁对称面，单击“Apply”按钮。

（7）设定 liner_sym2 边界　在“Name”文本框中输入边界面的名称“liner_sym2”，对应的“Type”选项为“SYMMETRY”，对应的“Entity”类型为“Faces”，单击“Faces”文本框，选择另一侧肋壁对称面，单击“Apply”按钮。

（8）设定 liner_wall 边界　在“Name”文本框中输入边界面的名称“liner_wall”，对应的“Type”选项为“WALL”，对应的“Entity”类型为“Faces”，单击“Faces”文本框，选择两内壁套和各个肋壁的断面，单击“Apply”按钮。

（9）设定 coolant_gasinlet 边界　在“Name”文本框中输入边界面的名称“coolant_gasinlet”，对应的“Type”选项为“PRESSURE_INLET”，对应的“Entity”类型为“Faces”，单击“Faces”文本框，选择冷却流体的进口面，单击“Apply”按钮。

（10）设定 coolant_gasoutlet 边界　在“Name”文本框中输入边界面的名称“coolant_gasoutlet”，对应的“Type”选项为“PRESSURE_OUTLET”，对应的“Entity”类型为“Faces”，单击“Faces”文本框，选择冷却流体的出口面，单击“Apply”按钮。

（11）设定 outwall_sym1 边界　在“Name”文本框中输入边界面的名称“outwall_sym1”，对应的“Type”选项为“SYMMETRY”，对应的“Entity”类型为“Faces”，单击“Faces”文本框，选择冷却套的对称面，单击“Apply”按钮。

（12）设定 outwall_sym2 边界　在“Name”文本框中输入边界面的名称“outwall_sym2”，对应的“Type”选项为“SYMMETRY”，对应的“Entity”类型为“Faces”，单击“Faces”文本框，选择冷却套的另一面，单击“Apply”按钮。

（13）设定 outwall_wall 边界　在“Name”文本框中输入边界面的名称“outwall_wall”，对应的“Type”选项为“WALL”，对应的“Entity”类型为“Faces”，单击“Faces”文本框，选择冷却套前后两侧外壁面，单击“Apply”按钮。

6.4.4　输出网格文件

（1）单击菜单栏中的“File” → “Save As”命令，选择路径存盘。

（2）单击菜单栏中的“Export” → “Mesh”命令，选择路径输出 mesh（网格）文件。

6.4.5　利用 FLUENT 进行流动与传热的耦合求解

1. 利用 FLUENT 求解

1）双击 FLUENT 的图标，选择“3D”求解方式，进入 FLUENT 系统界面。

2）单击“File”下拉菜单栏中的“Read” →“Case”命令，读入 msh 文件。

3）单击“Setting Up Domain”功能区“Mesh”面板中的“Scale”按钮 Scale...，

弹出“Scale Mesh”对话框，各选项设置如图 6-164 所示。

Scale Mesh
Domain Extents
Xmin (m) 0　Xmax (m) 0.25121
Ymin (m) 0　Ymax (m) 0.08894
Zmin (m) 0　Zmax (m) 0.01544427
View Length Unit In
m
Scaling
Convert Units
Specify Scaling Factors
Mesh Was Created In
mm
Scaling Factors
X 0.001
Y 0.001
Z 0.001
Scale　Unscale
Close　Help

图 6-164　“Scale Mesh ”对话框

2. 检查网格

然后单击“Setting Up Domain”功能区“Mesh”面板中的“Check”按钮✔，根据反馈的信息，如果体积值与面积值没有出现负值，并且没有出现错误信息，即表明网格质量符合要求。

3. 选择求解器

双击“导航面板”中的“General”命令，弹出“General”任务面板，如图 6-165 所示，在“Solver”选项组中点选“Pressure -Based”单选项，其他选项保留系统默认设置，完成对求解器类型的设定。

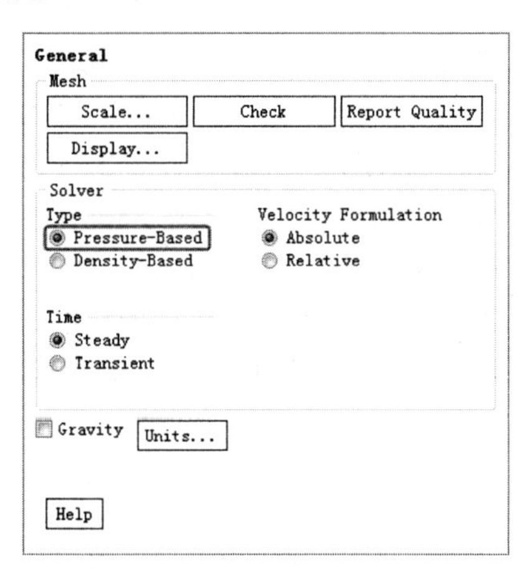

图 6-165　“General”任务面板

4. 打开能量方程

勾选“Setting Up Physics”功能区“Models”面板中的“Energy”复选框，启动能量方程。

5. 选择湍流模型

单击“Setting Up Physics”功能区“Models”面板中的“Viscous”按钮 Viscous...，弹出“Viscous Model”对话框，如图 6-166 所示。在“k-epsilon Model”选项组中点选“RNG”单选项，在“Near-Wall Treatement”选项组中点选“Standard Wall Functions”单选项，勾选“Viscous Heating”复选框，设置完毕单击“OK”按钮。

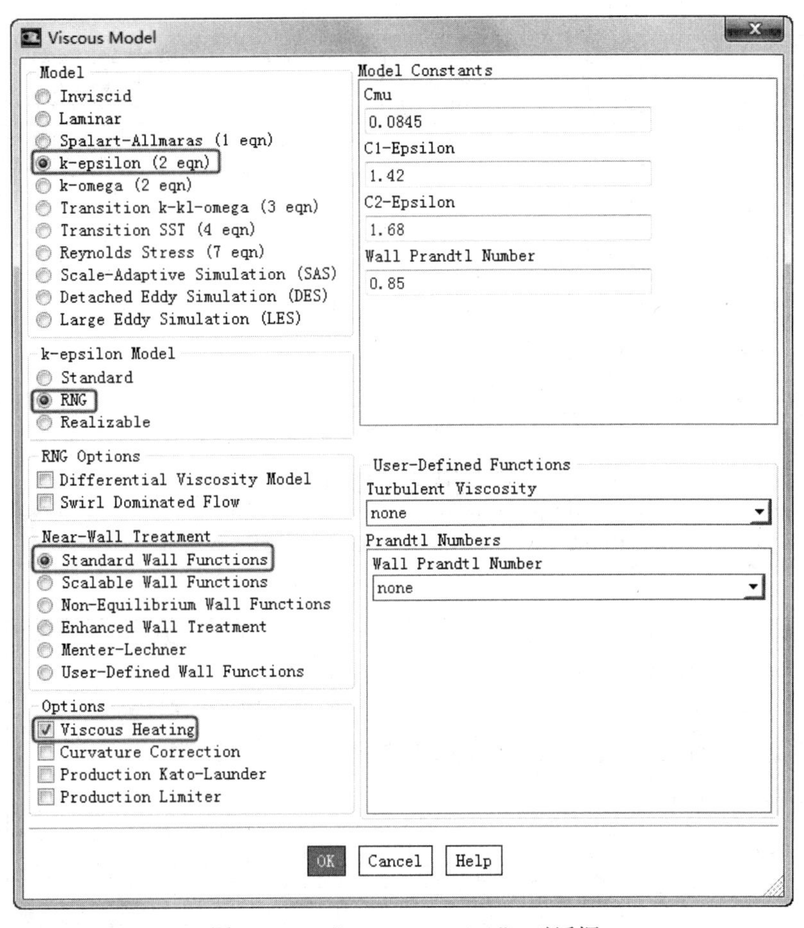

图 6-166 “Viscous Model” 对话框

6. 设置材料及其属性

1）单击“Setting Up Physics”功能区“Materials”面板中的“Create/Edit”按钮，弹出“Create/Edit Materials”对话框。如图 6-167 所示，在“Material Type”下拉列表框中选择“fluid”选项，在“Name”文本框中输入材料名为“hotgas_pzxh”，在“Density”下拉列表框中选择“ideal-gas”选项，在“Cp”文本框中输入常数“3771”，在“Thermal Conductivity”下拉列表框中选择“kinetic-theory”选项，在“Viscosity”文本框中输入常数“0.00011417”，在“Molecular Weight”文本框中输入常数“13.374”，单击“Change/Create”按钮，完成对热燃气属性的设定。

2）单击图 6-167 中的“Fluent Database”按钮，弹出“Fluent Database Materials”对话框，如图 6-168 所示。在“Fluent Fluid Materials”列表框中选择“hydrogen”选项，单击“Copy”按钮，此时材料名为“hydrogen(h2)”。

3）冷却剂液氢的物理性质，包括密度、比热容、热导率、粘度，这些参数都是温度的函数，需要拟合成多项式来使用。在“Materials”对话框的“Density”下拉列表框中选择“piecewise-polynomial”选项，弹出“Piecewise-Polynomial Profile”对话框，液氢的拟合系数根据 3 个不同的温度段依次输入，分别如图 6-169～图 6-171 所示，设置完毕单击“OK”按钮，返回到“Create/Edit Materials”对话框。

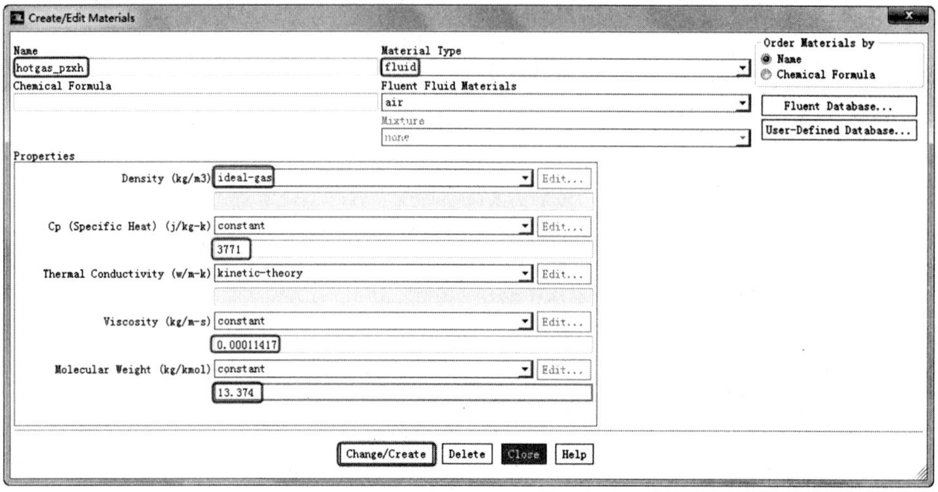

Create/Edit Materials

Name: hotgas_pzxh
Chemical Formula
Material Type: fluid
Fluent Fluid Materials: air
Mixture: none
Order Materials by: Name / Chemical Formula
Fluent Database...
User-Defined Database...

Properties
Density (kg/m3) ideal-gas Edit...
Cp (Specific Heat) (j/kg-k) constant Edit...
3771
Thermal Conductivity (w/m-k) kinetic-theory Edit...
Viscosity (kg/m-s) constant Edit...
0.00011417
Molecular Weight (kg/kmol) constant Edit...
13.374

Change/Create Delete Close Help

图 6-167 “Create/Edit Materials” 对话框

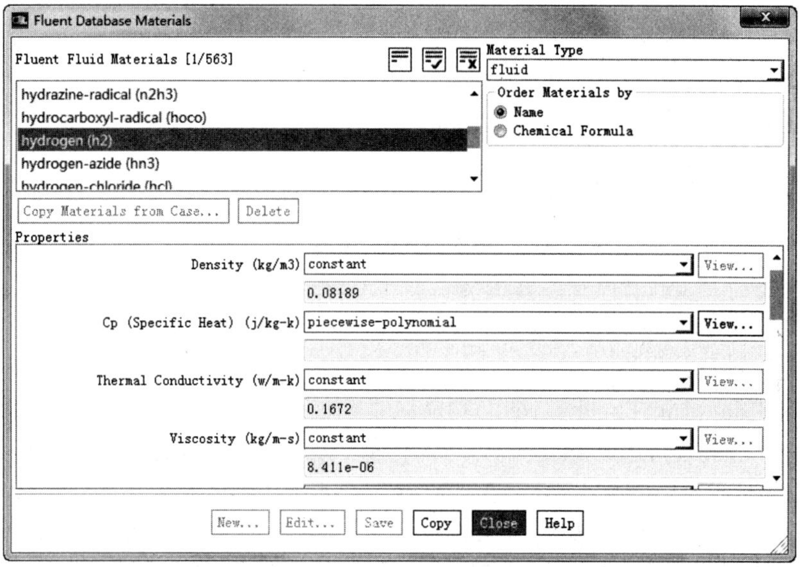

Fluent Database Materials

Fluent Fluid Materials [1/563]
hydrazine-radical (n2h3)
hydrocarboxyl-radical (hoco)
hydrogen (h2)
hydrogen-azide (hn3)
hydrogen-chloride (hcl)
Material Type: fluid
Order Materials by: Name / Chemical Formula
Copy Materials from Case... Delete

Properties
Density (kg/m3) constant View...
0.08189
Cp (Specific Heat) (j/kg-k) piecewise-polynomial View...
Thermal Conductivity (w/m-k) constant View...
0.1672
Viscosity (kg/m-s) constant View...
8.411e-06

New... Edit... Save Copy Close Help

图 6-168 “Fluent Database Materials ” 对话框

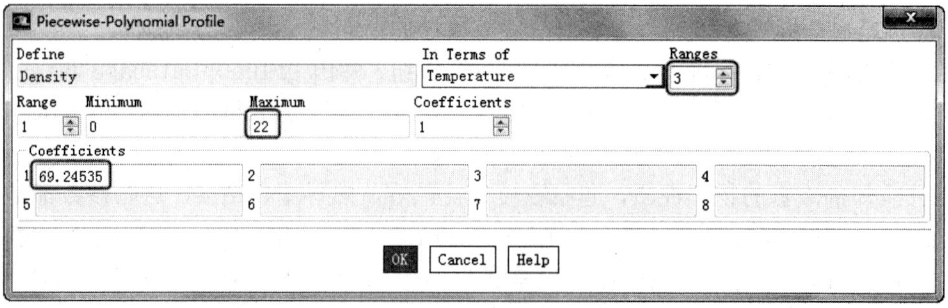

Piecewise-Polynomial Profile

Define: Density
In Terms of: Temperature
Ranges: 3
Range 1 Minimum 0 Maximum 22 Coefficients 1
Coefficients
1 69.24535 2 3 4
5 6 7 8

OK Cancel Help

图 6-169 “Piecewise-Polynomial Profile ” 对话框 1

Piecewise-Polynomial Profile

Define: Density　In Terms of: Temperature　Ranges: 3

Range	Minimum	Maximum	Coefficients
2	22	1000	8

Coefficients

1	115.1162	2	-1.715506	3	0.01167487	4	-4.209972e-05
5	8.567206e-08	6	-9.866345e-11	7	5.990667e-14	8	-1.488745e-17

OK　Cancel　Help

图 6-170 “Piecewise-Polynomial Profile ” 对话框 2

Piecewise-Polynomial Profile

Define: Density　In Terms of: Temperature　Ranges: 3

Range	Minimum	Maximum	Coefficients
3	1000	5000	7

Coefficients

1	10.47084	2	-0.01782564	3	1.661383e-05	4	-9.114964e-09
5	2.941484e-12	6	-5.170284e-16	7	3.818807e-20	8	

OK　Cancel　Help

图 6-171 “Piecewise-Polynomial Profile ” 对话框 3

4）在“Materials”对话框的“Cp”下拉列表框中选择“piecewise-polynomial”选项，单击“Edit”按钮，弹出“Piecewise-Polynomial Profile”对话框，液氢比热容的拟合系数设置分别如图 6-172～图 6-174 所示，设置完毕单击“OK”按钮，返回到如图 6-167 所示的“Create/Edit Materials”对话框。

Piecewise-Polynomial Profile

Define: Cp　In Terms of: Temperature　Ranges: 3

Range	Minimum	Maximum	Coefficients
1	0	22	1

Coefficients

1	6145	2		3		4	
5		6		7		8	

OK　Cancel　Help

图 6-172 “Piecewise-Polynomial Profile ” 对话框 4

Piecewise-Polynomial Profile

Define: Cp　In Terms of: Temperature　Ranges: 3

Range	Minimum	Maximum	Coefficients
2	22	1000	8

Coefficients

1	2143.373	2	5264.723	3	-3.44324	4	0.01501226
5	-3.521926e-05	6	4.542353	7	-3.025554e-11	8	8.11945e-15

OK　Cancel　Help

图 6-173 “Piecewise-Polynomial Profile” 对话框 5

5）同理，设置“Thermal.Conductivity”和“Viscosity”的拟合系数，分别如图 6-175～图 6-177 和如图 6-178～图 6-180 所示。

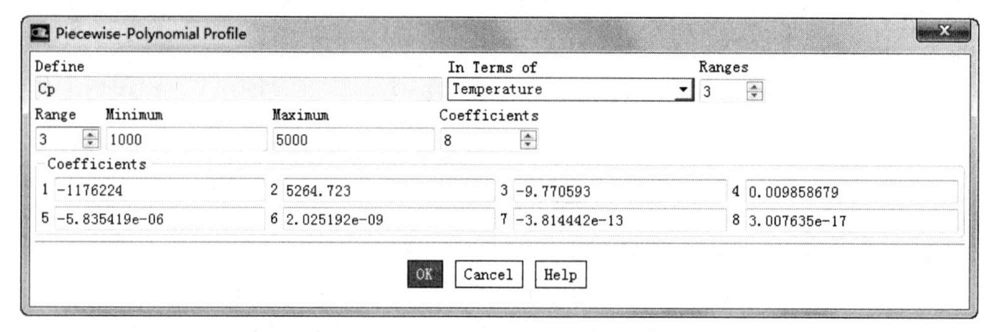

图 6-174 “Piecewise-Polynomial Profile ” 对话框 6

Piecewise-Polynomial Profile
Define: Thermal Conductivity
In Terms of: Temperature
Ranges: 3
Range: 1 Minimum: 0 Maximum: 22 Coefficients: 1
Coefficients
1 0.12047
2
3
4
5
6
7
8
OK Cancel Help

图 6-175 “Piecewise-Polynomial Profile ” 对话框 7

Piecewise-Polynomial Profile
Define: Thermal Conductivity
In Terms of: Temperature
Ranges: 3
Range: 2 Minimum: 22 Maximum: 1000 Coefficients: 8
Coefficients
1 0.2006771
2 -0.003301991
3 3.771731e-05
4 -1.766691e-07
5 4.247193e-10
6 -5.456215e-13
7 3.555336e-16
8 -9.213842e-20
OK Cancel Help

图 6-176 Piecewise-Polynomial Profile 对话框 8

Piecewise-Polynomial Profile
Define: Thermal Conductivity
In Terms of: Temperature
Ranges: 3
Range: 3 Minimum: 1000 Maximum: 5000 Coefficients: 8
Coefficients
1 -0.934343
2 0.005100689
3 -9.080591e-06
4 9.260137e-09
5 -5.441247e-12
6 1.848158e-15
7 -3.385269e-19
8 2.628272e-23
OK Cancel Help

图 6-177 “Piecewise-Polynomial Profile” 对话框 9

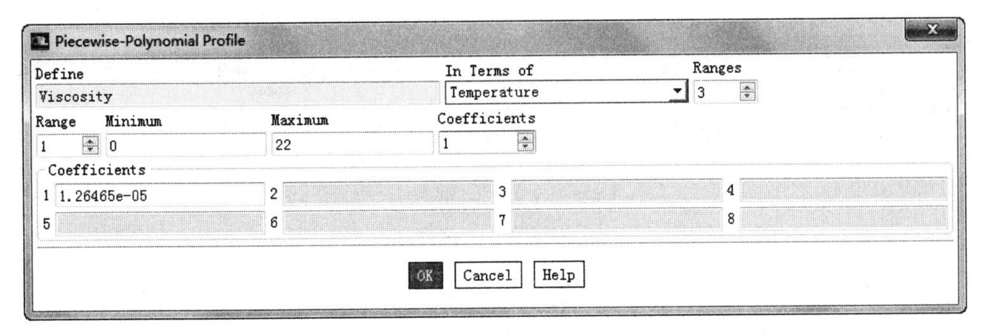

图 6-178 “Piecewise-Polynomial Profile” 对话框 10

Piecewise-Polynomial Profile
Define: Viscosity　In Terms of: Temperature　Ranges: 3
Range: 2　Minimum: 22　Maximum: 1000　Coefficients: 8
Coefficients
1 2.959672e-05　2 -7.22257e-07　3 7.325974e-09　4 -3.418575e-11
5 8.39161e-14　6 -1.114522e-16　7 7.56755e-20　8 -2.057074e-23
OK　Cancel　Help

图 6-179 “Piecewise-Polynomial Profile” 对话框 11

Piecewise-Polynomial Profile
Define: Viscosity　In Terms of: Temperature　Ranges: 3
Range: 3　Minimum: 1000　Maximum: 5000　Coefficients: 8
Coefficients
1 -0.006304172　2 2.780876e-05　3 -5.140378e-08　4 5.169323e-11
5 -3.051447e-14　6 1.05675e-17　7 -1.987094e-21　8 1.564657e-25
OK　Cancel　Help

图 6-180 “Piecewise-Polynomial Profile” 对话框 12

返回图 6-167 所示的“Create/Edit Materials”对话框，单击“Change/Create”按钮，完成对液氢物理性质的设定。

6）在图 6-167 所示的“Create/Edit Materials”对话框中，单击“Fluent Database”按钮，在“Material Type”选项框中选择“solid”选项，分别调出“copper”与“nickel”。对于“copper”，“Density”取常数“8978”，“Cp”取常数“381”，“Thermal Conductivity”的拟合系数如图 6-181 和图 6-182 所示；对于“nickel”，其物理性质使用 FLUENT 数据库提供的参数即可。

7）单击图 6-167 所示“Create/Edit Materials”对话框中的“Change/Create”按钮，单击“Close”按钮关闭对话框，完成对材料及物理性质的设置。

7. 设定工作压强

单击“Setting Up Physics”功能区“Solver”面板中的“Operating Conditions”命令，打开“Operating Conditions”对话框，在弹出的对话框中设置“Operating Pressure”

为“0”。

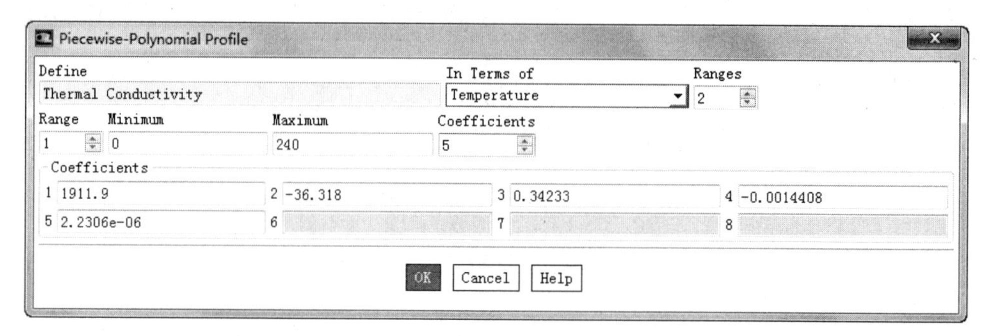

图 6-181　“Piecewise-Polynomial Profile ”　对话框 13

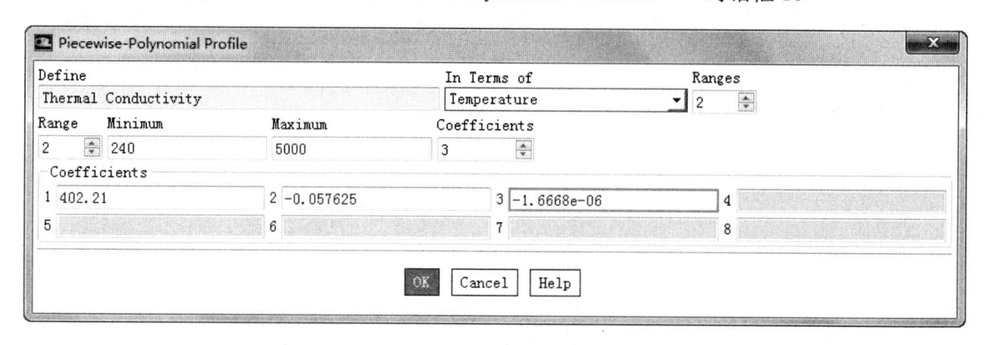

图 6-182　“Piecewise-Polynomial Profile ”　对话框 14

8. 设置边界条件和流动区域

1）单击“Setting Up Physics”功能区“Zones”面板中的“Cell Zones”命令，弹出如图 6-183 所示的 “Cell Zone Conditions”任务面板。

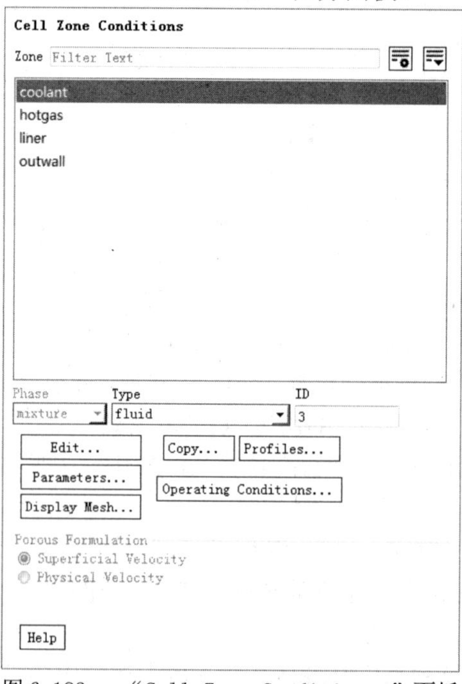

图 6-183　“Cell Zone Conditions ”面板

2）在“Zone”列表框中选择“coolant”选项，可以看到对应的“Type”选项为“fluid”，单击“Edit”按钮，弹出如图6-184所示的“Fluid”对话框，在“Material Name”下拉列表框中选择“hotgas_pzxh”选项，单击“OK”按钮。

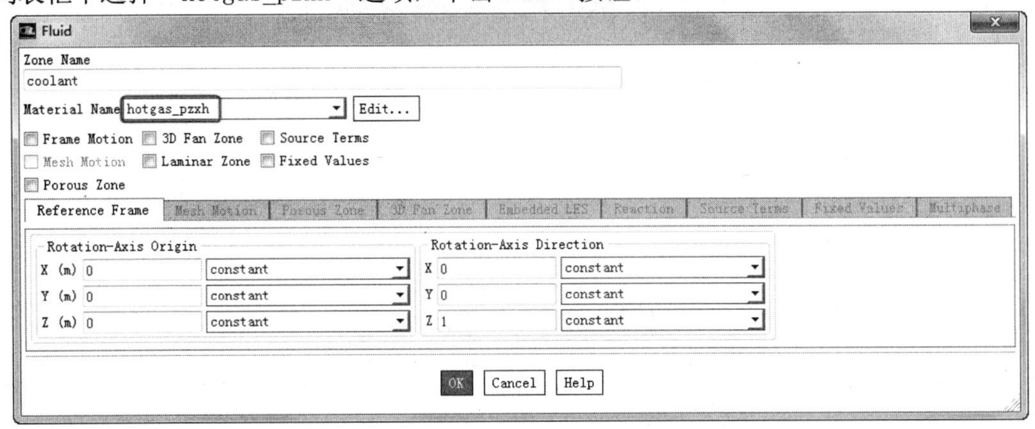

图6-184 “Fluid ”对话框

3）在图6-183中的“Zone”列表框中选择“hotgas”选项，可以看到对应的“Type”选项为“fluid”，单击“Edit”按钮，弹出“Fluid”对话框，在“Material Name”下拉列表框中选择“hydrogen”选项，单击“OK”按钮。

4）在图6-183中的“Zone”列表框中选择“out_wall”选项，可以看到对应的“Type”选项为“solid”，单击“Edit”按钮，弹出如图6-185所示的“Solid”对话框，在“Material Name”下拉列表框中选择“copper”选项，单击“OK”按钮。

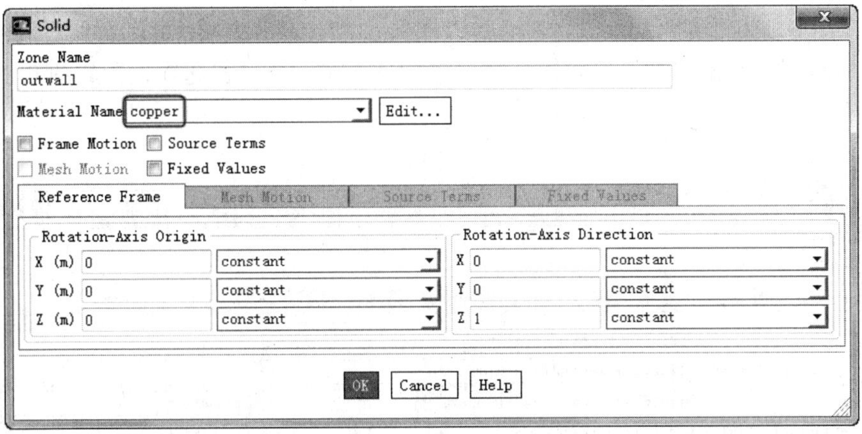

图6-185 “Solid ”对话框

5）在图6-183中的“Zone”列表框中选择“liner”选项，可以看到对应的“Type”选项为“solid”，单击“Edit”按钮，弹出“Solid”对话框，在“Material Name”下拉列表框中选择“nickel”选项，单击“OK”按钮。

6）单击“Setting Up Physics”功能区“Zones”面板中的“Boundaries”命令，弹出如图6-186所示的“Boundary Conditions”任务面板。

7）在图6-186中的“Zone”列表框中选择“coolant_gasinlet”选项设置其对应的“Type”选项为“pressure-inlet”，在“Type”列表框中选择“mass_flow_inlet”，弹

出“Mass-Flow Inlet”对话框。各选项设置如图 6-187 所示，单击“OK”按钮。

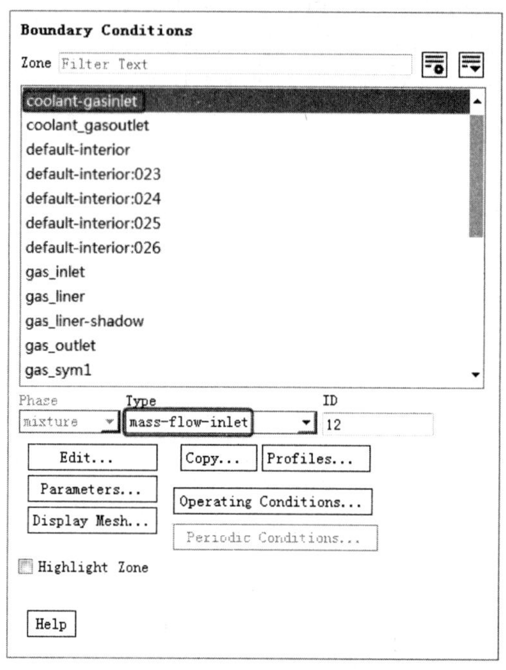

图 6-186 “Boundary Conditions”任务面板

8）在图 6-186 中的“Zone”列表框中选择“coolant_gasoutlet”选项，可以看到对应的“Type”选项为“pressure-outlet”，单击“Edit”按钮，弹出“Pressure Outlet”对话框。各选项设置如图 6-188 所示，单击“OK”按钮。

9）在图 6-186 中的“Zone”列表框中选择“gas_liner”选项，可以看到对应的“Type”选项为“wall”，单击“Edit”按钮，弹出“Wall”对话框。各选项设置如图 6-189 所示，单击“OK”按钮。

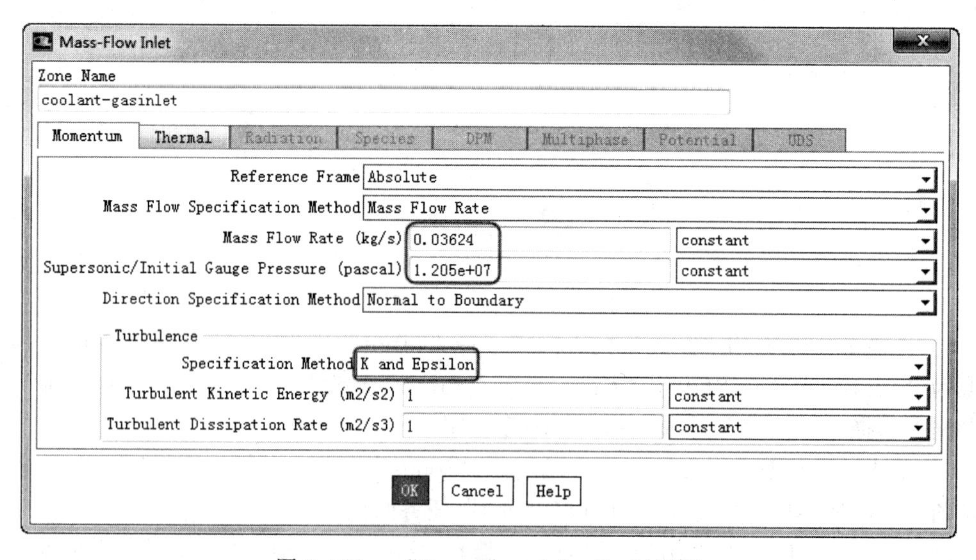

图 6-187 “Mass-Flow Inlet” 对话框

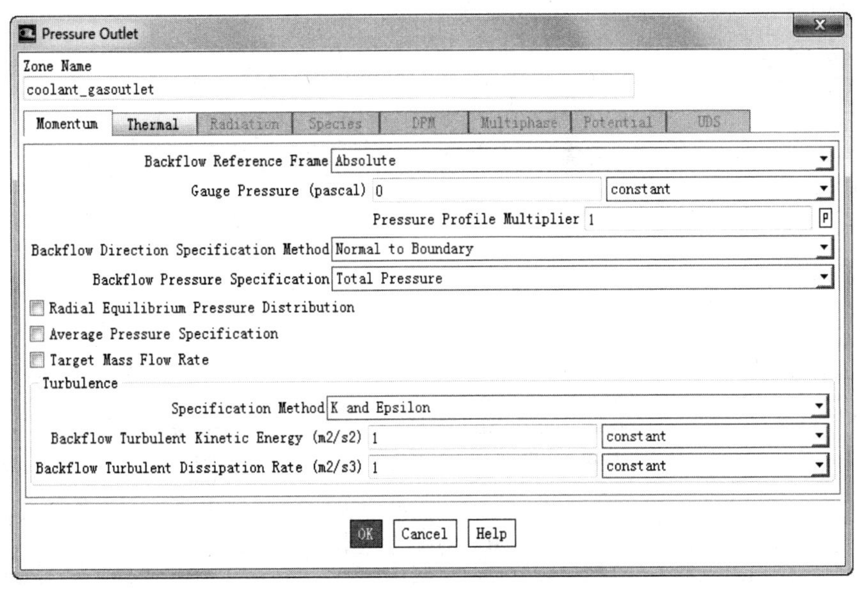

图 6-188 “Pressure Outlet 对话框”

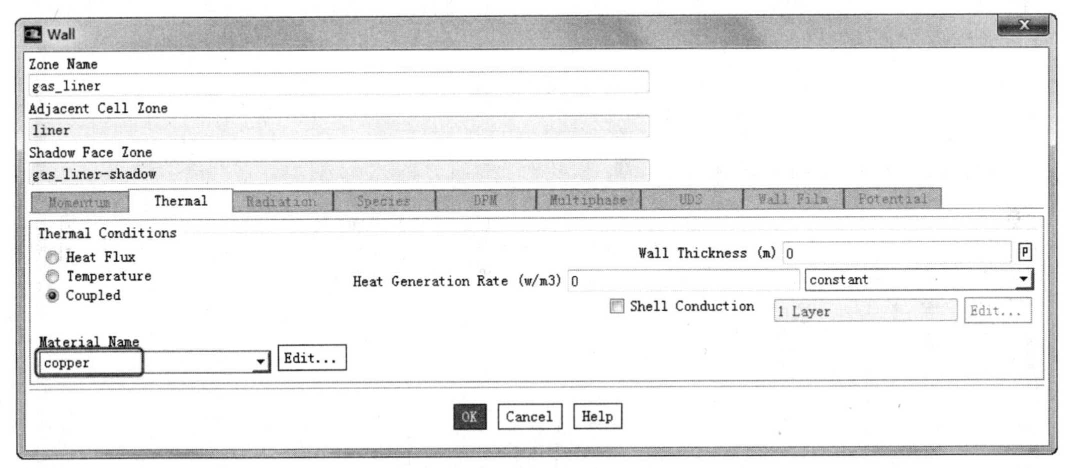

图 6-189 “Wall ”对话框 1

【提示】

与燃气或冷却剂接触的壁面都设置为耦合壁面。

10）在图 6-186 中的“Zone”列表框中选择“gas_liner-shadow”选项，可以看到对应的“Type”选项为“wall”，单击“Edit”按钮，弹出“Wall”对话框。单击“Momentum”选项卡，在“Wall Roughness”选项组的“Roughness Height”文本框中输入“0.007”，在“Roughness Constant”文本框中输入“0.5”，如图 6-190 所示，单击“OK”按钮。

11）在图 6-186 中的“Zone”列表框中选择“wall”选项，可以看到对应的“Type”选项为“wall”，单击“Edit”按钮，弹出“Wall”对话框。各选项设置如图 6-191 所示。

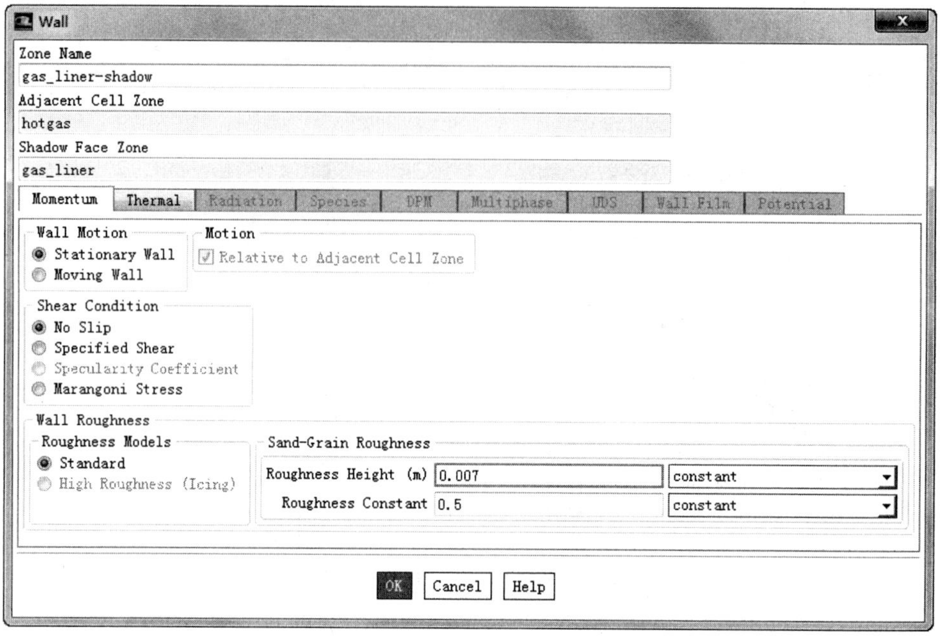

图 6-190 “Wall ”对话框 2

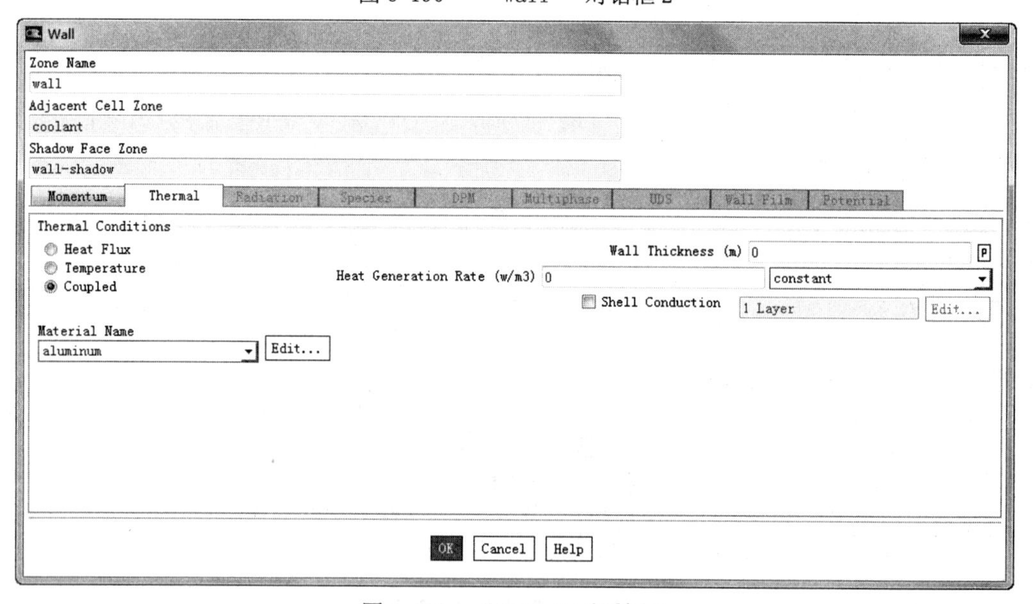

图 6-191 “Wall ”对话框 3

12）在图 6-186 中的“Zone”列表框中选择“wall-shadow”选项，可以看到对应的“Type”选项为“wall”，单击“Edit”按钮，弹出“wall”对话框。单击“Thermal”选项卡，设置如图 6-192 所示。

13）在图 6-186 中的“Zone”列表框中选择“gas_inlet”选项，可以看到对应的“Type”选项为“pressure-inlet”，单击“Edit”按钮，弹出“Pressure Inlet”对话框。设置“Total Temperature”为“300”，其他选项设置如图 6-193 所示。

14）在图 6-186 中的“Zone”列表框中选择“gas_liner”选项，可以看到对应的“Type”

选项为“wall”，其设置方法与设置“coolant_liner”边界相同。

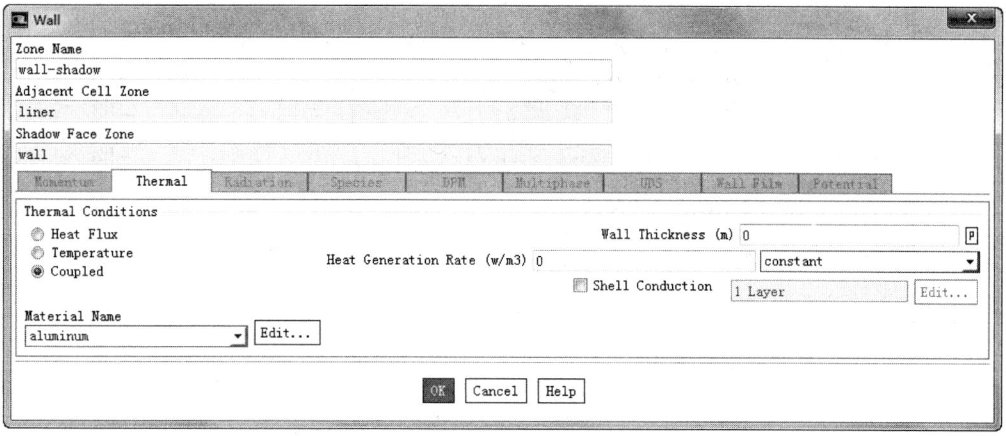

图 6-192 “Thermal ”选项卡

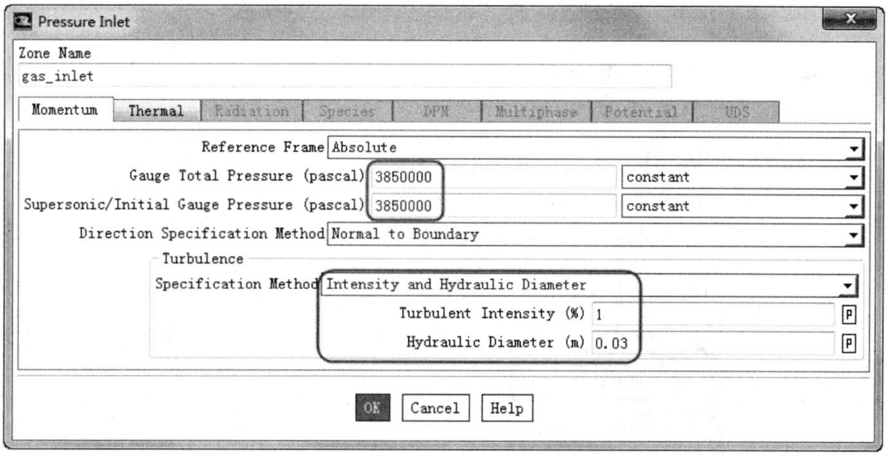

图 6-193 “Pressure Inlet” 对话框

15）在图 6-186 中的“Zone”列表框中选择“gas_outlet”选项，可以看到对应的“Type”选项为“pressure-outlet”，单击“Edit”按钮，弹出“Pressure Outlet”对话框，参数设置如图 6-194 所示。

16）在图 6-186 中的“Zone”列表框中选择“gas_sym1”与“gas_sym2”选项，可以看到对应的“Type”选项均为“Symmetry”。

9. 设置求解控制器

单击“Solving”选项卡“Solution”面板中的“Methods”按钮，弹出“Solution Methods”任务面板，在“Pressure-Velocity Coupling”下拉列表框中选择“SIMPLE”选项，其他参数设置如图 6-195 所示。

10. 打开残差监视器

单击“Solving”选项卡“Reports”面板中的“Residuals”按钮 Residuals...，弹出“Residual Monitors”对话框，如图 6-196 所示。勾选“Options”选项组中的“Plot”复选框，设置“energy”方程的残差为“1e-06”，其他各方程残差均设为“0.001”，单击“OK”按钮。

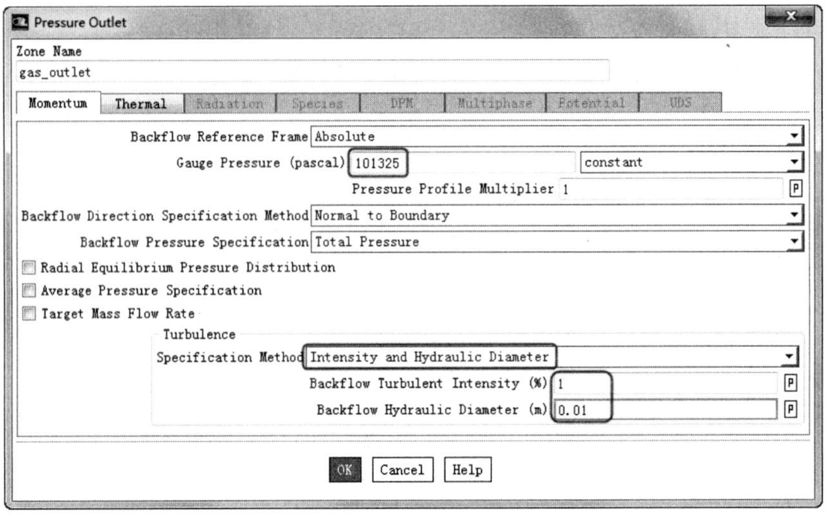

Pressure Outlet

Zone Name

gas_outlet

Momentum | Thermal | Radiation | Species | DPM | Multiphase | Potential | UDS

Backflow Reference Frame Absolute

Gauge Pressure (pascal) 101325 constant

Pressure Profile Multiplier 1 P

Backflow Direction Specification Method Normal to Boundary

Backflow Pressure Specification Total Pressure

Radial Equilibrium Pressure Distribution

Average Pressure Specification

Target Mass Flow Rate

Turbulence

Specification Method Intensity and Hydraulic Diameter

Backflow Turbulent Intensity (%) 1 P

Backflow Hydraulic Diameter (m) 0.01 P

OK Cancel Help

图 6-194 “Pressure Outlet ” 对话框

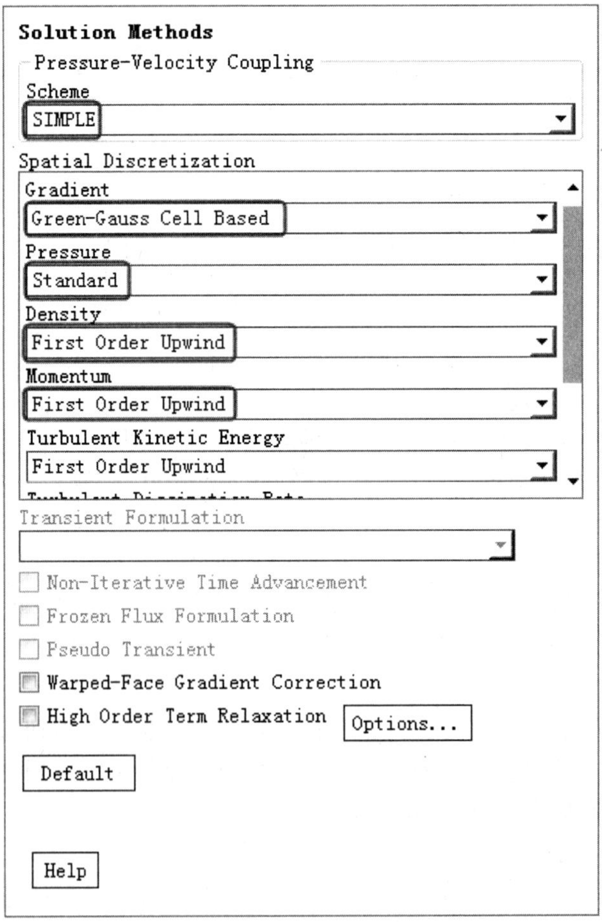

Solution Methods

Pressure-Velocity Coupling

Scheme

SIMPLE

Spatial Discretization

Gradient

Green-Gauss Cell Based

Pressure

Standard

Density

First Order Upwind

Momentum

First Order Upwind

Turbulent Kinetic Energy

First Order Upwind

Transient Formulation

Non-Iterative Time Advancement

Frozen Flux Formulation

Pseudo Transient

Warped-Face Gradient Correction

High Order Term Relaxation Options...

Default

Help

图 6-195 “Solution Methods ” 面板

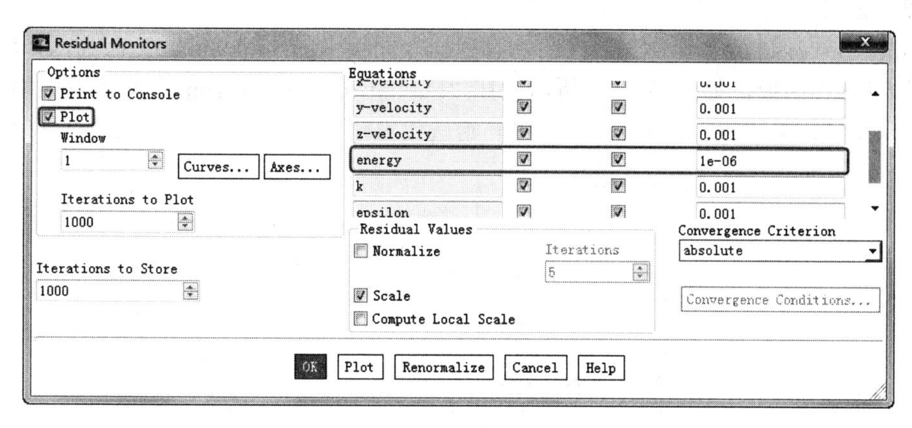

图 6-196 “Residual Monitors ”对话框

11．赋初场

勾选“Solving”选项卡“Initialization”面板中的“Standard”复选框，然后单击“Solving”选项卡“Initialization”面板中的“Options”命令，弹出如图 6-197 所示的“Solution Initialization”任务面板。在“Compute from”下拉列表框中选择“all-zones”选项，在“Turbulent Kinetic Energy”文本框中输入“0.3252”，在“Turbulent Dissipation Rate”文本框中输入“4.1596”，在“Temperature”文本框中输入“339”，其他参数设置如图 6-197 所示，单击“Initialize”按钮完成初始化操作。

Solution Initialization
Initialization Methods
Hybrid Initialization
Standard Initialization
Compute from
all-zones
Reference Frame
Relative to Cell Zone
Absolute
Initial Values
X Velocity (m/s)
0
Y Velocity (m/s)
0
Z Velocity (m/s)
0
Turbulent Kinetic Energy (m2/s2)
0.3252
Turbulent Dissipation Rate (m2/s3)
4.1596
Temperature (k)
339
Initialize Reset Patch...
Reset DPM Sources Reset Statistics
Help

图 6-197 “Solution Initialization ”面板

12. 迭代

单击“Solving”选项卡“Run Calculation”面板中的“Advanced”命令，弹出“Run Calculation”面板，如图 6-198 所示。在“Number of Iterations”文本框中输入迭代次数“10000”，单击“Calculate”按钮开始迭代求解。

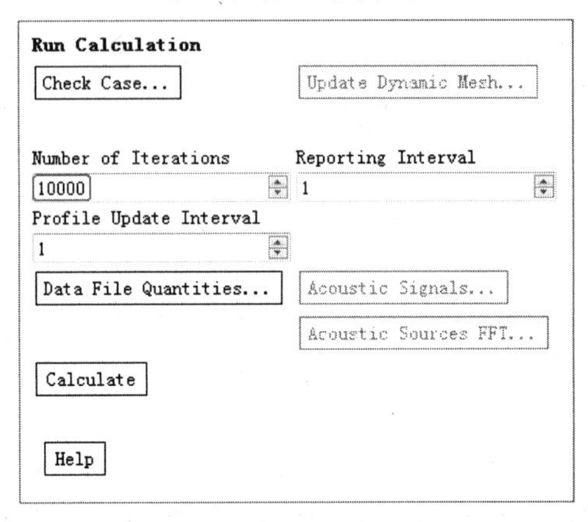

图 6-198 “Run Calculation” 面板

【提示】

求解过程中如果发散，可将图 6-195 中的亚松弛因子（Under-Relaxation Factors）调小些，待参差稳定后再逐渐调大。

13. 求解收敛

单击“Postprocessing”选项卡“Reports”面板中的“Fluxes”命令，弹出如图 6-199 所示的“Flux Reports”对话框。在“Options”选项组中点选“Mass Flow Rate”单选项，在“Boundaries”列表框中选择“coolant_gasinlet”与“coolant_gasoutlet”选项，单击“Compute”按钮，如果在 FLUENT 操作界面中显示两位置处的流量大小基本相同，可以进一步认定求解已收敛，单击“Close”按钮关闭对话框。

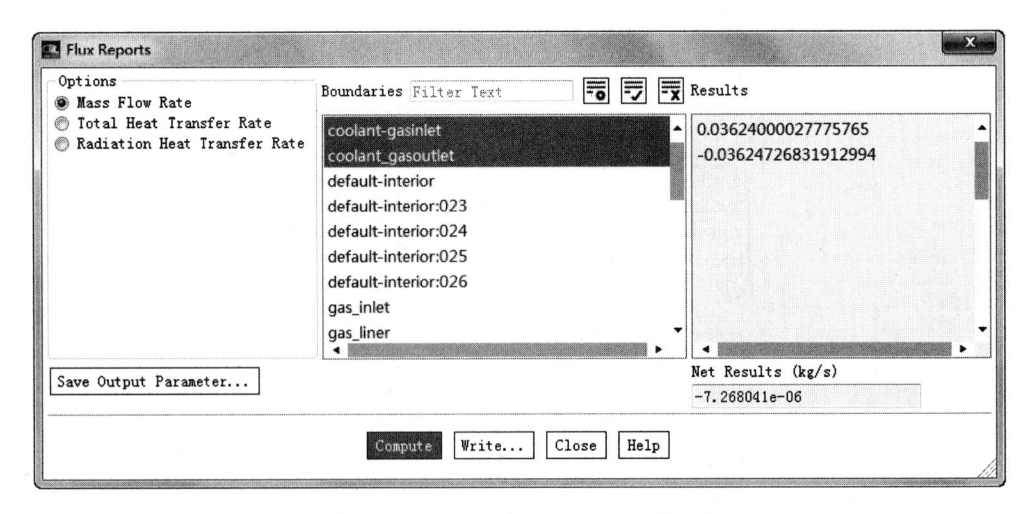

图 6-199 “Flux Reports ” 对话框

6.4.6　后处理

1．气壁面（与燃气接触壁面）温度分布

单击“Postprocessing”选项卡“Graphics”面板中的“Contours”按钮 Contours 下拉菜单中的“Edit”命令，弹出“Contours”对话框，如图 6-200 所示。在“Options”选项组中勾选“Filled”复选框，对“Auto Range”复选框进行勾选，在“Contours of”选项组的两个下拉列表框中分别选择“Temperature”和“Static Temperature”选项，在“Surfaces”列表框中选择“liner_sym1”“liner_wall”“liner_sym2”“outwall_sym2”“outwall_outwall”“outwall_sym1”“outwall-wall”选项，单击“Display”按钮，弹出如图 6-201 所示的气壁温度分布云图。由图可知，喷管入口与喉部处的气壁温度较高。

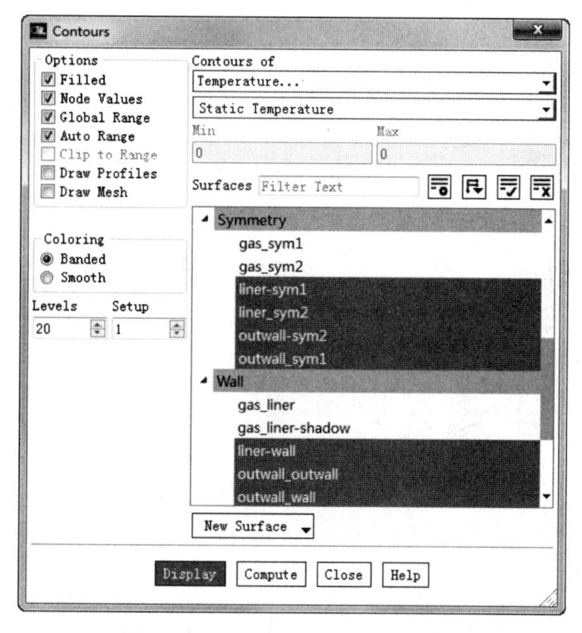

图 6-200　“Contours ”对话框

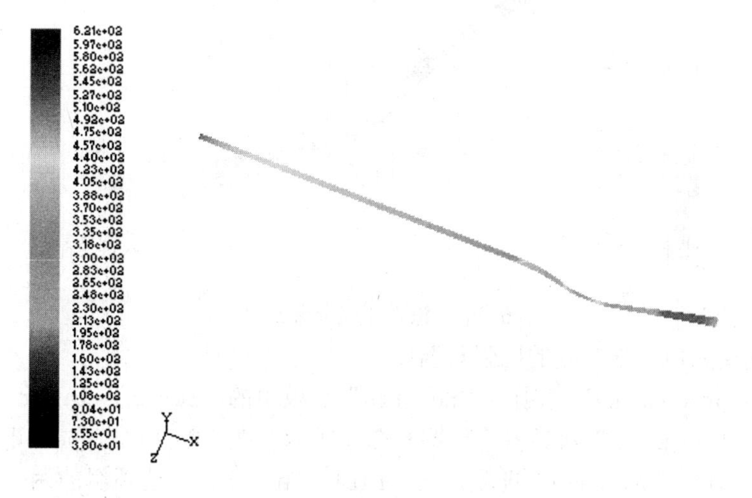

图 6-201　气壁温度分布云图

2．气壁面热流密度分布

在“Contours”对话框“Contours of”选项组的两个下拉列表框中分别选择“Wall Fluxes”和“Total Surface Heat Flux”选项，在“Surfaces”列表框中选择“liner_sym1”“liner_wall”“liner_sym2”“outwall_sym2”“outwall_outwall”“outwall_sym1”“outwall-wall”选项，单击“Display”按钮，得到如图 6-202 所示的气壁热流密度分布云图。由图 6-202 可知，喷管喉部壁面的热流密度最高。

3．液壁（与冷却剂接触的壁面）压强分布

在“Contours”对话框“Contours of”选项组的两个下拉列表框中分别选择“Pressure”和“Static Pressure”选项，在“Surfaces”列表框中选择“wall”选项，在“Options”选项组中对“Auto Range”复选框进行勾选，单击“Display”按钮，得到如图 6-203 所示的液壁压强分布云图。

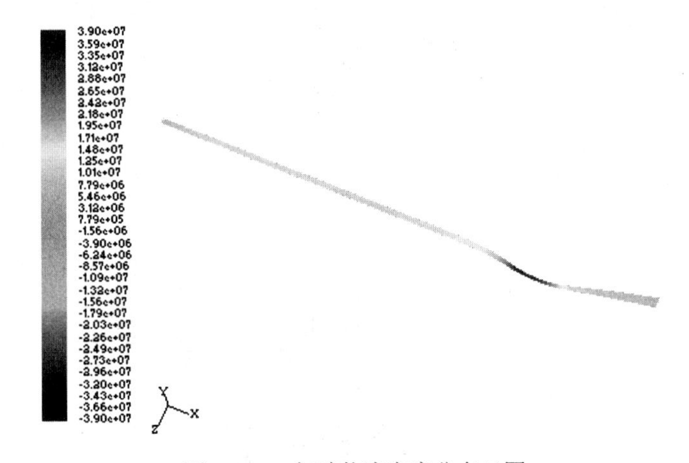

图 6-202 气壁热流密度分布云图

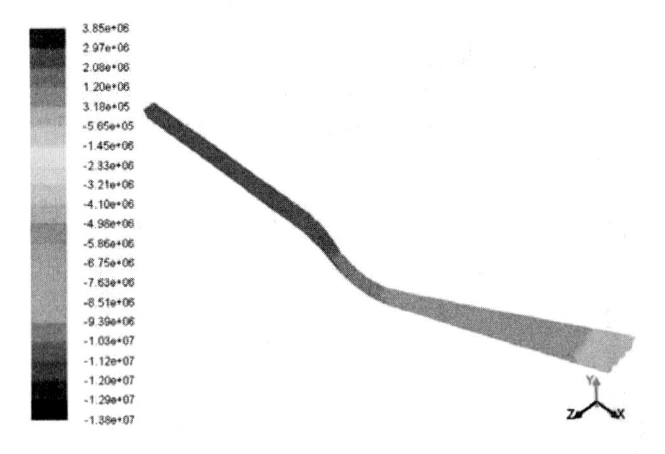

图 6-203 液壁压强分布云图

4．冷却通道入口、出口处的压强与温度

单击“Postprocessing”选项卡“Reports”面板中的“Surface Integrals”命令，弹出“Surface Integrals”对话框。如图 6-204 所示，在“Report Type”下拉列表框中选择“Mass-Weighted Average”选项，在“Field Variable”选项组的两个下拉列表框

中分别选择“Pressure”和“Static Pressure”选项，在“Surfaces”列表框中选择“coolant_gasinlet”与“coolant_gasoutlet”选项，单击“Compute”按钮，会在信息反馈窗口显示冷却通道入口与出口处按质量流量求平均得到的压强值；同理在“Field Variable”选项组的两个下拉列表框中分别选择“Temperature”和“Static Temperature”选项，再次单击“Compute”按钮，则信息反馈窗口显示冷却通道入口与出口处的温度值，如图 6-205 所示。

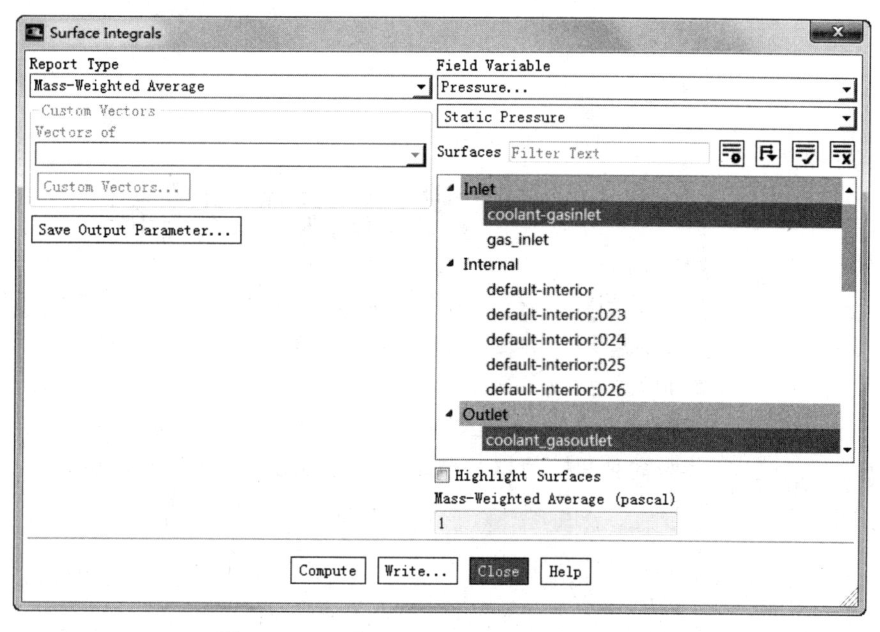

图 6-204 “Surface Integrals” 对话框

```
                  Mass-Weighted Average
                        Static Pressure                 (pascal)
         -------------------------------- --------------------
                       coolant_gasinlet                 11518000
                      coolant_gasoutlet                 12035320
                                    Net                 11776660

                  Mass-Weighted Average
                     Static Temperature                      (k)
         -------------------------------- --------------------
                       coolant_gasinlet                232.74449
                      coolant_gasoutlet                69.299764
                                    Net                151.02205
```

图 6-205 冷却通道入口与出口处的压强、温度值信息

第7章

湍流模型模拟

当 FLUENT 模型包含有湍流时，需要激活相应模型和选项，并且提供湍流的边界条件。本章主要就湍流的特征以及湍流流动的相关模型做了研究和叙述，将重点介绍 FLUENT 中常用的湍流模型应用方程，并通过具体的实例分析帮助读者切实地了解湍流模型的使用，为以后与工程问题的结合奠定了基础。

学习要点

- 湍流模型概述
- 湍流模型的设置
- 瀑布流过圆柱形石块时的流场

7.1 湍流模型概述

FLUENT 提供的湍流模型包括单方程(Spalart-Allmaras)模型、双方程模型(标准 k-ε 模型、重整化群 k-ε 模型、可实现 k-ε 模型)及雷诺应力模型和大涡模拟，如图 7-1 所示。下面的几节具体介绍一下这几种模型。

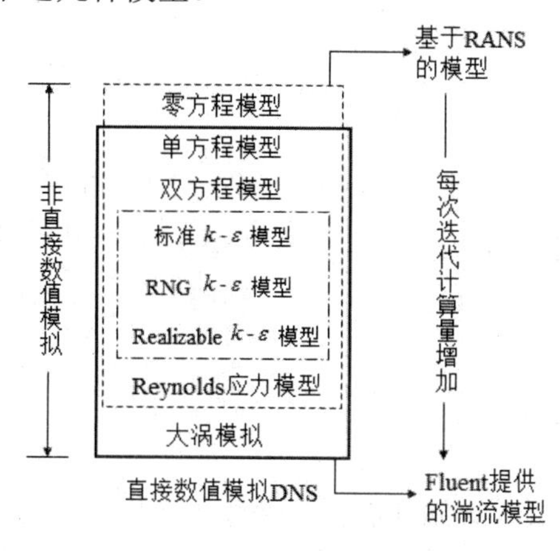

图 7-1　湍流模型详解

7.1.1　单方程模型

单方程(Spalart-Allmaras)模型求解变量是 $\tilde{v}$，表征出了近壁(黏度影响)区域以外的湍流运动黏度。$\tilde{v}$ 的输运方程为

$$\rho\frac{\mathrm{d}\tilde{v}}{\mathrm{d}t}=G_v+\frac{1}{\sigma_{\tilde{v}}}\left[\frac{\partial}{\partial x_j}\left\{(\mu+\rho\tilde{v})\frac{\partial\tilde{v}}{\partial x_j}\right\}+C_{b2}\left(\frac{\partial\tilde{v}}{\partial x_j}\right)\right]-Y_v \tag{7-1}$$

式中，G_v 是湍流黏度产生项；Y_v 是由于壁面阻挡与黏度阻尼引起的湍流黏度的减小；$\sigma_{\tilde{v}}$ 和 C_{b2} 是常数；v 是运动黏度。

湍流黏度 $\mu_t=\rho\tilde{v}f_{v1}$，其中，$f_{v1}$ 是黏度阻尼函数，定义为 $f_{v1}=\dfrac{\chi^3}{\chi^3+C_{v1}{}^3}$，$\chi\equiv\dfrac{\tilde{v}}{v}$。湍流黏度产生项 G_v 模拟为 $G_v=C_{b1}\rho\tilde{S}\tilde{v}$，其中 $\tilde{S}\equiv S+\dfrac{\tilde{v}}{k^2d^2}f_{v2}$，$f_{v2}=1-\dfrac{\chi}{1+\chi f_{v1}}$，$C_{b1}$ 和 k 是常数，d 是计算点到壁面的距离；$S\equiv\sqrt{2\Omega_{ij}\Omega_{ij}}$，$\Omega_{ij}=\dfrac{1}{2}\left(\dfrac{\partial u_j}{\partial x_i}-\dfrac{\partial u_i}{\partial x_j}\right)$。在 FLUENT 软件中，考虑到平均应变率对湍流产生也起到很大作用，$S\equiv|\Omega_{ij}|+C_{\text{prod}}\min(0,|S_{ij}|-|\Omega_{ij}|)$，其中，

C_{prod}=2.0，$|\Omega_{ij}| \equiv \sqrt{2\Omega_{ij}\Omega_{ij}}$，$|S_{ij}| \equiv \sqrt{2S_{ij}S_{ij}}$，平均应变率 $S_{ij}=\frac{1}{2}\left(\frac{\partial u_j}{\partial x_i}+\frac{\partial u_i}{\partial x_j}\right)$。

在涡量超过应变率的计算区域计算出来的涡旋黏度变小。这适合涡流靠近涡旋中心的区域，那里只有“单纯”的旋转，湍流受到抑制。包含应变张量的影响更能体现旋转对湍流的影响。忽略了平均应变，估计的涡旋黏度产生项偏高。

湍流黏度减小项 $Y_v = C_{w1}\rho f_w\left(\frac{\tilde{v}}{d}\right)^2$，其中，$f_w = g\left(\frac{1+C_{w3}^6}{g_6+C_{w3}^6}\right)^{1/6}$，$g = r + C_{w2}(r^6 - r)$，$r \equiv \frac{\tilde{v}}{\tilde{S}k^2d^2}$，$C_{w1}$、$C_{w2}$、$C_{w3}$ 是常数，在计算 r 时用到的 $\tilde{S}$ 受平均应变率的影响。

上面的模型常数在 FLUENT 软件中默认值为 $C_{b1}=0.1335$，$C_{b2}=0.622$，$\sigma_{\tilde{v}}=2/3$，$C_{v1}=7.1$，$C_{w1}=C_{b1}/k^2+(1+C_{b2})/\sigma_{\tilde{v}}$，$C_{w2}=0.3$，$C_{w3}=2.0$，$k=0.41$。

7.1.2 标准 k-ε 模型

标准 k-ε 模型需要求解湍动能及其耗散率方程。湍动能输运方程是通过精确的方程推导得到的，但耗散率方程是通过物理推理、数学上模拟相似原形方程得到的。该模型假设流动为完全湍流，分子黏性的影响可以忽略。因此，标准 k-ε 模型只适合完全湍流的流动过程模拟。标准 k-ε 模型的湍动能 k 和耗散率 ε 方程为如下形式：

$$\rho\frac{\mathrm{d}k}{\mathrm{d}t}=\frac{\partial}{\partial x_i}\left[\left(\mu+\frac{\mu_t}{\sigma_k}\right)\frac{\partial k}{\partial x_i}\right]+G_k+G_b-\rho\varepsilon-Y_M \tag{7-2}$$

$$\rho\frac{\mathrm{d}\varepsilon}{\mathrm{d}t}=\frac{\partial}{\partial x_i}\left[\left(\mu+\frac{\mu_t}{\sigma_\varepsilon}\right)\frac{\partial \varepsilon}{\partial x_i}\right]+C_{1\varepsilon}\frac{\varepsilon}{k}(G_k+C_{3\varepsilon}G_b)-C_{2\varepsilon}\rho\frac{\varepsilon^2}{k} \tag{7-3}$$

式中，G_k 表示由于平均速度梯度引起的湍动能产生；G_b 表示由于浮力影响引起的湍动能产生；Y_M 表示可压缩湍流脉动膨胀对总的耗散率的影响；湍流黏度 $\mu_t=\rho C_\mu\frac{k^2}{\varepsilon}$。

在 FLUENT 中，作为默认值常数，$C_{1\varepsilon}$=1.44，$C_{2\varepsilon}$=1.92，$C_{3\varepsilon}$=0.09，湍动能 k 与耗散率 ε 的湍流普朗特数分别为 σ_k=1.0，σ_ε=1.3。

7.1.3 重整化群 k-ε 模型

重整化群(RNG) k-ε 模型是对瞬时的 Navier-Stokes 方程用重整化群的数学方法推导出来的模型。模型中的常数与标准 k-ε 模型不同，而且方程中也出现了新的函数或者项。其湍动能与耗散率方程与标准 k-ε 模型有相似的形式：

$$\rho\frac{\mathrm{d}k}{\mathrm{d}t}=\frac{\partial}{\partial x_i}\left[(\alpha_k\mu_{\mathrm{eff}})\frac{\partial k}{\partial x_i}\right]+G_k+G_b-\rho\varepsilon-Y_M \tag{7-4}$$

$$\rho\frac{\mathrm{d}\varepsilon}{\mathrm{d}t}=\frac{\partial}{\partial x_i}\left[(\alpha_\varepsilon\mu_{\mathrm{eff}})\frac{\partial \varepsilon}{\partial x_i}\right]+C_{1\varepsilon}\frac{\varepsilon}{k}(G_k+C_{3\varepsilon}G_b)-C_{2\varepsilon}\rho\frac{\varepsilon^2}{k}-R \tag{7-5}$$

式中，G_k表示由于平均速度梯度引起的湍动能产生；G_b表示由于浮力影响引起的湍动能产生；Y_M表示可压缩湍流脉动膨胀对总的耗散率的影响，这些参数与标准 k- ε 模型中相同；α_k和 α_ε分别是湍动能 k 和耗散率 ε 的有效湍流普朗特数的倒数。湍流黏度计算公式为

$$\mathrm{d}\left(\frac{\rho^2 k}{\sqrt{\varepsilon\mu}}\right)=1.72\frac{\tilde{v}}{\sqrt{\tilde{v}^3-1-Cv}}\mathrm{d}\tilde{v} \tag{7-6}$$

其中，$\tilde{v}=\mu_{\mathrm{eff}}/\mu$，$C_v\approx 100$。对于前面方程的积分，可以精确到有效雷诺数（涡旋尺度）对湍流输运的影响，这有助于处理低雷诺数和近壁流动问题的模拟。对于高雷诺数，上面方程可以给出：$\mu_t=\rho C_\mu\frac{k^2}{\varepsilon}$，$C_\mu=0.0845$。这个结果非常有意思，和标准 k- ε 模型的半经验推导给出的常数 C_μ=0. 09 非常近似。在 FLUENT 中，如果是默认设置，用重整化群 k- ε 模型时是针对的高雷诺数流动问题。如果对低雷诺数问题进行数值模拟，必须进行相应的设置。

7. 1. 4 可实现 k- ε 模型

可实现 k- ε 模型的湍动能及其耗散率输运方程为

$$\rho\frac{\mathrm{d}k}{\mathrm{d}t}=\frac{\partial}{\partial x_i}\left[\left(\mu+\frac{\mu_t}{\sigma_k}\right)\frac{\partial k}{\partial x_i}\right]+G_k+G_b-\rho\varepsilon-Y_M \tag{7-7}$$

$$\rho\frac{\mathrm{d}\varepsilon}{\mathrm{d}t}=\frac{\partial}{\partial x_i}\left[\left(\mu+\frac{\mu_t}{\sigma_\varepsilon}\right)\frac{\partial \varepsilon}{\partial x_i}\right]+\rho C_1 S\varepsilon-\rho C_2\frac{\varepsilon^2}{k+\sqrt{v\varepsilon}}+C_{1\varepsilon}\frac{\varepsilon}{k}C_{3\varepsilon}G_b \tag{7-8}$$

式中，$C_1=\max\left[0.43,\frac{\eta}{\eta+5}\right]$，$\eta=Sk/\varepsilon$。

在上述方程中，G_k表示由于平均速度梯度引起的湍动能产生；G_b表示由于浮力影响引起的湍动能产生；Y_M表示可压缩湍流脉动膨胀对总的耗散率的影响；$C_{2\varepsilon}$和 $C_{1\varepsilon}$是常数；σ_k和 σ_ε分别是湍动能及其耗散率的湍流普朗特数。在 FLUENT 中，作为默认值常数，$C_{1\varepsilon}$=1. 44，$C_{2\varepsilon}$=1. 9，σ_k=1. 0，σ_ε=1. 2。

该模型的湍流黏度与标准 k- ε 模型相同。不同的是，黏度中的 C_μ 不是常数，而是通

过公式计算 $C_\mu = \dfrac{1}{A_0 + A_s \dfrac{U^* K}{\varepsilon}}$ 得到，其中，$U^* = \sqrt{S_{ij}S_{ij} + \tilde{\Omega}_{ij}\tilde{\Omega}_{ij}}$，$\tilde{\Omega}_{ij} = \Omega_{ij} - 2\varepsilon_{ijk}\omega_k$，$\Omega_{ij} = \bar{\Omega}_{ij} + 2\varepsilon_{ijk}\omega_k$，$\tilde{\Omega}_{ij}$ 表示在角速度 ω_k 旋转参考系下的平均旋转张量率。模型常数 $A_0 = 4.04$，$A_s = \sqrt{6}\cos\phi$，$\phi = \dfrac{1}{3}\arccos(\sqrt{6}W)$，式中 $W = \dfrac{S_{ij}S_{jk}S_{ki}}{\tilde{S}}$，$\tilde{S} \equiv \sqrt{S_{ij}S_{ij}}$，$S_{ij} = \dfrac{1}{2}\left(\dfrac{\partial u_j}{\partial x_i} + \dfrac{\partial u_i}{\partial x_j}\right)$。从这些式子中发现，$C_\mu$ 是平均应变率与旋度的函数。在平衡边界层惯性底层，可以得到 C_μ=0.09，与标准 k-ε 模型中采用的常数一样。

该模型适合的流动类型比较广泛，包括有旋均匀剪切流、自由流(射流和混合层)、腔道流动和边界层流动。对以上流动过程模拟结果都比标准 k-ε 模型的结果好，特别是可实现 k-ε 模型对圆口射流和平板射流模拟中，能给出较好的射流扩张角。

双方程模型中，无论是标准 k-ε 模型、重整化群 k-ε 模型还是可实现 k-ε 模型，三个模型有类似的形式，即都有 k 和 ε 的输运方程，它们的区别在于：①计算湍流黏度的方法不同；②控制湍流扩散的湍流普朗特数不同；③ ε 方程中的产生项和 G_k 关系不同。但都包含了相同的表示由于平均速度梯度引起的湍动能产生 G_k，表示由于浮力影响引起的湍动能产生 G_b，表示可压缩湍流脉动膨胀对总的耗散率的影响 Y_M。

湍动能产生项

$$G_k = -\rho \overline{u_i' u_j'} \frac{\partial u_j}{\partial x_i} \tag{7-9}$$

$$G_b = \beta g_i \frac{\mu_t}{P_{rt}} \frac{\partial T}{\partial x_i} \tag{7-10}$$

式中，P_{rt} 是能量的湍流普朗特数，对于可实现 k-ε 模型，默认设置值为 0.85；对于重整化群 k-ε 模型，$P_{rt}=1/\alpha$，$\alpha=1/P_{rt}=k/\mu C_p$。热膨胀系数 $\beta = -\dfrac{1}{\rho}\left(\dfrac{\partial \rho}{\partial T}\right)_p$，对于理想气体，浮力引起的湍动能产生项变为

$$G_b = -g_i \frac{\mu_t}{\rho P_{rt}} \frac{\partial \rho}{\partial x_i} \tag{7-11}$$

7.1.5　雷诺应力模型

雷诺应力模型(RSM)是求解雷诺应力张量的各个分量的输运方程。具体形式为

$$\frac{\partial}{\partial t}(\rho\overline{u_i u_j})+\frac{\partial}{\partial x_k}(\rho U_k\overline{u_i u_j})=-\frac{\partial}{\partial x_k}[\rho\overline{u_i u_j u_k}+\overline{p(\delta_{kj}u_i+\delta_{ik}u_j)}]+$$
$$\frac{\partial}{\partial x_k}\left(\mu\frac{\partial}{\partial x_k}\overline{u_i u_j}\right)-\rho\left(\overline{u_i u_k}\frac{\partial U_j}{\partial x_k}+\overline{u_j u_k}\frac{\partial U_i}{\partial x_k}\right)-\rho\beta(g_i\overline{u_j\theta}+g_j\overline{u_i\theta})+$$
$$p\left(\frac{\partial u_i}{\partial x_j}+\frac{\partial u_j}{\partial x_i}\right)-2\mu\overline{\frac{\partial u_i}{\partial x_k}\frac{\partial u_j}{\partial x_k}}-2\rho\Omega_k(\overline{u_j u_m}\varepsilon_{ikm}+\overline{u_i u_m}\varepsilon_{jkm}) \tag{7-12}$$

式中，左边的第二项是对流项 C_{ij}; 右边第一项是湍流扩散项 D_{ijr}，第二项是分子扩散项 D_{ijL}，第三项是应力产生项 P_{ij}，第四项是浮力产生项 G_{ij}，第五项是压力应变项 Φ_{ij}，第六项是耗散项 ε_{ij}，第七项是系统旋转产生项 F_{ij}。

在式(7-12)中，C_{ij}、D_{ijL}、P_{ij}、F_{ij}不需要模拟，而 D_{ijr}、G_{ij}、Φ_{ij}、ε_{ij}需要模拟以封闭方程。下面简单对几个需要模拟项进行模拟。

D_{ijr}可以用 Delay 和 Harlow 的梯度扩散模型来模拟，但这个模型会导致数值不稳定，在 FLUENT 中是采用标量湍流扩散模型

$$D_{ij}^{\mathrm{T}}=\frac{\partial}{\partial x_k}\left(\frac{\mu_t}{\sigma_k}\frac{\partial\overline{u_i u_j}}{\partial x_k}\right) \tag{7-13}$$

式中，湍流黏度用 $\mu_t=\rho C_\mu\frac{k^2}{\varepsilon}$ 来计算，根据 Lien 和 Leschziner，σ_k=0.82，这和标准 k- ε模型中选取 1.0 有所不同。

压力应变项 Φ_{ij}可以分解为三项，即

$$\Phi_{ij}=\Phi_{i,j,1}+\Phi_{ij,2}+\Phi_{ijw} \tag{7-14}$$

式中，$\Phi_{i,j,1}$、$\Phi_{i,j,2}$和 Φ_{ijw}分别是慢速项、快速项和壁面反射项。

浮力引起的产生项 G_{ij}模拟为

$$G_{ij}=\beta\frac{\mu_t}{P_{rt}}\left(g_i\frac{\partial T}{\partial x_j}+g_j\frac{\partial T}{\partial x_i}\right) \tag{7-15}$$

耗散张量 ε_{ij}模拟为

$$\varepsilon_{ij}=\frac{2}{3}\delta_{ij}(\rho\varepsilon+Y_M) \tag{7-16}$$

式中，$Y_M = 2\rho\varepsilon Ma^2$，$Ma$ 是马赫数；标量耗散率 ε 用标准 k-ε 模型中采用的耗散率输运方程求解。

7.1.6 大涡模拟

湍流中包含了不同时间与长度尺度的涡旋。最大长度尺度通常为平均流动的特征长度尺度。最小尺度为 Komogrov 尺度。LES 的基本假设是：①动量、能量、质量及其他标量主要由大涡输运；②流动的几何和边界条件决定了大涡的特性，而流动特性主要在大涡中体现；③小尺度涡旋受几何和边界条件影响较小，并且各向同性，大涡模拟(LES)过程中，直接求解大涡，小尺度涡旋进行模拟，从而使得网格要求比 DNS 低。

LES 的控制方程是对 Navier-Stokes 方程在波数空间或者物理空间进行过滤得到的。过滤的过程是去掉比过滤宽度或者给定物理宽度小的涡旋，从而得到大涡旋的控制方程：

$$\frac{\partial \rho}{\partial t} + u\frac{\partial \rho \overline{u}_i}{\partial x_i} = 0 \tag{7-17}$$

$$\frac{\partial}{\partial t}(\rho \overline{u}_i) + \frac{\partial}{\partial x_j}(\rho \overline{u_i u_j}) = \frac{\partial}{\partial x_j}(\mu \frac{\partial \overline{u}_i}{\partial x_j}) - \frac{\partial \overline{p}}{\partial x_j} - \frac{\partial \tau_{ij}}{\partial x_j} \tag{7-18}$$

式中，τ_{ij} 为亚网格应力；$\tau_{ij} = \rho\overline{u_i u_j} - \rho\overline{u}_i \cdot \overline{u}_j$。

很明显，上述方程与雷诺平均方程很相似，只不过大涡模拟中的变量是过滤过的量，而非时间平均量，并且湍流应力也不同。

大涡模拟无论从计算机能力还是方法的成熟程度来看，离实际应用还有较长距离，但湍流模型方面的研究重点已转向大涡模拟，笔者认为在今后 10 年内，随着这一方法的成熟以及计算机能力进一步提高，将逐步成为湍流模拟的主要方法。

除了上述各类模型以外，有实用价值的还有改进的单方程模型，它对近壁流的模拟效果较好，以及简化的湍应力模型，即代数应力模型。从实用性来说，它们很有推广价值，尤其是代数应力模型，既能反映湍流的各向非同性，计算量又远小于湍应力模型。

7.2 湍流模型的设置

一个湍流流动问题的设置过程描述如下（注意：这里描述的过程仅仅包括对湍流模型本身的一些必要步骤，还需要照常设置一些其他模型、边界条件等）。

激活湍流模型，FLUENT 19.0 的湍流模型可通过单击“Setting Up Physics”功能区“Models”面板中的“Viscous”按钮 Viscous...来执行，弹出“Viscous Model”对话框，如图 7-2 所示。

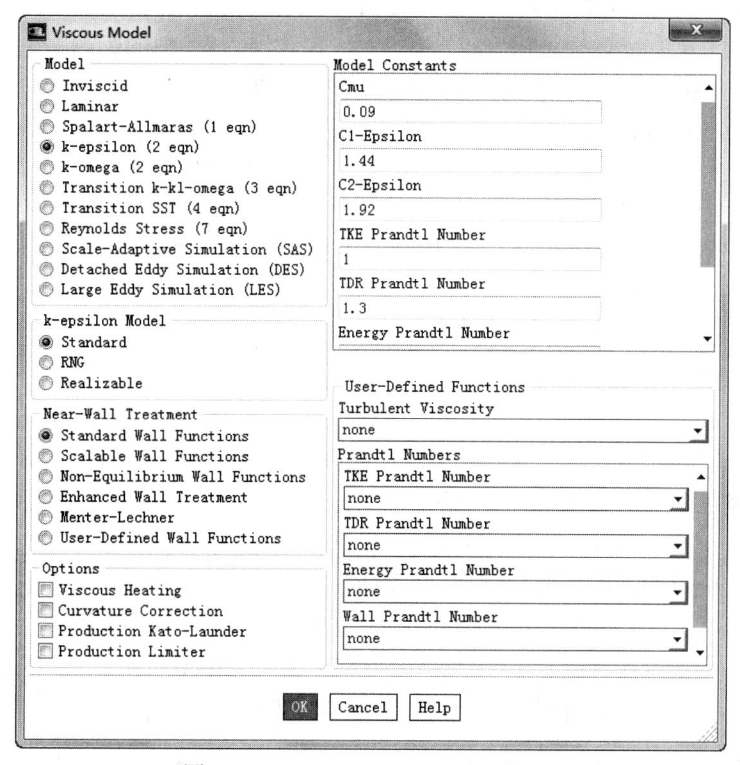

图 7-2 “Viscous Model ”对话框

根据所要解决的问题选择 k-epsilon[2 eqn](k-ε)模型，k-ε 模型分为标准（Standard)、重整化群（RNG)、可实现（Realizable）3 种。如果选的是 k-epsilon 模型，就在“k-epsilon Model”选项框中的“Standard”“RNG”“Realizable”三个选项中选择一个。如果选的是 k-omega 模型，就在“k-omega Model”选项框中的“Standard”“SST”两个选项中选择一个。大涡模型仅对三维有效。

如果流动包括壁面，而使用的是一种 k-ε 模型或是雷诺应力模型，须从“Viscous Model”对话框的“Near-Wall Treatment”选项组下面的选项中选一个：

◆Standard Wall Functions

◆Non-Equilibrium Wall Functions

◆Enhanced Wall Treatment

如果选择的是 Spalart-Allmaras 模型，下列选项是有用的：

◆Vorticity-based production（基于涡旋的产出）

◆Strain/vorticity-based production（基于应变/涡旋的产出）

◆Viscous heating（对耦合算法总是激活）

如果选择的是标准的 k-ε 模型或是可实行的 k-ε 模型，下列选项是有用的：

◆Viscous heating（对耦合算法总是激活）

◆Inclusion of buoyancy effects on ε（包含浮力对 ε 的影响）

如果选择的是 RNG k-ε 模型，下列选项是有用的：

◆Differential viscosity model（微分黏度模型）

◆Swirl modification（涡动修正）

◆Viscous heating（对耦合算法总是激活）

◆Inclusion of buoyancy effects on ε （包含浮力对 ε 的影响）

如果选择的是标准的 k-ε 模型，下列选项是有用的：

◆Transitional flows

◆Shear flow corrections

◆Viscous heating（对耦合算法总是激活）

如果选择的是剪切-应力传输 k-ε 模型，下列选项是有用的：

◆Transitional flows（过渡流）

◆Viscous heating（对耦合算法总是激活）

如果选择的是雷诺应力模型（RSM），下列选项是有用的：

◆Wall reflection effects on Reynolds stresses（壁面反射对雷诺应力的影响）

◆Wall boundary conditions for the Reynolds stresses from the k equation（雷诺应力的壁面边界条件来自 *k* 方程）

◆Quadratic pressure-strain model（二次的压力一应变模型）

◆Viscous heating（对耦合算法总是激活）

◆Inclusion of buoyancy effects on ε （包含浮力对 ε 的影响）

如果选择的是增强壁面处理（对 k-ε 模型和雷诺应力模型可用），下列选项是有用的：

◆Pressure gradient effects（压力梯度的影响）

◆Thermal effects（热影响）

如果选择的是大涡模拟，下列选项是有用的：

◆Smagorinsky-Lilly model for the subgrid-scale viscosity

◆RNG model for the subgrid-scale viscosity

◆Viscous heating（对耦合算法总是激活）

7.3 湍流模型实例——瀑布流过圆柱形石块时的流场

在水流中通常有一些桥墩、船桨、石块之类的障碍物对水流产生一定的影响。在本例中就用 FLUENT 分析瀑布流过圆柱形石块时的流场。

如图 7-3 所示，一个 10m×5m 的小瀑布垂直落下，在距崖顶 1m 处凭空伸出一个直径 20cm 的圆柱形石块，已知水流速度为 1m/s，现在分析突出的石块对水流的影响。

7.3.1 建立模型

1）双击桌面上的 GAMBIT 图标，启动 GAMBIT 软件，弹出“Gambit Startup”对话框，在“Working Directory”下拉列表框中选择工作文件夹，在“Session Id”文本框中输入“pb”。单击“Run”按钮，进入 GAMBIT 系统操作界面。单击菜单栏中的“Solver”→“FLUENT5/6”命令，选择求解器类型。

2）单击“Geometry”→“Face”→“Create Real Rectangular Faces”按钮，在弹出的面板中输入“Width”：5 和“Height”：10。单击“Apply”按钮，生成矩

形面域。然后从级联按钮中单击“Circle”，弹出“Create Real Circular Faces”对话框。在“Radius”文本框中输入 0.1（代表小圆半径），单击“Apply”按钮，生成圆形截面，如图 7-4 所示。

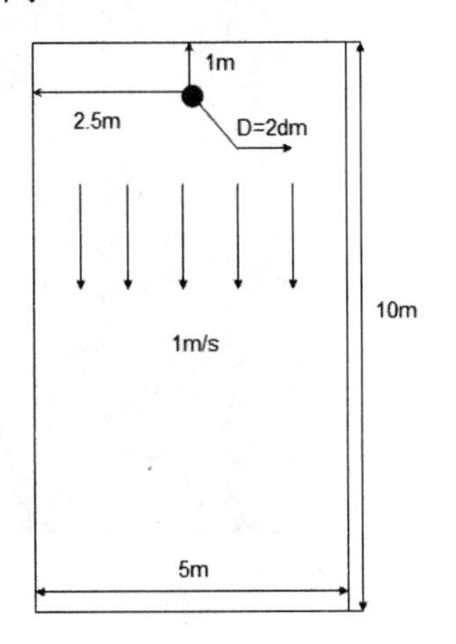

图 7-3　几何模型模拟　　　　图 7-4　流域简图

3）单击“Geometry” →“Faces” →“Move/Copy Faces” 按钮，出现“Move/Copy Faces”对话框，如图 7-5 所示。单击“Faces”文本框右侧的上箭头按钮，从弹出的列表中单击小圆面域，回到“Move/Copy Faces”对话框后，选中“Move”复选框和“Translate”复选框，本例中为默认值，在表示移动距离的 Global 和 Local 两组坐标中，对于 Y 坐标均输入 4。单击“Apply”按钮后，小圆面即上移 4m，如图 7-6 所示。

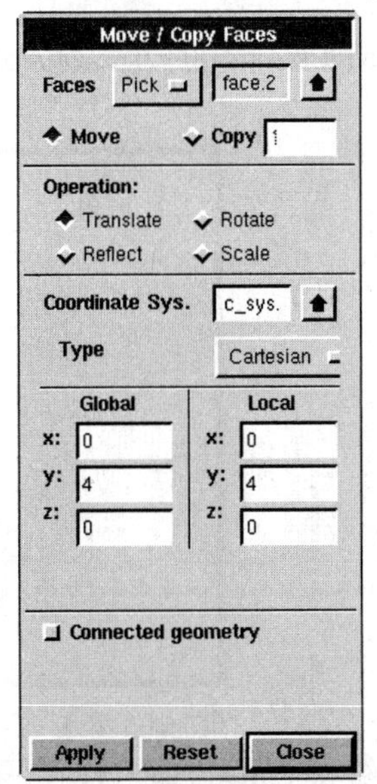

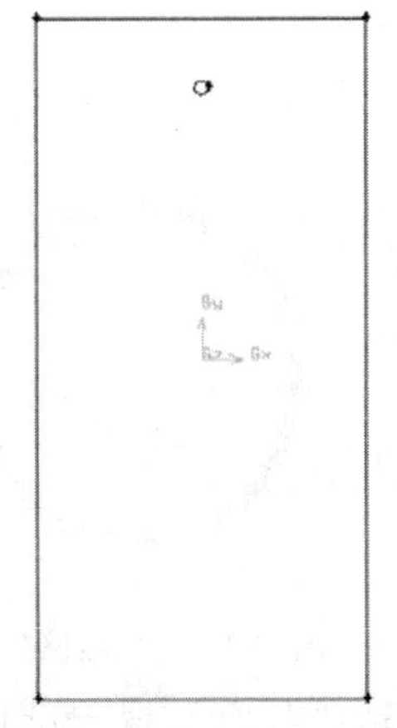

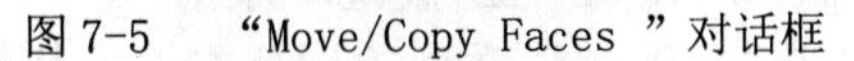

图 7-5　“Move/Copy Faces”对话框　　　　图 7-6　移动小圆后显示图

4）右击“Face”命令组的“Subtract Real Faces” 按钮，在弹出的级联按钮中单击“Subtract”，弹出“Subtract Real Faces”对话框，如图 7-7 所示。从“Face”列表框中选择矩形面域，从“Subtract Faces”列表框中选择小圆面。单击“Apply”按钮，就将小圆从矩形面域中减去，单击右下角的“Render Model” 按钮，就可以看到剩下的部分，如图 7-8 所示。

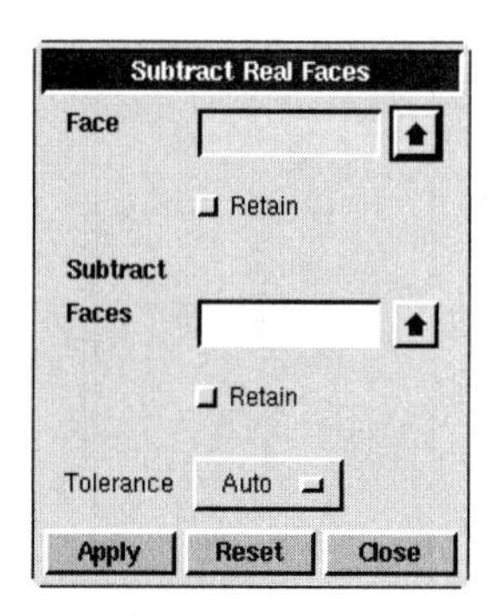

图 7-7 “Subtract Real Faces ”对话框

图 7-8 减去圆面后剩下的面域

7.3.2 网格的划分

1）单击“Mesh” → “Edge” → “Mesh Edges”按钮，在“Mesh Edges”面板的“Edges”黄色输入框中选中线段“Edge. 6”，也就是小圆周线段，选择“Interval Count”的划分方式，并在左边输入栏中输入 80，其他保持默认值，单击“Apply”按钮，完成对圆周的线网格划分，如图 7-9 所示。

2）同理，将矩形的上下两条线段也以“Interval Count”的方式划分 40 等份，左右两条线段划分 80 等份，如图 7-10 所示。

图 7-9 圆周线网格划分

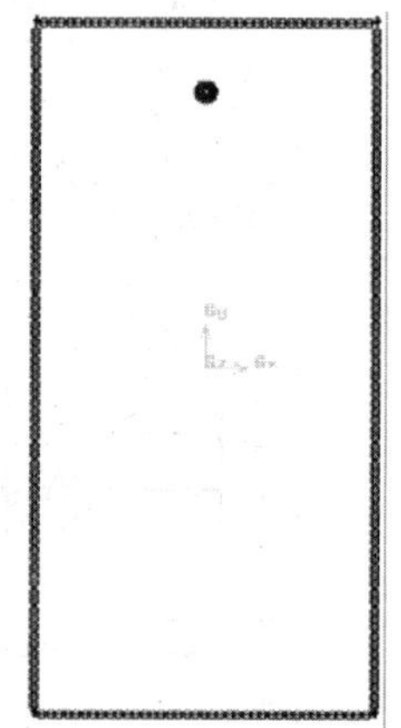

图 7-10 矩形线网格

3）单击“Mesh” → “Face” → “Mesh Faces”按钮，打开“Mesh Faces”面板。在“Faces”中选择“Face.1”，选择“Tri，Pave”类型的划分方式，其他保持默认值，单击“Apply”按钮，出现网格图示，如图 7-11 所示。

4）单击“Zones” → “Specify Boundary Types”按钮，弹出“Specify Boundary Types”对话框，如图 7-12 所示。选中“Add”，单击“Entity”下的“Edges”按钮右侧的下箭头，弹出边界列表，选中矩形上边界（可按下<Shift>键并单击需要线段来选择），单击“Type”下的按钮，在弹出的列表中选中“VELOCITY_INLET”，然后在“Name”中输入代表这条线段的名称“in”，单击“Apply”按钮。同理将矩形下边界指定为“PRESSURE_OUTLET”,命名为“out”；小圆壁面周长定义为“WALL”，命名为“C-wall”；剩下的线段都定义为“WALL”，命名为“wall”。

图 7-11 面网格的划分

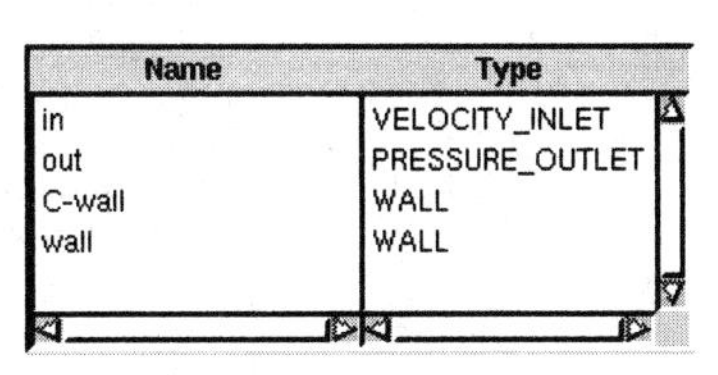

Name	Type
in	VELOCITY_INLET
out	PRESSURE_OUTLET
C-wall	WALL
wall	WALL

图 7-12 “Specify Boundary Types ”对话框

5）边界类型定义完后，需要将网格文件输出。执行“File”→“Export”→“Mesh”命令，在文件名中输入“pb.msh”，并选中“Export 2-D（X-Y）Mesh”，确定输出的为二维模型网络文件。

7.3.3 求解计算

1）启动 FLUENT 19.0，在弹出的“FLUENT Version”对话框中选择 2D 计算器，单击“OK”按钮 。

2）单击“File”下拉菜单栏中的“Read” →“Case”命令，读入划分好的网格文件“pb.msh”。然后进行检查，单击“Setting Up Domain”功能区“Mesh”面板中的“Check”按钮✔。检测成功后，单击“Setting Up Domain”功能区“Mesh”面板中的“Scale”按钮 Scale...，弹出如图 7-13 所示的“Scale Mesh”对话框，本例中不需要重新定义网格尺寸（GMBIT 中默认单位为 m）。

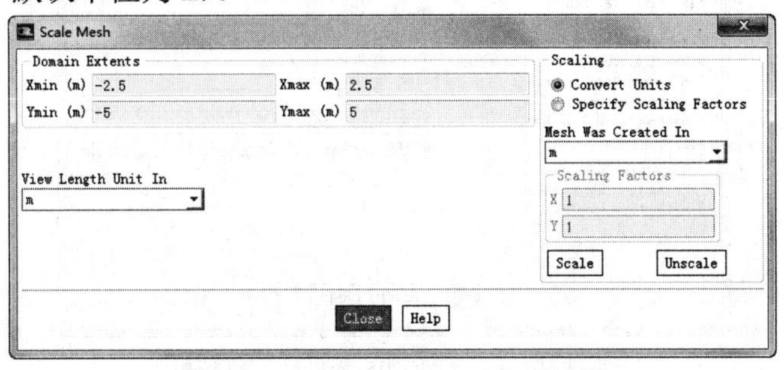

图 7-13 “Scale Mesh ”对话框

3）双击“导航面板”中的“General”命令，弹出“General”任务面板，采用默认的求解器设置，即选择压力基隐式、定常模型，采用绝对速度公式，如图 7-14 所示。

4）单击“Setting Up Physics”功能区“Models”面板中的“Viscous”按钮 Viscous...，在对话框中选择“k-epsilon (2 eqn)”，在“k-epsilon Model”下选择“Standard”，在“Near-Wall Treatment”下选择“Non-Equilibrium Wall Functions”，其他保持默认值，如图 7-15 所示，单击“OK”按钮。

5）单击“Setting Up Physics”功能区“Materials”面板中的“Create/Edit”按钮，弹出“Create/Edit Materials”对话框，单击“Fluent Database”，在“Fluent Fluid Materials”下拉列表中选择“water-liquid[h2o<l>]”，如图 7-16 所示，单击“Copy”按钮。在“Materials”对话框中的“Fluent Fluid Materials”下拉选框中选中“water-liquid[h2o<l>]”，单击“Change/Create”按钮，如图 7-17 所示。

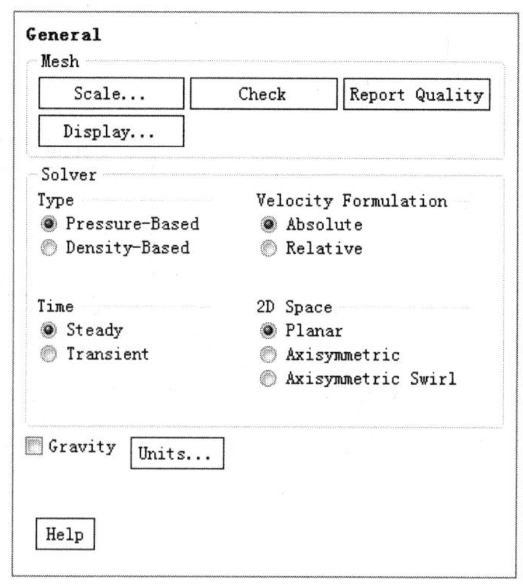

图 7-14 “General” 面板

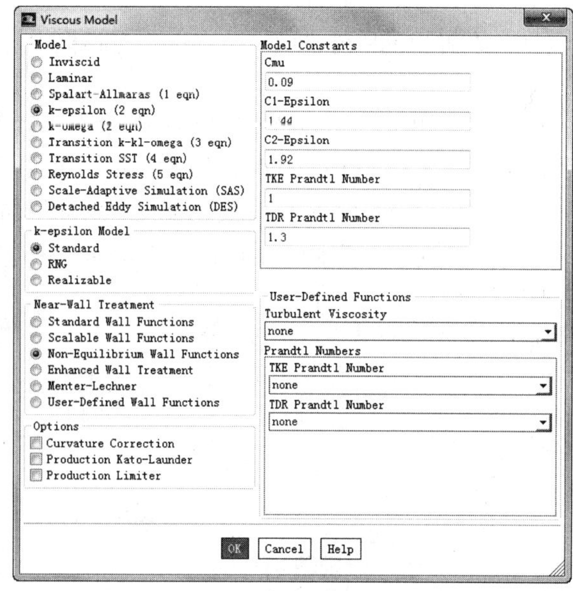

图 7-15 “Viscous Model”对话框

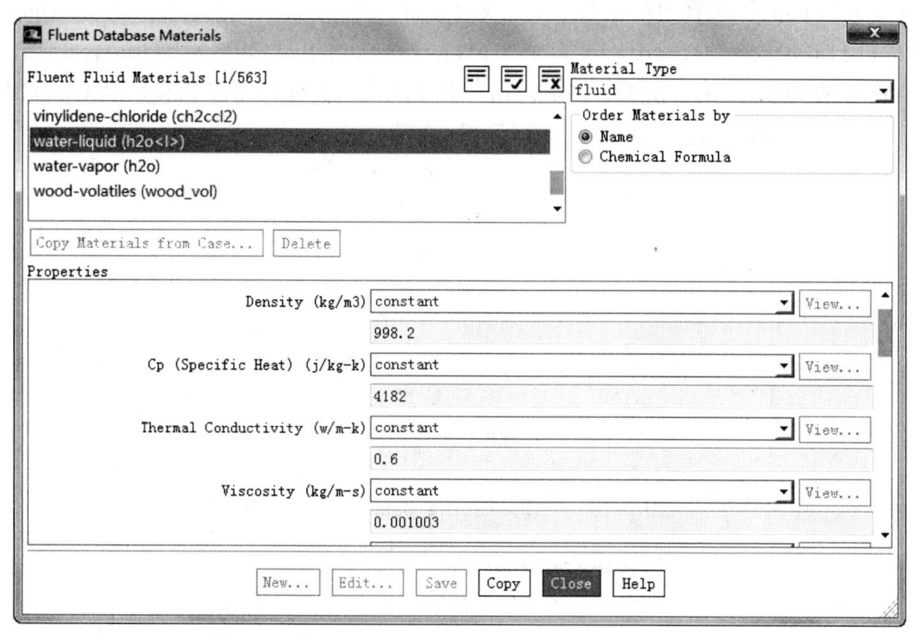

图 7-16 “Fluent Database Materials ”面板

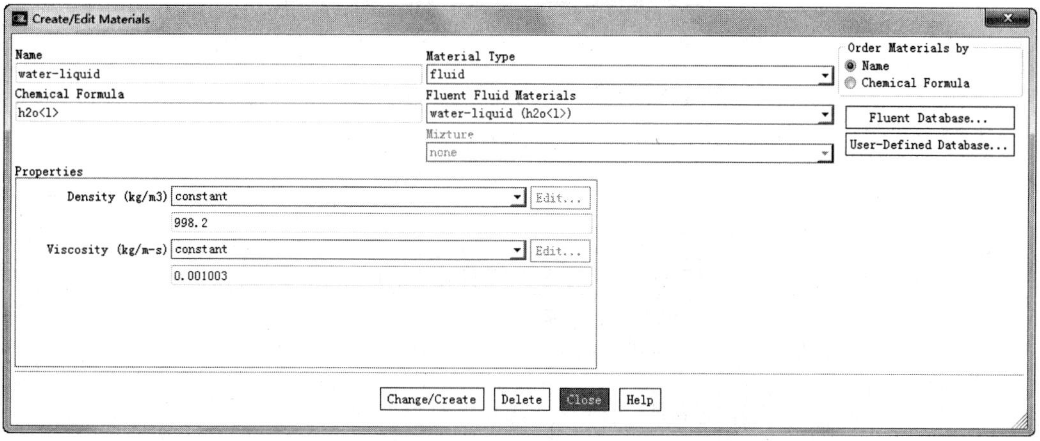

图 7-17 “Create/Edit Materials ”对话框

6）单击“Setting Up Physics”功能区“Solver”面板中的“Operating Conditions”命令，弹出“Operating Conditions”对话框，如图 7-18 所示，选择“Gravity”，重力加速度填写-9.81。

7）单击“Setting Up Physics”功能区“Zones”面板中的“Cell Zones”命令，弹出“Cell Zone Conditions”任务面板。在列表中选择“fluid”，其类型“Type”为“fluid”，单击“Edit”按钮，选择“water-liquid”，单击“OK”按钮。

8）单击“Setting Up Physics”功能区“Zones”面板中的“Boundaries”命令，弹出如图 7-19 所示的“Boundary Conditions”任务面板，在列表中选择“in”，单击“Edit”按钮，弹出如图 7-20 所示的“Velocity Inlet”对话框，在“Momentum”一栏中，选择“Velocity Specification Method”的方式为“Magnitude，Normal to Boundary”，

“Reference Frame”选择“Absolute”。Velocity Magnitude 值为 1m/s。“Turbulence”下的“Specification Method”选择为“Intensity and Hydraulic Diameter，Turbulent Intensity”值为5，“Hydraulic Diameter”值为0.5，其他保持默认值。单击“OK”按钮。

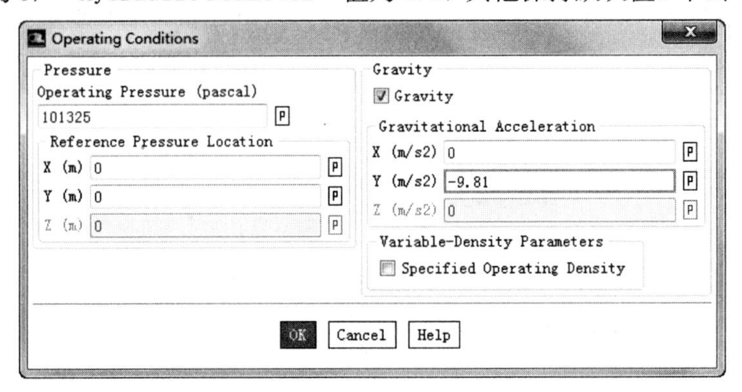

图 7-18　“Operating Conditions”对话框

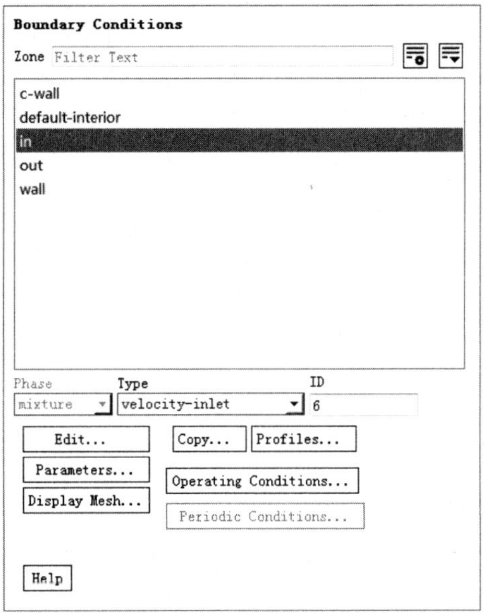

图 7-19　“Boundary Conditions”面板

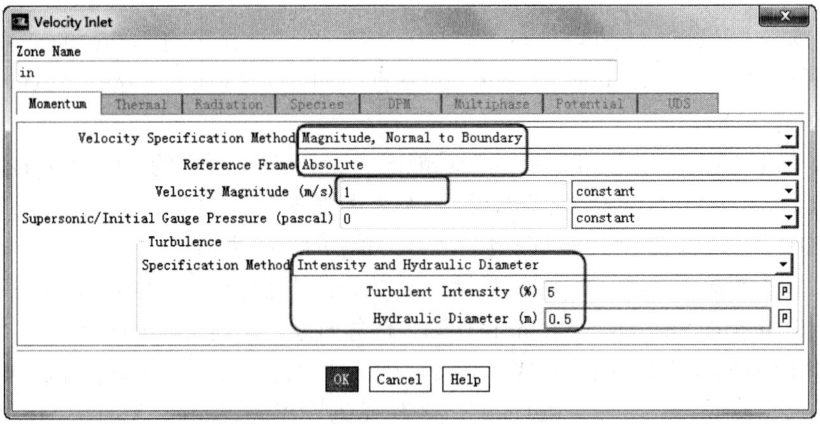

图 7-20　“Velocity Inlet ”对话框

9）回到“Boundary Condition”面板，选择“out”，单击“Edit”按钮，出现如图7-21所示的“Pressure Outlet”对话框，在“Turbulent”下的“Specification Method”选择为“Intensity and Hydraulic Diameter”，“Backflow Turbulent Intensity”值为5，“Backflow Hydraulic Diameter”值为0.5，其他保持默认值。单击“OK”按钮。

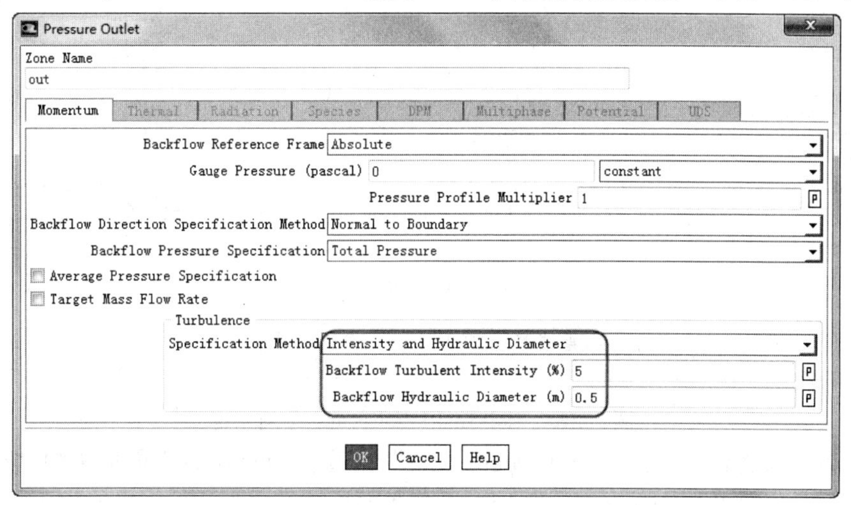

图7-21　“Pressure Outlet”对话框

10）单击“Solving”选项卡“Controls”面板中的“Controls”按钮，弹出“Solution Controls”面板，保持默认值，如图7-22所示。

11）勾选“Solving”选项卡“Initialization”面板中的“Standard”复选框，然后单击“Solving”选项卡“Initialization”面板中的“Options”命令，弹出“Solution Initialization”任务面板，在弹出的“Solution Initialization”面板中选择“in”，对进口进行初始化，如图7-23所示，单击“Initialize”按钮。

Solution Controls
Under-Relaxation Factors
Pressure
0.3
Density
1
Body Forces
1
Momentum
0.7
Turbulent Kinetic Energy
0.8
Turbulent Dissipation Rate
0.8
Turbulent Viscosity
1
Default
Equations...　Limits...　Advanced...
Help

图7-22　“Solution Controls”面板

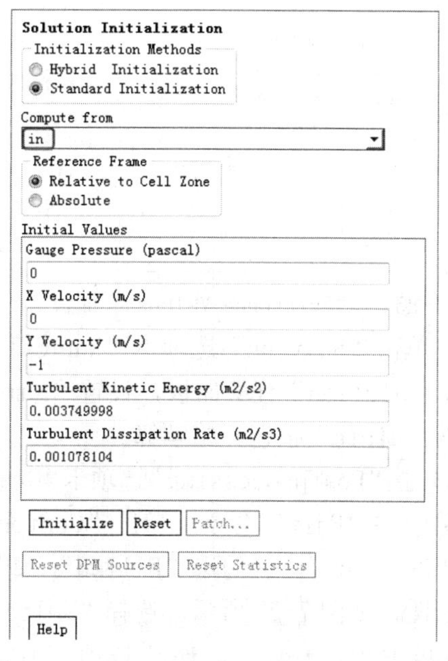

图7-23　“Solution Initialization”面板

12）单击“Solving”选项卡“Reports”面板中的“Residuals”按钮 Residuals...，在“Residual Monitors”对话框中选中“Plot”，其他变量保持默认值，如图7-24所示。

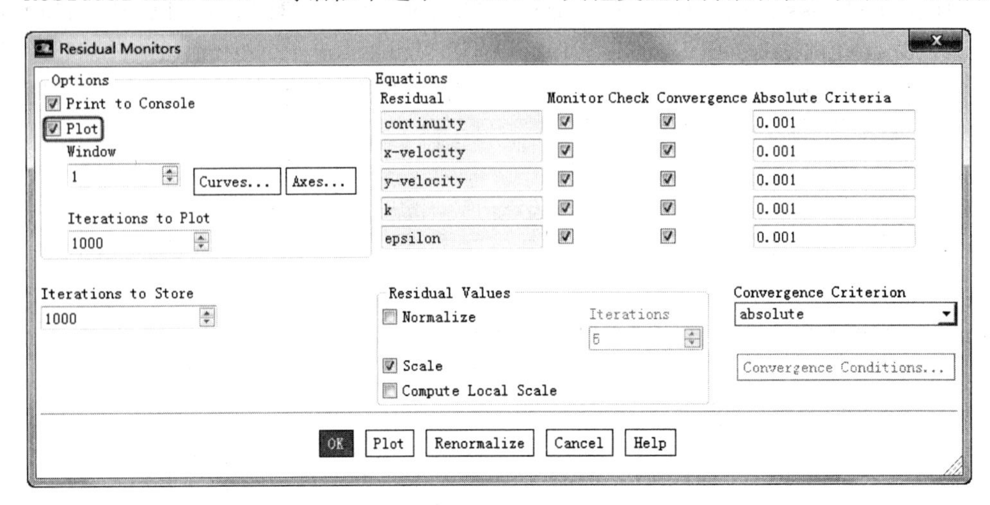

图7-24 “Residual Monitors ”对话框

13）设置参考值。单击“Postprocessing”选项卡“Reports”面板中的“Reference Values”命令，打开“Reference Values”任务面板，在“Compute from”下拉列表中选择in，如图7-25所示。

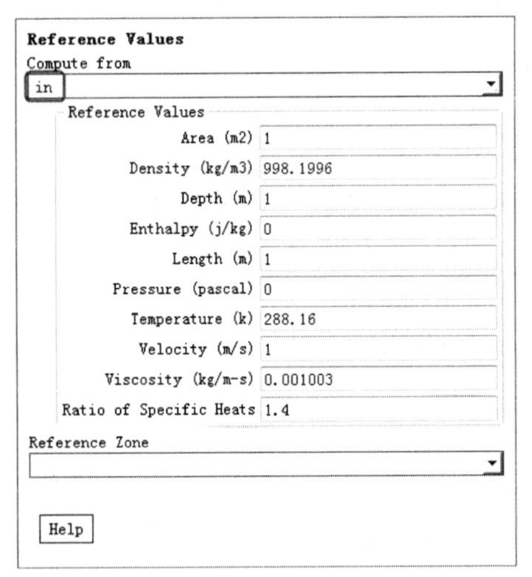

图7-25 “Reference Values ”面板

图7-26 “ Run Calculation ” 面板

14）单击“Solving”选项卡“Run Calculation”面板中的“Advanced”命令，弹出“Run Calculation”任务面板，设置“Number of Iterations”为400，如图7-26所示，单击“Calculate”按钮开始解算。

15）单击“Postprocessing”选项卡“Graphics”面板中的“Contours”按钮 Contours 下拉菜单中的“Edit”命令，弹出“Contours”对话框，在“Contours of”的下拉列表中选择“Pressure”，并勾选“Filled”，如图7-27所示，单击“Display”按钮，显示压强分布云图，如图7-28所示。选择“Velocity”，则显示速度分布云图，如图7-29所示。

16）单击“Postprocessing”选项卡“Graphics”面板中的“Vectors”按钮 Vectors

下拉菜单中的“Edit”命令，弹出“Display”对话框，单击“Display”按钮，如图7-30所示，得到速度矢量图如图7-31所示。

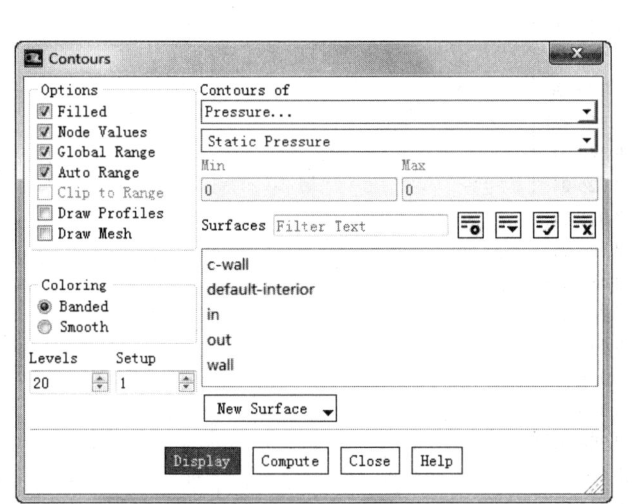

图7-27 “Contours” 对话框

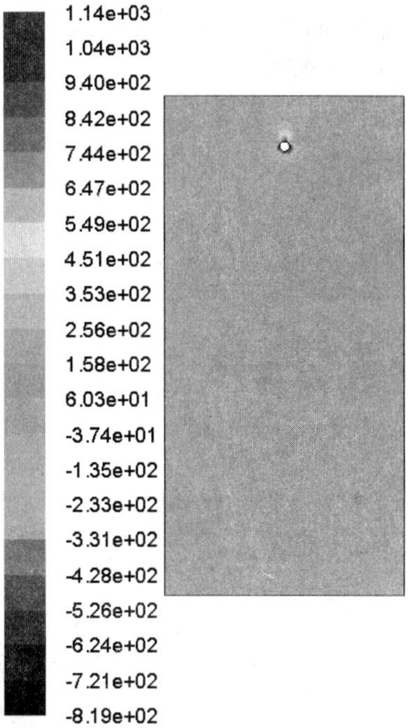

1.14e+03
1.04e+03
9.40e+02
8.42e+02
7.44e+02
6.47e+02
5.49e+02
4.51e+02
3.53e+02
2.56e+02
1.58e+02
6.03e+01
-3.74e+01
-1.35e+02
-2.33e+02
-3.31e+02
-4.28e+02
-5.26e+02
-6.24e+02
-7.21e+02
-8.19e+02

图7-28 压强分布云图

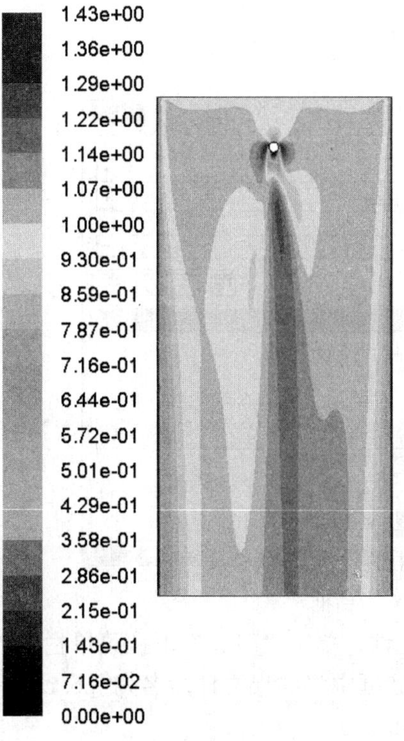

图7-29 速度分布云图

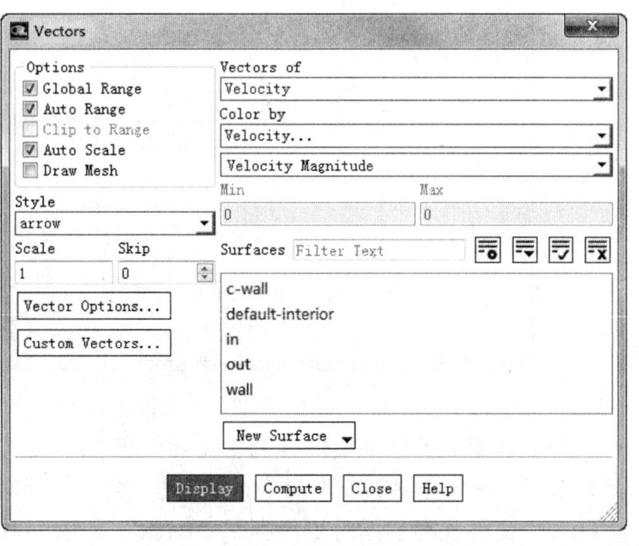

图7-30 “Vectors ”对话框

17）单击“Postprocessing”选项卡“Plots”面板中的“XY Plot”按钮 XY Plot 下拉菜单中的“Edit”命令，弹出如图 7-32 所示的“Solution XY Plot”对话框，在“Y Axis Function”下拉列表中选择“Pressure”和“Pressure Coefficient”，并选中“Surfaces”一栏中的“C-wall”，其他保持默认值，单击“Plot”按钮，即出现表面压力散点图，如图 7-33 所示。

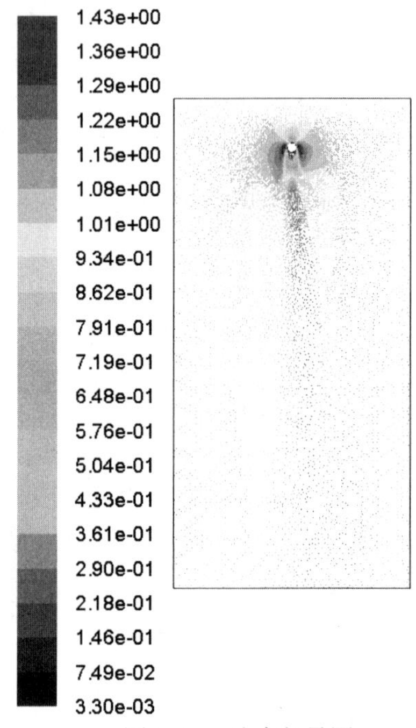

图 7-31　速度矢量图

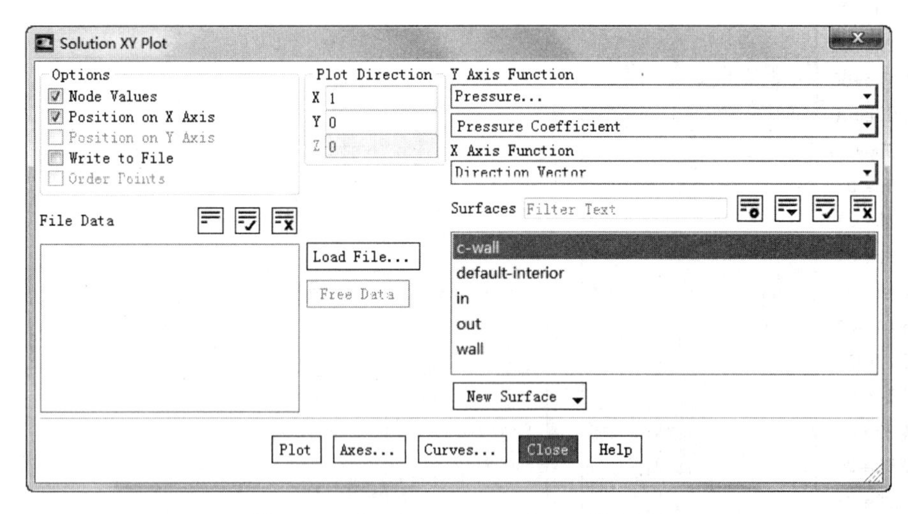

图 7-32　“Solution XY Plot 对”话框

18）计算完的结果要保存为“Case”和“Data”文件，单击“File”下拉菜单栏中的“Write”→“Case&Data”命令，在弹出的文件保存对话框中将结果文件命名为“pb.cas”，“Case”文件保存的同时也保存了“Data”文件“pb.dat”。

19）单击“File”下拉菜单栏中的“Exit”命令，安全退出 FLUENT。

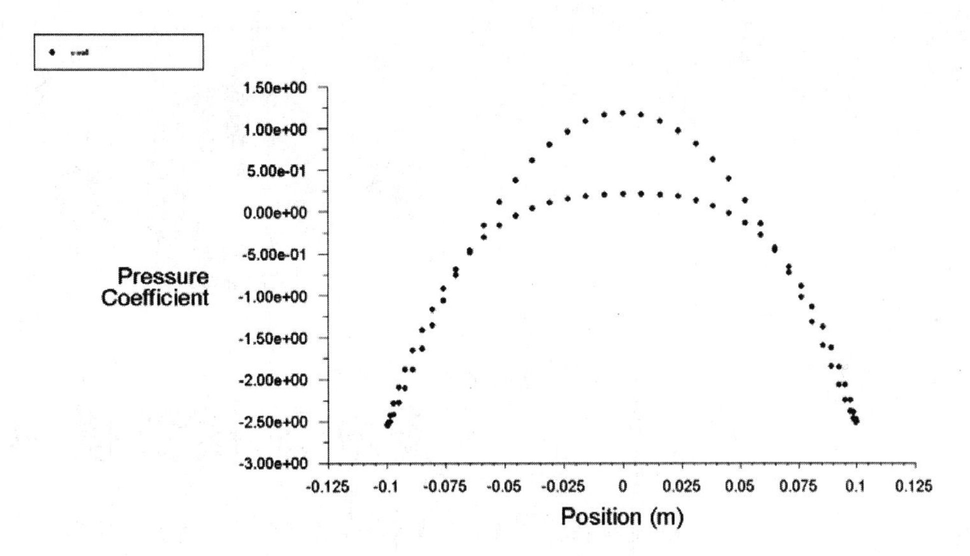

图 7-33　表面压力散点图

第8章 多相流模型模拟

相是指在流场或者位势场中，具有相同的边界条件和动力学特性的同类物质，一般分为固态、液态和气态。在多相流系统中，相的概念具有更为广泛的意义。在多相流动中，所谓的“相”可以定义为具有相同类别的物质，该类物质在所处的流动中具有特定的惯性响应并与流场相互作用。自然界和工程问题中会遇到大量的多相流动。

多相流模型包括气-液或液-液两相流、气-固两相流、液-固两相流以及三相流，具有泥浆流、气泡、液滴、颗粒负载流、分层自由面流动、气动输运、水力输运或泥浆流、沉降以及流化床等流动模式。本章将详细介绍多相流模型及其在工程中的应用。

学习要点

- FLUENT 中的多相流模型
- 通用多相流模型的选择与使用
- 二维喷射流场模拟实例
- 低气相容积率的气泡流混合模型模拟
- 套管内气液两相流动模拟

8.1 FLUENT 中的多相流模型

在 FLUENT 中提供了三种主要模型：VOF 模型(Volume of Fluid Model)、混合模型(Mixture Model)、欧拉模型(Eulerian Model)。

8.1.1 VOF 模型

所谓 VOF 模型，是一种在固定的欧拉网格下的表面跟踪方法。当需要得到一种或多种互不相融流体间的交界面时，可以采用这种模型。在 VOF 模型中，不同的流体组分共用着一套动量方程，计算时在全流场的每个计算单元内，都记录下各流体组分所占有的体积率。VOF 模型的应用例子包括分层流、自由面流动、灌注、晃动、液体中大气泡的流动、水坝决堤时的水流、对喷射衰竭（jet breakup）(表面张力)的预测，以及求得任意液-气分界面的稳态或瞬时分界面。

在 FLUENT 应用中，VOF 模型具有一定的局限：

◆VOF模型只能使用压力基求解器。

◆所有的控制容积必须充满单一流体相或者相的联合；VOF 模型不允许在那些空的区域中没有任何类型的流体存在。

◆只有一相是可压缩的。

◆计算VOF模型时不能同时计算周期流动问题。

◆VOF模型不能使用二阶隐式的时间格式。

◆VOF模型不能同时计算组分混合和反应流动问题。

◆大涡模拟湍流模型不能用于VOF模型。

◆VOF模型不能用于无黏流。

◆VOF模型不能用于并行计算中追踪粒子。

◆壁面壳传导模型不能和VOF模型同时计算。

此外，在 FLUENT 中 VOF 公式通常用于计算时间依赖解，但是对于只关心稳态解的问题，它也可以执行稳态计算。稳态 VOF 计算是敏感的，只有当解是独立于初始时间并且对于单相有明显的流入边界时才有解。

例如，由于在旋转的杯子中自由表面的形状依赖于流体的初始水平，这样的问题必须使用非定常公式，而渠道内顶部有空气的水的流动和分离的空气入口可以采用稳态公式求解。

8.1.2 混合模型

混合模型可用于两相流或多相流（流体或颗粒）。因为在欧拉模型中，各相被处理为互相贯通的连续体，混合模型求解的是混合物的动量方程，并通过相对速度来描述离散相。混合模型的应用包括低负载的粒子负载流、气泡流、沉降，以及旋风分离器。混合模型也可用于没有离散相相对速度的均匀多相流。

混合模型是欧拉模型在几种情形下的很好替代。当存在大范围的颗粒相分布或者界面的规律未知或它们的可靠性有疑问时，完善的多相流模型是不可行的。当求解变量的个数小于完善的多相流模型时，像混合模型这样简单的模型能和完善的多相流模型一样取得好的结果。

在 FLUENT 应用中，混合模型具有一定的局限：

◆混合模型只能使用压力基求解器。

◆只有一相是可压缩的。

◆计算混合模型时不能同时计算周期流动问题。

◆不能用于模拟融化和凝固的过程。

◆混合模型不能用于无黏流。

◆在模拟气穴现象时，若湍流模型为LES模型则不能使用混合模型。

◆在MRF多旋转坐标系与混合模型同时使用时，不能使用相对速度公式。

◆不能和固体壁面的热传导模拟同时使用。

◆不能用于并行计算和颗粒轨道模拟。

◆组分混合和反应流动的问题不能和混合模型同时使用。

◆混合模型不能使用二阶隐式的时间格式。

此外，混合模型的缺点还有界面特性包括不全、扩散和脉动特性难以处理等。

8.1.3 欧拉模型

欧拉模型是 FLUENT 中最复杂的多相流模型。它建立了一套包含 n 个参数的动量方程和连续方程来求解每一相。压力项和各界面交换系数是耦合在一起的。耦合的方式则依赖于所含相的情况，颗粒流（流-固）的处理与非颗粒流（流-流）是不同的。对于颗粒流，可应用分子运动理论来求得流动特性。不同相之间的动量交换也依赖于混合物的类别。通过 FLUENT 的用户自定义函数（user-defined functions），可以自己定义动量交换的计算方式。

欧拉模型的应用包括气泡柱、上浮、颗粒悬浮，以及流化床等情形。

除了以下的限制外，在 FLUENT 中所有其他的可利用特性都可以在欧拉多相流模型中使用：

◆只有 $k-\varepsilon$ 模型能用于湍流。

◆颗粒跟踪仅与主相相互作用。

◆不能同时计算周期流动问题。

◆不能用于模拟融化和凝固的过程。

◆欧拉模型不能用于无黏流。

◆不能用于并行计算和颗粒轨道模拟。

◆不允许存在压缩流动。

◆欧拉模型中不考虑热传输。

◆相同的质量传输只存在于气穴问题中，在蒸发和压缩过程中是不可行的。

◆欧拉模型不能使用二阶隐式的时间格式。

8.2 通用多相流模型的选择与使用

8.2.1 通用多相流模型的选择

解决多相流问题的第一步，就是挑选出最能符合实际流动的模式。一旦决定了采用何种模式，就可以根据以下的原则来挑选最佳的模型。

◆对于体积率小于10%的气泡、液滴和粒子负载流动，采用离散相模型。

◆对于离散相混合物或单独的离散相体积率超出10%的气泡、液滴和粒子负载流动，采用混合模型或者欧拉模型。

◆对于活塞流，采用VOF模型。

◆对于分层/自由面流动，采用VOF模型。

◆对于气动输运，如果是均匀流动，则采用混合模型；如果是粒子流，则采用欧拉模型。

◆对于流化床，采用欧拉模型模拟粒子流。

◆对于泥浆流和水力输运，采用混合模型或欧拉模型。

◆对于沉降，采用欧拉模型。

◆对于更加一般的，同时包含若干种多相流模式的情况，应根据最感兴趣的流动特征，选择合适的流动模型。此时由于模型只是对部分流动特征作了较好模拟，其精度必然低于只包含单个模式的流动。

混合模型和欧拉模型的选择：如果离散相在计算域分布较广，采用 混合模型；如果离散相只集中在一部分，使用欧拉模型；当考虑计算域内的 interphase drag laws 时，欧拉模型通常比混合模型能给出更精确的结果；选择何种模型要从计算时间和计算精度上考虑。

8.2.2 通用多相流模型的设置

1. VOF 模型

在 FLUENT 中，单击“Setting Up Physics”功能区“Models”面板中的“Multiphase”按钮，弹出“Multiphase Model”对话框，如图 8-1 所示，选择“Volume of Fluid”，即启用了 VOF 模型（若选用“Off”，即不采用多相流模型）。

其中“VOF Fraction Parameters”下的“Formulation”可以选择显式“Explicit”和隐式“Implicit”，选择显式时，还需要输入适当的“Courant Number”，FLUENT 默认的是 0.25。在“Number of Phases”中可以指定多相流模型计算的相数，最多为 20 相。选择“Open Channel Flow”表示问题是明渠流。涉及体积计算时，还需要选中“Implicit Body Force”，通过解决压力梯度和动量方程中体积力的部分平衡提高了解的收敛。

2. 混合模型

在“Multiphase Model”对话框中选择“Mixture”，如图 8-2 所示。其中混合 Parameters 下方的 Slip Velocity 为滑移速度，若选中则考虑相间滑移，若不选则相间速度一致。

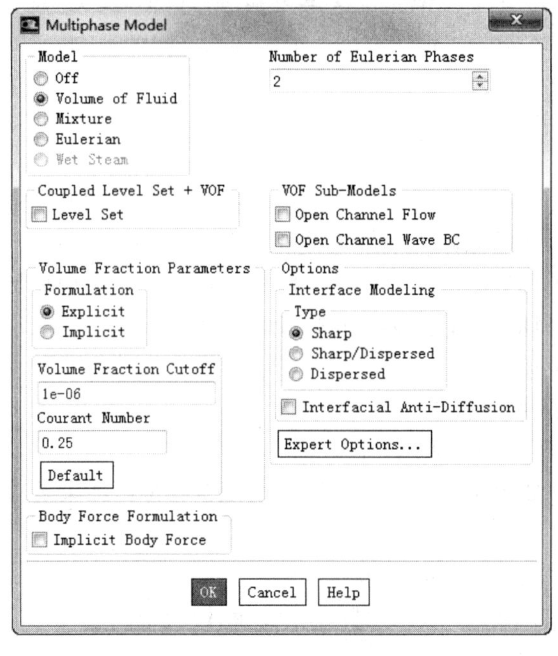

图 8-1 “Multiphase Model ”对话框 VOF 模型

3. 欧拉模型

在“Multiphase Model”对话框中选择“Eulerian”，如图 8-3 所示，只需要定义模拟的相数即可。

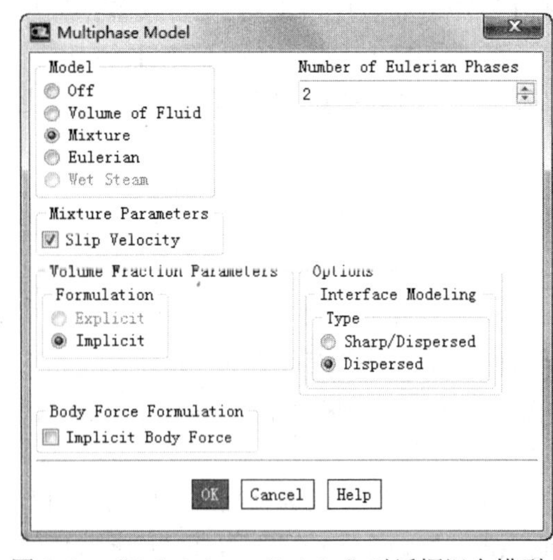

图 8-2 “Multiphase Model ”对话框混合模型

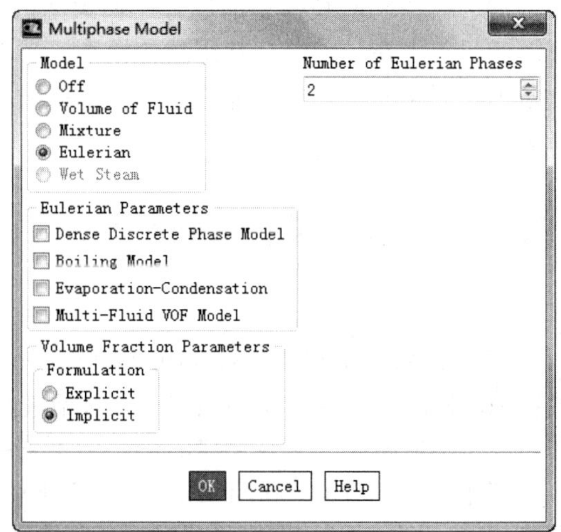

图 8-3 “Multiphase Model ”对话框欧拉模型

8.2.3 一般多相流问题的求解策略

1. VOF 模型

为了提高 VOF 模型求解的精度和收敛性，应做到如下几点：

1）参考压力的位置应该移动到能减少压力计算的位置。默认的情况下，参考压力的位置在单元中心或靠近点（0，0，0）。

2）当用 FLUENT 进行任何模拟时，如果欠松弛因子设置为 1 时，如果解出现不稳定、发散行为，欠松弛因子必须减小。

3）如果使用稳态隐式的 VOF 方案，为了提高稳定性，所有变量的欠松弛因子应设置在 0.2～0.5 之间。

2. 混合模型

1）当选用滑流速度时，应选择较小的欠松弛因子开始混合模型的计算，建议采用 0.2 或更小。如果解显示出良好的收敛行为，可逐渐增加这个值。

2）对某些情况（如旋风分离），如果开始计算时不使用滑流速度方程，就会更快地获得解；一旦启动了混合模型，就可暂定这些方程无效而开始初始计算。

3. 欧拉模型

为了提高收敛性，在求解完整欧拉多相流模型前可以先获得初始解。例如，启动和求解问题用混合模型（选或不选滑流速度都可）代替欧拉模型，然后启动欧拉模型，完成设置，采用混合模型的解作为起点继续计算。

8.3 二维喷射流场模拟实例

在生活中经常会出现喷水现象，比如浇花、灭火等，都是水流从一个小口喷出，形成一个大的喷射面。这里我们将用 FLUENT 模拟此类射流问题。

图 8-4 所示的集合区域中包含了喷水口（inlet）和出水口（outlet），其余部分为壁面（wall）。W=0.025m，H=0.2m，L=1m。

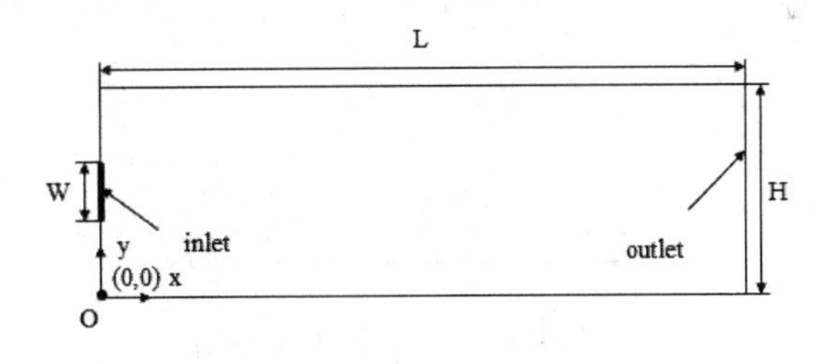

图 8-4 几何模型

8.3.1 建立模型

1）双击桌面上的 GAMBIT 图标，启动 GAMBIT 软件，弹出“Gambit Startup”对话框，在“Working Directory”下拉列表框中选择工作文件夹，在“Session Id”文本框中输入“jet”。单击“Run”按钮，进入 GAMBIT 系统操作界面。单击菜单栏中的“Solver”→“FLUENT5/6”命令，选择求解器类型。

2）单击“Geometry” →“Vertex” →“Create Real Vertex” 按钮，在“Create Real Vertex”面板的 x、y、z 坐标输入栏输入数值，建立 6 个点（0，0，0）、（0，0.2，0）、（1，0.2，0）、（1，0，0）、（0，0.0875，0）、（0，0.1125，0）。

3）单击“Geometry” →“Edge” →“Create Straight Edge” 按钮，在

“Create Straight Edge”面板中选择需要构成线段的两个点，单击“Apply”按钮绘成线段，得到基本的几何模型，如图 8-5 所示。

图 8-5　基本的几何模型

4）单击“Geometry”→“Face”→“Create face from Wireframe”按钮，在“Create face from Wireframe”面板的“Edges”黄色输入栏中选取所需要围成面的线段，单击“Apply”按钮生成几何平面。

8.3.2　划分网格

1）单击“Mesh”→“Edge”→“Mesh Edges”按钮，打开“Mesh Faces”面板，选中对话框中的“Edges”，选择左侧中间最短的线段（喷口），设置“Interval count”为“100”，单击“Apply”按钮，完成喷口直线的网格划分。同理设置上、下两条线段为“50”，最右侧的线段设置为“200”。

2）单击“Mesh”→“Face”→“Mesh Faces”按钮，打开“Mesh Faces“面板，选中“face.1”，保持默认值，单击“Apply”按钮，完成对模型面的网格划分，如图 8-6 所示。

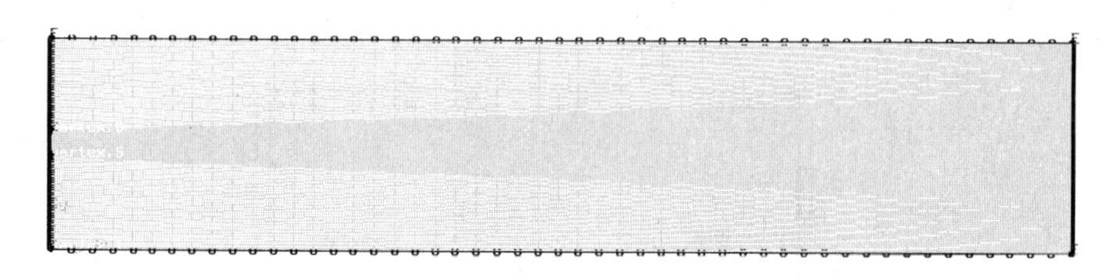

图 8-6　模型面的网格划分

3）单击“Zones”→“Specify Boundary Types”按钮，在“Specify Boundary Types”面板中将左侧中间最短的线段（喷口）定义为 VELOCITY_INLET，命名为“inlet”；将最右侧的线段定义为“PRESSURE_OUTLET”，命名为“outlet”；其他定义为 WALL，命名为“wall”。

4）执行“File”→“Export”→“Mesh”命令，弹出“Export Mesh File”对话框，在文件名中输入“jet.msh”，并选中“Export 2-D（X-Y）Mesh”，确定输出二维模型网络文件。

8.3.3　求解计算

1）双击 FLUENT 19.0 图标，弹出“FLUENT Version”对话框，选择 2d（二维单精度）计算器，单击“OK”按钮启动 FLUENT。

2）单击“File”下拉菜单栏中的“Read” →“Case”命令，读入划分好的网格文件“jet.msh”。

3）单击“Setting Up Domain”功能区“Mesh”面板中的“Check”按钮，检查网格文件。

4）双击“导航面板”中的“General”命令，弹出“General”任务面板，在弹出的“General”面板中选择 Transent，其他保持默认值。如图 8-7 所示。

5）单击“Setting Up Physics”功能区“Models”面板中的“Multiphase”按钮，弹出“Multiphase Model”对话框，在弹出的“Multiphase Model”中选择“Volume of Fluid”模型，“Number of Eulerian Phases”选择 2（有水和空气两相），如图 8-8 所示。

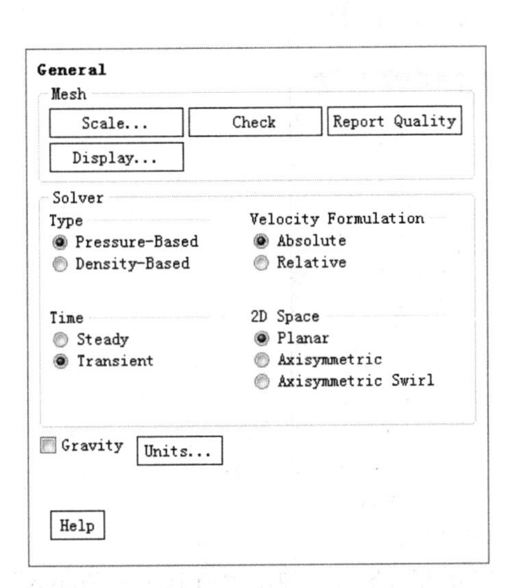

图 8-7 “General”任务面板

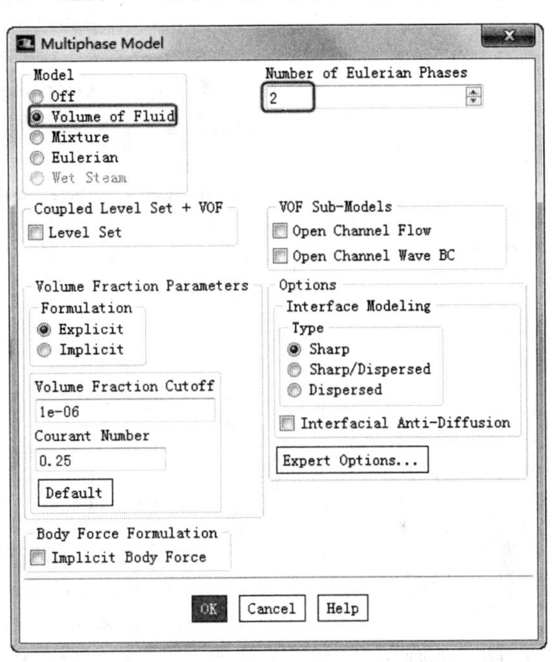

图 8-8 “Multiphase Model”对话框

6）单击“Setting Up Physics”功能区“Models”面板中的“Viscous”按钮 Viscous...，弹出“Viscous”对话框，在弹出的“Viscous Models”对话框中选择标准 k-epsilon[2 eqn](k-ε 模型)，其他保持默认值。

7）单击“Setting Up Physics”功能区“Materials”面板中的“Create/Edit”按钮，系统弹出“Create/Edit Materials”对话框，在对话框中单击“Fluent Database”按钮，弹出“Fluent Database Materials”对话框。在“Fluent Fluid Materials”列表框中的选择“water-liquid”选项，单击“Copy”按钮，即可把水的物理性质从数据库中调出，最后单击“Close”按钮关闭对话框。返回到“Create/Edit Materials”对话框，然后依次单击“Change/Create”和“Close”按钮，完成材料的定义。

8）单击“Setting Up Physics”功能区“Solver”面板中的“Operating Conditions”命令，弹出“Operating Conditions”对话框，勾选“Gravity”和“Specified Operating Density”，将 Y 方向上的加速度改为-9.8，其他设置不变，如图 8-9 所示。

9）单击“Setting Up Physics”功能区“Phases”面板中的“List/Show All”命令，

弹出“Phases”面板，如图 8-10 所示。

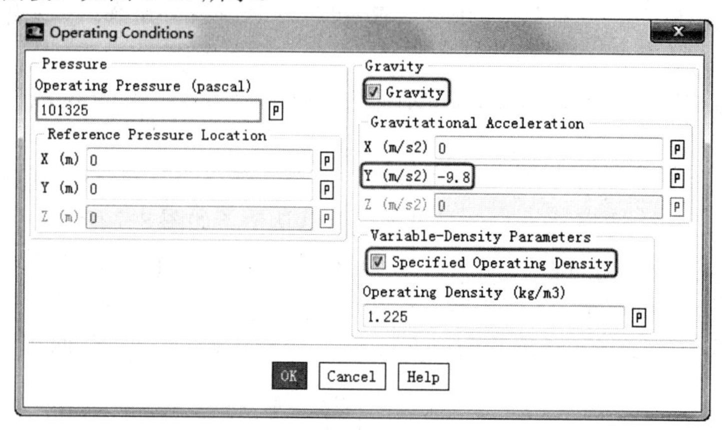

图 8-9 “Operating Conditions”对话框

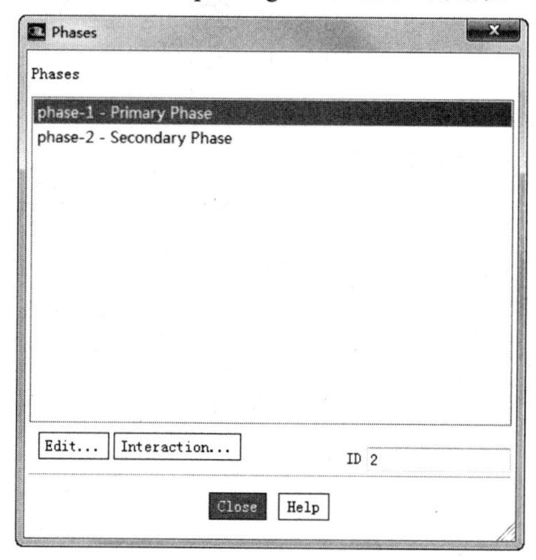

图 8-10 “Phases”面板

10）选择“phase-1- Primary-Phase”，单击“Edit”按钮，弹出“Primary Phase”面板。

①将“Name”改为“air”，在“Phase Material”中选择“air”，如图 8-11 所示，单击“OK”按钮，即完成对第一相的设定。

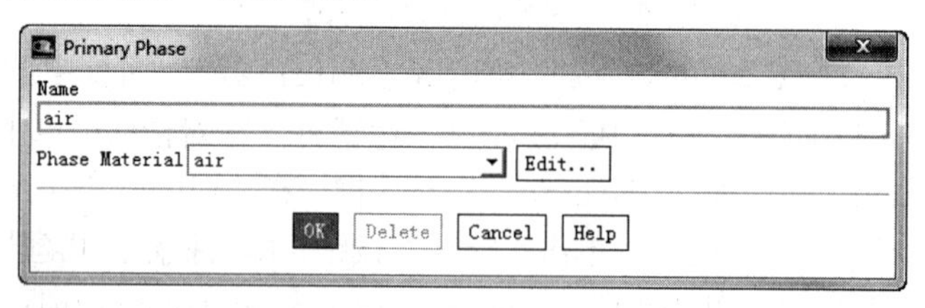

图 8-11 “Primary Phase” 面板

②回到“Phase”面板，选择“phase-2- Secondary Phase”单击“Edit”按钮，弹出“Secondary Phase”面板，将 Name 改为“water”，在“Phase Material”中选择“water-liquid”，如图 8-12 所示，单击“OK”按钮，即完成对第二相的设定。

11）设置 Fluid 流体区域的边界条件。单击“Setting Up Physics”功能区“Zones”

面板中的“Cell Zones”命令，弹出“Cell Zone Conditions”任务面板。在“Cell Zone Conditions”面板的“Zone”列表中选择“fluid”，单击“Edit”按钮，弹出“Fluid”对话框，保持默认值，单击“OK”按钮。

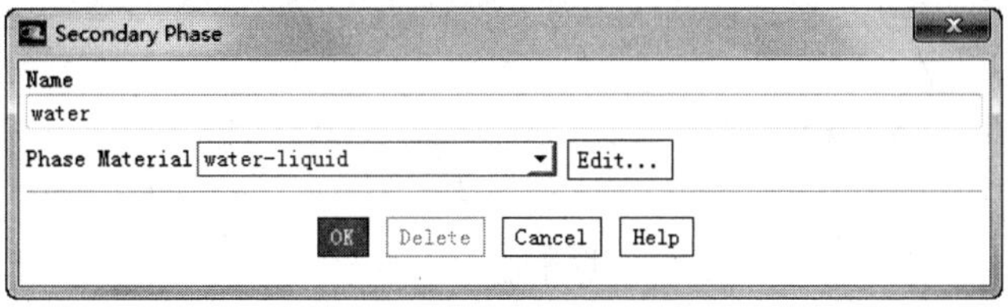

图 8-12 “Secondary Phase”面板

设置“inlet”的边界条件。单击“Setting Up Physics”功能区“Zones”面板中的“Boundary”命令，弹出“Boundary Conditions”面板。

①在“Boundary Conditions”面板的“Zone”列表中选择“inlet”，在“Phase”列表中选择Mixture，单击“Edit”按钮，弹出“Velocity Inlet”对话框，如图8-13所示，将“Velocity Magnitude”设置为1.5m/s，在“Specification Method”选项框中选择“K and Epsilon”，“Turbulent Kinetic Energy”对应值为0.01，“Turbulent Dissipation Rate”对应值为0.01。设置完毕后单击“OK”按钮。

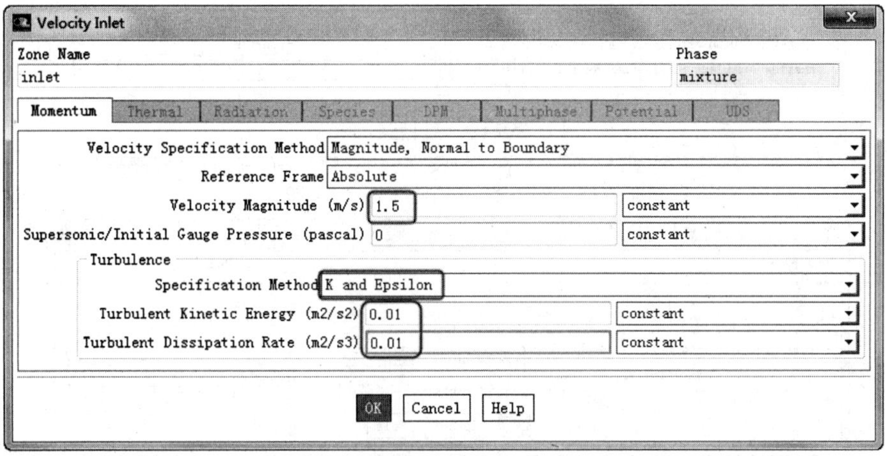

图 8-13 “Velocity Inlet” 对话框

②回到“Boundary Conditions”面板，在选择“inlet”的情况下，将“Phase”改为“water”，单击“Edit”按钮，弹出“Velocity Inlet”对话框，如图所示，选择“Multiphase”选项，在“Volume Fraction”中设为1.0，如图8-14所示，意为进口处都是水，单击“OK”按钮完成进口处第二相的设置。

设置outlet的边界条件。

①在“Boundary Conditions”面板的“Zone”列表中选择“outlet”，在“Phase”列表中选择Mixture，单击Edit按钮，弹出“Pressure Outlet”对话框，如图8-15所示，在“Specification Method”选项框中选择“K and Epsilon”，“Backflow TurbulentKinetic Energy”对应值为0.01，“Backflow TurbulentDissipation Rate”对应值为0.01。如图8-15所示，设置完毕后单击OK按钮。

②回到“Boundary Conditions”面板，在选择“outlet”的情况下，将“Phase”改

为“water”，单击“Edit”按钮，弹出“Pressure Outlet”对话框，如图 8-16 所示，选择“Multiphase”选项，在“Backflow Volume Fraction”中设为 1.0，意为没有回流，水都从出口流出，单击“OK”按钮完成进口处第二相的设置。

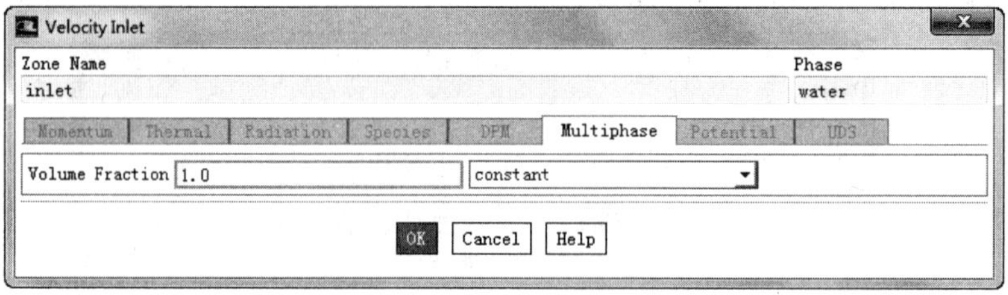

图 8-14 “Velocity Inlet” 对话框

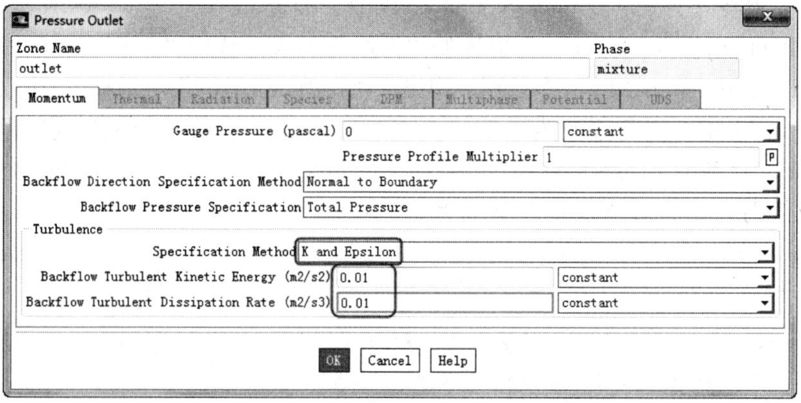

图 8-15 “Pressure Outlet ” 对话框 1

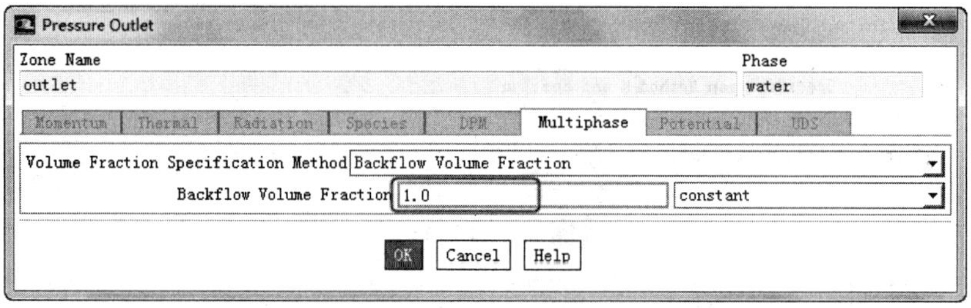

图 8-16 “Pressure Outlet ” 对话框 2

12）单击“Solving”选项卡“Solution”面板中的“Methods”按钮，弹出“Solution Methods”任务面板，在“Pressure-Velocity Coupling”一栏选择“PISO”，“Pressure”选择“Body Force Weighted”，“Momentum”选择“Second Order Upwind”，“Turbulent Kinetic Energy”选择“Second Order Upwind”，“Turbulent Dissipation Rate”选择“Second Order Upwind”。其他保持默认值，如图 8-17 所示。

13）单击“Solving”选项卡“Controls”面板中的“Controls”按钮，弹出“Solution Controls”任务面板，将“Momentum”设为 0.5，“Turbulent Kinetic Energy”设为 0.5，“Turbulent Dissipation Rate”设为 0.5，“Turbulent Viscosity”设为 0.5。其他保持默认值，如图 8-18 所示。

14）对流场进行初始化。单击“Solving”选项卡“Initialization”面板中的“Options”命令，弹出“Solution Initialization”任务面板，在弹出的“Solution Initialization”

面板中选择“inlet”，在“water Volume Fraction”中设置为0，如图8-19所示，说明在初始状态时，矩形区域中充满了空气，单击“Initialize”按钮。

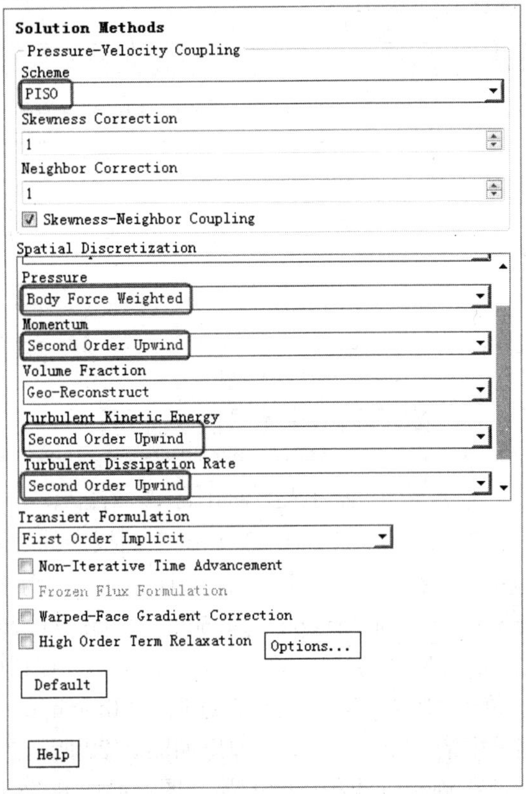

Solution Methods
Pressure-Velocity Coupling
Scheme
PISO
Skewness Correction
1
Neighbor Correction
1
Skewness-Neighbor Coupling
Spatial Discretization
Pressure
Body Force Weighted
Momentum
Second Order Upwind
Volume Fraction
Geo-Reconstruct
Turbulent Kinetic Energy
Second Order Upwind
Turbulent Dissipation Rate
Second Order Upwind
Transient Formulation
First Order Implicit
Non-Iterative Time Advancement
Frozen Flux Formulation
Warped-Face Gradient Correction
High Order Term Relaxation
Options...
Default
Help

图8-17 “Solution Methods” 面板

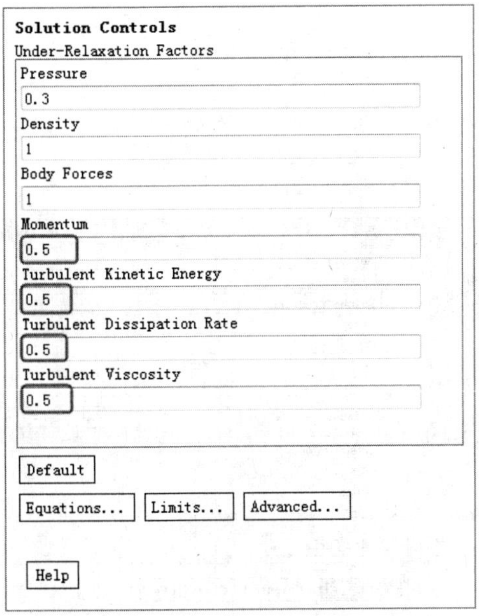

Solution Controls
Under-Relaxation Factors
Pressure
0.3
Density
1
Body Forces
1
Momentum
0.5
Turbulent Kinetic Energy
0.5
Turbulent Dissipation Rate
0.5
Turbulent Viscosity
0.5
Default
Equations...
Limits...
Advanced...
Help

图8-18 “Solution Controls” 面板

Solution Initialization
Initialization Methods
Hybrid Initialization
Standard Initialization
Compute from
inlet
Reference Frame
Relative to Cell Zone
Absolute
Initial Values
Gauge Pressure (pascal)
0
X Velocity (m/s)
1.5
Y Velocity (m/s)
0
Turbulent Kinetic Energy (m2/s2)
0.01
Turbulent Dissipation Rate (m2/s3)
0.01
water Volume Fraction
0
Initialize
Reset
Patch...
Reset DPM Sources
Reset Statistics
Help

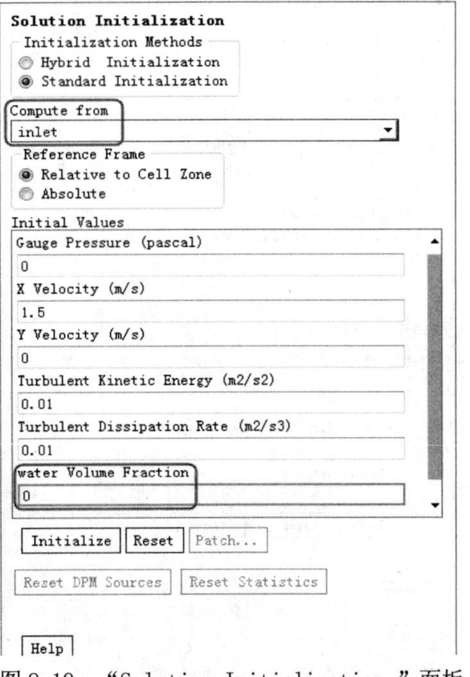

图8-19 “Solution Initialization ”面板

15）单击“Solving”选项卡“Reports”面板中的“Residuals”按钮 Residuals...，在弹出的“Residual Monitors”对话框中选中“Plot”，如图 8-20 所示，以打开残差曲线图，“continuity”设置为 0.0001。

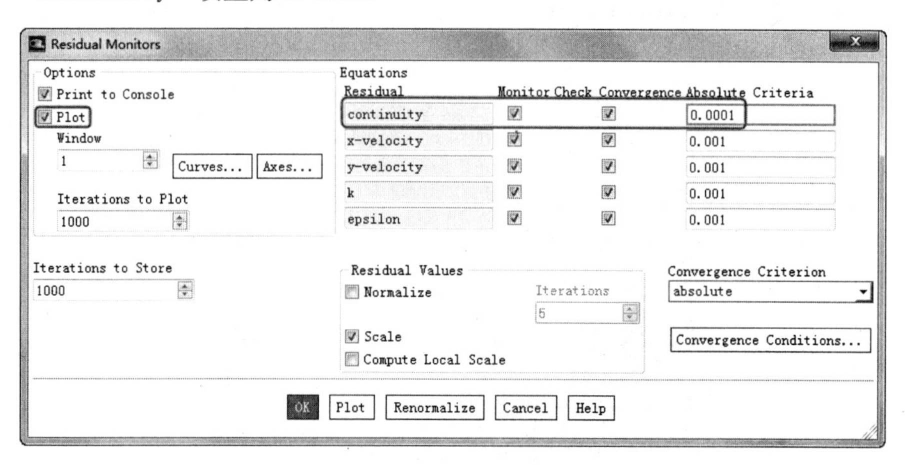

图 8-20 “Residual Monitors” 对话框

16）单击“Solving”选项卡“Run Calculation”面板中的“Advanced”命令，弹出“Run Calculation”任务面板。在弹出的“Run Calculation”任务面板中设置“Time Step Size”为 0.001，“Number of Time Steps”为 500，“Max Iterations/Time Step”为 1000，其他保持默认值，如图 8-21 所示，单击“Calculate”按钮即可开始解算。

17）迭代完成之后，单击“Postprocessing”选项卡“Graphics”面板中的“Contours”按钮 Contours 下拉菜单中的“Edit”命令，弹出如图 8-22 所示的“Contours”对话框。单击“Display”按钮，即出现空气体积分数的显示图，如图 8-23 所示。还可以设置某一截面上的速度矢量图。

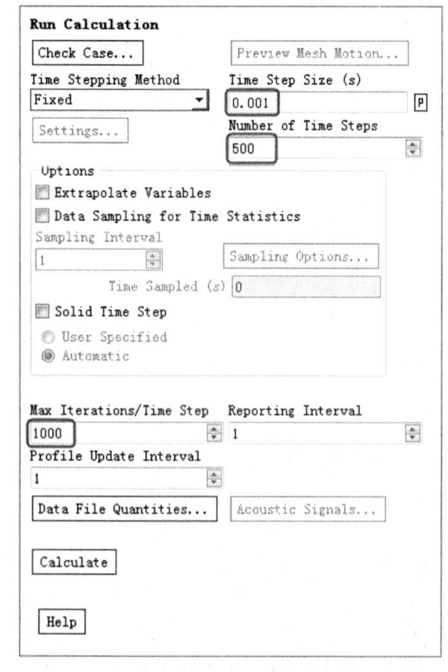

图 8-21 “Run Calculation ”面板

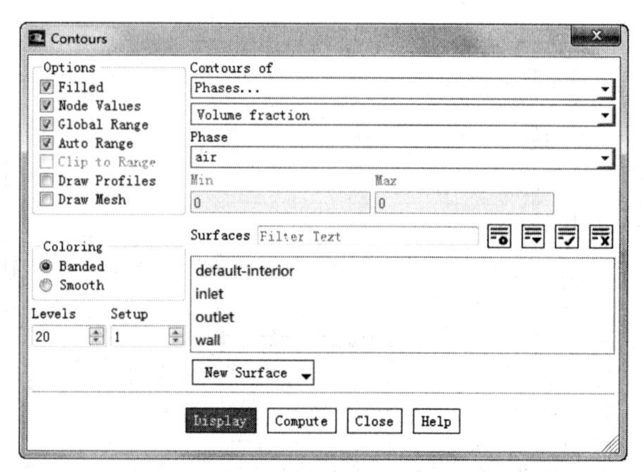

图 8-22 “Contours ”对话框

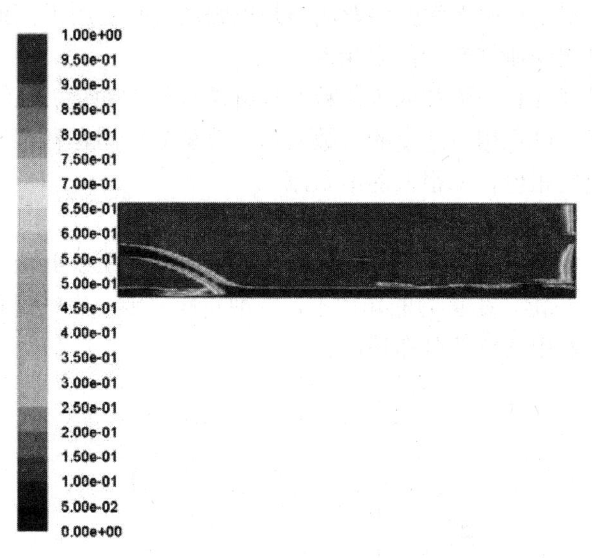

图 8-23　空气体积分数

18）单击“Postprocessing”选项卡“Graphics”面板中的“Vectors”按钮 Vectors 下拉菜单中的“Edit”命令，弹出“Vectors”对话框，选中“Surface”下面的所有选项，单击“Display”按钮，即得到整个区域的速度矢量图，如图 8-24 所示。

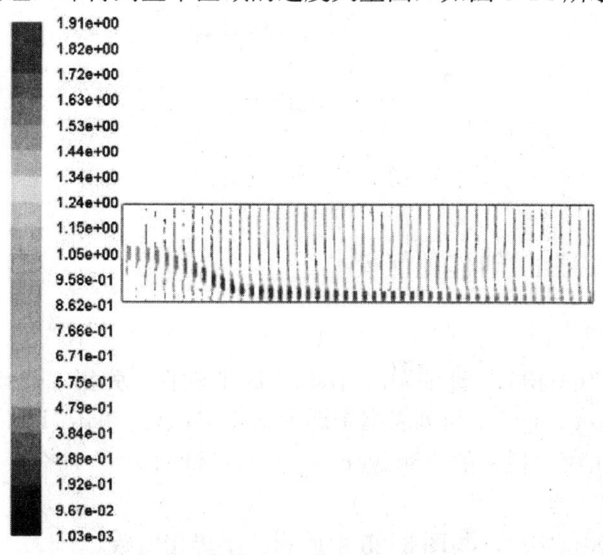

图 8-24 速度矢量图

19）计算完的结果要保存为 case 和 data 文件，单击“File”下拉菜单栏中的“Write”→“Case&Data”命令，在弹出的文件保存对话框中将结果文件命名为“jet.cas”，“case”文件保存的同时也保存了“data”文件“jet.dat”。

20）单击“File”下拉菜单栏中的“Exit”命令，安全退出 FLUENT。

8.4 低气相容积率的气泡流混合模型模拟

混合模型是一种简化的多相流模型，它用于模拟各相有不同速度的多相流，但是假定在短空间尺度上局部平衡。相之间的耦合应当是很强的，它也用于模拟有强烈耦合的各向同性多相流和各相以相同速度运动的多相流。

混合模型可以模拟 n 相（流体或者微粒）求解混合相的动量、连续性和能量方程，第二相的体积分数方程，以及相对速度的代数表示。典型的应用包括沉降、旋风分离器、低负荷的微粒流，以及气相容积率很低的泡状流。

【问题描述】

有一容器，尺寸如图 8-25 所示，入口处在低端，出口在左上端。入口的水中夹杂着体积分数为 5%的空气气泡，在重力的作用下，气泡将向上浮，集中在容器的上端。现模拟此流动，观察最后容器中气体的分布情况。

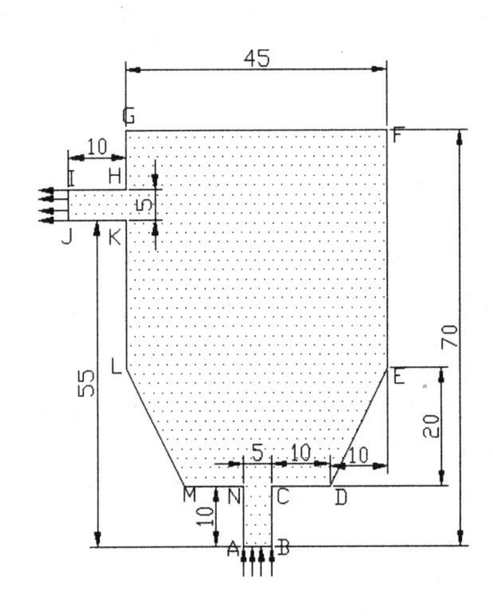

图 8-25 模型示意图

8.4.1 利用 GAMBIT 创建几何模型

1. 启动 GAMBIT

双击桌面上的“GAMBIT”图标，启动 GAMBIT 软件，弹出“Gambit Startup”对话框。在“working directory”下拉列表框中选择工作文件夹。单击“Run”按钮，进入 GAMBIT 系统操作界面，单击菜单栏中的“Solver” → “FLUENT5/6”命令，选择求解器类型。

2. 创建各主要节点

下文中所述的各点字母，与图 8-25 中所示的字母相一致。

(1) 创建 A、B、N、C 四点　单击“Geometry” → “Vertex” → “Create Real Vertex”按钮，弹出“Create Real Vertex”对话框。在“Global”坐标系的“x”“y”“z”文本框中，分别输入（0,0,0)、(5,0,0)、(0,10,0）和（5,10,0)，其他选项保持系统默认设置，分别单击“Apply”按钮，创建 A、B、N、C 四点。

(2)复制偏移 C、N 点，生成点 D、M　单击“Geometry” →“Vertex” →“Vertex”按钮，弹出如图 8-26 所示“Move/Copy Vertices”对话框。分别选中“Copy”和“Translate”选项，单击“Vertices”文本框，使文本框呈现黄色后，按住<Shift>键，单击 C 点，选择 C 点作为需要偏移的点（在“Vertices”文本框中会出现 C 点的标示，说明选择成功)，在“Local”坐标系的“x”“y”“z”文本框中，输入需要偏移的量（10,0,0)，其他选项保持系统默认设置，单击“Apply”按钮。此时C点向右复制偏移10，生成D点。重复类似的复制偏移操作，让N点复制偏移（-10,0,0），生成M点。

（3）复制偏移M、D点，生成点L、E　重复上面类似的复制偏移操作，使M点复制偏移（-10,20,0）、D点复制偏移（10,20,0）分别生成点L、E。

（4）复制偏移L、E点，生成点K、H、G、F　重复复制偏移操作，使L点复制偏移(0,25,0)、（0,30,0)、(0,40,0）生成点K、H、G，使E点复制偏移（0,40,0）分别生成点F。

（5）复制偏移K、H点，生成点J、I　重复复制偏移操作，分别使点K、H复制偏移（-10,0,0）生成点J、I，完成节点的创建后，将得到如图8-27所示的点图。

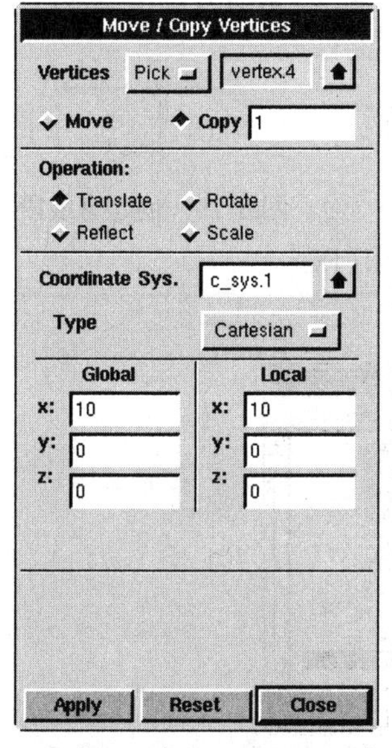

图8-26　“Move/Copy Vertices”对话框

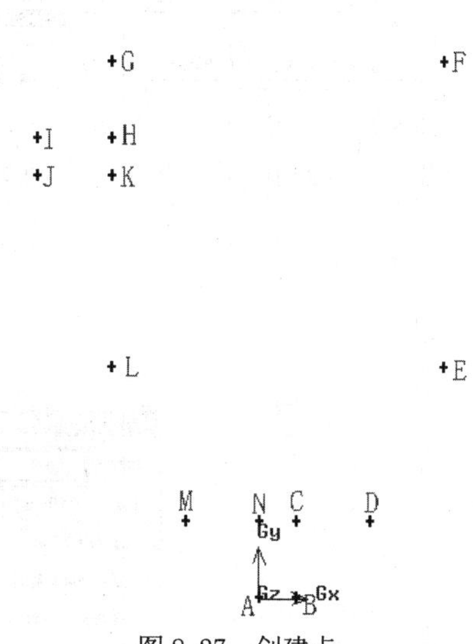

图8-27　创建点

3. 由节点连成直线段

（1）创建直线段AB、BC、CD、DE、EF、FG、GH、HK、LM、MN　先单击“Operation”工具条中的按钮，再单击“Geometry”→“Edge”→“Create Straight Edge”按钮，弹出如图8-28所示的“Create Straight Edge”对话框。单击“Vertices”文本框，使文本框呈现黄色后，按住<Shift>键，依次选取点A、B、C、D、E、F、G、H、K、L、M、N，依次单击“Apply”按钮，将生成直线段AB、BC、CD、DE、EF、FG、GH、HK、LM、MN。

【提示】

一定要按顺序选取这些点，否则将不能生成所期望的直线。

（2）创建剩余直线段　重复类似的连接直线操作，分别连接剩余的点，生成直线段NA、HI、IJ、JK，创建直线段的图形如图8-29所示。

4. 由边生成面

（1）创建面ABCDEFGHKLMNA　先单击“Operation”工具条中的按钮，再单击“Geometry”→“Face”→“Create Face from Wireframe”按钮，弹出如图8-30所示的“Create Face From Wireframe”对话框。单击“Edges”文本框，使文本框呈现

黄色后，按住<Shift>键，依次选取线 AB、BC、CD、DE、EF、FG、GH、HK、KL、LM、MN、NA，单击“Apply”按钮，选择的线将改变颜色，表示成功生成面 ABCDEFGHKLMNA。

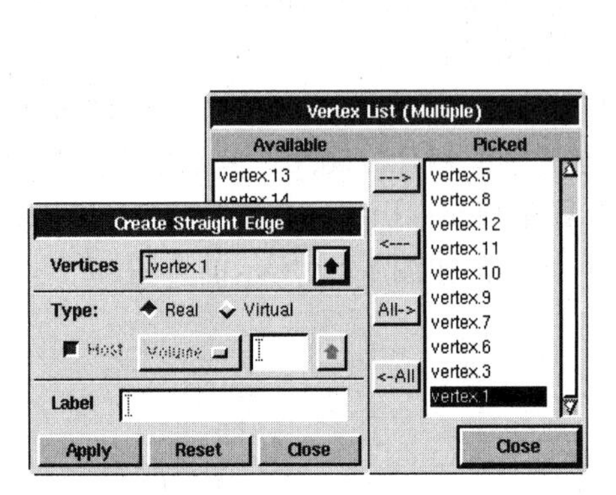

图 8-28 “Create Straight Edge” 对话框

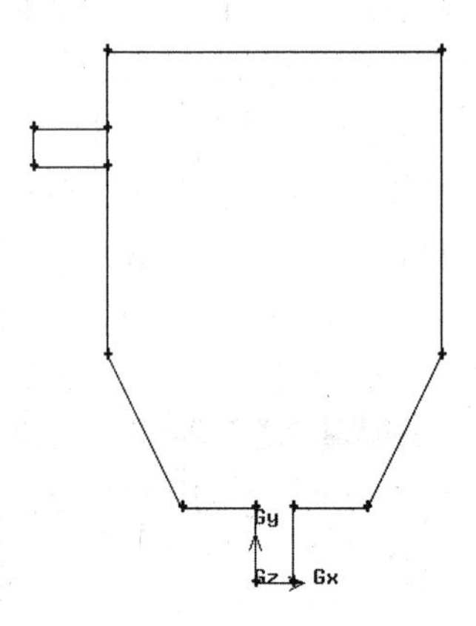

图 8-29 创建直线段

（2）生成面 HIJK 重复与上面类似的操作生成面 HIJK。

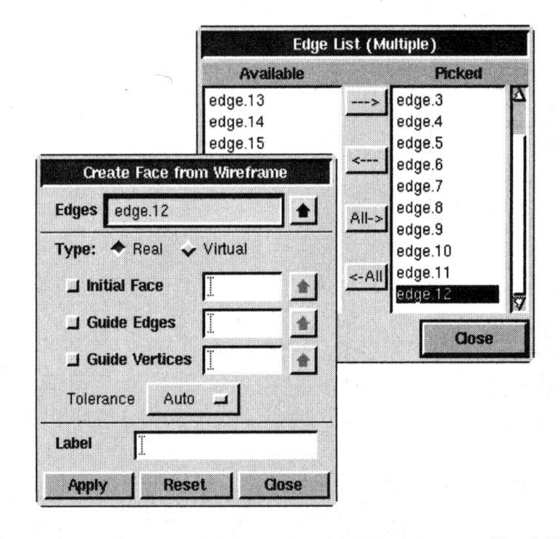

图 8-30 “Create Face From Wireframe ”对话框

8.4.2 利用 GAMBIT 划分网格

本例中的网格划分，是比较简单的二维问题，可以直接对面划分网格。

先单击“Operation”工具条中的按钮，再单击“Mesh” →“Face” →“Mesh Faces” 按钮，弹出如图 8-31 所示的“Mesh faces”对话框。单击“Faces”文本框，使文本框呈现黄色后，按住<Shift>键，依次选择两个面，表示对这两个面同时划分网格；在“Spacing”文本框中输入“1”，“Elements”和“Type”对应的选项分别为“Quad”和“Submap”，其他选项保持系统默认设置，单击“Apply”按钮，得到如图 8-32 所示的网格图。

如果觉得网格会妨碍以后的操作，单击“Global Control”控制区中“Specify Display Attributes”按钮，弹出“Specify Display Attributes”对话框；选中“Mesh”选项，再选中其对应的“off”选项，单击“Apply”按钮，此时网格将不再显示，但是存在。

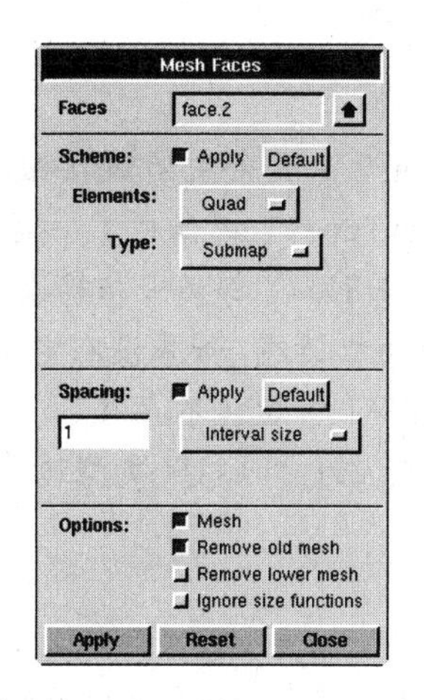

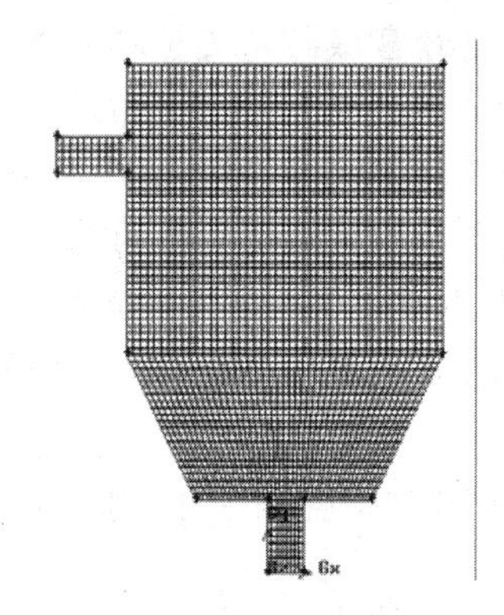

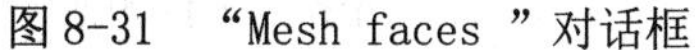

图 8-31 "Mesh faces " 对话框　　　　图 8-32 网格图

8.4.3 利用 GAMBIT 初定边界

（1）指定速度入口边界　单击"Zones" → "Specify Boundary Types" 按钮，弹出如图 8-33 所示的"Specify Boundary Types"对话框。单击"Edges"文本框，使文本框呈现黄色后，按住<Shift>键，选取线 AB，在"Name"文本框中输入"in"，其对应的"Type"选项为"VELOCITY_INLET"，单击"Apply"按钮，将直线段 AB 指定为速度入口边界。

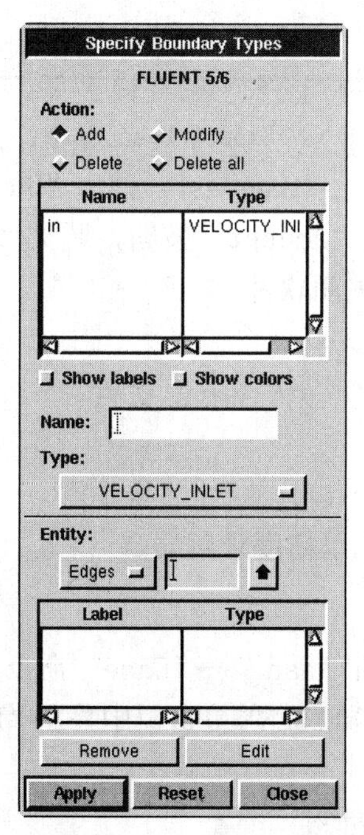

图 8-33 "Specify Boundary Types " 对话框

（2）指定压力出口边界　重复与上面类似的操作，选取线 IJ，在"Name"文本框中输入"out"，对应的"Type"选项为"PRESSURE_OUTLET"，单击"Apply"按钮，将直线段 IJ 指定为压力出口边界。

【提示】

对于连续区域的定义（即单击“Operation”工具条中的按钮，单击“Zones”工具条中的按钮，弹出“Specify Continuum Types”对话框），保持系统默认设置，是因为两个相接的面，例如面 ABCDEFGHKLMNA 与 HIJK，都共用相接线 HK，这样 GAMBIT 将默认这两个面区域是连续的区域，而两个面的相接线，如果没有定义其边界类型时，GAMBIT 认为相接线不是任何边界，在导入 FLUENT 中后就不存在了。

其他未定义边界类型的线，GAMBIT 将其默认为“Wall”类型边界。

8.4.4 利用 GAMBIT 导出 Mesh 文件

单击菜单栏中的“File” → “Export” → “Mesh”命令，弹出如图 8-34 所示的“Export Mesh File”对话框。在“File name”文本框中输入“Mixture.msh”，选中“Export 2-D(X-Y) Mesh”选项，单击“Accept”按钮，这样 GAMBIT 就能在启动时在指定的文件夹里导出该模型的 Mesh 文件。

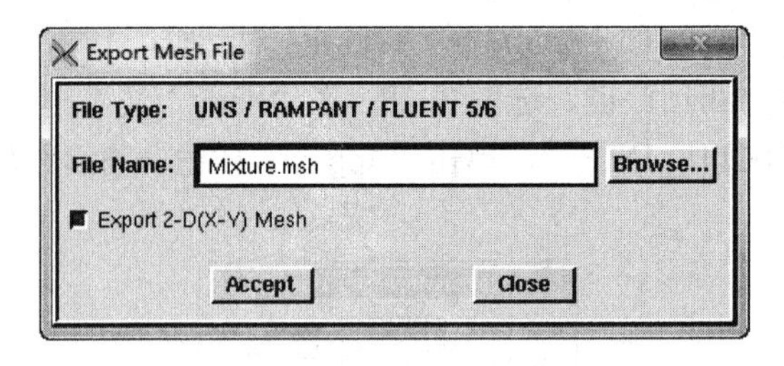

图 8-34 “Export Mesh File ”对话框

单击菜单栏中的“File” → “Save as”，弹出“Save Session As”对话框，在“ID”文本框中输入“Mixture”，单击“Accept”按钮，则文件以“Mixture”为文件名保存。

至此 GAMBIT 前处理完成，关闭软件。

8.4.5 利用 FLUENT 19.0 导入 Mesh 文件

1. 启动 FLUENT

启动 FLUENT 19.0，采用 2D 单精度求解器。

2. 读入 Mesh 文件

单击“File”下拉菜单栏中的“Read” →“Case”命令，选择刚创建好的“Mixture.msh”文件，将其读入到 FLUENT 中。当 FLUENT 主窗口中显示“Done”的提示时，表示读入成功。

8.4.6 混合模型的设定过程

1. 对网格的操作

（1）检查网格 单击“Setting Up Domain”功能区“Mesh”面板中的“Check”按

钮，对读入的网格进行检查，当主窗口中显示“Done”的提示时，表示网格可用。

（2）显示网格　单击“Setting Up Domain”功能区“Mesh”面板中的“Display”按钮 Display...，弹出如图 8-35 所示的“Mesh Display”对话框。在“Surfaces”列表框中选择所有的边界和内部区域，单击“Display”按钮，显示模型，观察模型，查看是否有错误。

（3）标定网格　单击“Setting Up Domain”功能区“Mesh”面板中的“Scale”按钮 Scale...，弹出如图 8-36 所示的“Scale Mesh”对话框。在“Mesh Was Greated In”下拉列表框中选择“mm”选项，单击“Scale”按钮，将尺寸缩小至原来的 1/1000，单击“Close”按钮，完成时网格的标定。

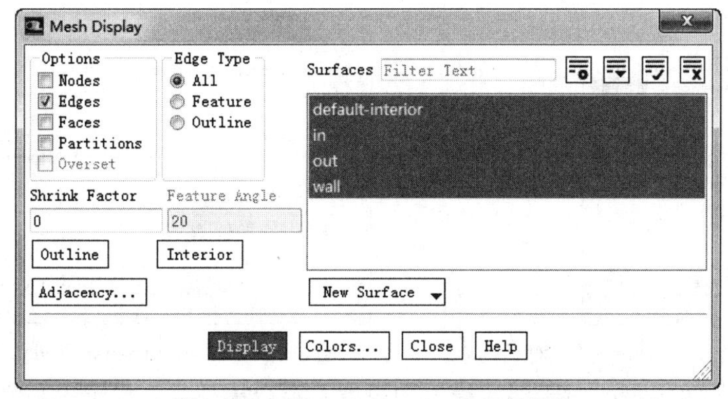

图 8-35　“Mesh Display”对话框

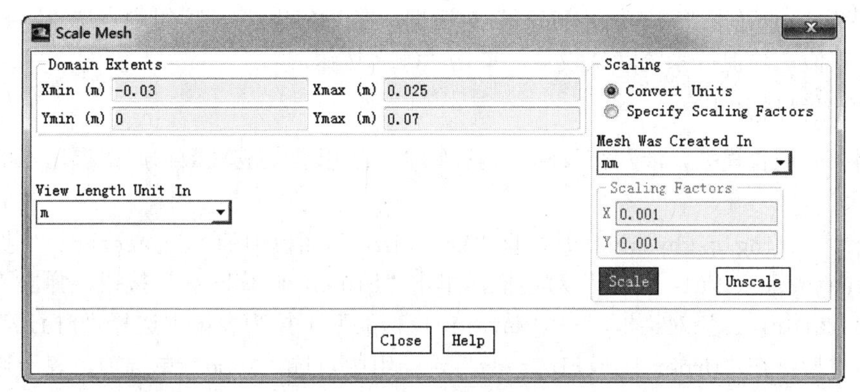

图 8-36　“Scale Mesh ”对话框

2. 设置计算模型

（1）设置混合模型　单击“Setting Up Physics”功能区“Models”面板中的“Multiphase”按钮，弹出如图 8-37 的“Multiphase Model”对话框。此时有“Off”“Volume of Fluid”“Mixture”“Eulerian”和“Wet Steam”5 个选项，其默认为选中“Off”选项，此时点选“Mixture”单选项，弹出如图 8-38 所示的“Multiphase Model”对话框。勾选“Slip Velocity”和“Implicit Body Force”复选框，在“Number of Eulerian Phases”文本框中输入 2，表示是两相流，单击“OK”按钮关闭对话框。

【提示】

如果取消对“Slip Velocity”复选框的勾选，表示将模拟均匀多相流。勾选“Implicit Body Force”复选框，同 VOF 模型一样，能够加速包含体积力影响时计算的收敛。

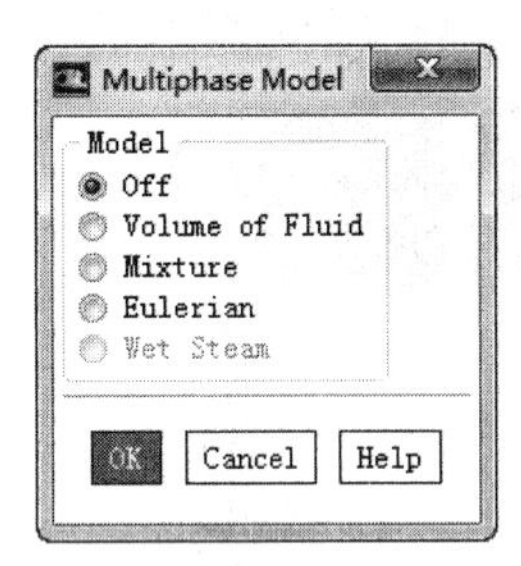

图 8-37 “Multiphase Model” 对话框 1

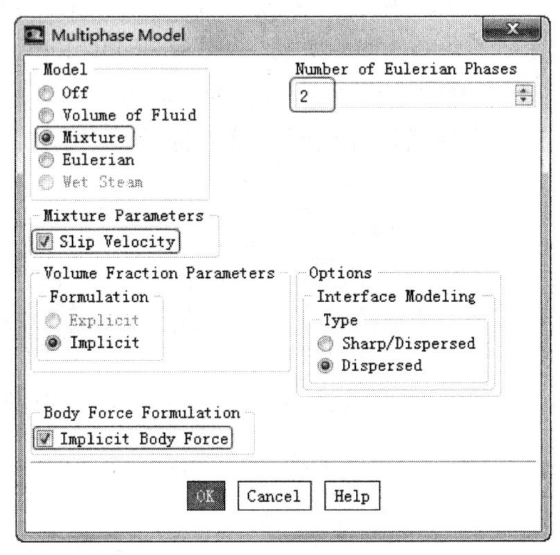

图 8-38 “Multiphase Model” 对话框 2

（2）设置湍流模型　对于湍流模型的设置，混合模型不能用于无黏流，也不能使用大涡模拟。单击“Setting Up Physics”功能区“Models”面板中的“Viscous”按钮 Viscous...，弹出“Viscous Model”对话框，在“Model”选项组中点选“k-epsilon”单选项，其他选项保持系统默认设置，单击“OK”按钮。

3. 设置材料属性

本例中的混合模型，涉及空气和水两种物质，所以要从物性数据库中调出水的物理参数。

单击“Setting Up Physics”功能区“Materials”面板中的“Create/Edit”按钮，弹出“Create/Edit Materials”对话框，单击“Fluent Database”按钮，弹出“Fluent Database Materials”对话框。在“Material Type”下拉列表框中选择“fluid”选项，选择流体类型；在“Order Materials By”选项组中点选“Name”单选项，表示通过材料的名称选择材料；在“Fluent Fluid Materials”列表框中选择“water-liquid”选项，保持水的参数不变，单击“Copy”按钮，再单击“Close”按钮，关闭对话框。保持“Create/Edit Materials”对话框中其他设置不变，单击“Close”按钮。

4. 设置主相和第二相

（1）对于主相的定义方式同 VOF 一样，在这里定义水为主相　单击“Setting Up Physics”功能区“Phases”面板中的“List/Show All”命令，弹出“Phases”对话框。在“Phase”列表中选择“phase-1- Primary Phase”选项，单击“Edit”按钮，弹出如图 8-39 所示的“Primary Phase”对话框，在“Name”文本框中输入“water”，表示主相为“water”，在“Phase Material”下拉列表框中选择“water-liquid”选项，表示设置

“water-liquid”为主相，单击“OK”按钮，关闭“Primary Phase”对话框。

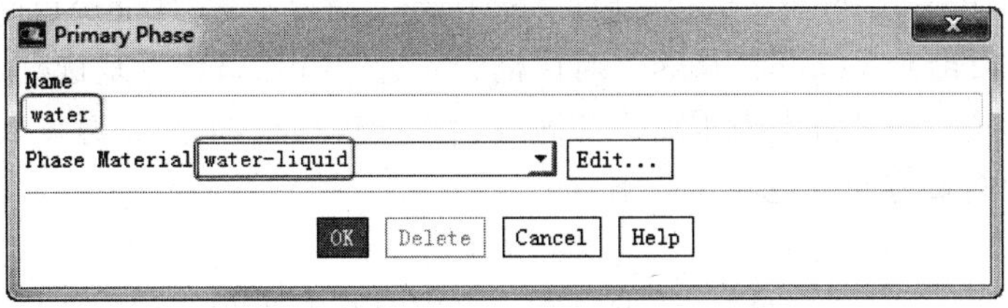

图8-39　“Primary Phase”对话框

（2）定义空气为第二相　在“Phases”面板中，选择“phase-2- Secondary Phase”选项，单击“Edit”按钮，弹出如图8-40所示的“Secondary Phase”对话框。在“Name”文本框中输入air，表示第二相为“air”，在“Phase Material”下拉列表框中选择“air”选项，表示设置air为第二相，在“Diameter”下拉列表框中选择“constant”选项，在下面的文本框中输入0.01(气泡的粒径是0.01mm)，单击“OK”按钮，关闭“Secondary Phase”对话框。

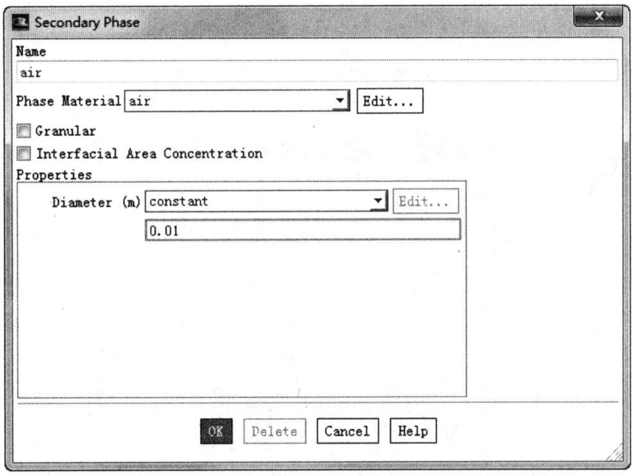

图8-40　“Secondary Phase ”对话框

（3）定义两相的相互作用　在混合模型中，主要定义两相的滑移速度。单击“Setting Up Physics”功能区“Phases”面板中的“Interaction”按钮，弹出如图8-41所示的“Phase Interaction”对话框。单击“Slip”选项卡，在“Slip Velocity”选项组的下拉列表框中选择“manninen-et-al”选项，表示使用manninen-et-al方式计算滑移速度。

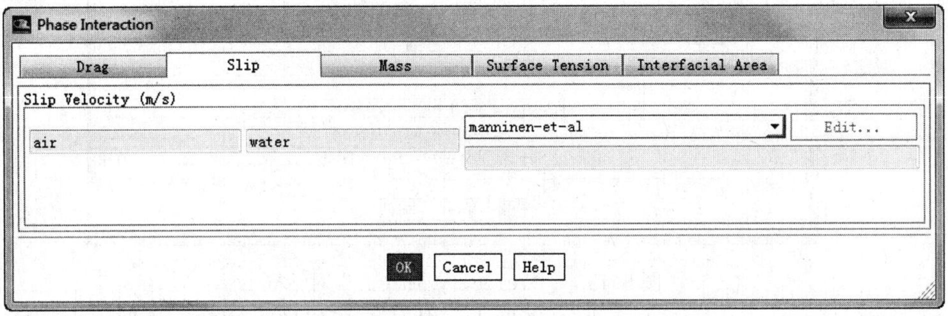

图8-41　“Phase Interaction”对话框

5．设置运算环境

单击“Setting Up Physics”功能区“Solver”面板中的“Operating Conditions”命令，弹出“Operating Conditions”对话框。勾选“Graivity”复选框，表示计算考虑重力加速度的影响，在 Y 方向设置重力加速度为-9.81，表示重力加速度大小是 9.81m/s^2，方向是指向 Y 轴的负方向，也就是向下。

6．设置边界条件

对于混合模型，同 VOF 一样，需要分别定义混合相和单相的边界条件。

（1）定义速度入口边界

1）单击“Setting Up Physics”功能区“Zones”面板中的“Boundaries”命令，弹出如图 8-42 所示的“Boundary Conditions”任务面板。在“Zone”列表框中选择“in”选项，其对应的“Type”选项为“velocity-inlet”，在“Phase”下拉列表框中选择“Mixture”选项，单击“Edit”按钮，弹出如图 8-43 所示的“Velocity Inlet”对话框。在“Turbulence Specification Method”下拉列表框中选择“Intensity and Hydraulic Diameter”选项，在“Turbulent Intensity”文本框中输入“5”，在“Hydraulic Diameter”文本框中输入“5”，单击“OK”按钮，关闭“Velocity Inlet”对话框。

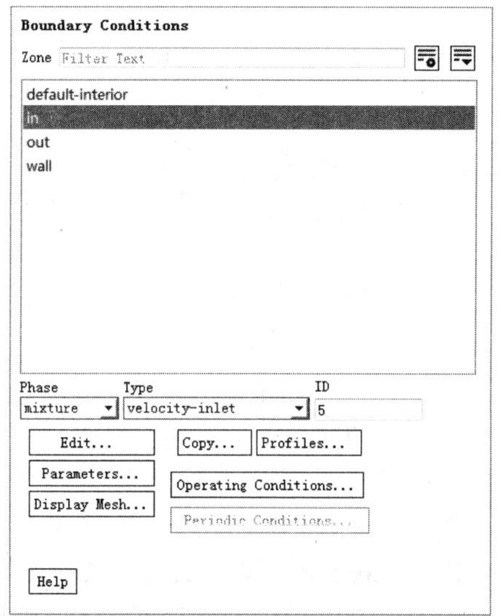

图 8-42 “Boundary Conditions ”对话框

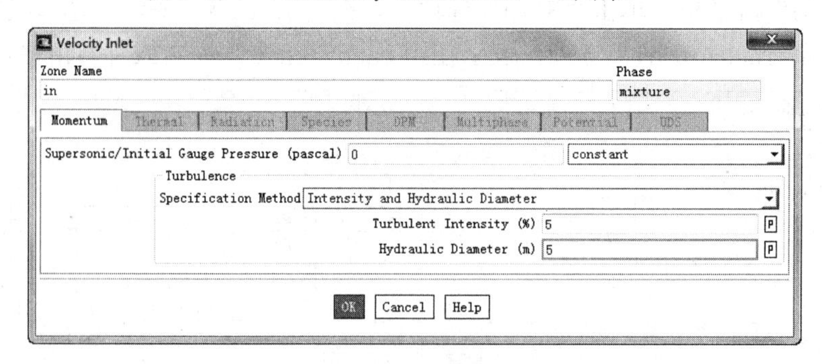

图 8-43 “Velocity Inlet ”对话框 1

2）在“Boundary Conditions”对话框中，其他选项保持系统默认设置，在“Phase”

下拉列表框中选择“water”选项，单击“Edit”按钮，弹出如图8-44所示的“Velocity Inlet”对话框。在“Velocity Magnitude”文本框中输入0.1，其他选项保持系统默认设置，单击“OK”按钮。

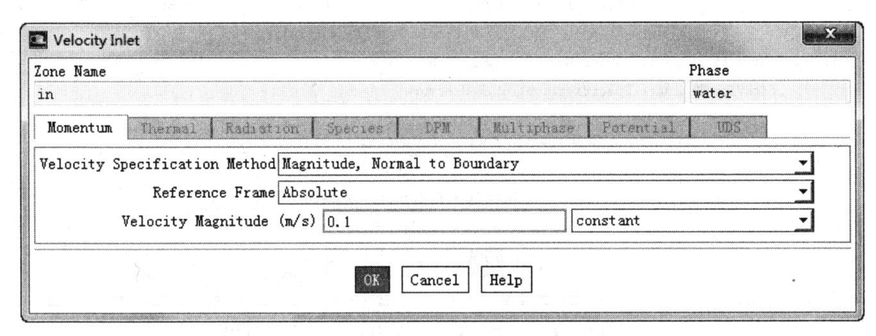

图8-44 “Velocity Inlet” 对话框2

3）在“Boundary Conditions”对话框中，其他选项保持系统默认设置，在“Phase”下拉列表框中选择“air”选项，单击“Edit”按钮，弹出如图8-45所示的“Velocity Inlet”对话框。在“Momentum”选项卡的“Velocity Magnitude”文本框中输入0.1，在“Multiphase”选项卡的“Volume Fraction”文本框中输入0.05（因为混合模型只能模拟气相体积率很低的气泡流，所以只设定入口气泡体积分数为5%），其他选项保持系统默认设置，单击“OK”按钮。

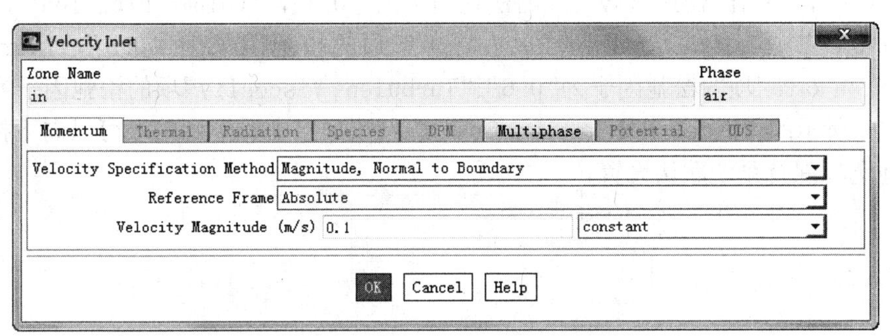

图8-45 “Velocity Inlet ”对话框3

（2）定义压力出口边界

1）在“Boundary Conditions”对话框的“Zone”列表框中选择“out”选项，其对应的“Type”选项为“pressure-outlet”，在“Phase”下拉列表框中选择“Mixture”选项，单击“Edit”按钮，弹出如图8-46所示的“Pressure Outlet”对话框。保持“Gauge Pressure”文本框中为0，在“Turbulence Specification Method”下拉列表框中选择“Intensity and Hydraulic Diameter”选项，在“Backflow Turbulent Intensity”和“Backflow Hydraulic Diameter”文本框中输入5，其他选项保持系统默认设置，单击“OK”按钮。

2）在“Boundary Conditions”对话框中，其他选项保持系统默认设置，在“Phase”下拉列表框中选择“air”，单击“Edit”按钮，弹出“Pressure Outlet”对话框，保持“Backflow Volume Fraction”文本框中为0，单击“OK”按钮。

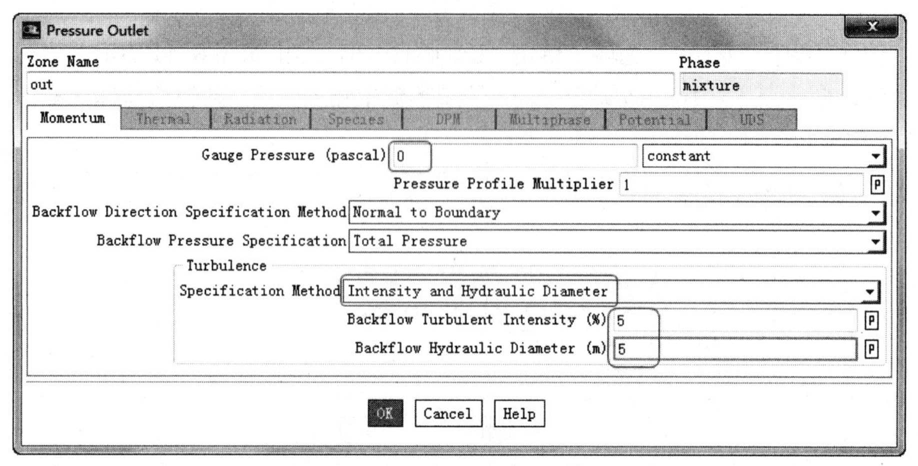

图 8-46 “Pressure Outlet ”对话框

7. 设置求解策略

（1）设定求解参数 单击“Solving”选项卡“Controls”面板中的“Controls”按钮，弹出如图 8-47 所示的“Solution Controls”任务面板。由于混合模型收敛比较难，在比较大的收敛因子情况下，不容易收敛，所以在“Under-Relaxation factors”选项组中，可以把所有的收敛因子适当降低，“Pressure”项的松弛因子为“0.3”，“Density”项的松弛因子为“0.7”，“Body Forces”项的松弛因子为“0.7”，“Momentum”项的松弛因子为“0.5”，“Slip Velocity”项的松弛因子为“0.1”，“Volume Fraction”项的松弛因子为“0.2”，“Turbulent Kinetic Energy”项的松弛因子为“0.6”，“Turbulence Dissipation Rate”项的松弛因子为“0.6”，“Turbulent Viscosity”项的松弛因子为“0.8”，在图 8-47 所示的“Under-Relaxation factors”选项组中看不到的项可以向下拉动滚动条。其他选项保持系统默认设置。

Solution Controls
Under-Relaxation Factors
Pressure
0.3
Density
0.7
Body Forces
0.7
Momentum
0.5
Slip Velocity
0.1
Volume Fraction
0.2
Turbulent Kinetic Energy
0.6
Turbulent Dissipation Rate
0.6
Turbulent Viscosity
Default
Equations... Limits... Advanced...
Help

图 8-47 “Solution Controls ”面板

（2）定义求解残差监视器　单击“Solving”选项卡“Reports”面板中的“Residuals”按钮 Residuals...，弹出“Residual Monitors”对话框。在“Options”选项组中勾选“Plot”复选框，其他选项保持系统默认设置，单击“OK”按钮，完成残差监视器的定义。

8.4.7　模型初始化

1）单击“Solving”选项卡“Initialization”面板中的“Options”命令，弹出如图8-48所示的“Solution Initialization”任务面板。在“Compute from”下拉列表框中选择“in”选项，选择以速度入口的数值为计算的初始条件，单击“Initialize”按钮，进行初始化，此时整个计算区域将被速度入口的数值初始化。

2）单击“File”下拉菜单栏中的“Write”→“Case&Data”命令，保存Case和Data文件。

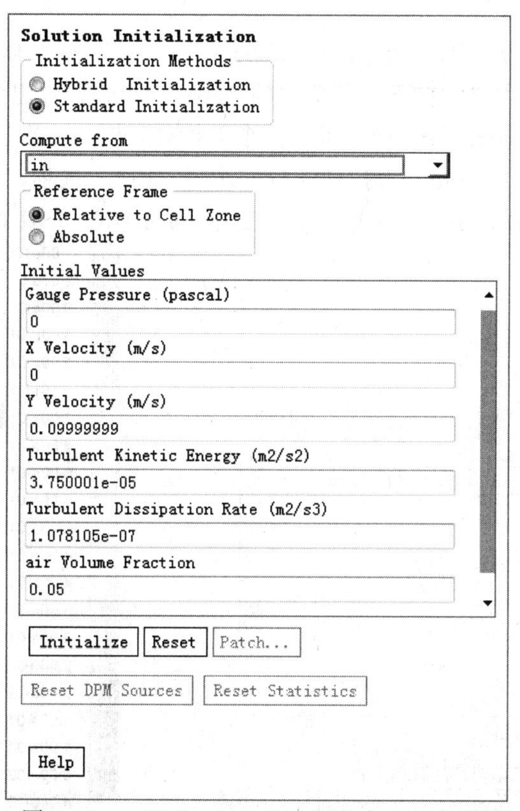

图8-48　“Solution Initialization ”面板

8.4.8　迭代计算

单击“Solving”选项卡“Run Calculation”面板中的“Advanced”命令，弹出如图8-49所示的“Run Calculation”任务面板。由于混合模型不容易收敛，而且降低了收敛因子，在“Number of Iterations”文本框中输入“500”，单击“Calculate”按钮，进行迭代计算。迭代计算500次时，各个量的残差达到10^{-4}，计算收敛。

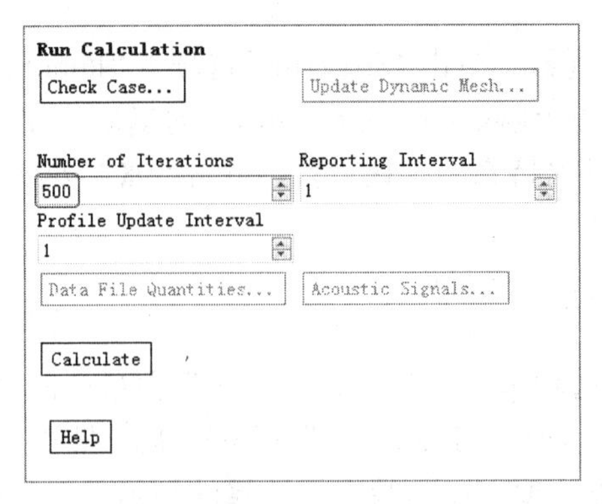

图 8-49 “Run Calculation ”面板

8.4.9 FLUENT 19.0 自带后处理

（1）显示气相分布图 单击“Postprocessing”选项卡“Graphics”面板中的“Contours”按钮 Contours下拉菜单中的“Edit”命令，弹出“Contours”对话框，如图 8-50 所示。在“Contours of”选项组的两个下拉列表框中分别选择“Phases”和“Volume fraction”选项，在“Phase”下拉列表框中选择“air”选项，在“Options”选项组中勾选“Filled”复选框，单击“Display”按钮，显示如图 8-51 所示的气相分布图。

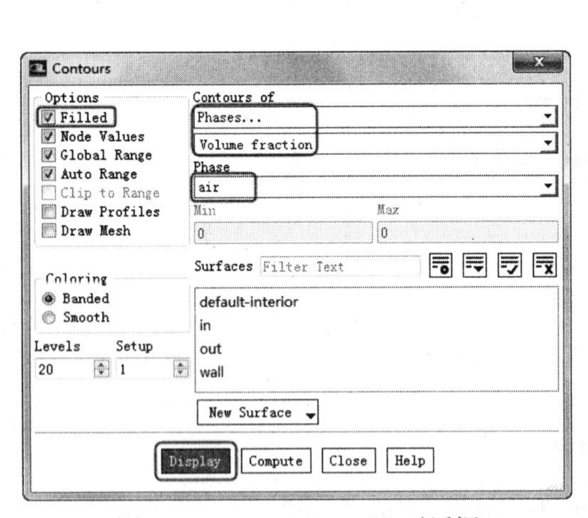

图 8-50 “Contours” 对话框 1

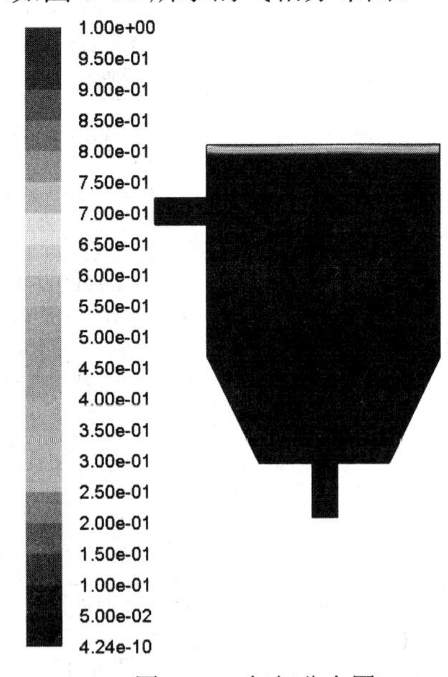

图 8-51 气相分布图

可以看到，由于浮力的作用，在容器的上端，尤其是右上端，气体分布的容积率较高，而在容器的下端，气体分布的容积率较低。

（2）显示速度分布图 如图 8-52 所示，在“Contours”对话框“Contours of”选项组的两个下拉列表框中分别选择“Velocity”和“Velocity Magnitude”选项，在“Phase”下拉列表框中选择“Mixture”选项，在“Options”选项组中勾选“Filled”复选框，单击“Display”按钮，显示如图 8-53 所示的混合相的速度分布图。

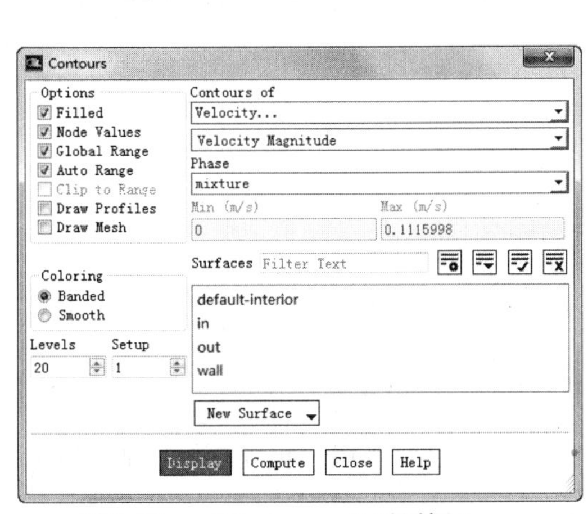

图 8-52 “Contours ”对话框 2

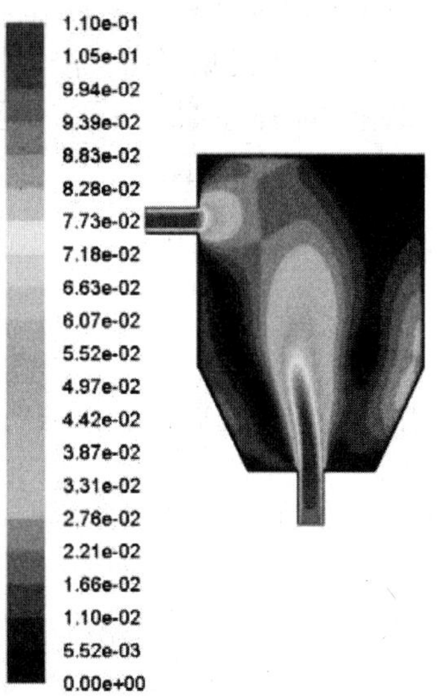

图 8-53 混合相的速度分布图

8.5 水油混合物 T 形管流动模拟实例

如图8-54所示一个T型管，直径为0.5米，水和油的混合物从左端以1m/s的速度进入，其中油的质量分数为80%。在交叉点处混合流分流，78%质量流率的混合流从下口流出，22%的质量流率的混合流从右端流出。

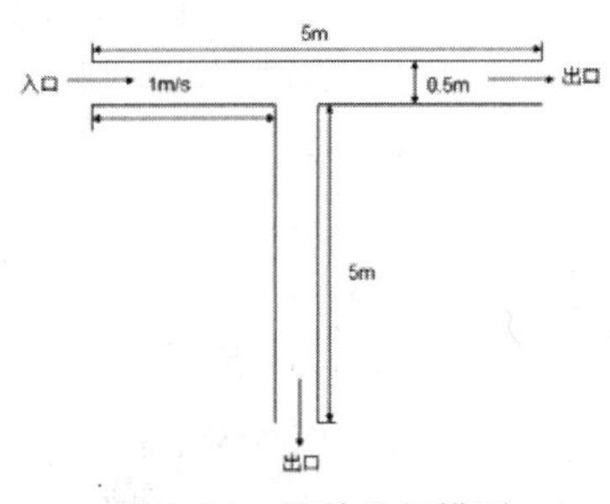

图 8-54 简单几何模型

8.5.1 建立模型

1）双击桌面上的 GAMBIT 图标，启动 GAMBIT 软件，弹出“Gambit Startup”对话框，在“Working Directory”下拉列表框中选择工作文件夹，在“Session Id”文本框中输入“mixture”。单击“Run”按钮，进入 GAMBIT 系统操作界面。单击菜单栏中的“Solver”→“FLUENT5/6”命令，选择求解器类型。

2）单击 Geometry → Face → Create Real Rectangular Face，在 Width 和 Height 中分别输入 5 和 0.5，单击“Apply”按钮，生成水平方向的矩形流道。然后在 Width 和 Height 中分别输入 0.5 和 5，生成竖直方向上的矩形流道。如图 8-55 所示。

3）单击 Geometry → Face → Move/Copy Faces，在 Move/Copy Faces 面板中选择竖直方向上的矩形面，沿 Y 轴方向移动-2.75，得到 T 型几何流道。

4）单击 Geometry → Face → Unite Real Faces，将生成的两个矩形面合为一面，如图 8-56 所示。

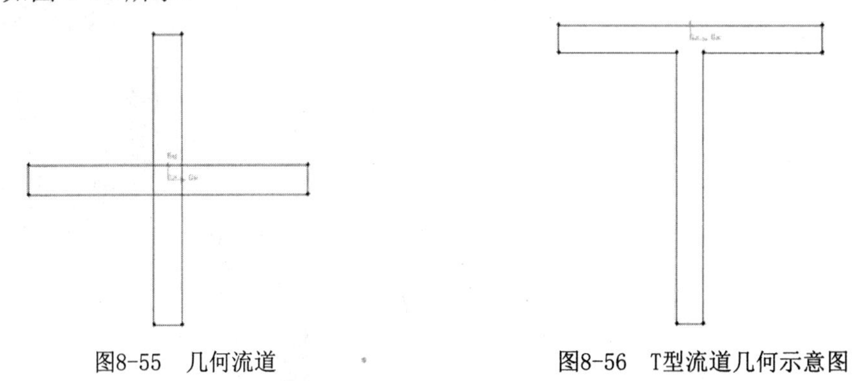

图8-55　几何流道　　图8-56　T型流道几何示意图

8.5.2　划分网格

1）单击 Mesh → Faces → Mesh Faces，打开 Mesh Faces 面板，选中生成的流道面，Interval Size 输入 0.05，单击“Apply”按钮，即生成面网格模型，如图 8-57 所示。

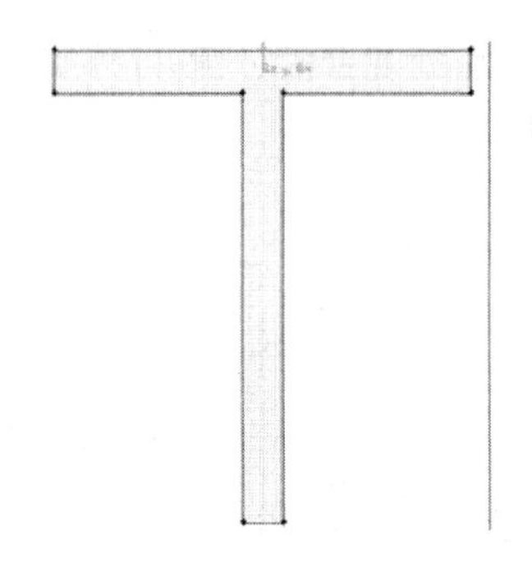

图8-57　面网格模型

2）单击 Zones → Specify Boundary Types，在 Specify Boundary Types 面板中选择流道左边线段定为 VELOCITY_INLET，命名为 in；流道右边线段定为 OUTFLOW，命名为 out-1；竖直方向上流道底端线段定为 OUTFLOW，命名为 out-2；剩下的线段定义为 WALL，命名为 wall。

3）单击菜单栏中的 File → Export → Mesh 命令，在文件名中输入 mixture.msh，选 Export 2-D（X-Y）Mesh，确定输出的为二维模型网络文件。

8.5.3　求解计算

1）启动 FLUENT 19.0，在弹出的 FLUENT Launcher 对话框中选择 2D 求解器，单击“OK”按钮。

2）单击“File”下拉菜单栏中的“Read” →“Case”命令，读入划分好的网格文件

mixture.msh。然后单击“Setting Up Domain”功能区“Mesh”面板中的“Check”按钮✔，进行检查。

3）双击“导航面板”中的“General”命令，弹出“General”任务面板，本例保持系统默认设置即可满足要求。

4）单击“Setting Up Physics”功能区“Models”面板中的“Multiphase”按钮，弹出“Multiphase Model”对话框，在弹出的“Multiphase Model”对话框中选择“Mixture”，单击“OK”按钮。

5）单击“Setting Up Physics”功能区“Models”面板中的“Viscous”按钮 Viscous...，弹出“Viscous Model”对话框，在弹出的“Viscous Model”面板中选择“k-epsilon [2 eqn]”，如图8-58所示。单击“OK”按钮。

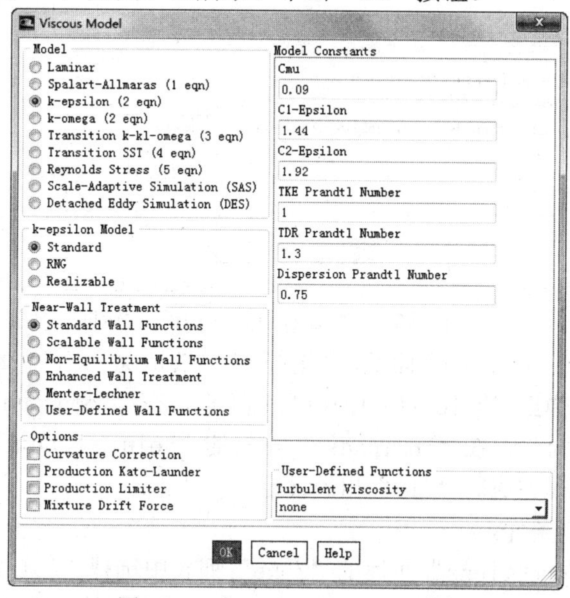

图8-58 “Viscous Model”面板

6）单击“Setting Up Physics”功能区“Materials”面板中的“Create/Edit”按钮，系统弹出“Create/Edit Materials”对话框，在“Create/Edit Materials”对话框中单击“Fluent Database”按钮，在“FLUENT Database”中选择“water-liquid [h2o<l>]”和“fuel-oil-liquid [c19h30<1>]”，单击“Change/Create”，完成对材料的定义。

7）单击“Setting Up Physics”功能区“Phases”面板中的“List/Show All”命令，弹出“Phases”对话框，选择“phase-1-Primary Phase”，单击“Edit”按钮，弹出“Primary Phase”对话框，将“Name”改为“oil”，在“Phase Material”中选择“fuel-oil-liquid”，单击“OK”按钮，即完成对第一相的设定。

8）回到“Phase”面板，选择“phase-2-Secondary-Phase”，单击“Edit”按钮，弹出“Secondary Phase”对话框，将“Name”改为“water”，在“Phase Material”中选择“water-liquid”，单击“OK”按钮，即完成对第二相的设定。

9）单击“Setting Up Physics”功能区“Solver”面板中的“Operating Conditions”命令，弹出“Operating Conditions”对话框，勾选“Gravity”，将Y方向上的加速度改为“-9.81”，单击“OK”按钮。

10）单击“Setting Up Physics”功能区“Zones”面板中的“Boundaries”命令，弹出“Boundary Conditions”面板。

①设置int的边界条件。

在“Boundary Conditions”面板的“Zone”列表中选择“in”，在“Phase”列表中选择“mixture”，单击“Edit”按钮，弹出“Velocity Inlet”对话框，如图8-59所示，在“Momentum”一栏的“Specification Method”中选择“Intensity and Hydraulic Diameter”；“Turbulent Intensity(%)”设置为“1”，“Hydraulic Diameter(m)”设置为“0.6”，设置完毕后单击“OK”按钮。

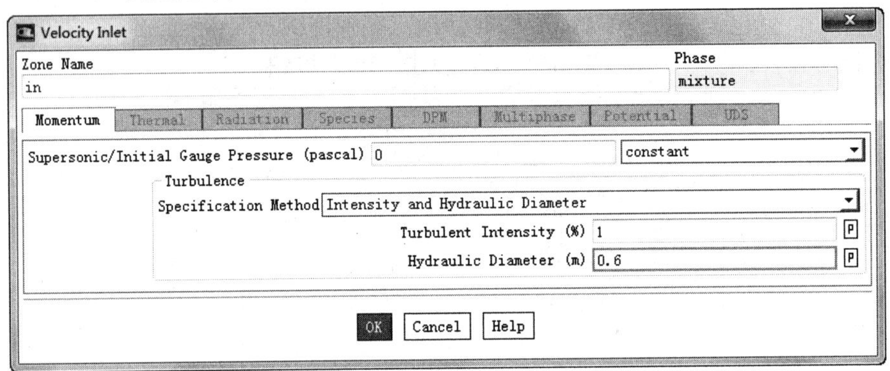

图8-59 “Velocity Inlet”对话框

回到“Boundary Conditions”面板，在选择“in”的情况下，将“Phase”改为“water”，单击“Edit”按钮，弹出“Velocity Inlet”对话框，在“Momentum”一栏的“Velocity Magnitude”中输入“1”，在“Muliphase”一栏的“Volume Fraction”中输入“0.2”，单击“OK”按钮。同理完成对“oil”相的设定。

②设置out的边界条件。

在“Boundary Conditions”面板的“Zone”列表中选择“out-1”，在“Phase”列表中选择“mixture”，单击“Edit”按钮，弹出“outflow”对话框，在“Flow Rate Weighting”输入“0.78”，单击“OK”按钮。然后选择“out-2”，在“Flow Rate Weighting”输入“0.22”，单击“OK”按钮，完成对“out”边界条件的设置。

11）单击“Solving”选项卡“Controls”面板中的“Controls”按钮，弹出“Solution Controls”面板，保持默认值。

12）单击“Solving”选项卡“Initialization”面板中的“Options”命令，弹出“Solution Initialization”任务面板。在“Compute From”下拉列表框中选择“in”选项，单击“Initialize”按钮。

13）单击“Solving”选项卡“Reports”面板中的“Residuals”按钮 Residuals...，弹出“Residual Monitors”对话框，勾选“Plot”，其他保持默认值，单击“OK”按钮。

14）单击“Solving”选项卡“Run Calculation”面板中的“Advanced”命令，弹出“Run Calculation”任务面板，在“Number of Iterations”中输入“1000”，单击“Calculate”按钮开始迭算。

15）迭代完成后，单击“Postprocessing”选项卡“Graphics”面板中的“Contours”按钮 Contours下拉菜单中的“Edit”命令，得到混合流体的压强分布图和速度分布图，如图8-60和图8-61所示：

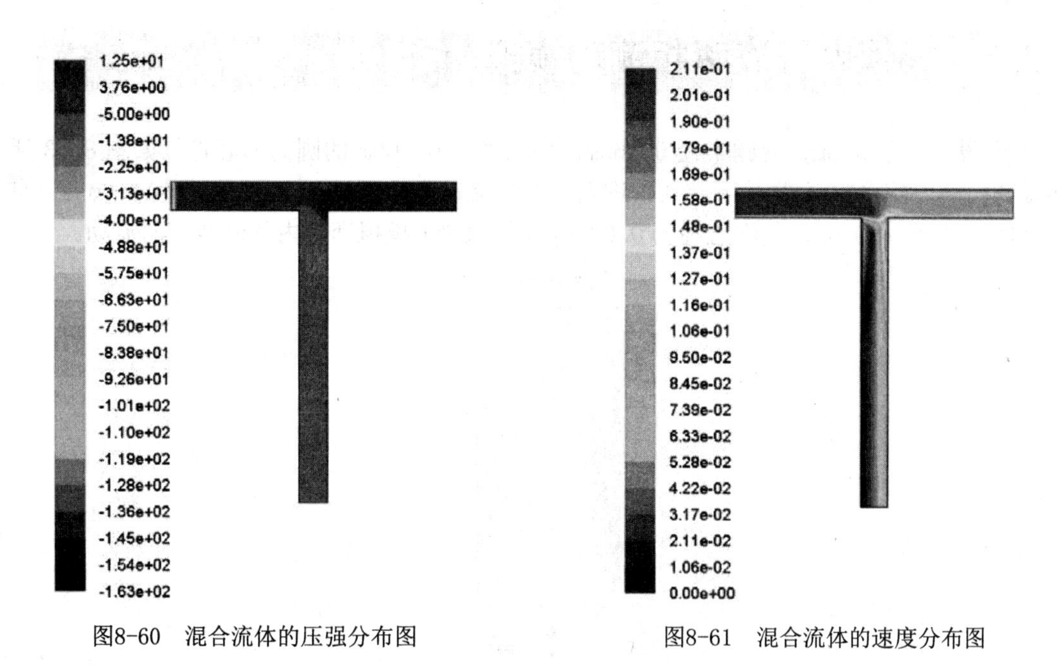

图8-60 混合流体的压强分布图　　　图8-61 混合流体的速度分布图

16）单击“Postprocessing”选项卡“Graphics”面板中的“Vectors”按钮 Vectors 下拉菜单中的“Edit”命令，显示混合流体的速度矢量图，如图8-62所示。

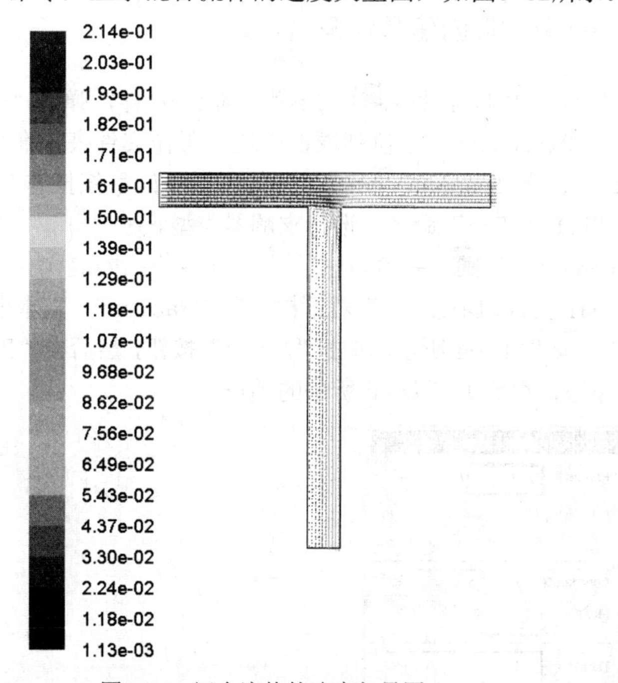

图8-62 混合流体的速度矢量图

17）计算完的结果要保存为“case”和“data”文件，单击“File”下拉菜单栏中的“Write”→“Case&Data”命令，在弹出的文件保存对话框中将结果文件命名为“mixture.cas，case”文件保存的同时也保存了“data”文件“mixture.dat”。

8.6 套管内气液两相流动模拟

假设有一个高 3m，内圆半径 0.063m，外圆半径 0.160m 的圆筒形套管，如图 8-63 所示。机油与空气的混合物从下部入口进入，空气流速为 1.7m/s，机油流速为 1.6m/s。空气的体积分数为 0.02，气泡直径为 0.001m，用 FLUENT 模拟套管内气液两相的流动。

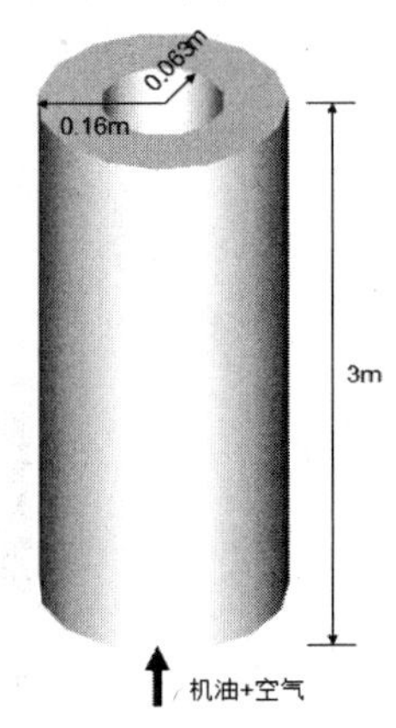

图 8-63　套管模拟图

8.6.1　利用 GAMBIT 创建几何模型

1）双击桌面上的 GAMBIT 图标，启动 GAMBIT 软件，弹出“Gambit Startup”对话框，在“Working Directory”下拉列表框中选择工作文件夹，在“Session Id”文本框中输入“Model5”。单击“Run”按钮，进入 GAMBIT 系统操作界面。单击菜单栏中的“Solver ”→“FLUENT5/6”命令，选择求解器类型。

2）单击“Geometry”→“Face”→“Create Real Circular Face”按钮，弹出“Create Real Circular Face”对话框。在“Radius” 文本框中先输入 0.16，保持“Plane”为“XY”，如图 8-64 所示，单击“Apply”按钮，然后在“Radius”中输入 0.063，单击“Apply”按钮，得到如图 8-65 所示的图形。

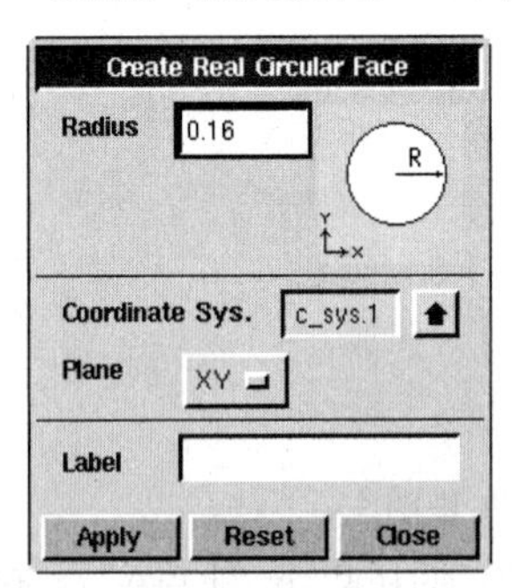

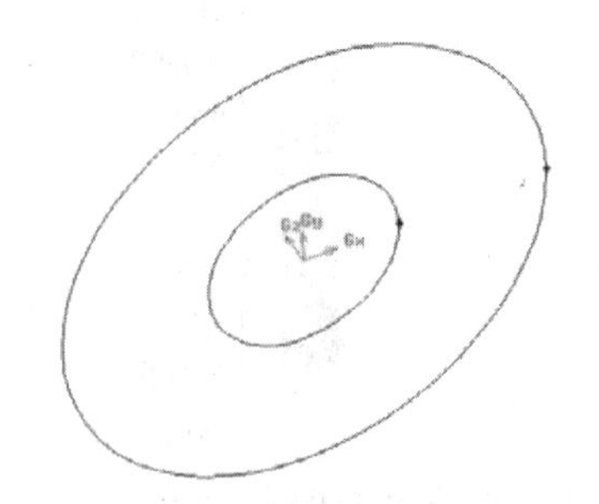

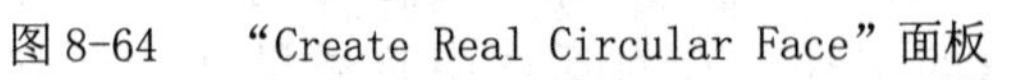

图 8-64　“Create Real Circular Face”面板　　　　图 8-65　几何面域

3）单击“Geometry”→“Face”→“Subtract Real Faces”按钮，在弹出的“Subtract Real Faces”面板的第一行“Face”中选取大圆面“Face.1”，在第二行

的“Face”中选取小圆面“Face.2”，单击“Apply”按钮，既可以得到环空的横截面。

4）单击“Geometry” → “Vertex” → “Create Real Vertex”，按照表8-1创立各点。单击“Apply”按钮，生成管轴上的另一点。

表8-1 各点坐标

X	Y	Z
0	0	0
0	0	3

5）创建线，单击“Geometry” → “Edge” → “Create Straight Edge”按钮，按住<Shift>键，再单击上一步创建的两个点，单击“Apply”按钮，生成环空体轴线，如图8-66所示。

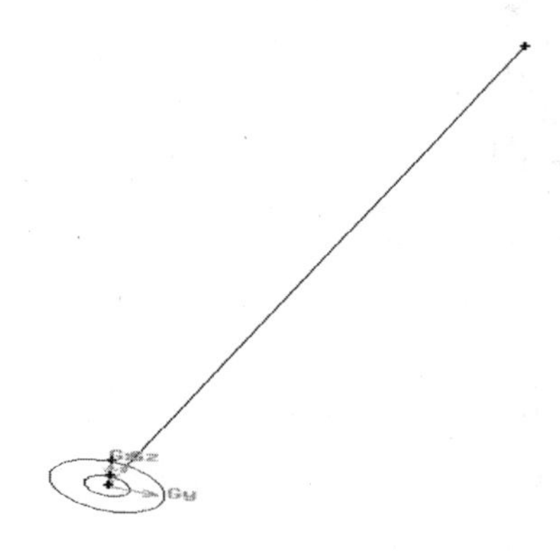

图8-66 绘制轴线

6）单击“Geometry” → “Volume” → “Sweep Faces”按钮，弹出“Sweep Faces”面板，如图8-67所示，在“Faces”中选取面1，选择“Path”为“Edge”，在“Edge”中选取刚绘制的轴线，保持“Type”为“Rigid”，单击“Apply”按钮，得到几何体，如图8-68所示。

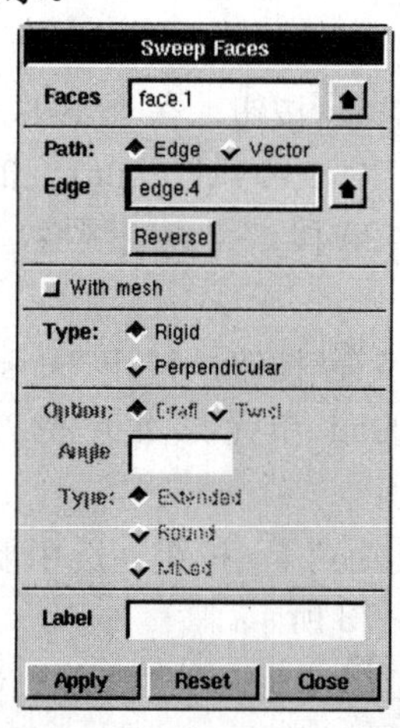

图8-67 “Sweep Faces ”面板

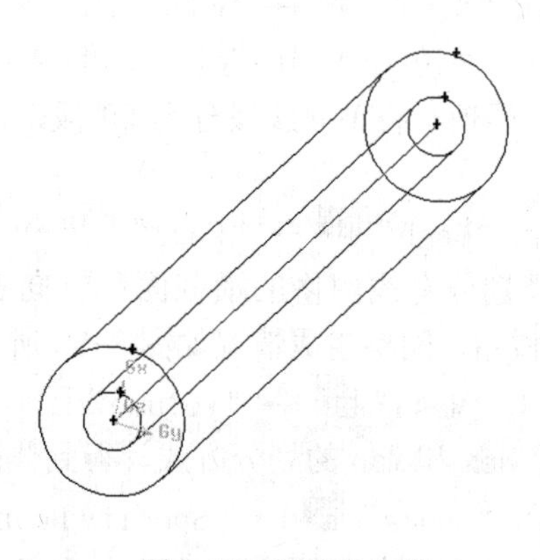

图8-68 环空几何体

7）去掉几何体轴线，“Geometry” → “Edge” → “Delete Edges”按钮，选中轴线，单击“Apply”按钮，将轴线删除。

（8）为了划分网格方便，需要对几何体进行划分，生成一个用于剖分体的面。单击“Geometry”→“Face”→“Create Real Rectangular Face”按钮，在“Create Real Rectangular Face”面板中的“Width”和“Height”中分别输入 20 和 10，选择“Direction”为“ZX Centered”，单击“Apply”按钮。

9）单击“Geometry”→“Volume”→“Split Volume”按钮，出现如图 8-69 所示的“Split Volume”面板，在其中选择“volume.1”，选取“Split With”为“Faces(Real)”，然后选择“Face”为刚生成的剖分面，单击“Apply”按钮，得到如图 8-70 所示的图形。

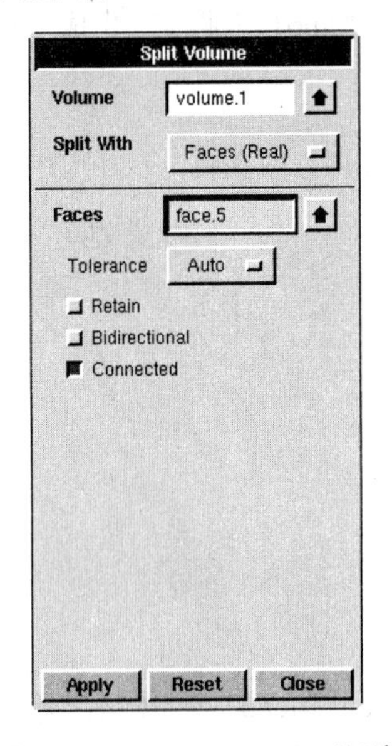

图 8-69 “Split Volume ”面板

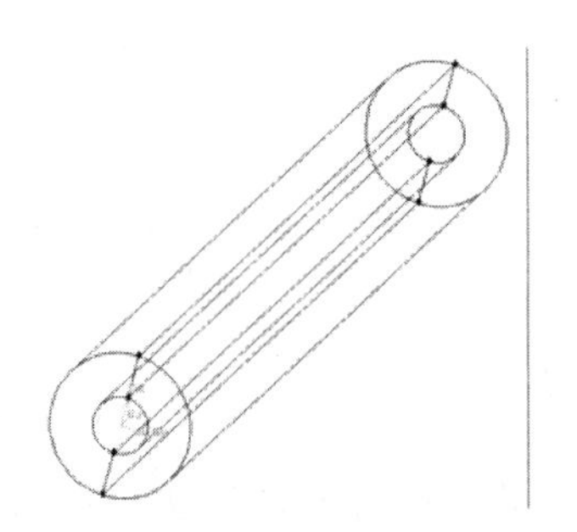

图 8-70 分割后的几何体

8.6.2 利用 GAMBIT 划分网格

1）单击“Mesh”→“Edge”→“Mesh Edges”按钮，在“Mesh Edges”面板的“Edges”黄色输入框中选择径向的 4 条线段，采用“Interval Count”的方式将其分为 5 段。同理，将轴向线段分为 50 段，内外圆弧分为 20 段，得到线网格，如图 8-71 所示。

2）单击“Mesh”→“Face”→“Mesh Faces”按钮，打开“Mesh Faces”面板，选择划分有线网格的横截面和轴向剖面，运用 Quad 单元与 Map 的方式，单击“Apply”按钮，网格生成情况如图 8-72 所示。

3）单击“Mesh”→“Volume”→“Mesh Volume”按钮，选中要分割的两个体，采用 Hex 和 Map 的划分方式，得到体网格，如图 8-73 所示。

4）单击“Zones”→“Specify Boundary Types”按钮，在“Specify Boundary Types”面板中将下部的两个面（Face.1 和 Face.6）定义为速度入口（VELOCITY_INLET），名称为“in”；将上部的两个面（Face.4 和 Face.10）定义为自由流出边界（OUTFLOW），名称为“out”；选择内壁面（Face.2 和 Face.7）定义为“WALL”，名称为“wall_in”；选择外壁面（Face.3 和 Face.9）定义为“WALL”，名称为“wall_out”。

5）执行“File” →“Export” →“Mesh”命令，在文件名中输入“Model5.msh”，不选“Export 2-D（X-Y）Mesh”，确定输出三维模型网络文件。

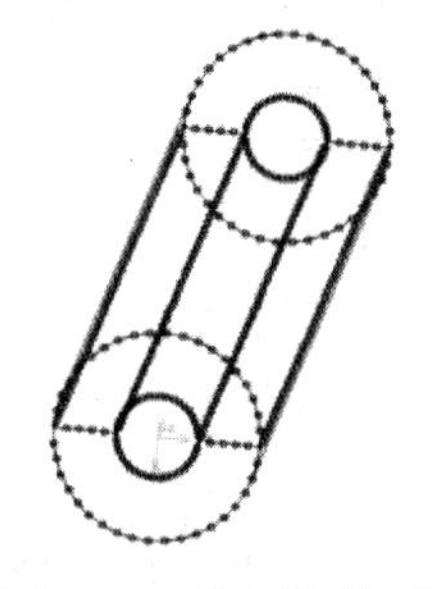

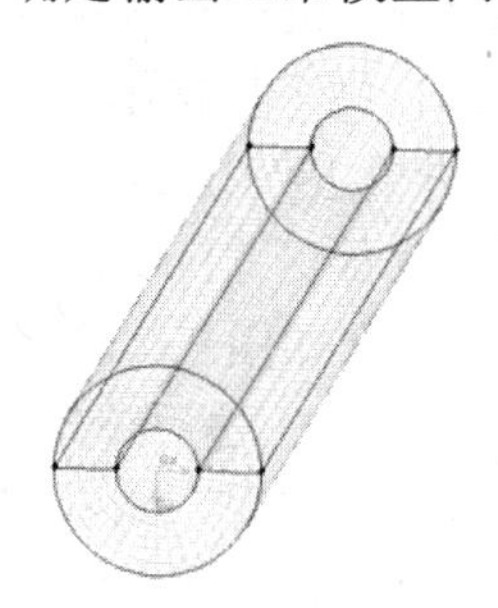

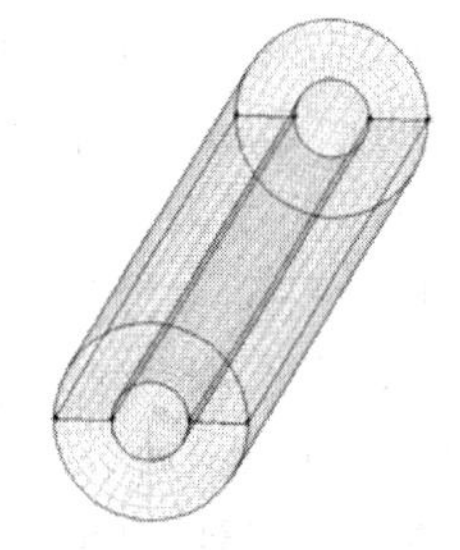

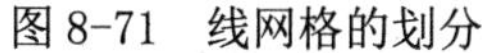

图8-71　线网格的划分　　图8-72　面网格的划分　　图8-73　体网格的划分

8.6.3　求解计算

1）启动FLUENT 19.0，在弹出的“FLUENT Version”对话框中选择3D求解器，单击“OK”按钮 。

2）单击“File”下拉菜单栏中的“Read” →“Case”命令，读入划分好的网格文件“Model5.msh”。然后单击“Setting Up Domain”功能区“Mesh”面板中的“Check”按钮，进行检查。

3）双击“导航面板”中的“General”命令，弹出“General”任务面板，保持默认值。

4）单击“Setting Up Physics”功能区“Models”面板中的“Multiphase”按钮，弹出“Multiphase Model”对话框，在弹出的“Multiphase Model”对话框中选择“Mixture”，勾选“Slip Velocity”和“Implicit Body Force”，如图8-74所示，单击“OK”按钮。

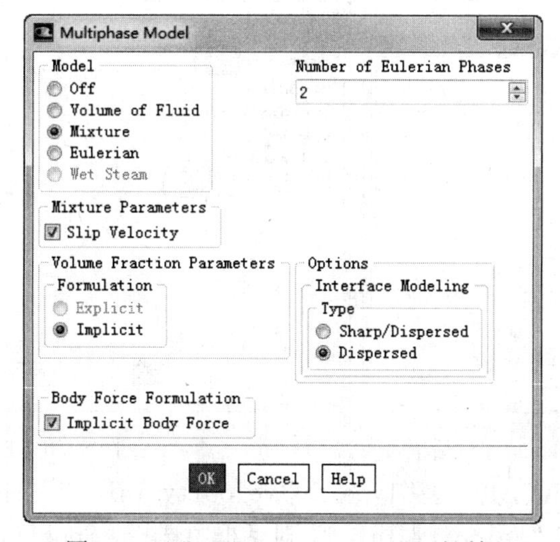

图8-74　“Multiphase Model ”对话框

5）单击菜单栏中的“Define” →“Models” →“Viscous”命令，在对话框中选择“k-epsilon[2 eqn]”（湍流模型），保持默认值，单击“OK”按钮。

6）单击“Setting Up Physics”功能区“Materials”面板中的“Create/Edit”按钮，弹出“Create/Edit Materials”对话框，单击“Fluent Database”，在“Fluent Fluid Materials”下拉列表中选择“engine-oil”，单击“Copy”按钮。在“Materials”对话框中的“Fluent Fluid Materials”下拉选框中会出现“air”和“engine-oil”，单击“Change/Create”按钮，然后再单击“Close”按钮，完成对材料的定义。

7）单击“Setting Up Physics”功能区“Phases”面板中的“List/Show All”命令，弹出“Phases”对话框，对物相进行定义。在如图8-75所示的“Phases”对话框的“phase”列表中选择“phase-1 - primary Phase”，然后单击“Edit”按钮。在出现的对话框中“Phase Material”列表中选择“engine-oil”，“Name”填写“engine-oil”，单击“OK”按钮。回到“Phases”对话框，单击“phase-2 - secondary Phase”，单击“Edit”按钮，在弹出的对话框中，在“Phase Material”列表中选择“air”，将“Name”改为“air”，将“Properties”下的“Diameter”中输入气泡直径0.001，单击“OK”按钮，如图8-76所示。

8）回到“Phase”面板，单击“Interaction”按钮，弹出“Phase Interaction”对话框，如图8-77所示，选择“Drag Coefficient”中的“schiller-naumann”来计算机油和气泡之间的阻力。单击“Slip”选项，默认滑移的速度公式为“manninen-et-al”，单击“OK”按钮。

9）单击“Setting Up Physics”功能区“Solver”面板中的“Operating Conditions”命令，弹出“Operating Conditions”对话框，选择“Gravity”，指定重力方向为Z轴，将Z的文本框改为“-9.81”，同时选择“Specified Operating Density”项，文本框中输入“0”，如图8-78所示，单击“OK”按钮。

10）单击“Setting Up Physics”功能区“Zones”面板中的“Boundaries”命令，弹出“Boundary Conditions”任务面板，如图8-79所示。

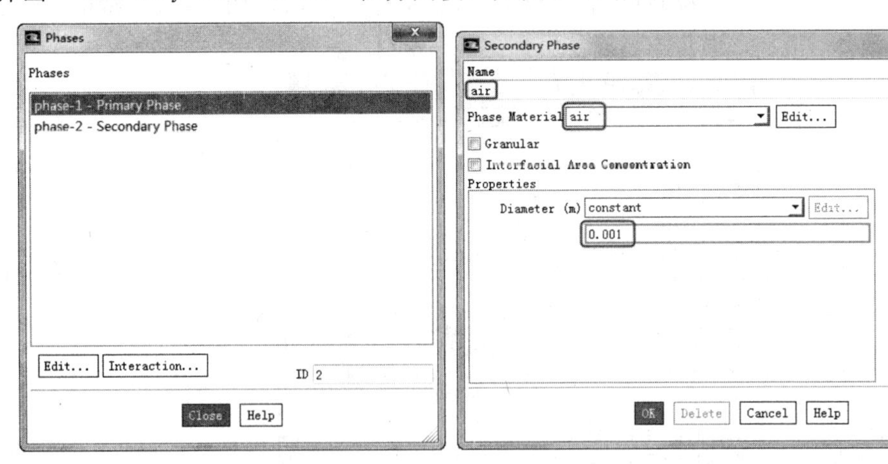

图8-75 “Phases” 对话框　　　　图8-76 相的设置

①在列表中选择“in”，其类型“Type”为“velocity-inlet”，保持“Phase”为Mixture，单击“Edit”按钮，在“Velocity Inlet”对话框中选择“Specification Method”下拉列表中的“Intensity and Hydraulic Diameter”，在“Turbulent Intensity”中输入“10”，在“Hydraulic Diameter”中输入“0.194”（外环直径减去内环直径），如图8-80所示，

单击“OK”按钮。

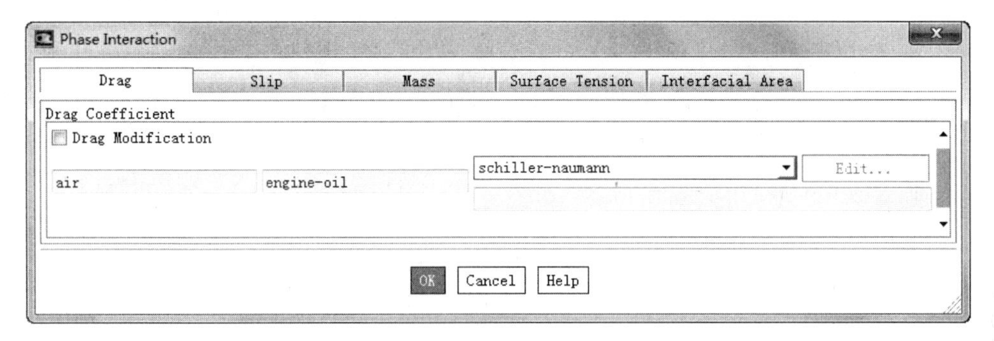

图 8-77　“Phase Interaction ”对话框

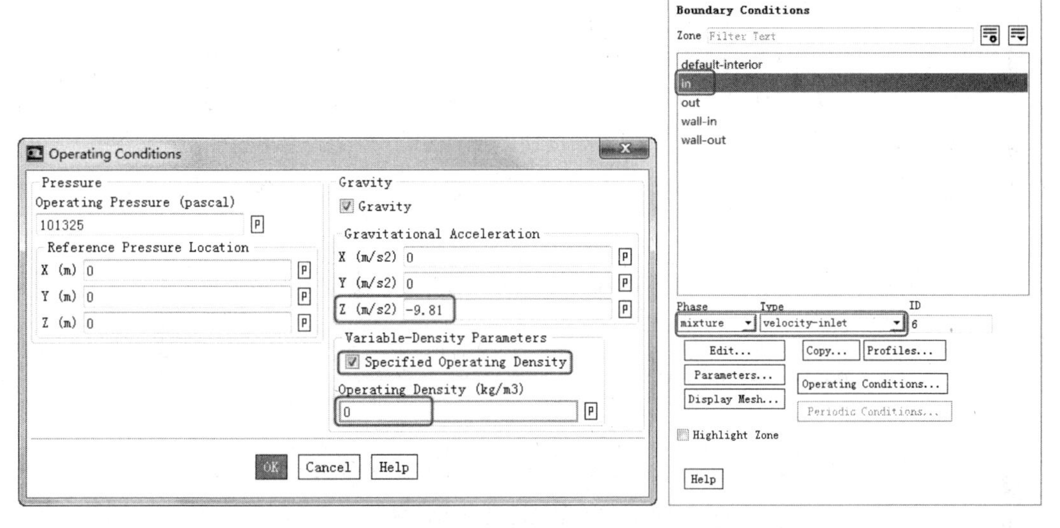

图 8-78　“Operating Conditions ”对话框　　图 8-79　“Boundary Conditions” 面板

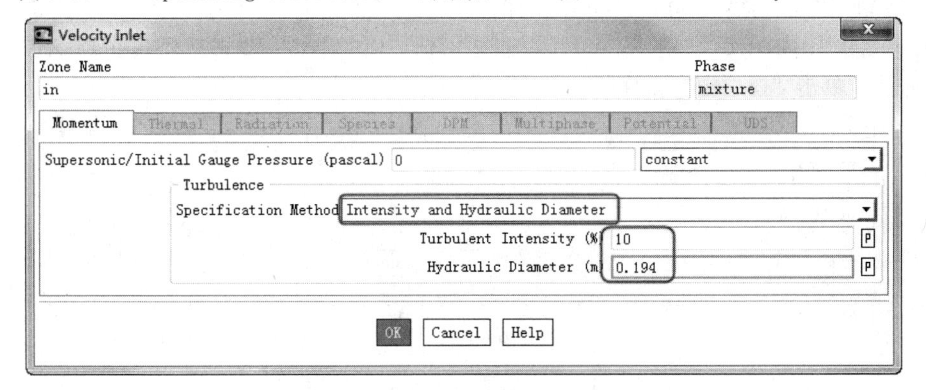

图 8-80　混合物速度进口设置

②回到“Boundary Conditions”面板，仍选择“in”，将“Phase”改为“engine-oil”，单击“Edit”按钮，在如图 8-81 所示的“Velocity Inlet”对话框中选择“Magnitude, Normal to Boundary”，保持“Reference Frame”为“Absolute”，“Velocity Magnitude”为“1.6”，单击“OK”按钮。

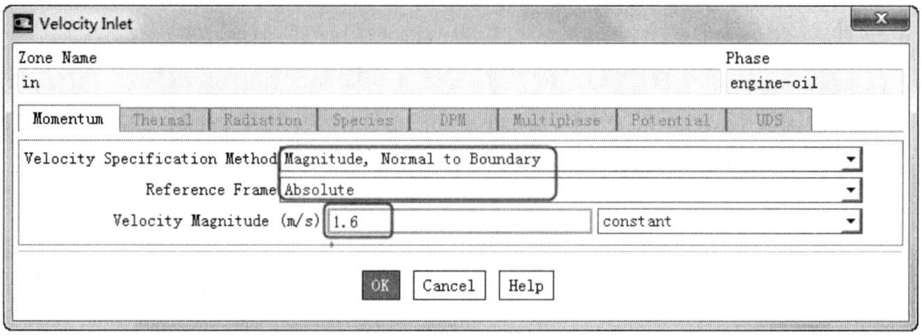

图 8-81　机油速度进口设置

③回到“Boundary Conditions”面板，仍选择“in”，将“Phase”改为“air”，单击 Edit 按钮，在“Velocity Inlet”对话框中选择“Magnitude,Normal to Boundary”，保持“Reference Frame”为“Absolute”，“Velocity Magnitude”为“1.7”，由于入口处空气的体积分数为“0.02”，单击“Multiphase”选项，在“Volume Fraction”中输入“0.02”，如图 8-82 所示，单击“OK”按钮。

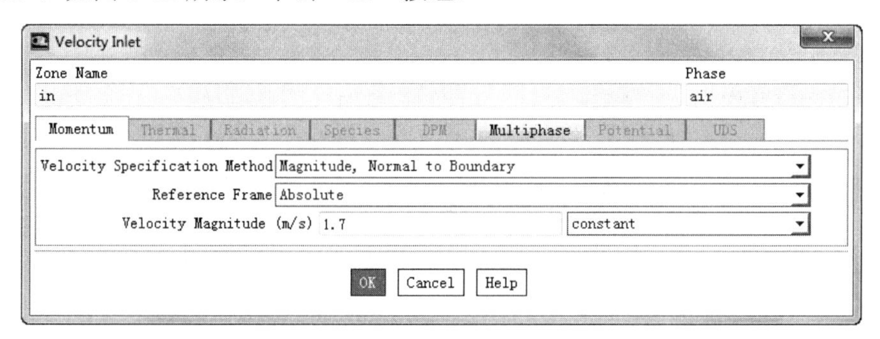

图 8-82　空气速度进口设置

④回到“Boundary Conditions”面板，选择“out”，选择“Type”为“outflow”，“Phase”为“mixture”，单击“Edit”按钮，在“Outflow”对话框中保持默认值，如图 8-83 所示，单击“OK”按钮即可。

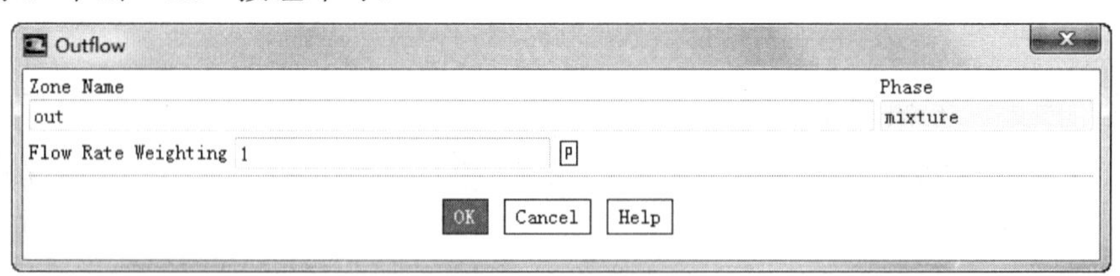

图 8-83　出口定义

11）单击“Solving”选项卡“Controls”面板中的“Controls”按钮，保持默认值。

12）单击“Solving”选项卡“Initialization”面板中的“Options”命令，弹出“Solution Initialization”任务面板，在“Compute from”下拉列表框中选择“in”选项，然后单击“Initialize”按钮。

13）单击“Solving”选项卡“Reports”面板中的“Residuals”按钮 Residuals...，

弹出“Run Calculation”任务面板，在“Residual Monitors”对话框中选中“Plot”，保持默认收敛精度，单击“OK”按钮。

14）单击“Solving”选项卡“Run Calculation”面板中的“Advanced”命令，设置“Number of Iteration”为“1000”，单击“Calculate”按钮开始解算。图8-84为解算出的残差曲线图。

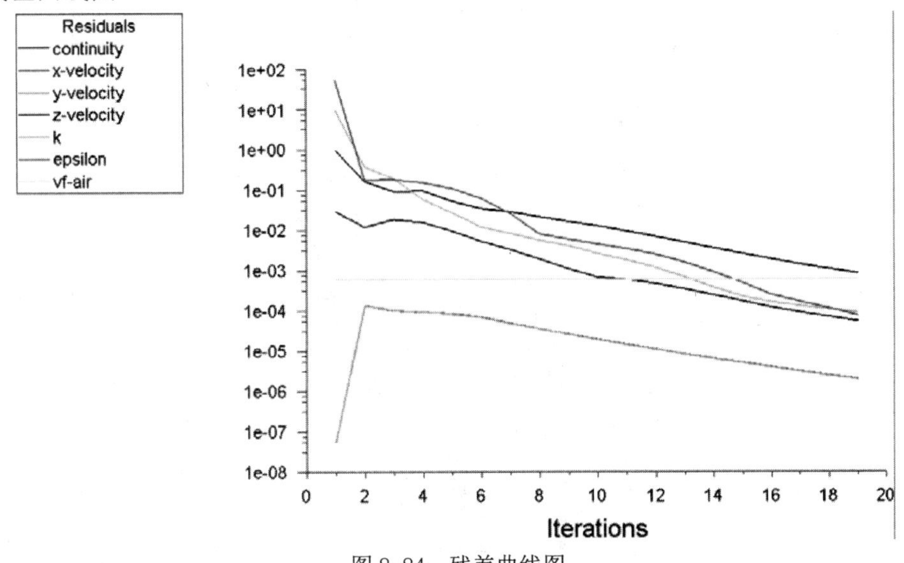

图8-84　残差曲线图

15）迭代完成后，为显示立体的流场变化，需要定义轴向剖面。单击“Postprocessing”选项卡“Surface”面板中的“Create”按钮 Create 下拉菜单中的“Plane”命令，在弹出的“Plane Surface”对话框中，输入x0、y0、z0为“0、0、0”；x1、y1、z1为“0、0、3”；x2、y2、z2为“1、0、3”，并在“New Surface Name”中输入“z-h”，如图8-85所示，单击“Create”按钮生成轴向剖面。

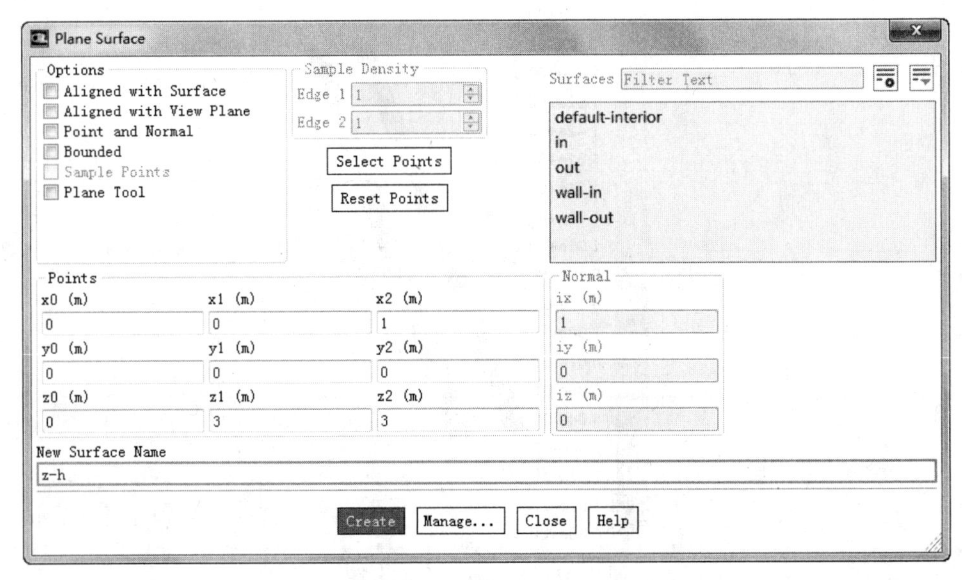

图8-85　“Plane Surface ”对话框

16）单击“Postprocessing”选项卡“Graphics”面板中的“Contours”按钮 Contours 下拉菜单中的“Edit”命令，在“Contours”的对话框“Surfaces”中选择已经定义的轴向剖面“z-h”，选择“Contours of”下拉列表中的“Pressure”和“Static Pressure”，保持“Phase”列表中的“Mixture”，勾选“Filled”，单击“Display”按钮，得到压强分布云图，如图 8-86 所示。改变“Contours of”下拉列表中的“Velocity”和“Velocity Magnitude”，并选择“Phase”列表中的“air”，单击“Display”按钮，得到空气的速度分布云图，如图 8-87 所示。若选择“engine-oil”，则可以得到机油的速度分布云图。

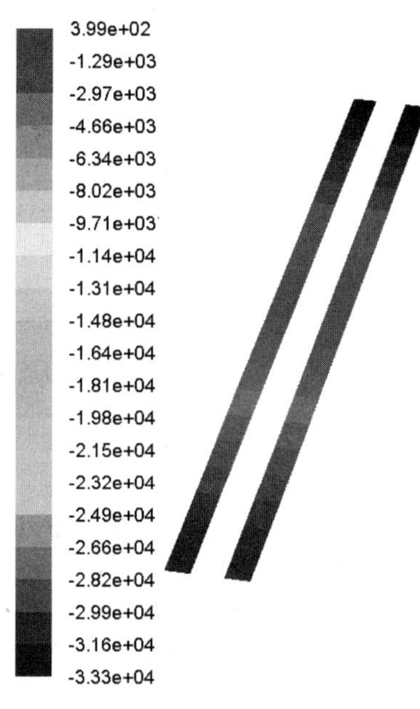

图 8-86　压强分布云图

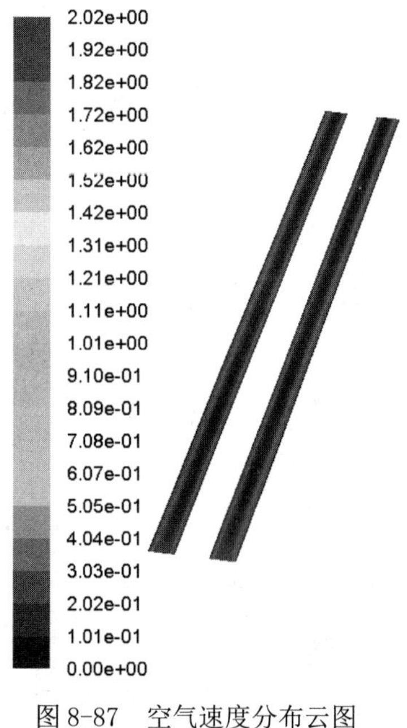

图 8-87　空气速度分布云图

改变“Contours of”下拉列表中为“Phase”和“Volume Fraction”，选择“Phase”列表中的“air”，单击“Display”按钮，可以得到空气的体积分布云图，如图8-88所示，同理可以得到“engine-oil”的体积分布云图。单击“Postprocessing”选项卡“Graphics”面板中的“Vectors”按钮 Vectors下拉菜单中的“Display”命令，可得到速度矢量图，如图8-89所示。

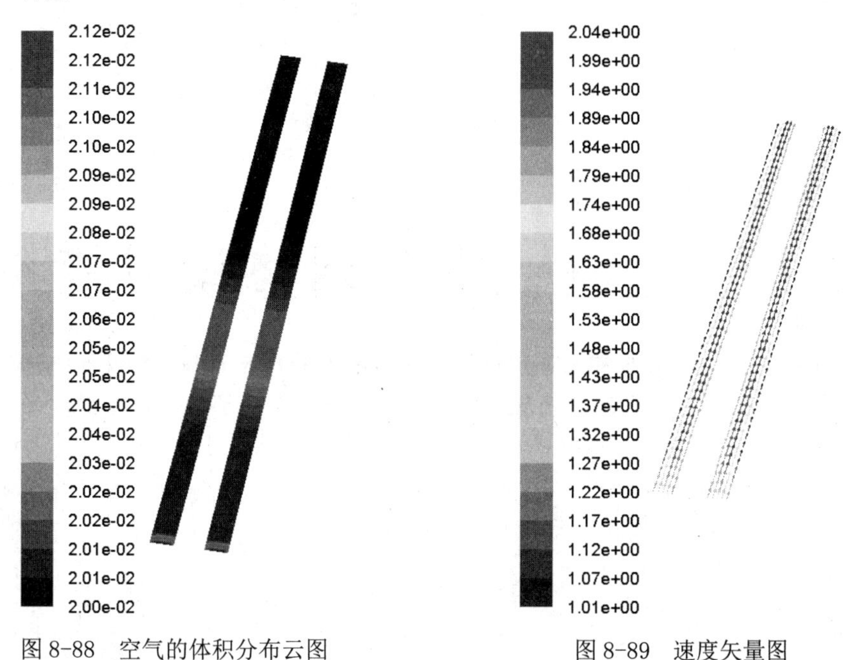

图8-88 空气的体积分布云图　　图8-89 速度矢量图

17）计算完的结果要保存为Case和Data文件，单击“File”下拉菜单栏中的“Write”→“Case&Data”命令，在弹出的文件保存对话框中将结果文件命名为Model5.cas，Case文件保存的同时也保存了Data文件Model5.dat。

18）单击“File”下拉菜单栏中的“Exit”命令，安全退出FLUENT。

第9章

滑移网格模型模拟

本章主要介绍了滑移网格模型的基本思想和设置方法，并通过一个实例展现了滑移网格的设置与求解过程，帮助读者了解FLUENT求解移动区域流体流动问题，利用滑移模型分析相关的实际工程。

- 滑移网格模型概述
- 滑移网格的设置
- 用MRF法模拟二维离心泵的流场

9.1 滑移网格模型概述

滑移网格是在MRF和混合平面的基础上发展起来的，用来描述计算区域的运动。在滑移网格中，静止和转动部分间的相对运动会引发瞬态交互效应。这些交互效应通常分为：

◆潜在作用：由于上游和下游压力波的传播导致的流动不稳定。

◆尾迹作用：由于上游叶片组的尾流传递至下流引起的流动不稳定。

◆冲击作用：在跨声速或超声速流动中，由于激波冲击下游叶片组导致不稳定。

滑移网格技术可以处理非定常问题，这是它与MRF模型和混合面模型的最大区别。滑移网格技术处理的通常是带有周期性的问题，比如涡轮机械中转子和静子的相互干扰问题，如图9-1所示。但是滑移网格也可以计算非周期性问题，比如两列火车交错行驶过程中周围流场的变化。在不需要考虑转子和静子相互干扰的细节时，用MRF模型和混合面模型进行计算就可以获得相互干扰的平均效果，但是在需要考虑干扰过程的细节时，则必须使用滑移网格技术。滑移网格技术在计算中需要使用的系统资源比较大，因此在使用滑移网格技术时需要使用配置较高的计算机。

在滑移网格计算中，计算域至少包含2个以上存在相对运动的子域。每个运动子域至少有一个与相邻子域连接的交界面。原则上交界面形状是任意的，但在实际计算中，交界面的实际形状都设计成在滑移后相邻子域不能相互重叠的形状，或者说交界面上的运动速度必须与交界面相垂直。例如，在旋转机械问题中（如图9-2所示），交界面都设计成轴对称形式，包括圆锥面、圆柱面等形状；在列车交错问题中，交界面则设计成平面等。

滑移网格技术中设定的交界面在计算过程中总是有一部分与相邻子域相连，而其余区域则不与相邻子域相连。与相邻子域相连的区域被称为内部区域。与相邻子域不相连的区域，在平动问题中被称为壁面区域，在周期性流动问题中则被称为周期区域。在每次迭代结束后，FLUENT都会重新计算内部区域的范围，将交界面的其余部分划定为壁面区域或周期性区域，并在壁面区域和周期性区域上设定相应的边界条件。在新的迭代步中，只计算内部区域上的通量。滑移网格计算中采用非正则网格技术，即交界面两侧子域在交界面上不共用网格节点，因此内部区域不是用交界面两侧的网格面直接构成的，而是通过子域间的相对移动量重新计算得出内部区域的边界位置。

当期望获得转子-定子作用时间精确解时，需要采用滑移网格进行瞬态流场计算。

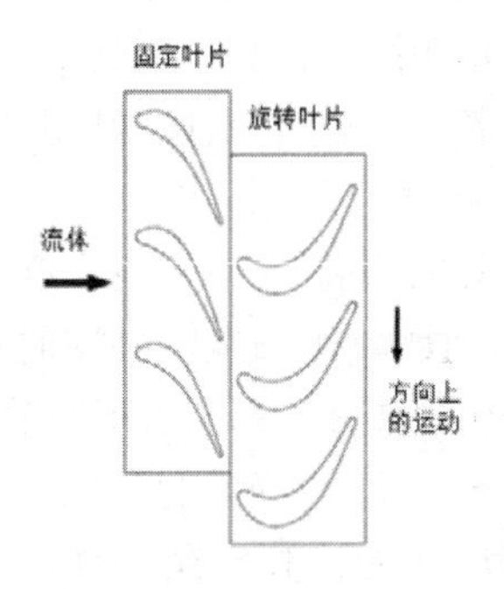

图9-1 转子-定子的相互作用

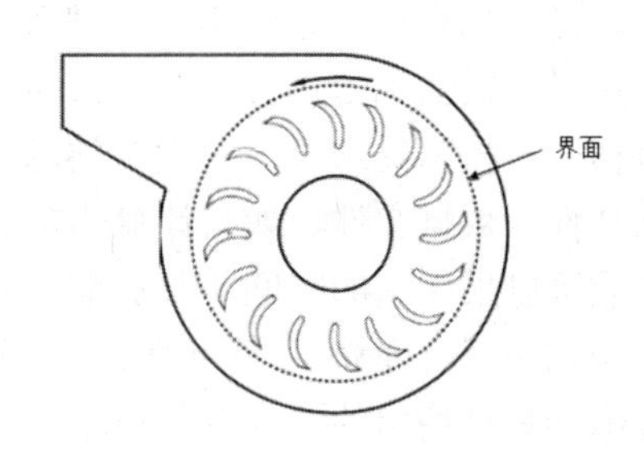

图9-2 风机

9.2 滑移网格的设置

滑移网格技术的设置过程如下：

1）在求解器面板中将计算类型设置为非定常。

2）在边界条件面板中，将交界面的网格类型设置为“interface”。在“Fluid” 面板和“Solid” 面板中，将移动区域的运动类型（Relative To Cell Zone）设置为移动（Moving），并设定其移动速度，如图 9-3 所示。

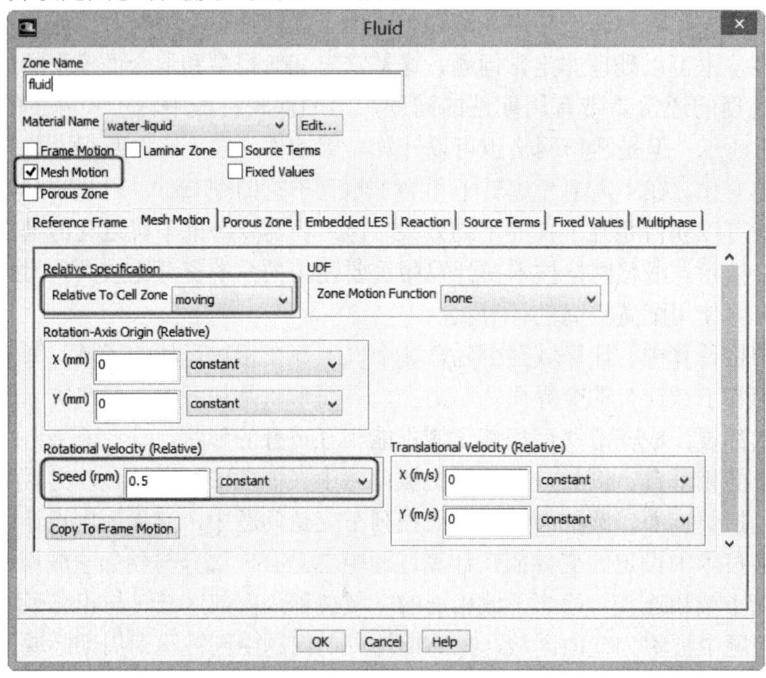

图 9-3　滑移网格的设置

3）在“Mesh Interfaces”面板上定义网格交界面：执行“Define” →“Mesh Interfaces”命令，然后单击“Create/Edit”按钮，弹出如图 9-4 所示的“Create/Edit Mesh Interfaces”对话框。在“Mesh Interfaces”输入栏中输入分界面的名称，在“Interface Zone 1”和“Interface Zone 2”列表中各选择一个组成网格分界面的两分界面区域。在“Interface Type”下方有“Periodic（周期性）”和“Coupled（耦合）”两个复选框，若为周期性问题，即选择“Periodic”，若分界面位于固体和流体区域，则选择“Coupled”，最后单击“Create”按钮，建立新的网格分界面。

因为滑移网格技术通常用于非定常问题的计算，所以计算过程中应该注意保存每个时间段的算例文件和数据文件。如果计算的是周期性流动问题，比如旋转机械问题，则在计算开始的时候可以采用大的时间步长以缩短开始阶段的不稳定过程，在计算稳定下来后再减小时间步长以保证时间精度，同时每隔一个周期观察一下流场变量的变化。如果变化逐渐缩小，说明计算是稳定的。在变化量小于 5%时，可以认为计算已经收敛。

在采用二阶时间精度进行计算的过程中，开始阶段可以采用大的时间步长，但是在随后减小时间步长的过程中，每次减小不要超过 20%。在计算的最后阶段，最好不要再改变时间步长，因为那样会严重影响计算的时间精度。

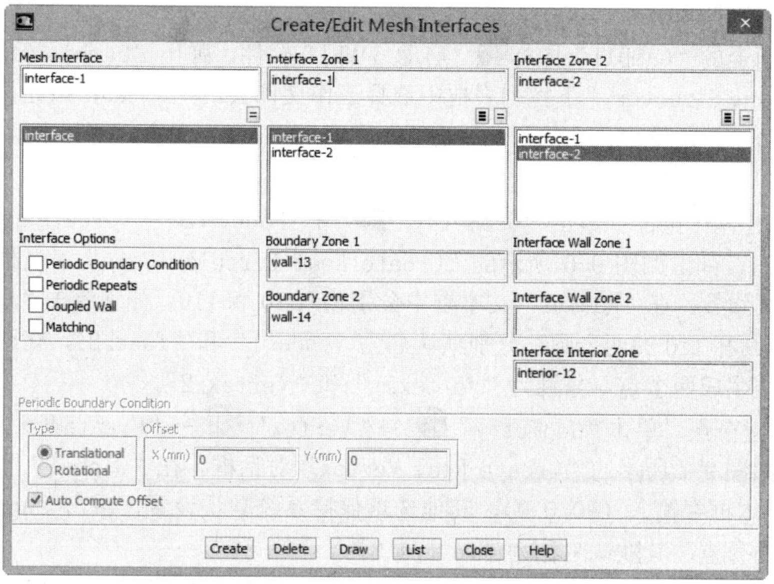

图 9-4　“Create/Edit Mesh Interfaces”对话框

在后处理过程中，速度场的显示在默认设置中显示的是绝对速度，也可以根据需要将其改为显示相对速度。

9.3　用 MRF 法模拟二维离心泵的流场

如果除了旋转部件，静止部件也要考虑的话——例如在涡轮机械中的叶轮和转子就靠得很近，这样转子和定子之间的相互作用就变得重要了。MRF（多重坐标系）法主要用于模拟转子、定子之间只有微弱的相互作用，而且静止区域和运动区域有共同分界面的情况。

【问题描述】

离心泵由旋转的叶轮和蜗壳两部分组成。由于 GAMBIT 建模能力有限，所以本节创建近似的离心泵模型（如需要准确模拟时可借助其他 CAD 工具建模），介绍如何使用 MRF 法。如图 9-5 所示，已知叶轮有 5 个叶片，叶轮的旋转速度为 1200r/min，入口、出口半径分别为 70mm 和 110mm，水流主要从垂直于内圆的方向以 2m/s 的速度进入叶轮，经过蜗壳的作用，从出口边出去。

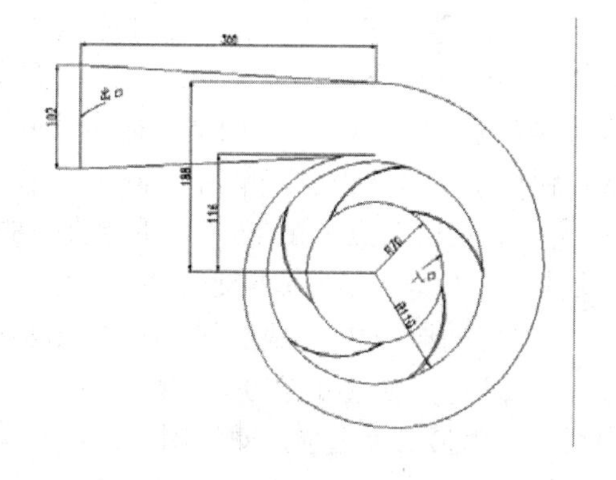

图 9-5　离心泵模型示意图

9.3.1 利用 GAMBIT 创建几何模型

1. 启动 GAMBIT

双击桌面上的“GAMBIT”图标，启动 GAMBIT 软件，弹出“Gambit Startup”对话框。在“working directory”下拉列表框中选择工作文件夹。单击“Run”按钮，进入 GAMBIT 系统操作界面。单击菜单栏中的“Solver”→“FLUENT5/6”命令，选择求解器类型。

2. 创建叶轮流动区域

（1）创建两个圆面　单击“Geometry”→“Face”→“Create Real Circular Face”按钮，弹出如图 9-6 所示的“Create Real Circular Face”对话框。其他选项保持系统默认设置，在“Radius”文本框中分别输入 70 和 110，分别单击“Apply”按钮，创建半径为 70 和 110 的两个圆，分别默认名为“face. 1”和“face. 2”，在两个面最右侧的边缘，默认生成两个点，分别为“vertex. 1”和“vertex. 2”。

（2）创建节点　单击“Geometry”→“Vertex”→“Create Real Vertex”按钮，弹出如图 9-7 所示的“Create Real Vertex”对话框。在“Global”坐标系的“x”“y”“z”文本框中输入（90, 0, 0），其他选项保持系统默认设置，单击“Apply”按钮，创建一个新的节点，其默认名称为“vertex. 3”。

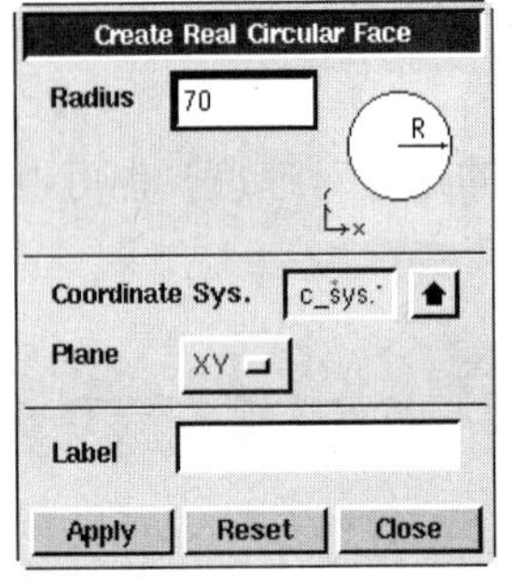

图 9-6　“Create Real Circular Face”对话框

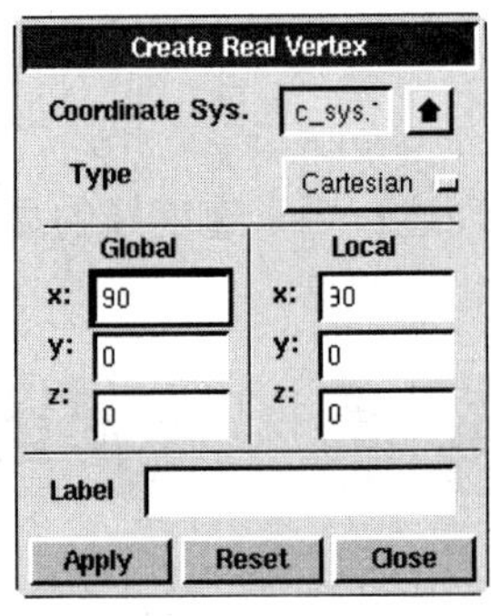

图 9-7　“Create Real Vertex”对话框

（3）旋转节点 vertex. 1　单击“Geometry”→“Vertex”→“Move/Copy Vertices”按钮，弹出如图 9-8 所示的“Move/Copy Vertices”对话框，选中“Copy”和“Rotate”选项，单击“Vertices”文本框，选择“vertex. 1”（即小圆上的节点）作为旋转对象，在“Angle”的文本框中输入 60（逆时针方向为正方向，单位是角度），其他选项保持系统默认设置，单击“Apply”按钮，旋转复制“vertex. 1”，生成“vertex. 4”。

（4）旋转节点 vertex. 3　重复类似的操作，选中“Move”选项（表示移动该点而不是复制），把“vertex. 3”旋转移动 30°，生成的点模型如图 9-9 所示。

（5）连接 3 点，生成弧线　单击“Geometry”→“Edge”→“Create Circular Arc”按钮，弹出如图 9-10 所示的“Create Circular Arc”对话框。在“Method”选项组中选择第二个选项，即使用 3 点创建圆弧，弹出“Vertex List”对话框。选择图 9-9 中所示的 3 个点，单击“Close”按钮，关闭“Vertex List”对话框。其他选项保持系统默认设置，单击“Apply”按钮，创建通过以上 3 点的圆弧，默认名称为“edge. 3”。

（6）复制旋转弧线　单击“Geometry”→“Edge”→“Move/Copy Edges”按钮，弹出如图 9-11 所示的“Move/Copy Edges”对话框。选中“Copy”和“Rotate”选

项，单击“Edges”文本框，选择刚创建的圆弧线 edge.3 作为旋转对象，在“Angle”的文本框中输入 2，其他选项保持系统默认设置，单击“Apply”按钮，圆弧线 edge.3 复制后旋转了 2°，生成圆弧线 edge.4。重复类似的操作，再将圆弧线 edge.3 复制旋转 1°，生成圆弧线 edge.5。

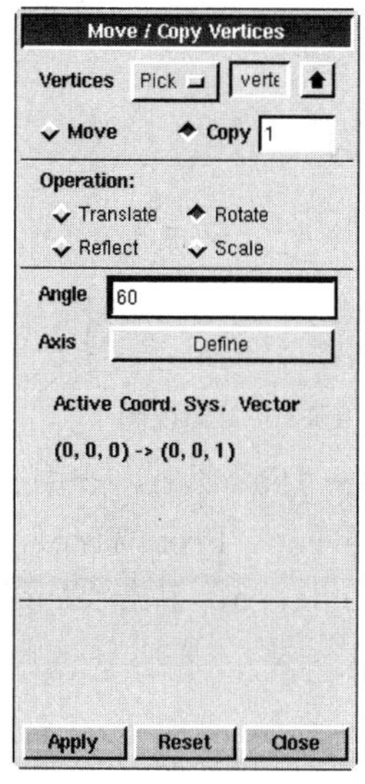

图 9-8 “Move/Copy Vertices”对话框

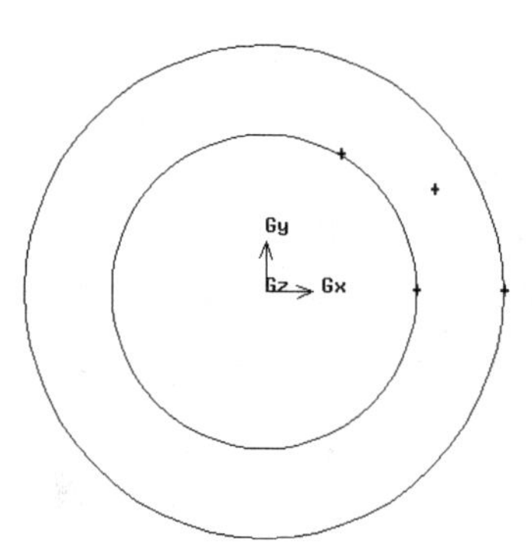

图 9-9 创建的点模型

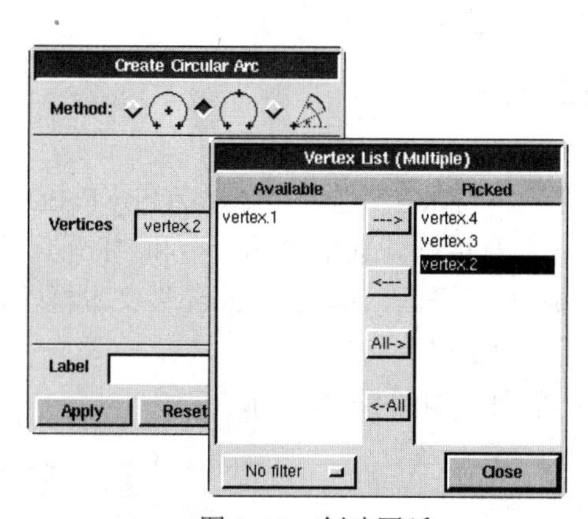

图 9-10 创建圆弧

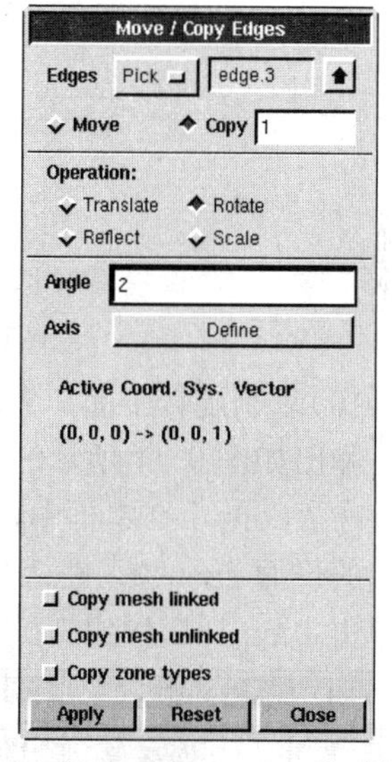

图 9-11 “Move/Copy Edges”对话框

（7）删除圆弧线 edge.5，保留圆弧两节点单击“Geometry”→“Edge”→“Delete Edges”按钮，弹出如图 9-12 所示的“Delete Edges”对话框。“Edges”后面的文本框中选择圆弧线 edge.5，确保“Lower Geometry”选项不被选中，单击“Apply”按钮，即可删除圆弧线 edge.5，但是把其两端的节点保留了下来，默认名称为“vertex.7”和“vertex.8”，其局部视图如图 9-13 所示。

（8）连接节点，生成圆弧　单击“Geometry”→“Edge”→“Create Circular Arc”按钮，弹出如图 9-14 所示的“Create Circular Arc”对话框。在“Method”选

项组中选择第二个选项，即采用 3 点创建圆弧的方法，按顺序依次选择点 vertex.6、vertex.8 和 vertex.2，即外圆上连续的 3 个点，单击“Apply”按钮，创建通过以上 3 点的圆弧，默认名称为“edge.5”。重复类似的操作，连接内圆上连续的 3 个点——vertex.5、vertex.7 和 vertex.4，创建圆弧。

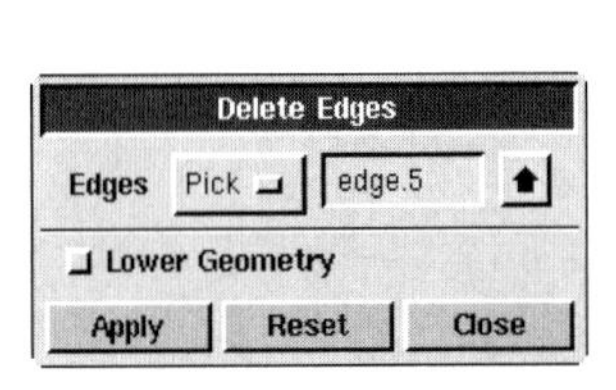

图 9-12　“Delete Edges”对话框

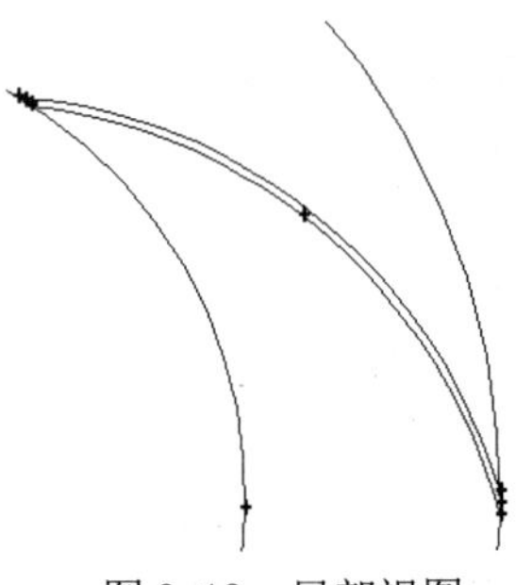

图 9-13　局部视图

（9）组合 4 条圆弧线生成平面　单击“Geometry”→“Face”→“Create Face From Wireframe”按钮，弹出如图 9-15 所示的“Create Face From Wireframe”对话框。选择创建好的 4 段圆弧线 edge.3、edge.4、edge.5 和 edge.6，单击“Apply”按钮，得到如图 9-16 所示的平面视图。

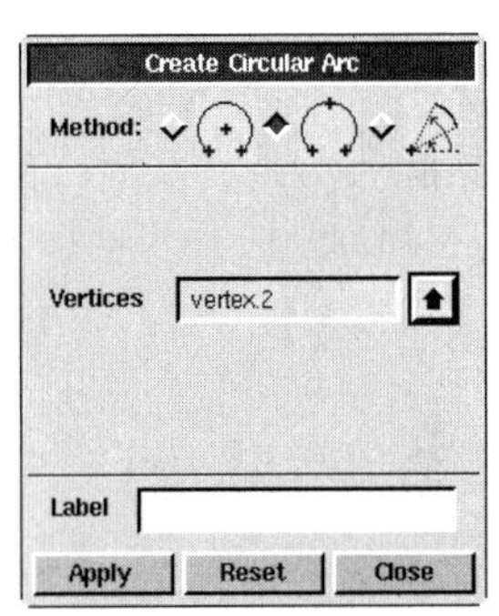

图 9-14　“Create Circular Arc”对话框

（10）复制旋转平面　先单击“Geometry”→“Face”→“Move/Copy Faces”按钮，弹出如图 9-17 所示的“Move/Copy Faces”对话框。选中“Copy”和“Rotate”选项，并在“Copy”文本框中输入“4”，表示复制 4 个平面，单击“Faces”文本框，选择刚创建的平面 face.3，在“Angle”文本框中输入“72”，

单击“Apply”按钮，旋转复制生成其他 4 个面，如图 9-18 所示。

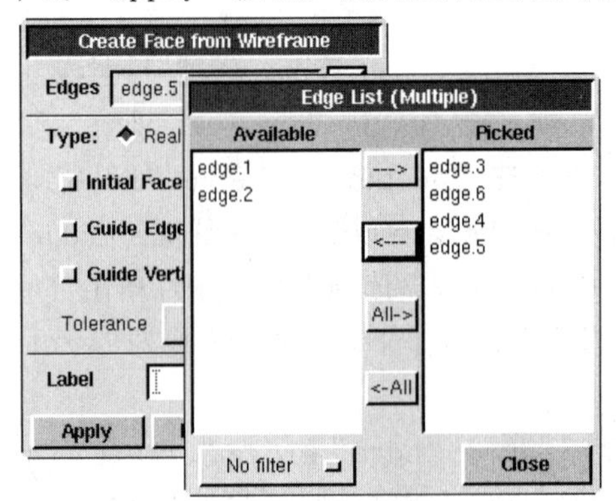

图 9-15　“Create Face From Wireframe”对话框

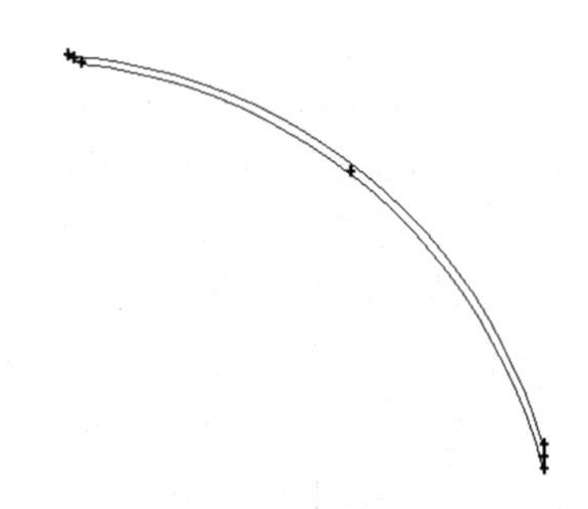

图 9-16　平面视图

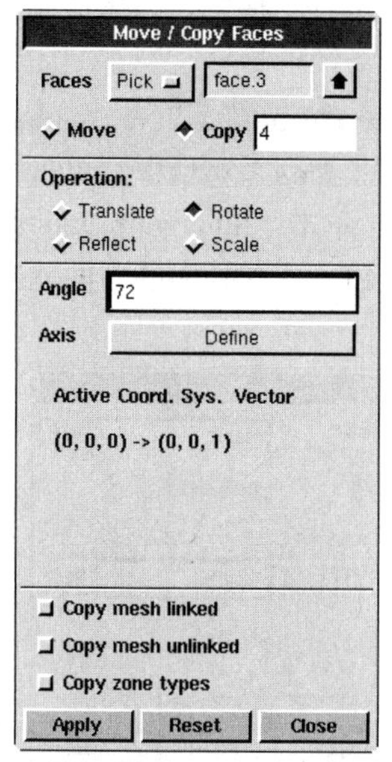

图 9-17 “Move/Copy Faces”对话框

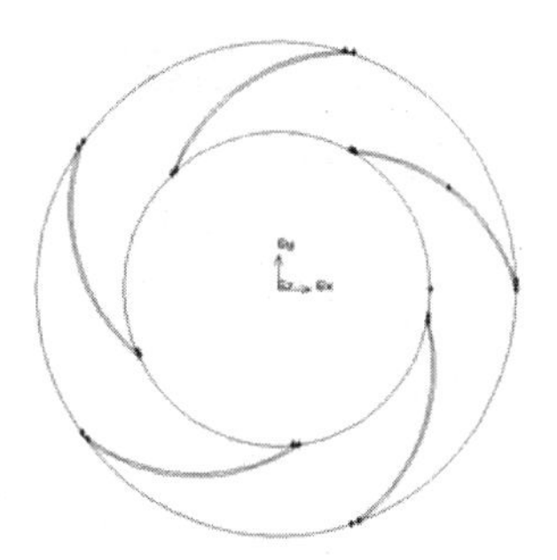

图 9-18 复制平面后的图

（11）删除外圆 face.2 “Geometry”→“Face”→“Delete Faces”按钮，弹出如图 9-19 所示的“Delete Faces”对话框。单击“faces”后面的文本框，选择外圆“face.2”，选中“Lower Geometry”选项，单击“Apply”按钮，删除 face.2。

（12）合并面 “Geometry”→“Face”→“Unite Faces”按钮，弹出如图 9-20 所示的“Unite Faces”对话框。单击“Faces”文本框后面的按钮，弹出“Face List”对话框，单击“All->”按钮，选取所有面，单击“Apply”按钮，将所有面合并为一个面，其默认名称为“face.1”。

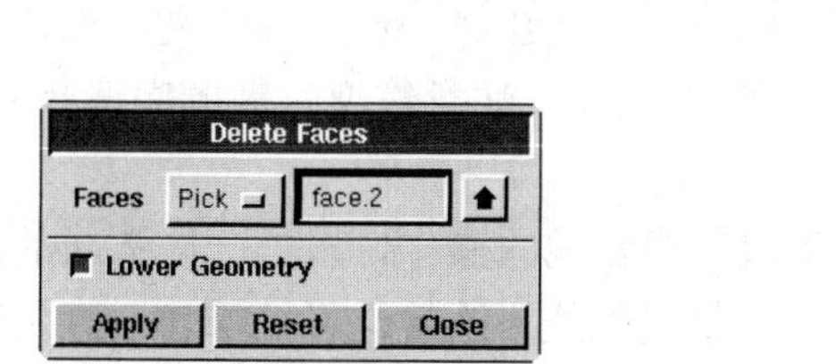

图 9-19 “Delete Faces”对话框

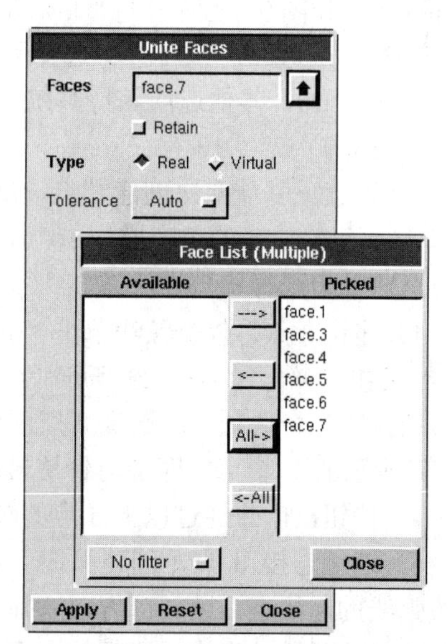

图 9-20 “Unite Faces”对话框

（13）创建圆面 单击“Geometry”→“Face”→“Create Real Circular Face”按钮，弹出如图 9-21 所示的“Create Real Circular Face”对话框。在“Radius”文

本框中输入 112，其他选项保持系统默认设置，单击“Apply”按钮，创建半径为 112 的圆面，其默认名称为“face.2”。

（14）进行两面相减运算　单击“Geometry” →“Face” →“Subtract Real Faces” 按钮，弹出如图 9-22 所示“Subtract Real Faces”对话框。单击“Face”文本框，选择“face.2”，即刚创建的半径为 112 的圆面；单击“Subtract Faces”文本框，选择“face.1”，即刚合并而成的面，单击“Apply”按钮，这样外面的圆面就减去了内部的叶轮面，形成了叶轮内流体流动区域。

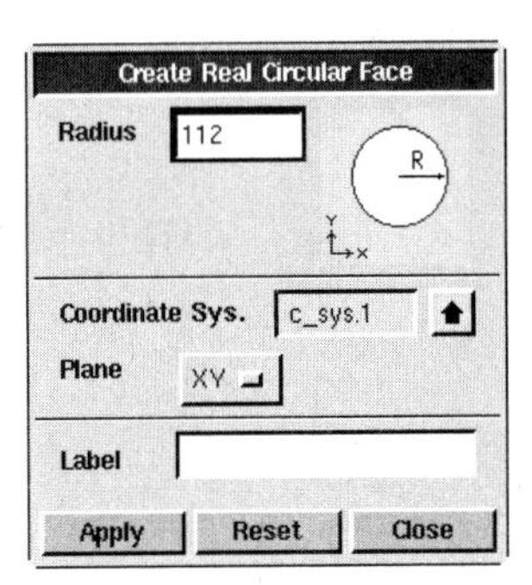

图 9-21　“Create Real Circular Face”对话框

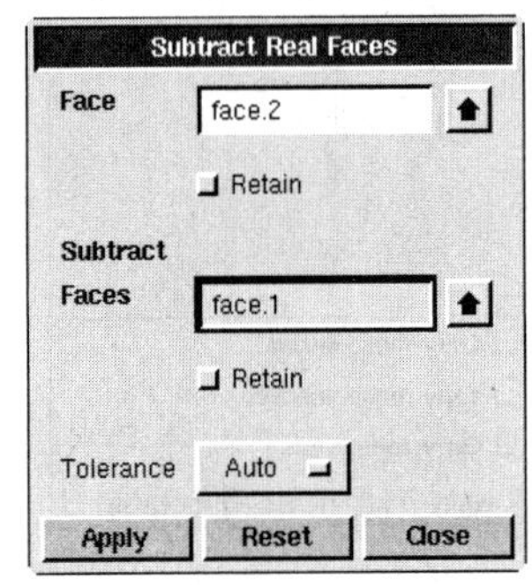

图 9-22　“Subtract Real Faces”对话框

3. 蜗壳流动区域

（1）创建节点　单击“Geometry” →“Vertex” →“Create Real Vertex” 按钮，弹出如图 9-23 所示“Create Real Vertex”对话框。在“Global”坐标系的“x”“y”“z”文本框中，分别输入（0,116,0）和（0,118,0），其他选项保持系统默认设置，分别单击“Apply”按钮，创建两个新的节点。

（2）旋转移动节点　单击“Geometry” →“Vertex” →“Move/Copy Vertices” 按钮，弹出如图 9-24 所示的“Move/Copy Vertices”对话框。选中“Move”和“Rotate”选项，单击“Vertices”文本框，选择刚创建的节点（0,118,0）作为旋转对象，在“Angle”文本框中输入 10，其他选项保持系统默认设置，单击“Apply”按钮，即可把刚创建好的节点（0,118,0）旋转 10°。

（3）连续重复前两次创建节点、旋转节点的操作　每次创建节点的 y 坐标比上一个节点多 2，而每次旋转的角度增加 10°，即创建节点(0,120,0)、(0,122,0)、…、(0,188,0)，分别将这些节点选择旋转 20°、30°、…、350°，创建的节点如图 9-25 所示。

（4）连接 3 点，创建弧线单击“Geometry” →“Edge” →“Create Circular Arc” 按钮，弹出如图 9-26 所示“Create Circular Arc”对话框。在“Method”选项组中，选择第二个选项，即选择 3 点创建圆弧的方法，单击“Vertices”文本框，选择如图 9-27 所示的 3 个点，即逆时针旋转刚开始的 3 个点（注意按逆时针顺序选择），单击“Apply”按钮，创建通过以上 3 点的圆弧。

（5）连续连接 3 点，创建弧线　重复类似生成弧线的操作，以上一段弧线的末点为下一段弧线的起始点，逆时针方向选择 3 个点，创建弧线。连续这样的操作，直到把所有的点都连接成弧线，生成弧线后的图形如图 9-28 所示。

（6）移动复制节点　单击“Geometry” →“Vertex” →“Move/Copy Vertices” 按钮，弹出“Move/Copy Vertices”对话框。选中“Copy”和“Translate”选项，单

击“Vertices”文本框，选择坐标为（0,188,0）的点，在“Global”坐标系的“x”“y”“z”文本框中，输入需要偏移的量(-300,15,0)，其他选项保持系统默认设置，单击“Apply”按钮。重复类似的复制偏移操作，使点（0,112,0）复制偏移（-300,-15,0）。

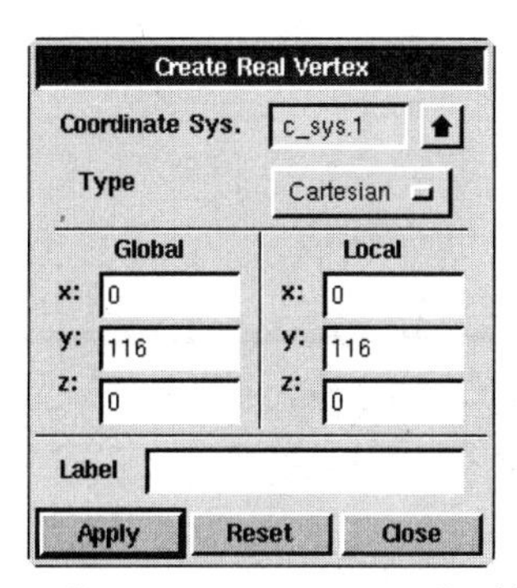

图 9-23 “Create Real Vertex”对话框

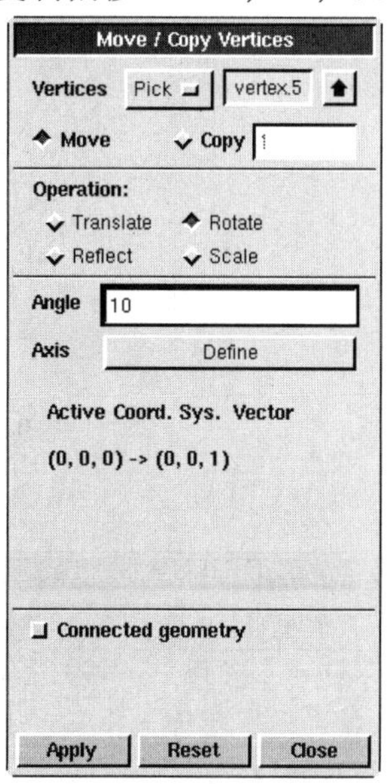

图 9-24 “Move/Copy Vertices”对话框

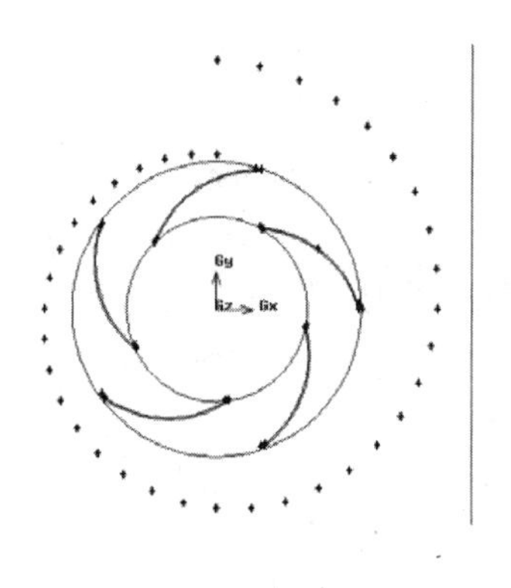

图 9-25 创建节点

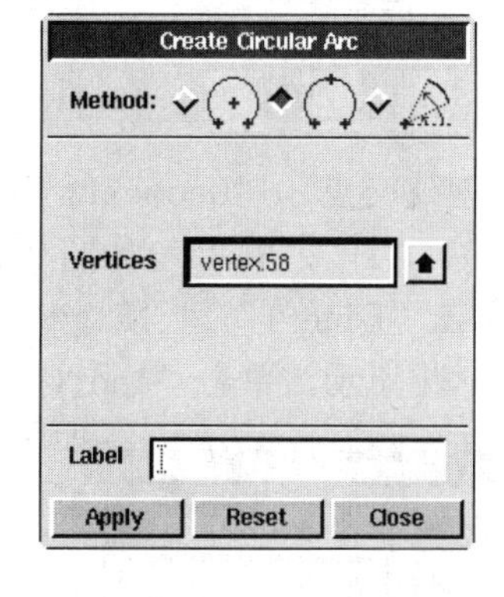

图 9-26 “Create Circular Arc”对话框

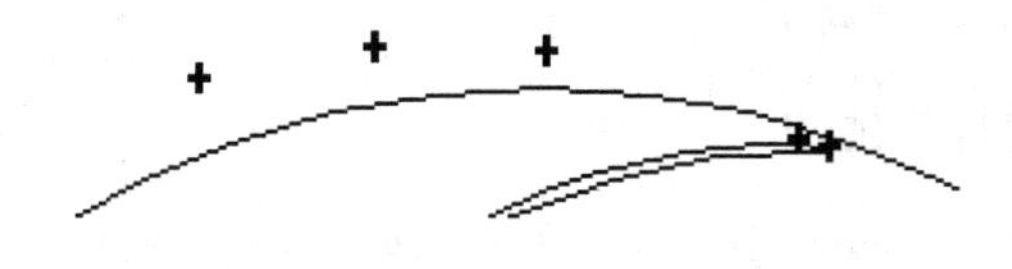

图 9-27 3 点局部视图

（7）连接节点，生成直线 单击“Geometry” →“Edge” →“Create Straight Edge” 按钮，弹出如图 9-29 所示的“Create Straight Edge”对话框。单击“Vertices”文本框，选择坐标为（0,188,0）和（-300,203,0）的点，其他选项保持系统默认设置，单击“Apply”按钮。重复类似的操作，把点(0,112,0)和点(-300,101,0)、点(-300,203,0)和点（-300,101,0）分别连成直线，生成的直线如图 9-29 所示。

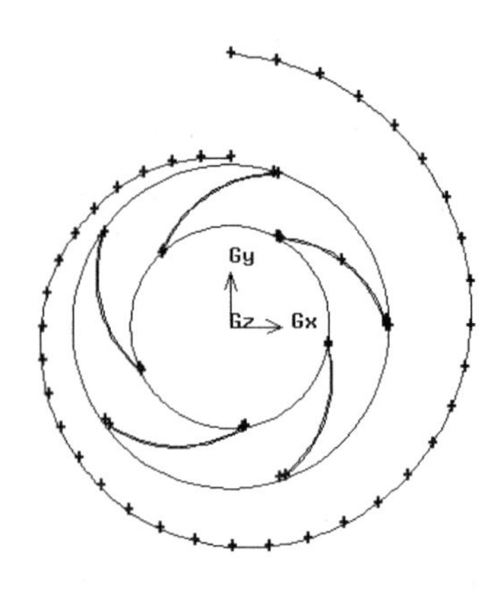

图 9-28　生成弧线后的图形

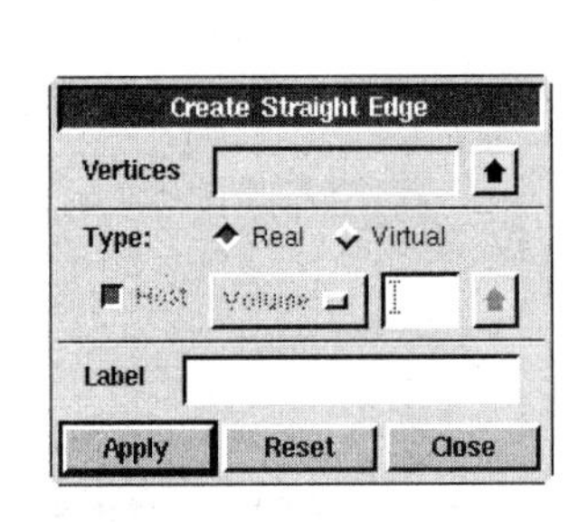

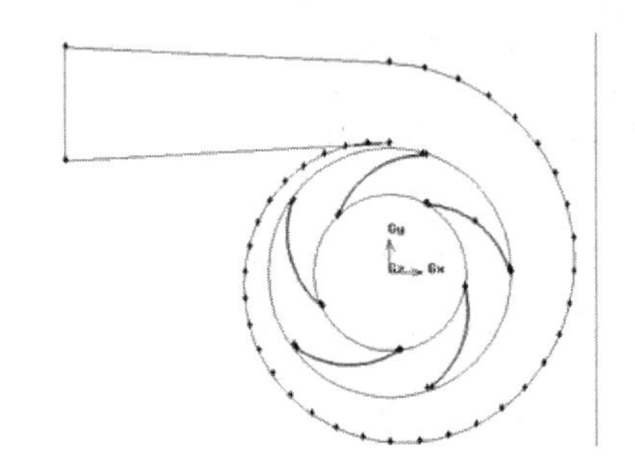

图 9-29　“Create Straight Edge”对话框及生成的实线

（8）创建交点　“Geometry” → “Vertex” → “Create Vertices At Edge Intersections”按钮，弹出如图 9-30 所示的“Create Vertices At Edge Intersections”对话框。单击“Edge 1”和“Edge 2”文本框，分别选择刚创建好的直线和圆弧，其局部视图如图 9-31 所示，单击“Apply”按钮，直线和圆弧的交点，如图 9-32 所示。

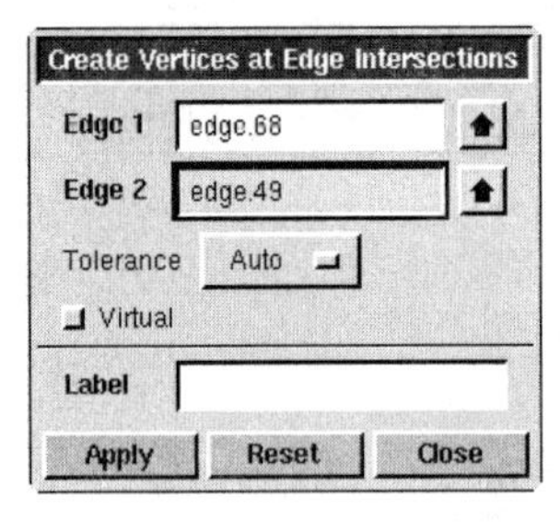

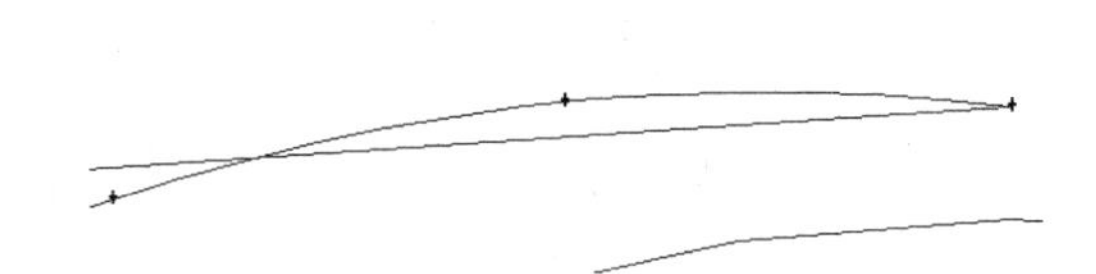

图 9-30　“Create Vertices At Edge Intersections”对话框　　图 9-31　直线和圆弧局部视图

（9）将线截成两段　单击“Geometry” → “Edge” → “Split Edge”按钮，弹出如图 9-33 所示的“Split Edge”对话框。选择“Split With”对应的选项为“Vertex”，单击“Edge”文本框，选择刚刚建立的圆弧段，单击“Vertex”文本框，选择刚创建的交叉节点，其他选项保持系统默认设置，单击“Apply”按钮，圆弧段被该节点分成两段。重复类似的操作，将直线段分成两段。

（10）删除多余线段单击“Geometry” → “Edge” → “Delete Edges”按

钮，弹出如图 9-34 所示的“Delete Edges”对话框。单击“Edges”文本框，选择图 9-35 中箭头所指两条线，单击“Apply”按钮，生成的局部视图如图 9-36 所示。

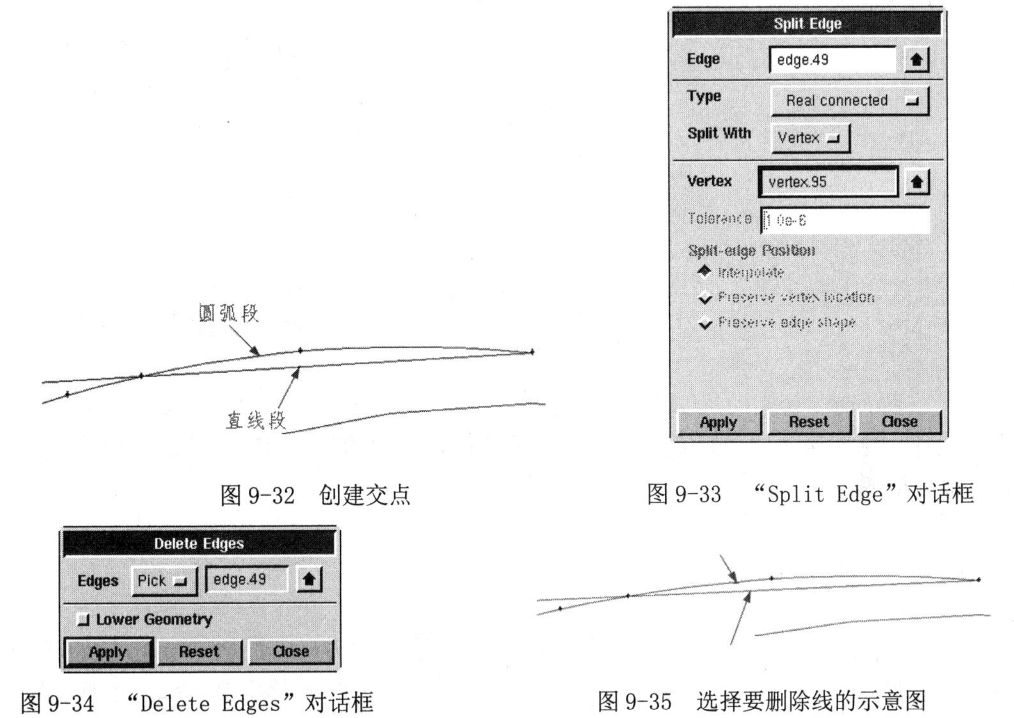

图 9-32　创建交点

图 9-33　“Split Edge”对话框

图 9-34　“Delete Edges”对话框

图 9-35　选择要删除线的示意图

（11）组合曲线，生成面　单击“Geometry” → “Face” → “Create Face From Wireframe” 按钮，弹出如图 9-37 所示的“Create Face From Wireframe”对话框。单击“Edges”文本框，选择如图 9-38 所示的所有弧线和直线，单击“Apply”按钮，形成默认名为“face.3”的平面。

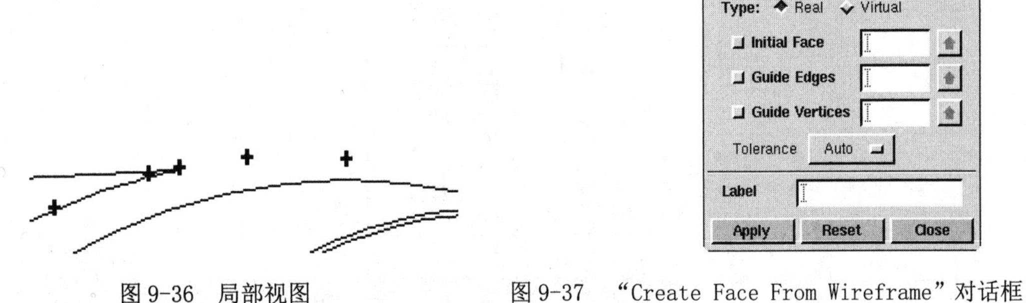

图 9-36　局部视图

图 9-37　“Create Face From Wireframe”对话框

（12）再次创建半径为 112 的圆面　单击“Geometry” →“Face” →“Create Real Circular Face” 按钮，弹出“Create Real Circular Face”对话框，在“Radius”文本框中输入“112”，单击“Apply”按钮，再次创建半径为 112 的圆，其默认名称为“face.4”。

（13）再次进行面相减操作　单击“Geometry” → “Face” → “Subtract Real

Faces”按钮，弹出如图 9-39 所示的“Subtract Real Faces”对话框。单击“Face”文本框，选择“face.3”，即外层蜗壳面；单击“Subtract Faces”文本框，选择“face.4”，即半径为 112 的圆面，其他选项保持系统默认设置，单击“Apply”按钮，完成蜗壳流动区域的几何建模。

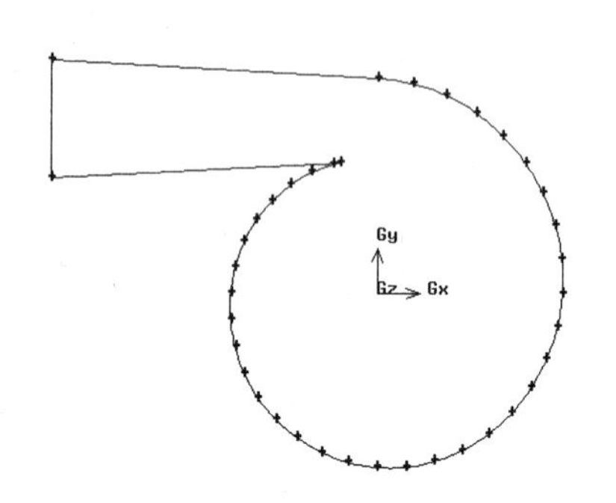

图 9-38　选择所有圆弧和直线

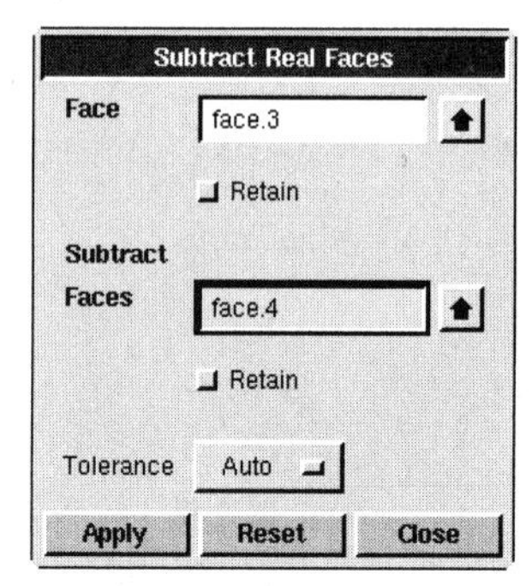

图 9-39　“Subtract Real Faces”对话框

此时叶轮流动区域和蜗壳流动区域有两个位置重叠的边，即叶轮流动区域的外圆和蜗壳流动区域的内圆。

9.3.2　利用 GAMBIT 划分网格

（1）划分叶轮流动区域网格　单击“Mesh”→“Face”→“Mesh Faces”按钮，弹出如图 9-40 所示的“Mesh Faces”对话框。单击“Faces”文本框，选择叶轮流动区域，即“face.2”，“Elements”对应的选项为“Tri”，对应的“Type”选项为“Pave”，在“Spacing”文本框中输入“1”(为了研究叶轮内部的流场，所以网格要更精确一些)，其他选项保持系统默认设置，单击“Apply”按钮，完成对叶轮流动区域的网格划分。从“Transcript”窗口的提示中可以看到，叶轮流动区域 face.2 中划分了 51266 个网格。

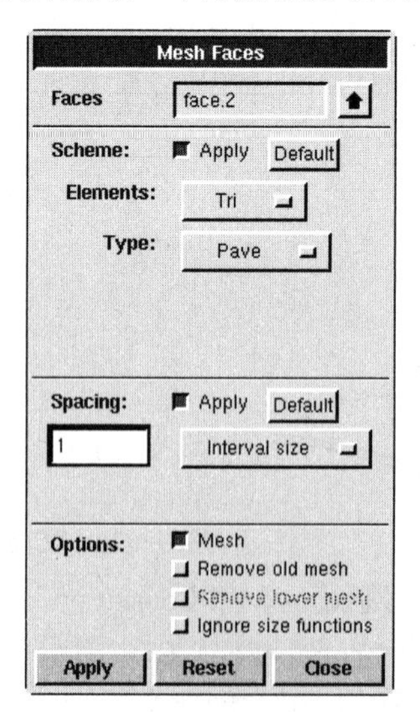

图 9-40　“Mesh Faces”对话框

（2）划分蜗壳流动区域网格　重复上一步的类似操作，选择“face.3”来划分网格，在“Spacing”文本框中输入“2”，单击“Apply”按钮。face.3 中一共划分了 34136 个网格。划分网格后的局部视图如图 9-41 所示。

（3）隐藏网格 单击“Global Control”控制区中的按钮，弹出如图 9-42 所示的“Specify Display Attributes”对话框。选中“Mesh”选项，再选中其对应的“off”选项，单击“Apply”按钮。

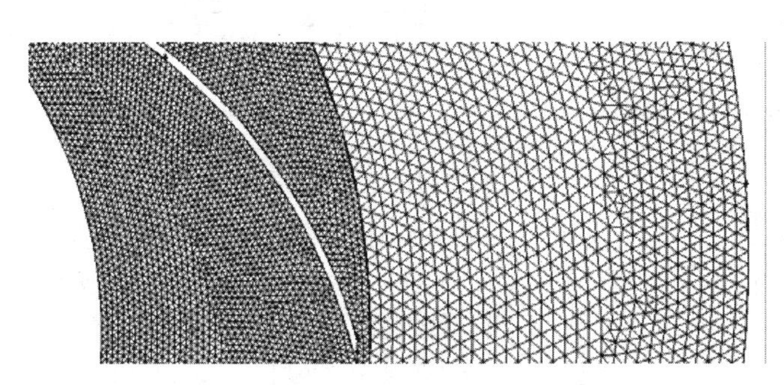

图 9-41 划分网格后的局部视图

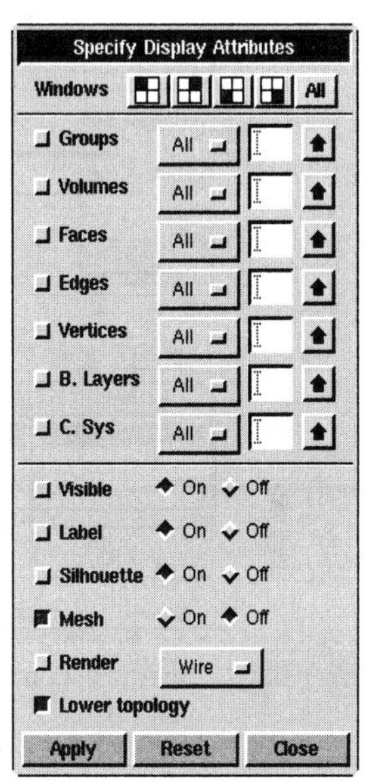

图 9-42 “Specify Display Attributes”对话框

9.3.3 利用 GAMBIT 初建边界条件

1. 定义两个不同区域

单击“Zones” → “Specify Continuum Types” 按钮，弹出如图 9-43 所示的“Specify Continuum Types”对话框。单击“Faces”文本框，选择“face.2”，即叶轮流动区域，在“Name”文本框中输入“moving”，其他选项保持系统默认设置，单击“Apply”按钮。重复类似的操作，将蜗壳流动区域“face.3”定义为“static”。

2. 定义速度入口边界

单击“Zones” →“Specify Boundary Types” 按钮，弹出如图 9-44 所示“Specify Boundary Types”对话框。单击“Edges”文本框，选择如图 9-45 所示的叶轮区域内圆的 5 段圆弧，在“Name”文本框中输入“in”，其对应的“Type”选项为“VELOCITY_INLET”，其他选项保持系统默认设置，单击“Apply”按钮。

3. 定义压力出口边界

单击“Zones” → “Specify Boundary Types” 按钮，弹出如图 9-46 所示的“Specify Boundary Types”对话框。单击“Edges”文本框，选择蜗壳的出口边，即最左侧的竖直直线，在“Name”文本框中输入“out”，其对应的“Type”选项为“OUTFLOW”，其他选项保持系统默认设置，单击“Apply”按钮。

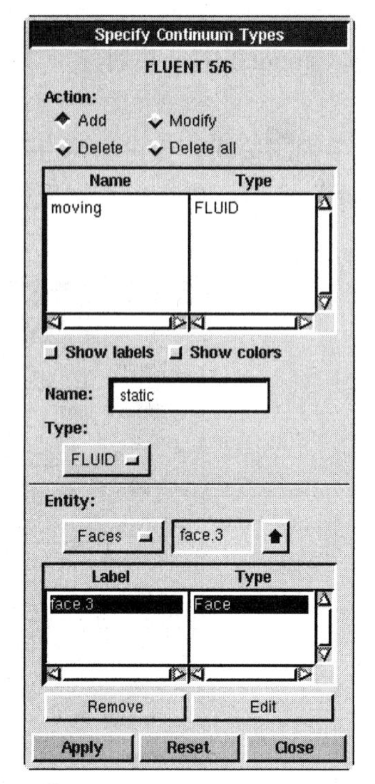

图 9-43 “Specify Continuum Types”对话框

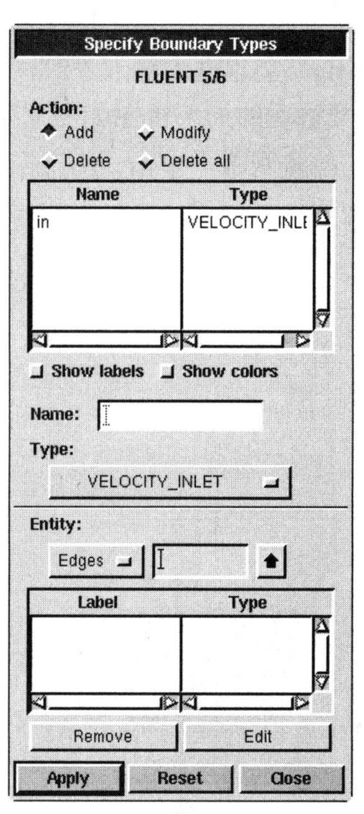

图 9-44 “Specify Boundary Types”对话框 1

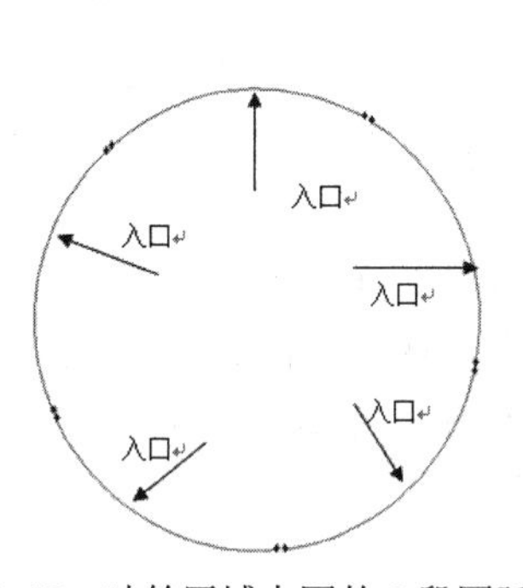

图 9-45 叶轮区域内圆的 5 段圆弧

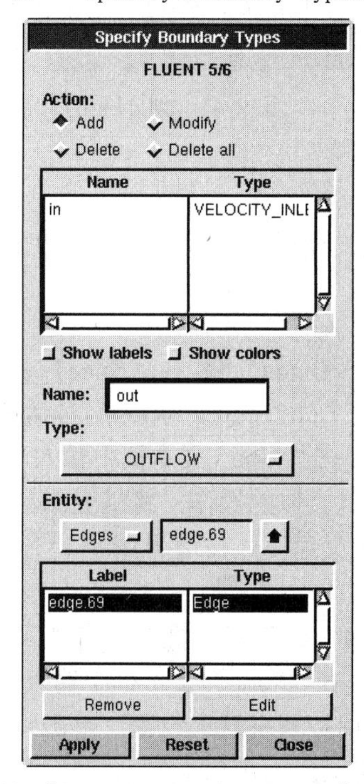

图 9-46 “Specify Boundary Types”对话框 2

4. 定义叶轮壁面

单击“Zones”→“Specify Boundary Types”按钮，弹出如图 9-47 所示的“Specify Boundary Types”对话框。单击“Edges”文本框，选择如图 9-48 所示的叶轮

壁面，在“Name”文本框中输入 impeller，其对应的“Type”选项为“WALL”，其他选项保持系统默认设置，单击“Apply”按钮。

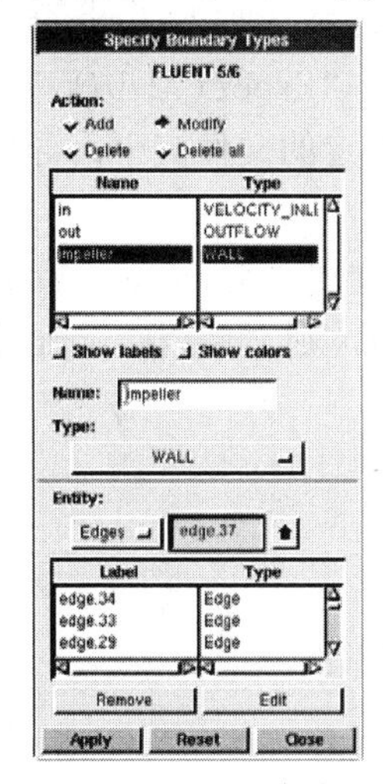

图 9-47 “Specify Boundary Types”对话框 3

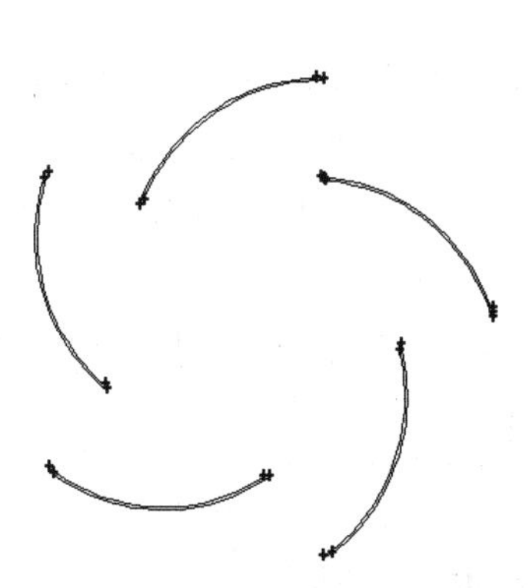

图 9-48 叶轮壁面局部视图

5. 定义内部面

（1）定义内部面 1 单击“Zones”→“Specify Boundary Types”按钮，弹出“Specify Boundary Types”对话框，如图 9-49 所示。单击“Edges”文本框，选择叶轮区域和蜗壳区域的交界线(有两条任选其中一条)，在“Name”文本框中输入 interface-1，对应的“Type”选项为“INTERFACE”，其他选项保持系统默认设置，单击“Apply”按钮。

（2）定义内部面 2 重复类似的操作，单击“Edges”文本框，选择另一条交界线（如果不小心仍然选择了上一条线，可单击鼠标中键来进行更换），如图 9-50 所示，在“Name”文本框中输入“interface-2”，对应的“Type”选项为“INTERFACE”，其他选项保持系统默认设置，单击“Apply”按钮。

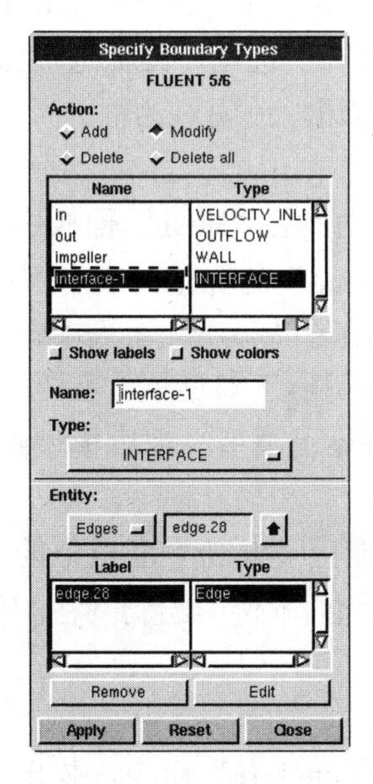

图 9-49 “Specify Boundary Types”对话框 4

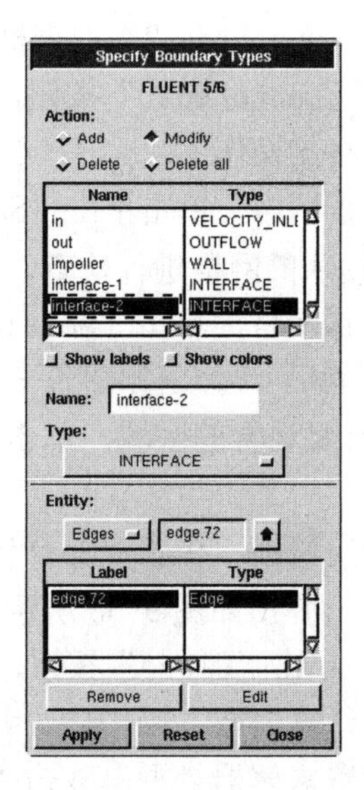

图 9-50 “Specify Boundary Types”对话框 5

9.3.4 利用 GAMBIT 导出 Mesh 文件

（1）单击菜单栏中的“File”→“Export”→“Mesh”命令，弹出“Export Mesh File”对话框。在“File name”文本框中输入“pump.msh”，选中“Export 2-D(X-Y) Mesh”选项，单击“Accept”按钮，这样 GAMBIT 就能在启动时在指定的文件夹中，导出该模型的 Mesh 文件。

（2）单击菜单栏中的“File”→“Save as”命令，弹出“Save Session As”对话框，在“ID”文本框中输入“pump”，单击“Accept”按钮，则文件以“pump”为文件名保存。至此 GAMBIT 前处理完成，关闭软件。

9.3.5 利用 FLUENT 19.0 导入 Mesh 文件

1. 启动 FLUENT

启动 FLUENT 19.0，采用 2D 单精度求解器。

2. 读入 Mesh 文件

单击“File”下拉菜单栏中的“Read” →“Case”命令，选择刚才创建好的“pump.msh”文件，导入到 FLUENT 中，当 FLUENT 主窗口显示“Done”的提示，表示读入成功。

9.3.6 计算模型的设定过程

1. 合并内部面

单击“Setting Up Domain”功能区“Interfaces”面板下拉菜单中的“Mesh”命令在弹出的“Mesh Interfaces”对话框中单击“Manual Create”按钮，弹出如图 9-51 所示的“Create/Edit Mesh Interfaces”对话框，在“Mesh Interface”文本框中输入“interface”，在“Interface Zone Side 1”列表框中选择“interface-1”选项，在“Interface Zone Side 2”列表框中选择“interface-2”选项，其他选项保持系统默认设置，单击“Create/Edit”按钮，再单击“Close”按钮，关闭对话框。

2. 对网格的操作

（1）检查网格 单击单击“Setting Up Domain”功能区“Mesh”面板中的“Check”按钮✔，对读入的网格进行检查，当主窗口区显示“Done”的提示，表示网格可用。

（2）显示网格 单击“Setting Up Domain”功能区“Mesh”面板中的“Display”按钮 Display...，弹出如图 9-52 所示的“Mesh Display”对话框。在“surfaces”列表框中选择所要观看的区域，单击“Display”按钮，显示模型，观察模型查看是否有错误。

（3）标定网格 单击“Setting Up Domain”功能区“Mesh”面板中的“Scale”按钮 Scale...，弹出如图 9-53 所示的“Scale Mesh”对话框，本例中绘制网格的单位是“m”，不需要改变，单击“Close”按钮，完成网格的标定。

3. 设置计算模型

（1）设置求解器类型 双击“导航面板”中的“General”命令，弹出“General”

任务面板，保持所有默认设置。

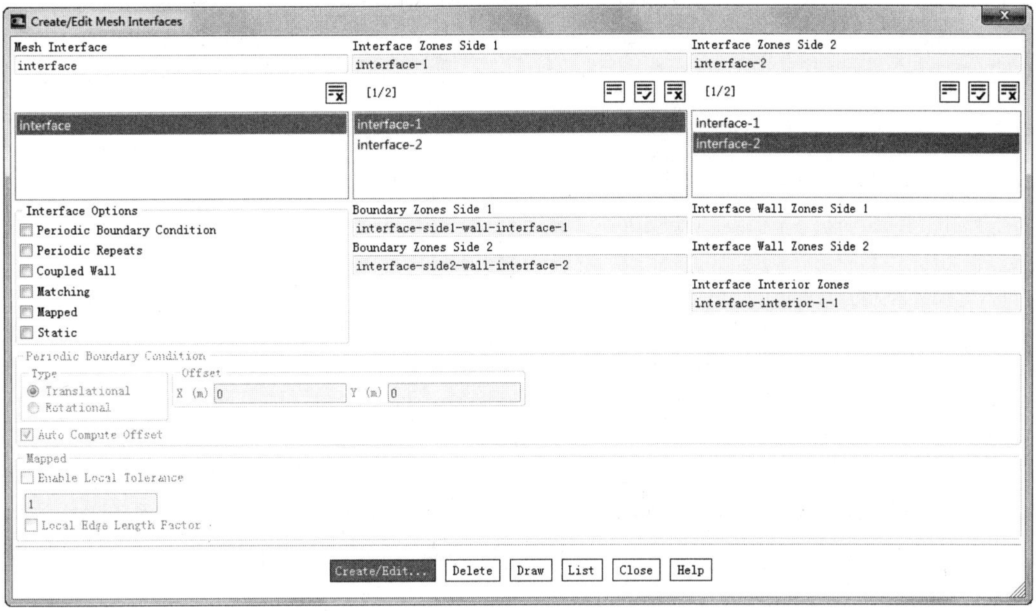

图 9-51 “Create/Edit Mesh Interfaces”对话框

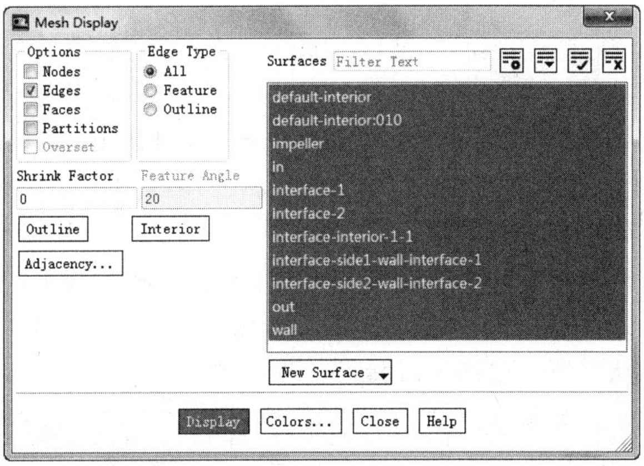

图 9-52 “Mesh Display”对话框

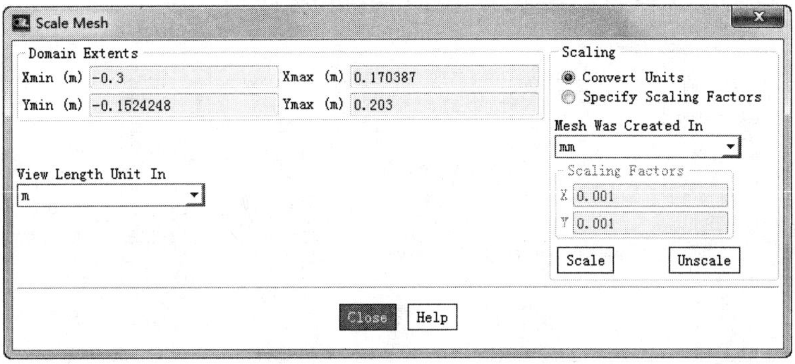

图 9-53 “Scale Mesh”对话框

（2）设置湍流模型 单击“Setting Up Physics”功能区“Models”面板中的“Viscous”

按钮 Viscous...，弹出如图 9-54 所示的“Viscous Model”对话框。在“Model”选项组中点选“k-epsilon”单选项，其他选项保持系统默认设置，单击“OK”按钮。

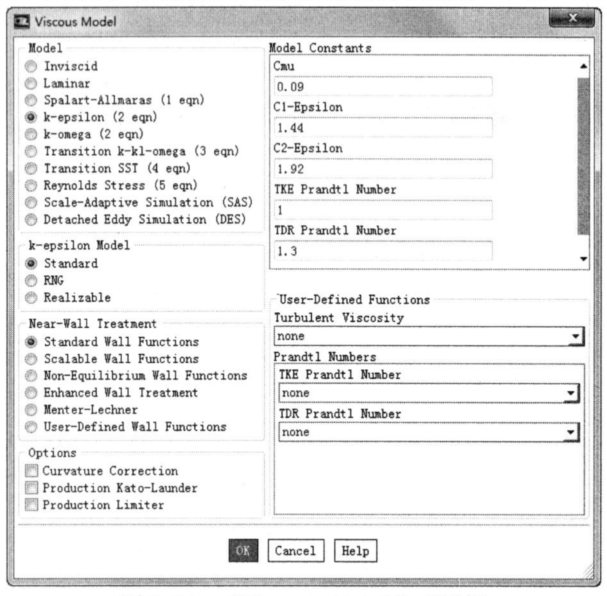

图 9-54　“Viscous Model”对话框

4. 设置物性

单击“Setting Up Physics”功能区“Materials”面板中的“Create/Edit”按钮，弹出“Create/Edit Materials”对话框。单击“Fluent Database”按钮，弹出如图 9-55 所示的“Fluent Database Materials”对话框。在“Material Type”下拉列表框中选择“fluid”选项，选择流体类型；在“Order Materials By”选项组中点选“Name”单选项，表示通过材料的名称选择材料；在“Fluent Fluid Materials”列表框中选择“water-liquid”选项，保持水的参数不变；单击“Copy”按钮，再单击“Close”按钮，关闭“Fluent Database Materials”对话框。保持“Create/Edit Materials”对话框中其他选项为系统默认设置，单击“Close”按钮。

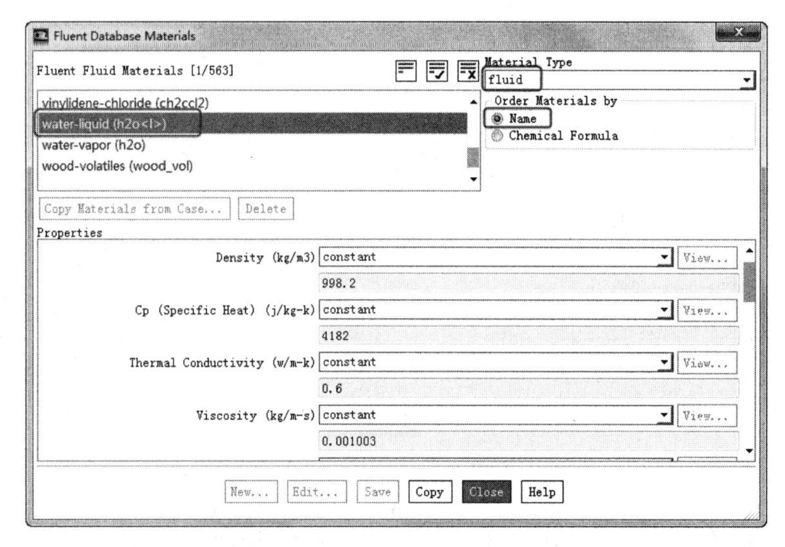

图 9-55　“Fluent Database Materials”对话框

5. 设置运算环境

单击“Setting Up Physics”功能区“Solver”面板中的“Operating Conditions”命令，弹出“Operating Conditions”对话框，保持所有选项为系统默认设置，单击“OK”按钮。

6. 设置边界条件

（1）定义动流体区域　单击“Setting Up Physics”功能区“Zones”面板中的“Cell Zones”命令，弹出 “Cell Zone Conditions”面板。对于MRF法，需要定义一个动区域和一个静区域。在“Zone”列表框中选择“moving”选项，对应的“Type”选项为“fluid”，单击“Edit”按钮，弹出如图 9-56 所示的“Fluid”对话框。在“Material Name”下拉列表框中选择“water-liquid”选项，勾选“Frame Motion”复选框，在“Speed”文本框中输入“1200”，其他选项保持系统默认设置，单击“OK”按钮。

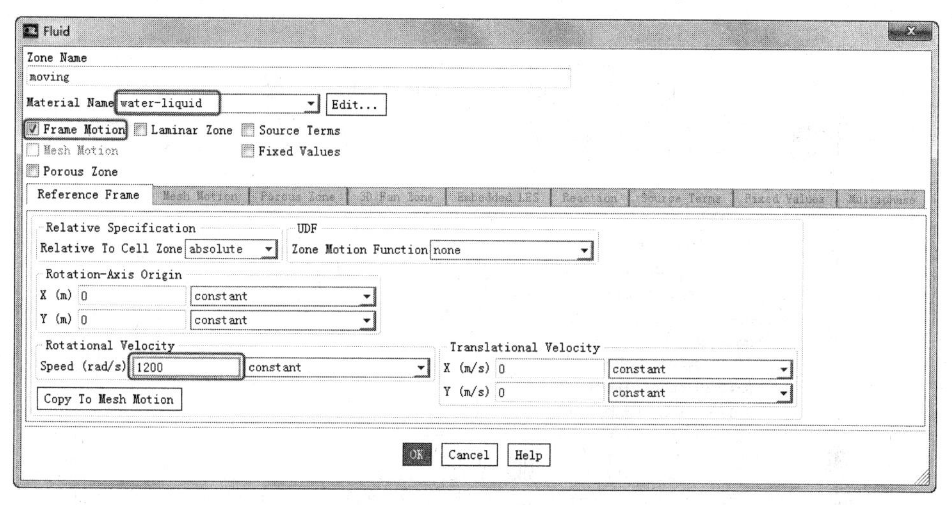

图 9-56　“Fluid”对话框

（2）定义静流体区域　在“Zone”列表框中选择“static”选项，其对应的“Type”选项为“fluid”，单击“Edit”按钮，弹出“Fluid”对话框。在“Material Name”下拉列表框中选择“water-liquid”选项，其他选项保持系统默认设置，单击“OK”按钮。

（3）定义速度入口边界　单击“Setting Up Physics”功能区“Zones”面板中的“Boundaries”命令，弹出如图 9-57 所示的“Boundary Conditions”任务面板。在“Zone”列表框中选择“in”选项，其对应的“Type”选项为“velocity-inlet”，单击“Edit”按钮，弹出如图 9-58 所示的“Velocity Inlet”对话框。单击“Momentum”选项卡，在“Velocity Specification Method”下拉列表框中选择“Magnitude, Normal to Boundary”选项，在“Reference Frame”下拉列表框中选择“Absolute”选项，在“Velocity Magnitude”文本框中输入 2，在“Specification Method”下拉列表框中选择“K and Epsilon”选项，在“Turbulent Kinetic Energy”和“Turbulent Dissipation Rate”文本框中输入 0.01，单击“OK”按钮，关闭“Velocity Inlet”对话框。

（4）定义质量出口边界　在“Zone”列表框中选择“out”选项，其对应的“Type”选项为“outflow”，单击“Edit”按钮，弹出如图 9-59 所示的“Outflow”对话框。在“Flow Rate Weighting”文本框中输入“1”，单击“OK”按钮，关闭“Outflow”对话框。

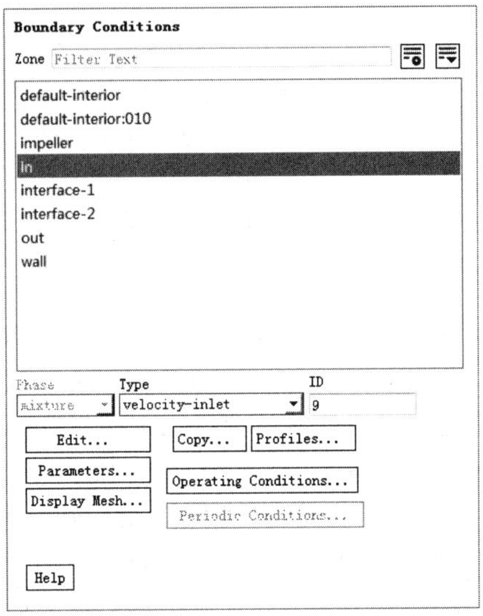

Boundary Conditions
Zone Filter Text
default-interior
default-interior:010
impeller
in
interface-1
interface-2
out
wall
Phase Type ID
mixture velocity-inlet 9
Edit... Copy... Profiles...
Parameters... Operating Conditions...
Display Mesh... Periodic Conditions...
Help

图 9-57 “Boundary Conditions”面板

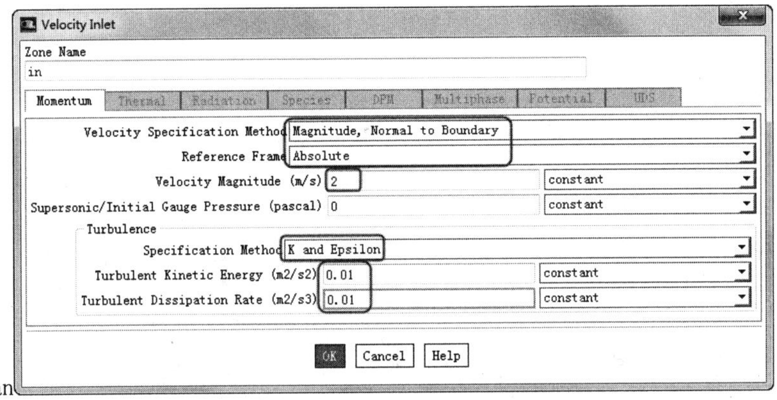

Velocity Inlet
Zone Name
in
Momentum Thermal Radiation Species DPM Multiphase Potential UDS
Velocity Specification Method Magnitude, Normal to Boundary
Reference Frame Absolute
Velocity Magnitude (m/s) 2 constant
Supersonic/Initial Gauge Pressure (pascal) 0 constant
Turbulence
Specification Method K and Epsilon
Turbulent Kinetic Energy (m2/s2) 0.01 constant
Turbulent Dissipation Rate (m2/s3) 0.01 constant
OK Cancel Help

ban

图 9-58 “Velocity Inlet”对话框

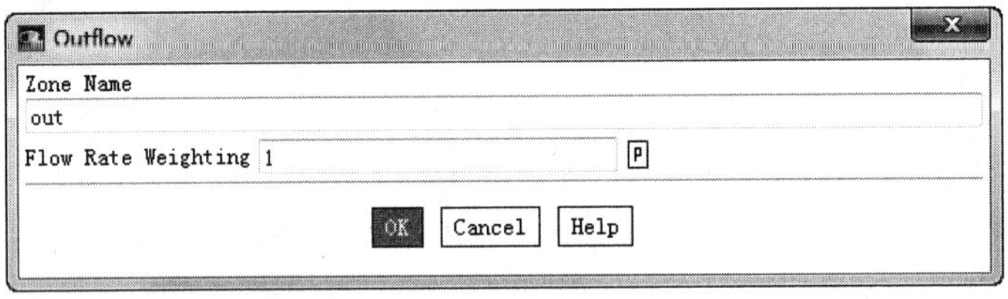

Outflow
Zone Name
out
Flow Rate Weighting 1 P
OK Cancel Help

图 9-59 “Outflow”对话框

(5)定义叶轮旋转壁面　在“Zone”列表框中选择“impeller”选项，其对应的“Type”选项为“wall”，单击“Edit”按钮，弹出如图 9-60 所示的“Wall”对话框。单击“Momentum”选项卡，在“Wall Motion”选项组中点选“Moving Wall”单选项，在“Motion”选项组中点选“Relative to Adjacent Cell Zone”和“Rotational”单选项，在“Speed”文本框中保持默认值“0”，为叶轮壁面的相对速度，而绝对速度还是 1200r/min，在“Rotation-Axis Origin”选项组的文本框中保持（0,0），在“Shear Condition”选项组中点选“No Slip”单选项，单击“OK”按钮，完成转动壁面的设置。

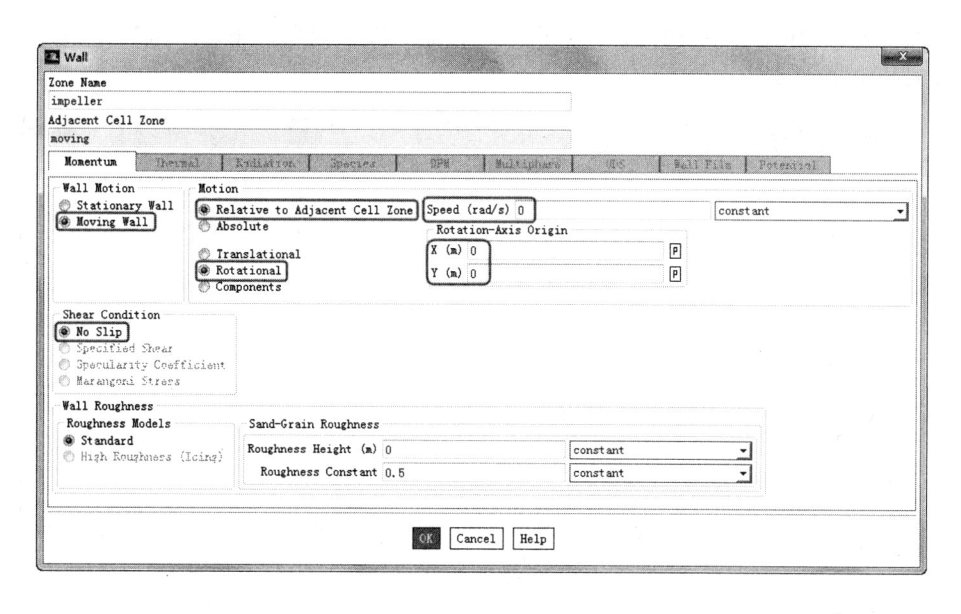

图 9-60 “Wall”对话框

（6）设置其他边界条件 默认其他边界条件的设置，完成边界条件的设置。

7. 设置求解策略

（1）设定求解参数 单击“Solving”选项卡“Solution”面板中的“Methods”按钮，弹出如图 9-61 所示的“Solution Methods”任务面板。在“Spatial Discretization”选项组的“Pressure”下拉列表框中选择“PRESTO!”选项，在其他选项的下拉列表框中都选择“Second Order Upwind”选项，以提高计算精度，其他选项保持系统默认设置。

Solution Methods
Pressure-Velocity Coupling
Scheme
SIMPLE
Spatial Discretization
Gradient
Least Squares Cell Based
Pressure
PRESTO!
Momentum
Second Order Upwind
Turbulent Kinetic Energy
Second Order Upwind
Turbulent Dissipation Rate
Second Order Upwind
Transient Formulation
Non-Iterative Time Advancement
Frozen Flux Formulation
Pseudo Transient
Warped-Face Gradient Correction
High Order Term Relaxation Options...
Default
Help

图 9-61 “Solution Methods”对话框

（2）定义求解残差监视器 单击“Solving”选项卡“Reports”面板中的“Residuals”按钮 Residuals...，弹出如图 9-62 所示的“Residual Monitors”对话框。在“Options”

选项组中勾选“Plot”复选框，其他选项保持系统默认设置，单击“OK”按钮，完成残差监视器的定义。

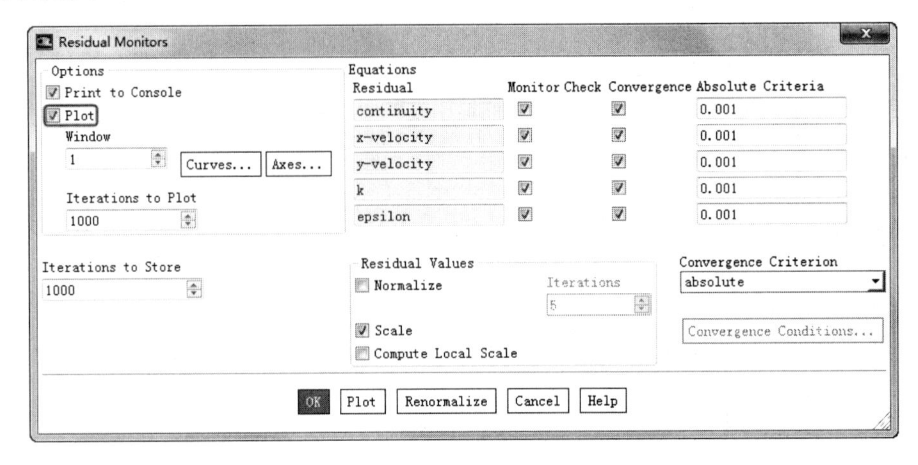

图 9-62 “Residual Monitors”对话框

9.3.7 模型初始化

1）勾选“Solving”选项卡“Initialization”面板中的“Standard”复选框，然后单击“Solving”选项卡“Initialization”面板中的“Options”命令，弹出如图 9-63 所示的“Solution Initialization”任务面板。在“Compute From”下拉列表框中选择“all-zones”选项，单击“Initialize”按钮，进行初始化。

2）保存 Case 和 Data 文件。单击“File”下拉菜单栏中的“Write” →“Case”命令，在弹出的“Select File”对话框中的的“Case File”文本框中输入“pump”，保存 Case 文件。

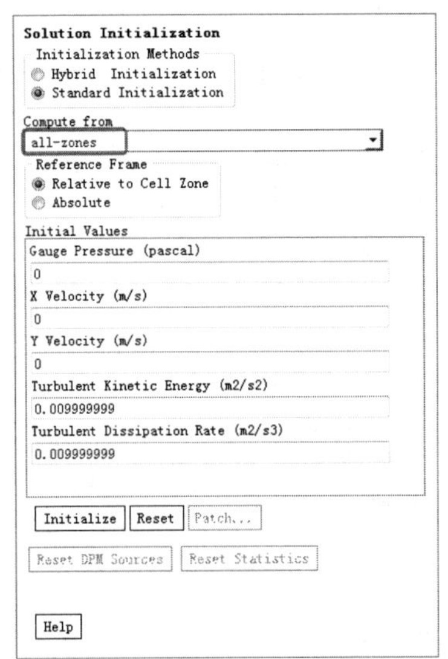

图 9-63 “Solution Initialization”面板

9.3.8　迭代计算

单击“Solving”选项卡“Run Calculation”面板中的“Advanced”命令，弹出“Run Calculation”任务面板，在“Number of Iteration”文本框中输入“400”，进行迭代计算。当计算迭代到400步时，计算收敛，得到如图9-64所示的残差图。

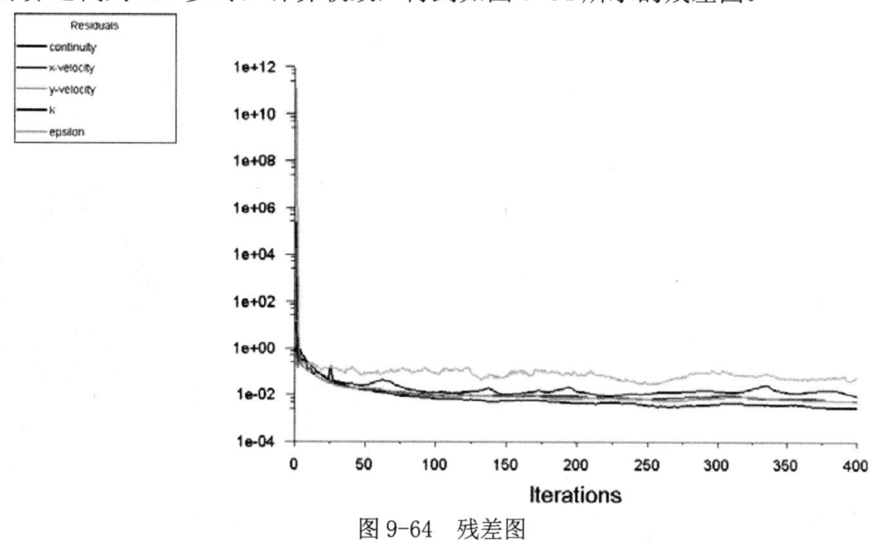

图9-64　残差图

9.3.9　FLUENT 19.0自带后处理

（1）显示速度分布　单击“Postprocessing”选项卡“Graphics”面板中的“Contours”按钮 Contours下拉菜单中的“Edit”命令，弹出如图9-65所示的“Contours”对话框。在“Contours of”选项组的两个下拉列表框中分别选择“Velocity”和“Velocity Magnitude”选项，在“Options”选项组中勾选“Filled”复选框，其他选项保持系统默认设置，单击“Display”按钮，显示的速度分布图如图9-66所示。

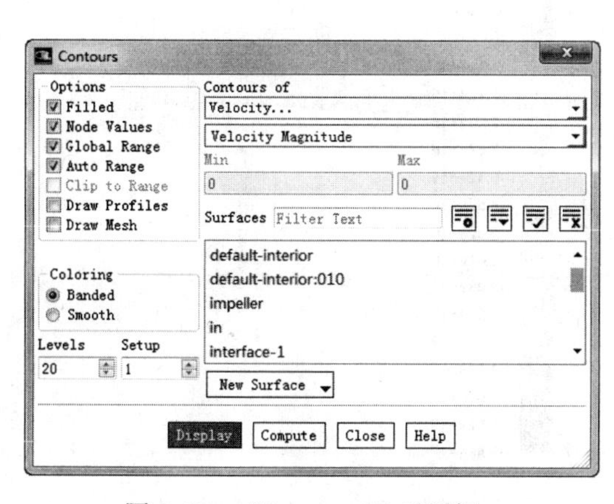

图9-65　“Contours”对话框

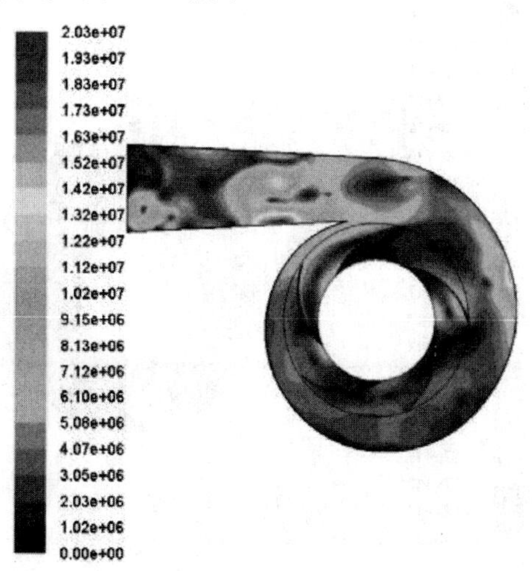

图9-66　速度分布图

（2）显示速度矢量　单击“Postprocessing”选项卡“Graphics”面板中的“Vectors”按钮 Vectors下拉菜单中的“Edit”命令，弹出如图 9-67 所示的“Vectors”对话框。在“Velocity of”选项组的两个下拉列表框中分别选择“Velocity”和“Velocity Magnitude”选项，在“Scale”文本框中输入“3”，在“Skip”文本框中输入“0”，其他选项保持系统默认设置，单击“Display”按钮，显示的速度矢量图如图 9-68 所示。

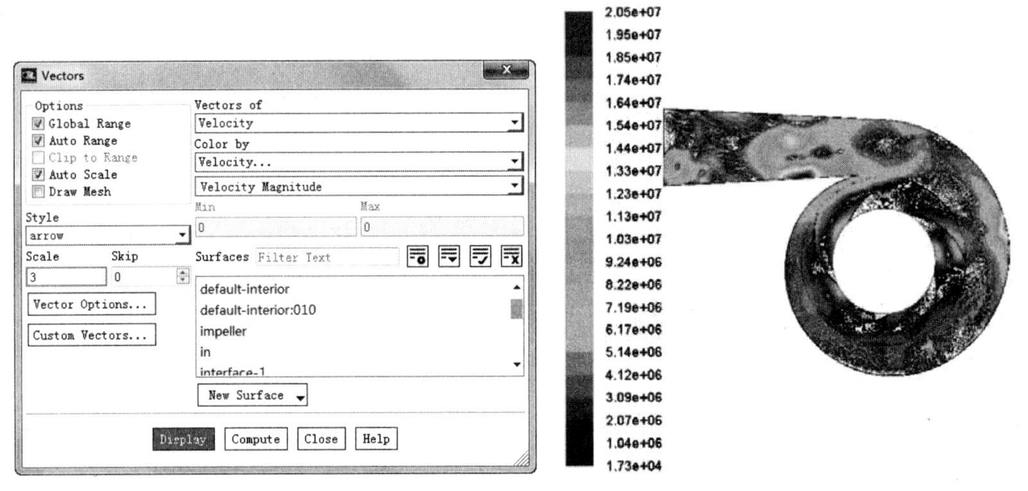

图 9-67　“Vectors”对话框　　　　图 9-68　速度矢量图

（3）显示静压和总压分布　单击“Postprocessing”选项卡“Graphics”面板中的“Contours”按钮 Contours下拉菜单中的“Edit”命令，弹出“Contours”对话框。在“Contours of”选项组的两个下拉列表框中分别选择“Pressure”和“Static Pressure”选项，在“Options”选项组中勾选“Filled”复选框，其他选项保持系统默认设置，单击“Display”按钮，显示的静压分布图如图 9-69 所示。在“Contours of”选项组的两个下拉列表框中分别选择“Pressure”和“Total Pressure”选项，其他选项保持系统默认设置，单击“Display”按钮，显示的总压分布图如图 9-70 所示。

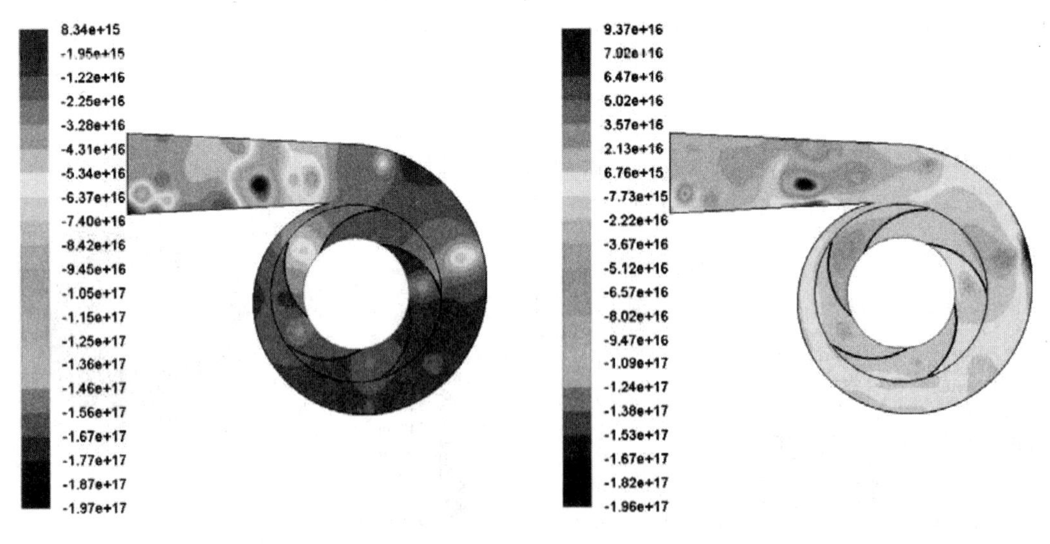

图 9-69　静压分布图　　　　图 9-70　总压分布图

（4）报告进出口总压的积分数值 单击“Postprocessing”选项卡“Reports”面板中的“Surface Integrals”命令，弹出如图 9-71 所示的“Surface Integrals”对话框。在“Report Type”下拉列表框中选择“Integral”选项，在“Field Variable”选项组的两个下拉列表框中分别选择“Pressure”和“Total Pressure”选项，在“Surfaces”列表框中选择“in”和“out”选项，其他选项保持系统默认设置，单击“Compute”按钮，在 FLUENT 的显示区中显示如图 9-72 所示的进、出口总压的积分值，

可以看出，流体经过叶轮的作用，压头显著增加。

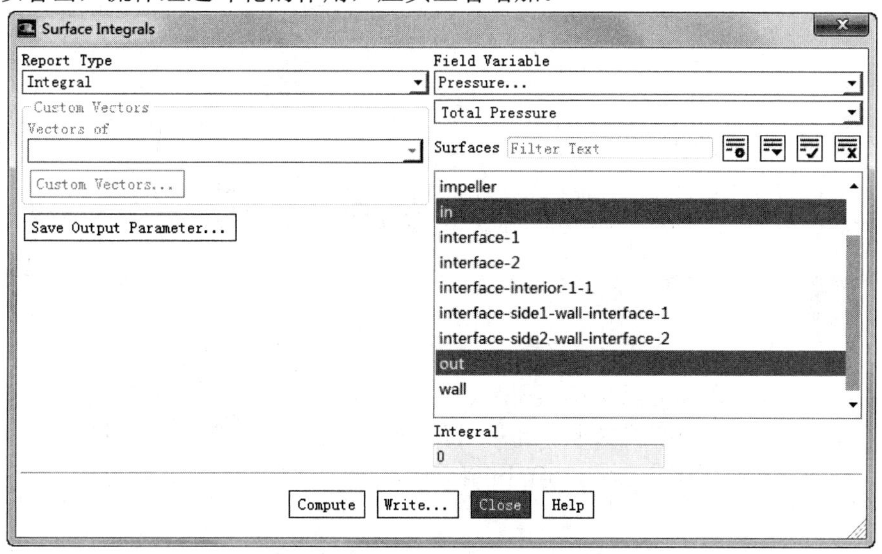

图 9-71 “Surface Integrals”对话框

```
           Integral
     Total Pressure            (pascal)(m2)
-----------------  --------------------
                 in       -5.9680064e+18
                out       -2.5051376e+18
 ----------------  --------------------
                Net        -8.473144e+18
```

图 9-72 进、出口总压的积分值

第 10 章

动网格模型模拟

本章主要讲述了动网格模型的概念以及使用方法，通过实例展示了动网格模型的设置及求解过程，另外还阐述了如何采用边界函数定义物体的运动，帮助读者熟悉 FLUENT 变形区域流体流动的问题，能够利用该模型处理生活中的实际工程。

- 动网格模型概述
- 动网格的设置
- 二维实体入水模拟实例
- 活塞在气缸中运动模拟实例

10.1 动网格模型概述

动网格模型用来模拟流场形状由于边界运动而随时间改变的情况。边界的运动形式可以是预先定义的运动，即可以在计算前指定其速度或角速度；也可以是预先未作定义的运动，即边界的运动要由前一步的计算结果决定。

网格的更新过程由 FLUENT 根据每个迭代步中边界的变化情况自动完成。在使用移动网格模型时，必须首先定义初始网格、边界运动的方式并指定参与运动的区域，也可以用边界型函数或者 UDF 定义边界的运动方式。FLUENT 要求将运动的描述定义在网格面或网格区域上。如果流场中包含运动与不运动两种区域，则需要将它们组合在初始网格中以对它们进行识别。那些由于周围区域运动而发生变形的区域必须被组合到各自的初始网格区域中。不同区域之间的网格不必是正则的，可以在模型设置中用 FLUENT 软件提供的非正则或者滑动界面功能将各区域连接起来。

动网格计算中网格的动态变化过程可以用三种模型进行计算，即弹簧光滑模型（spring-based smoothing model）、动态分层模型（dynamic layering model）和局部重划模型（local remeshing model）。

1. 弹簧光滑模型

在弹簧光滑模型中，网格的边被理想化为节点间相互连接的弹簧。移动前的网格间距相当于边界移动前由弹簧组成的系统处于平衡状态。在网格边界节点发生位移后，会产生与位移成比例的力，力量的大小根据胡克定律计算。边界节点位移形成的力虽然破坏了弹簧系统原有的平衡，但是在外力作用下，弹簧系统经过调整将达到新的平衡，也就是说由弹簧连接在一起的节点，将在新的位置上重新获得力的平衡。从网格划分的角度说，从边界节点的位移出发，采用胡克定律，经过迭代计算，最终可以得到使各节点上的合力等于零的、新的网格节点位置。原则上弹簧光滑模型可以用于任何一种网格体系，但是在非四面体网格区域（二维非三角形），需要满足下列条件：

1）移动为单方向。

2）移动方向垂直于边界。

2. 动态分层模型

对于棱柱型网格区域（六面体或楔形），可以应用动态层模型。动态层模型是根据紧邻运动边界网格层高度的变化，添加或减

少动态层。即在边界发生运动时，如果紧邻边界的网格层高度增大到一定程度，就将其划分为两个网格层；如果网格层高度降低到一定程度，就将紧邻边界的两个网格层合并为一个层。动网格模型的应用有如下限制：

1）与运动边界相邻的网格必须为楔形或六面体（二维四边形）网格。

2）在滑动网格交界面以外的区域，网格必须被单面网格区域包围。

3）如果网格周围区域中有双侧壁面区域，则必须首先将壁面和阴影区分割开，再用滑动交界面将二者耦合起来。

4）如果动态网格附近包含周期性区域，则只能用 FLUENT 的串行版求解；但是如果周期性区域被设置为周期性非正则交界面，则可以用 FLUENT 的并行版求解。

3．局部重划模型

在使用非结构网格的区域上一般采用弹簧光滑模型进行动网格划分，但是如果运动边界的位移远远大于网格尺寸，则采用弹簧光滑模型可能导致网格质量下降，甚至出现体积为负值的网格，或因网格畸变过大导致计算不收敛。为了解决这个问题，FLUENT 在计算过程中将畸变率过大，或尺寸变化过于剧烈的网格集中在一起进行局部网格的重新划分，如果重新划分后的网格可以满足畸变率要求和尺寸要求，则用新的网格代替原来的网格，如果新的网格仍然无法满足要求，则放弃重新划分的结果。

在重新划分局部网格之前，首先要将需要重新划分的网格识别出来。FLUENT 中识别不合乎要求网格的判据有两个，一个是网格畸变率，一个是网格尺寸，其中网格尺寸又分最大尺寸和最小尺寸。在计算过程中，如果一个网格的尺寸大于最大尺寸，或者小于最小尺寸，或者网格畸变率大于系统畸变率标准，则这个网格就被标记为需要重新划分的网格。在遍历所有动网格之后，再开始重新划分的过程。局部重划模型不仅可以调整体网格，也可以调整动边界上的表面网格。需要注意的是，局部重划模型仅能用于四面体网格和三角形网格。在定义了动边界面以后，如果在动边界面附近同时定义了局部重划模型，则动边界上的表面网格必须满足下列条件：

1）需要进行局部调整的表面网格是三角形（三维）或直线（二维）。

2）将被重新划分的面网格单元必须紧邻动网格节点。

3）表面网格单元必须处于同一个面上并构成一个循环。

4）被调整单元不能是对称面（线）或正则周期性边界的一部分。

动网格的实现在 FLUENT 中是由系统自动完成的。如果在计算中设置了动边界，则 FLUENT 会根据动边界附近的网格类型，自动选择动网格计算模型。如果动边界附近采用的是四面体网格（三维）或三角形网格（二维），则 FLUENT 会自动选择弹簧光滑模型和局部重划模型对网格进行调整。如果是棱柱型网格，则会自动选择动态层模型进行网格调整，在静止网格区域则不进行网格调整。

10.2 动网格的设置

设置动网格问题的步骤如下：

1）在 General 面板中选择非定常流（Transient）计算。

2）设定边界条件，即设定壁面运动速度。

3）激活动网格模型，并设定相应参数，操作如下：

单击“Setting Up Domain”功能区“Mesh Models”面板中的 “Dynamic Mesh”按钮 Dynamic Mesh...。

4）保存算例文件和数据文件。

5）预览动网格设置，操作为：

单击“Solving”功能区“Run Calculation”面板中的 “Preview Mesh Motion”命令。

6）在计算活塞问题时，设定活塞计算中的事件：单击“Setting Up Domain”功能区“Mesh Models”面板中的 “Dynamic Mesh”按钮 Dynamic Mesh...，在弹出的“Dynamic

Mesh”任务面板中单击“Events”按钮。

7）应用自动保存功能保存计算结果：单击菜单栏中的“File”→“Write”→“Autosave”命令。

在动网格计算中，因为每个计算步中网格信息都会改变，而网格信息是储存在算例文件中的，所以必须同时保存算例文件和数据文件。

8）如果想建立网格运动的动画过程，可以在“Calculation Activities”面板中进行相关设置。

10.2.1 动网格参数的设置

使用动网格模型，需要在“Dynamic Mesh”面板中激活“Dynamic Mesh”选项。如果计算的是活塞运动，则同时激活“In-Cylinder”选项。然后选择动网格模型，并设置相关参数。如果激活了活塞运动，则需要同时设置活塞运动的相关参数，如图 10-1 所示。

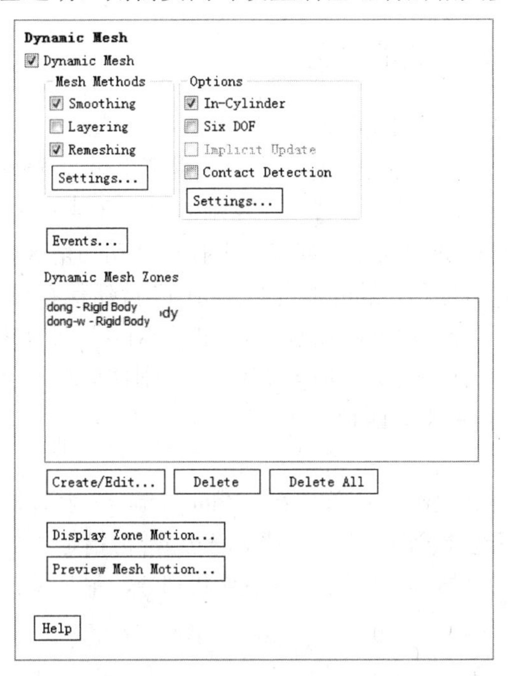

图 10-1 “Dynamic Mesh”面板

1. 选择网格更新模型

在“Mesh Methods”选项组下选择“Smoothing”（弹簧光滑模型）、“Layering”（动态层模型）或“Remshing”（局部重划模型）。

2. 设置弹簧光滑参数

激活弹簧光滑模型，相关参数设置位于“Smoothing”选项卡下，可以设置的参数包括“Spring Constant Factor”（弹簧弹性系数）、“Boundary Node Relaxation”（边界点松弛因子）、“Convergence Tolerance”（收敛判据）和“Number of Iterations”（迭代次数）。

3. 动态层

在“ Layering”选项卡下，可以设置与动态层模型相关的参数。通过设定“Constant Height”与“Constant Ratio”可以确定分解网格的两种方法。

4. 局部重新划分网格

在“ Remeshing”选项卡下，设置与局部重划模型相关的参数，可以设置的参数包括“Maximum Cell Skewness”（最大畸变率）、“Maximum Cell Volume”（最大网格体积）和“Minimum Cell Volume”（最小网格体积），主要用于确定哪些网格需要被重新划分。在默认设置中，如果重新划分的网格优于原网格，则用新网格代替旧网格；否则，将保持原网格划分不变。如果无论如何都要采用新网格的话，则可以在“Options”下面选择“Must Improve Skew ness”选项。

5. 设定活塞运动参数

如果在计算中选择使用 In-cylinder 模型，需要指定 Crank Shaft Speed（曲柄速度）、Starting Crank Speed（曲柄起始速度）、Crank Period（曲柄周期）以及 Crank Angle Step Size（曲柄角度时间步长）。

10.2.2 动网格运动方式的定义

在计算动网格问题时，必须定义动网格区的运动方式。单击“Setting Up Domain”功能区“Mesh Models”面板中的“Dynamic Mesh”按钮 Dynamic Mesh...，在“ Dynamic Mesh Zones”区域中可以修改动态区域的设置、计算刚体运动区域的重心或删除一个动态区域。方法是首先在“Dynamic Mesh Zones”列表中选择一个动网格区，然后修改其设置参数，或计算其重心，或进行删除操作，最后单击“Create”按钮保存设置。对于新加入的区域，需要先从“Zone Names”下选择相关区域，然后在“Type”下选择其运动类型可选择的运动类型包括“Stationary”（静止）、“Rigid Body”（刚体运动）、“Deforming”（变形）和“User-Defined”（用户自定义）四种。

1. 静止区域设置

如果被指定区域为静止区域，则首先在“Zone Names”（区域名称）下选择这个区域，然在“Type”（类型）下选择“Stationary”（静止），再指定“Adjacent Zone”（相邻区域）的“Cell Height”（网格高度）用于网格重新划分，最后单击“Create”按钮完成设置。

2. 刚体运动区域设置

如果被指定区域为刚体运动区域，则其设置过程如下：

1）在“Zone Names”下选择这个区域的名称，然后在“Type”下选择“Rigid Body”（刚体）。

2）在“Motion Attributes”（运动属性）选项卡下的“Motion UDF/Profile”（用 UDF 或型函数定义运动）中确定究竟用型函数，还是 UDF 来进行运动定义。

3）在“C.G. Location”（重心位置）中定义刚体重心的初始位置。

4）在“C.G. Orientation”（重心方向）中定义重力在惯性系中的方向。

5）如果计算中包含活塞计算，则需要在“Valve/Piston Axis”（阀门或活塞轴）中指定阀门或活塞的参考轴。如果在所定义的网格区域中，某种形状的网格单元需要被排除在上述设置之外，则可以在“Motion Mask”（运动屏蔽）中选择这些单元形状。

6）如果所定义的区域是面区域，则还需要定义“Cell Height”。这个参数用于定义局部网格重划时，与面区域相邻的网格的理想高度。

7）单击“Create”按钮，完成设置。

3．变形运动

变形区域的设置过程如下：

1）在“Zone Names”中选择区域，并在“Type”下选择“Deforming”。

2）在“Geometry Definition”下定义变形区的几何特征：如果没有合适的几何形状，就在“Definition”中选择“none”；如果变形区为平面，则选择“plane”并在“Point on Plane”中定义平面上一点，同时在“Plane Normal”中定义法线方向；如果变形区为圆柱面，则选择“Cylinder”，并同时定义“Cylinder Radius”“Cylinder Origin”和“Cylinder Axis”；如果变形区几何形状需要用 UDF 来定义，则在“Definition”中选择“user-defined”，并在“Geometry UDF”中选择适当的函数。

3）在“Remeshing Options”选项卡下定义与网格局部重划相关的参数。重划方法在“Mesh Methods”中选择，其中包括“Smoothing”“Layering”和“Remeshing”。如果动网格区域为面域，则需要设置局部重划模型中的几个参数，包括“Height、Height Factor”和“Maximum Skewness”。如果动网格区域为体积域时，还可以设置“Minimum Volume”、“Maximum Volume”和“Maximum Skewness”。

4）单击“Create”按钮完成设置。

4．用户定义的运动方式

对于同时存在运动和变形的区域，只能使用 UDF 来定义其运动方式，定义步骤如下：

1）在“Zone Names”中选择需要定义的区域名称，并在“Type”下选择“User-Defined”。

2）在“Motion Attributes”选项卡下，然后在“Mesh Motion UDF”下选择相应的 UDF 函数。

3）单击“Create”按钮完成设置。

10.2.3 动网格预览

在设置好动网格模型及动网格区的运动方式后，可以通过预览的方式检查设置效果。单击“Solving”功能区“Run Calculation”面板中的 “Preview Mesh Motion”命令，弹出“Mesh Motion”面板，如图 10-2 所示。

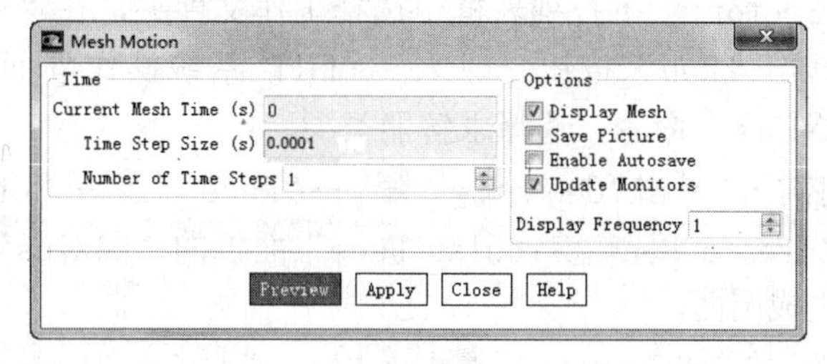

图 10-2 “Mesh Motion”面板

预览操作步骤如下：

1）在参数设置完毕后，首先保存算例（Case）文件。

2）设置迭代时间步数和时间步长。在计算过程中，当前时间将被显示在“Current MeshTime”（当前网格时间）栏中。

3）为了在图形窗口中预览网格变化过程，需要激活Display Options（显示选项）下的Display Mesh（显示网格），并在“Display Frequency”（显示频率）中设置显示频率，即每分钟显示图幅数量。如果要保存显示的图形，则同时激活“Save Hardcopy”（保存硬拷贝）选项。

4）单击“Preview”（预览）按钮开始预览。

具体步骤：在“Display Mesh”（显示网格）面板中选择准备预览的网格区域；在“IC Zone Motion”（网格运动）面板中，设置曲柄角度增量（Increment）和迭代步数（Number of Steps）；单击“Preview”（预览）按钮开始预览。

10.3 二维实体入水模拟实例

一个半径20cm的小球在离水面3m的地方射出下落，在0.01s内速度达到2m/s，之后匀速运动，已知水池深5m，宽10m几何模型如图10-3所示。

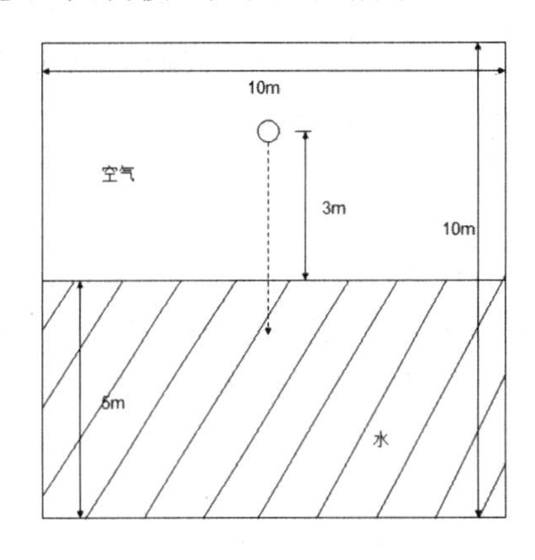

图 10-3　几何模型

10.3.1　建立模型

1）双击桌面上的 GAMBIT 图标，启动 GAMBIT 软件，弹出“Gambit Startup”对话框，在“Working Directory”下拉列表框中选择工作文件夹，在“Session Id”文本框中输入“jump”。单击“Run”按钮，进入 GAMBIT 系统操作界面。单击菜单栏中的“Solver”→“FLUENT5/6”命令，选择求解器类型。

2）建立小球几何剖面，单击“Geometry”→“Face”→“Create Real Circular Face”按钮，在“Create Real Circular Face”面板的“Radius”中输入数值 0.2，单击“Apply”按钮生成圆面。

3）建立矩形面域，单击“Geometry”→“Face”→“Create Real Rectangular Face”按钮，在“Create Real Rectangular Face”面板的“Width”和“Height”中输入数值 10，单击“Apply”按钮生成矩形面。

4）建立包裹小球的外围区域，单击“Geometry”→“Face”→“Move/Copy Faces”按钮，在“Move/Copy Faces”面板中选择小圆面，选择“Copy”和“Scale”，在“Factor”中填写1.5，如图10-4所示，单击“Apply”按钮，即复制生成小圆外围区域，如图10-5所示。

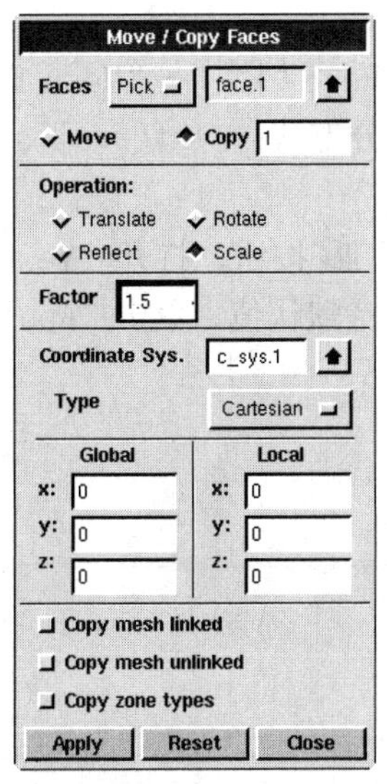

图10-4 “Move/Copy Faces”面板

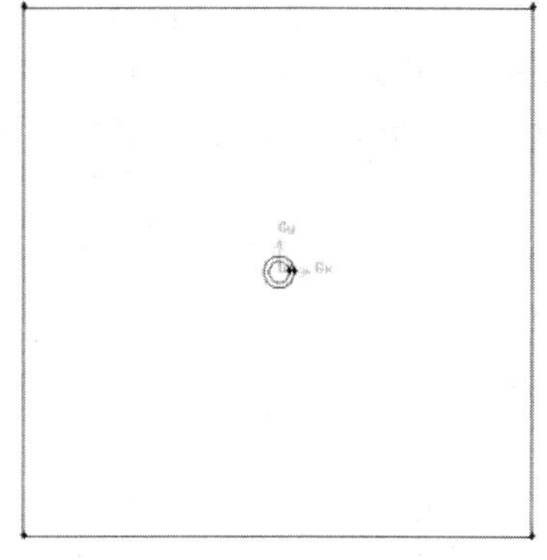

图10-5 建立的矩形面

5）由于小圆的位置不对，所以还需要对其位置进行调整，单击“Geometry”→“Face”→“Move/Copy Faces”按钮，在“Move/Copy Faces”面板中选择小圆面和外围圆面，选择“Move”和“Translate”，沿Y轴方向向上移动3，单击“Apply”按钮，即得到移动后的图形，如图10-6所示。

6）对面域进行布尔操作，单击“Geometry”→“Face”→“Subtract Real Faces”按钮，在第一行“Face”中选取矩形面，第二行Face中选择外围圆面，并按下“Retain”保留外围圆面，单击“Apply”按钮。然后用外围圆面减去小圆面，同上，不需要按下“Retain”。

图10-6 简单几何模型

10.3.2 划分网格

1）单击“Mesh”→“Face”→“Mesh Faces”按钮，打开“Mesh Faces”面板，选中圆环面，划分方式：Quad，Map，Interval size-0.05，单击“Apply”按钮，完成对圆环的网格划分，如图10-7所示。

2）对外部区域进行网格划分，单击“Mesh”→“Edge”→“Mesh Edges”按钮,在“Mesh Edge”面板中，选中大矩形的四条边，划分方式： Interval size-0.1，单击“Apply”按钮，完成对矩形面边的网格划分。

3）单击“Mesh”→“Face”→“Mesh Faces”按钮，打开“Mesh Faces”面板，选择外部整体区域，划分方式：Tri，Pave，其他保持默认值，单击“Apply”按钮，完成对外部区域的网格划分，如图10-8所示。

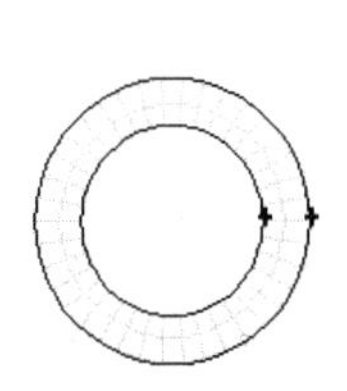

图10-7 圆环的网格划分

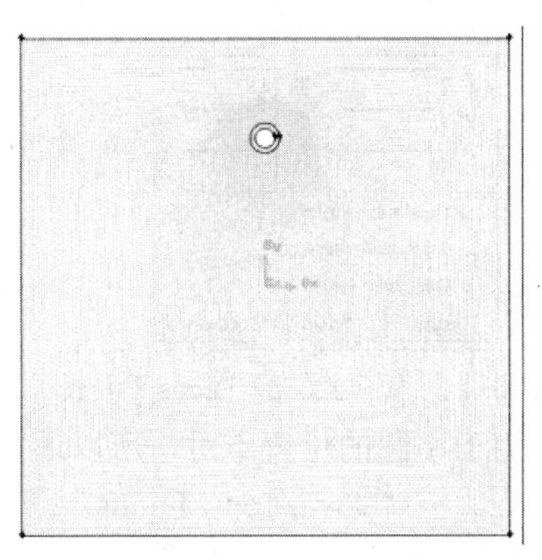

图10-8 几何面域的网格划分

4）单击“Zones”→“Specify Boundary Types”按钮，在“Specify Boundary Types”面板中选择小圆边界，类型为“WALL”，命名为“dong-w”；选择矩形面的左右和下边界，类型为“WALL”，命名为“Rec-w”；矩形的上边界，类型为“PRESSURE_OUTLET”，命名为“Rec-out”。

5）划分静区域和动区域。单击“Zoncs”→“Specify Continuum Types”按钮在“Specify Continuum Types”面板中选择内部圆环面，类型为“FLUID”，命名为“dong”；外部区域面类型为“FLUID”，命名为“jing”。

6）执行“File”→“Export”→“Mesh”命令，弹出相应对话框，在文件名中输入“jump.msh”，并选中“Export 2-D（X-Y）Mesh”，确定输出二维模型网络文件。

10.3.3 求解计算

1）双击FLUENT 19.0图标，弹出“Fluent Launcher”对话框，选择2d（二维单精度）计算器，单击“OK”按钮启动FLUENT。

2）单击“File”下拉菜单栏中的“Read”→“Case”命令，读入划分好的网格文件“jump.msh”。

3）单击“Setting Up Domain”功能区“Mesh”面板中的“Check”按钮，检查网

格文件。

4）双击“导航面板”中的“General”命令，弹出“General”任务面板，在弹出的“General”面板中选择 Transient，其他保持默认值。

5）单击“Setting Up Physics”功能区“Models”面板中的“Multiphase”按钮，在弹出的“Multiphase Model”对话框中选择标准“Volume of Fluid”模型，如图 10-9 所示，其他保持默认值。

6）单击“Setting Up Physics”功能区“Materials”面板中的“Create/Edit”按钮，系统弹出“Create/Edit Materials”对话框，单击“FLUENT Database”，打开“Fluent Database Materials”对话框，在“Fluent Fluid Materials”下拉列表中选择“water-liquid (h2o<l>)”，如图 10-10 所示，依次单击“Copy”“Change/Create”和“Close”按钮，完成材料的定义。

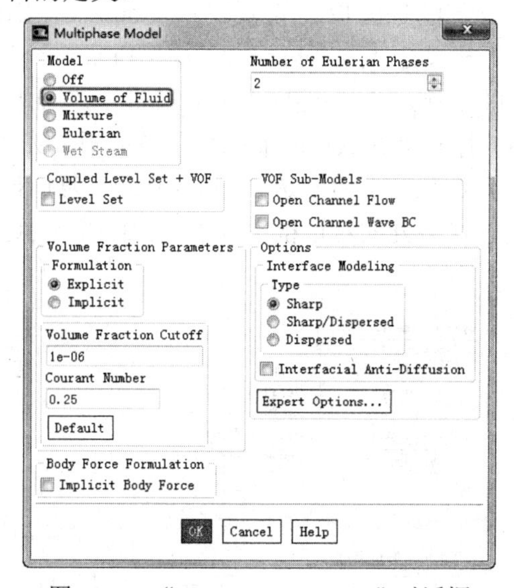

图 10-9　“Multiphase Model”对话框

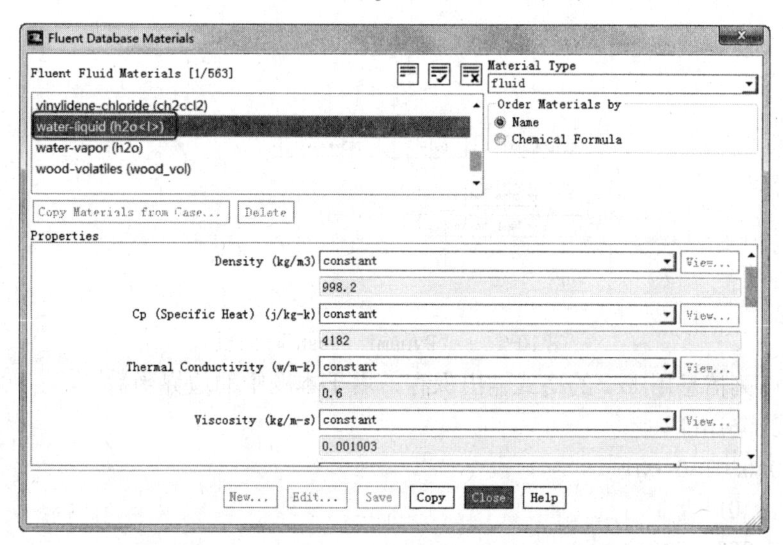

图 10-10　“Fluent Database Materials”面板

7）单击“Setting Up Physics”功能区“Phases”面板中的“List/Show All”命令，打开“Phases”对话框，在“Phase”列表中选择“phase-1- Primary-Phase”，单击“Edit”按钮，弹出“Primary Phase”面板，将“Name”改为“air”，在“Phase Material”中选择“air”，单击“OK”按钮，将第一相设定为“air”； 选择“phase-2- Secondary Phase”单击“Edit”按钮，弹出“Secondary Phase”面板，将Name改为“water”，在“Phase Material”中选择“water-liquid”，单击“OK”按钮，将第二相设定为“water-liquid”。

8）单击“Setting Up Physics”功能区“Solver”面板中的“Operating Conditions”命令，打开“Operating Conditions”对话框，在“Operating Conditions”对话框中，选中“Gravity”，指定重力方向为Y轴，大小为-9.81，同时选中“Specified Operating Density”选项，保持默认值，单击“OK”按钮。

9）单击“Setting Up Physics”功能区“Zones”面板中的“Boundaries”命令，弹出“Boundary Conditions”任务面板。设置“Rec-out”，“Mixture”相设定“Gauge Pressure”为0，“Water”相设定“Backflow Volume Fraction”为0。

10）单击“Setting Up Domain”功能区“Mesh Models”面板中的 “Dynamic Mesh”按钮 Dynamic Mesh...，打开“Dynamic Mesh”任务面板，在“Dynamic Mesh”任务面板中勾选“Dynamic Mesh”选项，然后勾选“Remeshing”复选框，如图10-11所示，然后单击“Settings”按钮，在展开的对话框中根据图10-12所示参数输入，单击“OK”按钮。

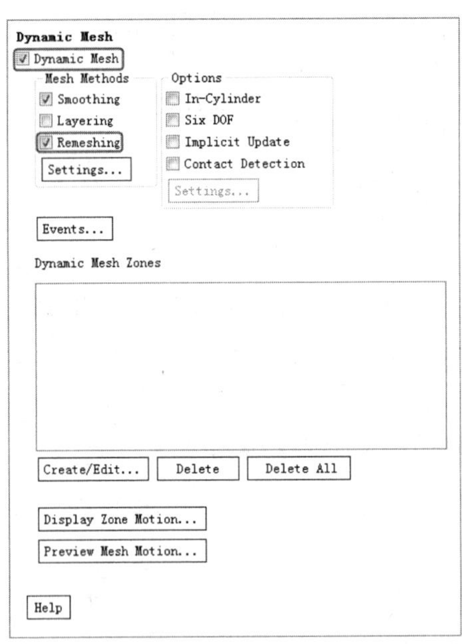

图10-11 “Dynamic Mesh” 面板

11）将下列信息用txt的格式输出保存，用于本题中的边界函数：

```
(dong 3 point)
(time 0 0.01 0.05)
(v_x 0 0 0)
(v_y 0 -200 -200))
```

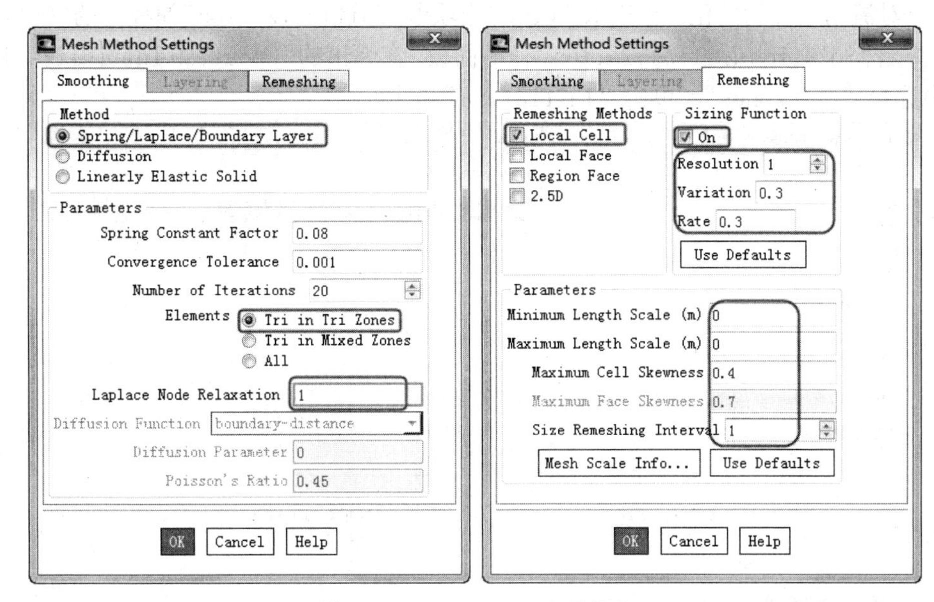

图 10-12 Remeshing 参数设定

12）单击“Setting Up Physics”功能区“Zones”面板中的“Profiles”命令，弹出“Profiles”对话框，如图 10-13 所示，单击“Read”按钮，导入上步的 txt 文件，单击“Close”按钮。

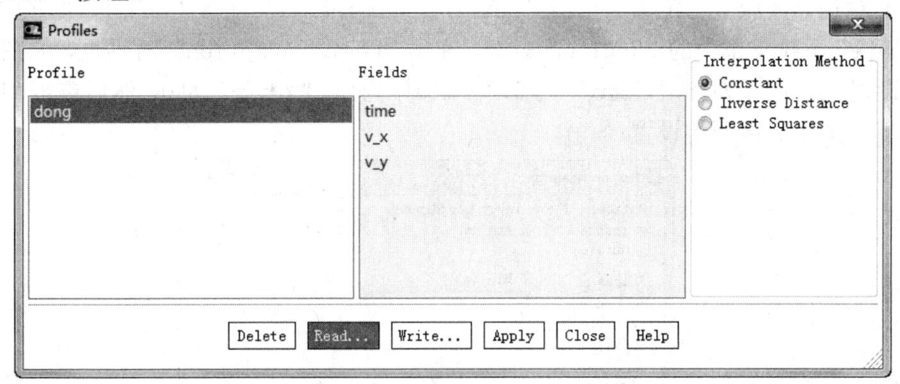

图 10-13 “Profiles”对话框

13）单击“Setting Up Domain”功能区“Mesh Models”面板中的 “Dynamic Mesh”按钮 Dynamic Mesh...，打开“Dynamic Mesh”任务面板，在“Dynamic Mesh”任务面板中单击“Create/Edit”按钮，弹出如图 10-14 所示的“Dynamic Mesh Zones”对话框，在其中的“Zone name”中选择“dong-w”，设置其类型为“Rigid Body”，选择“Meshing Options”选项卡，将其中的“Cell Height”设置为 0.05，单击“Create”按钮。然后选择“Zone Name”下拉列表中的“dong”，与“dong-w”作相同的设置，单击“Close”按钮。

14）单击“Solving”选项卡“Controls”面板中的“Controls”按钮，弹出“Solution Controls”对话框，保持默认值。

15）对流场进行初始化。单击“Solving”选项卡“Initialization”面板中的“Options”命令，弹出“Solution Initialization”任务面板，在弹出的“Solution Initialization”面板中选择“all-zones”，单击“Initialize”按钮。

图 10-14 “Dynamic Mesh Zones”对话框

16）对初始区域进行定义。单击“Setting Up Domain”功能区“Adapt”面板“Mark/Adapt Cell”下拉菜单中的“Region”命令，弹出“Region Adaption”对话框，如图 10-15 所示，设置“X Min”为-5，“X Max”为 5，“Y Min”为-5，“Y Max”为 0，然后单击“Mark”按钮，即完成水底区域的设置。

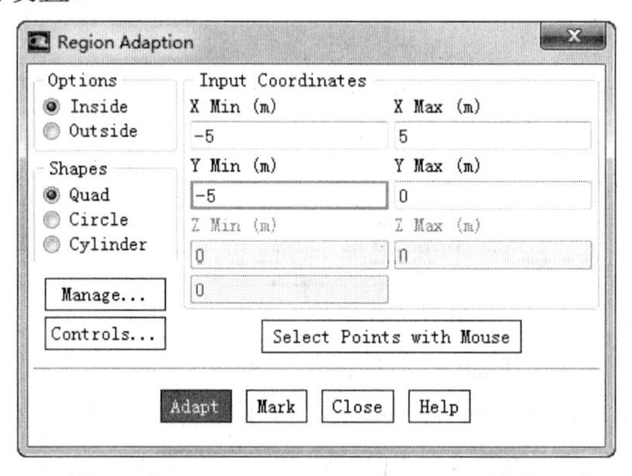

图 10-15 “Region Adaption”对话框

17）单击“Solving”选项卡“Initialization”面板中的“Options”命令，弹出“Solution Initialization”任务面板，在“Solution Initialization”任务面板中单击“Patch”按钮，选择 Phase 为“water”，选择“Registers to Patch”中的“hexahedron -r0”，选中“Volume Fraction”，在“Value”栏中输入 1，如图 10-16 所示，单击“Patch”按钮完成对水底部分区域的初始化定义。

18）单击“Solving”选项卡“Reports”面板中的“Residuals”按钮 Residuals...，在弹出的“Residual Monitors”对话框中选择“Plot”，其他保持默认值，单击“OK”按钮。

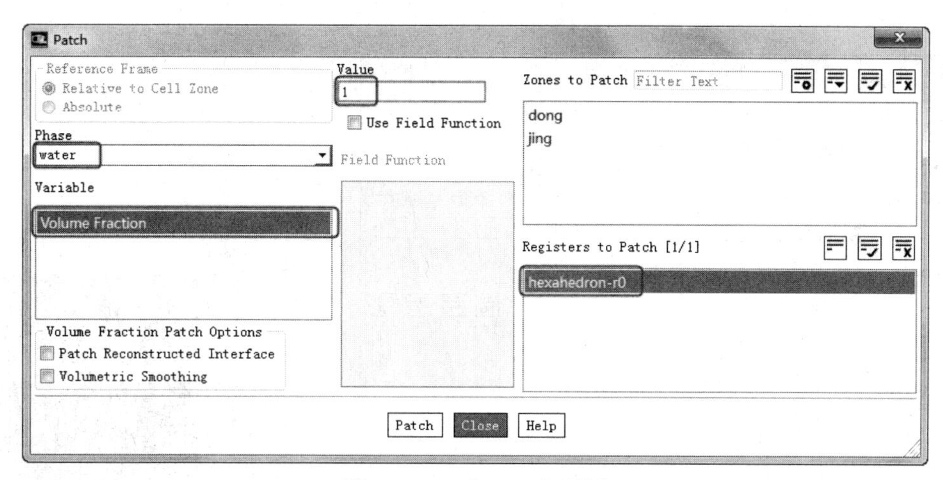

图 10-16　“Patch”面板

19）单击“Solving”选项卡“Activities”面板“Create”下拉菜单中的“Solution Animations”命令，弹出“Animation Definition”对话框，按照图 10-17 设置参数。

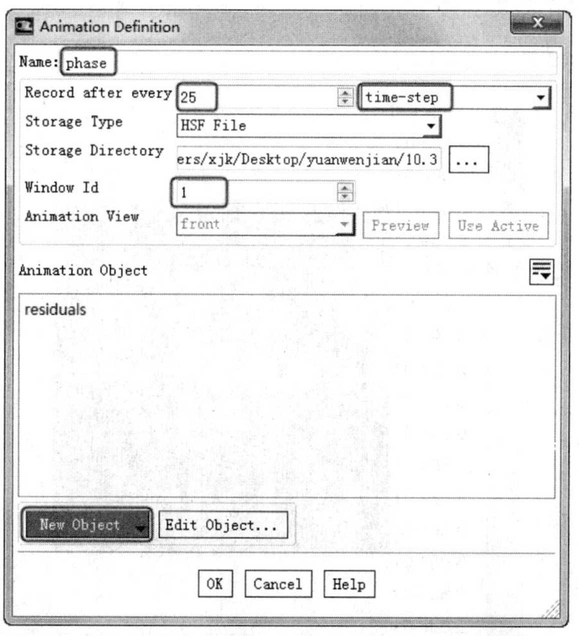

图 10-17　“Animation Definition”对话框

20）单击图 10-17 中的“New Object”按钮，在弹出的下拉菜单中选择“Contours”命令，出现“Contours”对话框，如图 10-18 所示，选择“Contours of”下的“Phases”以及“Volume fraction”，勾选“Filled”，单击“Save/Display”按钮，即出现初始时刻的空气体积分数云图，如图 10-19 所示。

21）单击“Solving”选项卡“Run Calculation”面板中的“Advanced”命令，弹出“Run Calculation”任务面板，在弹出的“Run Calculation”面板中设置“Time Step Size”为 0.0001，“Number of Time Steps”为 400，其他保持默认值，单击“Calculate”按钮即可开始解算。

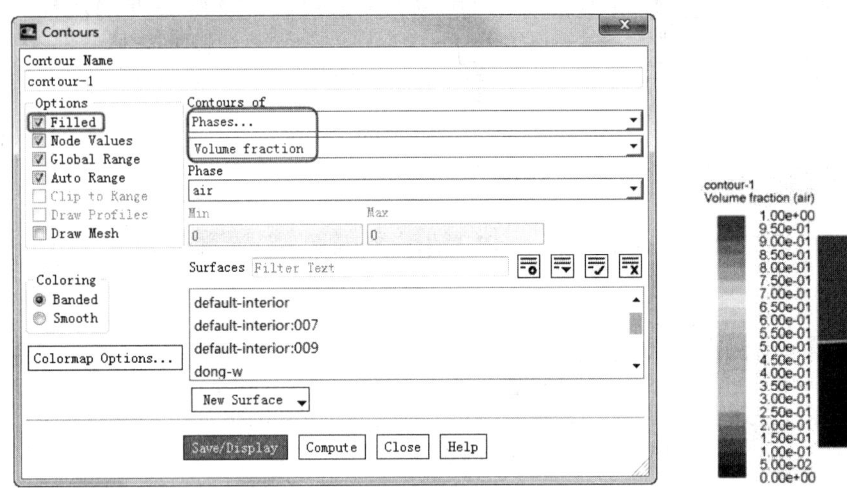

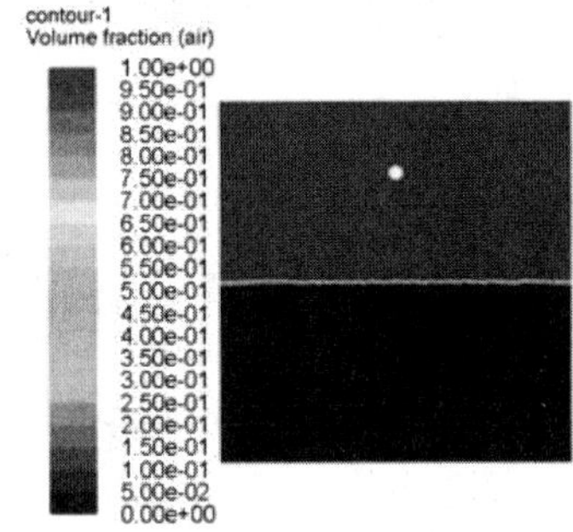

图 10-18　“Contours”对话框　　　　图 10-19　初始时刻的空气体积分数云图

22）单击“Postprocessing”选项卡“Graphics”面板中的“Contours”按钮 Contours 下拉菜单中的“Edit”命令，弹出“Contours”对话框，单击“Display”按钮，即出现空气体积分数云图，如图 10-20 所示。

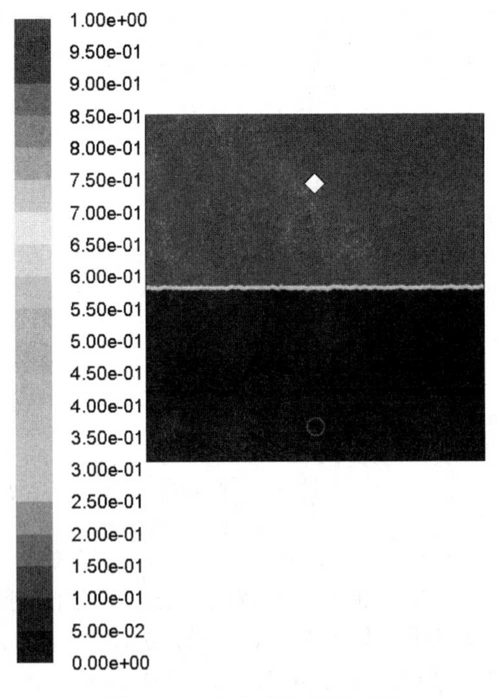

图 10-20　空气体积分数云图

23）计算完的结果要保存为“Case”和“Data”文件，单击“File”下拉菜单栏中的“Write”→“Case&Data”命令，在弹出的文件保存对话框中将结果文件命名为“jump.cas”，“Case”文件保存的同时也保存了“Data”文件“jump.dat”。

24）单击“File”下拉菜单栏中的“Exit”命令，安全退出 FLUENT。

10.4 活塞在气缸中运动模拟实例

动网格功能在解决工程问题中经常遇到，例如模拟圆柱的燃烧过程。本节通过介绍一个模拟活塞在气缸中运动的实例使读者学会使用 FLUENT 的动网格功能。建模时，将气缸简化为一个圆柱筒，由于该模型很简单，关于模型的创建和网格划分这里不再介绍。

10.4.1 利用 FLUENT 求解动网格问题

1. 关于网格操作

双击 FLUENT 19.0 图标，弹出“Fluent Launcher”对话框，选择 3D（三维双精度）计算器，单击“OK”按钮启动 FLUENT

（1）读入网格文件　单击“File”下拉菜单栏中的“Read”→“Case”命令，读入划分好的网格文件“valve.msh”。

（2）检查网格　单击“Setting Up Domain”功能区“Mesh”面板中的“Check”按钮✔。

（3）确认尺寸单元　单击“Setting Up Domain”功能区“Mesh”面板中的“Scale”按钮 Scale...，采用默认设置，关闭对话框。

（4）显示网格　单击“Setting Up Domain”功能区“Mesh”面板中的“Display”按钮 Display...，弹出“Mesh Display”对话框，如图 10-21 所示，在“Surfaces”列表框中选择“side-wall-1”“side-wall-2”“side-wall-3”和“top”选项，单击“Display”按钮，显示的圆柱形气缸动网格模型如图 10-22 所示，由图可见，气缸模型采用了四面体与六面体的混合网格。

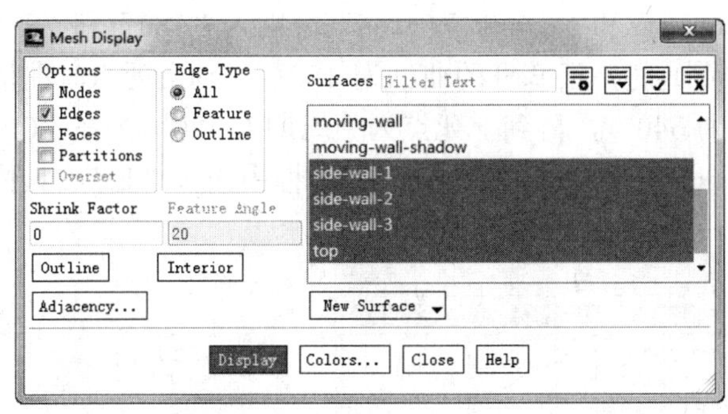

图 10-21　“Mesh Display”对话框

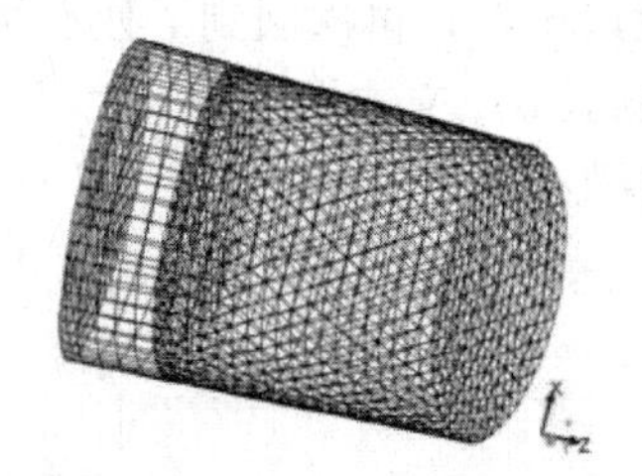

图 10-22　气缸动网格模型

2. 设置求解模型

（1）设置求解器　双击“导航面板”中的“General”命令，弹出“General”任务面板。在“Type”选项组中点选“Pressure Based”单选项，在“Time”选项组中选中“Transient”单选项。

（2）设置材料　单击“Setting Up Physics”功能区“Materials”面板中的“Create/Edit”按钮，弹出“Create/Edit Materials”对话框。在“Density”下

拉列表框中选择“ideal-gas”选项，其他选项保持系统默认设置，单击“Change/Create”按钮。

3. 设置动网格

（1）设置动网格相关参数　单击“Setting Up Domain”功能区“Mesh Models”面板中的“Dynamic Mesh”按钮 Dynamic Mesh...，打开“Dynamic Mesh”任务面板，勾选“Dynamic Mesh”与“In-Cylinder”复选框，在“Mesh Methods”选项组中勾选“Smoothing”、“Layering”和“Remeshing”复选框，单击“Mesh Methods”栏中的“Settings”按钮，弹出“Mesh Method Settings”对话框，在“Smoothing”选项卡中各参数设置如图 10-23 所示。单击“Remeshing”选项卡，具体设置如图 10-24 所示。

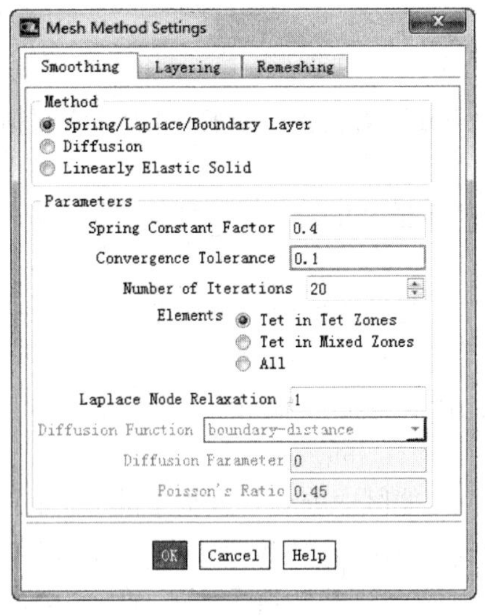
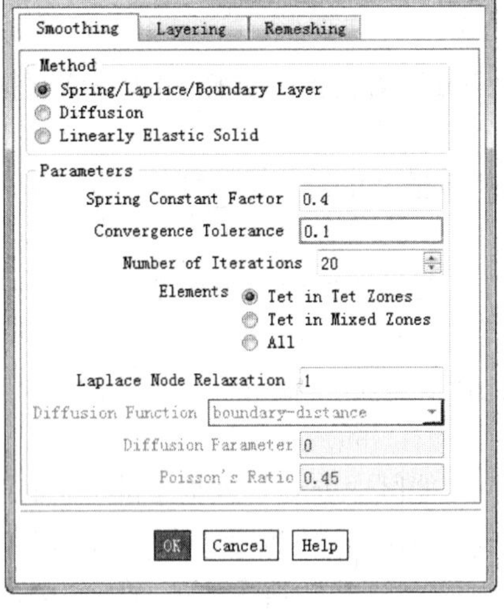

图 10-23　“Smoothing”选项卡

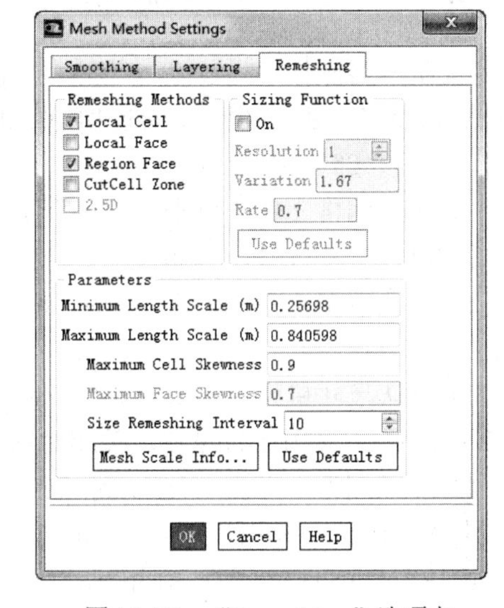

图 10-24　“Remeshing”选项卡

单击“Options”栏下的“Settings”按钮，打开“Options”对话框，在“In-Cylinder”选项卡下，设置“Starting Crank Angle”和“Crank Period”分别为“180”和“720”，表示当活塞处在下死点位置（起始位置）时，活塞杆的曲柄为 180°，到上死点时曲柄角为 360°，再次回到下死点时曲柄角为 540°，再到上死点为一周期为 720°；在“Crank Radius”文本框中输入“4”，在“Connecting Rod Length”文本框中输入“14”，具体设置如图 10-25 所示。

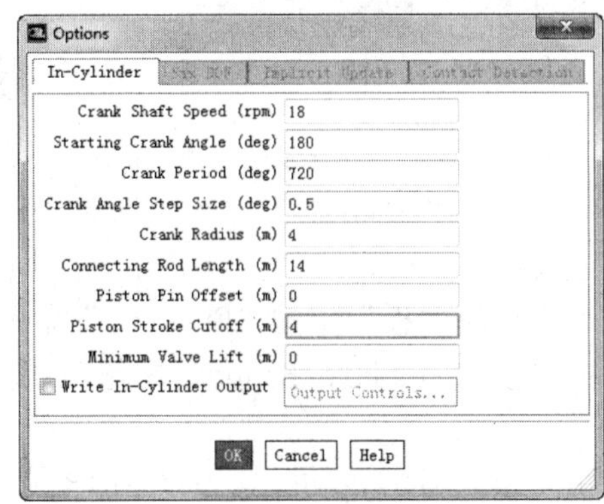

图 10-25　“In-Cylinder”选项卡

（2）设置动网格区域　单击“Setting Up Domain”功能区“Mesh Models”面板中的“Dynamic Mesh”按钮 Dynamic Mesh...，在“Dynamic Mesh Zones”栏中单击“Create/Edit”按钮，弹出“Dynamic Mesh Zones”对话框。

1）设置活塞（moving-wall）的运动。如图 10-26 所示，在“Zone Names”下拉列表框中选择“moving-wall”选项，在“Type”选项组中点选“Rigid Body”单选项，在“Motion UDF/Profile”下拉列表框中选择“**piston-full**”选项；单击“Meshing Options”选项卡，如图 10-27 所示，在“Cell Height”文本框中输入“0.5”，单击“Create”按钮。

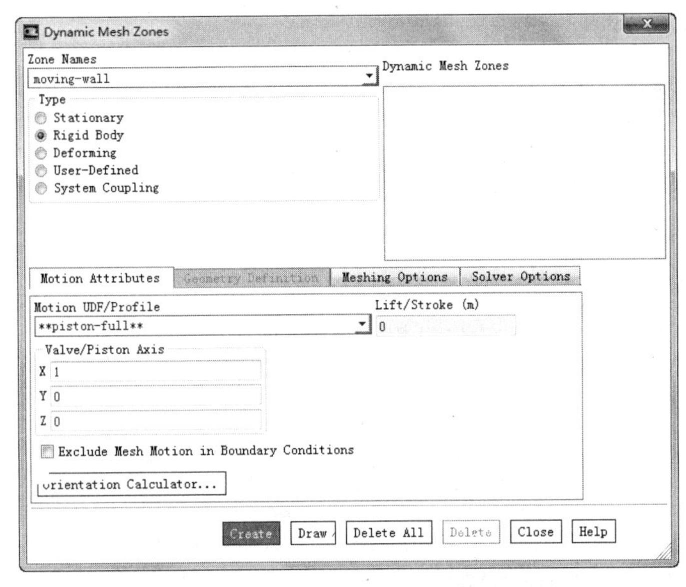

图 10-26　“Dynamic Mesh Zones”对话框

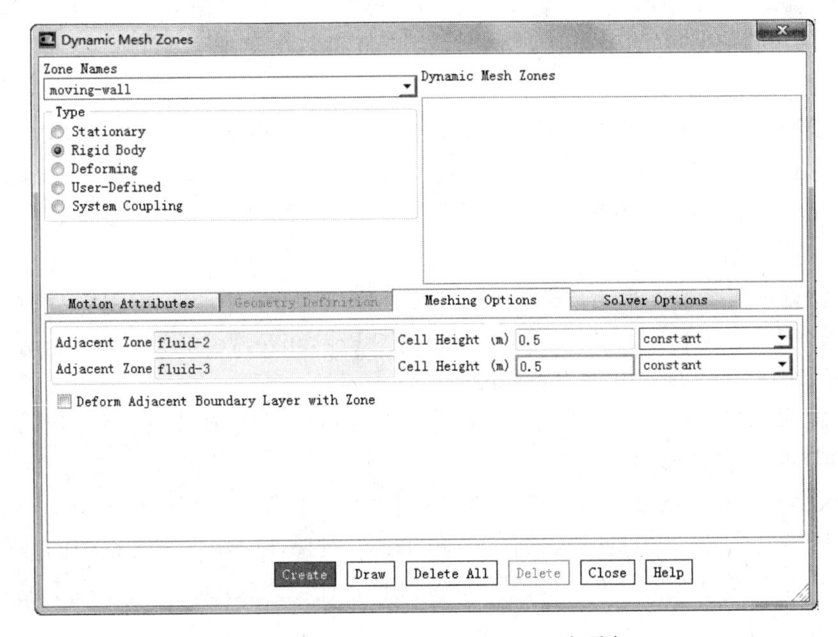

图 10-27　“Meshing Options”选项卡

2）设置活动壁面（side-wall-1）的运动。在“Zone Names”下拉列表框中选择“side-wall-1”选项，在“Type”选项组中点选“Deforming”单选项。单击“Geometry Definition”选项卡，如图 10-28 所示，在“Definition”下拉列表框中选择“cylinder”选项，在“Cylinder Radius”文本框中输入“0.025”，在“Cylinder Origin”控制面板中输入坐标（0,0,0），在“Cylinder Axis”控制面板中输入坐标（0,0,1），单击“Create”按钮。

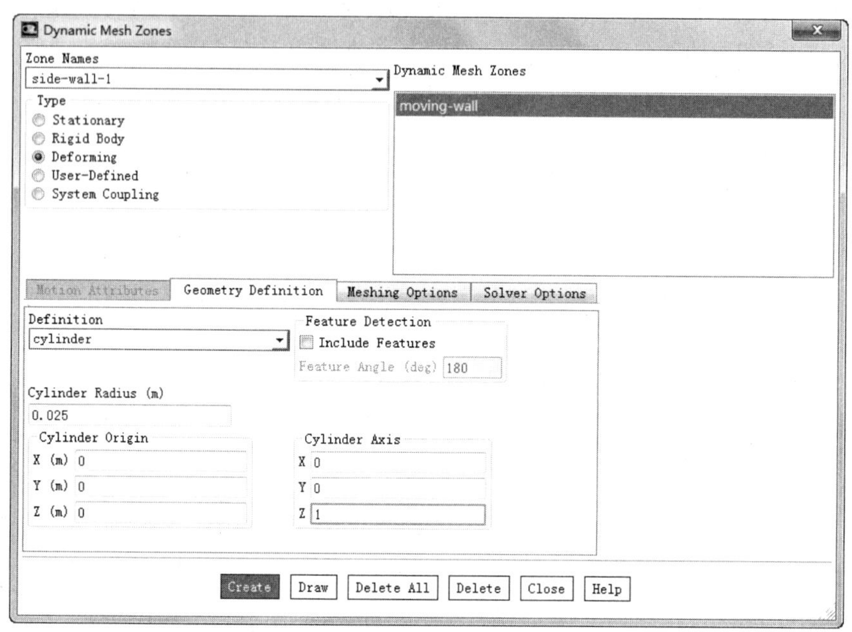

图 10-28 “Geometry Definition”选项卡

（3）活塞上部区域（fluid-3）的运动　在“Zone Names”下拉列表框中选择“fluid-3”选项，在“Type”选项组中选中“Rigid Body”单选项，在“Motion UDF/Profile”下拉列表框中选择“**piston-full**”选项，单击“Create”按钮。

4. 求解

（1）赋初场　单击“Solving”选项卡“Initialization”面板中的“Options”命令，弹出“Solution Initialization”任务面板，在弹出对话框中设置“Compute fron”为“all-zones”选项，设置温度为“300”，其他参数都设为“0”，设置完成后，单击“Initialize”按钮。

（2）设置求解参数　单击“Solving”选项卡“Solution”面板中的“Methods”按钮，弹出“Solution Methods”任务面板。在“Pressure-Velocity Coupling”下拉列表框中选择“PISO”选项，其他设置如图 10-29 所示。

（3）显示残差　单击“Solving”选项卡“Reports”面板中的“Residuals”按钮 Residuals...，设置残差。

（4）保存 Case 与 Data 文件　单击菜单栏中的“File”→“Write”→“Autosave”命令，弹出“Autosave ”对话框。将“Save Data File Every”文本框中的数值都设为“90”，即每迭代 90 步保存一次 Case 与 Data 文件，在“Filename”文本框中输入文件名与保存文件的路径。

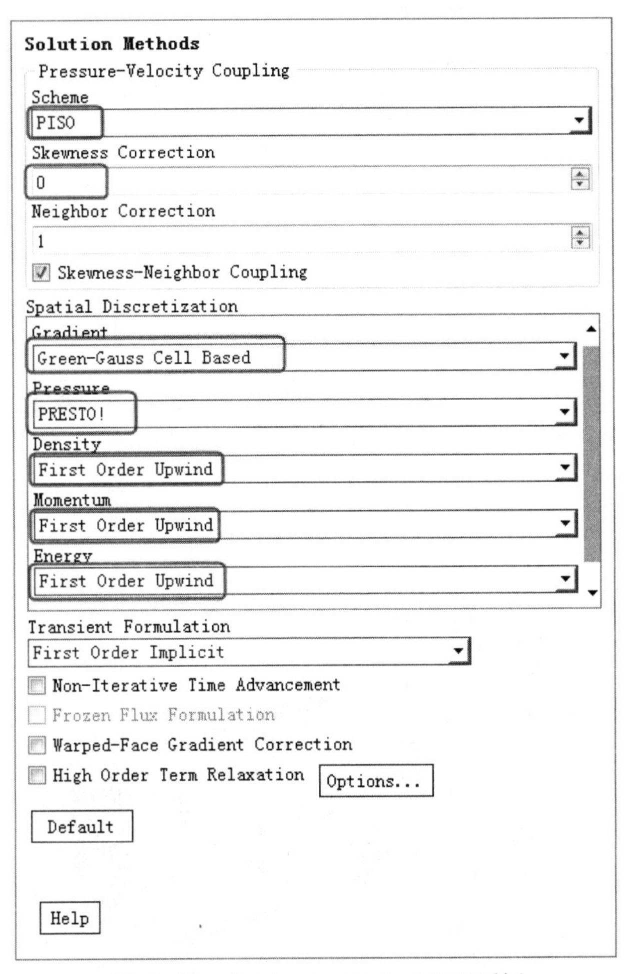

图 10-29 “Solution Methods”对话框

（5）创建气缸内静温云图的动画

1）单击“Solving”选项卡“Activities”面板“Create”下拉菜单中的“Solution Animations”命令，弹出“Animation Definition”对话框，如图 10-30 所示，在“Name”文本框中输入“temperature”，在“Record after every”文本框中输入“5”，在后面的下拉列表框中选择“Time Step”选项，即每隔 5 个时间步保存一次温度等高线图，在“Window ID”文本框中输入“2”。

2）在“Animation Definition”对话框中单击“New Object”按钮，在弹出的下拉菜单中选择“Contours”命令，弹出如图 10-31 所示的“Contours”对话框，在“Options”组中选择“Filled”复选框，在“Contours of”选项组的两个下拉列表框中分别选择“Temperature”和“Static Temperature”选项，同时在“Surfaces”列表框中选择“moving-wall”“side-wall-1”“side-wall-2”“side-wall-3”“top”选项，单击“Save/Display”按钮，弹出如图 10-32 所示的 t=0s 时的静温云图。

（6）迭代　单击“Solving”选项卡“Run Calculation”面板中的“Advanced”命令，弹出“Run Calculation”任务面板，弹出设置时间步的对话框，设置“Max Iterations/Time Step”为“720”，单击“Calculate”按钮，开始迭代。

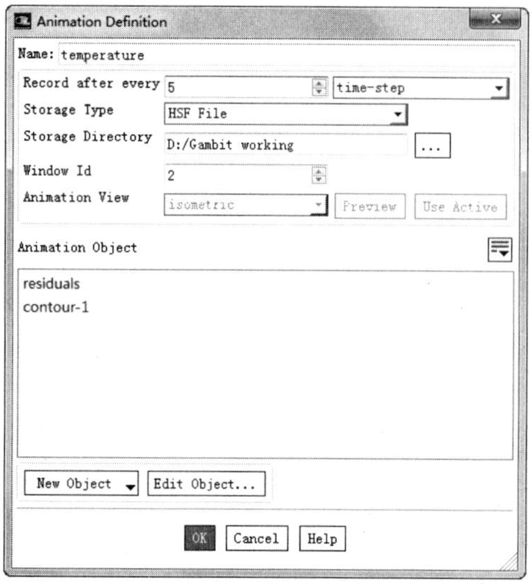

图 10-30 “Animation Definition”对话框

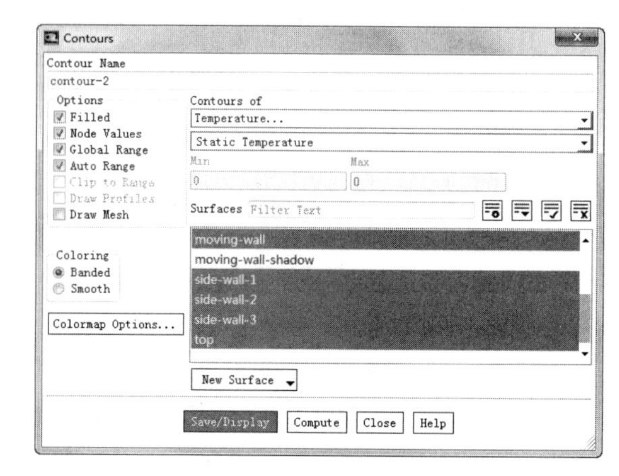

图 10-31 “Contours”对话框

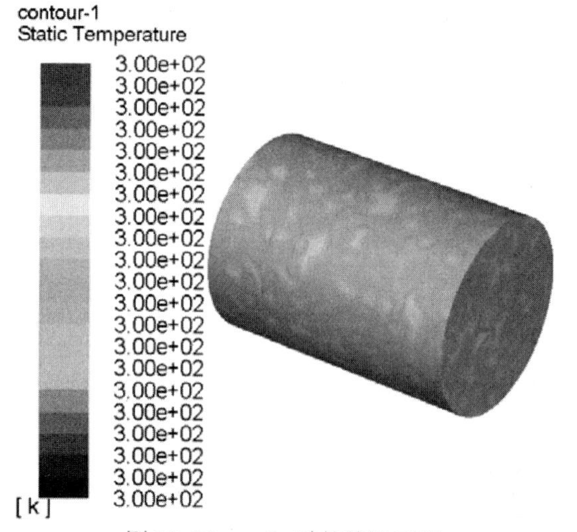

图 10-32 t=0s 时的静温云图

10.4.2 计算结果后处理

1. 显示下死点（720 个时间步）的解

1）单击“Postprocessing”选项卡“Graphics”面板中的“Contours”按钮 Contours 下拉菜单中的“Edit”命令，打开“Contours”对话框。在“Contours of”选项组的两个下拉列表框中分别选择“Temperature”和“Static Temperature”选项，同时在“Surfaces”列表框中选择“moving-wall”“side-wall-1”“side-wall-2”“side-wall-3”、“top”选项，单击“Display”按钮，显示的气缸静温分布图如图 10-33 所示，此时活塞处于下死点位置。

2）单击“Postprocessing”选项卡“Graphics”面板中的“Vectors”按钮 Vectors 下拉菜单中的“Edit”命令，弹出“Vectors”对话框。在“Vectors of”下拉列表框中选择“Velocity”选项，同时在“Surfaces”列表框中选择“moving-wall”、“side-wall-1”、 “side-wall-2”“side-wall-3”“top”选项，单击“Display”按钮，在“Contours of”选项组的两个下拉列表框中分别选择“Temperature”和“Static Temperature”选项，同时在“Surfaces”列表框中选择“moving-wall”“side-wall-1”“side-wall-2”、“side-wall-3”“top”选项，单击“Display”按钮，此时下死点位置截面的速度矢量图，如图 10-34 所示。

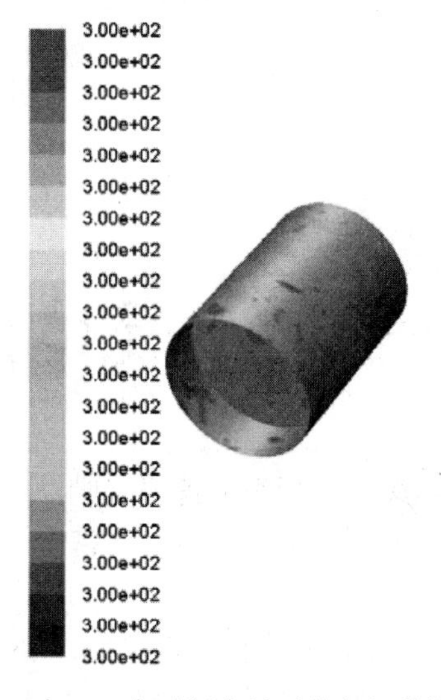

图 10-33　在 720 个时间步长时的气缸静温分布图

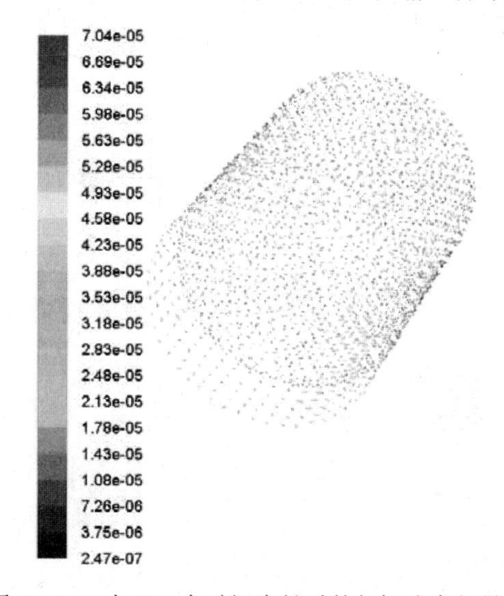

图 10-34　在 720 个时间步长时的气缸速度矢量图

第11章

组分传输与气体燃烧的模拟

FLUENT 提供了多种模拟反应的模型：有限速率模型、非预混燃烧模型、预混燃烧模型、部分预混燃烧模型以及 PDF 输运方程模型。本章将具体介绍组分传输与气体燃烧反应的模拟。

本章主要讲述燃烧模型的基本思想和应用范围，具体介绍燃烧模型的设置解决方法，并通过氢气燃烧模拟的实例帮助读者了解利用 FLUENT 解决该类模型的操作，为实际处理相关问题打下基础。

- 燃烧模型
- 氢气燃烧反应实例

11.1 燃烧模型

FLU1ENT 可以模拟宽广范围内的燃烧（反应流）问题。该软件中包含多种燃烧模型、辐射模型及与燃烧相关的湍流模型，适用于各种复杂情况下的燃烧问题，包括固体火箭发动机和液体火箭发动机中的燃烧过程、燃气轮机中的燃烧室、民用锅炉、工业熔炉及加热器等。燃烧模型是 FLUENT 软件优于其他 CFD 软件的最主要的特征之一。

11.1.1 燃烧模型概述

1．气相燃烧模型

（1）有限速率模型　该模型求解反应物和生成物输运组分方程，并由用户来定义化学反应机理。反应率作为源项在组分输运方程中通过阿累纽斯方程或涡耗散模型。有限速率模型适用于预混燃烧、局部预混燃烧和非预混燃烧。该模型可以模拟大多数气相燃烧问题，在航空航天领域的燃烧计算中有广泛的应用。

（2）PDF 模型　该模型不求解单个组分输运方程，但求解混合组分分布的输运方程。各组分浓度由混合组分分布求得。PDF 模型尤其适用于湍流扩散火焰的模拟和类似的反应过程。在该模型中，用概率密度函数 PDF 来考虑湍流效应。该模型不要求用户显式地定义反应机理，而是通过火焰面方法(即混即燃模型)或化学平衡计算来处理，因此比有限速率模型有更多的优势。该模型应用于非预混燃烧（湍流扩散火焰），可以用来计算航空发动机的环形燃烧室中的燃烧问题及液体/固体火箭发动机中的复杂燃烧问题。

（3）非平衡反应模型　层流火焰模型是混合组分 PDF 模型的进一步发展，从而用来模拟非平衡火焰燃烧。在模拟富油一侧的火焰时，典型的平衡火焰假设失效。该模型可以模拟形成 NO_x 的中间产物。该模型可以模拟火箭发动机的燃烧问题及 RAMJET 和 SCRAMJET 的燃烧问题。

（4）预混燃烧模型　该模型专用于燃烧系统或纯预混的反应系统。在此类问题中，充分混合的反应物和反应产物被火焰面隔开，通过求解反应过程变量来预测火焰面的位置。湍流效应可以通过层流和湍流火焰速度的关系来考虑。该模型可以用来模拟飞机加力燃烧室中的复杂流场模拟、气轮机、天然气燃炉等。

2．分散相燃烧模型

除了可以模拟各种气相燃烧问题以外，FLUENT 19.0 还提供了模拟分散相燃烧问题(液体燃料燃烧、喷射燃烧、固体颗粒燃烧等)的燃烧模型，比如：

◆在拉格朗日坐标下，模拟分散相（包括固体颗粒/油滴/气泡等）在瞬态和稳态下的运动轨迹。

◆多种球形和非球形粒子的曳力规律。

◆线性分布或 Rosin-Rammler 方程的粒子大小分布。

◆连续相的湍流效应对粒子传播的影响。

◆分散相的加热/冷却。

◆液滴的汽化和蒸发。

◆燃烧粒子，包括油滴的挥发过程和焦炭的燃烧。

◆连续相与分散相的耦合。

◆模拟油滴在湍流的影响而产生的扩散效应时，FLUENT 可以采用粒子云模型和随机轨道模型。

在 FLUENT 中，需定义油滴在初始状态的位置、速度、尺寸和温度分布及油滴的物性，根据这些设置计算粒子的轨迹和传热/传质，并可以计算粒子与连续相的相互影响。FLUENT 中还提供了丰富的关于粒子运动中曳力、汽化、喷射、破碎、碰撞等子模型，供用户来选择。计算得到的粒子的轨迹和传热传质可以通过图形界面和文本界面显示出来。

3. 污染模型

（1）NO_x模拟　FLUENT 软件提供了三种 NO_x形成的模型：Thermal NO_x、Prompt NO_x和 Fuel NO_x形成模型。从而可以模拟绝大多数情况下的 NO_x生成问题。

（2）烟尘模型（Soot Model）　FLUENT 软件可以考虑单步和两步的烟尘生成问题。烟尘的燃烧由有限速率模型模拟，并考虑了烟尘对辐射吸收的影响。

4. 热辐射模型

（1）离散传播辐射模型（Discrete Transfer Radiation Model，DTRM）　DTRM 的优点是简单，且可以适用的计算对象的尺度范围较大，其缺点是没有包含散射和不能计算非灰气体辐射。提高模型中射线的数量可以提高 DTRM 的精度，但计算量也明显增加。

（2）P-1 模型 P-1 模型是 P-N 模型的简化，适用于大尺度辐射计算。对比 DTRM，其优点在于计算量更小，且包含散射效应。当燃烧计算域的尺寸比较大时，P-1 模型非常有效。另外 P-1 模型可应用在较为复杂的计算域中。

（3）Rosseland 模型　Rosseland 模型是最为简化的辐射模型，只能应用于大尺度辐射计算。其优点是速度最快，需要内存最少。

（4）Discrete Ordinates (DO) 模型　DO 模型是所有四种模型最为复杂的辐射模型，从小尺度到大尺度辐射计算都适用，且可计算非灰气体辐射和散射效应，但需要较大计算量。

综上所述，无论在模型数量上，还是在模型先进性上，FLUENT 软件都提供了远远优于其他商用 CFD 软件的燃烧模型。

11.1.2　燃烧模型的计算方式

燃烧计算分为非预混燃烧、预混燃烧和部分预混燃烧三种。

1. 非预混燃烧

适用于燃料和氧化剂分别来自不同入口的情况，也就是说燃料和氧化剂在燃烧前没有进行过混合，这就是所谓“非预混”的含义。非预混燃烧计算中不使用有限速率化学反应模型，而是用统一的混合物浓度作为未知变量进行求解，因此无须计算代表组元生成或消失的源项，计算速度比有限速率化学反应模型要快。但是非预混燃烧计算需要流场满足一定的条件，即流场必须为湍流，化学反应过程的弛豫时间非常短，燃料、氧化剂必须来自不同的入口。在燃料入口和氧化剂入口之外，非预混燃烧允许存在第三个流动入口，这个入口可以是燃料、氧化剂，也可以是不参与燃烧反应的第三种流体的入口。

非预混燃烧计算使用的化学反应模型包括火焰层近似（flame sheet approxima

tion）模型、平衡流计算模型和层流火苗（flamelet）模型。火焰层近似模型假设燃料和氧化剂在相遇后立刻燃烧完毕，即反应速度为无穷大，其好处是计算速度快，缺点是计算误差较大，特别是对于局部热量的计算可能超过实际值。平衡流计算是用吉布斯自由能极小化的方法求解组元浓度场，这种方法的好处是既避免了求解有限速率化学反应模型，同时又能够比较精确地获得组元浓度场。层流火苗模型则将湍流火焰燃烧看作由多个层流区装配而成，而在各层流子区中可以采用真实反应模型，从而大大提高了计算精度。非预混燃烧计算中湍流计算采用的是时均化 N-S 方程，湍流与化学反应的相关过程用概率密度函数（PDF）逼近。计算过程中组元的化学性质用 FLUENT 提供的预处理程序 prePDF 进行计算处理。计算中采用的化学反应模型可以是前面所述三种模型中的一种。计算结束后将计算结果保存在查阅（look-up）表格中，FLUENT 在计算非预混燃烧时则直接从查阅表格中调用数据。

非预混燃烧包括单一混合物浓度计算（Single-Mixture-Fraction Approach）和双混合物浓度计算（Two-Mixture-Fraction Approach）。大致步骤如下：

（1）启动 FLUENT 并读入网格文件

（2）选择使用非预混燃烧模型　首先在“ Viscous Model”（黏性计算模型）面板中选用湍流计算。如果计算采用的是非绝热模型，则还需要在计算中加入热交换计算等内容。然后在“ Species Mode”（l 组元模型）面板中选择“Non-Premixed Combustion”（非预混燃烧），单击“OK” 按钮后，系统会自动打开一个文件选择对话框，从中可以选择由“prePDF” 创建的 PDF 文件。如果需要在计算中引入压缩性效应的话，可以返回 Species Model（组元模型）面板，在左下角单击选中 Compressibility Effects（压缩性效应）。

（3）定义边界条件　非预混燃烧边界条件的特殊之处就在于混合物浓度在边界上的定义。通常平均燃料混合物的浓度在燃料入口，浓度值为 1，在氧化剂入口则为 0；氧化剂则正好相反，即在燃料入口为 0，在氧化剂入口为 1，也就是假设燃料入口和氧化剂入口流入的是纯净的燃料或氧化剂。

（4）定义物理性质　在指定使用非预混模型后，流体介质即被自动设定为 pdf-mixture（pdf 混合物），其成分已经在 prePDF 中指定，并且在 FLUENT 中无法更改。在 FLUENT 的 Materials（材料）面板中只能修改黏度、热导率等输运性质。

（5）开始流场计算　流场计算开始前，先在“Species Model”（组元模型）中确认各项参数设置无误，特别是需要采用的 PDF 函数形式等项与预期目的相符后，就可以进行初始化，然后开始迭代计算。如果计算不收敛，则可以尝试适当调整亚松弛因子重新开始计算。

2. 预混燃烧模型

预混燃烧即燃烧前燃料和氧化剂已经充分混合了的燃烧。预混燃烧的火焰传播速度取决于层流火焰传播速度和湍流对层流火焰的相干作用。湍流中的旋涡结构可以使火焰锋面发生变形、起皱，并进而影响火焰传播速度。在预混燃烧中，燃烧反应的反应物和燃烧的生成物被火焰区截然分开。

在 FLUENT 中预混燃烧必须使用分离算法，并且只能用于湍流、亚声速流动计算。预混燃烧模型不能与污染物（NO_x）模型同时使用，但是可以与部分预混模型同时使用。

预混燃烧不能用于模拟带化学反应的弥散相粒子，但是可以模拟带惰性粒子的流动计算。

预混燃烧模型计算的设置和求解过程如下：

（1）启用预混湍流燃烧模型并设置相关参数　单击“Setting Up Physics”功能区“Models”面板中的“Species”按钮 Species...，在“Species Model”（组元面板）中选择“Premixed Combustion”（预混燃烧）模型，并在下面选择“Adiabatic”（绝热）或“Non-Adiabatic”（非绝热）。

（2）定义未燃烧材料的物理性质　执行“Define”→“Materials”命令，在这里定义与预混燃烧有关的混合物性质，包括“Laminar Flame Speed”（层流火焰传播速度）、“Critical Rate of Strain”（临界应变率）、“Heat of Combustion”（燃烧放热）等。

（3）设置过程变量 c 在流场入口和出口处的值　单击“Setting Up Physics”功能区“Zones”面板中的“Boundaries”命令，弹出“Boundary Conditions”任务面板，在流场的入口和出口处设置过程变量 c，对于未燃烧混合物 c=0，对于已燃混合物 c=1。

（4）初始化过程变量　单击“Solving”选项卡“Initialization”面板中的“Patch”命令，打开“Patch”对话框，可以在全流场将 c 值设为 1（已燃），然后让未燃混合物（c=0）从流场入口进入流场，并将火焰推回到火焰稳定器处。另一个比较好的选择是在驻燃区上游用补丁（patch）方式将 c 值设为 0（未燃），而在下游设为 1（已燃）。

（5）求解流场并进行后处理

3．部分预混燃烧模型

部分预混燃烧模型是非预混燃烧模型和预混燃烧模型的综合体，计算中火焰锋面的位置用过程变量 c 计算，在锋面后面（c=1）是已燃的混合物，锋面前面（c=0）则是未燃的混合物。部分预混燃烧模型适用于混合物混合不充分的燃烧计算。

部分预混燃烧的设置和求解流程如下：

1）在使用“prePDF”创建 PDF 查阅表格时，基本流程与非预混燃烧相同，区别在于在“Define Case”（定义算例）面板上选择的选项是“Partially Premixed Model”（部分预混模型）。

2）在 FLUENT 中读入网格文件，并设置好计算中要用到的其他模型，比如湍流模型、辐射模型等。

3）在“Species Model”（组元模型）面板中激活“Partially Premixed Combustion”（部分预混燃烧）模型。如果有必要，可以在面板中修改“Model Constants”（模型常数）。在单击“OK”按钮后，文件选择窗口会自动打开，在这里选择由“prePDF ”创建的包含查阅表格的 PDF 文件。

4）在“Materials”（材料）面板中，定义计算域中未燃材料的物理性质。

5）作为边界条件，在流场入口和出口处设置过程变量 c 和平均混合物浓度及其增量的值。

6）初始化过程变量。单击“Solving”选项卡“Initialization”面板中的“Patch”命令。

7）开始计算，计算结束后对感兴趣的变量进行后处理。

11.1.3 燃烧模拟的设置

1. 初始设置

1）确定物理模型的应用范围。

2）划分计算网格（必要时应根据初步计算结果调整网格疏密）。

3）确定求解量和计算收敛判据。

2. Boundary conditions（边界条件）的设置

燃烧问题通常对进口边界条件十分敏感，利用已知的（或合理的）速度和标量分布作为边界条件是必要的，壁面传热对于整个计算也是很重要的，应指定壁面温度，而非指定边界条件中的内部对流、辐射等。

3. Initial conditions（初始条件）的设置

尽管稳态问题的解不依赖于初始条件，但很差的初始条件会导致问题不能收敛（由于输运方程的数量和非线性）。对一些燃烧问题，可先求解冷态问题，以此为初始条件求气相燃烧问题，再求解离散相问题，再求解有辐射的问题，对强旋流，应逐渐增加其涡旋度。

4. Underrelaxation Factors（松弛因子）的设置

1）松弛的效果是针对高度非线性问题的。

2）使用混合物分数 PDF 模型时应松弛密度（0.5）。

3）对高浮力流应松弛速度。

4）对高速流动应松弛压力。

5）一旦获得稳定解，应尝试增加所有量的松弛因子以尽可能地接近默认值。

5. Discretization（离散）

首先以一阶精度的方法离散控制方程，收敛后再以二阶精度离散以提高计算结果的精度，对三角形或四边形网格，二阶离散是尤为必要的。

6. Discrete Phase Model(离散相模型)

为增强计算的稳定性，应使用粒子云模型或者提高 DMP 的气相迭代数。

7. Magnussen Model（涡耗模型）

有限速率/涡耗散方法(Arrhenius/Magnusson) 是默认方法，对非预混（扩散）火焰，应关闭有限速率方法选项；预混火焰需要 Arrhenius 项，因此反应物早期不燃烧；可能需要高温初始化/补丁（initialization/patch)，使用依赖于温度的等压比热容 Cp 以减少高温时的不合理性。

8. Mixture fraction PDF model

1）适合于所研究的问题符合该模型的假设。

2)在 PDF 表中使用足够的离散点以保证插值的精确性(在不增加计算时间的前提下)。

3）使用β函数 PDF。

9. Turbulence

1）应首先由 standard k-model 开始计算。

2）再转化到 RNG k-model，Realizable k-model 或雷诺应力模型（RSM）以获得与试验数据较一致的分析结果，从而保证对湍流模型的敏感性。

10. Judging Convergence

1）收敛残差应小于 10^{-3}，其中对温度、组分等标量应小于 10^{-6}。

2）质量和能量通量必须保证平衡。

3）应监控感兴趣的变量（如出口的平均温度）。

4）保证流场变量的等值线光滑、可靠和稳定。

11.2 氢气燃烧反应实例

下面通过两个实例简要讲解一下组分传输和化学反应模型的具体应用方法。

11.2.1 气体燃烧温度场模拟

1. 实例概述

在一个燃烧塔中，氢气以 90m/s 的速度从顶部喷口进入塔身，塔中空气流动速度为 0.4m/s，且过量的空气系数为 1.28。氢气在空气中燃烧，生成水。本例中将用 FLUENT 演示燃烧后的温度分布云图。图 11-1 所示为燃烧塔内基本模型。

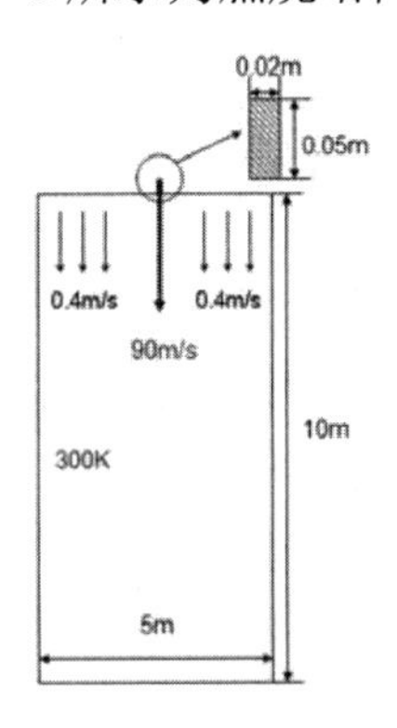

图 11-1 燃烧塔内基本模型

2. 建立模型

1）启动 GAMBIT，选择工作目录 D:\Gambit working。

2）建立燃烧塔矩形剖面，单击“Geometry”→“Face”→“Create Real Rectangular Face”按钮，在“Create Real Rectangular Face”面板的“Width”和“Height”中输入数值 5 和 10，单击“Apply”按钮生成大矩形面。

3）建立喷口矩形面域，单击“Geometry”→“Face”→“Create Real Rectangular Face”按钮，在“Create Real Rectangular Face”面板的“Width”和“Height”中输入数值 0.02 和 0.05，单击“Apply”按钮生成小矩形面。

4）将喷口移动到燃烧塔顶部，单击“Geometry”→“Face”→“Move/Copy Faces”按钮，在“Move/Copy Faces”面板中选择小矩形面，选择“Move”和“Translate”，沿 Y 轴方向上移 5.025，单击“Apply”按钮。

5）将两个矩形面合并，单击“Geometry”→“Face”→“Unite Faces”按钮，选择两个矩形面，单击“Apply”按钮，即将两个矩形面合并为一个面，如图 11-2

所示。

3. 划分网格

1）单击“Mesh”→“Face”→“Mesh Faces”按钮，打开“Mesh Faces”面板，选中合并后面域，划分方式：Quad，Map，Interval size-0.05，单击“Apply”按钮，完成网格划分，如图 11-3 所示。

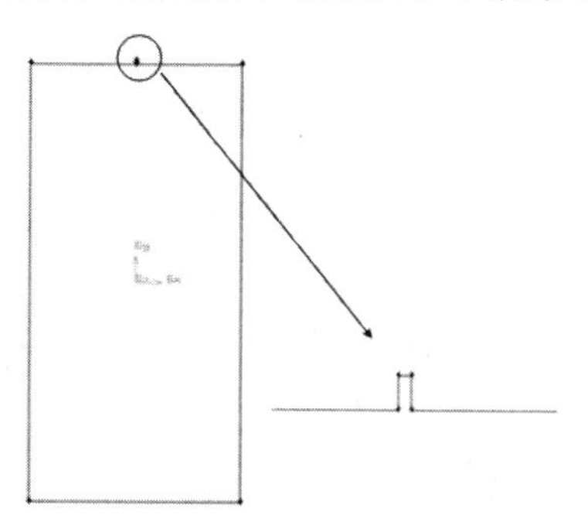

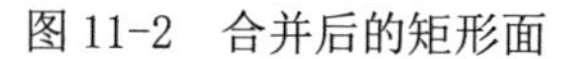

图 11-2 合并后的矩形面

图 11-3 面域的网格划分

2）单击“Zones”→“Specify Boundary Types”按钮，在“Specify Boundary Types”面板中选择小矩形上边界，类型为“VELOCITY_INLET”，命名为“h-inlet”；选择大矩形上边界，类型为“VELOCITY_INLET”，命名为“air-inlet”；大矩形的下边界，类型为“PRESSURE_OUTLET”，命名为“out”；其余边界类型为“WALL”，命名为“wall”。

3）执行“File”→“Export”→“Mesh”命令，在弹出的对话框文件名中输入“burning.msh”，并选中“Export 2-D（X-Y）Mesh”，确定输出二维模型网络文件。

4. 求解计算

1）双击 FLUENT 19.0 图标，弹出“FLUENT Version”对话框，选择 2D（二维单精度）计算器，单击“OK”按钮启动 FLUENT。

2）单击“File”下拉菜单栏中的“Read”→“Case”命令，读入划分好的网格文件“burning.msh”。

3）单击“Setting Up Domain”功能区“Mesh”面板中的“Check”按钮，检查网格文件。

4）单击“Setting Up Physics”功能区“Models”面板中的“Energy”复选框，启动能量方程。

5）单击“Setting Up Physics”功能区“Models”面板中的“Viscous”按钮 Viscous...，在弹出的“Viscous Model”对话框中选择“k-epsilon[2 eeqn]”，其他选项保持默认值。

6）单击“Setting Up Physics”功能区“Models”面板中的“Species”按钮 Species...，弹出如图 11-4 所示的“Species Model”对话框，选择 Model 中的“Species Transport”，勾选“Volumetric”选项，在“Turbulence-Chemistry Interaction”中选择“Eddy-Dissipation”，启动涡耗散模型。然后在“Mixture Material”的下拉列表中选择“hydrogen-air”，单击“OK”按钮会弹出一个“Information”对话框，提示材料结构发生改变，需要进一步确定性能参数。故再次回到“Species Model”对话框，单

击“Mixture Material”旁边的“Edit”，弹出“Edit Material”面板，单击“Mixture Species”旁边的“Edit”，出现如图 11-5 所示的“Species”面板，其中“Selected Species”中的组分已经按照质量分数递增的顺序排列，单击“OK”按钮回到“Edit Material”面板。单击“Reaction”旁边的“Edit”，出现如图 11-6 所示的“Reactions”面板，本例中选用了一个化学反应方程：$2H_2+O_2 \rightarrow 2H_2O$，在面板中可以看出反应组分和比例，保持默认值，单击“OK”按钮。

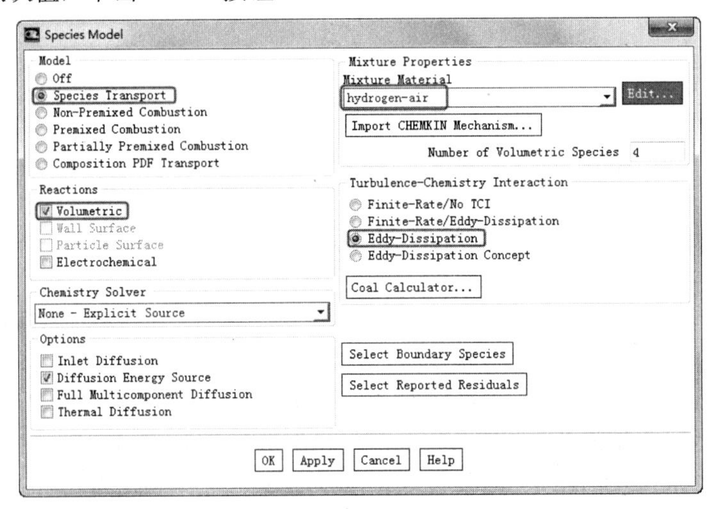

图 11-4 “Species Model”对话框

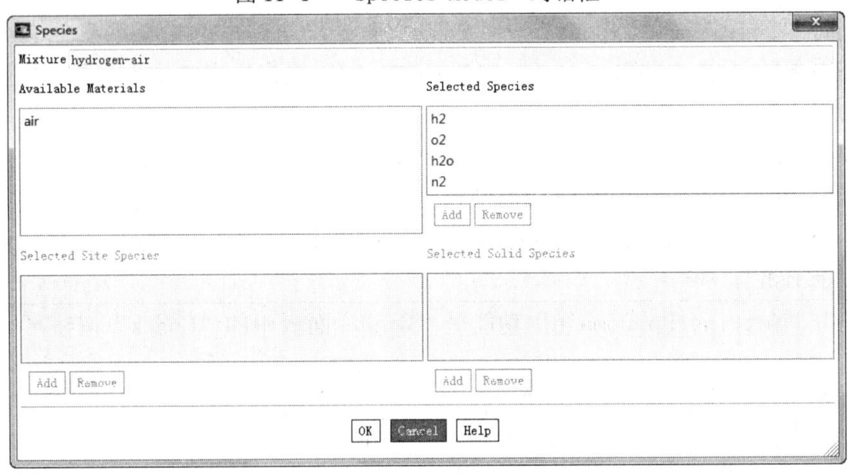

图 11-5 “Species”面板

7）单击“Setting Up Physics”功能区“Materials”面板中的“Create/Edit”按钮，系统弹出“Create/Edit Materials”对话框，在“Materials Type”中选择“fluid”，由于燃烧过程中的比热容随着温度的变化而变化，故分别将“FLUENT Fluid Materials”下拉列表中的 h2、n2、o2、h2o 的 Cp 选择为“piecewise-polynomial”（分段多项式），单击“piecewise-polynomial”后的“Edit”按钮，弹出如图 11-7 所示的“Piecewise-Polynomial Profile”对话框，保持默认值，单击“OK”按钮，回到“Materials”面板中，单击“Change/Create”按钮。

8）单击“Setting Up Physics”功能区“Zones”面板中的“Boundaries”命令，

弹出“Boundary Conditions”任务面板。

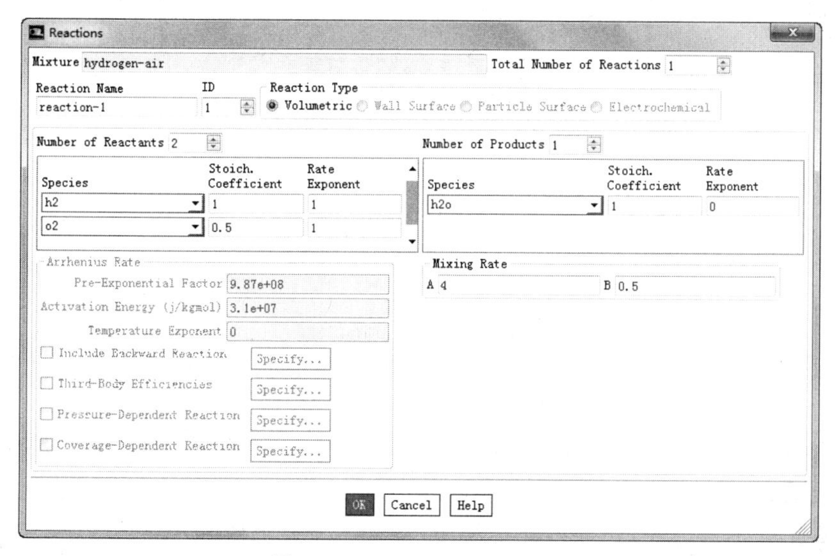

图 11-6　“Reactions”面板

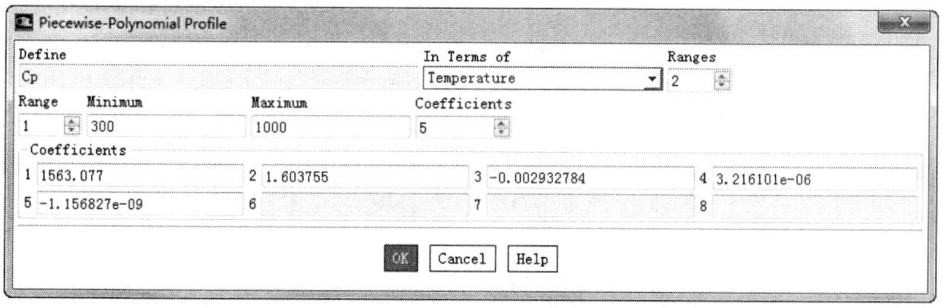

图 11-7　“Piecewise-Polynomial Profile”对话框

①设置 air-inlet 的边界条件。选择“air-inlet”，单击“Edit”按钮，弹出如图 11-8 所示的“Velocity Inlet”对话框，在“Momentum”一栏中，选择“Velocity Specification Method”的方式为“Magnitude,Normal to Boundary”,“Reference Frame”选择“Absolute”。“Velocity Magnitude”值为 0.4m/s。“Turbulence”下的“Specification Method”选择为“Intensity and Hydraulic Diameter”，“Hydraulic Diameter”值为 0.44，其他保持默认值。接着选择“Thermal”一栏，温度保持 300K。选择“Species”一栏，在“Species Mass Fractions”中的 o2 后面填入 0.22，其他保持默认值，如图 11-9 所示，单击“OK”按钮。

②设置 h-inlet 的边界条件。同上，选择“h-inlet”，单击“Edit”按钮，弹出“Velocity Inlet”对话框，在“Momentun”一栏中，选择“Velocity Specification Method”的方式为“Magnitude，Normal to Boundary”，“Reference Frame”选择“Absolute”,“Velocity Magnitude”值为 90m/s。“Turbulence”下的“Specification Method”选择为“Intensity and Hydraulic Diameter”，“Hydraulic Diameter”值为 0.01，其他保持默认值。接着选择“Thermal”一栏，温度保持 300K。选择“Species”一栏，在“Species Mass Fractions”中的 h2 后面填入 1（纯氢气进入），其他保持默认值，单击“OK”按钮。

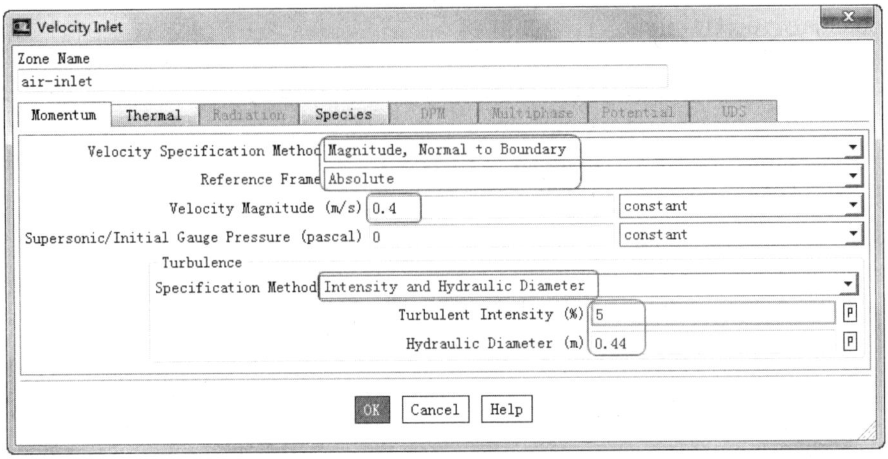

图 11-8　Air 进口动量参数设置

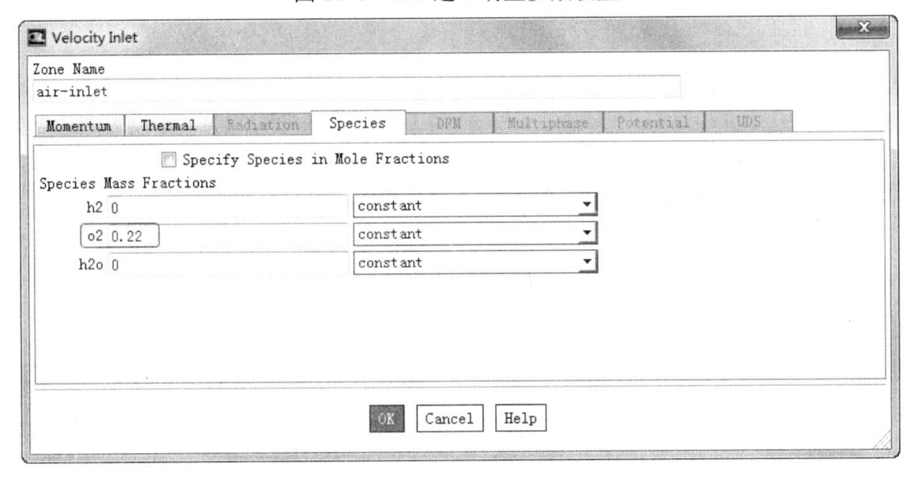

图 11-9　Air 进口组分设置

③设置 out 的边界条件。选择“out”，单击“Edit”按钮，弹出“Pressure Outlet”对话框，在“Momentum”一栏中，保持“Gauge Pressure”为 0，“Backflow Direction Specification Method”为“Normal to Boundary”。“Turbulence”下的“Specification Method”选择为“Intensity and Hydraulic Diameter”，“Backflow Hydraulic Diameter”值为 0.45，其他保持默认值，如图 11-10 所示。接着选择“Thermal”一栏，温度保持 300K。选择“Species”一栏，在“Species Mass Fractions”中的 o2 后面填入 0.22，其他保持默认值，如图 11-11 所示，单击“OK”按钮。

④设置 wall 的边界条件。选择“wall”，单击“Edit”按钮，弹出“WALL”对话框，在“Thermal”一栏中，设置“Thermal Condition”为“Temperature”，保持 300K 不变，单击“OK”按钮。

9）单击“Solving”选项卡“Controls”面板中的“Controls”按钮，弹出“Solution Controls”面板，保持默认值。

10）对流场进行初始化。勾选“Solving”选项卡“Initialization”面板中的“Standard”复选框，然后单击“Solving”选项卡“Initialization”面板中的“Options”命令，弹出“Solution Initialization”任务面板，在“Solution Initialization”

任务面板中选择“all-zones”，单击“Initialize”按钮。

Pressure Outlet
Zone Name
out
Momentum Thermal Radiation Species DPM Multiphase Potential UDS
Backflow Reference Frame Absolute
Gauge Pressure (pascal) 0 constant
Pressure Profile Multiplier 1
Backflow Direction Specification Method Normal to Boundary
Backflow Pressure Specification Total Pressure
Average Pressure Specification
Target Mass Flow Rate
Turbulence
Specification Method Intensity and Hydraulic Diameter
Backflow Turbulent Intensity (%) 5
Backflow Hydraulic Diameter (m) 0.45
OK Cancel Help

图 11-10　压力出口动量参数设置

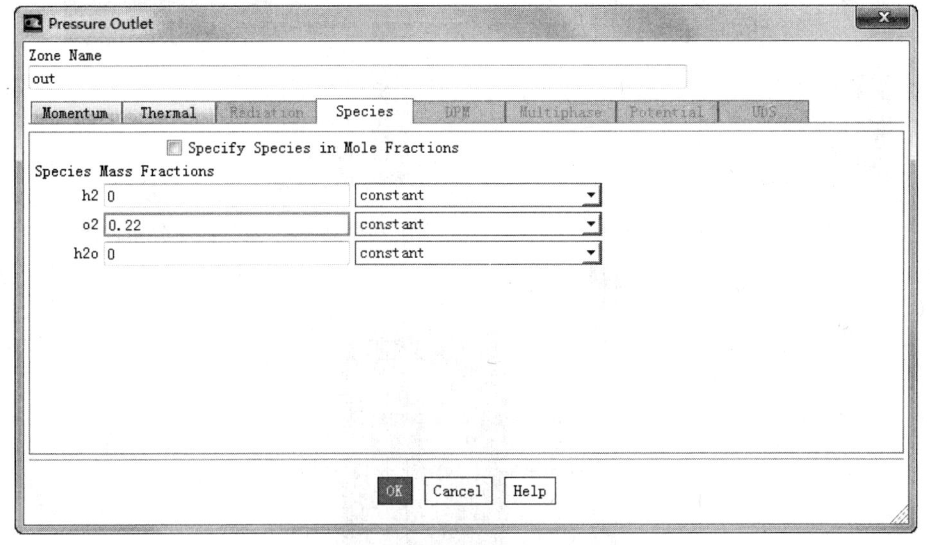

图 11-11　压力出口组分设置

11）单击“Solving”选项卡“Reports”面板中的“Residuals”按钮 Residuals...，在弹出的“Residual Monitors”对话框中选择“Plot”，其他保持默认值，单击“OK”按钮。

12）单击“Solving”选项卡“Run Calculation”面板中的“Advanced”命令，弹出“Run Calculation”任务面板，在“Run Calculation”任务面板中设置“Number of Iterations”为500，其他保持默认值，单击“Calculate”按钮即可开始解算。

13）单击“Postprocessing”选项卡“Graphics”面板中的“Contours”按钮 Contours 下拉菜单中的“Edit”命令，弹出“Contours”对话框，在“Contours of”的下拉列表中选择“Temperature”和“Static Temperature”，勾选“Filled”，单击“Display”按钮，即出现温度分布云图，如图11-12所示。再改选“Species”和“Mass Fraction of h2”，单击“Display”按钮，出现氢气质量分布云图，如图 11-13 所示。选择“Properties”和“Specific Heat (Cp)”，单击“Display”按钮，出现定压比热容分布云图，如图 11-14 所示。

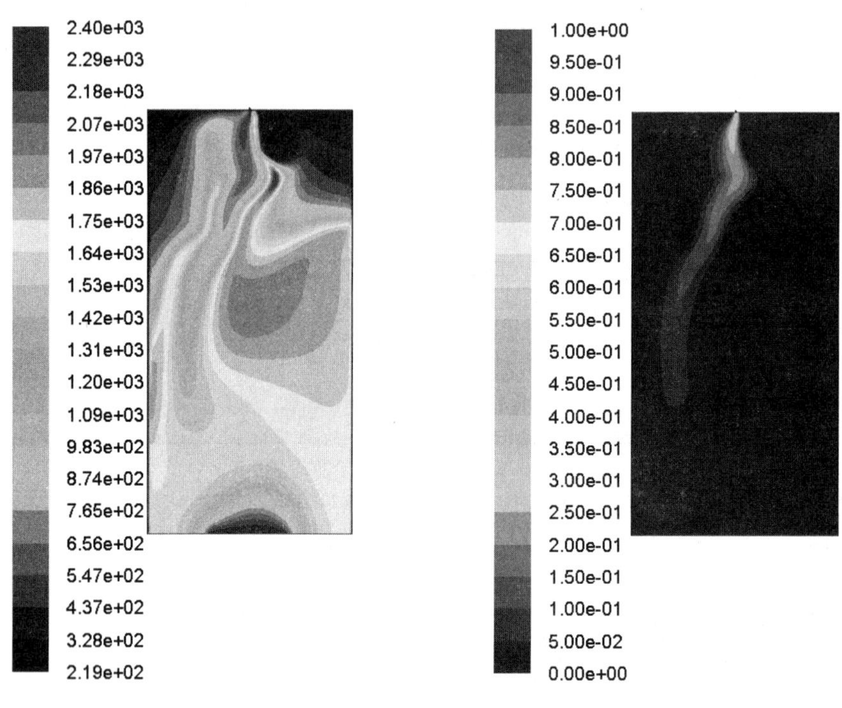

图 11-12　温度分布云图　　图 11-13　氢气质量分布云图

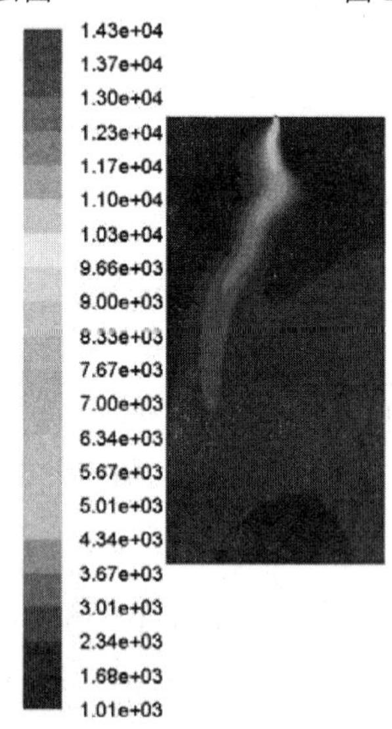

图 11-14　定压比热容分布云图

14)计算完的结果要保存为 Case 和 Data 文件，单击“File”下拉菜单栏中的“Write”→“Case&Data”命令，在弹出的文件保存对话框中将结果文件命名为“burning.cas”，Case 文件保存的同时也保存了 Data 文件“burning.dat”。

15）单击“File”下拉菜单栏中的“Exit”命令，安全退出 FLUENT。

11.2.2 废气排放组分浓度模拟

人类在生产和生活过程中经常会排出废气。特别是化工厂、钢铁厂、制药厂，以及炼焦厂和炼油厂等，排放的废气气味大，严重污染环境和影响人体健康。废气中含有污染物种类很多，其物理和化学性质非常复杂，毒性也不尽相同。燃料燃烧排出的废气中含有二氧化硫、氮氧化物（NO_x）、碳氢化合物等；因工业生产所用原料和工艺不同，而排放各种不同的有害气体和固体废物，含有各种组分如重金属、盐类、放射性物质；汽车排放的尾气含有铅、苯和酚等碳氢化合物。下面我们就利用 FLUENT 来模拟一下工厂废气在空气中的排放情况。

1. 实例概述

某化工厂的排气烟筒直径为 1m，每天以 20m/s 的速度向大气中排放含有 CO_2、CO 和 SO_2（CO_2：87%；CO：10%；SO_2：3%）：的废气，烟筒口处的温度有 300℃，大气平均温度为 25℃，风速为 5m/s。取一个足够大的扩散区域（100m×100m），模拟废气在该区域内的扩散状况，如图 11-15 所示。

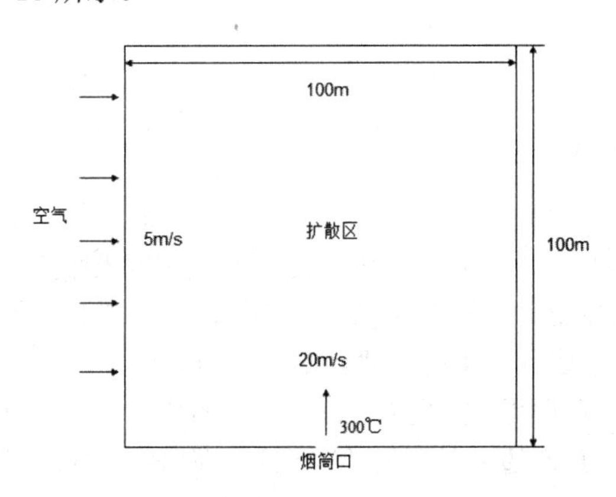

图11-15 几何模型

2. 建立模型

1）启动 GAMBIT，选择工作目录 D:\Gambit working。

2）建立点，单击“Geometry” → “Vertex” → “Create Real Vertex”按钮，在“Create Real Vertex”面板的 x、y、z 坐标输入栏输入（0，0，0）、（49.5，0，0）、（50.5，0，0）、（100，0，0）、（0，100，0）、（100，100，0）、（45，30，0）、（55，30，0）、（40，100，0）、（60，100，0），建立 10 个基本点。

3）单击“Geometry” → “Edge” → “Create Straight Edge”按钮，在“Create Straight Edge”面板中选择点单击“Apply”按钮，生成 12 条线。

4）单击“Geometry” → “Face” → “Create face from Wireframe”按钮，在“Create face from Wireframe”面板的“Edges”黄色输入栏中选取所需要围成面的线段，单击“Apply”按钮生成几何平面。本例中共建立了 3 个区域面，如图 11-16 所示。

3. 划分网格

1）单击“Mesh” → “Edge” → “Mesh Edges”按钮，在“Mesh Edges”

面板的“Edges”黄色输入框中选中 1、3、6、8、9、10（见图 11-16）号 6 条线段。选用“Interval Count”的方式，划分为 75 个间隔。单击“Apply”按钮。再选择 4、5 号线段，选用“Interval Count”的方式，划分为 125 个间隔；选择 11、12 号线段，划分为 50 个间隔；7 号线段划分为 60 个间隔；2 号线段划分为 20 个间隔。

2）单击“Mesh” → “Face” → “Mesh Faces” 按钮，打开“Mesh Faces”面板，选中中间面域，划分方式：Tri，Pave，其他保持默认值，单击“Apply”按钮。选取左右两个面域，采用 Quad 和 Map 的划分方式，单击“Apply”按钮，完成网格划分，如图 11-17 所示。

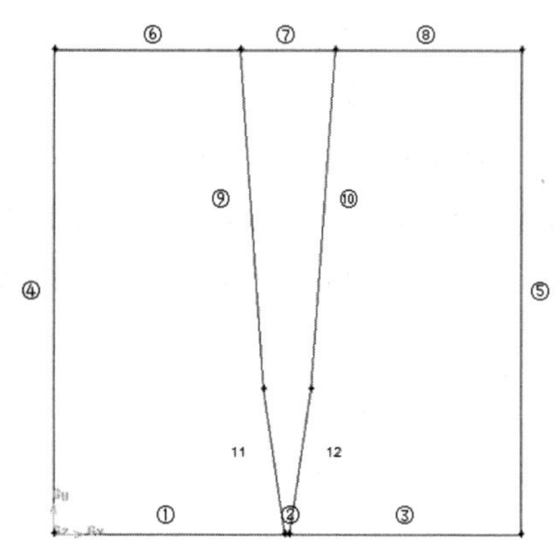

图 11-16　计算区域面

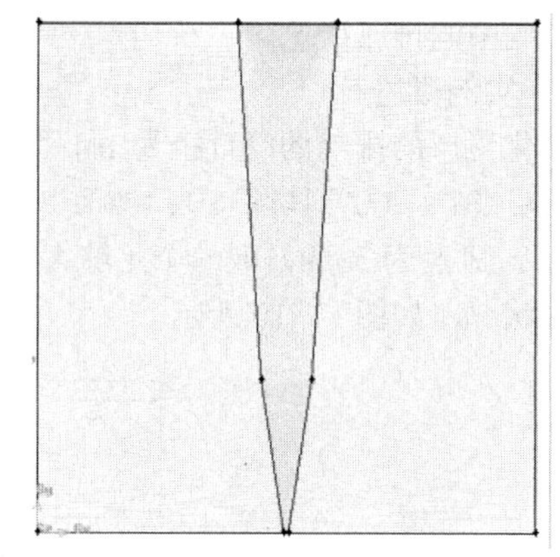

图 11-17　面域的网格划分

3）单击“Zones” → “Specify Boundary Types” 按钮，在打开的“Specify Boundary Types”面板中选择下端烟筒口，类型为“VELOCITY_INLET”，命名为“p-inlet”；选择面域左边界，类型为“VELOCITY_INLET”，命名为“air-inlet”；面域的上面三条线段以及右边界，类型为 PRESSURE_OUTLET，命名为“out-1”“out-2”“out-3”和“out-r”；其余边界类型为“WALL”，命名为“wall”。

4）执行“File” → “Export” → “Mesh”命令，在弹出的对话框中，在文件名中输入“pollution.msh”，并选中“Export 2-D（X-Y）Mesh”，确定输出二维模型网络文件。

4．求解计算

1）双击“FLUENT 19.0”图标，弹出“FLUENT Version”对话框，选择 2d（二维单精度）计算器，单击“Run”按钮启动 FLUENT。

2）单击“File”下拉菜单栏中的“Read” → “Case”命令，读入划分好的网格文件“pollution.msh”。

3）单击“Setting Up Domain”功能区“Mesh”面板中的“Check”按钮，检查网格文件。

4）单击“Setting Up Physics”功能区“Models”面板中的“Energy”复选框，启动能量方程。

5）单击“Setting Up Physics”功能区“Models”面板中的“Viscous”按钮 Viscous...，在弹出的“Viscous Model”对话框中选择“k-epsilon[2 eqn]”，其他选项保持默认值。

6）单击“Setting Up Physics”功能区“Materials”面板中的“Create/Edit”按钮，系统弹出“Create/Edit Materials”对话框，单击该对话框中的“Fluent Database”按钮，打开“Fluent Database Materials”对话框，在“Fluent Fluid Materials”选项框中选择“sulfur-dioxide[so2]”，单击“Copy”“Change/Create”“Close”按钮。

7）单击“Setting Up Physics”功能区“Models”面板中的“Species”按钮 Species...，弹出“Species Model”对话框，选择“Model”中的“Species Transport”，在“Mixture Material”的下拉列表中选择“carbon-monoxide-air”，单击“OK”按钮。然后重新打开“Species Model”对话框，单击“Mixture Material”旁边的“Edit”，弹出“Edit Material” 对话框，单击“Mixture Species”旁边的“Edit”，出现如图11-18所示的“Species”面板，其中的“Selected Species”中的组分已经按照质量分数递增的顺序排列，因为本例中所选的物质还有SO_2，而且CO_2：87%；CO：10%；SO_2：3%，故按照质量分数比需要重新排列组分顺序。选中需要移出的组分，单击“Remove”按钮，再按照质量分数从小到大的顺序依次添加到“Selected Species”选项栏中。空气放在最下端，单击“OK”按钮回到“Edit Material”面板。单击“Change”按钮保存设置，单击“Close”按钮。

图11-18 “Species”对话框

8）单击“Setting Up Physics”功能区“Solver”面板中的“Operating Conditions”命令，在打开的如图11-19所示的“Operating Conditions”对话框中勾选“Gravity”，设置“Gravitational Acceleration”栏的Y（m/s2）为-9.81。

9）单击“Setting Up Physics”功能区“Zones”面板中的“Boundaries”命令，弹出“Boundary Conditions”任务面板。

①设置p-inlet的边界条件。选择“p-inlet”，单击“Edit”按钮，弹出如图11-20所示的“Velocity Inlet”对话框，在“Momentum”一栏中，选择“Velocity Specification Method”的方式为“Magnitude，Normal to Boundary”，“Reference Frame”选择“Absolute”，“Velocity Magnitude”值为20m/s。“Turbulence”下的“Specification Method”选择为“Intensity and Hydraulic Diameter”，“Hydraulic Diameter”值为

0.1，其他保持默认值。接着选择“Thermal”一栏，温度保持 573K。选择“Species”一栏，在“Species Mass Fractions”中的 so2 后面填入 0.03，co 为 0.1，co2 为 0.87，其他保持默认值，单击“OK”按钮。

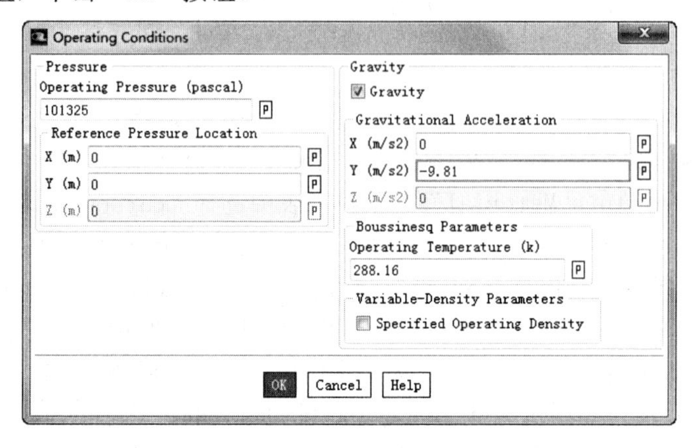

图 11-19 “Operating Conditions”对话框

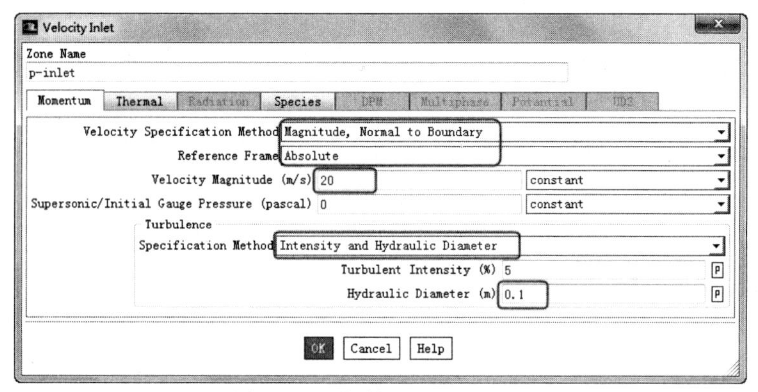

图 11-20 烟筒出口组分设置

②设置 air-inlet 的边界条件。同上，选择“air-inlet”，单击“Edit”按钮，弹出“Velocity Inlet”对话框，在“Momentu”一栏中，选择“Velocity Specification Method”的方式为“Magnitude，Normal to Boundary”，“Reference Frame”选择“Absolute”，“Velocity Magnitude”值为 5m/s。“Turbulence”下的“Specification Method”选择为“Intensity and Hydraulic Diameter”，“Hydraulic Diameter”值为 100，其他保持默认值，如图 11-21 所示。接着选择“Thermal”一栏，温度保持 298K。选择“Species”一栏，“Species Mass Fractions”中的 so2、co、co2 后面保持 0（空气中少量的 CO_2 忽略不计），其他保持默认值，单击“OK”按钮。

③设置“out”的边界条件。

a)选择“out-1”，单击“Edit”按钮，弹出“Pressure Outlet”对话框，在“Momentum”一栏中，保持“Gauge Pressure”为 0，“Turbulence”下的“Specification Method”选择为“Intensity and Hydraulic Diameter”，“Hydraulic Diameter”值为 40，其他保持默认值。接着选择 Thermal 一栏，温度保持 298K。选择“Species”一栏，在“Species Mass Fractions”中的各值保持 0，其他保持默认值，如图 11-22 所示，单击“OK”按钮。

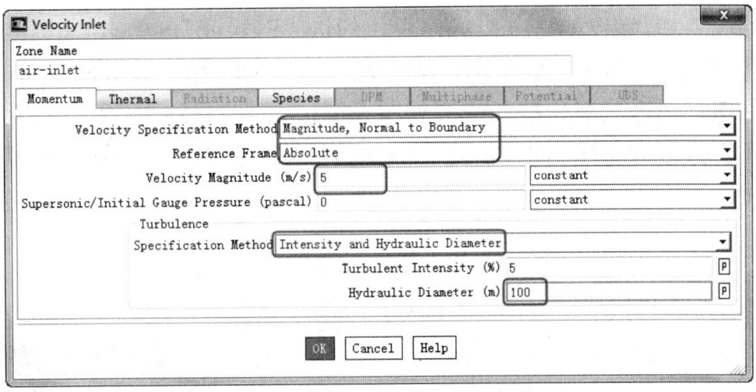

图 11-21 Air 进口组分设置

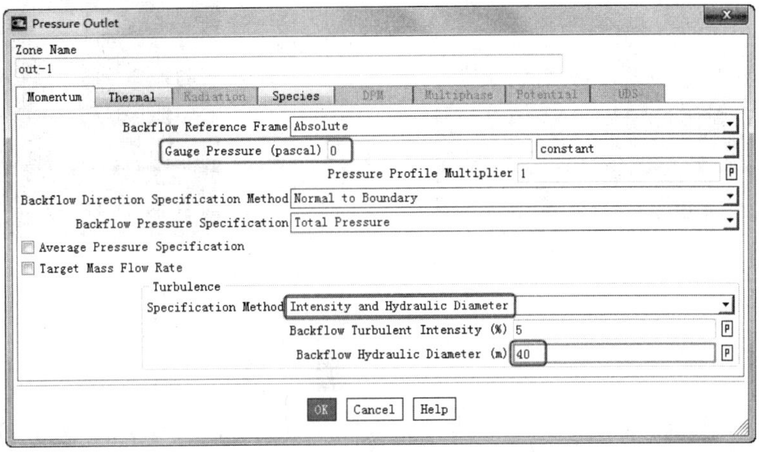

图 11-22 压力出口动量参数设置

b）回到“Boundary Conditions”面板，选择 out-2，与 out-1 的设置相同，只是将“Hydraulic Diameter”值改为 20。out-3 也是将“Hydraulic Diameter”值改为 40。out-r 将“Hydraulic Diameter”值改为 100。

单击“Solving”选项卡“Controls”面板中的“Controls”按钮，弹出“Solution Controls”面板，保持默认值。

10）对流场进行初始化。勾选“Solving”选项卡“Initialization”面板中的“Standard”复选框，然后单击“Solving”选项卡“Initialization”面板中的“Options”命令，弹出“Solution Initialization”任务面板，在“Solution Initialization”面板中选择“all-zones”，单击“Initialize”按钮。

11）单击“Solving”选项卡“Reports”面板中的“Residuals”按钮 Residuals...，在弹出的“Residual Monitors”对话框中选择“Plot”，其他保持默认值，单击“OK”按钮。

12）单击“Solving”选项卡“Run Calculation”面板中的“Advanced”命令，弹出“Run Calculation”任务面板。设置“Number of Iterations”为 1000，其他保持默认值，单击“Calculate”按钮即可开始解算。

13）单击“Postprocessing”选项卡“Graphics”面板中的“Contours”按钮 Contours 下拉菜单中的“Edit”命令，弹出“Contours”对话框，在“Contours of”的下拉列表

中选择“Pressure”和“Static Pressure”，勾选“Filled”，单击“Display”按钮，即出现压强分布云图，如图 11-23 所示。再改选“Species”和“Mass Fraction of so2”，单击 Display 按钮，出现二氧化硫的浓度分布云图，如图 11-24 所示。将 so2 改为 co，就得到一氧化碳的浓度分布图；同理得到二氧化碳的浓度分布图，如图 11-25 和图 11-26 所示。

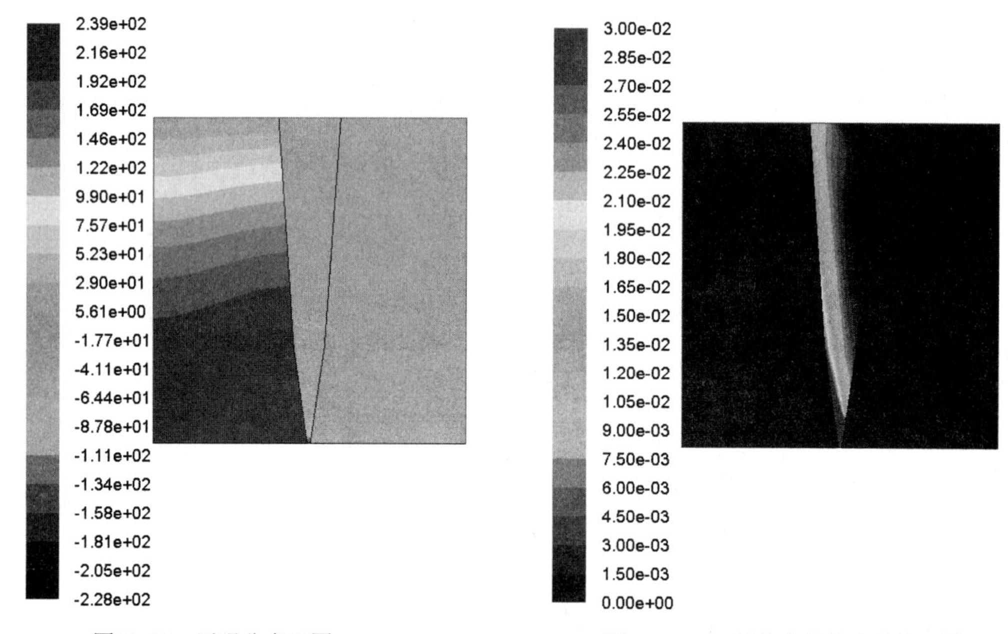

图11-23　压强分布云图　　　　图11-24　二氧化硫的浓度分布云图

14）计算完的结果要保存为 Case 和 Data 文件，单击“File”下拉菜单栏中的“Write”→“Case&Data”命令，在弹出的文件保存对话框中将结果文件命名为“pollution.cas”，Case 文件保存的同时也保存了 Data 文件“pollution.dat”。

15）单击“File”下拉菜单栏中的“Exit”命令，安全退出 FLUENT。

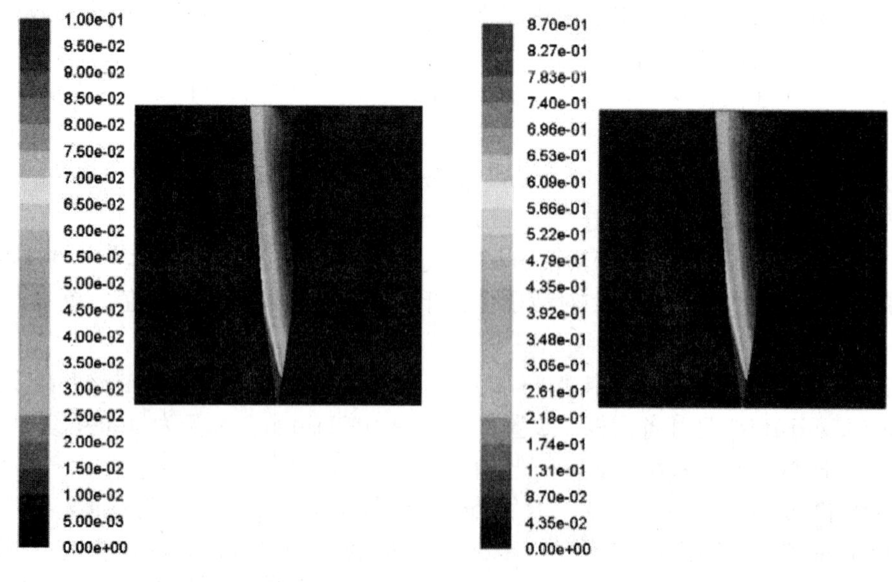

图 11-25　一氧化碳的浓度分布图　　　　图 11-26　二氧化碳的浓度分布图

第 12 章

UDF 使用简介

UDF（User-Defined Function）是指用户定义函数。本章主要介绍 UDF 的基础知识、UDF 宏以及 UDF 的解释和编译，重点介绍 UDF 宏和常用宏的功能，使读者初步了解 UDF 的基本理论和使用方法，并通过实例操作帮助读者掌握 UDF 的基本用法，为实际应用打下基础。

- UDF 基础
- UDF 宏
- UDF 的解释和编译
- 管道流动凝固过程

12.1 UDF 基础

UDF 概念出现在 MySQL、Interbase、Firebird 中，是用户自编的程序，它可以动态的连接到 FLUENT 求解器上来提高求解器性能。

12.1.1 UDF 概述

UDF 用 C 语言编写，使用 DEFINE 宏来定义。UDF 中可使用标准 C 语言的库函数，也可使用 FLUENT Inc. 提供的预定义宏，通过这些预定义宏，可以获得 FLUENT 求解器得到的数据。

UDF 使用时可以被当作解释函数或编译函数。解释函数在运行时读入并解释，而编译函数则在编译时被嵌入共享库中并与 FLUENT 连接。解释函数用起来简单，但是有源代码和速度方面的限制。

编译函数执行起来较快，也没有源代码限制，但设置和使用较为麻烦。

基本用户定义函数是一类代码，对 MySQL 服务器功能进行扩充，通过添加新函数，性质就像使用本地 MySQL 函数 abs()或 concat()。

在 FLUENT 中 UDF 可以完成各种不同的任务。如果它们在 udf.h 文件中没有被定义为 void，那么它们可以返回一个值。如果它们没有返回一个值，则还可以修改一个哑元，或是修改一个没有被作为哑元传递的变量，或者借助算例文件和数据文件执行输入输出任务。现在简要介绍一下 UDF 的一些功能：

◆定制边界条件、定义材料属性、定义表面和体积反应率、定义FLUENT输运方程中的源项、用户自定义标量输运方程（UDS）中的源项扩散率函数等。

◆在每次迭代的基础上调节计算值。

◆方案的初始化。

◆（需要时）UDF的异步执行。

◆后处理功能的改善。

◆FLUENT模型的改进（例如离散项模型、多项混合物模型、离散发射辐射模型）

UDF 的源文件只能以扩展名“.c”保存。通常源文件只有一个 UDF，但是也允许在一个文件中包含多个前后相连的 UDF。源文件在 FLUENT 中既可以被解释也可以被编译。对于解释型 UDF，源文件直接被加载和解释；而对于编译型 UDF，首先要建立一个共享的目标模块库，然后将它加载到 FLUENT 中。

一旦解释或编译了 UDF，相应的 UDF 名字将在 FLUENT 窗口中出现，并在相应的对话框中通过选择这个函数将其连接到一个求解器中去。

12.1.2 FLUENT 网格拓扑

网络拓扑结构是指用传输媒体互连各种设备的物理布局。流场的网格是由大量控制体或单元组成。每个单元都是由一组网格点（或节点）、一个单元中心和包围这个单元的面所定义的。表 12-1 是对网格实体的定义。

图 12-1 和图 12-2 所示分别为简单的二维和三维网格。

单元和单元面组成代表流场各个部分区域（进口、出口、壁面、流动区域等）。一个面围住的是一个还是两个单元（c0 和 c1）取决于它是一个边界面还是一个内部面。如果是边界面，那么仅有 c0 存在（对于一个边界面，不定义 c1）；如果是内部面，则需要同时定义 c0 和 c1 单元。一个面两侧的单元可以属于同一个单元线程，也可以属于另一个单元线程。

表 12-1 网格实体的定义

单元（cell）	区域被分割成的控制容积
单元中心（cell center）	FLUENT 中场数据存储的地方
面（face）	单元（2D 或 3D）的边界
边（edge）	面（3D）的边界
节点（node）	网格点
单元线索（cell thread）	在其中分配了材料数据和源项的单元组
面线索（face_thread）	在其中分配了边界数据的面组
节点线索（node thread）	节点组
区域（domain）	由网格定义的所有节点、面和单元线索的组合

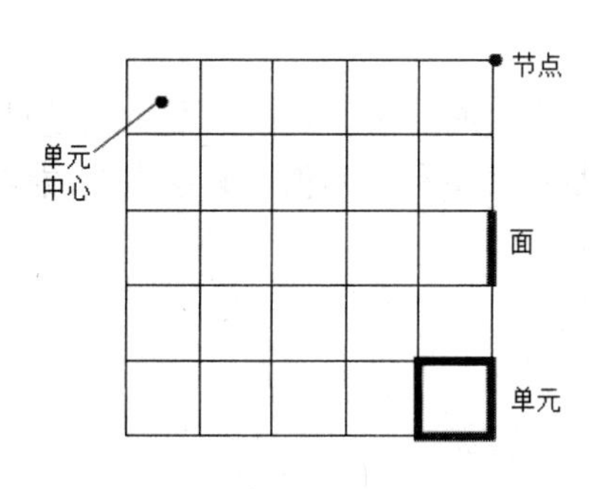

图 12-1 简单的二维网格

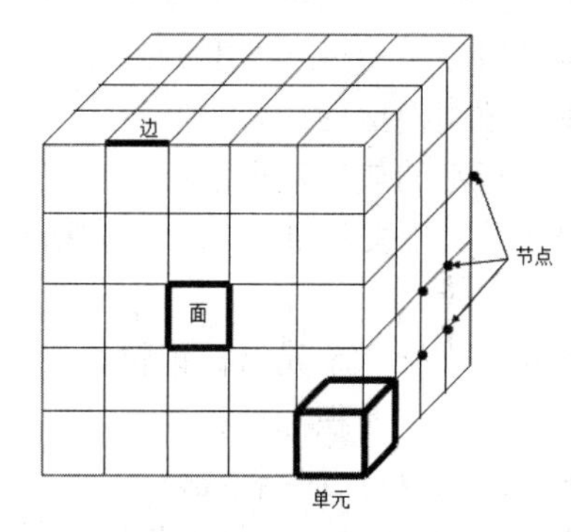

图 12-2 简单三维网格

12.1.3 FLUENT 数据类型

除了标准的C语言数据类型如real、int 等可用于UDF中定义数据外，还有几个FLUENT指定的与求解器数据相关的数据类型。这些数据类型描述了 FLUENT 中定义的网格的计算单位。使用这些数据类型定义的变量既有代表性地补充了 DEFINE macros 的自变量，也补充了其他专门的访问 FLUENT 求解器数据的函数。

一些经常使用的 FLUENT 数据类型如下：

◆cell_t 是线索（thread）内单元标识符的数据类型。它是一个识别给定线索内单元的整数下标。

◆face_t 是线索内面标识符的数据类型。它是一个识别给定线索内面的整数下标。

◆Thread 数据类型是 FLUENT 中的数据结构。它充当了一个与它描述的单元或面的组合相关的数据容器。

◆Node 数据类型是 FLUENT 中的数据结构。它充当了一个与单元或面的拐角相关的数据容器。

◆Domain 数据类型代表了 FLUENT 中最高水平的数据结构。它充当了一个与网格中所有节点、面和单元线索组合相关的数据容器。

12.2 UDF 宏

12.2.1 UDF 中访问 FLUENT 变量的宏

FLUENT 提供了一系列预定义函数来从求解器中读写数据。这些函数以宏的形式存放在代码中。本节所列出的宏是被定义在扩展名为.h 文件里的，例如 mem.h、metric.h 和 dpm.h。在 udf.h 文件中包含了宏的定义和本章所用到的大部分宏文件和它的说明。因此如果在原程序中包含了 udf.h 文件，那么也就包含了各种的求解器读写文件了。

下面列出了一些变量，这些变量需要使用预先设计的宏来进行读写。

◆溶液变量及它们的组合变量（速度、温度、湍流量等）。

◆几何变量（坐标、面积、体积等）。

◆网格和节点变量（节点速度等）。

◆材料性质变量（密度、黏度、导电性等）。

◆分散相模拟变量。

除了指定的热量数据以外，存取数据还指读写数据。而对于指定的热量数据是只能读不能修改的。下文将列出每一个宏所包含的参数、参数类型和返回值，其参数的数据类型如下所示：

◆cell_t c：单元格标识符。

◆face_t：面积标识符。

◆Thread *t：线指示器。

◆Thread **pt：象限矩阵指示器。

◆Int I：整数。

◆Node *node：节点指示器。

1．单元宏

单元宏是由求解器返回的实数变量，并且这些变量都在一个单元格中定义。

（1）用来读写单元流体变量的宏　在 FLUENT 中可以用来读写流体变量的宏见表 12-2。

表 12-2 中，_G、_ RG、_M1 和_M2 这些下标的单元格温度的宏可以应用于除了单元格压力（C-P）外表中所有求解器的变量中。这些下标分别表示的是矢量梯度、改造的矢量梯度、前一次的步长和前两次的步长。而对于单元格压力，它的矢量梯度和相应的分量是使用 C_DP 得到的，而不是 C_P_G。每一个下标的描述和用法如下：

1）读写梯度矢量和其分量。在宏中加入下标_G 可以得到梯度矢量和它的分量，例如，C_T_G(c,t)返回单元格的温度梯度矢量。注意只有当已经求解出包含这个变量的方程时才能得到梯度变量。例如定义了一个关于能量的原程序，那么 UDF 可以读写单元格的温度梯度（使用 C_ T _G），却不能读写 X 方向的速度分量（使用 C_ U _G）。

表 12-2 在 mem.h 文件中的流体变量宏

名称（参数）	参数类型	返回值
C_T(c,t)	cell_t c, Thread *t	温度
C_T_G(c,t)	cell_t c, Thread *t	温度梯度矢量
C_T_G(c,t)[i]	cell_t c,Thread *t, int i	温度梯度矢量的分量
C_T_RG(c,t)	cell_t c, Thread *t	改造后的温度梯度矢量
C_T_RG(c,t)[i]	cell_t c, Thread *t,int i	改造后的温度梯度矢量的分量
C_T_M1(c,t)	cell_t c, Thread *t	温度的前一次步长
C_T_M2(c,t)	cell_t c, Thread *t	温度的前二次步长
C_P(c,t)	cell_t c, Thread *t	压力
C_DP(c,t)	cell_t c, Thread *t	压力梯度矢量
C_DP(c,t)[i]	cell_t c, Thread *t,int I	压力梯度矢量的分量
C_U(c,t)	cell_t c, Thread *t	*u* 方向的速度
C_V(c,t)	cell_t c, Thread *t	v 方向的速度
C_W(c,t)	cell_t c, Thread *t	*w* 方向的速度
C_H(c,t)	cell_t c, Thread *t	焓
C_YI(c,t,i)	cell_t c, Thread *t,int i	物质质量分数
C_K(c,t)	cell_t c, Thread *t	湍流运动能
C_D(c,t)	cell_t c, Thread *t	湍流运动能的分散
C_O(c,t)	cell_t c, Thread *t	确定的分散速率

在调用梯度矢量时把某一分量作为参数，这样就可以得到梯度分量了（参数 0 代表 X 方向的分量，1 代表 Y 方向的分量，2 代表 Z 方向的分量），例如，C_T_G(c,t)[0]返回温度梯度 X 方向的分量。注意在表中虽然只列出了温度梯度和其分量求解的宏，但是却可以扩展到除了压力以外的所有变量中去，对于压力只能按照表中的方法使用 C_DP 来得到压力梯度和其分量。

2）读写改造过的梯度矢量和其分量。通过加_RG 的下标可以在宏中得到梯度向量和其分量。通过使用恰当的整数作为参数来获得想要的矢量分量。当完成插补计划时，可以使用改造过的梯度。改造过的温度梯度和其分量在表 12-2 中列出了，而且可以推广到所有的变量。注意改造过的梯度矢量和梯度矢量一样都只有在梯度方程被求解出来时才可以得到。

3）读写前一步长下的时间变量。在表里的宏中加入下标_M1 就可以得到前一次步长时间下（t-Δt）的变量值。得到的这些数据可以在不稳定的模拟中使用。例如，C_T_M1(c,t)返回前一步时间下的单元格温度的值。

4）读写前两次步长下的时间变量。在表 12-2 里宏的后面加下标_M2 就可以得到前两次步长下的时间（t-2Δt）。

（2）读写导数的宏　用于读写有速度导数的宏见表 12-3。

表12-3　用于读写由速度导数的宏

名称（参数）	参数类型	返回值
C DUDX(c, t)	cell_t c, Thread *t	*U*速度对*x*方向的导数
C DUDY(c, t)	cell_t c, Thread *t	*U*速度对*y*方向的导数
C DUDZ(c, t)	cell_t c, Thread *t	*U*速度对 *z* 方向的导数
C DVDX(c, t)	cell_t c, Thread *t	*V*速度对 *x* 方向的导数
C DVDY(c, t)	cell_t c, Thread *t	*V*速度对 *y* 方向的导数
C DVDZ(c, t)	cell_t c, Thread *t	*V*速度对 *z* 方向的导数
C DWDX(c, t)	cell_t c, Thread *t	*W*速度对 *x* 方向的导数
C DWDY(c, t)	cell_t c, Thread *t	*W*速度对 *y* 方向的导数
C DWDZ(c, t)	cell_t c, Thread *t	*W*速度对 *z* 方向的导数

（3）存取材料性质的宏　用于存取材料的性质的宏见表 12-4。

表12-4　在mem.h中存取材料性质的宏

名称（参数）	参数类型	返回值
C_FMEAN(c, t)	cell_t c, Thread *t	第一次混合分数的平均值
C_FMEAN2(c, t)	cell_t c, Thread *t	第二次混合分数的平均值
C_FVAR(c, t)	cell_t c, Thread *t	第一次混合分数变量
C_FVAR2(c, t)	cell_t c, Thread *t	第二次混合分数变量
C_PREMIXC(c, t)	cell_t c, Thread *t	反应过程变量
C_LAM FLAME SPEED(c, t)	cell_t c, Thread *t	层流焰速度
C_CRITICAL STRAIN	cell_t c, Thread *t	临界应变速度
C_ POLLUT(c, t, i)	cell_t c, Thread *t, int i	第*i*个污染物质的质量分数
C_R(c, t)	cell_t c, Thread *t	密度
C_MU L(c, t)	cell_t c, Thread *t	层流速度
C_MU T(c, t)	cell_t c, Thread *t	湍流速度
C_MU EFF(c, t)	cell_t c, Thread *t	有效黏度
C_K_L(c, t)	cell_t c, Thread *t	热导率
C_K_T(c, t)	cell_t c, Thread *t	湍流热导率
C_K_ EFF(c, t)	cell_t c, Thread *t	有效热导率
C_CP(c, t)	cell_t c, Thread *t	确定的热量
C_RGAS(c, t)	cell_t c, Thread *t	气体常数
C_DIFF L(c, t, i, j)	cell_t c, Thread *t, int i, int j	层流物质的扩散率
C_DIFF EFF(c, t, i)	cell_t c, Thread *t, int i	物质的有效扩散率
C_ABS COEFF(c, t)	cell_t c, Thread *t	吸附系数
C_SCAT COEFF(c, t)	cell_t c, Thread *t	扩散系数
C_NUT(c, t)	cell_t c, Thread *t	Spalart-Allmaras湍流速度

（4）读写用户定义的标量和存储器的宏　表 12-5 列出的宏可以为单元格读写用户定义的标量和存储器。

表12-5　在mem.h文件中的可以为单元格读写用户定义的标量和存储器的宏

名称（参数）	参数类型	返回值
C _UDSI(c,t,i)	cell_t c, Thread *t, int i	用户定义的标量（单元格）
C_UDSI M(c,t,i)	cell_t c, Thread *t, int i	前一次步长下用户定义的标量（单元格）
C_UDSI_DIFF(c,t,i)	cell_t c, Thread *t, int i	用户定义的标量的分散率（单元格）
C_UDMI(c,t,i)	cell_t c, Thread *t, int i	用户定义的存储器（单元格）

（5）读写雷诺压力模型的宏　表 12-6 列出了可以给雷诺压力模型读写变量的宏。

表12-6　在metric.h中的RSM宏

名称（参数）	参数类型	返回值
C RUU(c,t)	cell_t c, Thread *t	*uu* 雷诺压力
C RVV(c,t)	cell_t c, Thread *t	*vv* 雷诺压力
C RWW(c,t)	cell_t c, Thread *t	*ww* 雷诺压力
C RUV(c,t)	cell_t c, Thread *t	*uv*雷诺压力
C RVW(c,t)	cell_t c, Thread *t	*vw* 雷诺压力
C RUW(c,t)	cell_t c, Thread *t	*uw* 雷诺压力

2．面宏

面宏是在单元格的边界面上定义的并且从求解器中返回一个真值，仅可在偏析求解器中用。这些表面宏的定义可以在相关的.h 文件中找到，如 mem.h 等。

（1）读写流体变量的宏　表 12-7 列出的宏可以在边界面读写流体变量。注意，如果表面在边界上，那么流体的方向是由 F_FLUX 决定的点指向外围空间的。

表12-7　在mem.h中的流体变量读写的宏

名称（参数）	参数类型	返回值
F_R(f,t)	face_t f, Thread *t,	密度
F_P(f,t)	face_t f, Thread *t,	压力
F_U(f,t)	face_t f, Thread *t,	*u*方向的速度
F_V(f,t)	face_t f, Thread *t,	*v* 方向的速度
F_W(f,t)	face_t f, Thread *t,	*w*方向的速度
F_T(f,t)	face_t f, Thread *t,	温度
F_H(f,t)	face_t f, Thread *t,	焓
F_K(f t)	face_t f, Thread *t,	湍流运动能
F_D(f,t)	face_t f, Thread *t,	湍流运动能的分散速率
F_YI(f,t,i)	face_t f, Thread *t, int i	物质的质量分数
F_FLUX(f,t)	face_t f, Thread *t	通过边界表面的质量流速

（2）读写用户定义的标量和存储器的宏　表 12-8 列出了用于给表面读写用户定义的标量和存储器的宏。

（3）读写混合面变量宏　表 12-9 列出了读写混合面变量的宏。

表12-8　用于给表面读写用户定义的标量和存储器的宏

名称（参数）	参数类型	返回值
F_UDSI(f, t, i)	face_t f, Thread *t, int i	用户确定的表面标量
F_UDMI(f, t, i)	face_t f, Thread *t, int i	用户定义的表面存储器

表12-9　读写混合面变量的宏

名称（参数）	参数类型	返回值
F_C0(f, t)	face_t f, Thread *t	访问表面\0边上的单元变量
F_C0_THREAD(f, t)	face_t f, Thread *t	访问表面\0边上的单元线索
F_C1(f, t)	face_t f, Thread *t	访问表面\1边上的单元变量
F_C1_ THREAD(f, t)	face_t f, Thread *t	访问表面\1边上的单元线索

3．几何宏

几何宏是在 FLUENT 中重新得到的几何变量，包括节点和面的数量、重心、表面积和体积等。

（1）节点和面的数量　表 12-10 给出了返回节点与面个数的宏。

表12-10　在mem.h中的节点和表面的宏

名称（参数）	参数类型	返回值
C_NNODES(c, t)	cell_t c, Thread *t	一个单元格中的节点数
C_NFACES(c, t)	cell_t c, Thread *t	一个单元格中的表面数
F_NNODES(f, t)	face_t f, Thread *t	一个表面中的节点数

（2）单元格和表面的重心　表 12-11 给出了获得一个单元格或表面真实重心的宏。

（3）表面积　获得面积向量的宏见表 12-12。

表12-11　在metric.h中变量重心宏

名称（参数）	参数类型	返回值
C_CENTROID(x, c, t)	real x[ND ND], cell_t c, Thread * t	x（单元格重心）
F_CENTROID(x, f, t)	real x[ND ND], face_t f, Thread *t	x（表面中心）

表12-12　在metric.h中的表面积宏

名称（参数）	参数类型	返回值
F_AREA(A, f, t)	A[ND ND], face_t f, Thread *t	A（面积矢量）

（4）单元格体积　获得二维、三维和轴对称的模型的单元格真实体积的宏见表 12-13。

表12-13　在mem.h中的单元格体积宏

名称（参数）	参数类型	返回值
C VOLUME(c, t)	cell_t c, Thread *t	二维或三维的单元格体积（单元格体积/2π是轴对称模型的体积）

4．节点宏

节点宏主要是返回单元格节点的实数直角坐标（在单元格的拐角）和相应的节点速度

的分量。例如在移动的网格模拟中节点速度是相对应的。每个变量的节点×节点的参数定义了一个节点。这些宏的定义可以在相关的扩展名为（.h）的文件中找到。（例如 mem.h）

（1）节点坐标宏　见表 12-14。

表12-14　在 metric.h 中变量的节点坐标宏

名称（参数）	参数类型	返回值
NODE X(node)	Node *node	节点的X坐标
NODE Y(node)	Node *node	节点的Y坐标
NODE Z(node)	Node *node	节点的Z坐标

（2）节点速度变量宏　见表 12-15。

表12-15　在 metric.h中的节点速度变量宏

名称（参数）	参数类型	返回值
NODE GX(node)	Node *node	节点速度的X分量
NODE GY(node)	Node *node	节点速度的Y分量
NODE GZ(node)	Node *node	节点速度的Z分量

5. 多相宏

多相宏主要是返回一个与整体多相节点相连的实数变量。这些变量的定义在 sg_mphase.h 文件中可以找到，sg_mphase.h 文件包含在 udf.h. 文件中，见表 12-16。

表12-16　在sg_mphase.h中的变量宏

名称（参数）	参数类型	返回值
C VOF(c,pt[0])	cell_t c, Thread **pt	主要相的体积分数
C VOF(c,pt[n])	cell_t c, Thread **pt	第n个辅助相的体积分数

12.2.2　UDF 实用工具宏

FLUENT 提供了针对 FLUENT 变量操作的一系列工具。这些工具中大部分可以作为宏直接执行。

1. 一般目的的循环宏

一般目的的循环宏主要完成基本的查询，可以用于 FLUENT 单相和多相模型的 UDF 中。

（1）查询控制区的单元线　可以用 thread_loop_c 查询给定控制区的单元线。它包含单独的说明，后面是对控制区的单元线所做操作，包含在{ }中。

```
Domain *domain;
Thread *c_thread;
thread_loop_c(c_thread, domain) /*loops over all cell threads in domain*/
{
}
```

【注意】

thread_loop_c 在执行上和 thread_loop_f 相似。

（2）查询控制区的面　可以应用 thread_loop_f 要查询给定控制区的面。它包含单独的说明，后面是对控制区的面单元所做操作，包含在{}中。注意：thread_loop_f 在执行上和 thread_loop_c 相似。

```
Thread *f_thread;
Domain *domain;
thread_loop_f(f_thread, domain)/* loops over all face_threads in a domain*/
{
}
```

（3）查询单元线中的单元　当查询给定单元线 c_thread 上所有的单元时，可以使用 begin_c_loop 和 end_c_loop。它包含 begin 和 end loop 的说明，其定义包含在{ }中，可对单元线中的单元进行操作。当需要查找控制区单元线的单元时，其应用的 loop 全部嵌套在 thread_loop_c 中。

```
cell_t c;
Thread *c_thread;
begin_c_loop(c, c_thread) /* loops over cells in a cell thread */
{
}
end_c_loop(c, c_thread)
```

（4）查询面线中的面　可以用 begin_f_loop and end_f_loop 查找给定面线 f_thread 的所有的面。它包含 begin 和 end loop 的说明，完成对面线中面单元所做的操作，定义包含在{ }中。当查找控制区面线的所有面时，应用的 loop 全嵌套在 thread_loop_f 中。

```
face_t f;
Thread *f_thread;
begin_f_loop(f, f_thread) /* loops over faces in a face_thread */
{
}
end_f_loop(f, f_thread)
```

（5）查询单元中的面　下面函数用以查询给定单元中所有面，包含单独的查询说明。

```
face_t f;
Thread *tf;
int n;
c_face_loop(c, t, n) /* loops over all faces on a cell */
{
…
f = C_FACE(c,t,n);
tf = C_FACE_THREAD(c,t,n);
…
}
```

这里，n 是本地-面的索引号。本地-面的索引号用在 C_FACE 宏中以获得所有面的数量

(例如，f = C_FACE(c,t,n))。

另一个在 c_face_loop 中有用的宏是 C_FACE_THREAD。这个宏用于合并两个面线（例如， tf = C_FACE_THREAD(c,t,n))。

（6）查询单元节点　可以用 c_node_loop 查询单元节点。下面函数用以查询给定单元中所有节点，包含单独的查询说明。

```
cell_t c;
Thread *t;
int n;
c_node_loop(c, t, n)
{
…
node = C_NODE(c,t,n);
…
}
```

这里，n 是当地节点的索引号。当地面的索引号用在 C_NODE 宏中以获得所有面的数量(e.g., node = C_NODE(c,t,n)。

2. 多相组分查询宏

多相组分查询宏用于多相模型的 UDF 中。

（1）查询混合物中相的控制区　sub_domain_loop 宏用于查询混合物控制区的所有相的子区。这个宏查询并在混合物控制区给每个相区定义指针以及相关的 phase_domain_index。注意：sub_domain_loop 宏在执行中和 sub_thread_loop 宏相似。

```
int phase_domain_index; */ index of subdomain pointers */
Domain *mixture_domain;
Domain *subdomain;
sub_domain_loop(subdomain, mixture_domain, phase_domain_index)
```

sub_domain_loop 的变量是 subdomain，mixture_domain 和 phase_domain_index。

subdomain 是 phase-level domain 的指针， mixture_domain 是 mixture-level domain 的指针。当使用 DEFINE 宏时，mixture_domain(包含控制区变量，如 DEFINE_ADJUST) 通过 FLUENT 求解器自动传递 UDF，混合物就和 UDF 相关了。如果 mixture_domain 没有显式地传递给 UDF，则使用另外一个宏来恢复它 phase_domain_index 是子区指针索引号，是初始相的索引号为 0，混合物中其他相依次加 1。

【注意】

subdomain 和 phase_domain_index 是在 sub_domain_loop 宏定义中初始化的。

（2）查询混合物的相线　sub_thread_loop 宏在所有与混合线程相关的子线程上循环。该宏运行并将指针返回每个子线程以及相关的 phase_domain_index。如果 subthread 指针与进口区域相关，那么这个宏将提供给进口区域每个相线指针。

```
int phase_domain_index;
Thread *subthread;
```

```
Thread *mixture_thread;
sub_thread_loop(subthread, mixture_thread, phase_domain_index)
```

sub_thread_loop 的自变量是 subthread, mixture_thread 和 phase_domain_index。

subthread 是相线的指针, mixture_thread 是 mixture-level thread 的指针。当使用 DEFINE 宏（包含一个线自变量）时，通过 FLUENT 的求解器 mixture_thread 自动传递给 UDF, UDF 就和混合物相关了。如果 mixture_thread 没有显式地传递给 UDF，则需要在调用 sub_thread_loop 之前，调用工具宏恢复它。phase_domain_index 是子区指针索引号，可以用宏 PHASE_DOMAIN_INDEX 恢复。初始相的索引号为 0，混合物中其他相依次加 1。

【注意】

subthread 和 phase_domain_index 在 sub_thread_loop 宏定义中被初始化。

（3）查询混合物中所有单元的线　mp_thread_loop_c 宏在混合域内所有的单元线程中循环，并提供了与每个混合线程相关的子线程的指针。当在混合域使用时，该宏几乎和 thread_loop_c 宏是等价的。不同在于，除了运行每个单元线程外，该宏也会返回一个与相关子线程等价的指针数组(pt)。单元线第 i 相的指针是 pt[i]，这里 i 是相控制区索引号 phase_domain_index 。pt[i] 可以用做宏的自变量。相控制区索引号 phase_domain_index 可以用宏 PHASE_DOMAIN_INDEX 恢复。

```
Thread **pt;
Thread *cell_threads;
Domain *mixture_domain;
mp_thread_loop_c(cell_threads, mixture_domain, pt)
```

mp_thread_loop_c 的自变量是 cell_threads、mixture_domain、pt。cell_threads 是网格线的指针，mixture_domain 是mixture-level控制区的指针，pt 是含有phase-level线的指针数组。

当用包含控制区变量(例如, DEFINE_ADJUST 的宏 DEFINE 时，mixture_domain 通过 FLUENT 的求解器自动传递给 UDF 文件， UDF 就和混合物相关了。若 mixture_domain 没有显式地传递给 UDF 文件，则应用另外一个工具(如 Get_Domain(1))来恢复。注意： pt 和 cell_threads 的值是由查询函数派生出来的。mp_thread_loop_c 一般用于 begin_c_loop 中。begin_c_loop 查询网格线内的所有网格。当 begin_c_loop 嵌套在 mp_thread_loop_c 中,就可以查询混合物中相单元线的所有网格了。

（4）查询混合物中所有的相面线　宏 mp_thread_loop_f 查询混合物控制区内所有混合物等值线的面线并且给每个与混合物等值线有关的相等值线指针。在混合物控制区内这和宏 thread_loop_f 几乎是等价的。区别是：除了查找每一个面线，这个宏还返回一个指针数组 pt，它与相等值线相互关联。指向第 i 相的面线指针是 pt[i]，这里是 phase_domain_index。当需要相等值线指针时，pt[i] 可以作为宏的自变量。phase_domain_index 可以用宏 PHASE_DOMAIN_INDEX 恢复。

```
Thread **pt;
Thread *face_threads;
Domain *mixture_domain;
mp_thread_loop_f(face_threads, mixture_domain, pt)
```

mp_thread_loop_f 的自变量是 face_threads、mixture_domain 和 pt。face_threads 是面线的指针，mixture_domain 是混合物等值线控制区的指针，pt 是包含相等值线的指针数组。

当用包含控制区变量(例如，DEFINE_ADJUST 的宏 DEFINE)时，mixture_domain 通过 FLUENT 的求解器自动传递给 UDF 文件，UDF 就和混合物相关了。若 mixture_domain 没有显式地传递给 UDF 文件，则应用另外一个工具(如 Get_Domain(1))来恢复。

【注意】

pt 和 cell_threads 的值是由查询函数派生出来的。mp_thread_loop_f 一般用于 begin_f_loop 中。begin_f_loop 查询网格线内的所有网格。当 begin_f_loop 嵌套在 mp_thread_loop_f 中，就可以查询混合物中相单元线的所有网格了。

3. 设置面变量的宏

当设置面的变量的值时，可应用 F_PROFILE 宏。当生成边界条件的外形或存储新的变量值时，自动调用这一函数。

F_PROFILE(f, t, n)

变量通过 FLUENT 的求解器自动传递给 UDF，不需要赋值。整数 n 是要在边界上设定的变量标志符。例如：进口边界包含总压和总温，二者都在用户定义函数中定义。进口边界的变量在 FLUENT 赋予整数 0，其他赋予 1。当在 FLUENT 的进口边界面板中定义边界条件时，这些整数值由求解器设定。

4. 访问没有赋值的自变量的宏

针对单相和多相的模型（比如定义源项、性质和外形），大多数标准的 UDF 在求解过程中通过求解器自动作为自变量直接传递给 UDF。然而，并非所有的 UDF 都直接把函数所需要的自变量传递给求解器。例如，DEFINE_ADJUST 和 DEFINE_INIT UDFs 传递给混合物控制区变量，这里 DEFINE_ON_DEMAND UDFs 是没有被传递的自变量。下面提供了通过 DEFINE 函数访问没有被直接传递给 UDF 文件的工具。

（1）Get_Domain　若控制区指针没有显式地作为自变量传递给 UDF，则可以用 Get_Domain 宏恢复控制区指针。

Get_Domain(domain_id);

domain_id 是一个整数，混合物控制区其值为 1，在多相混合物模型中其值依次加 1。在单相流中，domain_id 为 1，Get_Domain(1)将放回流体控制区指针。

```
DEFINE_ON_DEMAND(my_udf)
{
Domain *domain; /* domain is declared as a variable */
domain = Get_Domain(1); /* returns fluid domain pointer */
...
}
```

在多相流中，Get_Domain 的返回值可能是混合物等值线、单相等值线、相等值线或相等值线控制区指针。domain_id 的值在混合物控制区始终是 1，可以用 FLUENT 里的图形用户界面获得 domain_id。

```
DEFINE_ON_DEMAND(my_udf)
{
Domain *mixture_domain;
mixture_domain = Get_Domain(1); /* returns mixture domain pointer */
/* and assigns to variable */
Domain *subdomain;
subdomain = Get_Domain(2); /* returns phase with ID=2 domain pointer*/
/* and assigns to variable */
...
}
```

（2）通过相控制区索引号使用相控制区指针　可以用宏 DOMAIN_SUB_DOMAIN 或 Get_Domain 来获得混合物控制区具体相（或子区）的指针。DOMAIN_SUB_DOMAIN 有两个自变量：mixture_domain 和 phase_domain_index。这个函数返回给定 phase_domain_index 的相指针。

> **【注意】**
>
> DOMAIN_SUB_DOMAIN 在执行上和 THREAD_SUB_THREAD 宏相似。

```
Int phase_domain_index=0;/* primary phase index is 0 */
Domain *minture_domain;
Domain *subdomain=DOMAIN SUB DOMAIN(mixture_domain,phase_domain_index);
```

Mixture_domain 是 mixture-level domain 的指针。

当使用包含控制区自变量(例如 DEFINE_ADJUST)的宏 DEFINE 时，phase_domain_index 可以自动通过 FLUENT 的求解器传递给 UDF，从而实现与混合物的关联。若 mixture_domain 没有显式地传递给 UDF 文件，则需要在调用 sub_domain_loop 前，用其他宏工具来恢复(如 Get_Domain(1))。

phase_domain_index 是子区指针的索引号。它是一个整数，初始相值为 0，以后每相依次加 1。当用包含相控制区变量(如 DEFINE_EXCHANGE_PROPERTY、 DEFINE_VECTOR_EXCHANGE_PROPERTY)的 DEFINE 宏时，phase_domain_index 自动通过 FLUENT 的求解器传递给 UDF，UDF 就和互相作用的相相联系了。否则，则需要硬代码调用 DOMAIN_SUB_DOMAIN 宏给 phase_domain_index 指针赋值。如果多相流模型有两相，phase_domain_index 初始相的值是 0，第二相的值为 1。然而，如果多相流模型中有更多的相，则需要用 PHASE_DOMAIN_INDEX 宏来恢复与给定控制区的 phase_domain_index。

(3)通过相控制区索引号使用相等值线指针　THREAD_SUB_THREAD 宏可以用来恢复给定相控制区索引号的 phase-level thread (subthread) 指针。THREAD_SUB_THREAD 有两个自变量：mixture_thread 和 phase_domain_index。这一函数返回给定 phase_domain_index 的 phase-level 线指针。

> **【注意】**
>
> THREAD_SUB_THREAD 在执行上与 DOMAIN_SUB_DOMAIN 宏相似。

```
int phase_domain_index = 0;              /* primary phase index is 0  */
```

```
Thread *mixture_thread;              /* mixture-level thread pointer */
Thread *subthread = THREAD_SUB_THREAD(mixture_thread,phase_domain_index);
```

mixture_thread 是 mixture-level 线的指针。当使用包含控制区自变量(如 DEFINE_PROFILE)和宏 DEFINE 时，会自动通过 FLUENT 的求解器传递给 UDF 文件，实现和混合物相关联。否则，如果混合物控制线指针没有显式地传递给 UDF，则需要在调用 Lookup_Thread 宏之前，用另外一个宏工具来恢复(如 Get_Domain(1)) 。

phase_domain_index 是子区指针的索引号。它是一个整数，初始相值为 0，以后每相依次加 1。当使用包含相控制区索引号变量(如 DEFINE_EXCHANGE_PROPERTY、DEFINE_VECTOR_EXCHANGE_PROPERTY)的 DEFINE 宏时， phase_domain_index 通过 FLUENT 的求解器自动传递给 UDF， UDF 就和具体的相互作用相相互关联了。否则， 则需要用硬代码改变宏 THREAD_SUB_THREAD 的 phase_domain_index 值。如果多相流模型中只有两相，那么 phase_ domain_index 对初始相是 0，第二个相为 1。然而，如果有更多的相，则需要用 PHASE_DOMAIN_INDEX 宏来恢复与给定区域相关的 phase_domain_index 。

（4）通过混合物等值线使用相线指针数组 THREAD_SUB_THREADS 宏可以用以恢复指针数组 pt，它的元素包含相等值线（子线）的指针。THREADS_SUB_THREADS 有一个变量 mixture_thread。

```
Thread *mixture_thread;
Thread **pt; /* initialize pt */
pt = THREAD_SUB_THREADS(mixture_thread);
```

mixture_thread 是 mixture-level thread 代表网格线或面线的指针。当用包含线变量 DEFINE 宏时，就会通过 FLUENT 的求解器自动传递给 UDF，这个函数就和混合物有关了。否则，如果混合物线的指针没有显式地传递给 UDF，就需要用另一种方法来恢复。

pt[i] 数组的元素是与第 i 相的相等值线有关的值，这里 i 是 phase_domain_index。当要恢复网格具体相的信息时，可以用 pt[i] 作为一些网格变量宏的自变量。指针 pt[i] 可以用 THREAD_SUB_THREAD 来恢复，用 i 作为自变量。phase_domain_index 可以用宏 PHASE_ DOMAIN_INDEX 来恢复。

（5）通过相控制区指针调用混合物控制区指针 当 UDF 有权访问特殊的相等值线（子区）指针，可以用宏 DOMAIN_SUPER_DOMAIN 恢复混合物等值线控制区指针。DOMAIN_SUPER_DOMAIN 含有一个变量 subdomain。

【注意】

DOMAIN_SUPER_DOMAIN 在执行上和 THREAD_SUPER_THREAD 宏非常相似。

```
Domain *subdomain;
Domain *mixture_domain = DOMAIN_SUPER_DOMAIN(subdomain);
```

subdomain 是多相流混合物控制区相等值线的指针。当用包含控制区变量 DEFINE 宏时，通过 FLUENT 的求解器，它可以自动传递给 UDF 文件，这个函数就会和混合物中的第一相和第二相相关了。

【注意】

在当前的 FLUENT 版本中， DOMAIN_SUPER_DOMAIN 将返回与 Get_Domain(1)相同的指针。这样，如果 UDF 可以使用子区的指针，建议使用宏 DOMAIN_SUPER_DOMAIN 来代替 Get_Domain 宏，以避免将来的 FLUENT 版本造成的不兼容问题。

（6）通过相线指针使用混合物线指针　当 UDF 有权访问某一条相线子线指针，而想恢复混合物的等值线指针时，可以使用宏 THREAD_SUPER_THREAD 。THREAD_SUPER_有一个自变量 subthread。

```
Thread *subthread;
Thread *mixture_thread = THREAD_SUPER_THREAD(subthread);
```

subthread 在多相流混合物中是一个特殊的相等值线指针。当使用包含线变量 DEFINE 宏时，通过 FLUENT 的求解器，它自动传递给 UDF 文件，这个函数就和混合物中的两相相互关联了。

【注意】

DOMAIN_SUPER_DOMAIN 在执行上和 THREAD_SUPER_THREAD 宏是非常相似的。

（7）通过区的 ID 使用线指针　当要在 FLUENT 的边界条件面板中恢复与给定区域 ID 的线指针时，可以使用宏 Lookup_Thread 。UDF 还可以使用 Lookup_Thread 来获得指针。这一过程分两步：首先，从 FLUENT 的边界条件面板中导入区域的 ID；然后，使用硬代码作为自变量调用宏 Lookup_Thread。Lookup_Thread 返回与给定区域 ID 相关的线的指针。可以将线指针赋给 thread_name，在 UDF 中使用。

```
int zone_ID;
Thread *thread_name = Lookup_Thread(domain,zone_ID);
```

在多相流的上下文中，通过宏 LoOKup_Thread 返回的线是与控制区自变量相关的相的等值线。

（8）使用相的控制区指针　当有权访问与给定相等值线控制区指针的 domain_id 时，可以使用 DOMAIN_ID。DOMAIN_ID 有一个自变量 subdomain，它是相等值线控制区的指针。控制区（混合物）的最大的等值线的 domain_id 的默认值是 1，即如果被传递给 DOMAIN_ID 的控制区指针是混合物控制区的等值线指针，则函数的返回值为 1。

【注意】

当在 FLUENT 的相面板中选择需要的相时，宏所返回的 domain_id 是和显示在图形用户界面中的整数值 ID 相同的。

```
Domain *subdomain;
int domain_id = DOMAIN_ID(subdomain);
```

（9）通过相控制区使用相控制区索引号　宏 PHASE_DOMAIN_INDEX 返回给定相等值线控制区（子区）指针的 phase_domain_index。 PHASE_DOMAIN_INDEX 有一个自变量 subdomain。它是 phase-level domain 的指针。phase_domain_index 是子区指针的索引号。初始相的值为整数 0，以后每相依次加 1。

```
Domain *subdomain;
```

```
int phase_domain_index = PHASE_DOMAIN_INDEX(subdomain);
```

5. 访问邻近网格和线的变量

可以用 FLUENT 提供的宏来确定邻近网格面。在复杂的 UDF 文件中，当查询特定网格或线的面时，可能会用到这个信息。对给定的面 f 和它的线 tf，两个相邻的网格点为 c0 和 c1。若是控制区附面层上的面则只有 c0，c1 的值为 NULL。一般情况下，当把网格导入到 FLUENT 中时，按照右手定则定义面上节点的顺序，面 f 上的网格点 c0、c1 都存在。下面的宏返回网格点 c0 和 c1 的 ID 和所在的线。

```
cell_t c0 = F_C0(f,tf); /* returns ID for c0*/
tc0 = THREAD_T0(tf); /* returns the cell thread for c0 */
cell_t c1 = F_C1(f,tf); /*returns ID for c1 */
tc1 = THREAD_T1(tf); /* returns the cell thread for c1 */
```

宏与 F_AREA 和 F_FLUX 返回的信息是直接相关的，这些值从网格 c0 到 c1 返回正值。

6. 为网格定义内存

为了存储、恢复由 UDF 网格区域变量的值，可以用 C_UDMI 函数分配 500 个单元。这些值可以用作后处理。这个在用户定义内存中存储变量的方法比用户定义标量(C_UDSI) 更有效。

```
C_UDMI( c, thread, index)
```

C_UDMI 有三个自变量：c、thread 和 index。c 是网格标志符号，thread 是网格线指针，index 是识别数据内存分配的。与索引号 0 相关的用户定义的内存区域为 0（或 udm-0）。在内存中存放变量之前，首先需要在 FLUENT 的“User-Defined Memory“面板中分配内存。

7. 矢量工具

FLUENT 提供了一些工具，可以用来在 UDF 中计算有关矢量的量。这些工具在源程序中以宏的形式运行。例如，可以用实函数 NV_MAG(V) 计算矢量 V 的大小(模)。另外可以用函数 NV_MAG2(V) 获得矢量 V 模的平方。下面是在 UDF 中可以利用的矢量工具列表。在矢量工具宏中有个约定俗成的惯例，V 代表矢量，S 代表标量，D 代表一系列三维的矢量，最后一项在二维计算中被忽略。

在矢量函数中约定的计算顺序括号、指数、乘除、加减(PEMDAS)不再适用。相反，下划线符号(_) 用来表示一组操作数，因此对元素的操作先于形成一个矢量。注意：这部分所有的矢量工具都用在 FLUENT 2D 和 3D 中。因此，没有必要在 UDF 中作任何的测试。

（1）NV_MAG 计算矢量的大小，即矢量平方和的平方根。

```
NV_MAG(x)
2D: sqrt(x[0]*x[0] + x[1]*x[1]);
3D: sqrt(x[0]*x[0] + x[1]*x[1] + x[2]*x[2]);
```

（2）NV_MAG2 计算矢量的平方和。

```
NV_MAG2(x)
2D: (x[0]*x[0] + x[1]*x[1]);
3D: (x[0]*x[0] + x[1]*x[1] + x[2]*x[2]);
```

（3）ND_ND 在 RP_2D (FLUENT 2D) 和 RP_3D (FLUENT 3D) 中，常数 ND_ND 定义为 2。如果要在 2D 中建立一个矩阵，或在 3D 中建立一个矩阵，可以用到它。

```
real A[ND_ND][ND_ND]
for (i=0; i<ND_ND; ++i) for (j=0; J<ND_ND; ++j)
A[i][j] = f(i, j);
```

（4）ND_SUM　计算 ND_ND 的和。

```
ND_SUM(x, y, z)
2D: x + y;
3D: x + y + z;
```

（5）ND_SET　产生 ND_ND 任务说明。

```
ND_SET(u, v, w, C_U(c, t), C_V(c, t), C_W(c, t))
u = C_U(c, t);
v = C_V(c, t);
if 3D:
w = C_W(c, t);
```

（6）NV_V　完成对两个矢量的操作。

```
NV_V(a, =, x);
a[0] = x[0]; a[1] = x[1];
```

> 【注意】
>
> 如果在上面的方程中用 + = 代替=，将得到 a[0]+=x[0]。

（7）NV_VV　完成对矢量的基本操作。在下面的宏调用中，这些操作用符号(-,/,*)代替+。

```
NV_VV(a, =, x, +, y)
2D: a[0] = x[0] + y[0], a[1] = x[1] + y[1];
```

（8）NV_VS_VS　用来把两个矢量相加（后一项都乘一常数）。

```
NV_V_VS(a, =, x, +, y, *, 0.5);
2D: a[0] = x[0] + (y[0]*0.5), a[1] = x[1] +(y[1]*0.5);
```

> 【注意】
>
> 符号+ 可以换成 -、*或/，符号 * 可以替换成 /。

（9）NV_VS_VS　用来把两个矢量相加（每一项都乘一常数）。

```
NV_VS_VS(a, =, x, *, 2.0, +, y, *, 0.5);
2D: a[0] = (x[0]*2.0) + (y[0]*0.5), a[1] = (x[1]*2.0) + (y[1]*0.5);
```

> 【注意】
>
> 符号+ 可以换成 -、*或/，符号 * 可以替换成 /。

（10）ND_DOT　计算两个矢量的点积。

```
ND_DOT(x, y, z, u, v, w)
2D: (x*u + y*v);
3D: (x*u + y*v + z*w);
NV_DOT(x, u)
```

```
2D: (x[0]*u[0] + x[1]*u[1]);
3D: (x[0]*u[0] + x[1]*u[1] + x[2]*u[2]);
NVD_DOT(x, u, v, w)
2D: (x[0]*u + x[1]*v);
3D: (x[0]*u + x[1]*v + x[2]*w);
```

8. 与非定常数值模拟有关的宏

用 RP 变量宏有权访问 UDF 中非定常的变量。例如，UDF 可以利用 RP_Get_Real 宏获得流动时间。

```
real current_time;
current_time = RP_Get_Real( "flow-time" );
```

在每个时间步长处理时间信息的 RP 宏列见表 12-17。

表 12-17 RP 宏列表

RP宏	返回信息
RP_Get_Real("flow-time")	返回当前的计算时间 (s)
RP_Get_Real("physical-time-step")	返回当前的计算时间步长(s)
RP_Get_Integer("time-step")	返回当前的计算时间步长数(s)

12.2.3 常用 DEFINE 宏

UDF 是用 FLUENT 软件中提供的 DEFINE 宏加以定义的。DEFINE 宏一般分为通用 DEFINE 宏、模型指定的 DEFINE 宏、多相流模型中的 DEFINE 宏、离散模型(DPM)以及动网格模型中的 DEFINE 宏。

1. 通用 DEFINE 宏

通用 DEFINE 宏执行了 FLUENT 中模型相关的通用解算器函数。FLUENT 中的 DEFINE 宏，以及这些宏定义的功能和激活这些宏的面板的快速参考向导见表 12-18。

表 12-18 通用 DEFINE 宏

功能	DEFINE宏	激活该宏的面板
处理变量	DEFINE_ADJUST	User-Defined Function Hooks
初始化变量	DEFINE_INIT	User-Defined Function Hooks
异步执行	DEFINE_ON_DEMAND	Execute On Demand
读写变量到Case和Data文件	DEFINE_RW_FILE	User-Defined Function Hooks
控制时间步长	DEFINE_DELTAT	User-Defined Function Hooks
计算流量	DEFINE_EXECUTE_AT_END	Execute On Demand

下面对通用 DEFINE 宏的功能和使用方法进行简单介绍。

（1）DEFINE_ADJUST DEFINE_ADJUST 宏是一个用于调节和修改 FLUENT 变量的通用宏，可以用来修改流动变量（如速度、压力）并计算积分，或者对某一标量在整个流场上积分，然后在该结果的基础上调节边界条件。在每一步迭代中都可以执行用 DEFINE_ADJUST 定义的宏，并在解输运方程之前的每一步迭代中调用它。该函数包括两个哑元：symbol name 和 Domain *d。name 是所指定的 UDF 的名字；d 是 FLUENT 解算器传给 UDF 的变量。该函数不返回任何值给解算器。

（2）DEFINE_INIT　DEFINE_INIT 宏可以定义一组解的初始值。每一次初始化后，该函数都会被执行一次，并在解算器完成默认的初始化之后立即被调用，与使用 patch 一样，常用于设定流动变量的初值。该函数包括两个哑元：symbol name 和 Domain *d。name 是所指定的 UDF 的名字；d 是 FLUENT 解算器传给 UDF 的变量。该函数不返回任何值给解算器。

（3）DEFINE_ON_DEMAND　DEFINE_ON_DEMAND 宏可以定义一个按命令执行的 UDF，UDF 只有在接到用户指令被激活的时候才能被调用，并不和迭代过程联系在一起。该函数只有一个哑元：symbol name。name 是所指定的 UDF 的名字，该函数不返回任何值给解算器。

（4）DEFINE_RW_FILE　DEFINE_RW_FILE 宏被用于定义要写入 Case 或 Data 文件的信息，可以保持或储存任何 Data 类型的自定义变量。DEFINE_RW_FILE 宏包括两个参数:name 和 fp。name 是所指定的 UDF 的名字，fp 是 FLUENT 解算器传给 UDF 的变量。该函数不返回任何值给解算器。

（5）DEFINE_DELTAT　DEFINE_DELTAT 宏用于非定常问题求解时，时间步长的控制和调整，只有在可变时间步长选项被激活的情况下才可以调用。函数返还值就是时间步长的值。该函数包括两个哑元：symbol name 和 Domain *d。name 是所指定的 UDF 的名字，d 是 FLUENT 解算器传给 UDF 的变量。该函数的返回值是实型。

（6）DEFINE_EXECUTE_AT_END　DEFINE_EXECUTE_AT_END 宏在迭代的最后一步或者最后一个时间步完成后被执行。如果想在某个特殊的时刻计算流量，就可以调用该函数。该函数只有一个哑元：symbol name。name 是所指定的 UDF 的名字。该函数不返回任何值给解算器。

除此之外，还有在退出 FLUENT 任务时执行的 DEFINE_EXECUTE_AT_EXIT、在所指定的某个图标或者其他 GUI 控件被单击时执行的 DEFINE_EXECUTE_FROM_GUI 以及只能用于编译型 UDF 中，在 FLUENT 加载编译完 UDF 时执行的 DEFINE_EXECUTE_ON_LOADING。

2．模型指定的 DEFINE 宏

模型指定的 DEFINE 宏用于设置 FLUENT 中特定模型的参数。表 12-19 列出了相关模型指定宏的函数名与功能。

表12-19　相关模型指定宏的函数名与功能

DEFINE宏函数名	功能
DEFINE_PROFILE	自定义边界截面上的变量分布
DEFINE_PROPERTY	自定义材料属性
DEFINE_HEAT_FLUX	用于修正壁面的热通量
DEFINE_NET_REATION_RATE	返回所有组分的质量净摩尔反应速率
DEFINE_CHEM_STEP	在给定时间步上积分获得所有组分的均相净质量反应率，可用于EDC和PDF输运模型
DEFINE_SOURCE	定义用户源项
DEFINE_CPHI	部分预混燃烧模型中混合常数的定义
DEFINE_TURB_PREMIX_SOURCE	定义湍流燃烧率和源项
DEFINE_DIFFUSIVITY	用于定义组分输运方程或者用户自定义标量（UDS）方程中扩散率和扩散系数的确定
DEFINE_DOM_DIFFUSE_REFLECTIVITY	常用于修改界面上的扩散反射率和扩散传播率

（续）

DEFINE宏函数名	功能
DEFINE_DOM_SPECULAR_REFLECTIVITY	改变特殊反射半透明壁面的内表面发射率
DEFINE_DOM_SOURCE	改变关于离散坐标辐射模型中辐射输运方程中的发射项和散射项等源项
DEFINE_SCAT_PHASE_FUNC	为辐射模型定义辐射分数相函数
DEFINE_SOLAR_INTENSITY	用于太阳辐射模型中定义辐射强度参数
DEFINE_GRAY_BAND_ABS_COEFF	自定义灰带的吸收系数为温度的某个函数，用于非灰带DO辐射模型
DEFINE_VR_RATE	自定义容积化学反应速率表达式
DEFINE_SR_RATE	定义用户表面反应率
DEFINE_NOX_RATE	用于修改热、燃料等各种NO_x的生成率
DEFINE_SOX_RATE	修改SO_x的生成率
DEFINE_PR_RATE	在粒子表面反应模型中自定义一个粒子表面反应
DEFINE_PRANDTL_(D、K、O、T、T_WALL)	用于湍流计算中规定的各个湍流参数方程的普朗特数
DEFINE_TRUBULENT_VISCOSITY	自定义一种湍流黏度函数
DEFINE_WALL_FUNCTIONS	自定义壁面函数

3. 多相流模型中的 DEFINE 宏

多相流模型中的 DEFINE 宏只应用在多相流模型中。表 12-20 简单介绍了其主函数。

表12-20 多相流模型中的DEFINE宏

DEFINE 宏函数名	功能
DEFINE_CAVITATION_RATE	对一个多相混合模型流动建立由压力张力而产生水蒸气的模型
DEFINE_EXCHANGE_PROPERTY	规定关于多相模型中相间相互作用变量的UDFs
DEFINE_HET_RXN_RATE	指定多相反应速率
DEFINE_MASS_TRANSFER	指定多相流问题中的质量传输速率
DEFINE_VECTOR_EXCHANGE_PROPERTY	定义相间速度滑移

4. 离散模型中的 DEFINE 宏

离散模型中的 DEFINE 宏的主函数功能见表 12-21。

表 12-21 离散模型中的 DEFINE 宏

DEFINE宏函数名	功能
DEFINE_DPM_BC	自定义粒子达到边界后的状态
DEFINE_DPM_BODY_FORCE	定义除粒子重力或阻力外其他体积力
DEFINE_DPM_DRAG	自定义颗粒和流体之间的阻力系数
DEFINE_DPM_EROSION	定义颗粒撞击壁表面后的腐蚀和增长率
DEFINE_DPM_INJECTION_INIT	自定义颗粒入射到流场中的初始条件
DEFINE_DPM_LAW	自定义粒子定律

（续）

DEFINE宏函数名	功能
DEFINE_DPM_OUTPUT	修改写入取样输出的内容
DEFINE_DPM_PROPERTY	自定义离散粒子的材料属性
DEFINE_DPM_SCALAR_UPDATE	在每次颗粒位置更新后更新标量的值
DEFINE_DPM_SOURCE	自定义粒子运动方程中的源项
DEFINE_DPM_SWITCH	修改粒子定律之间的转换标准
DEFINE_DMP_TIMESTEP	自定义颗粒轨道模型中的时间步长
DEFINE_DMP_VP_EQUILIB	指定平衡蒸汽压力

5. 动网格模型中的 DEFINE 宏

动网格模型中的 DEFINE 宏中相关函数及其功能见表 12-22。

表 12-22　动网格模型中的 DEFINE 宏

宏函数名	功能
DEFINE_GC_MOTION	定义重心移动
DEFINE_GEOM	定义变形的几何区域，重新配置节点
DEFINE_MESH_MOTION	独立控制每个节点的运动
DEFINE_SDOF_PROPRTTIES	定义移动物体的六自由度运动规律

12.3 UDF 的解释和编译

一旦使用文本编辑器写了 UDF，并且以扩展名“.c ”的形式把源文件保存在用户当前的工作目录中，那么就要准备对其进行解释和编译。而解释和编译完 UDF 之后，需要把它连接到 FLUENT 中，并且在用户的 FLUENT 模型中使用这个函数。

12.3.1　UDF 的解释

UDF 的解释过程是：首先将编好的 UDF 文件安放在工作目录下，然后单击“User Defined”选项卡“User Defined”面板“Function”按钮f(x) 下拉菜单中的“Interpreted”命令，弹出“Interpreted UDFs”对话框，如图 12-3 所示。

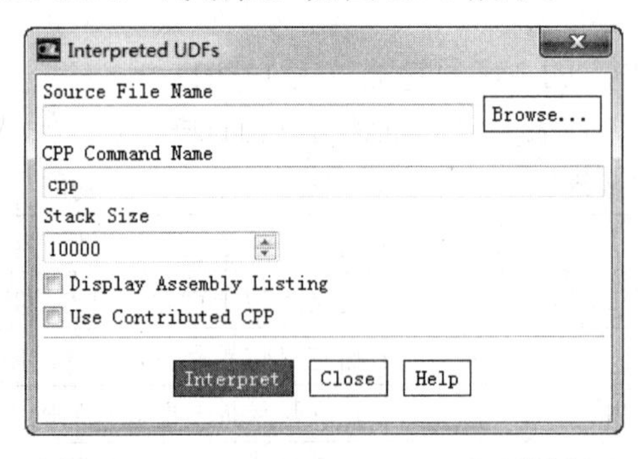

图 12-3　“Interpreted UDFs”对话框

在“Source File Name”中输入 UDF 文件名（扩展名为“.c”），单击“Interpret”

按钮，即开始了 UDF 的解释。若勾选“Display Assembly Listing”，视图窗口还会有解释列表信息显示。如果程序有错误，FLUENT 就会提示错误的原因及发生错误的程序行数。解释成功后，UDF 就加载到工程中，可根据需要在边界、材料属性或其他对话框中调用。

12.3.2 UDF 的编译

编译 UDF 和 FLUENT 的构建方式一样，主要用于对不支持解释运行的函数进行编译。脚本 Make file 被用来调用 C 编译器来构建一个当地目标代码库。其编译过程包括两步：建立和装载。首先，访问“Compiled UDFS”（编译的 UDF）对话框，在这个对话框上从一个或多个源文件建立一个共享库，然后把共享库（例如，libudf）装载进 FLUENT 中。一旦共享库被装载，可以把它写进 Case 文件中，以便今后读进这个 Case 文件的时候，共享库被自动地装载。这避免了每次运行一个模拟时必须重新装载所编译的库。UDF 或者通过“Compiled UDFS” 对话框手动编译，或者通过读进一个 Case 文件而被自动编译，而一旦被编译，所有包含在共享库里的编译的 UDF 将在 FLUENT 的图形用户界面的面板中变得可视和可选。

在 FLUENT 内部，必须提前安装 C/C++编译器。之后单击“User Defined”选项卡“User Defined”面板“Function”按钮$f(x)$ 下拉菜单中的“Compiled” 命令，弹出“Compiled UDFs”对话框，如图 12-4 所示。

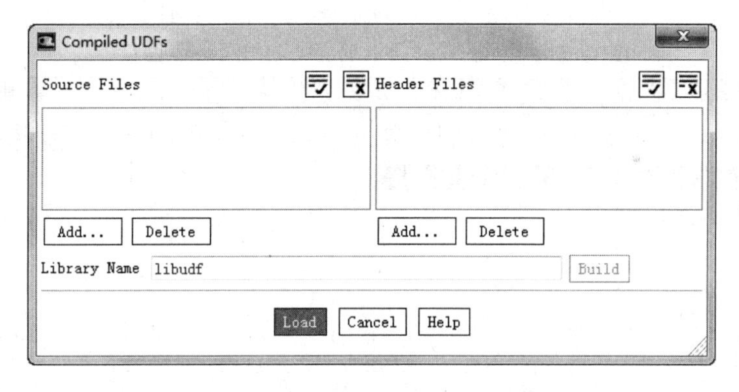

12-4 “Compiled UDFs”对话框

在“Source Files”列表中可以增加和显示 UDF 程序，“Header Files”列表中可以增加和显示需要的头文件。单击“Add” 按钮，就可以加载 UDF 文件。然后在“Library Name”中输入共享库的名字，并单击“Build”按钮，建立一个共享库，同时编译 UDF 文件，并把编译好的 UDF 文件放入该共享库中。若编译正确，就可单击“Load”按钮将编译好的 UDF 文件装载到当前的工程中。

12.3.3 在 FLUENT 中激活 UDF

1．求解初始化

一旦已经编译（并连接）了 UDF，就可以在 FLUENT 中使用 UDF。这一 UDF 在 FLUENT

中将成为可见的和可选择的，单击“User Defined”选项卡“User Defined”面板中的“Function Hooks”按钮 Function Hooks...，弹出“User-Defined Function Hooks”面板，如图 12-5 所示。选择“Adjust”模块，单击其右边的“Edit”按钮，弹出“Adjust Function”对话框，如图 12-6 所示，在下拉菜单中就可以进行选择。

求解初始化 UDF 使用 DEFINE_INIT 宏定义。

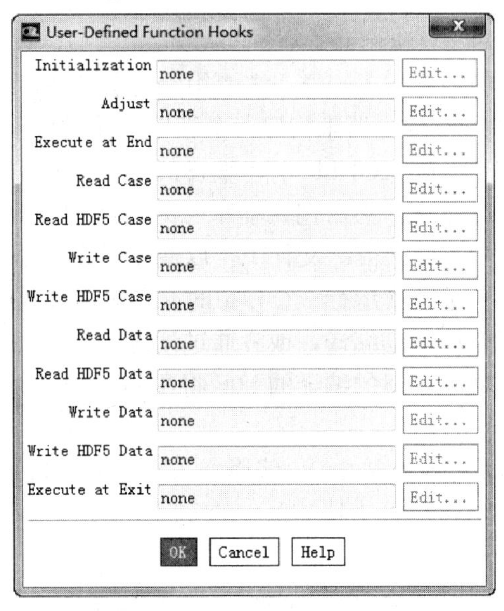

图 12-5 “User-Defined Function Hooks”面板

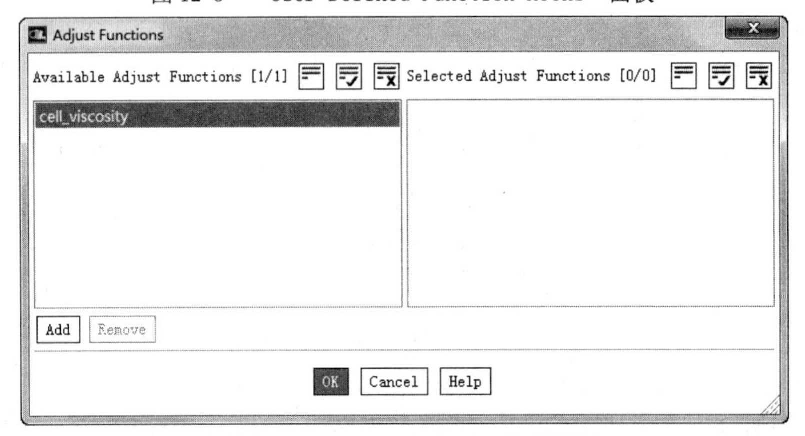

图 12-6 “Adjust Function”对话框

2. 用命令执行 UDF

单击“User Defined”选项卡“User Defined”面板中的“Execute On Demand”命令，弹出“Execute on Demand”面板，如图 12-7 所示，在下拉选框中选中 UDF。

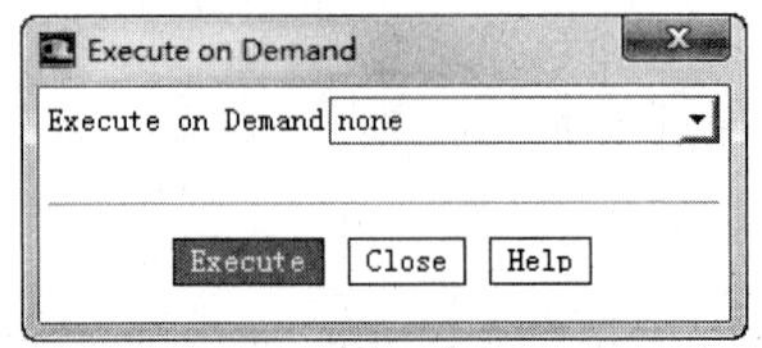

图 12-7 “Execute on Demand”面板

单击“Execute”按钮，以命令执行的UDF用DEFINE_ON_COMMAND宏定义。

3．从Case和Data文件中读出及写入

单击“User Defined”选项卡“User Defined”面板中的“Function Hooks”按钮 Function Hooks…，弹出“User-Defined Function Hooks”面板。读Case函数在将一个Case文件读入FLUENT时调用。它将指定从Case文件读出的定制片段。

写Case函数在从FLUENT写入一个 Case文件时调用。它将指定写入Case文件的定制片段。

读Data函数在将一个Data文件读入FLUENT时调用。它将指定从Data文件读出的定制片段。

写Data函数在从FLUENT写入一个 Data文件时调用。它将指定写入Data文件的定制片段。

上述4个函数用DEFINE_RW_FUNCTION宏定义。

4．用户定义内存

可以使用UDF将计算出的值存入内存，以便以后能重新得到它。为了能访问这些内存，需要指定在“User-Defined Memory”对话框中指定用户定义内存单元数量（Number of User_Defined Memory Locations)。单击“User Defined”选项卡“User Defined”面板中的“Memory”按钮 Memory...，弹出“User-Defined Memory”对话框，如图12-8所示。

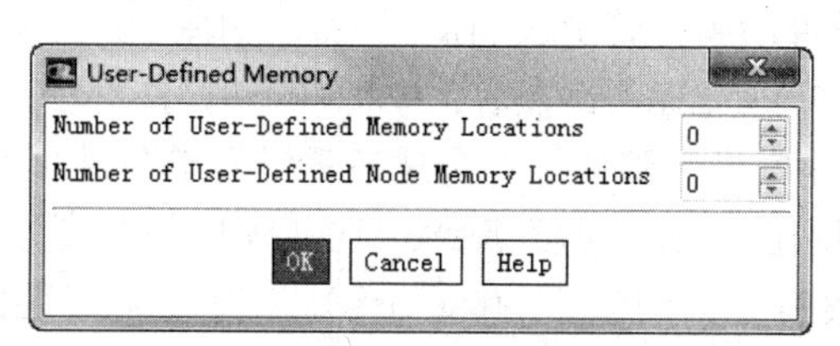

图12-8 “User-Defined Memory”对话框

已经存储在用户定义内存中的场值将在下次写入时存入 Data 文件。这些场同样也出现在FLUENT后处理面板中下拉列表的User Defined Memory…中。它们将被命名为“udm-0”“udm-1”等，基于内存位置索引，内存位置的整个数量限制在500。

5．激活UDF

（1）边界条件　一旦已经编译（并连接）了UDF，就可以在FLUENT中使用UDF。这一UDF在FLUENT中将成为可见的和可选择的，可以在适当的边界条件面板中选择它。例如，当UDF定义了一个速度入口边界条件，就可以在“Velocity Inlet”面板里适当的下拉列表中选择UDF名字（在C函数中已经定义，如inlet_x_velocity)，如图12-9所示。

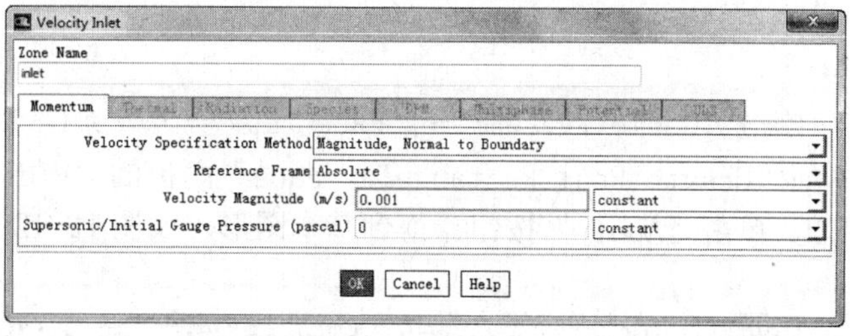

图12-9 “Velocity Inlet”面板

（2）物理属性　例如，在“Material”面板中的“Viscosity”中选择“User-Defined”，则会弹出如图 12-10 所示的对话框，在其中选择合适的函数名字。如果需要编译多于一个的解释型 UDF，这些函数应在编译前连接。

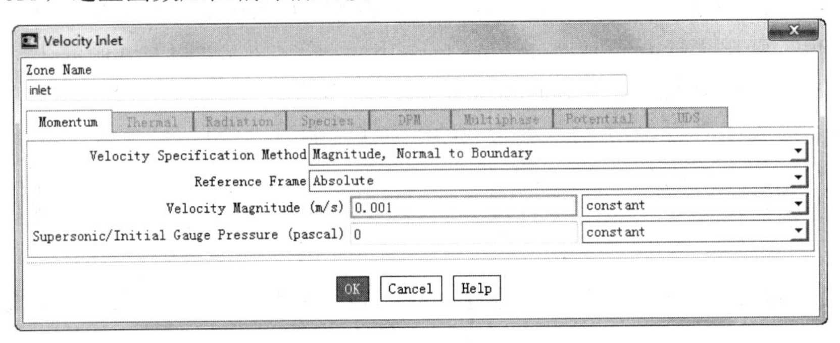

图 12-10　“Velocity Inlet”对话框

此外，还可以激活多相 UDF、DPM UDF 等，在这里就不一一细说了。详尽资料请查看 UDF 使用说明。

12.4 UDF 应用实例——管道流动凝固过程

1．实例概述

在 2D 的笛卡尔管道流动中，管道长 4m，宽 2m，如图 12-11 所示。液体金属（密度：8000kg/m^3，黏度 5.5×10^{-3}kg/m•s，比热容：680J/kg•K，热导率：30W/m•K）在 290K 的温度下从左边以 1mm/s 的速度进入管道。在金属液体沿管道前进了 0.5m 以后，受到了冷壁面的冷却，壁面温度保持在 280K。温度 T>288K 时，流体的黏度为 5.5×10^{-3}kg/m•s，而更冷区域（T<286K）的黏度有更大的值（1.0kg/m•s）。在中等温度范围内（286K≤T≤288K），黏度在上面给出的两个值之间按线性分布：μ=143.2135-0.49725T。

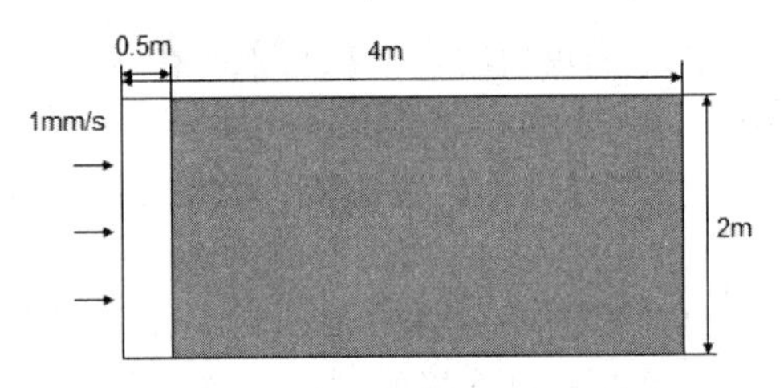

图 12-11　几何模型

这个模型的基础是假设液体冷却时很快地变为高黏度，它的速度降低，所以模拟的是凝固。

2．建立模型

启动 GAMBIT，单击“Geometry”→“Face”→“Create Real Rectangular Face”，在弹出的“Create Real Rectangular Face”面板的“Width”和“Height”栏中分别输入 4 和 2，单击“Apply”按钮，得到基本图形，如图 12-12 所示。

3．划分网格

1）单击“Mesh”→“Face”→“Mesh Faces”，弹出“Mesh Faces”面板，

选择刚创立的面，设置网格的划分方式为“Tri”和“Pave”，选择“Interval size”为 0.1，单击“Apply”按钮，得到面网格，如图 12-13 所示。

2)单击“Zones” →“Specify Boundary Types” ，在“Specify Boundary Types”面板中选择左侧入口边，定义为 VELOCITY_INLET 边界，名称为“in”；右侧定义为“PRESSURE-OUTLET”，命名为“out”；选择上下两条边定义为“WALL”，名称为“waii_top”和“wall_bottom”，如图 12-14 所示。

图 12-12　基本图形

3）执行“File”→“Export”→“Mesh”命令，在弹出的对话框文件名中输入“channel.msh”，并选中“Export 2-D（X-Y）Mesh”，确定输出二维模型网络文件。

图 12-13　面网格

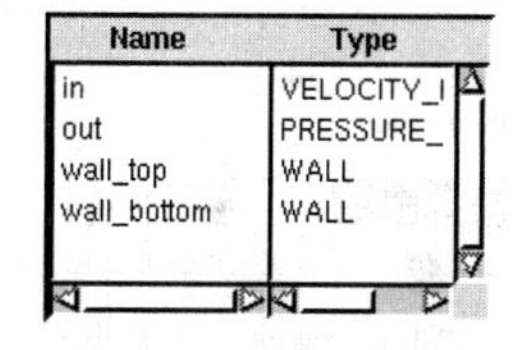

图 12-14　“Specify Boundary Types”面板

4. 编写 UDF 程序

黏度变化的 UDF 函数如下：

```
#include “udf.h”
DEFINE_PROPERTY(cell_viscosity, cell, thread)
{
real mu_lam;
real temp = C_T(cell, thread);
if (temp > 288.)
mu_lam = 5.5e-3;
else if (temp > 286.)
mu_lam = 143.2135 - 0.49725 * temp;
else
mu_lam = 1.;
return mu_lam;
}
```

然后将程序保存为 cell_viscosity.c。

5. 求解计算

1）启动 FLUENT 二维单精度计算器，单击“File”下拉菜单栏中的“Read” →“Case”命令，读入网格文件 channel.msh。

2）单击“Setting Up Domain”功能区“Mesh”面板中的“Check”按钮，对网格进行检测，成功检测后单击“Setting Up Domain”功能区“Mesh”面板中的“Scale”按钮 Scale...，弹出“Scale Mesh”对话框，本例中绘制网格的单位是“m”，不需要改变，单击“Close”按钮。

3）双击“导航面板”中的“General”命令，弹出“General”任务面板，在“General”任务面板中选择“Steady”，其余保持默认值。

4）单击“Setting Up Physics”功能区“Models”面板中的“Energy”复选框，启动能量方程。

5）单击“User Defined”选项卡“User Defined”面板“Function”按钮 下拉菜单中的“Interpreted”命令，弹出“Interpreted UDFS”对话框，加载 UDF 程序，弹出如图 12-15 所示的“Interpreted UDFs”对话框，导入 UDF 函数 cell_viscosity.c，单击“Interpret”按钮。

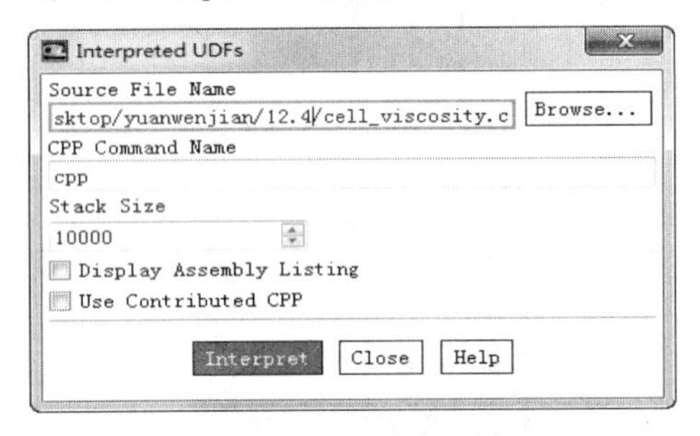

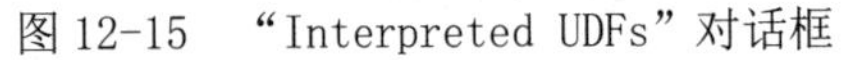
图 12-15 “Interpreted UDFs”对话框

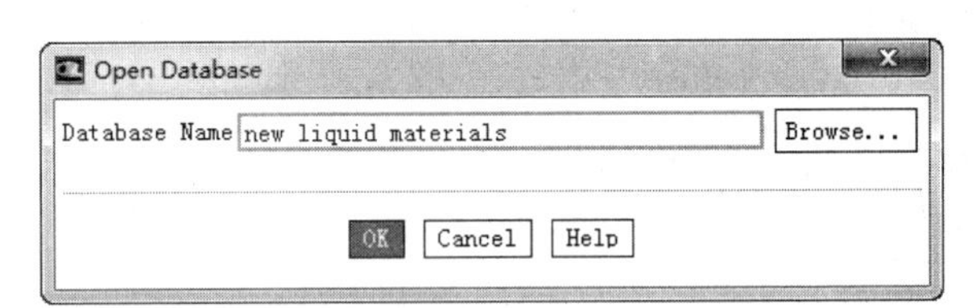

图 12-16 “Open Database”对话框

6）单击“Setting Up Physics”功能区“Materials”面板中的“Create/Edit”按钮，打开“Create/Edit Materials”对话框，由于该实例中的金属液体需要自己定义，单击“User-Defined Database”，在弹出的“Open Database”对话框中填写“new liquid materials”，如图 12-16 所示，然后单击“OK”按钮，弹出“User-Defined Database Materials”面板，如图 12-17 所示。

7）在“User-Defined Database Materials”对话框中单击“New”按钮，弹出“Material Properties”对话框，如图 12-18 所示。

8）选择“Types”为“fluid”，“Name”为“liquid_metal”，在出现的“Available Properties”中选择“Cp”“Density”“Thermal Conductivity”以及“Viscosity”到“Material Properties”选项栏中，然后对每个选项进行定义。例如：选中“Cp”，单击“Edit”按钮，弹出“Edit Property Methods”对话框，选中“constant”，在左下角的“Edit Properties”中定义“constant”为 680，如图 12-19 所示，单击“OK”按钮。

9）同理，Density：8000；Thermal Conductivity：30；“Viscosity”需要重新定义，故选择“user-defined”，单击“OK”按钮，返回到“Material Properties”对话框，然后单击“Material Properties”对话框中的“Apply”和“Close”按钮，设定完后回到

“User-Defined Database Materials”对话框，如图 12-20 所示。单击“Save”、“Copy”和“Close”按钮，即完成对参数的设定。

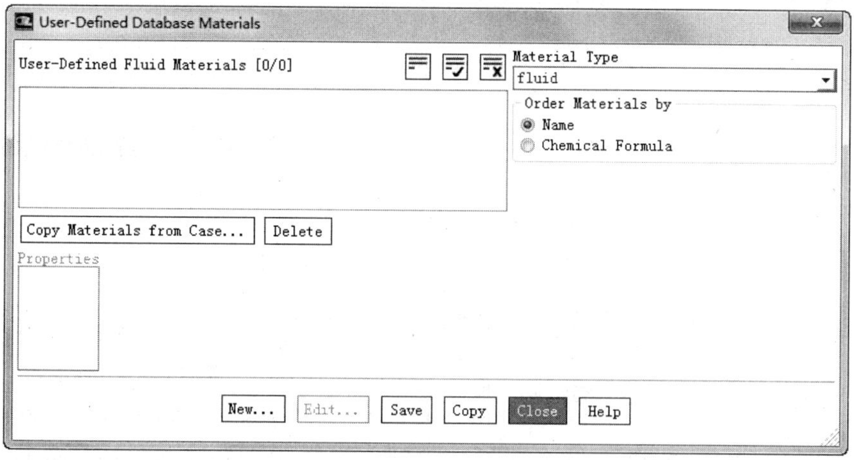

图 12-17 “User-Defined Database Materials”面板

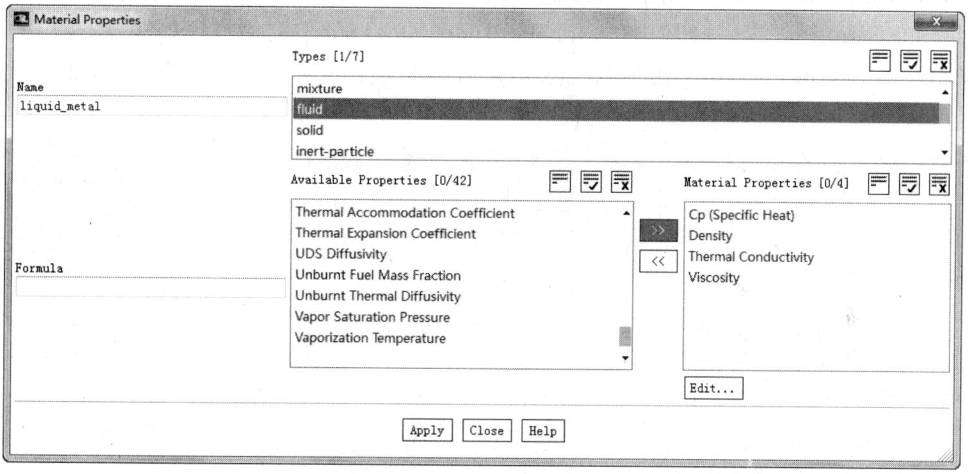

图 12-18 “Material Properties”对话框

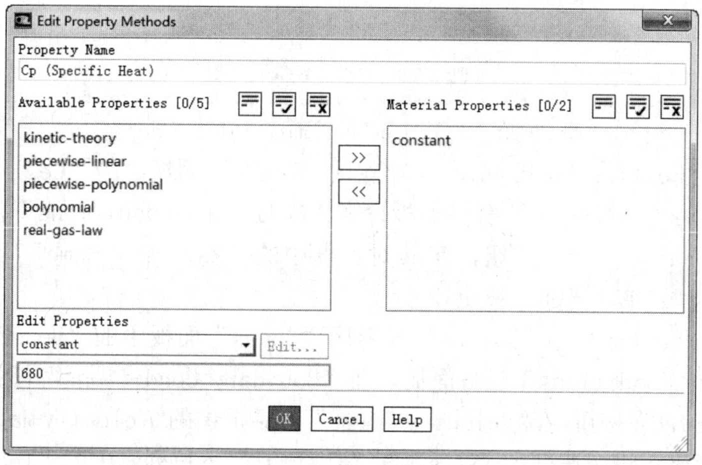

图 12-19 “Edit Property Methods”对话框

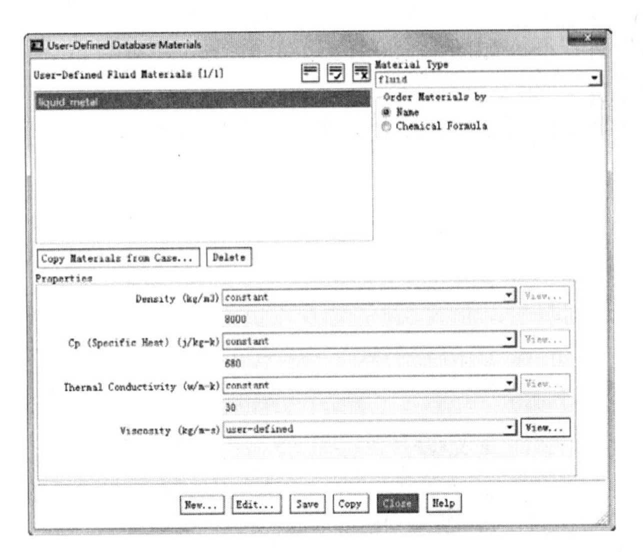

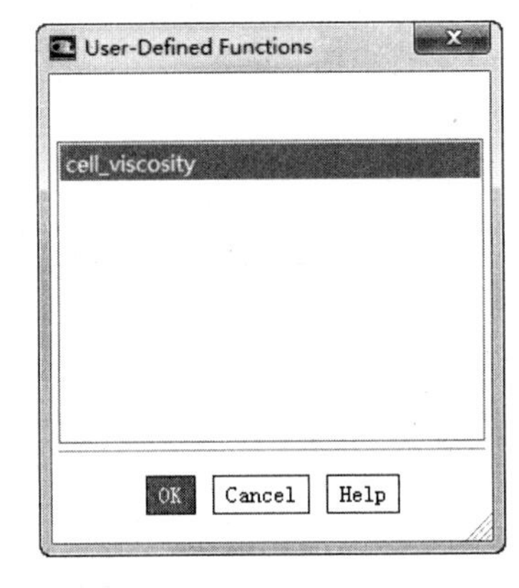

图 12-20 “User-Defined Database Materials”对话框　图 12-21 “User-Defined Function”对话框

10）回到“Material”面板，出现“liquid_metal”，在“Viscosity”的下拉选框中选择“user-defined”，会弹出“User-Defined Function”对话框，如图 12-21 所示，选择“cell_viscosity”，单击“Change/Create”按钮，即完成对材料的定义，如图 12-22 所示。

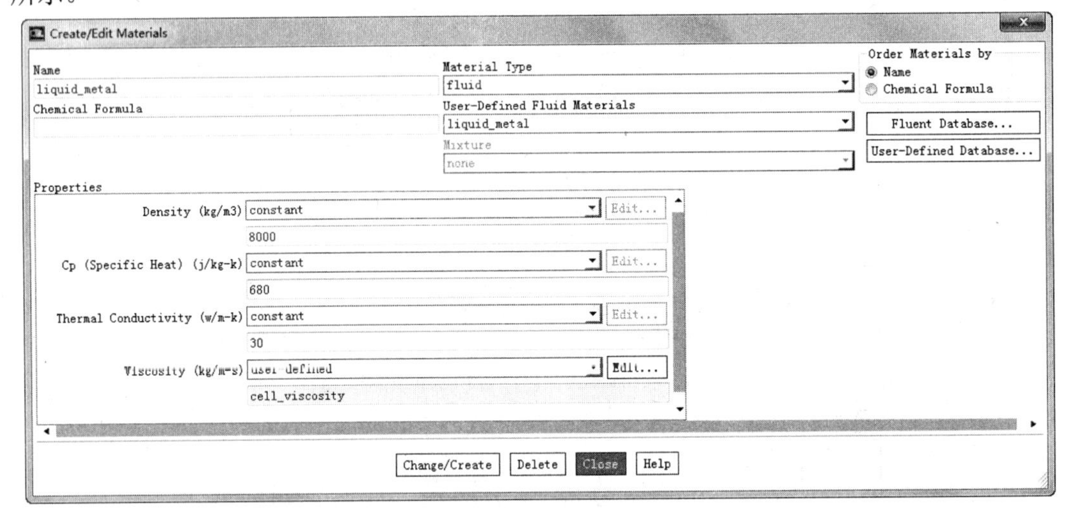

图 12-22　“Create/Edit Materials”对话框

11）单击“Setting Up Physics”功能区“Zones”面板中的“Cell Zones”命令，弹出“Cell Zone Conditions”任务面板，在“Cell Zone Conditions”任务面板中，选择“fluid”，单击“Edit”按钮，在其对话框中的“Material Name”下拉列表中选择“liquid_metal”，单击“OK”按钮。

12）单击“Setting Up Physics”功能区“Zones”面板中的“Boundaries”命令，弹出“Boundary Conditions”任务面板，在“Boundary Conditions”任务面板中，选择“in”，单击“Edit”按钮，在“Velocity Inlet”对话框中的“Velocity Magnitude (m/s)”中输入 0.001，表示进口速度为 1mm/s，在“Thermal”下拉列表中的“Temperature” 中

填写 290K，单击“OK”按钮完成速度进口 in 的设定。选择“wall_top”和“wall_bottom”，定义其温度为 280K。

13）单击“Solving”选项卡“Initialization”面板中的“Options”命令，弹出“Solution Initialization”任务面板，在“Computer Form”中选择“in”，单击“Initialize”按钮。

14）单击“Solving”选项卡“Reports”面板中的“Residuals”按钮 Residuals...，勾选“Plot”，其余保持默认值，如图 12-23 所示，单击“OK”按钮。

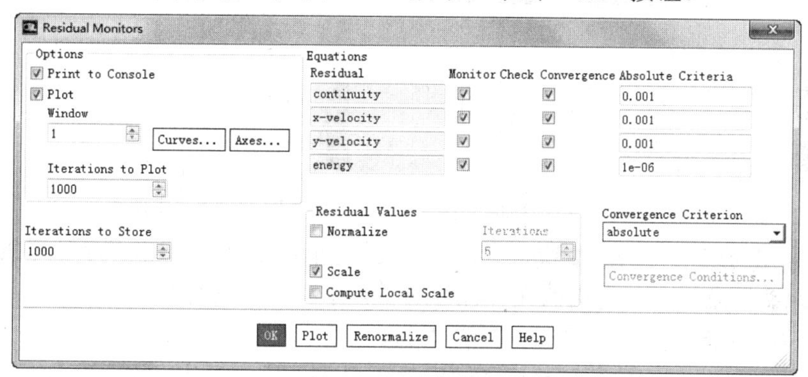

图 12-23　“Residual Monitors”面板

15）单击“Solving”选项卡“Run Calculation”面板中的“Advanced”命令，弹出“Run Calculation”任务面板，将迭代次数定为 300，单击“Calculate”按钮，开始解算。

16）迭代完成之后，单击“Postprocessing”选项卡“Graphics”面板中的“Contours”按钮 Contours 下拉菜单中的“Edit”命令，选择“Contours of”下拉列表中的“Properties”和“Molecular Viscocity”，即可以得到由 UDF 定义的层流黏度图（见图 12-24）；选择“Velocity”和“Stram Functions”可显示凝固函数等值线图（见图 12-25）；还可以显示由 UDF 定义函数导出的速度云图（见图 12-26）以及流域内的静温云图（见图 12-27）等。

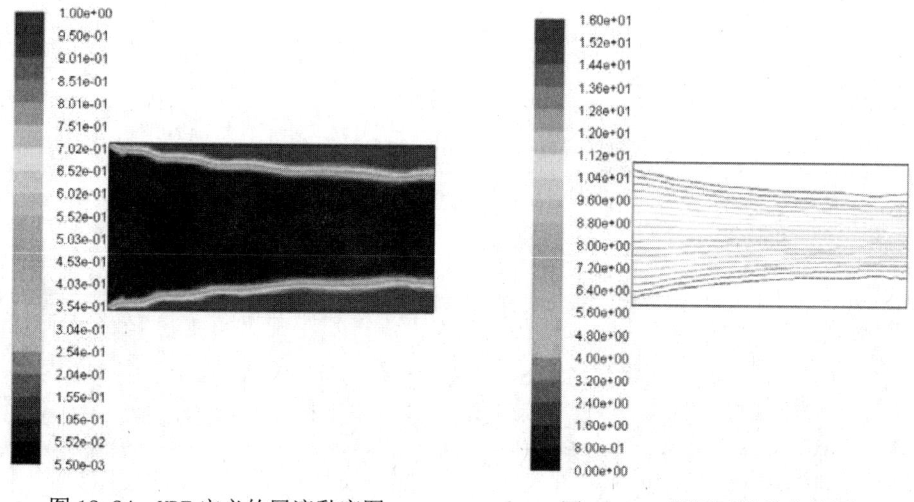

图 12-24　UDF 定义的层流黏度图　　　图 12-25　凝固函数等值线图

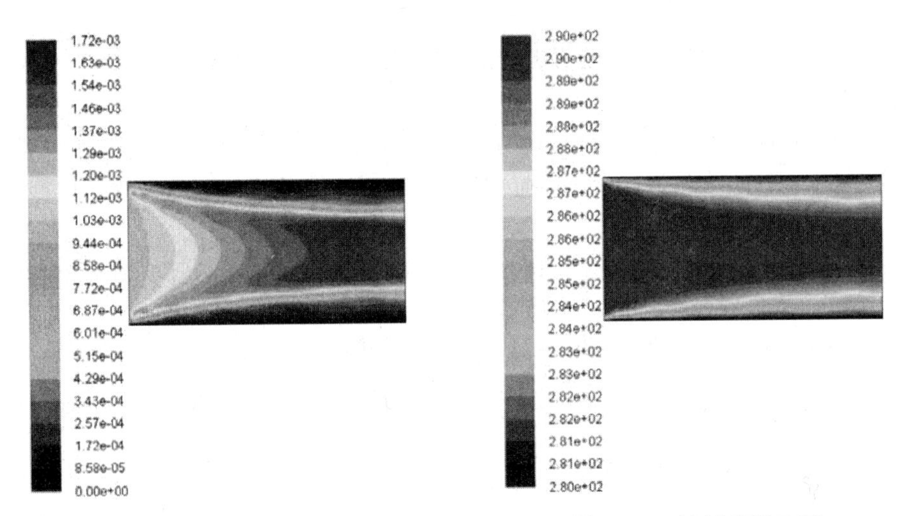

图 12-26　UDF 定义函数导出的速度云图　　　　图 12-27　流域静温云图

17）计算完的结果要保存为 Case 和 Data 文件，单击“File”下拉菜单栏中的“Write”→“Case&Data”命令，在弹出的文件保存对话框中将结果文件命名为“channel.cas”，Case 文件保存的同时也保存了 Data 文件“channel.dat”。

18）单击“File”下拉菜单栏中的“Exit”命令，安全退出 FLUENT。